Spring
徹底入門

Spring Framework による Java アプリケーション開発

株式会社NTTデータ／著

JN215958

SE
SHOEISHA

本書内容に関するお問い合わせについて

このたびは翔泳社の書籍をお買い上げいただき、誠にありがとうございます。弊社では、読者の皆様からのお問い合わせに適切に対応させていただくため、以下のガイドラインへのご協力をお願い致しております。下記項目をお読みいただき、手順に従ってお問い合わせください。

● ご質問される前に

弊社Webサイトの「正誤表」をご参照ください。これまでに判明した正誤や追加情報を掲載しています。

正誤表　　　　http://www.shoeisha.co.jp/book/errata/

● ご質問方法

弊社Webサイトの「刊行物Q&A」をご利用ください。

刊行物Q&A　　http://www.shoeisha.co.jp/book/qa/

インターネットをご利用でない場合は、FAXまたは郵便にて、下記"愛読者サービスセンター"までお問い合わせください。

電話でのご質問は、お受けしておりません。

● 回答について

回答は、ご質問いただいた手段によってご返事申し上げます。ご質問の内容によっては、回答に数日ないしはそれ以上の期間を要する場合があります。

● ご質問に際してのご注意

本書の対象を越えるもの、記述個所を特定されないもの、また読者固有の環境に起因するご質問等にはお答えできませんので、予めご了承ください。

● 郵便物送付先およびFAX番号

送付先住所　　〒160-0006　東京都新宿区舟町5
FAX番号　　　03-5362-3818
宛先　　　　　（株）翔泳社　愛読者サービスセンター

はじめに

　Javaアプリケーション開発の定番OSSフレームワークであるSpring Framework。現在、Spring Frameworkを中心に、さまざまなSpringプロジェクトが存在しており、大きなエコシステムを形成しています。本書は、Spring FrameworkとSpringプロジェクト群を活用して、Javaアプリケーションを開発するための基本と実践的なノウハウを解説しています。

　読者の皆さんのなかには、なぜNTTデータが本書を執筆しているのかと疑問に思った方もいるかもしれません。まずはその点についてご説明しておきましょう。

　NTTデータでは、10年以上前からTERASOLUNAフレームワーク（http://terasoluna.org/）と呼ばれる社内標準フレームワークを提供し、非常に多くの商用システムに導入しています。特にDIコンテナやAOPの機能に着目して、Spring Frameworkをバージョン1系の時代から核となるOSSとして利用しており、商用システムに適用する際の知見やノウハウを蓄積してきました。

　2000年頃からフレームワークの必要性が認知され、StrutsやSpring Frameworkをはじめとする、さまざまなOSSのJavaフレームワークが開発されました。TERASOLUNAフレームワークを提供し始めた当初は、Struts1やSpring Framework、iBatisといったOSSのJavaフレームワークをベースに、OSS間の連結部分や不足機能の開発を行ない、NTTデータ独自のフレームワークとして展開してきました。こうしたフレームワークを用いたアプリケーション開発は、高い信頼性が求められる商用システムでも普及し、今ではフレームワークなしにアプリケーションを開発することは考えられない状況となっています。

　OSSのJavaフレームワークの中でもSpring Frameworkは長い歴史があり、積極的に機能追加や品質改善が続けられています。その結果、Spring Frameworkは世界中で最も利用されているJavaフレームワークとしてデファクトスタンダードの地位を確立しています。こうした状況を踏まえて、NTTデータもSpring Frameworkを全面的に採用し、従来の独自フレームワークの開発から、商用システムでOSSを活用するための開発ガイドラインの提供へとTERASOLUNAフレームワークのコンセプトを大きく転換しました。従来の独自フレームワークでは、フレームワークとしての機能を提供することを重視していましたが、この開発ガイドラインでは、フレームワークを実際に商用システムに適用するうえでのベストプラクティスの提供を目指しています。つまり、この開発ガイドライン[1]によって、商用システムにおいてSpring FrameworkをはじめSpring MVCやSpring SecurityなどのOSSを極力そのまま使ってアプリケーションを開発することができるようになります。

　このような状況においては、Spring Frameworkが今後も持続的に発展を遂げ、デファクトスタンダードとしての地位を維持させることがNTTデータにとっても重要となります。そのためNTTデータでは、商用システムの開発現場から得た知見やノウハウをとりまとめ、TERASOLUNAフ

【1】　TERASOLUNAフレームワークの開発ガイドライン：　http://terasolunaorg.github.io/guideline/

レームワークの開発ガイドラインとして余すことなく公開しています。そして、一人でも多くの方がSpring Frameworkに興味を持ち、アプリケーション開発に利用してくれることを期待しています。2016年6月時点では、1日あたり1500アクティブユーザーが開発ガイドラインを閲覧し、2014年の開発ガイドライン公開からの累計ページアクセス数は150万を超えています。また、日本Springユーザ会のイベント運営や講演にも積極的に参加しており、こうしたコミュニティ活動を通じてSpring Frameworkの持続的発展に貢献したいと考えています。

最後となりましたが、本書はSpring Frameworkの魅力を一人でも多くの方に知ってもらい、利用してもらいたいという思いで、完全に新しく書き下ろしたものです。TERASOLUNAフレームワークの開発ガイドラインでは前提知識としている内容や、テストやテンプレートエンジン、Spring Bootなど開発ガイドラインではカバーできてない内容も盛り込んでいます。

しかし、Spring Frameworkを用いて商用システムを開発するうえで必要な情報を1冊に詰め込んだ結果、本書籍は700ページを超す重厚なものとなってしまいました。持ち歩きには向かないという声も聞こえてきそうですが、著者陣の溢れんばかりの情熱のたまものとご理解いただけると幸いです。これからアプリケーションを開発してみたい方はもちろんのこと、Spring Frameworkを深く学びたい方にとっても有用な1冊になることを切に願います。

株式会社NTTデータ

著者代表　本橋 賢二

謝辞

本書籍を執筆するにあたり、非常に多くの方にご支援、ご協力をいただきました。

お忙しい中、本書籍のレビューを引き受けていただいたStarlight&Stormの長谷川裕一さん（日本Springユーザ会会長）・大野渉さん、土岐孝平さん、日本電信電話株式会社の岩塚卓弥さん、NTTデータの小野修一さん・坂田洋幸さん・熊谷一生さん・吉田貴哉さん、本当にありがとうございました。

また、NTTデータのTERASOLUNAフレームワークチームのメンバーには、本書籍執筆にあたり、さまざまな形でご支援、ご協力いただいたことを、この場を借りて感謝申し上げます。

最後に、翔泳社の片岡仁さん、本書籍を執筆させていただく機会を与えてくださり、校正や編集など、刊行までに多大なご尽力ありがとうございました。

本書を読む前に

■ 対象読者と本書の特徴

　本書を手に取った皆さんの多くは、これまで"Spring"という言葉を耳にしたことがある、あるいは使ったことがあるかもしれません。2013年のプロジェクト開始以来、世界中で利用者数を増やしているSpring Bootで、初めてSpringに触れたといった方も多いのではないでしょうか。なかには、いまここで初めてSpringを知ったという方もいるかもしれません。

　本書は、Spring Frameworkを用いたWebアプリケーション開発に携わる（もしくは、これから携わる予定の）すべてのエンジニアの方を対象としています。Springをこれから学ぼうとする若手エンジニアはもちろん、Springをある程度使ったことがある中堅エンジニアの方も、本書を読み進めていけば、Springの基礎から実際の商用システム開発に必要な応用まで幅広く学ぶことができます。

　特にSpring Bootで初めてSpringに触れた方には、Spring本体について基礎から学ぶことで、どこまでがSpring Frameworkの範疇で、どこからがSpring Bootの範疇かを理解し、Spring Bootの便利さを再認識することができるはずです。

　本書は、商用システムを開発するうえで考えなくてはならないことを極力盛り込み、概念だけではなく実際のコードベースで紹介している非常に実践的な入門書です。そのため、Springの機能の解説や使い方の説明と同程度の量をサンプルコードで費やしています。

　本書を通勤途中の電車内で読むことはあまりお勧めしません。ぜひ、ご自宅またはお近くのカフェ（もしくは職場）で、PCの電源ボタンをオンにしてから読み始めてください。そして、実際にサンプルコードを動かしながら、Spring Frameworkを「体験」してみてください。

■ 本書の構成

　本書は主に、Spring Framework本体の解説（第1章〜第8章）、Spring Frameworkファミリーおよび関連プロジェクトの解説（第9章〜第13章）、集大成となるチュートリアル（第14章）から構成されています。

　各章は以下のようなカテゴリーに分類できます。

- Spring登場の背景と歴史（第1章）
- Spring Core（第2章）
- データアクセス（第3章、第10章、第11章）
- Webアプリケーション（第4章〜第7章、第9章、第12章）
- テスト（第8章）
- Spring Boot（第13章）

　冒頭の第1章では、Spring Framework登場の背景と発展の歴史を解説しています。Spring登場の背景を理解することで、Springがどのような思想で発展してきたのかが理解できるでしょう。

　次に、Spring Coreの話が始まります。第2章の前半では、Springの最も重要な機能である「DI」と「AOP」について解説しています。「DI」と「AOP」についてよくわかっていないという方は、まずこの章を読んでください。

　データアクセスに関しては、第3章、第10章、第11章で説明します。第3章でSpring JDBCの機能と使い方について理解した後、第10章と第11章でデータベースアクセスライブラリとの連携について学びましょう。

　Spring Coreとデータアクセスの章は、Webアプリケーションだけではなく、スタンドアロンアプリケーションにも応用できる内容となっています。

　そして第4章からは、いよいよWebアプリケーションの開発へと歩みを進めていきます。

　第4章では、肝となるSpring MVCについて解説します。その後、第5章で画面を応答するアプリケーション、第6章でデータを応答するアプリケーション（RESTful Webサービス）の実装方法の解説と続いていきます。第7章では、実際のアプリケーション開発時に必要となるセッションの利用やファイルアップロードなどの応用的な使い方を解説しています。

　Spring Securityを用いた認証・認可やセキュリティ対策については、第9章で詳しく説明します。

　第12章では、Webアプリケーションに親和性の高いテンプレートエンジンとしてThymeleafを紹介し、どのようにSpringと連携させるのかを解説します。

　アプリケーション開発においてテストの話は必須です。第8章では、Springを用いたアプリケーションのテストにフォーカスを当て、Springが単体テスト、結合テストに対してどのような支援モジュールを提供しているのかを解説しています。

　続く第13章で、いよいよSpring Bootの登場です。本書では、機能の説明に時間を割くのではなく、まず体験することを重視しています。Spring Bootを体験してから機能の解説へ移ることで、そのすごさがより理解できることでしょう。

　最後の第14章では、本書の集大成となるチュートリアルを用意しています。本書で学んだSpring Frameworkの機能を用いて、Webアプリケーションを構築してみましょう。

■ 本書の読み方・使い方

　基本的に本書は、第1章から順々に読み進めることを想定していますが、次のような読み方をしてもかまいません。

- 実践志向の方 ➡ 第14章のチュートリアルからスタートするのもよいでしょう。
- 特にSpring Bootを学びたいという方 ➡ 第13章から始めて第14章へ、そして第2章へ戻る、という読み方もお勧めです。
- Springを基礎から学びたい方 ➡ 第2章の「DI」と「AOP」から読み始めてください。第2章の後半（「2.3　データバインディングと型変換」以降）は、必ずしも「DI」と「AOP」の後に読

む必要はありません。その他の章を読んだ後に戻ってきてもよいでしょう。

　また、第10章のJPAと第11章のMyBatisは、基本的には両方読むことを推奨していますが、場合によってはどちらか一方だけでもかまいません。その場合、本書のチュートリアルではJPAを採用していることもあり、まずはJPAを理解したうえで、応用としてMyBatisを学習するのがよいでしょう。

　さて、少々前置きが長くなってしまいましたが、さっそく本編へと進みましょう。
　ようこそ、Spring Framework Professionalの世界へ！

サンプルプログラム
本書で説明しているサンプルコードは以下のURLからダウンロードできます。また、バッチ処理（Spring Batch）についての簡単な解説も以下のURLで公開しています。本書とあわせてお読みください。

http://www.shoeisha.co.jp/book/download/9784798142470

目次

7 Spring MVCの応用 341

10 Spring Data JPA 473

Spring Framework とは

1.1 Spring Frameworkの概要

Java開発者の中で最も有名な書籍の1つである『Expert One-on-One: J2EE Design and Development』[1] が世に出てから10年以上の時が経過しました。Rod Johnson氏が著したこの書籍は、Java 2 Platform, Enterprise Edition（J2EE）を用いたアプリケーション開発を容易にし、性能問題を解決します。現在のソフトウェア開発においてJavaが市場を席巻するようになったのは同書のおかげと言っても過言ではありません。

この書籍では、Spring Frameworkの前身となるフレームワークが紹介されています。このフレームワークを元に、Rod Johnson氏に加え、現在のSpring Framework開発リーダーであるJuergen Hoeller氏、Yann Caroff氏を中心としたオープンソースプロジェクトとしてSpring Frameworkの開発が始まります。

Spring Frameworkは、2004年にバージョン1.0、2006年にバージョン2.0、2009年にバージョン3.0、2013年にバージョン4.0がリリースされています。Spring Frameworkとしての機能拡充や品質改善はもちろんのこと、Spring Frameworkを核にさまざまなSpringプロジェクトが生まれてきました。当初Spring FrameworkはJ2EEを用いたアプリケーション開発の複雑さへのアンチテーゼとして開発され、使いやすい軽量フレームワークとして普及してきました。その後、10年以上の開発期間を経てSpring Frameworkを核としたエコシステムが形成され、重厚なフレームワーク群となってきました。こうした状況について、InfoQのインタビューに対してJuergen Hoeller氏は以下のように答えています [2]。

> 「Spring Frameworkは、開発当初より古いインフラ環境上でも新しいインフラ環境上でも、最新のプログラミング思想で開発できることを設計思想にしている」

Spring Frameworkは、バージョンアップによって、古いインフラ環境上での動作を切り捨てることなく開発を続けてきたため、10年以上という長い歴史を経て重厚になってきています。しかし、技術の進化や新しいプログラミングコンセプトへの対応を続けながら古いインフラ環境も切り捨てることなくサポートする姿勢が、現在のSpring Frameworkの発展につながっているのは間違いありません。特に、さまざまな制約から古いインフラ環境をサポートせざるを得ない商用利用に関しては、国内外の非常に多くのソフトウェア開発においてSpring Frameworkが採用されています。新日鉄住金ソリューションズやNTTデータでは古くからSpring Frameworkを用いてシステム開発を実施しています。最近では、野村総合研究所やリクルートテクノロジーズ、NTT、NTTコムウェアが、新たにSpring Frameworkを社内の標準フレームワークとして採用しています。

Spring Frameworkは最も利用されているJavaソフトウェアであり、最も成功したオープンソースの1つです。本書では、Spring Frameworkと代表的なSpringプロジェクトを組み合わせたソフトウェア開発について、機能や利用方法の解説だけに留まらず、実装方法を体系的に学習することを目指した実践的な内容の書籍となります。

【1】　Rod Johnson, *Expert One-on-One J2EE Design and Development*, Wrox, 2002
【2】　https://www.infoq.com/interviews/spring-today-past-and-future

1.2 Spring Framework の歴史

前節で述べたとおり、Spring Framework の起源は、Rod Johnson 氏の『Expert One-on-One: J2EE Design and Development』にあります。同書には、Spring Framework の前身となる「Interface21 Framework」が含まれており、この 3 万行あまりのフレームワークに関する議論が Wrox のフォーラムにて始まりました。Wrox のフォーラムにて、Juergen Hoeller 氏や Yan Caroff 氏の提案によりオープンソースプロジェクトとしての開発が始まり、Yan Caroff 氏の提案によりフレームワークの名前が「Spring Framework」へと変更になりました。

『Expert One-on-One: J2EE Design and Development』の刊行から約 1 年後、2004 年には、EJB（Enterprise JavaBeans）を使わずに Spring Framework 1.0 を用いて、堅牢な J2EE アプリケーションを開発する方法を解説した Juergen Hoeller 氏との共著『Expert One-on-One: J2EE Development without EJB』[3] が刊行されました。さらに 1 年後の 2005 年には Spring Framework 1.2 の機能をカバーした書籍『Professional Java Development with the Spring Framework』[4] が刊行されています。Spring Framework 1.x では、IoC（Inversion of Control）コンテナ（本書では「DI コンテナ」と呼びます）、AOP（Aspect Oriented Programming）、XML ベースの Bean 定義、フレームワークモジュール間の疎結合化、トランザクション管理、データアクセスなどを基本的なフレームワークの機能として実現しています。この頃は、Spring Framework を Struts、Hibernate と組み合わせて使う SSH（Struts、Spring Framework、Hibernate）が最先端のフレームワーク構成となっていました。

2006 年に、Spring Framework 2.0 がリリースされ、Spring Security や Spring Web Flow など、Web アプリケーション開発に必要なものを中心に Spring Framework の周辺プロジェクトがいくつか立ち上がりました。2007 年には、アノテーションベースの DI（Dependency Injection）や MVC（Model View Controller）に対応した Spring Framework 2.5 がリリースされ、システム間連携やバッチ処理を実現する Spring Integration や Spring Batch といった周辺プロジェクトが立ち上がりました。また、Spring Framework は、Rod Johnson 氏が起業した「Interface21」で開発されていましたが、「SpringSource」と名称を変更し、拠点をそれまでのヨーロッパから米国へと移しました。

米国に拠点を移してから SpringSource はベンチャーキャピタルからの投資を受け、Tomcat や Apache のサポートを手掛ける Covalent、Groovy や Grails を開発する G2One、監視ソリューションを提供する Hyperic といった企業を次々と買収しました。Java のアプリケーションフレームワークの提供だけでなく、アプリケーションサーバーなどのシステム基盤、システム全体の監視など、エンタープライズ開発におけるソフトウェアのトータルソリューション提供を狙っていることが伺えます。また、この頃から Spring Tool Suite と呼ばれる Spring Framework の統合開発環境の提供が始まりました。

2009 年に、Spring Framework 3.0 がリリースされ、Java ベースコンフィギュレーションや DI の Java 仕様である JSR 330 に対応しました。また、JPA（Java Persistence API）2.0 や Bean Validation など、Java Platform, Enterprise Edition（Java EE）6 の仕様についても早い段階でサポートしました。Spring Framework 3.0 から

【3】 Rod Johnson with Juergen Hoeller, *Expert One-on-One J2EE Development without EJB*, Wrox, 2004

【4】 Rod Johnson, Juergen Hoeller, Alef Arendsen, Thomas Risberg, Colin Sampaleanu, *Professional Java Development with the Spring Framework*, Wrox, 2005

RESTfulなフレームワークとして利用できるようにSpring MVCを大きく改善しています。2009年には、SpringSourceがVMwareに買収されるという当時のJava開発者には衝撃的な事件がありました。同じ年にはOracleによるSun Microsystems買収もあり、Java業界はどのような方向へ進むのかと、IT業界全体が大きく揺れた年でもありました。VMwareおよびEMCとともに、ハードからソフトまでの垂直統合の重要なピースになると見られていましたが、Cloud Foundryとの連携といった一部の連携以外は、ほぼ従来のSpringSourceの文化を引き継ぎ、従来どおりの開発スタイルが引き継がれました。

　2013年に、Spring Framework 4.0がリリースされ、Java SE 8やJava EE 7への対応、WebSocketやWebメッセージングのサポートなどを実施しています。この年、VMwareが買収したいくつかのソフトウェアプロダクトと一緒にSpring FrameworkはPivotalという新しい会社にスピンオフしています。スピンオフすることで、よりオープンソース活動を活性化し、スタートアップの企業文化で開発し、普及展開することを狙っています。2014年には、昨今注目されているSpring BootやSpring IO Platformプロジェクトが始まりました。

1.3　Springの各種プロジェクトについて

　現在、Spring Frameworkを中心に、10以上のさまざまなSpringプロジェクトが存在しており、大きなエコシステムを形成しています。この節では、代表的なSpringのライブラリやプロジェクトの概要を紹介します。なお、Spring Frameworkと各種Springのライブラリやプロジェクトの集合を「Spring」と表現します。

1.3.1　Spring MVC

　Spring MVCは、Webアプリケーションを開発するためのフレームワークであり、アーキテクチャとしてMVCパターンを採用しています。MVCパターンを採用しているフレームワークとしてはStrutsやJSFが有名であり、MVCパターンにはアクションベースフレームワークとコンポーネントベースフレームワークの2パターンがあります。

　アクションベースフレームワークは、リクエストによって実行する処理（アクション）を決定し、処理の結果としてレスポンス（HTMLなど）を返すフレームワークです。Spring MVCやStrutsはアクションベースのフレームワークであり、仕組みが単純で理解しやすく、拡張性が高いといった特徴があります。

　コンポーネントベースフレームワークは、リクエストやレスポンスを抽象化（隠ぺい）し、画面を構成するコンポーネントをベースにWebアプリケーションを開発するフレームワークです。JSFはコンポーネントベースのフレームワークであり、ボタンや入力フィールドなどの画面部品を共通化できるため、再利用しやすいといった特徴があります。

　Spring MVCは、Spring Frameworkに当初より内包されている長い歴史を持つフレームワークですが、Spring Framework 3.0リリースの際に大幅に改善されています。Spring MVCは、POJO（Plain Old Java Object）での実装やアノテーションベースの設定、Servlet APIの抽象化、Spring DIコンテナとの連携、豊富な拡張ポイントの提供、各種サードパーティライブラリとの連携など、さまざまな特徴を持ち、エンタープライズ開発に必要な

機能を提供しています。サードパーティライブラリとしては、Jackson（JSON操作）や Apache Tiles（レイアウトエンジン）、FreeMarker（テンプレートエンジン）、Rome（RSS/Feed操作）、JasperReports（帳票出力）、Hibernate Validator（Bean Validation）、Joda-Time（日付操作）などをサポートしています。また、Thymeleaf（テンプレートエンジン）など、サードパーティライブラリ自体が Spring MVC をサポートしているケースもあります。

1.3.2 Spring Security

Spring Security は、Spring ベースのアプリケーションに対して Authentication（認証）と Authorization（認可）などのセキュリティ要件を容易に実現するためのフレームワークです。以前は「The Acegi Security System for Spring」という名称で開発されていましたが、正式な Spring プロジェクトに認定され、2007年終わりに名称を現在の「Spring Security」に改めました。

Spring Security は非常に多くの認証方式に対応しています。Basic 認証やダイジェスト認証、X.509 クライアント証明書、LDAP（Lightweight Directory Access Protocol）、Open ID など、Spring Security 自体が提供している認証方式も数多くありますが、サードパーティが提供している認証方式を利用することもでき、また独自の認証方式を実装することもできます。

Spring Security では、Web アプリケーションのセキュリティを強化するために認証や認可に加えて、CSRF（Cross-Site Request Forgery）対策機能やセキュリティヘッダー出力機能、セッション管理機能などを提供しています。Spring Security は、サーブレットフィルタの仕組みを利用して、こうした Web アプリケーションのセキュリティ対策を実現しています。

1.3.3 Spring Data

Spring Data は、リレーショナルデータベースや NoSQL、Key-Value ストアなどさまざまなデータストアへのデータアクセスを容易にするためのものです。Spring Data 自体は、以下のようなさまざまなサブプロジェクトを含むアンブレラプロジェクトとなっています。

- Spring Data Commons
  Spring Data の核となるデータアクセスに必要となる共通的なインターフェイス（Repository インターフェイス）を提供します。Spring Data Commons で定義した Repository インターフェイスに対する各種データベースの実装がサブプロジェクトとして提供されています。
- Spring Data JPA
  JPA を用いてデータアクセスを行なうための Repository インターフェイスの実装を最小限にする仕組みを提供します。
- Spring Data MongoDB、Spring Data Redis、Spring Data Solr、etc.

上記以外にもSpring Data関連のサブプロジェクトは存在していますが、2016年5月時点では上記のサブプロジェクトを含む14のプロジェクトによりSpring Dataのリリーストレインが構成されています。Spring Data関連のサブプロジェクトは、それぞれ独自のリリースポリシーに従うため、Spring Dataではこうしたサブプロジェクトのセットをリリーストレインとして管理し、アルファベット順の名前を付けています。この名前は、有名なコンピュータ科学者かソフトウェア開発者をベースにしており、2016年5月時点の最新はHopperとなっています。

1.3.4 Spring Batch

Spring Batchとは、バッチアプリケーション向けの軽量フレームワークであり、大容量のデータ処理に必要な共通機能を提供しています。たとえば、バッチ処理のリスタートやスキップ、ファイルやデータベースなどのさまざまな入出力機能、トランザクション管理やリソース管理などを共通機能として提供しています。共通機能だけでなく、大容量かつ高性能が求められるバッチ処理に対する最適化やパーティショニングといった機能も提供しています。

Spring Batchは、元々Accentureが開発したバッチアプリケーション向けフレームワークをベースとしており、2008年にSpring Batchとしてバージョン1.0がリリースされました。AccentureでSpring Batchを開発していたWayne Lund氏やSpringSourceのRod Johnson氏がバッチアプリケーション向けフレームワークの標準仕様であるJSR 352（Batch Applications for the Java Platform、通称jBatch）策定に深く関わっており、jBatchの仕様にはSpring Batchの仕様が多く取り込まれています。Spring BatchとjBatchは、非常によく似たアーキテクチャになっていますが、いくつか相違点があり、先行して開発されたSpring BatchはjBatchよりも高機能といえます。また、Spring Batchはバージョン3系からjBatchをサポートしていることから、JSR 352の実装としてSpring Batchを利用することも可能です。

1.3.5 Spring Integration

Spring Integrationとは、Enterprise Integration Patterns（EIP）としてよく知られているさまざまなシステム間を連携させるアーキテクチャパターンに基づく開発をサポートするフレームワークです。Spring Integrationでは、複雑なシステム間連携の仕組みを解決するためのシンプルなモデルを提供しています。非同期でのメッセージ駆動型アプリケーション開発の仕組みを提供しており、メッセージチャネルを経由してヘッダーとペイロードから構成されるメッセージを送付します。メッセージを送受信するときのエンドポイントとして、AMQP、ファイル、FTP/SFTP、REST/HTTP、JDBC、JPA、JMS、XML、GemFire、MongoDB、Redis、RMI、STOMP、TCP/UDP、電子メールなど非常に多くの種類をサポートしています。Spring Integrationを利用することで、こうしたさまざまなエンドポイント間でのメッセージのやり取りをフレームワークにて抽象化し、エンドポイントの差異を意識せず、システム間の連携を実現することができます。同様の機能を実現するOSSとしてApache Camelが有名です。

1.3.6　Spring Cloud

Spring Cloudは、分散環境でCloud Nativeなアプリケーションを開発するためのフレームワークおよびツール群であり、多数のサブプロジェクトから構成されています。以下に代表的なサブプロジェクトを紹介します。

- Spring Cloud Config
  プロファイルやプロパティといった設定情報をGitなどの外部環境で集中管理し、配布する仕組みを提供しています。
- Spring Cloud Bus
  分散環境のノード間をAMQPといった軽量のメッセージングでつなぐ仕組みを提供しています。
- Spring Cloud Connectors
  Cloud FoundryやHerokuといったさまざまなクラウド環境への接続の仕組みを提供しています。
  過去にSpring Cloudといえば、Spring Cloud Connectorsのことを意味していました。
- Spring Cloud Netflix
  EurekaやRibbon、HystrixといったNetflixが提供するさまざまなOSSを使う仕組みを提供しています。

1.3.7　Spring Tool Suite

Spring Tool Suite（STS）は、Springアプリケーションを開発するために最適化されたEclipseベースの統合開発環境です。各種Springプロジェクトを用いたアプリケーション開発に対応していることはもちろんのこと、GitやMaven、AspectJなど、開発に必要なソフトウェアが最初から含まれており、個別にインストールや設定を行なわずにSpringアプリケーションの開発を始められます。また、Springアプリケーション用にTomcatを最適化したPivotal tc Serverが内包され、Springアプリケーションの実装だけでなくデプロイまでサポートしています。さらに、デプロイ環境としてPivotal Cloud FoundryといったPaaS環境もサポートしています。Springアプリケーションをはじめて開発する開発者にとっては、Spring Tool Suiteを使うことで開発環境の準備の時間を大幅に削減できます。

1.3.8　Spring IO Platform

Spring IO Platformは、Springベースのアプリケーションを開発、実行する際に必要なSpringの各種ライブラリやサードパーティライブラリのバージョンを決定し、依存関係を解決するためのSpringサブプロジェクトであり、2014年にバージョン1.0がリリースされています。Spring IO Platformを利用することで、多岐にわたるSpringの各種ライブラリやサードパーティライブラリのバージョン管理や依存関係管理から解放され、開発者はコーディングに専念することができます。Spring IO Platformでは、開発時のバージョン管理と依存関係管理だけでなく、アプリケーションデプロイを容易にすることも狙っており、Spring BootとGrailsを実行環境

（Domain Specific Runtime：DSR）としてサポートしています。また、本書内の各コンテンツやチュートリアルでも各種ライブラリのバージョンと依存関係の設定にSpring IO Platformを利用しています。

 Spring IO Platformを利用するには、以下のように io.spring.platform:platform-bom をDependency Management内にインポートするか、親プロジェクトとして指定します。

▶ **Dependency Managementとしてインポートする際のpom.xmlの定義例**

```xml
<dependencyManagement>
    <dependencies>
        <dependency>
            <groupId>io.spring.platform</groupId>
            <artifactId>platform-bom</artifactId>
            <version>2.0.5.RELEASE</version> <!-- バージョンは執筆時点の最新 -->
            <type>pom</type>
            <scope>import</scope>
        </dependency>
    </dependencies>
</dependencyManagement>
```

▶ **親プロジェクトとして指定する際のpom.xmlの定義例**

```xml
<parent>
    <groupId>io.spring.platform</groupId>
    <artifactId>platform-bom</artifactId>
    <version>2.0.5.RELEASE</version> <!-- バージョンは執筆時点の最新 -->
    <relativePath/>
</parent>
```

なお、本書では扱いませんが、Cradle Dependency Management Pluginを使うとGradleプロジェクトでも io.spring.platform:platform-bom を利用できます [5]。

1.3.9 Spring Boot

　Spring Bootは、最小限の設定でプロダクションレベルのSpringアプリケーションを容易に開発するためのSpringプロジェクトです。10年以上の開発期間を経て重厚となったSpring Frameworkおよび各種Springプロジェクトは、ちょっとしたアプリケーション開発をする場合でもさまざまな設定が必要となり、Java入門者には敷居の高いフレームワーク群となっていました。Spring Bootでは、XMLやJavaベースConfigurationによるBean定義やServletの設定などが不要となり、アプリケーションサーバーにデプロイする必要もなくなります。2014年にバージョン1.0がリリースされ、簡単にSpringアプリケーションを開発できるSpring Bootのコンセプ

---

[5] http://docs.spring.io/platform/docs/current/reference/htmlsingle/#getting-started-using-spring-io-platform-gradle

トが多くの Java 開発者の共感を呼び、世界中で高い注目を集めています。

1.4 Java EE との関係

1.1 節で Spring Framework は J2EE を用いたアプリケーション開発のアンチテーゼとして開発されたと述べましたが、J2EE そのものを否定しているわけではありません。Spring Framework も J2EE ベースの Java アプリケーションフレームワークであり、当初は公式ドキュメントに「Spring – Java/J2EE Application Framework」と記載があったほどです。

Java の仕様は、Java Community Process（JCP）という仕組みを通じて策定されています。JCP のメンバーが Java 仕様の案となる Java Specification Request（JSR）を作成し、提案します。多数の Java 仕様の案の中から JCP の Executive Committee が Java の最終仕様を決定します。この JCP 自体も JSR 355 として定義されています。

J2EE は、J2SE に Servlet や JSP、EJB、JDBC、JMS、JSF といったサーバー側のアプリケーション開発に必要な機能を追加しています。1999 年に J2EE 1.2、2003 年には J2SE 1.4 がリリースされ、Web アプリケーションフレームワークである JSF が追加されました。2006 年には Java EE 5 がリリースされ、EJB が DI や POJO といった概念を取り入れ、EJB 3.0 として仕様を全面的に見直しています。その後も 2009 年に Java EE 6 を、2013 年に Java EE 7 をリリースしており、JSF 2.x や Bean Validation、jBatch、WebSocket と技術の変化に合わせた仕様追加を実施しています。

J2EE や Java EE そのものは仕様であり、その仕様を満たすアプリケーションを各社が実装しています。Spring Framework も J2EE / Java EE 完全準拠ではありませんが、一部の機能は J2EE / Java EE の仕様に準拠しています。もともと Spring Framework は J2EE の対抗フレームワークとして開発されましたが、Java EE も歴史を重ねるにつれ Spring Framework の良いところを取り込んできました。EJB 3 や CDI（Contexts and Dependency Injection）、JTA（Java Transaction API）1.2 を使うことで Spring Framework とほぼ同じようなプログラミングが可能となります。また、2017 年リリース予定の Java EE 8 に含まれる MVC 1.0 で Web アプリケーションも同じようなモデルでプログラミングが可能となります。さらに、DI や jBatch など Spring が提供する機能そのものを標準化して Java EE の仕様に取り込むこともありました。一方で、Spring も Bean Validation や JPA など、Java EE の仕様に準拠した機能を取り込んでいます。

Spring と Java EE の差は確実に縮まっているといえるでしょう。一方で、Spring ではなく標準仕様である Java EE を採用したほうがよいのかというと、必ずしもそういうわけではありません。Java EE は仕様策定に 2 年、実装のアプリケーションサーバー製品が揃うのにさらに 2 年程度要するのに対し、Spring のほうが新技術を取り込むスピードは速いです。高い開発生産性をもたらす Spring Boot やマイクロサービスアーキテクチャを実現する Spring Cloud がリリースされており、2017 年には JDK 9 や HTTP 2、Reactive アーキテクチャに対応した Spring Framework 5 のリリースが予定されています。Java アプリケーション開発において新機能や新しいアーキテクチャを求める場合は、Spring は選択候補の筆頭となるでしょう。

Spring Core（DI×AOP）

第1章では、Spring Frameworkを中心とするSpringプロジェクトの全体像を紹介しました。本章では、Springプロジェクトの中核となるSpring Frameworkのコア機能について詳しく解説していきます。

Spring Frameworkのコア機能の中でも特に重要なのは、なんといっても「Dependency Injection（DI）」と「Aspect Oriented Programming（AOP）」です。本章では「データバインディングと型変換」、「プロパティ管理」「Spring Expression Language（SpEL）」、「リソースの抽象化」、「メッセージ管理」といったアプリケーション開発時には欠かせない機能の説明もしていますが、必ず最初に読まなければいけないというわけではありません。本書を読み進めながら、適宜参照するという読み方でも問題ありません。

それでは、Springのコア機能について見ていきましょう！

2.1 SpringによるDI（依存性の注入）

Spring Frameworkについて説明する前に、依存性の注入（Dependency Injection：DI）が必要となってくる背景について説明します。一般的なエンタープライズアプリケーション開発では1つの処理を、複数のモジュールを組み合わせて実装することがよくあります。それらのモジュールの中には、「共通的に使われる機能を切り出したモジュール」、「データベースにアクセスするためのモジュール」、「外部システムや外部サービスに接続するためのモジュール」など、いろいろなモジュールが含まれます。また、昨今のアプリケーション開発では、複数のOSSライブラリを組み合わせて利用する機会も多いはずです。

こういった複数のモジュールを組み合わせて1つの処理を実装する際に、「依存性の注入（DI）」という考え方が力を発揮します。まずは、ユーザー登録クラスを実装する例を見てみましょう。ユーザー登録を行なう処理の流れは次のようになります。

1. 与えられたユーザー名がすでに登録されているかどうか確認する
2. 与えられたパスワードをハッシュ化する
3. 与えられたユーザー情報を保存する

この処理を実現するために、**表2.1**に挙げている3つのインターフェイスを使用します。

表2.1 ユーザー登録で使う3つのインターフェイス

インターフェイス名	説明
UserRepository	ユーザー情報を永続化したり、永続化されたユーザー情報を取得したりするインターフェイス
PasswordEncoder	パスワードをハッシュ化するインターフェイス
UserService	ユーザー登録処理を行なうインターフェイス

UserRepositoryとPasswordEncoderを使用してユーザー登録処理を実現するUserService実装クラスUserServiceImplを考えてみましょう。以下にコード例を示します。

▶ ユーザー登録処理を行なうインターフェイスの実装例

```
public interface UserService {
    // ユーザー情報を登録する処理
    void register(User user, String rawPassword);
}
```

▶ パスワードをハッシュ化するインターフェイスの実装例

```
public interface s {
    // パスワードをハッシュ化する処理
    String encode(String rawPassword);
}
```

▶ ユーザー情報を操作するインターフェイスの実装例

```
public interface UserRepository {
    // ユーザー情報を永続化層に保存する
    User save(User user);
    // ユーザー数をカウントする
    int countByUsername(String username);
}
```

▶ ユーザー登録処理の実装例

```
public class UserServiceImpl implements UserService {
    private final UserRepository userRepository;
    private final PasswordEncoder passwordEncoder;

    public UserServiceImpl(javax.sql.DataSource dataSource) {
        // データベース上のユーザー情報を操作する実装クラス
        this.userRepository = new JdbcUserRepository(dataSource);
        // BCryptアルゴリズムでハッシュ化する実装クラス
        this.passwordEncoder = new BCryptPasswordEncoder();
    }

    public void register(User user, String rawPassword) {
        if (this.userRepository.countByUsername(user.getUsername()) > 0) {
            // ユーザー名がすでに使用されていたら例外をスローする
            throw new UserAlreadyRegisteredException();
        }
        // 生パスワードをハッシュ化して設定
        user.setPassword(this.passwordEncoder.encode(rawPassword));
        this.userRepository.save(user);
    }
}
```

　この例では、コンストラクタでUserRepositoryとPasswordEncoderの実装クラスを作成しています。そのため、UserServiceImplクラスを作成する段階で必要なクラスがすべて揃っている必要があり、部分的に実装を差し替えることは簡単ではありません。これは結合度の高いクラスといえます。

　前述のような依存モジュールが多いクラスでは、このような作りで開発を進めるのは効率がよくありません。たとえば一部のクラスはまだ未完成であったり、一部のクラスは連携先のミドルウェアの準備ができていなかったりするため、すべてのコンポーネントが揃うのは開発の終盤になります。実際には必要なコンポーネントができるまではダミークラスを利用することになると思いますが、アプリケーションの規模が大きくなってくると変更コストが無視できなくなってきます。

　UserServiceImplクラスの結合度を低くするには、コンストラクタの内部でUserRepositoryとPasswordEncoderのインスタンスを生成するのをやめ、以下のように、これらのインターフェイスを引数で受け取るのがよいでしょう。

```java
public UserServiceImpl(UserRepository userRepository, PasswordEncoder passwordEncoder) {
    this.userRepository = userRepository;
    this.passwordEncoder = passwordEncoder;
}
```

　これでUserServiceImplからはUserRepositoryとPasswordEncoderの実装に関する情報はなくなり、UserServiceImplの外から実装を容易に差し替えることができます。

　UserServiceを使うアプリケーションは以下のようになります。

▶ **UserServiceクラスを使うアプリケーションの実装例**

```java
UserRepository userRepository = new JdbcUserRepository();
PasswordEncoder passwordEncoder = new BCryptPasswordEncoder();
UserService userService = new UserServiceImpl(userRepository, passwordEncoder);
// ・・・
```

　JdbcUserRepositoryやBCryptPasswordEncoderが未完成の時点では、

```java
UserRepository userRepository = new DummyUserRepository();
PasswordEncoder passwordEncoder = new DummyPasswordEncoder();
UserService userService = new UserServiceImpl(userRepository, passwordEncoder);
// ・・・
```

というようにUserServiceImplの実装を変更することなく、未完成部分をダミー処理に置き換えることができます。

　しかしこの場合でもUserServiceImplへの各コンポーネントの設定は手動で行なわれ、変更が生じた場合のコストは依然大きいままです。このように、あるクラスに必要となるコンポーネントを設定することを「依存性を注入（DI）する」もしくは「インジェクションする」といいます。依存性の注入（DI）を自動で行ない、インスタンスを組み立ててくれる基盤を「DIコンテナ」と呼びます。

　Spring Frameworkの基盤となっている最重要機能の1つがこのDIコンテナの提供です。Spring FrameworkのDIコンテナにUserServiceインスタンス、UserRepositoryインスタンス、PasswordEncoderインスタンスを管理させることで、UserServiceImplインスタンスへのUserRepositoryとPasswordEncoderの設定は自動で

行なわれます。アプリケーションはDIコンテナからUserServiceインスタンスを取り出すだけで、UserRepository と PasswordEncoder の実装クラスが組み込まれた UserServiceImpl インスタンスを取得できます。

　詳細については後述しますが、前述の「UserServiceクラスを使うアプリケーションの実装例」で示したコードは以下のようなコードに書き直せます。

▶ DIコンテナからインスタンスを取り出す実装例

```
ApplicationContext context = ・・・;    // SpringのDIコンテナ
UserService userService = context.getBean(UserService.class);
// ・・・
```

　各コンポーネントのインスタンス生成をDIコンテナに一元管理させるメリットはコンポーネント間の依存性を解決できるだけではありません。あるコンポーネントはシングルトンオブジェクトとして同じインスタンスを使いまわし、あるコンポーネントはプロトタイプオブジェクトとして毎回新規でインスタンス生成するといった制御（スコープ管理）やDIコンテナからコンポーネントを取得する際に、一律で共通処理を挟み込む（AOP）こともできます。これらの特徴については、本章で順を追って説明していきます。

2.1.1　DI（依存性の注入）とは

　DI（依存性の注入）はソフトウェアのデザインパターンの1つで、「Inversion of Control Principle（制御の反転の原則）」を実現します。DIを用いることで、コンポーネントを構成するインスタンスの生成と依存関係の解決をソースコードから分離することができます。この機能をDIコンテナが提供します。

　DIコンテナを利用すると、それまで直接インスタンスを生成していたアプリケーション（図2.1❶）がDIコンテナを経由してインスタンスを取得できるようになります（図2.1❷）。さらに、その取得したインスタンスの中で利用されているインスタンスもDIコンテナに管理され、設定済み状態で取得できます（図2.1❸）。

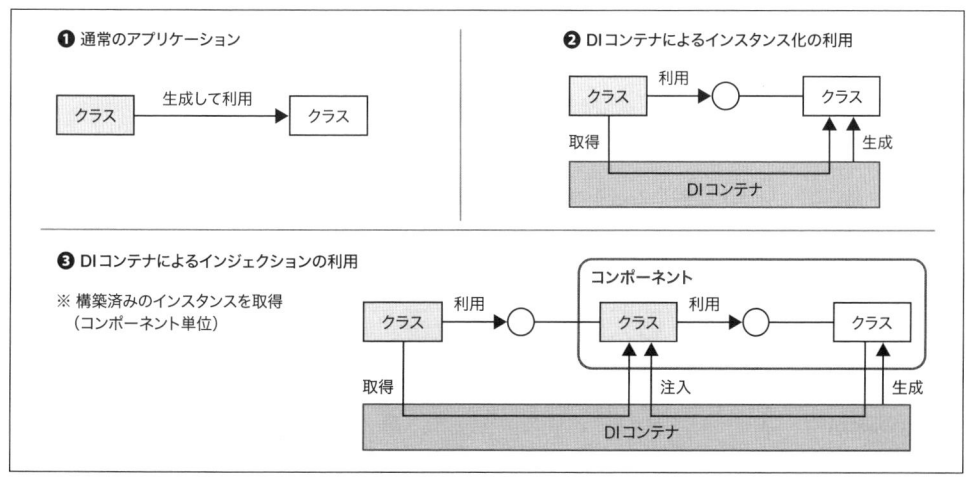

図2.1　DIコンテナの概要

DIコンテナを経由してインスタンスを管理することにより、以下のようなメリットを享受できるようになります。

- インスタンスのスコープを制御できる
- インスタンスのライフサイクルを制御できる
- 共通機能を組み込める
- コンポーネント間が疎結合になるため、単体テストがしやすくなる

Spring Framework以外の有名なDIコンテナのフレームワークとして、以下のものがあります。

- CDI（Contexts & Dependency Injection）[1]
- Google Guice [2]
- Dagger [3]

どのフレームワークも基本的な機能は同じです。

なお、Springの公式ドキュメントではSpring FrameworkはInversion of Control Principleの実装とされ、DIコンテナではなく「IoCコンテナ」と記載されていますが、本書では「DIコンテナ」と呼びます。

2.1.2 ApplicationContextとBean定義

Spring FrameworkではApplicationContextがDIコンテナの役割を担います。以下に、DIコンテナからインスタンスを取得する例を示します。

▶ DIコンテナからインスタンスを取り出す実装例

```
ApplicationContext context = ApplicationContext context =
    new AnnotationConfigApplicationContext(AppConfig.class);              ❶
UserService userService = context.getBean(UserService.class);            ❷
```

❶ コンフィギュレーションクラス（後述）を渡してDIコンテナを生成する。コンフィギュレーションクラスは複数定義することが可能である
❷ DIコンテナからUserServiceインスタンスを取得する

AppConfigクラスは、DIコンテナに対する設定ファイルであり、Javaで記述されているため「Java Config」とも呼ばれます。以下に設定例を示します。

▶ Java Configクラスの実装例

```
@Configuration
```

【1】 http://www.cdi-spec.org/
【2】 https://github.com/google/guice
【3】 https://github.com/square/dagger

```java
public class AppConfig {
    @Bean
    UserRepository userRepository() {
        return new UserRepositoryImpl();
    }

    @Bean
    PasswordEncoder passwordEncoder() {
        return new BCryptPasswordEncoder();
    }

    @Bean
    UserService userService() {
        return new UserServiceImpl(userRepository(), passwordEncoder());
    }
}
```

ApplicationContextを使ったアプリケーションのイメージを図2.2に示します。

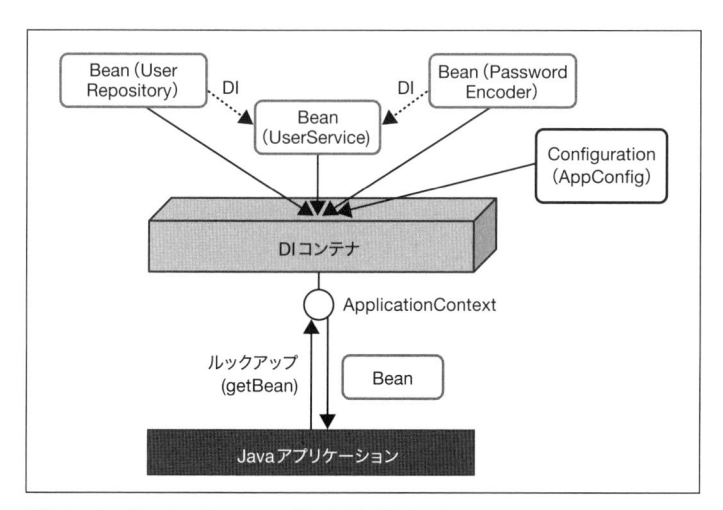

図2.2　ApplicationContextを使ったアプリケーション

　DIコンテナにConfigurationを使用してコンポーネントを登録し、アプリケーションはApplicationContextインターフェイスを通じてDIコンテナからBeanを取得します。SpringではDIコンテナに登録するコンポーネントのことを「Bean」、Configurationのことを「Bean定義」といいます。また、DIコンテナからBeanを取得することを「ルックアップ」といいます。

　ルックアップ方法は何種類かあり、以下に例を示します。

▶ **Beanの各ルックアップ方法の実装例**

```java
UserService userService = context.getBean(UserService.class); ❶
```

```
UserService userService = context.getBean("userService", UserService.class); ———————— ❷
UserService userService = (UserService) context.getBean("userService"); ———————————————— ❸
```

❶ 取得するBeanの型を指定する方法。指定した型を持つBeanがDIコンテナに1つだけ存在する場合に使用する。Spring 3.0より利用可能

❷ 取得するBeanの名前と型を指定する方法。指定した型を持つBeanがDIコンテナに複数存在する場合に使用する。Spring 3.0よりキャストが不要になった

❸ 取得するBeanの名前を指定する方法。Object型でBeanが返却されるため、キャストが必要。Spring登場以来の使用方法

代表的なBean定義の方法として、表2.2に挙げている3つがあります【4】。

表2.2 代表的な Bean 定義の方法

方法	説明
Javaベース Configuration	@Configurationアノテーションが付与されたJavaクラスに@Beanアノテーションが付与されたメソッドを使用してBeanを定義する方法。Spring 3.0から利用可能であり、最近のSpringを使ったアプリケーション開発（特にSpring Boot以降）でよく使われる
XMLベース Configuration	XMLファイル中の\<bean>要素のclass属性にFQCN（完全修飾クラス名）を記述し、\<constructor-arg>や\<property>要素を使ってインジェクションの設定を行なう方法。Spring登場以来の設定方法
アノテーションベース Configuration	@Componentなどのマーカーアノテーションが付与されたクラスを「コンポーネントスキャン」という手段を用いて自動的にDIコンテナに登録する方法。Spring 2.5から利用可能

JavaベースConfigurationやXMLベースConfigurationを単独で利用することもできますが、通常は「JavaベースConfigurationとアノテーションベースConfigurationの組み合わせ」または「XMLベースConfigurationとアノテーションベースConfigurationの組み合わせ」を用いてBean定義を行ないます。

Configurationを渡す先のApplicationContextの実装クラスも何種類か用意されています。以下に例を示します。

▶ 各ApplicationContextの生成の実装例

```
ApplicationContext context = new AnnotationConfigApplicationContext(AppConfig.class); ———————— ❶
ApplicationContext context = new AnnotationConfigApplicationContext("com.example.app"); ———————— ❷
ApplicationContext context = new ClassPathXmlApplicationContext("META-INF/spring/ ➡
applicationContext.xml"); ————————————————————————————————————————————————————————————————— ❸
ApplicationContext context = new FileSystemXmlApplicationContext("./spring/applicationContext.xml"); – ❹
```

❶ JavaベースConfigurationを使用する方法。AnnotationConfigApplicationContextに渡したクラスに@Configurationが付与されている場合にBean定義ファイルとして使用される

❷ アノテーションベースConfigurationを使用する方法。AnnotationConfigApplicationContextに渡したパッケージ名以下をコンポーネントスキャンする

【4】 他にもGroovyベースConfigurationがあります。

❸ XMLベースConfigurationを使用する方法。ClassPathXmlApplicationContextに渡したXMLファイルがBean定義として使用される。パスにプレフィックス[5]がない場合は、クラスパスからの相対パスでファイルを参照する

❹ XMLベースConfigurationを使用する方法。FileSystemXmlApplicationContextに渡したXMLファイルがBean定義として使用される。パスにプレフィックスがない場合は、JVMの作業フォルダからの相対パスでファイルを参照する

ApplicationContextはスタンドアロンアプリケーションやJUnit中で利用できます。また、Spring MVCを使用する場合はフレームワーク側でApplicationContextをWeb向けに拡張したWebApplicationContextが作成されます。

2.1.3 Configuration方法

次に、3つのConfigurationについてそれぞれ説明します。

■Javaベース Configuration

Javaベース Configuration（Java Config）ではJavaコードでBean定義を行ないます。Bean定義を行なうJavaクラスを「コンフィギュレーションクラス」または「Java Configクラス」といいます。以下の例を用いて説明します。

▶ Bean定義を行なうJava Configの実装例

```
import org.springframework.context.annotation.Bean;
import org.springframework.context.annotation.Configuration;
// その他のimportは省略

@Configuration                                                    ─── ❶
public class AppConfig {
    @Bean                                                         ─── ❷
    UserRepository userRepository() {
        return new UserRepositoryImpl();
    }

    @Bean
    PasswordEncoder passwordEncoder() {
        return new BCryptPasswordEncoder();
    }

    @Bean
    UserService userService() {
        return new UserServiceImpl(userRepository(), passwordEncoder());  ─── ❸
    }
}
```

【5】 プレフィックスについては「2.6 リソースの抽象化」を参照してください。

19

❶ クラスに @Configuration アノテーションを付与し、コンフィギュレーションクラスであることを宣言する。コンフィギュレーションクラスは複数定義することが可能である

❷ メソッドに @Bean アノテーションを付与し、Beanの定義を行なう。メソッド名がBean名、戻り値がそのBeanのインスタンスとして定義される。この例では userRepository が Bean名である。Bean名を明示する場合は @Bean(name = "userRepo") というように name 属性に Bean 名を定義できる

❸ メソッドを呼び出して他のコンポーネントを参照する。インジェクションはプログラム上で行なう

Java Configの場合、メソッドの引数を追加することで他のコンポーネントの参照ができます。ただし、引数のインスタンスは別途Bean定義されている必要があります。

▶ **メソッド引数経由でBeanを注入する実装例**

```
@Bean
UserService userService(UserRepository userRepository, PasswordEncoder passwordEncoder) {
    return new UserServiceImpl(userRepository, passwordEncoder);
}
```

Java ConfigのみでConfigurationを行なうときは、アプリケーションで使用するすべてのコンポーネントをBean定義する必要がありますが、後述のアノテーションベースConfigurationと組み合わせることで、設定を大幅に省略することができます。

■XMLベースConfiguration

XMLベースConfigurationとはXMLファイルを利用してBean定義を行なう方法です。以下の例を用いて説明します。

▶ **Bean定義を行なうXMLファイルの実装例**

```
<?xml version="1.0" encoding="UTF-8"?>
<beans xmlns="http://www.springframework.org/schema/beans"                    ❶
    xmlns:xsi="http://www.w3.org/2001/XMLSchema-instance"
    xsi:schemaLocation="
        http://www.springframework.org/schema/beans
        http://www.springframework.org/schema/beans/spring-beans.xsd">
    <bean id="userRepository" class="com.example.demo.UserRepositoryImpl" />    ❷

    <bean id="passwordEncoder" class="com.example.demo.BCryptPasswordEncoder" />

    <bean id="userService" class="com.example.demo.UserServiceImpl">
        <constructor-arg ref="userRepository" />                                ❸
        <constructor-arg ref="passwordEncoder" />
    </bean>
</beans>
```

❶ <beans> 要素内で複数の Bean 定義を行なう

❷ <bean> 要素で Bean の定義を行なう。id 属性で指定した値が Bean名、class 属性で指定したクラスがその Bean の

インスタンスとして定義される。なお、class属性にはFQCN（完全修飾クラス名）でクラスを指定する必要がある

❸ `<constructor-arg>`要素でコンストラクタにインジェクションを行なう。ref属性でインジェクションするBean名を参照している

　XMLの場合も、XMLのみでConfigurationを行なうと、アプリケーションで使用するすべてのコンポーネントのBean定義を行なわなければならず、手間がかかります。JavaベースConfiguration同様、後述するアノテーションベースConfigurationを組み合わせると設定を大幅に省略することができます。

　XMLの場合、ref属性で他のBeanを参照する代わりに、value属性に直接値（スカラ値）を設定できます。

▶ **コンストラクタの引数にスカラ値を指定するXMLファイルの実装例**

```
<constructor-arg value="shoeisha" />
<constructor-arg value="secret" />
```

　XMLファイルの字面上はvalue属性に文字列を設定することになりますが、対応する型はStringに限られるわけではありません。XML定義中は文字列でもDIを通じて数値型や日付型、FileやPropertiesなど、さまざまな型に自動で変換できます。詳細については「2.3　データバインディングと型変換」で説明します。

■アノテーションベースConfiguration

　アノテーションベースConfigurationでは、DIコンテナに管理させたいBeanをBean定義ファイルに定義するのではなく、Bean定義用のアノテーションが付与されたクラスをスキャンしてDIコンテナに登録します。このスキャンのことを「コンポーネントスキャン」といいます。また、インジェクションもこれまでのように明示的な設定によって行なうのではなく、アノテーションを付与してDIコンテナに自動で設定してもらいます。この自動注入のことを「オートワイヤリング」といいます。

▶ **Bean定義を行なうアノテーションによるBean定義の実装例（UserRepositoryImple.java）**

```
import org.springframework.beans.factory.annotation.Autowired;
import org.springframework.stereotype.Component;
// その他のimportは省略

@Component ─────────────────────────────────────────────── ❶
public class UserRepositoryImpl implements UserRepository {
    // ・・・
}
```

▶ **Bean定義を行なうアノテーションによるBean定義の実装例（BCryptPasswordEncoder.java）**

```
@Component ─────────────────────────────────────────────── ❶
public class BCryptPasswordEncoder implements PasswordEncoder {
    // ・・・
}
```

❶ Beanクラスに@Componentアノテーションを付与して、コンポーネントスキャンの対象にする

▶ Bean定義を行なうアノテーションベースConfigurationの実装例（UserServiceImple.java）

```
@Component
public class UserServiceImpl implements UserService {
    @Autowired ─────────────────────────────────────────── ❷
    public UserServiceImpl(UserRepository userRepository, PasswordEncoder passwordEncoder) {
        // ・・・
    }
}
```

❷ コンストラクタに@Autowiredアノテーションを付与して、オートワイヤリングを行なう。オートワイヤリングはデフォルトで、対象の型が一致するBeanをDIコンテナから探し、見つかった場合にインジェクションする

コンポーネントスキャンを有効にするには、Bean定義ファイルに設定を記述します。Java Config、XMLそれぞれについて説明します。

まず、Java Configの例を以下に示します。

▶ コンポーネントスキャンを有効にするJava Configの実装例

```
import org.springframework.context.annotation.ComponentScan;
// その他のimportは省略

@Configuration
@ComponentScan("com.example.demo") ─────────────────────── ❶
public class AppConfig {
}
```

❶ コンポーネントスキャンを有効にするため、クラスに@ComponentScanアノテーションを付与する。アノテーションのvalue属性（またはbasePackages属性）にコンポーネントスキャンの対象とするパッケージを追加する。この例の場合、com.example.demoパッケージ配下のクラスをスキャンして、対象のアノテーションが付与されたクラスをDIコンテナに登録する。この属性を省略した場合は、コンフィギュレーションクラスと同じパッケージ配下をスキャンする

次にXMLの例を示します。

▶ コンポーネントスキャンを有効にするXMLファイルの実装例

```
<?xml version="1.0" encoding="UTF-8"?>
<beans xmlns="http://www.springframework.org/schema/beans"
    xmlns:xsi="http://www.w3.org/2001/XMLSchema-instance"
    xmlns:context="http://www.springframework.org/schema/context"
    xsi:schemaLocation="
        http://www.springframework.org/schema/beans
        http://www.springframework.org/schema/beans/spring-beans.xsd
        http://www.springframework.org/schema/context
        http://www.springframework.org/schema/context/spring-context.xsd">
    <context:component-scan base-package="com.example.demo" /> ──── ❶
</beans>
```

❶ <context:component-scan>要素のbase-packages属性にコンポーネントスキャンの対象とするパッケージを設定する

デフォルトでは、登録されるBeanの名前はクラス名の先頭を小文字にしたものです。ただし、先頭から大文字が2つ以上続く場合は変換が行なわれず、クラス名がそのまま使用されます。

上記の例ではBean名は、それぞれ次のようになります。

- UserRepositoryImpl　　　→　　userRepositoryImpl
- BCryptPasswordEncoder　→　　BCryptPasswordEncoder
- UserServiceImpl　　　　→　　userServiceImpl

明示的にBean名を指定したい場合は、@Componentアノテーションに名前を指定できます。

▶ Bean名を明示的に指定するアノテーションベースConfigurationによるBean定義の実装例

```
@Component("userService")
public class UserServiceImpl implements UserService {
    // ・・・
}
```

2.1.4　インジェクションの種類

次に、インジェクションの種類について説明します。これまでの例はコンストラクタにBeanを設定するインジェクション方法でしたが、Springでは次の3種類のインジェクション方法がサポートされています。

- セッターインジェクション
- コンストラクタインジェクション
- フィールドインジェクション

■セッターインジェクション

セッターインジェクションは、コンポーネントがセッターを持つ場合に、そのセッターの引数に対して依存するコンポーネントを注入する方法です。

これまで使用してきたUserServiceImplクラスを以下のように修正して説明します。

▶ UserServiceの実装例

```
public class UserServiceImpl implements UserService {
    private UserRepository userRepository;
    private PasswordEncoder passwordEncoder;

    // デフォルトコンストラクタ（省略可）
    public UserServiceImpl() {
```

```
    }

    public void setUserRepository(UserRepository userRepository) {
        this.userRepository = userRepository;
    }

    public void setPasswordEncoder(PasswordEncoder passwordEncoder) {
        this.passwordEncoder = passwordEncoder;
    }

    // ・・・
}
```

まずは、JavaベースConfigurationの例を示します。

▶ **セッターインジェクションを行なうJavaベースConfigurationの実装例**

```
@Bean
UserService userService() {
    UserServiceImpl userService = new UserServiceImpl();
    userService.setUserRepository(userRepository());
    userService.setPasswordEncoder(passwordEncoder());
    return userService;
}
```

セッターに他のコンポーネントの参照結果を設定しているだけです。もちろん、以下のように@Beanアノテーションの付いたメソッドの引数に依存コンポーネントを記述し、その値をセッターに設定してもかまいません。

▶ **セッターインジェクションを行なう引数を持ったJavaベースConfigurationの実装例**

```
@Bean
UserService userService(UserRepository userRepository, PasswordEncoder passwordEncoder) {
    UserServiceImpl userService = new UserServiceImpl();
    userService.setUserRepository(userRepository);
    userService.setPasswordEncoder(passwordEncoder);
    return userService;
}
```

Java Configの場合、プログラム上でインスタンスを生成するのとほぼ同じなので、Bean定義をしているという実感があまりないかもしれません。

次に、XMLベースConfigurationの場合のセッターインジェクションの例を示します。

▶ **セッターインジェクションを行なうXMLファイルの実装例**

```
<bean id="userService" class="com.example.demo.UserServiceImpl">
    <property name="userRepository" ref="userRepository" />
    <property name="password" ref="passwordEncoder" />
</bean>
```

セッターインジェクションの場合は<property>要素を使用します。name属性にはJavaBeans仕様でいうプロパティ名を指定してください。プロパティ名とはメソッド名setXyzに対するxyzのことです。

アノテーションベースConfigurationの場合の例を示します。

▶ **セッターインジェクションを行なうアノテーションベースConfigurationの実装例**

```java
@Component
public class UserServiceImpl implements UserService {
    private UserRepository userRepository;
    private PasswordEncoder passwordEncoder;

    @Autowired
    public void setUserRepository(UserRepository userRepository) {
        this.userRepository = userRepository;
    }

    @Autowired
    public void setPasswordEncoder(PasswordEncoder passwordEncoder) {
        this.passwordEncoder = passwordEncoder;
    }

    // ・・・
}
```

@Autowiredアノテーションをセッターメソッドに付与します。アノテーションベースの場合は、XMLやJava Configによる設定は不要です。

■コンストラクタインジェクション

コンストラクタインジェクションの例はすでに「2.1.3 Configuration方法」で説明しました。Javaベース Configurationの場合は、コンストラクタに依存コンポーネントを直接設定し、XMLベースConfigurationの場合は<constructor-arg>要素で参照するコンポーネントを設定します。アノテーションベースConfigurationの場合コンストラクタに@Autowiredを付与します[6]。

<constructor-arg>を複数定義する場合は、コンストラクタ引数の順番に合わせてください。ただし、次のようにindex属性でコンストラクタ引数の順序を指定することも可能です。

▶ **引数のindexを指定してコンストラクタインジェクションを行なうXMLファイルの実装例**

```xml
<bean id="userService" class="com.example.demo.UserServiceImpl">
    <constructor-arg index="0" ref="userRepository" />
    <constructor-arg index="1" ref="passwordEncoder" />
</bean>
```

index属性を指定しておいたほうが可読性は高く、コンストラクタの数が増減する可能性がある場合にミス

【6】 Spring 4.3からはコンストラクタが1つしか存在しない場合は、コンストラクタに@Autowiredを付けなくとも暗黙的にコンストラクタインジェクションが行なわれます。

に気づきやすくなります。

また、name属性で引数名を指定することもできます。

▶ 引数名を指定してコンストラクタインジェクションを行なうXMLファイルの実装例

```xml
<bean id="userService" class="com.example.demo.UserServiceImpl">
    <constructor-arg name="userRepository" ref="userRepository" />
    <constructor-arg name="passwordEncoder" ref="passwordEncoder" />
</bean>
```

name属性を指定することで変更に強い設定になります。ただし、引数名は通常コンパイル時に失われてしまうので、コンパイル時にjavacコマンドのオプションで-g（デバッグ情報を生成）または-parameters（メソッドパラメータのメタ情報を生成。JDK 8以上）を指定する必要があります。あるいは以下のように、@java.beans.ConstructorPropertiesアノテーションを使用して引数名の情報を与えれば、コンパイルオプションは不要です。

▶ @ConstructorPropertiesアノテーションによって引数名情報を付与したアノテーションベースConfigurationの実装例

```java
@ConstructorProperties({"userRepository", "passwordEncoder"})
public UserServiceImpl(UserRepository userRepository, PasswordEncoder passwordEncoder) {
    // ・・・
}
```

コンストラクタインジェクションのメリットとしては、フィールドにfinal修飾子を付けて、不変にできることです。これは他のインジェクション方法では実現できません。

■フィールドインジェクション

最後にフィールドインジェクションについて説明します。こちらは前述のオートワイヤリングと組み合わせて使用します。

次の例では、インジェクションしたいフィールドに@Autowiredを付与しています。その他のコンストラクタやセッターは不要で、省略可能です。

▶ フィールドインジェクションを行なうアノテーションベースConfigurationの実装例

```java
@Component
public class UserServiceImpl implements UserService {
    @Autowired
    UserRepository userRepository;
    @Autowired
    PasswordEncoder passwordEncoder;
    // ・・・
}
```

フィールドインジェクションのメリットはコード量が少なくできる点です。ただし、コンストラクタやセッター

を省略した場合は Spring の DI コンテナを使用することが前提になります。たとえば、スタンドアロンなライブラリとして公開したいクラスにフィールドインジェクションを用いるのは不適切でしょう。

フィールドインジェクション対象のフィールドの可視性は何が適切でしょうか。これは判断が分かれるところですが、

- コンポーネントのテスタビリティ
- フィールドの隠ぺい

の観点から、指定なし（パッケージプライベート）または protected のほうがよいでしょう。この2つから選択するのであれば、タイプ量が少ないパッケージプライベートのほうがよいでしょう。パッケージプライベートの場合は同じパッケージ内のクラスであれば、フィールドを直接参照できるため、このコンポーネントに対するテストケースを同じパッケージに作成して、以下のように単体テスト内でテスト用フィールドを直接設定します。

▶ フィールドインジェクションを用いた場合の単体テストのセットアップの実装例

```
@Test
public void testCreate() throws Exception {
    UserServiceImpl userService = new UserServiceImpl();
    userService.userRepository = new DummyUserRepository();
    userService.passwordEncoder = new DummyPasswordEncoder();
    // ・・・
}
```

2.1.5　オートワイヤリング

オートワイヤリングは、@Bean メソッドや <bean> 要素で明示的に Bean 定義しなくても自動で DI コンテナにインジェクションさせる仕組みです。

オートワイヤリングには「型による解決（by Type）」と「名前による解決（by Name）」があります。これらについてそれぞれ説明します。

■型によるオートワイヤリング

これまで紹介してきた @Autowired アノテーションを使うオートワイヤリングは、型による解決に分類されます。型によるオートワイヤリングは、セッターインジェクション、コンストラクタインジェクション、フィールドインジェクションの3つすべてで利用可能です。型によるオートワイヤリングはデフォルトではインジェクションされることが必須であり、対象の型を持つ Bean が1つも登録されていないと org.springframework.beans.factory.NoSuchBeanDefinitionException が発生します。

インジェクションを必要としない場合は、以下のように @Autowired アノテーションの required 属性に false

を設定すれば例外発生を回避することができます。この場合、フィールドの値はnullになります。

▶ インジェクションを必須としないフィールドインジェクションの実装例

```
@Component
public class UserServiceImpl implements UserService {
    @Autowired(required = false)
    PasswordEncoder passwordEncoder;
    // ・・・
}
```

Spring 4からはrequired = falseの代わりに、Java SE 8から導入されたjava.util.Optionalを使用することもできます。

▶ Optionalを用いたフィールドインジェクションの実装例

```
@Autowired
Optional<PasswordEncoder> passwordEncoder;

public void createUser(User user, String rawPassword) {
    String encodedPassword = passwordEncoder.map(x -> x.encode(rawPassword))
                                            .orElse(rawPassword);
    // ・・・
}
```

　型によるオートワイヤリングの場合、インジェクション対象の型がDIコンテナに複数定義されている場合は、DIコンテナはどちらを使えばよいかわからないため、例外org.springframework.beans.factory.NoUniqueBeanDefinitionExceptionが発生します（図2.3）。同じ型のBeanが複数定義されている場合は、@org.springframework.beans.factory.annotation.QualifierアノテーションでBean名を設定すれば、どのBeanを使うかを指定できます。

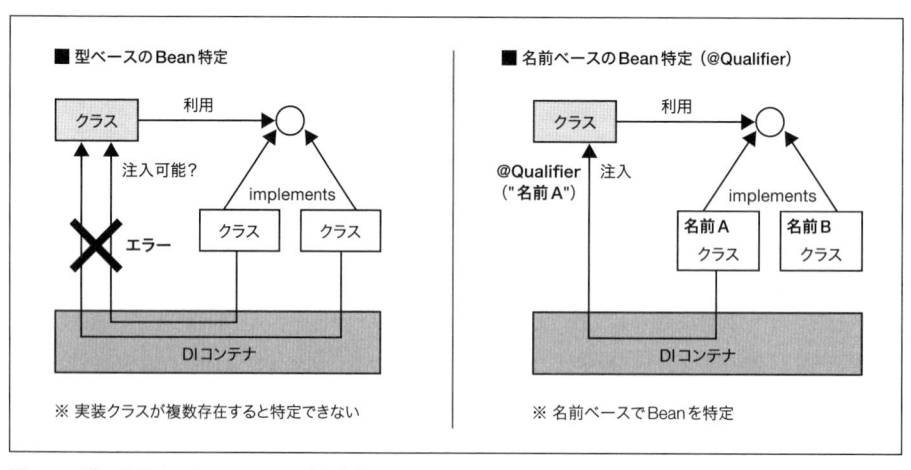

図2.3　型によるオートワイヤリングと名前によるオートワイヤリング

名前によるオートワイヤリングに関して、次のJava Configを例として考えてみましょう。

▶ SHA-256とBCryptの2つのPasswordEncoderを定義するJava Config

```
@Configuration
@ComponentScan
public class AppConfig {

    @Bean
    PasswordEncoder sha256PasswordEncoder() {
        return new Sha256PasswordEncoder();
    }

    @Bean
    PasswordEncoder bcryptPasswordEncoder() {
        return new BCryptPasswordEncoder();
    }

    // ・・・
}
```

パスワードをハッシュ化するアルゴリズムとして、「SHA-256」と「BCrypt」が用意されています。これらは同じPasswordEncoderインターフェイスで実装されているため、インジェクションしたいBeanの名前を明示しなくてはいけません。SHA-256を使用する場合は、以下のように@Qualifierにsha256PasswordEncoderを指定してください。

▶ @QualifierによるインジェクションするBeanの指定

```
@Component
public class UserServiceImpl implements UserService {
    @Autowired
    @Qualifier("sha256PasswordEncoder")
    PasswordEncoder passwordEncoder;
    // ・・・
}
```

また、Java ConfigでのBean定義に@org.springframework.context.annotation.Primaryアノテーションを付けると@Qualifierで修飾しなかったときに使用されるBeanを指定できます。次のJava Configでは、bcryptPasswordEncoderに@Primaryを付与しています。

▶ SHA-256とBCryptの2つのPasswordEncoderを定義するJava Config（BCryptには@Primaryを付与）

```
@Configuration
@ComponentScan
public class AppConfig {

    @Bean
    PasswordEncoder sha256PasswordEncoder() {
```

```
        return new Sha256PasswordEncoder();
    }

    @Bean
    @Primary
    PasswordEncoder bcryptPasswordEncoder() {
        return new BCryptPasswordEncoder();
    }
}
```

この場合、次のように@Qualifierを指定しないとbcryptPasswordEncoderがインジェクションされます。

```
@Autowired
PasswordEncoder passwordEncoder;
```

もしsha256PasswordEncoderをインジェクションしたい場合は、@Qualifierでsha256PasswordEncoderを指定してインジェクションします。

ただし、@Qualifierで指定するBean名に実装の名前が含まれるのは好ましくありません。DIによって疎結合したにもかかわらず、呼び出し側で実装を特定してしまうとDIの意味がなくなります。文字列で実装を特定している分、DIを使わない場合よりも悪い状況に陥ります。

このような場合、Bean名を「実装名」ではなく「用途名」にするのがよいでしょう。先の例では、「デフォルトでは強力なBCryptアルゴリズムを使いたいが、軽量なSHA-256アルゴリズムも用意したい」とします。この場合、次のようにSha256PasswordEncoderのBean名に用途を示す"lightweight"を指定するようにします。

▶ SHA-256とBCryptの2つのPasswordEncoderを定義するJava Config（SHA-256のBean名としてlightweightを指定）

```
@Configuration
@ComponentScan
public class AppConfig {

    @Bean(name = "lightweight")
    PasswordEncoder sha256PasswordEncoder() {
        return new Sha256PasswordEncoder();
    }

    @Bean
    @Primary
    PasswordEncoder bcryptPasswordEncoder() {
        return new BCryptPasswordEncoder();
    }
}
```

「軽量なアルゴリズム」を使用した実装をインジェクションする場合は、次のように@Qualifierを指定します。

▶ Bean名がlightweightであるPasswordEncoderをインジェクションする実装例

```
@Autowired
@Qualifier("lightweight")
PasswordEncoder passwordEncoder;
```

「用途」は文字列ではなく型（アノテーション）で表現することもできます。次のように@Qualifierを付与した@Lightweightアノテーションを作成してみましょう。

▶ @Qualifierアノテーションを付与した@Lightweightアノテーションの実装例

```
import org.springframework.beans.factory.annotation.Qualifier;

import java.lang.annotation.*;

@Target({ElementType.FIELD, ElementType.PARAMETER, ElementType.METHOD})
@Retention(RetentionPolicy.RUNTIME)
@Documented
@Inherited
@Qualifier
public @interface Lightweight {
}
```

Java Configで、軽量なアルゴリズムに対応する実装の定義に@Lightweightアノテーションを付与してください。

▶ 作成した@Lightweightアノテーションを付与したBean定義を含むJava Configの実装例

```
@Configuration
@ComponentScan
public class AppConfig {

    @Bean
    @Lightweight
    PasswordEncoder sha256PasswordEncoder() {
        return new Sha256PasswordEncoder();
    }

    @Bean
    @Primary
    PasswordEncoder bcryptPasswordEncoder() {
        return new BCryptPasswordEncoder();
    }

    // ・・・
}
```

インジェクションする際も@Lightweightを付与するだけです。

▶ 作成した@Lightweightアノテーションを付与したフィールドインジェクションの実装例

```
@Autowired
@Lightweight
PasswordEncoder passwordEncoder;
```

　この方法はBeanを指定する場合のタイプミスを事前に検出することができ、また、Bean定義の重複に対する最適な方法だと考えられます。もちろん@Sha256のように実装を直接示すアノテーションを作るのはよくありません。

■名前によるオートワイヤリング

　一方で、Bean名がフィールド名またはプロパティ名と一致するBeanをインジェクションする方法もあります。この場合はJava標準の@javax.annotation.Resourceアノテーション（JSR 250）を使用します。
　前述の@Qualifierの例を@Resourceを使って書き直すと、次のようになります。

▶ @ResourceアノテーションによるBean名を明示的に指定したインジェクションの実装例

```
@Component
public class UserServiceImpl implements UserService {
    @Resource(name = "sha256PasswordEncoder")
    PasswordEncoder passwordEncoder;
    // ・・・
}
```

　@Resourceアノテーションのname属性を省略すると、Bean名がフィールド名（フィールドインジェクションの場合）、プロパティ名（セッターインジェクションの場合）と一致するBeanがインジェクション候補になります。したがって、以下のコードでは名前によるオートワイヤリングが行なわれます。

▶ フィールド名がBean名に一致する例

```
@Component
public class UserServiceImpl implements UserService {
    @Resource
    PasswordEncoder sha256PasswordEncoder;
    // ・・・
}
```

▶ プロパティ名がBean名に一致する例

```
@Component
public class UserServiceImpl implements UserService {
    private PasswordEncoder passwordEncoder;

    @Resource
    public void setSha256PasswordEncoder(PasswordEncoder passwordEncoder) {
        this.passwordEncoder = passwordEncoder;
```

```
    }

    // ・・・
}
```

　もし、上記のいずれのケースにも合致しなかった場合は、型による解決が試みられます。@Resource の挙動
は少し複雑なので、挙動を理解したうえで使用するようにしましょう。なお、コンストラクタインジェクションで
@Resource は利用できません。

■コレクションやマップ型のオートワイヤリング

　これまで、同じインターフェイスの Bean が複数定義されていた場合に @Qualifier や @Resource を用いてイ
ンジェクション対象を絞る方法を見てきました。このほかに Spring では、同じインターフェイスの Bean をコレ
クションやマップでまとめて取得することも可能です。

　以下の定義を使って説明します。

▶ IF インターフェイスを実装した Bean が複数定義されている例

```
public interface IF<T> {
}

@Component
public class IntIF1 implements IF<Integer> {
}

@Component
public class IntIF2 implements IF<Integer> {
}

@Component
public class StringIF implements IF<String> {
}
```

　この定義を使うと、次のようにオートワイヤリングすることができます。

▶ IF インターフェイスを実装した Bean をすべて取得する実装例

```
@Autowired
List<IF> ifList;
@Autowired
Map<String, IF> ifMap;
```

　この場合、ifList には IntIF1、IntIF2、IntString の Bean のリストが注入されます。また、ifMap には
「Bean 名 = Bean」形式のマップ、すなわち {intIF1 = IntIF1 の Bean, intIF2 = IntIF2 の Bean, stringIF =
StringIF の Bean} が注入されます。

ここでジェネリクスの型パラメータに具体的な値を入れてみます。

▶ IF<Integer>インターフェイスを実装したBeanをすべて取得する実装例

```
@Autowired
List<IF<Integer>> ifList;
@Autowired
Map<String, IF<Integer>> ifMap;
```

すると、注入されるBeanは型パラメータがIntegerのものに絞られ、ifListにはIntIF1、IntIF2のBeanのリストが注入されます。また、ifMapには{intIF1 = IntIF1のBean, intIF2 = IntIF2のBean}が注入されます。この機能を利用するとプラグインのような機構を実現するのも容易です。

では、そもそもリストやマップのBeanを定義した場合はどうでしょうか。次の例を見てください。

▶ リストやマップのBean定義の実装例

```
@Bean
List<IF> ifList() {
    return Arrays.asList(new IntIF1(), new IntIF2(), new StringIF());
}

@Bean
Map<String, IF> ifMap() {
    Map<String, IF> map = new HashMap<>();
    map.put("intIF1", new IntIF1());
    map.put("intIF2", new IntIF2());
    map.put("stringIF", new StringIF());
    return map;
}
```

実は、この形式でBean定義した場合は、@Autowiredによるオートワイヤリングはできません[7]。

▶ Autowiredアノテーションによるインジェクション（インジェクション不可）

```
@Autowired @Qualifier("ifList")  // -> NG
List<IF> ifList;
@Autowired @Qualifier("ifMap")   // -> NG
Map<String, IF> ifMap;
```

この場合は、以下のように@Resourceを使ったオートワイヤリングは可能です。

▶ Resourceアノテーションによるインジェクション

```
@Resource  // -> OK
List<IF> ifList;
@Resource  // -> OK
```

【7】 Spring 4.3からオートワイヤリングすることができるようになります。

```
Map<String, IF> ifMap;
```

2.1.6　コンポーネントスキャン

すでに紹介しましたが、コンポーネントスキャンは、クラスローダーをスキャンして特定のクラスをDIコンテナに登録する手法です。

■デフォルトのコンポーネントスキャン

デフォルトでは以下のアノテーションが付いたクラスがDIコンテナに登録されます。

- @org.springframework.stereotype.Component
- @org.springframework.stereotype.Controller
- @org.springframework.stereotype.Service
- @org.springframework.stereotype.Repository
- @org.springframework.context.annotation.Configuration
- @org.springframework.web.bind.annotation.RestController
- @org.springframework.web.bind.annotation.ControllerAdvice
- @javax.annotation.ManagedBean
- @javax.inject.Named

これまで見てきたように、Java Configの場合は@ComponentScanアノテーションを使用し、XMLの場合は<context:component-scan>要素を使用します。コンポーネントスキャンではスキャン対象のパッケージをクラスローダーからスキャンするため、範囲が広いほうが当然処理が遅くなります。この処理の遅さは起動時間の遅さにつながります。

たとえば、以下のような広範囲な指定は不適切です。

▶ 広範囲すぎるコンポーネントスキャン対象の指定例

```
// NG
@ComponentScan(basePackages = "com")
// NG
@ComponentScan(basePackages = "com.example")
```

広範囲の指定は避けて、対象のアプリケーションのトップレベルあるいはもう一階層下をスキャン対象にするのがよいでしょう。

▶ 適切なコンポーネントスキャン対象の指定例

```
// OK
```

```
@ComponentScan(basePackages = "com.example.demo")
// OK
@ComponentScan(basePackages = "com.example.demo.app")
```

value属性はbasePackages属性の別名であり、どちらを使用してもかまいません。この属性を省略した場合は、コンフィギュレーションクラスと同じパッケージ配下をスキャンすることに注意してください。

スキャン対象のアノテーションとしては以下の4種類がよく使用されるので、役割の違いを説明しておきます（**表2.3**）。

表2.3　スキャン対象のアノテーション

アノテーション	説明
@Controller	MVCパターンのC (Controller) の役割を担うコンポーネントであること示すアノテーション。このアノテーションを付与したコンポーネントでは、クライアントからのリクエストとクライアントへのレスポンスに関わる処理を実装する。ビジネスロジックは、@Serviceを付与したコンポーネントで行なう
@Service	ビジネスロジック (ビジネスルール) を提供するコンポーネントであることを示すアノテーション。このアノテーションを付与したコンポーネントでは、ビジネスルールが関わる処理を実装する。データの永続化に関わる処理は、@Repositoryを付与したコンポーネントで行なう
@Repository	データの永続化に関わる処理を提供するコンポーネントであることを示すアノテーション。このアノテーションを付与したコンポーネントでは、ORM (Object-Relational Mapping、Object-Relational Mapper) などの永続化ライブラリなどを利用して、データのCRUD処理を実装する
@Component	上記3つに当てはまらないコンポーネント (ユーティリティクラスやサポートクラスなど) に付与するアノテーション

■ フィルタを明示したコンポーネントスキャン

スキャン対象となるクラスはフィルタを用いてカスタマイズすることが可能であり、次の4つのフィルタが提供されています。

- アノテーションによるフィルタ
- 代入可能な型によるフィルタ
- 正規表現によるフィルタ
- AspectJパターンによるフィルタ

ここでは、フィルタの使用例をいくつか紹介していきます。

まず、代入可能な型によるフィルタを行なう例を示します。

▶ 代入可能な型によるフィルタの設定例 (Java Configの場合)

```
public interface DomainService {
    // ・・・
}

@ComponentScan(basePackages = "com.example.demo" includeFilters = {
```

```
    @ComponentScan.Filter(type = FilterType.ASSIGNABLE_TYPE, classes = {DomainService.class})
})
```

XMLによるBean定義の場合は、以下のように設定します。

▶ 代入可能な型によるフィルタの設定例（XMLの場合）

```
<context:component-scan base-package="com.example.demo">
    <context:include-filter type="assignable" expression="com.example.demo.domain.DomainService" />
</context:component-scan>
```

次に、正規表現によるフィルタを行なう例を示します。

▶ 正規表現によるフィルタの設定例（Java Configの場合）

```
@ComponentScan(basePackages = "com.example.demo", includeFilters = {
    @ComponentScan.Filter(type = FilterType.REGEX, pattern = {".+DomainService$"})
})
```

XMLによるBean定義の場合は、以下のように設定します。

▶ 正規表現によるフィルタの設定例（XMLの場合）

```
<context:component-scan base-package="com.example.demo">
    <context:include-filter type="regex" expression=".+DomainService$" />
</context:component-scan>
```

　これらのフィルタを使う場合もデフォルトのコンポーネントスキャンルール、すなわち前述のアノテーションが付いたコンポーネントをスキャンするというルールは適用されます。これを無効にして、設定したフィルタだけを使用する場合は、以下のようにuseDefaultFilters属性をfalseにしてください。

▶ デフォルトのコンポーネントスキャンルールを無効化するための設定例（Java Configの場合）

```
@ComponentScan(basePackages = "com.example.demo", useDefaultFilters = false, includeFilters = {
    @ComponentScan.Filter(type = FilterType.REGEX, pattern = {".+DomainService$"})
})
```

XMLの場合はuse-default-filters属性をfalseにしてください。

▶ デフォルトのコンポーネントスキャンルールを無効化するための設定例（XMLの場合）

```
<context:component-scan base-package="com.example.demo" use-default-filters="false">
    <context:include-filter type="regex" expression=".+DomainService$" />
</context:component-scan>
```

　フィルタの追加とは逆に、特定のコンポーネントをスキャン対象から外すことも可能です。たとえばクラス名

の正規表現でフィルタする場合に、@com.example.demo.Excludeアノテーションが付与されているクラスを除外する場合は、次のように設定します。

▶ **スキャン対象から除外するコンポーネントを指定するための設定例（Java Configの場合）**

```
@ComponentScan(basePackages = "com.example.demo", useDefaultFilters = false, includeFilters = {
    @ComponentScan.Filter(type = FilterType.REGEX, pattern = {".+DomainService$"})
}, excludeFilters = {
    @ComponentScan.Filter(type = FilterType.ANNOTATION pattern = {Exclude.class})
})
```

XMLの場合も同様です。

▶ **スキャン対象から除外するコンポーネントを指定するための設定例（XMLの場合）**

```
<context:component-scan base-package="com.example.demo" use-default-filters="false">
    <context:include-filter type="regex" expression=".+DomainService$" />
    <context:exclude-filter type="annotation" expression="com.example.demo.Exclude" />
</context:component-scan>
```

IncludeフィルタとExcludeフィルタの設定が重複した場合は、除外設定であるExcludeフィルタの設定が優先されます。

2.1.7 Beanのスコープ

DIコンテナを利用するメリットは、Beanのスコープ（生存期間）の管理をコンテナに任せることができることです。たとえばDIコンテナがスコープを管理せず、依存性を解決するだけだったとします。先の例のUserServiceをシングルトンとして扱いたい場合は、アプリケーション開発者がこのUserServiceの取得を自前でシングルトンパターンで実装しなければならなくなります。

また、シングルトンではなく、HTTPセッションの有効期間内のみ同じインスタンスを再利用する場合はどうでしょうか。HttpSessionの特定の属性を確認して、インスタンスが設定済みの場合はそのインスタンスを使用し、未設定の場合はインスタンスを新規作成してその属性に設定するという処理を実装します。これだけではなく、HttpSessionListenerでセッション破棄時の後処理も実装しないといけません。このようなコードは本質的に必要なものではなく、こういったコードがたくさんあると全体の見通しが非常に悪くなってしまいます。

SpringのDIコンテナはBeanのスコープ管理も行なってくれるため、このような処理はコンテナまかせにすることができます。コンテナに管理されるBeanはデフォルトでシングルトンなので、次のコードはUserServiceのシングルトンインスタンスを取得します。

```
UserService userService = context.getBean(UserService.class);
```

Spring Frameworkで利用可能なスコープの種類について以下に示します（**表2.4**）。特定の環境でのみ利用

可能なスコープもあります。

表2.4 Spring Framework で利用可能なスコープ

スコープ	説明
singleton	DIコンテナの起動時にBeanのインスタンスを生成し、同一のインスタンスを共有して利用する。デフォルトの設定であり、スコープを設定しない場合はsingletonとして扱われる
prototype	Beanの取得時に毎回インスタンスを生成する。スレッドアンセーフなBeanの場合、singletonスコープを利用できないためprototypeを利用する
session	HTTPのセッション単位でBeanのインスタンスを生成する。Webアプリケーションの場合のみ有効
request	HTTPのリクエスト単位でBeanのインスタンスを生成する。Webアプリケーションの場合のみ有効
globalSession	ポートレット環境におけるGlobalSessionの単位でインスタンスを生成する。ポートレットに対応したWebアプリケーションの場合のみ有効
application	サーブレットのコンテキスト単位でBeanのインスタンスを生成する。Webアプリケーションの場合のみ有効
カスタムスコープ（独自の命名）	独自に定義したルールでBeanのインスタンスを生成する

　スコープとBeanのインスタンスの関係について、最も利用されるsingletonスコープとprototypeスコープを例に説明します。

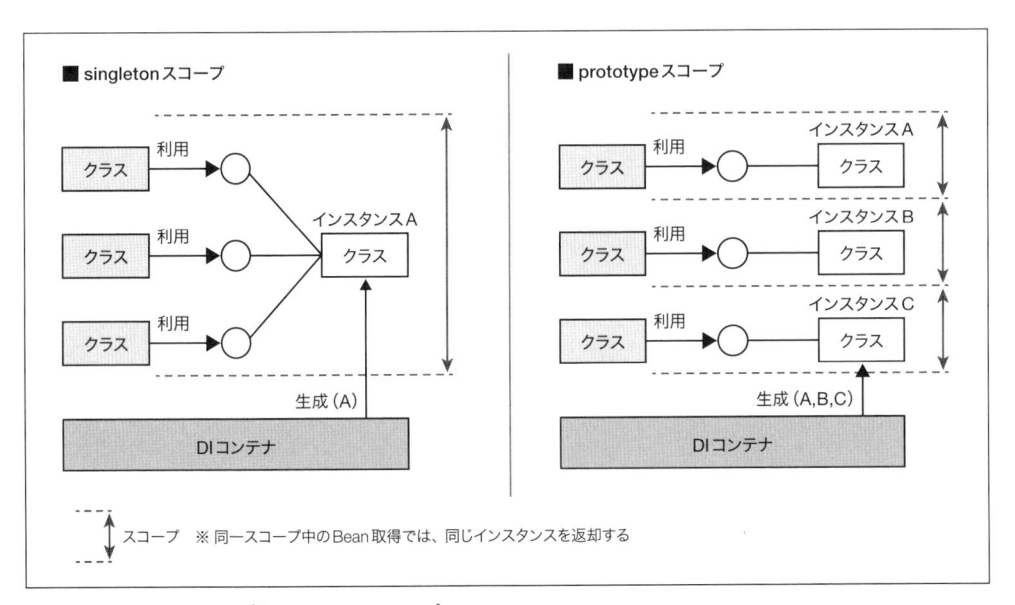

図2.4 singletonスコープとprototypeスコープ

■スコープの指定

　SpringではDIコンテナに登録されたBeanのデフォルトスコープはsingletonです。すなわち、同じDIコンテ

ナからそのBeanを取得すると同じインスタンスになり、DIコンテナが破棄されるとBeanも破棄されます。

　他のスコープでBeanを利用したい場合はBean定義時にスコープを指定します。Java Config、XML、アノテーションそれぞれで指定可能です。

　Java Configの場合は@Beanアノテーションが付与されたメソッドに、@org.springframework.context.annotation.Scopeアノテーションを付与してスコープを設定します。

▶ UserServiceをprototypeスコープで登録するJava Configの例

```
@Bean
@Scope("prototype")
UserService userService() {
    return new UserServiceImpl();
}
```

　この場合、次の2つのUserServiceインスタンスは別のインスタンスになります。

▶ prototypeスコープのBeanを取得する例 (userService1とuserService2は別インスタンスが格納される)

```
UserService userService1 = context.getBean(UserService.class);
UserService userService2 = context.getBean(UserService.class);
```

　XMLによるBean定義の場合は、<bean>要素のscope属性でスコープを指定できます。

▶ UserServiceをprototypeスコープで登録するXMLの例

```
<bean id="userService" class="com.example.demo.UserServiceImpl" scope="prototype" />
```

　アノテーションによるBean定義の場合は、スキャン対象のクラスに@Scopeアノテーションを使用してスコープを指定します。

▶ UserServiceをprototypeスコープで登録するアノテーションBean定義の例

```
@Component
@Scope("prototype")
public class UserServiceImpl implements UserService {
    // ・・・
}
```

メモ

Spring MVCなど、Spring Frameworkが提供するWebアプリケーションフレームワークを利用する場合は、requestスコープやsessionスコープなどWebアプリケーション向けのスコープを使うための設定は基本的には不要です。ただし、サーブレットフィルタでWebアプリケーション向けのスコープのBeanを使う場合は、web.xmlに以下の設定が必要です。また、JSF (JavaServer Faces) など、その他のWebアプリケーションフレームワークとSpringを連携させて使う場合も同様の設定が必要になります。

▶ RequestContextListenerの登録

```
<listener>
    <listener-class>org.springframework.web.context.request.RequestContextListener
    </listener-class>
</listener>
```

■異なるスコープのインジェクション

スコープの生存期間の長さには幅があります。たとえば、prototype スコープより singleton スコープのほうが寿命が長くなります。また、Web アプリケーションの場合には request < session < singleton の順に長寿命になります。

Spring の DI コンテナでは一度インジェクションされた Bean はインジェクション先のスコープに寄せられます。たとえば、prototype スコープの Bean を singleton スコープの Bean にインジェクションすると、prototype スコープの Bean は DI コンテナから取り出されることがなくなり、結果的に singleton と同じ寿命になります。

次の例を考えましょう。PasswordEncoder の Bean が prototype スコープで定義されています。

▶ prototypeスコープのPasswordEncoderのBean定義

```
@Bean
@Scope("prototype")
PasswordEncoder passwordEncoder() {
    // スレッドアンセーフなので、singletonで使ってはいけない
    return new ThreadUnsafePasswordEncoder();
}
```

この Bean を singleton スコープの UserService Bean が使用します。

▶ singletonスコープのUserServiceのBean内でprototypeスコープのPasswordEncoderがインジェクションされる実装例

```
@Component
public class UserServiceImpl implements UserService {
    @Autowired
    PasswordEncoder passwordEncoder;

    public void register(User user, String rawPassword) {
        String encodedPassword = passwordEncoder.encode(rawPassword);
        // ・・・
    }
}
```

このような構成だと、PasswordEncoder の Bean が prototype スコープで定義されていても、UserService の Bean が singleton なので、結果的に同じインスタンスが使われてしまいます。すなわち、register メソッドを2回実行すると、同じ PasswordEncoder インスタンスが使われることになります。これでは prototype スコープで定義した意味がありません。

ルックアップメソッドインジェクション

上記の問題に対する一番素直な対処方法は、PasswordEncoderのインジェクションをやめ、DIコンテナから
ルックアップ（getBean）するように変えることです。

▶ **getBeanを利用したBeanの取得の実装例**

```
@Component
public class UserServiceImpl implements UserService {
    @Autowired
    ApplicationContext context;                                                    ❶

    public void register(User user, String rawPassword) {
        PasswordEncoder passwordEncoder = passwordEncoder();                       ❷
        String encodedPassword = passwordEncoder.encode(rawPassword);
        // ・・・
    }

    PasswordEncoder passwordEncoder() {
        return this.context.getBean(PasswordEncoder.class);                        ❸
    }
}
```

❶ ApplicationContextをインジェクションする

❷ passwordEncoderフィールドへのアクセスをpasswordEncoderメソッドの呼び出し結果へのアクセスに変更する

❸ DIコンテナからルックアップする。このメソッドは呼び出されるたびに予期したとおりのスコープのインスタンスを
返す

このコードでも問題はないのですが、疎結合のためにDIコンテナを使用しているにもかかわらず、DIコンテ
ナの管理クラスの中でDIコンテナが表に出てくるのは好ましくなく、できるだけ避けたほうがいいでしょう。

SpringのDIコンテナには、上記のコード（passwordEncoderメソッド）を同等なコード（バイトコード）へ生
成する機能があります。この機能のことを「ルックアップメソッドインジェクション」といいます。

DIコンテナからのルックアップを行ないたいメソッドに@org.springframework.beans.factory.annota
tion.Lookupアノテーションを付与することで、DIコンテナから対象のBeanをルックアップする処理に置き換
わった状態でDIコンテナに登録されます。

▶ **ルックアップメソッドインジェクションを利用したBeanの取得の実装例**

```
@Component
public class UserServiceImpl implements UserService {

    public void register(User user, String rawPassword) {
        PasswordEncoder passwordEncoder = passwordEncoder();
        String encodedPassword = passwordEncoder.encode(rawPassword);
        // ・・・
    }

    @Lookup
```

```
    PasswordEncoder passwordEncoder() {
        return null;  // 戻り値はダミーでよい
    }
}
```

仕組みとしては、DIコンテナは動的に`UserServiceImpl`クラスのサブクラスを作って`passwordEncoder`メソッドをオーバーライドします。したがって@Lookupを付けるメソッドに`private`や`final`を付けてはいけません。また、メソッド引数は指定しないようにする必要があります。

@Lookupアノテーション[8]のvalue属性でBean名を指定できます。value属性を省略した場合は、戻り値の型からルックアップ対象のBeanを判断します。

XMLによるBean定義では、`<lookup-method>`要素でルックアップメソッドインジェクションを利用可能です。定義例を示します。

▶ ルックアップメソッドインジェクションを利用したBean取得XMLの実装例

```
<bean id="passwordEncoder" class="com.example.demo.ThreadUnsafePasswordEncoder" scope="prototype" />

<bean id="userService" class="com.example.demo.UserServiceImpl">
    <lookup-method name="passwordEncoder" bean="passwordEncoder" /> ─────────────── ❶
    <!-- 他の設定は省略 -->
</bean>
```

❶ name属性でルックアップメソッド名を指定。bean属性でルックアップ対象のBean名を指定する

ルックアップメソッドインジェクションは、スコープが異なることによる問題の解決に限らず、ソースコードから直接DIコンテナにアクセスすることを避ける目的で利用できます。なお、Java ConfigによるBean定義ではルックアップメソッドインジェクションは利用できません。

Scoped Proxy

異なるスコープの問題を解決する方法としてはScoped Proxyという手法があります。これはProxyで包んだ状態でBeanをインジェクションし、インジェクションされたBeanのメソッドを呼ぶと、実際はDIコンテナからルックアップしたBeanにメソッド実行を委譲するというものです。

この方法は基本的にはrequestスコープやsessionスコープのBeanを、singletonスコープなどのより寿命の長いBeanにインジェクションする用途で用意されています。

先ほどの`ThreadUnsafePasswordEncoder`をrequestスコープで定義して使用するケースを考えます。Scoped Proxyを有効にする場合は、@ScopeアノテーションのproxyMode属性に設定を行ないます[9]。

【8】 @LookupアノテーションはSpring 4.1から導入されました。

【9】 Spring 4.3からは、Webアプリケーション用のスコープを指定するためのアノテーション（@SessionScope、@RequestScope、@Application Scope）が追加され、proxyMode属性のデフォルト値にはScopedProxyMode.TARGET_CLASSが設定されます。

▶ Scoped Proxyを有効にするJava Configの実装例

```
@Bean
@Scope(value = "request", proxyMode = ScopedProxyMode.INTERFACES)
PasswordEncoder passwordEncoder() {
    return new ThreadUnsafePasswordEncoder();
}
```

UserServiceImplも再掲します。

▶ UserServiceImplにおけるPasswordEncoderのインジェクションの実装例

```
@Component
public class UserServiceImpl implements UserService {
    @Autowired
    PasswordEncoder passwordEncoder;

    public void register(User user, String rawPassword) {
        String encodedPassword = passwordEncoder.encode(rawPassword);
        // ・・・
    }
}
```

　Scoped Proxyが有効になっているので、passwordEncoderフィールドにはPasswordEncoderのProxyがインジェクションされ、encodeメソッドが呼ばれるたびにrequestスコープのPasswordEncoderインスタンスが使用されます。

　Scoped Proxyを有効にするにはproxyMode属性に以下のいずれかを指定してください。

- **ScopedProxyMode.INTERFACES** —— JDKの動的Proxy（java.lang.reflect.Proxy）を使用してインターフェイスベースのProxyを作成する
- **ScopedProxyMode.TARGET_CLASS** —— Spring Frameworkに内蔵されているCGLIBを使用してサブクラスベースのProxyを作成する

インターフェイスベースのProxyとサブクラスベースのProxyの違いを示すために、生成されるProxyクラスの実装イメージを以下に示します。正確ではありませんが、どのような実装が行なわれ、どのような違いがあるか把握できると思います。

▶ インターフェイスベースのProxyのイメージ

```
public class PasswordEncoderProxy implements PasswordEncoder {
    @Autowired
    ApplicationContext context;

    @Override
    public String encode(String rawPassword) {
        PasswordEncoder passwordEncoder =
```

```
            context.getBean("passwordEncoder", PasswordEncoder.class);
        return passwordEncoder.encode(rawPassword);
    }
}
```

▶ サブクラスベースの**Proxy**のイメージ

```java
public class PasswordEncoderProxy extends ThreadUnsafePasswordEncoder {
    @Autowired
    ApplicationContext context;

    @Override
    public String encode(String rawPassword) {
        PasswordEncoder passwordEncoder =
            context.getBean("passwordEncoder", PasswordEncoder.class);
        return passwordEncoder.encode(rawPassword);
    }
}
```

Scoped Proxy対象のBeanがインターフェイスを持っていない場合はサブクラスベースのProxy
を使用する必要があります。サブクラスベースのProxyの場合ではオーバーライドが行なわれるた
め、メソッドやクラスに`final`を付けることはできません。

　XMLによるBean定義の場合は`<aop:scoped-proxy>`要素を用いてScoped Proxyを設定します。aopネーム
スペースの設定が必要になります。

▶ XMLにおけるScoped Proxyの実装例

```xml
<?xml version="1.0" encoding="UTF-8"?>
<beans xmlns="http://www.springframework.org/schema/beans"
    xmlns:xsi="http://www.w3.org/2001/XMLSchema-instance"
    xmlns:aop="http://www.springframework.org/schema/aop"
    xsi:schemaLocation="
        http://www.springframework.org/schema/beans
        http://www.springframework.org/schema/beans/spring-beans.xsd
        http://www.springframework.org/schema/aop
        http://www.springframework.org/schema/aop/spring-aop.xsd"> ─────────── ❶
    <bean id="passwordEncoder" class="com.example.demo.ThreadUnsafePasswordEncoder" scope="request">
        <aop:scoped-proxy proxy-target-class="false" /> ──────────── ❷
    </bean>

    <bean id="userService" class="com.example.demo.UserServiceImpl">
        <property name="passwordEncoder" ref="passwordEncoder" />
        <!-- 他の設定は省略 -->
    </bean>
</beans>
```

❶ AOPの機能を利用するため、ネームスペースとスキーマに `xmlns:aop="http://www.springframework.org/`

schema/aop"、http://www.springframework.org/schema/aop、http://www.springframework.org/schema/aop/spring-aop.xsdを追加する

❷ Scoped Proxyを有効にしたいBeanの\<bean>要素の中に\<aop:scoped-proxy>要素を定義する。proxy-target-class属性をfalseにするとJDK Proxyを用いたインターフェイスベースのProxyが作成される。trueの場合はサブクラスベースのProxyが作成される

アノテーションによるBean定義の場合は、スキャン対象のクラスに付与した@ScopeアノテーションにproxyMode属性を設定します。

▶ アノテーションにおけるScoped Proxyの実装例

```
@Component
@Scope(value = "request", proxyMode = ScopedProxyMode.INTERFACES)
public class ThreadUnsafePasswordEncoder implements PasswordEncoder {
    // ...
}
```

Spring Frameworkの公式マニュアルには、Scoped Proxyはrequest、session、globalSessionスコープで使用し、prototypeスコープに対してはルックアップメソッドインジェクションを使用するように明記されています。

prototypeスコープでもScoped Proxyは利用可能ですが、同じフィールドの異なるメソッド呼び出しに対しても、実際には毎回異なるインスタンスに対してメソッドが呼び出される点に注意する必要があります。

■カスタムスコープ

用意されているスコープ以外にもカスタムスコープを作成できます。スコープを管理するorg.springframework.beans.factory.config.Scopeインターフェイスを実装して、org.springframework.beans.factory.config.CustomScopeConfigurerにスコープ名を指定して登録すれば独自のスコープを使用することができます。

本書ではScopeインターフェイスの実装例は述べませんが、Spring Frameworkで提供されているサンプル実装org.springframework.context.support.SimpleThreadScopeをJava Configで設定する例を以下に示します。

▶ 独自のスコープの実装例

```
@Bean
CustomScopeConfigurer customScopeConfigurer() {
    CustomScopeConfigurer configurer = new CustomScopeConfigurer();
    Map<String, Scope> scopes = new HashMap<>();
    scopes.put("thread", new SimpleThreadScope());
    return configurer;
}
```

この設定を行ない、@Scope("thread")を付与してBeanを定義すると、スレッド単位でインスタンスが生成されます。

2.1.8 Beanのライフサイクル

DIコンテナで管理されているBeanのライフサイクルは、次の3つのフェーズで構成されます。

1. 初期化フェーズ
2. 利用フェーズ
3. 終了フェーズ

上記3つのフェーズのうち、ほとんどの時間は利用フェーズ、すなわちアプリケーションが稼働している状態ですが、初期化フェーズや終了フェーズで何が行なわれているかを把握することで、前処理や後処理のコールバックを活用できます。

■初期化フェーズ

初期化フェーズでは大きく3つのステップに分かれています。第1ステップはコンフィギュレーションを読み込み、Beanを特定するステップです。第2ステップはBeanのインスタンス化と依存性の注入（DI）を行なうステップです。最後は「Post Construct」と呼ばれるDI後処理を実行するステップになります。

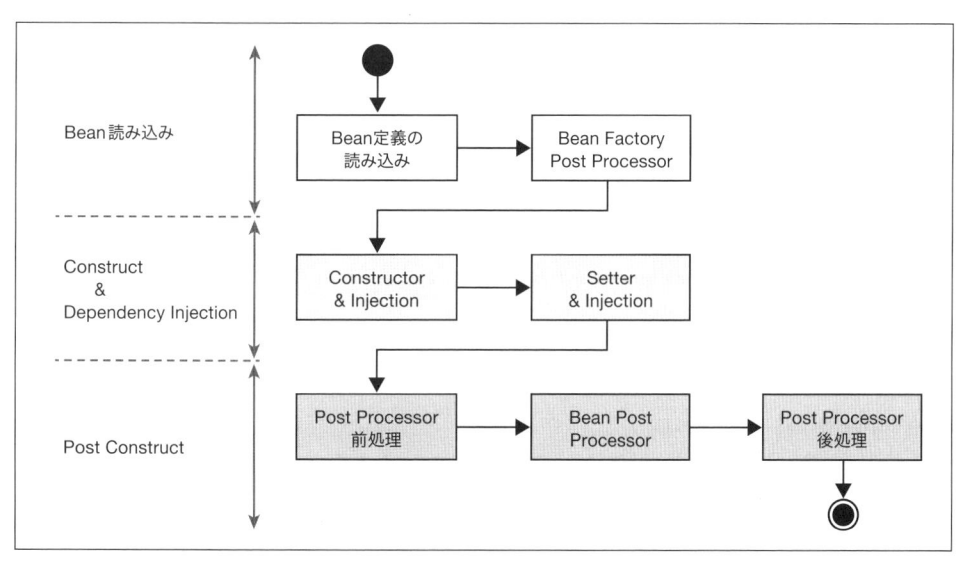

図2.5 初期化フェーズ

Bean定義の読み込み

Bean定義の読み込み処理では、Beanを生成するために必要な情報の収集を行ないます。Beanが定義されたJava ConfigやXMLファイルを読み込んだり、アノテーションベースConfigurationのコンポーネントスキャンを行なったりしてBeanの定義情報を収集します。この段階では定義を読み込むだけでBeanの生成は行なわれ

ません。

次にBean Factory Post Processor（BFPP）によるBean定義情報の書き換え処理が行なわれます。この処理は以下のorg.springframework.beans.factory.config.BeanFactoryPostProcessorインターフェイスを実装したクラスによって行なわれます。

▶ BeanFactoryPostProcessorインターフェイス

```
public interface BeanFactoryPostProcessor {
    void postProcessBeanFactory(ConfigurableListableBeanFactory beanFactory);
}
```

このあと、「2.4 プロパティ管理」で説明するBean定義中のプロパティのプレースホルダにプロパティ値を埋め込む処理は、このタイミングで行なわれます。BeanFactoryPostProcessorを実装したクラスがBean定義されている場合は、このタイミングで処理が行なわれるので、独自の定義情報書き換え処理を追加することができます。

依存性の解決

Bean定義の読み込みが終わった後に、Beanのインスタンスが生成され、インジェクションが行なわれます。これまで説明した3つのインジェクションが行なわれる順序は次のようになります。

1. コンストラクタインジェクション
2. フィールドインジェクション
3. セッターインジェクション

Post Construct

インジェクションが終わった後にPost Construct処理が行なわれます。Post Constructは前処理、初期化処理、後処理の3段階に分かれています。

初期化処理には次の3種類があり、この順番で呼び出されます。

- @javax.annotation.PostConstructアノテーションが付与されたメソッド
- org.springframework.beans.factory.InitializingBeanインターフェイスのafterPropertiesSetメソッド
- Bean定義中の@BeanのinitMethod属性、または<bean>要素のinit-method属性で指定したメソッド

コンストラクタ内での初期化処理とは異なり、インジェクションされたフィールドを使用できるのがポイントです。

Post Constructの前処理・後処理はBean Post Processor（BPP）によって行なわれます。Bean Post Processorは以下のorg.springframework.beans.factory.config.BeanPostProcessorインターフェイス実装したクラスです。

▶ BeanPostProcessorの定義

```
public interface BeanPostProcessor {
    // 前処理
    Object postProcessBeforeInitialization(Object bean, String beanName);
    // 後処理
    Object postProcessAfterInitialization(Object bean, String beanName);
}
```

Bean Post Processorは汎用的でとても強力な拡張ポイントとなります。

@PostConstructを使用した例を以下に示します。XMLを使用してBean定義を行なう場合は、<context: annotation-config>または<context:component-scan>要素を定義する必要があります。これは、後述する @PreDestroyも同様です。

▶ @PostConstructアノテーションの実装例

```
@Component
public class UserServiceImpl implements UserService {
    // ・・・

    @PostConstruct
    void populateCache() {
        // キャッシュ作成処理
    }
}
```

Post Constructのメソッドは戻り値がvoidで、引数をなしにする必要があります。同じ処理を以下のように InitializingBeanでも実装できます。

▶ InitializingBeanの実装例

```
@Component
public class UserServiceImpl implements UserService, InitializingBean {
    // ・・・

    @Override
    public void afterPropertiesSet() {
        // キャッシュ作成処理
    }
}
```

サードパーティライブラリなどを使ったりするときに、@PostConstructもInitializingBeanも利用できない 場合は、以下のようにBean定義時に初期化メソッド名を指定できます。

▶ Java Configの場合

```
@Bean(initMethod = "populateCache")
UserService userService() {
```

```
        return new UserServiceImpl();
    }
```

▶ **XMLの場合**

```
<bean id="userService" class="com.example.demo.UserServiceImpl" init-method="populateCache" />
```

■終了フェーズ

　DI コンテナが破棄されるタイミングで Bean は終了フェーズを迎えます。終了フェーズでは「Pre Destroy」と呼ばれる破棄前処理が行なわれます。

Pre Destroy

　Pre Destroy は Post Construct の初期化処理の逆バージョンです。以下の3種類があります。

- @javax.annotation.PreDestroy アノテーションが付与されたメソッド
- org.springframework.beans.factory.DisposableBean インターフェイスの destroy メソッド
- Bean 定義中の @Bean の destroyMethod 属性、または <bean> 要素の destroy-method 属性で指定したメソッド

　@PreDestroy を使用した例を以下に示します。

▶ **@PreDestroyアノテーションの実装例**

```
@Component
public class UserServiceImpl implements UserService {
    // ・・・

    @PreDestroy
    void clearCache() {
        // キャッシュ破棄処理
    }
}
```

　同じ処理を以下のように DisposableBean でも実装できます。

▶ **DisposableBeanインターフェイスの実装例**

```
@Component
public class UserServiceImpl implements UserService, DisposableBean {
    // ・・・

    @Override
    public void destroy() {
        // キャッシュ破棄処理
    }
```

```
    }
```

　また Post Construct 時と同様に、サードパーティライブラリなどを使う場合に、@PreDestroy も Disposable Bean も利用できない場合は、以下のように Bean 定義時に破棄メソッド名を指定できます。

▶ Java Config の場合

```
@Bean(destroyMethod = "clearCache")
UserService userService() {
    return new UserServiceImpl();
}
```

▶ XML の場合

```
<bean id="userService" class="com.example.demo.UserServiceImpl" destroy-method="clearCache" />
```

　Pre Destroy は prototype スコープの Bean では実施されないので注意してください。

DI コンテナの破棄

　ApplicationContext を拡張した org.springframework.context.ConfigurableApplicationContext インターフェイスの close メソッドが呼ばれると DI コンテナが破棄されます。これまで紹介してきた Application Context 実装クラスは ConfigurableApplicationContext を実装しています。

　明示的にクローズする例を以下に示します。

▶ DI コンテナを破棄する実装例

```
ConfigurableApplicationContext context = new AnnotationConfigApplicationContext(AppConfig.class);
// アプリケーションのコード
context.close();
```

　ConfigurableApplicationContext は java.io.Closeable インターフェイスを実装しているので、以下のように記述することもできます。

▶ try-with-resources 文を利用した DI コンテナの破棄の実装例

```
try(ConfigurableApplicationContext context = new AnnotationConfigApplicationContext(AppConfig.class)) {
    // アプリケーションのコード
}
```

　明示的にクローズするのが難しい場合は、以下のように JVM のシャットダウンにフックして、破棄処理を差し込むことができます。

▶ JVM のシャットダウン時に DI コンテナを破棄する実装例

```
ConfigurableApplicationContext context = new AnnotationConfigApplicationContext(AppConfig.class);
```

```
context.registerShutdownHook();
```

 **2.1.9　Configurationの分割**

　DIコンテナで管理するBeanが多くなるとConfigurationも肥大化してしまいます。Configurationの範囲を明確にし、可読性を向上させるには、必要に応じてConfigurationの分割を行ないます。

■Java Configの分割

　コンフィギュレーションクラスを分割する場合は@org.springframework.context.annotation.Importを使用します。以下の例ではAppConfigクラスのBean定義をDomainConfigクラス、InfrastructureConfigクラスに分割します。

▶ 分割したコンフィギュレーションクラスをインポートするJava Configの実装例（AppConfig.java）

```
@Configuration
@Import({DomainConfig.class, InfrastructureConfig.class}) ──────────────── ❶
public class AppConfig {
    /*
     DomainConfig.classとInfrastructureConfig.classに定義したBeanをインジェクションすることができる
    */
}
```

▶ 分割したコンフィギュレーションクラスの実装例（DomainConfig.java）

```
@Configuration ──────────────────────────────────────── ❷
public class DomainConfig {
    @Bean
    UserService userService() {
        // ・・・
    }
}
```

▶ 分割したコンフィギュレーションクラスの実装例（InfrastructureConfig.java）

```
@Configuration ──────────────────────────────────────── ❷
public class InfrastructureConfig {
    @Bean
    DataSource dataSource() {
        // ・・・
    }
}
```

❶ クラスに@Importアノテーションを付与し、分割したConfigurationクラスを読み込む。アノテーションの引数として、Configurationクラスの配列を指定する。この例ではDomainConfig.classとInfrastructureConfig.classの2つのクラスを読み込んでいる

❷ 分割する Configuration クラスは、通常と同じくクラスに @Configuration アノテーションを付与する

■XMLベース Configuration の分割

XMLを分割する場合は<import>要素を使用します。

▶ 分割したBean定義のXMLをインポートするXML

```xml
<?xml version="1.0" encoding="UTF-8"?>
<beans xmlns="http://www.springframework.org/schema/beans"
    xmlns:xsi="http://www.w3.org/2001/XMLSchema-instance"
    xsi:schemaLocation="
        http://www.springframework.org/schema/beans
        http://www.springframework.org/schema/beans/spring-beans.xsd">

    <import resource="classpath:conf/domain-config.xml" />  ──────────────── ❶
    <import resource="classpath:conf/infra-config.xml" />
    <!--
      domain-config.xmlとinfra-config.xml
      に定義したBeanを参照することができる
    -->

</beans>
```

▶ 分割したXMLファイルの実装例（domain-config.xml）

```xml
<?xml version="1.0" encoding="UTF-8"?>
<beans xmlns="http://www.springframework.org/schema/beans"
    xmlns:xsi="http://www.w3.org/2001/XMLSchema-instance"
    xsi:schemaLocation="
        http://www.springframework.org/schema/beans
        http://www.springframework.org/schema/beans/spring-beans.xsd">

    <bean id="userService" class="・・・" />  ──────────────── ❷

</beans>
```

▶ 分割したXMLファイルの実装例（infra-config.xml）

```xml
<?xml version="1.0" encoding="UTF-8"?>
<beans xmlns="http://www.springframework.org/schema/beans"
    xmlns:xsi="http://www.w3.org/2001/XMLSchema-instance"
    xsi:schemaLocation="
        http://www.springframework.org/schema/beans
        http://www.springframework.org/schema/beans/spring-beans.xsd">

    <bean id="dataSource" class="・・・" />  ──────────────── ❷

</beans>
```

❶ <import>要素で分割したBean定義ファイルを読み込む定義を行なう。resource属性に読み込むBean定義ファイルパスを指定する。この例ではクラスパス直下のconf/domain-config.xmlとconf/infra-config.xmlを読み込む

❷ 分割するBean定義ファイルは、通常のBean定義ファイルと同じである

2.1.10 Configurationのプロファイル化

Springでは異なる環境や異なる目的ごとにConfigurationをグループ化することができます。このグループを「プロファイル」といいます。たとえば、環境ごとに「development」プロファイル、「test」プロファイル、「production」プロファイルなどを作成することが考えられます。

■プロファイルの定義方法

Java ConfigによるBean定義でプロファイルを指定する場合は、@org.springframework.context.annotation.Profileアノテーションを使用します。

▶ プロファイル名を指定したJava Configの実装例

```
@Configuration
@Profile("development")
public class DevelopmentConfig {
    // ・・・
}

@Configuration
@Profile("production")
public class ProdConfig {
    // ・・・
}
```

以下のようにメソッドレベルに指定することもできます。

▶ メソッドレベルにプロファイル名を指定したJava Configの実装例

```
@Configuration
public class AppConfig {

    @Bean(name = "dataSource")
    @Profile("development")
    DataSource dataSourceForDev() {
        // ・・・
    }

    @Bean(name = "dataSource")
    @Profile("production")
    DataSource dataSourceForProd() {
        // ・・・
    }
```

```
}
```

@Profileアノテーションでは @Profile({"development", "test"}) というように複数のプロファイルを指定したり、@Profile("!production")（productionプロファイル以外）というように否定形でプロファイルを指定したりすることもできます。これは開発が進んだ段階で便利に使える機能です。

XMLによる Bean 定義でプロファイルを指定する場合は、<beans>要素の profile 属性を使用します。

▶ プロファイル名を指定したXMLファイルの実装例

```
<?xml version="1.0" encoding="UTF-8"?>
<beans xmlns="http://www.springframework.org/schema/beans"
    xmlns:xsi="http://www.w3.org/2001/XMLSchema-instance"
    xsi:schemaLocation="
        http://www.springframework.org/schema/beans
        http://www.springframework.org/schema/beans/spring-beans.xsd"
    profile="development">
    <!-- この要素内で定義したBeanはすべて指定したプロファイル配下になります -->
</beans>
```

1つのXMLの中に別のプロファイルを定義する場合は、以下のように <beans>要素を入れ子にして profile 属性を指定します。

▶ 1つのXMLファイルに複数のプロファイルを指定したXMLファイルの実装例

```
<?xml version="1.0" encoding="UTF-8"?>
<beans xmlns="http://www.springframework.org/schema/beans"
    xmlns:xsi="http://www.w3.org/2001/XMLSchema-instance"
    xsi:schemaLocation="
        http://www.springframework.org/schema/beans
        http://www.springframework.org/schema/beans/spring-beans.xsd">
    <beans profile="development">
        <!-- この要素内で定義したBeanはすべてdevelopmentプロファイル配下になります -->
        <bean id="dataSource" class="・・・"><!-- ・・・ --></bean>
    </beans>
    <beans profile="production">
        <!-- この要素内で定義したBeanはすべてproductionプロファイル配下になります -->
        <bean id="dataSource" class="・・・"><!-- ・・・ --></bean>
    </beans>
</beans>
```

複数のプロファイルを指定する場合は、profile="p1,p2" というようにカンマ区切りで指定できます。

次のように、アノテーションによる Bean 定義も @Profile アノテーションで指定できます。

▶ プロファイル名を指定したアノテーションによるBean定義の実装例

```
@Component
@Profile("test")
```

```
public class DummyUserRepository implements UserRepository {
    // ・・・
}
```

なお、プロファイルの指定がないBean定義はすべてのプロファイルで利用可能です。

■使用するプロファイルの選択方法

どのプロファイルを使用するかはJavaのシステムプロパティspring.profiles.activeで選択できます。java プロセスの実行時に次のように指定してください。

▶「production」というプロファイルを利用してアプリケーションを起動する際のJVM引数

```
-Dspring.profiles.active=production
```

複数選択したい場合は、カンマ区切りで指定します。あるいは、環境変数SPRING_PROFILES_ACTIVEを使ってもプロファイルを選択できます。

▶ 環境変数にプロファイル名を指定する場合のコマンド

```
export SPRING_PROFILES_ACTIVE=production
```

Webアプリケーションの場合は、web.xmlに以下のように指定することも可能です。

▶ デプロイメント記述子 (web.xml) にプロファイル名を指定する場合の例

```
<context-param>
    <param-name>spring.profiles.active</param-name>
    <param-value>production</param-value>
</context-param>
```

spring.profiles.activeを指定しなかった場合に使用されるプロファイルは、spring.profiles.default で指定可能です。Webアプリケーションの場合は、web.xmlにspring.profiles.defaultを設定し、実行時に spring.profiles.activeでプロファイルを上書きするのがよいでしょう。

2.1.11 JSR 330: Dependency Injection for Java

DIにはJava標準仕様のJSR 330 [10] で定められたAPI（主にアノテーション）があります。前述のGuiceや Daggerはこの仕様を満たしています。

JSR 330のAPIを利用するには、以下の依存ライブラリが必要になります。

【10】https://www.jcp.org/en/jsr/detail?id=330

▶ **JSR 330を利用するための依存ライブラリ**

```
<dependency>
        <groupId>javax.inject</groupId>
        <artifactId>javax.inject</artifactId>
</dependency>
```

SpringでもJSR 330のAPIを利用することができます。これまで説明してきたアノテーションベースのConfigurationをJSR 330のアノテーションを使用して定義すると以下のようになります。

▶ **JSR 330におけるアノテーションを利用したBean定義の実装例**

```
import javax.inject.Inject;
import javax.inject.Named;

@Named
public class UserServiceImpl implements UserService {
    @Inject
    public class UserServiceImpl(UserRepository userRepository, PasswordEncoder passwordEncoder) {
        // ・・・
    }
}
```

SpringのコンポーネントスキャンはクラスパスにJSR 330のクラスが存在する場合は、自動でJSR 330のアノテーションもスキャンします。したがって、コンポーネント自体はSpringに依存せずJava標準のクラスのみで作成することも可能です。**表2.5**にSpringとJSR 330の主なアノテーションの対応関係を示します。

表2.5 Spring と JSR 330 の主なアノテーションの対応関係

Spring	JSR	説明
@Autowired	@Inject	@Injectには必須チェック（required属性）がない
@Component	@Named	Springの場合はデフォルトでsingletonスコープであるが、JSR 330の場合はデフォルトでprototypeスコープである
@Qualifier	@Named	@Namedが兼用される
@Scope	@Scope	JSR 330の@Scopeはスコープを定義するカスタムアノテーションを作るためのメタアノテーションであり、@Scope単体でスコープを指定できない。デフォルトの実装は@Singletonのみ

これらのアノテーションを組み合わせることもできます。

Springのコンポーネントスキャンを、JSR 330の仕様に合わせてデフォルトのスコープをprototypeにするには、以下の設定が必要です。

▶ **BeanのデフォルトのスコープをprototypeにするJava Configの実装例**

```
@ComponentScan(basePackages = "com.example.demo", scopeResolver = Jsr330ScopeMetadataResolver.class)
public class AppgConfig {
    // ・・・
}
```

XMLの場合は、以下の設定が必要です。

▶ **BeanのデフォルトのスコープをprototypeにするXMLの実装例**

```
<context:component-scan base-package="com.example.demo" scope-resolver="org.springframework.context. ➡
annotation.Jsr330ScopeMetadataResolver" />
```

Java標準のAPIにこだわりがなければ、Springのアノテーションを使うのがよいでしょう。

2.2 AOP

ソフトウェアの規模が大きくなってくるとロギング処理、キャッシュ処理など本質的ではない処理がいろいろなロジック中に散在するようになりがちです。以下のソースコード例を見てください。本質的な処理内容ではないログ出力のコードがメソッド内に散在しています。

▶ **メソッドの開始と終了のログを出力するソースコード**

```
public class UserServiceImpl implements UserService {
    private static final Logger log = LoggerFactory.getLogger(UserServiceImpl.class);

    public User findOne(String username) {
        log.debug("メソッド開始: UserServiceImpl.findOne 引数={}", username);   // <-- 散在コード
        // ・・・
        log.debug("メソッド終了: UserServiceImpl.findOne 戻り値={}", user);      // <-- 散在コード
        return user;
    }
}
```

たとえばログのフォーマットやログレベルの変更が必要になった場合、すべてのコードを修正しなくてはいけません。このような状態はDRY（Don't Repeat Yourself）原則に反しており、変更に弱く、システムの不整合を起こす原因になり得るため好ましくありません。

複数のモジュールにまたがって存在する処理は「横断的関心事（Cross-Cutting Concern）」と呼ばれます。代表的なものとしては以下のようなものがあります。

- セキュリティ
- ログ出力
- トランザクション
- モニタリング
- キャッシュ
- 例外ハンドリング

プログラム中から横断的関心事を取り除き、一箇所に集めることを「横断的関心事の分離（Separation Of

Cross-Cutting Concerns)」と呼び、これを実現する手法をアスペクト指向プログラミングといいます。

 **AOPの概要**

AOPとはアスペクト指向プログラミング（Aspect Oriented Programming）の略で、複数のクラスに点在する横断的な関心事を中心に設計や実装を行なうプログラミング手法です（図2.6）。

AOPはDIと並ぶSpring Frameworkの重要な機能です。DIを利用することでクラスのインスタンス生成と依存関係の構築をアプリケーションのコードから分離することができました。AOPを利用すると、このインスタンスに外部から共通的な機能を入れ込むことができるようになります。これは、アプリケーションのコードから共通的な機能を分離したと言い換えることができます。

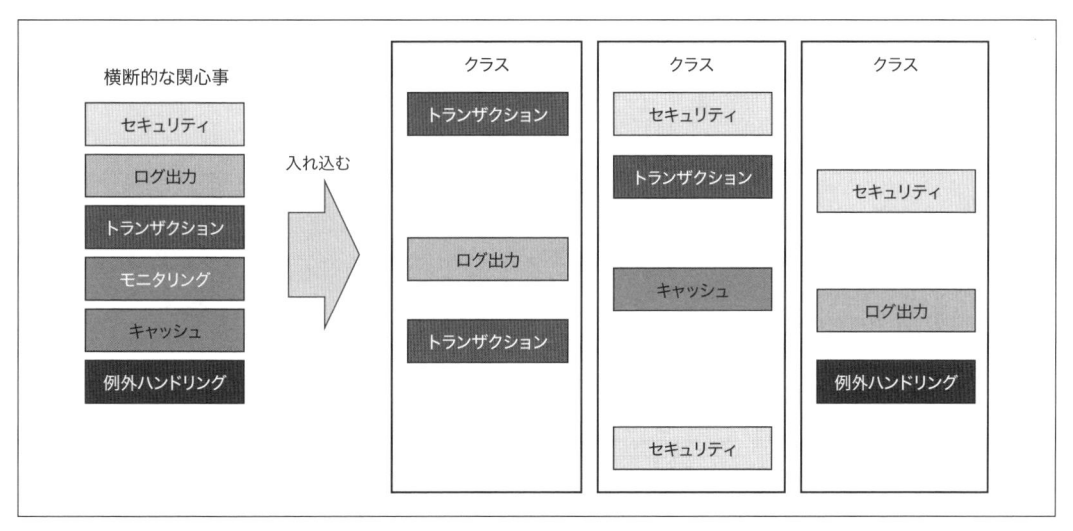

図2.6　AOPの概要

■AOPのコンセプト

ここではAOPの代表的な用語について説明します（図2.7）。

- Aspect
  AOPの単位となる横断的な関心事を示すモジュールそのものです。AOPのサンプルとして例示される「ログを出力する」「例外をハンドリングする」「トランザクションを管理する」といった関心事がAspectになります。

- Join Point
  横断的な関心事を実行するポイント（メソッド実行時や例外スロー時など）のことです。Join PointはAOPライブラリによって仕様が決められており、SpringのAOPではJoin Pointはメソッドの実行時です。

- **Advice**

  特定のJoin Pointで実行されるコードのことで、横断的な関心事を実装する箇所です。次項で説明しますが、AdviceにはAround、Before、Afterなど複数の種類が存在します。

- **Pointcut**

  実行対象のJoin Pointを選択する表現（式）のことです。Join Pointのグループと捉えることもできます。Spring AOPではBean定義ファイルやアノテーションを利用してPointcutを定義します。

- **Weaving**

  アプリケーションコードの適切なポイントにAspectを入れ込む処理のことです。AOPライブラリにはWeavingをコンパイル時に行なうもの、クラスロード時に行なうもの、実行時に行なうものがあり、SpringのAOPは実行時にWeavingを行ないます。

- **Target**

  AOP処理によって処理フローが変更されたオブジェクトのことです。TargetオブジェクトはAdvicedオブジェクトと呼ばれることもあります。

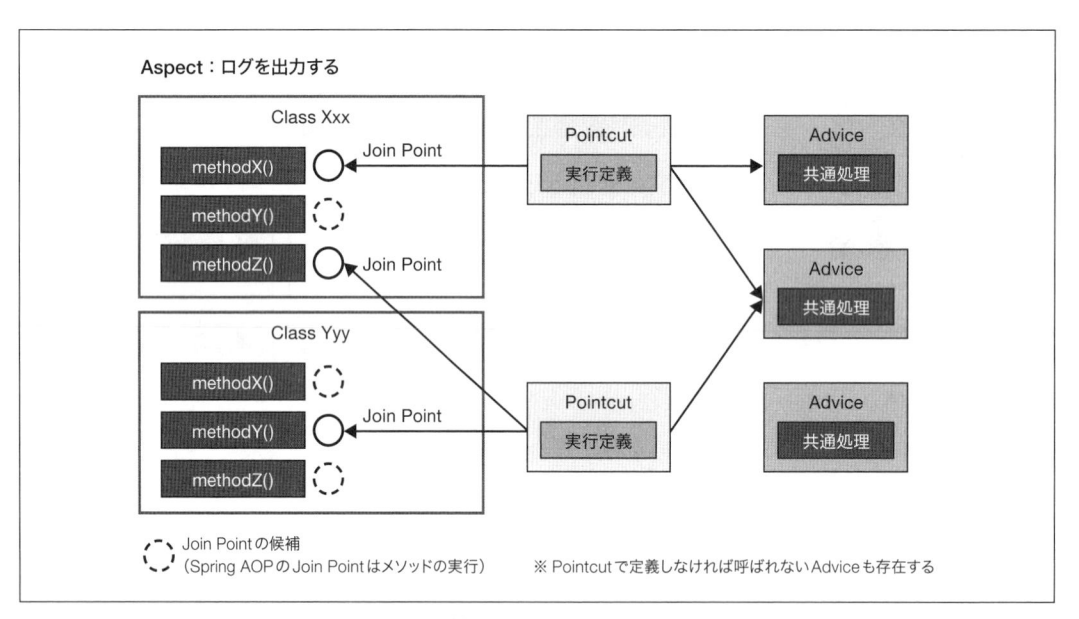

図2.7　Aspect、Join Point、Pointcut、Adviceの関係図

■Springで利用可能なAdvice

Spring AOPでは、表2.6に示す5つのAdviceを利用できます（図2.8）。

表2.6　Springで利用可能なAdvice

Advice	概要
Before	Join Pointの前に実行されるAdviceである。例外のスローを除いて、Join Pointの処理フローを防ぐことはできない
After Returning	Join Pointが正常終了した後に実行されるAdviceである。例外がスローされた場合、After Returning Adviceは実行されない
After Throwing	Join Pointで例外がスローされた後に実行されるAdviceである。Join Pointが正常終了した場合、After Throwing Adviceは実行されない
After	Join Pointの後に実行されるAdviceである。Join Pointの正常終了や例外のスローにかかわらず、常に実行される
Around	Join Pointの前後で実行されるAdviceである

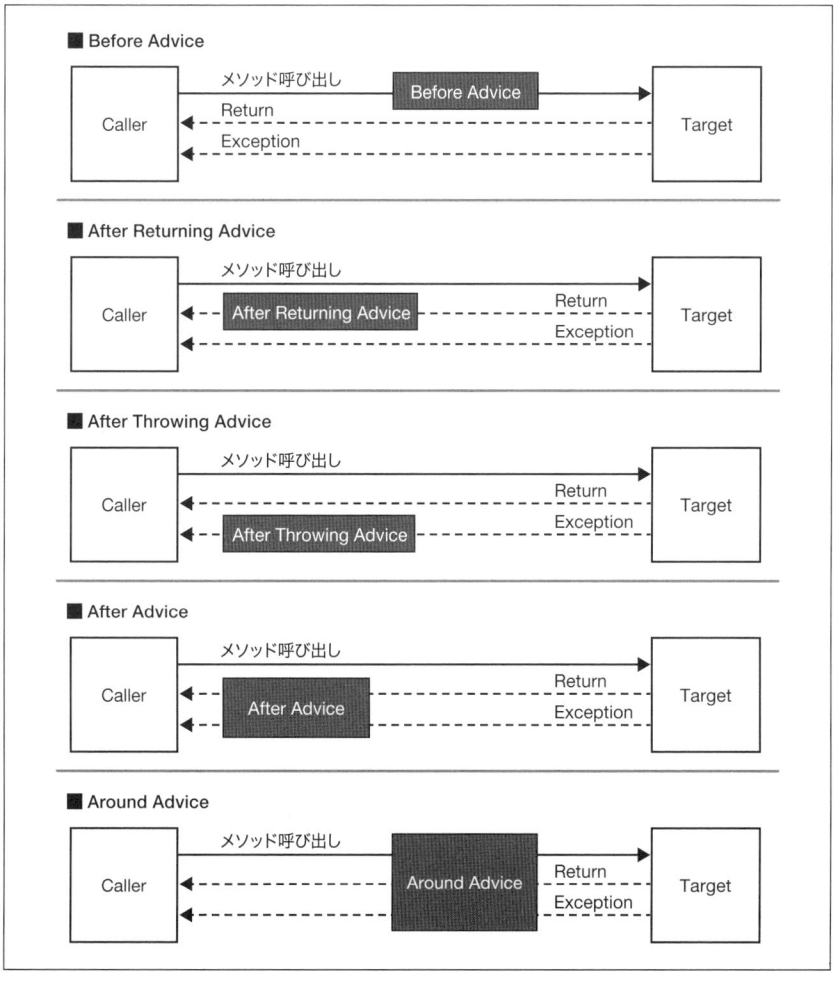

図2.8　Adviceの概要

2.2.2 Spring AOP

Spring Framework では AOP を実現するサブプロジェクトとして Spring AOP が用意されています。Spring AOP では DI コンテナに管理されている Bean を Target として Advice を埋め込むことができます。Join Point に対する Advice の適用は Proxy オブジェクトを作成することにより実現されています。Advice が適用された場合、DI コンテナから取得された Bean は、対象クラスのインスタンスそのものではなく、Proxy によってラップされた状態になります。

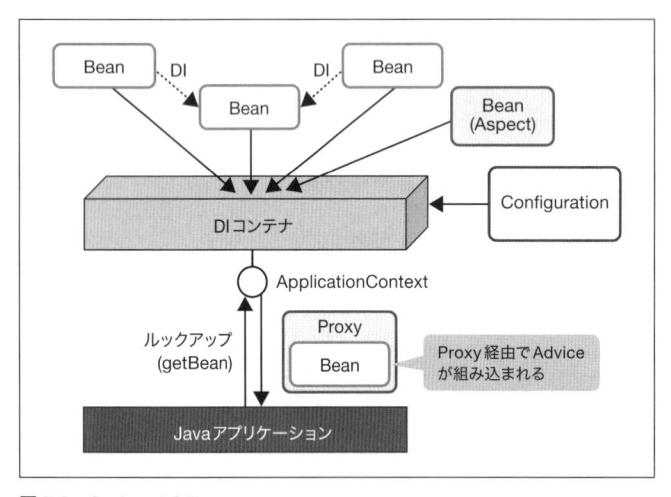

図2.9 Spring AOP

Spring AOP は、現場で広く使われている AOP フレームワークである AspectJ [11] を利用しています。AspectJ は Aspect や Advice を定義するためのアノテーションや Pointcut の式言語、Weaving のメカニズムなどを提供します。AspectJ では Weaving のメカニズムとして、コンパイル時、クラスロード時、実行時すべてがサポートされていますが、Spring AOP では基本的に Proxy オブジェクトを作ることで実行時の Weaving をサポートしています [12]。このためコンパイルやクラスロードのための特別な設定は不要です。また、アノテーションや Pointcut の式言語のサブセットも使用できます。

Spring AOP を使う場合は、次の依存関係が必要になります。

▶ Spring AOP を利用するための依存ライブラリ

```
<dependency>
    <groupId>org.springframework</groupId>
    <artifactId>spring-context</artifactId>
</dependency>
```

【11】 https://eclipse.org/aspectj/
【12】 クラスロード時の Weaving も可能です。
　　　 http://docs.spring.io/spring/docs/current/spring-framework-reference/html/aop.html#aop-aj-ltw

```
<dependency>
    <groupId>org.springframework</groupId>
    <artifactId>spring-aop</artifactId>
</dependency>
<dependency>
    <groupId>org.aspectj</groupId>
    <artifactId>aspectjweaver</artifactId>
</dependency>
```

まずは、簡単なAspectの実装をしてみましょう。

▶ Aspectの実装例

```
package com.example.aspect;

import org.aspectj.lang.JoinPoint;
import org.aspectj.lang.annotation.Before;
import org.aspectj.lang.annotation.Aspect;
import org.springframework.stereotype.Component;

@Aspect ───────────────────────────────────────────── ❶
@Component ─────────────────────────────────────────── ❷
public class MethodStartLoggingAspect {
    @Before("execution(* *..*ServiceImpl.*(..))") ──── ❸
    public void startLog(JoinPoint jp) {
        System.out.println("メソッド開始: " + jp.getSignature()); ── ❹
    }
}
```

❶ @org.aspectj.lang.annotation.Aspectアノテーションを付与することで、このコンポーネントがAspectであることを示す

❷ このコンポーネントがSpringのDIコンテナに管理されるように@Componentアノテーションを付与する。このクラスがコンポーネントスキャン対象であることを前提としている

❸ @org.aspectj.lang.annotation.Beforeアノテーションを付与して、このメソッドがBefore Adviceであることを示す。また、アノテーション内にPointcut式を記述し、Adviceの対象を選択できる。ここではクラス名がServiceImplで終わるクラスの任意のpublicメソッドを対象としている

❹ 実行中のメソッド情報（メソッドの名前、戻り値の型、引数など）はorg.aspectj.lang.JoinPointオブジェクトから取得できる

AOPを有効にするにはBean定義にも設定が必要です。Java Configの場合は、@EnableAspectJAutoProxyを付与する必要があります。

▶ Spring AOPを有効にするJava Configの定義例

```
@Configuration
@ComponentScan("com.example")
@EnableAspectJAutoProxy
```

```
public class AppConfig {
    // ・・・
}
```

XMLの場合は、aopネームスペースの<aop:aspectj-autoproxy>要素を設定する必要があります。

▶ **Spring AOPを有効にするXMLファイルの定義例**

```
<?xml version="1.0" encoding="UTF-8"?>
<beans xmlns="http://www.springframework.org/schema/beans"
    xmlns:xsi="http://www.w3.org/2001/XMLSchema-instance"
    xmlns:context="http://www.springframework.org/schema/context"
    xmlns:aop="http://www.springframework.org/schema/aop"
    xsi:schemaLocation="http://www.springframework.org/schema/beans
    http://www.springframework.org/schema/beans/spring-beans.xsd
    http://www.springframework.org/schema/context
    http://www.springframework.org/schema/context/spring-context.xsd
    http://www.springframework.org/schema/aop
    http://www.springframework.org/schema/aop/spring-aop.xsd">

    <context:component-scan base-package="com.example" />
    <aop:aspectj-autoproxy />
    <!-- ・・・ -->
</beans>
```

これらの設定が行なわれている状態で、以下のようにUserService#findOneを実行してみます。

```
UserService userService = context.getBean(UserService.class);
userService.findOne("spring");
```

すると、次のように出力されます。

```
メソッド開始: User com.example.demo.UserServiceImpl.findOne(String)
```

2.2.3 Adviceの実装方法

ここでは、5種類のAdviceの実装例をそれぞれ見ていくことにします。

■Before

前述の例と同じですが、Adviceとなるメソッドに@org.aspectj.lang.annotation.Beforeアノテーションを付与し、Pointcut式を記述します。Pointcutの書式については後述します。

引数にorg.aspectj.lang.JoinPointオブジェクトを取ることができ、このオブジェクトから実行中のメソッ

ド情報を取得できます。

▶ @Beforeを用いたPointcutの指定例

```
package com.example.aspect;

import org.aspectj.lang.JoinPoint;
import org.aspectj.lang.annotation.Before;
import org.aspectj.lang.annotation.Aspect;
import org.springframework.stereotype.Component;

@Aspect
@Component
public class MethodStartLoggingAspect {
    @Before("execution(* *..*ServiceImpl.*(..))")
    public void startLog(JoinPoint jp) {
        System.out.println("メソッド開始: " + jp.getSignature());
    }
}
```

■After Returning

After ReturningのAdvice作成方法はBeforeの場合とほぼ同じです。実行されるタイミングは、対象のメソッドが正常終了した後になります。

▶ @AfterReturningを用いたPointcutの指定例

```
package com.example.aspect;

import org.aspectj.lang.JoinPoint;
import org.aspectj.lang.annotation.AfterReturning;
import org.aspectj.lang.annotation.Aspect;
import org.springframework.stereotype.Component;

@Aspect
@Component
public class MethodNormalEndLoggingAspect {
    @AfterReturning("execution(* *..*ServiceImpl.*(..))")
    public void endLog(JoinPoint jp) {
        System.out.println("メソッド正常終了: " + jp.getSignature());
    }
}
```

After Returningの場合、正常終了時のメソッドの戻り値を取得することもできます。@AfterReturningアノテーションのreturning属性に戻り値に対応する引数名を指定します。

▶ @AfterReturningを用いたPointcutの指定例（戻り値を利用する場合）

```
@Aspect
@Component
```

```java
public class MethodNormalEndLoggingAspect {
    @AfterReturning(value = "execution(* *..*ServiceImpl.*(..))", returning = "user")
    public void endLog(JoinPoint jp, User user) {
        System.out.println("メソッド正常終了: " + jp.getSignature() + " 戻り値=" + user);
    }
}
```

■After Throwing

After ThrowingはAfter Returningとは逆に、異常終了時（例外がスローされたとき）にAdviceが実行されます。@AfterThrowingアノテーションのthrowing属性に起因例外に対応する引数名を指定します。

▶ @AfterThrowingを用いたPointcutの指定例

```java
package com.example.aspect;

import org.aspectj.lang.JoinPoint;
import org.aspectj.lang.annotation.AfterThrowing;
import org.aspectj.lang.annotation.Aspect;
import org.springframework.stereotype.Component;


@Aspect
@Component
public class MethodExceptionEndLoggingAspect {
    @AfterThrowing(value = "execution(* *..*ServiceImpl.*(..))", throwing = "e")
    public void endLog(JoinPoint jp, RuntimeException e) {
        System.out.println("メソッド異常終了: " + jp.getSignature());
        e.printStackTrace();
    }
}
```

After Throwing Adviceでは伝播させることもできます。特定の例外に対して、一律で例外を変換したいときに便利です。

▶ @AfterThrowingを用いた例外の変換

```java
@Aspect
@Component
public class MethodExceptionPropagationAspect {
    @AfterThrowing(value = "execution(* *..*ServiceImpl.*(..))", throwing = "e")
    public void endLog(JoinPoint jp, DataAccessException e) {
        throw new ApplicationException(e);
    }
}
```

After Throwing Adviceでは例外のスローを抑止することはできません。抑止したい場合は、最後に説明するAroundを使います。

■After

Afterは After Returningや After Throwingとは異なり、メソッドが正常に終了したか、例外がスローされたかにかかわらずメソッド終了時に必ずAdviceが実行されます。try～catch句のfinallyと同じです。

▶ @Afterを用いたPointcutの指定例

```java
package com.example.aspect;

import org.aspectj.lang.JoinPoint;
import org.aspectj.lang.annotation.After;
import org.aspectj.lang.annotation.Aspect;
import org.springframework.stereotype.Component;

@Aspect
@Component
public class MethodEndLoggingAspect {
    @After("execution(* *..*ServiceImpl.*(..))")
    public void endLog(JoinPoint jp) {
        System.out.println("メソッド終了: " + jp.getSignature());
    }
}
```

■Around

Around Adviceは最も強力な Adviceであり、メソッド実行前、実行後に処理を埋め込むこともできますし、対象のメソッドの実行自体も行ないます。

▶ @Aroundを用いたPointcutの指定例

```java
package com.example.aspect;

import org.aspectj.lang.JoinPoint;
import org.aspectj.lang.annotation.Around;
import org.aspectj.lang.annotation.Aspect;
import org.springframework.stereotype.Component;

@Aspect
@Component
public class MethodLoggingAspect {
    @Around("execution(* *..*ServiceImpl.*(..))")
    public Object log(ProceedingJoinPoint jp) throws Throwable {
        System.out.println("メソッド開始: " + jp.getSignature());
        try {
            // 対象メソッド実行
            Object result = jp.proceed();
            System.out.println("メソッド正常終了: " + jp.getSignature() + " 戻り値=" + result);
            return result;
        } catch (Exception e) {
            System.out.println("メソッド異常終了: " + jp.getSignature());
```

```
            e.printStackTrace();
            throw e;
        }
    }
}
```

2.2.4 XMLでAdviceを定義

これまでAdviceの定義をJava Configで行なってきましたが、もちろんXMLでも定義できます。ここでは、次のアノテーションが付与されていないAspectクラスを例にXMLファイルにおけるAOPの設定方法を説明します。

▶ Adviceの例

```
package com.example.aspect;

import org.aspectj.lang.JoinPoint;

public class MethodStartLoggingAspect {
    public void startLog(JoinPoint jp) {
        System.out.println("メソッド開始: " + jp.getSignature());
    }
}
```

このMethodStartLoggingAspect#startLog メソッドを Before Advice として定義する例を示します。

▶ XMLにおけるBefore Adviceの指定例

```
<?xml version="1.0" encoding="UTF-8"?>
<beans xmlns="http://www.springframework.org/schema/beans"
    xmlns:xsi="http://www.w3.org/2001/XMLSchema-instance"
    xmlns:aop="http://www.springframework.org/schema/aop"
    xsi:schemaLocation="http://www.springframework.org/schema/beans
    http://www.springframework.org/schema/beans/spring-beans.xsd
    http://www.springframework.org/schema/aop
    http://www.springframework.org/schema/aop/spring-aop.xsd">

    <!-- ... -->
    <aop:config>                                                        ❶
        <aop:aspect ref="loggingAspect">                                ❷
            <aop:before pointcut="execution(* *..*ServiceImpl.*(..))" method="startLog" />   ❸
        </aop:aspect>
    </aop:config>

    <bean id="loggingAspect" class="com.example.aspect.MethodStartLoggingAspect" />
</beans>
```

❶ <aop:config>要素内に複数のAspectを定義できる

❷ 個々のAspectの定義には<aop:aspect>要素を使用し、AspectのBeanのIDをref属性に指定する。これは @Aspectアノテーションに相当する

❸ <aop:before>要素でBefore Adviceを定義する。pointcut属性にPointcut式を設定し、method属性に対象のメソッド名を記述する

他のAdviceを指定する場合も同様です。

2.2.5 Pointcut式

ここまでJoin Pointを指すPointcutとして "execution(* *..*ServiceImpl.*(..))" という式を使ってきました。AspectJではさまざまな式を用いてJoin Pointを選択できます。Spring AOPはAspectJのPointcut式の多くをサポートしています。

Pointcutはマッチングさせるパターンごとに指示子（designator）の書式が異なります。ここでは代表的なものを紹介します。

■メソッド名で対象のJoin Pointを選択する

メソッド名のパターンを指定して対象のJoin Pointを表現するときは、これまで使用してきたexecution指示子を使用します。executionは基本的な指示子です。

execution指示子を用いたPointcutは次の書式で表現します。

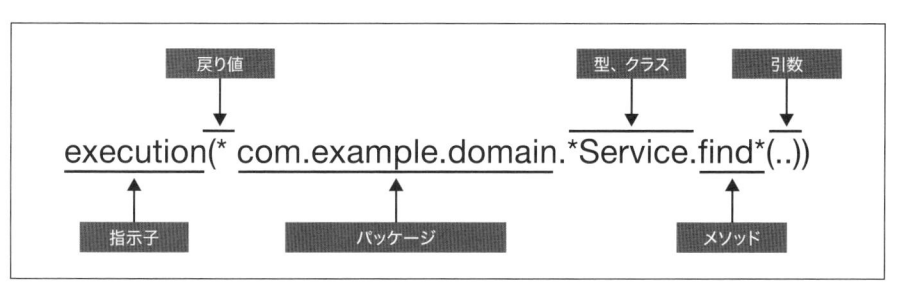

図2.10　execution指示子の書式

例を以下に示します。

- execution(* com.example.user.UserService.*(..))
  com.example.user.UserServiceクラスの任意のメソッドを対象とします。
- execution(* com.example.user.UserService.find*(..))
  com.example.user.UserServiceクラスの、名前がfindから始まるメソッドを対象とします。
- execution(String com.example.user.UserService.*(..))

com.example.user.UserServiceクラスの、戻り値の型がStringであるメソッドを対象とします。

- execution(* com.example.user.UserService.*(String, ..))

  com.example.user.UserServiceクラスの、1つ目の引数の型がStringであるメソッドを対象とします。

Pointcut式で利用可能なワイルドカード「*」、「..」、「+」の意味を説明します（**表2.7**）。

表2.7　Pointcut式で利用可能なワイルドカード

ワイルドカード	説明
*	基本的には任意の文字列を表わすが、パッケージを表現する場合は、任意のパッケージ1階層を表わす。メソッドの引数を表現する場合は、1つの数の引数を表わす
..	パッケージを表現する場合は、任意の（0以上の）パッケージを表わす。メソッドの引数を表現する場合は、任意の（0以上の）数の引数を表わす
+	クラス名の後に指定することにより、そのクラスとそのサブクラス／実装クラスすべてを表わす

ワイルドカードを使った例を以下に示します。

- execution(* com.example.service.*.*(..))

  serviceパッケージ直下の任意のクラスの任意のメソッドを対象とします。

- execution(* com.example.service..*.*(..))

  serviceパッケージ直下とそのサブパッケージ配下の任意のクラスの任意のメソッドを対象とします。

- execution(* com.example.*.user.*.*(..))

  userパッケージ直下の任意のクラスの任意のメソッドが対象ですが、com.exampleとuserの間に1階層任意のパッケージが含まれます。

- execution(* com.example.user.UserService.*(*))

  com.example.user.UserServiceクラスの、引数の数が1つであるメソッドを対象とします。

■型で対象のJoin Pointを選択する

型の情報を指定して対象のJoin Pointを表現するときは、within指示子を使用します。within指示子ではクラス名のパターンを指定することで、パターンに合致したクラスのメソッドをJoin Pointにします。クラス名のパターンのみ指定すればよいため、execution指示子に比べてシンプルです。

- within(com.example.service.*)

  serviceパッケージ直下とそのサブパッケージ配下のクラスのメソッドを対象とします。

- within(com.example.user.UserServiceImpl)

  com.example.user.UserServiceImplクラスのメソッドを対象とします。

- within(com.example.password.PasswordEncoder+)

  com.example.password.PasswordEncoderの実装クラスのメソッドを対象とします。

■その他の方法でJoin Pointを選択する

Spring AOPでは他にもいくつかの指示子を利用できます。便利なものを紹介します。

- bean(*Service)
  SpringのDIコンテナに管理されており、Bean名が「Service」で終わるBeanのメソッドを対象とします。
- @annotation(com.example.annotation.TraceLog)
  @com.example.annotation.TraceLogアノテーションが付いたメソッドを対象とします。
- @within(com.example.annotation.TraceLog)
  @com.example.annotation.TraceLogアノテーションが付いたクラスのメソッドを対象とします。

　共通機能を実装して、特定のアノテーションを付けたメソッドやクラスのみにその処理を適用したい場合は、@annotation指示子や@within指示子を利用すると便利です。

■名前付きPointcut

　Pointcutに名前を付けて、再利用することができます。名前付きPointcutはorg.aspectj.lang.annotation.Pointcutアノテーションで定義できます。Pointcutの名前は@Pointcutアノテーションを付与したメソッドの名前になります。メソッドの戻り値はvoidにしてください。

▶ 名前付きPointcutの定義例

```
@Component
@Aspect
public class NamedPointCuts {
    @Pointcut("within(com.example.web..*)")
    public void inWebLayer() {}

    @Pointcut("within(com.example.domain..*)")
    public void inDomainLayer() {}

    @Pointcut("execution(public * *(..))")
    public void anyPublicOperation() {}
}
```

　名前付きPointcutはAdviceのPointcutとして利用可能です。

▶ 名前付きPointcutの使用例

```
@Aspect
@Component
public class MethodLoggingAspect {
    @Around("inDomainLayer()")
    public Object log(ProceedingJoinPoint jp) throws Throwable {
        // ・・・
    }
```

```
}
```

名前付き Pointcut は以下のように && （論理積）や || （論理和）、! （否定）演算子を用いて組み合わせること
もできます。

```
@Around("inDomainLayer() || inWebLayer()")
```

■Advice の対象オブジェクトや引数を取得

次のように org.aspectj.lang.JoinPoint の getTarget メソッドで対象のオブジェクト（Proxy の中身）を、
getThis メソッドで対象の Proxy を取得できます。また、getArgs メソッドで引数を取得できます。

▶ JoinPoint から対象オブジェクトや引数を取得する実装例

```
@Around("execution(* *..*ServiceImpl.*(..))")
public Object log(JoinPoint jp) throws Throwable {
    // 対象のオブジェクト(Proxyの中身)を取得
    Object targetObject = jp.getTarget();
    // 対象のProxyを取得
    Object thisObject = jp.getThis();
    // 引数を取得
    Object[] args = jp.getArgs();
    // ・・・
}
```

org.aspectj.lang.JoinPoint インターフェイスのメソッドでは戻り値の型が Object なので、実際に使用す
るにはキャストする必要があり、ClassCastException が発生してしまう恐れがあります。

そこで、次の例のように target 式や this 式、args 式を使い、対象のオブジェクトや引数を Advice のメソッ
ド引数にバインドさせることができます。

▶ target 式や args 式を用いて JoinPoint から対象オブジェクトや引数を取得する実装例

```
@Around("execution(* com.example.CalcService.*(com.example.CalcInput)) && target(service) && ➡
args(input)")
public Object log(CalcService service, CalcInput input) throws Throwable {
    // ・・・
}
```

この場合、getTarget メソッドや、getArgs メソッドの結果をキャストする必要がなく、かつ型が合わない場合
は Advice の対象にならないためタイプセーフです。必要に応じて使用するようにしてください。

2.2.6 Spring プロジェクトで利用されている AOP

AOP は Spring のさまざまな機能で利用されています。AOP の利用例をいくつか紹介します。

● **トランザクション管理処理**

トランザクション管理処理はメソッドに @org.springframework.transaction.annotation.Transactional アノテーションを付与することで自動で管理されます。メソッドが正常終了した場合はトランザクションがコミットされ、実行時例外がスローされた場合はロールバックされます。

```
@Transactional
public Reservation reserve(Reservation reservation) {
    // 予約処理
}
```

● **認可処理**

Spring Security による認可はメソッドに対しても AOP で実現できます。たとえば、@org.springframework.security.access.prepost.PreAuthorize アノテーションを付与することで、そのメソッドが呼ばれる前に特定の条件で認可されているかどうかを確認できます。

```
@PreAuthorize("hasRole('ADMIN')")
public User create(User user) {
    // ユーザー登録処理 (ADMINロールを持つユーザーだけが実行できる)
}
```

● **キャッシュ処理**

本書では説明しませんが、Spring には簡単にキャッシュ処理を行なう機構 [13] が用意されています。キャッシュ機能を有効化し、メソッドに @org.springframework.cache.annotation.Cacheable アノテーションを付与すると、キー（メソッド引数など）に対してキャッシュがすでに存在する場合は、メソッドを実行せずキャッシュされた値を返すことができます。キャッシュが存在しない場合は、メソッドを実行して、その戻り値をキーとともにキャッシュに登録します。これらの仕組みはいずれも AOP で実現されています。次のコード例の場合、キャッシュのキーがメソッド引数である email、キャッシュの値が User オブジェクトです。

```
@Cacheable("user")
public User findOne(String email) {
    // ユーザー取得処理
}
```

【13】 http://docs.spring.io/spring/docs/current/spring-framework-reference/html/cache.html

● 非同期処理

Springが提供する非同期処理の仕組み[14]でもAOPが利用されています。メソッドに@org.springframe work.scheduling.annotation.Asyncアノテーションを付与し、戻り値としてjava.util.concurrent. CompletableFutureやorg.springframework.web.context.request.async.DeferredResult型を返すようにすれば、その処理が別スレッドで実行されます。スレッドの管理はSpringが行なうため、アプリケーション実装者は非同期にしたいかどうかをアノテーションと戻り値で表現するだけです。

```
@Async
public CompletableFuture<Result> calc() {
    Result result = doSomething()  // 時間のかかる計算処理
    return CompletableFuture.completedFuture(result);
}
```

● リトライ処理

Spring Retry[15]というサブプロジェクトを利用することでリトライ処理をAOPで実現できます。@org. springframework.retry.annotation.Retryableを付けるだけでメソッドが正常終了するまでリトライ処理を行なうことができます。次の例では、正常終了するまで最大3回、callWebApiメソッドを繰り返します。信頼性をコントロールできない外部接続先の呼び出しなどで有用です。

```
@Retryable(maxAttempts = 3)
public String callWebApi() {
    // WEB API呼び出し
}
```

2.3　データバインディングと型変換

データバインディングは、外部から指定された入力値をJavaオブジェクト（以降、JavaBeansと呼ぶ）のプロパティに設定する処理のことです。入力値として扱われる値は、「Webアプリケーションで扱うリクエストパラメータ」「プロパティファイルの設定値」「XMLベースのBean定義時に指定するプロパティ値」など多岐にわたりますが、代表的なのは「Webアプリケーションで扱うリクエストパラメータ」でしょう。

まず、Springのデータバインディング機能を使わずに、リクエストパラメータ値をJavaBeansに設定する方法を見ていきます。

▶ リクエストパラメータ値を保持するJavaBeans

```
public class EmployeeForm {
    private String name;
```

【14】http://docs.spring.io/spring/docs/current/spring-framework-reference/html/scheduling.html
【15】https://github.com/spring-projects/spring-retry

```
    private Integer joinedYear;
    // ・・・
}
```

　最もオーソドックスな方法は、HttpServletRequest#getPatameter(String) メソッドを呼び出して取得した値を、setter メソッドを明示的に呼び出して設定する方法です。リクエストパラメータ値は String 型で扱われるため、String 以外のプロパティに値を設定する場合は、型変換が必要になります。

▶ **setterメソッドを明示的に呼び出して値を設定する実装例**

```
EmployeeForm form = new EmployeeForm();
form.setName(request.getParameter("name"));
form.setJoinedYear(Integer.valueOf(request.getParameter("joinedYear")));  // StringをIntegerに変換
```

　上記のコードは一見問題がないように見えるかもしれませんが、「プロパティの数に比例してバインディング処理のコードが増える」「プロパティごとに型変換処理が必要になる」などの欠点があります。これは、「開発効率の低下」「コピー＆ペースト後の修正漏れによるバグの埋め込み」「型変換時の null や空文字の考慮漏れによるバグの埋め込み」などの原因にもなるため、良い方法とはいえません。

　Spring のデータバインディングと型変換の仕組み[16]を利用すると、これらの問題を解決することができます。

2.3.1　Springのデータバインディング

　Spring が提供するデータバインディング機能（DataBinder クラス）を使用して、リクエストパラメータ値を JavaBeans に設定するコードを書いてみます。ここでは、Servlet API 用にカスタマイズされた org.spring framework.web.bind.ServletRequestDataBinder クラスを使用します。

▶ **DataBinderクラスの使用例**

```
EmployeeForm form = new EmployeeForm();
ServletRequestDataBinder dataBinder = new ServletRequestDataBinder(form);
dataBinder.bind(request);
```

　Spring のデータバインディング機能を使用すると、JavaBeans のプロパティ数が仮に 100 個あったとしても、たったの 3 行で実現することができます。さらに Spring MVC の機能を利用すれば、この 3 行を実装する必要すらありません。

【16】詳細については以下のページを参照してください。
　　　http://docs.spring.io/spring/docs/current/spring-framework-reference/htmlsingle/#validation

> メモ
>
> Springのデータバインディング機能の特徴の1つとして、バリデーション（入力値の妥当性チェック）機能との連携が挙げられます。バリデーションについては、第5章「Webアプリケーションの開発」で説明します。

2.3.2 Springの型変換

データバインディング処理を行なう際は、JavaBeansのプロパティ型に合わせて入力値を型変換する必要があります。Springは、型変換を行なうための仕組みとして、以下の3つの仕組みをサポートしています。

- **PropertyEditor**

  Springの初期から使用されている伝統的な仕組みで、`java.beans.PropertyEditor`インターフェイスの実装クラスを利用して、値の型変換を行ないます。

- **Type Conversion**

  Spring 3.0から追加された仕組みで、`org.springframework.core.convert.Converter`インターフェイスなどの実装クラスを使用して、値の型変換を行ないます。PropertyEditorと異なるのは、変換元の値としてString以外のクラスを扱うことができる点です。

- **Field Formatting**

  Type Conversionと同様、Spring 3.0から追加された仕組みで、`org.springframework.format.Formatter`インターフェイスなどの実装クラスを使用して、値の型変換を行ないます。Formatterは、Stringと任意のクラスを相互変換するためインターフェイスで、ロケールを意識した変換が可能です。主に、数値型や日時型などのフォーマットという概念を持つクラスとの型変換を行なう際に使用します。

2.3.3 PropertyEditorの利用

Springは数多くのPropertyEditorの実装クラスを提供しており、Springが提供しているクラスに内蔵されています。プリミティブ型やプリミティブのラッパ型はもちろん、`java.nio.charset.Charset`や`java.net.URL`などさまざまな型をサポートしています。たとえば、Springが提供しているboolean用のPropertyEditorでは、「"true"と"false"」に加え、「"yes"と"no"」「"on"と"off"」「"1"と"0"」もbooleanに変換することができます。

以下の例では、プロパティ値のデフォルト値を"no"（false）にしておき、プロパティファイルを使用して値を上書きしています。

▶ プロパティファイルの設定例

```
application.healthCheck = yes
```

▶ DIコンテナで管理するBean

```java
@Component
public class ApplicationProperties {
    // ・・・
    @Value("${application.healthCheck:no}")
    private boolean healthCheckEnabled;  // trueが設定される
    // ・・・
}
```

なお、独自のPropertyEditorをDIコンテナに適用することもできますが、具体的な適用方法[17]は本書では扱いません。

2.3.4　ConversionServiceの利用

Type ConversionとField Formattingの仕組みを利用した型変換処理は、ConversionServiceインターフェイスを介して利用します。ConversionServiceインターフェイスの実装クラスはいくつかありますが、org.springframework.format.support.DefaultFormattingConversionServiceを使うのが一般的です。PropertyEditorと同様に、Springは数多くのType ConversionとField Formatting用の実装クラスを提供しており、Joda-Time、JSR 310: Date and Time API（java.time.*）、JSR 354: Money and Currency API（javax.money.*）のクラスもサポートしています。

まず、ConversionServiceをDIコンテナに登録します。ポイントは、BeanのIDが"conversionService"になるように定義することで、ConversionServiceを利用しているいくつかのコンポーネントに自動でインジェクションすることができます。

▶ Java ConfigによるBean定義例

```java
@Bean
public ConversionService conversionService() {
    return new DefaultFormattingConversionService();
}
```

▶ XMLによるBean定義例

```xml
<bean id="conversionService"
      class="org.springframework.format.support.FormattingConversionServiceFactoryBean" />
</bean>
```

以下の例では、プロパティ値のデフォルトを""（null）にしておき、プロパティファイルを使用して値を上書きしています。なお、ロケールが日本の場合は、デフォルトで適用される日付フォーマットは"uu/MM/dd"

【17】詳細については以下のページを参照してください。
　　　http://docs.spring.io/spring/docs/current/spring-framework-reference/htmlsingle/#beans-beans-conversion-customeditor-registration

（SHORTと呼ばれるフォーマットスタイル）になります。

▶ プロパティファイルの設定例

```
application.dateOfServiceStarting = 17/01/01
```

▶ DIコンテナで管理するBean

```
@Component
public class ApplicationProperties {
    // ・・・
    @Value("${application.dateOfServiceStarting:}")
    private java.time.LocalDate dateOfServiceStarting;   // 「2017年1月1日」が設定される
    // ・・・
}
```

2.3.5 フォーマット指定用のアノテーションの利用

DefaultFormattingConversionServiceを利用すると、以下の2つのアノテーションを使用して、型変換する際に使用するフォーマットを指定できます。

- @org.springframework.format.annotation.DateTimeFormat
- @org.springframework.format.annotation.NumberFormat

アプリケーション全体でフォーマットを統一できない場合は、これらのアノテーションを使用して個別にフォーマットを指定することになります。

▶ フォーマットの指定例

```
@Component
public class ApplicationProperties {
    // ・・・
    @Value("${application.dateOfServiceStarting:}")
    @DateTimeFormat(pattern = "uuuu/M/d")   // 個別にフォーマットを指定
    private java.time.LocalDate dateOfServiceStarting;
    // ・・・
}
```

@DateTimeFormatと@NumberFormatは、メタアノテーションとして使用できます。メタアノテーションの仕組みを利用して独自のアノテーションを作成することで、フォーマット定義の集中管理と直感的なフォーマット指定を両立することができます。

 **Type Conversionのカスタマイズ**

Type Conversionはいくつかのカスタマイズ方法[18]を提供していますが、本書では、Stringと独自に作成したクラスとの型変換処理を行なうConverterを追加する方法を紹介します。

ここでは、メールアドレスを保持する独自クラスとの変換を行ないます。まず、独自クラスとConverterインターフェイスの実装クラスを作成します。

▶ **独自クラス（メールアドレスを表現するクラス）**

```java
public class EmailValue {

    @Size(max = 256)
    @Email
    private String value;

    public void setValue(String value) { this.value = value; }
    public String getValue() { return value; }
    public String toString() { return getValue(); }

}
```

▶ **Stringを独自クラス（EmailValue）へ変換するConverterクラスの作成例**

```java
import org.springframework.core.convert.converter.Converter;

public class StringToEmailValueConverter implements Converter<String, EmailValue> {
    @Override
    public EmailValue convert(String source) {
        EmailValue email = new EmailValue();
        email.setValue(source);
        return email;
    }
}
```

作成したConverterをDefaultFormattingConversionServiceに追加します。

▶ **Java ConfigによるBean定義例**

```java
@Bean
public ConversionService conversionService() {
    DefaultFormattingConversionService conversionService = new DefaultFormattingConversionService();
    // addConverterメソッドの引数に作成したConverterを指定
    conversionService.addConverter(new StringToEmailValueConverter());
    return conversionService;
}
```

【18】詳細については以下のページを参照してください。
　　　http://docs.spring.io/spring/docs/current/spring-framework-reference/htmlsingle/#core-convert

▶ XMLによるBean定義例

```xml
<bean id="conversionService"
    class="org.springframework.format.support.FormattingConversionServiceFactoryBean">
    <!-- convertersプロパティに作成したConverterを設定 -->
    <property name="converters">
        <list>
            <bean class="com.example.StringToEmailValueConverter"/>
        </list>
    </property>
</bean>
```

　以下の例では、プロパティ値のデフォルトを ""（null）にしておき、プロパティファイルを使用して値を上書きしています。

▶ プロパティファイルの設定例

```
application.adminEmail = admin@example.com
```

▶ Beanのフィールドにプロパティファイルで定義した値をバインディングするJava Configの実装例

```java
@Component
public class ApplicationProperties {
    // ・・・
    @Value("${application.adminEmail:}")
    private EmailValue adminEmail;  // EmailValueのvalueプロパティに "admin@example.com" が設定される
    // ・・・
}
```

　本書では説明を割愛しますが、必要に応じて「独自クラスをStringに変換するConverter」を作成してください。たとえば、HTMLフォームを表現するフォームクラスの中で独自のクラスを扱う場合は、Stringと独自クラスとの相互変換が必要になります。

2.3.7 Field Formattingのカスタマイズ

　Field Formattingはいくつかのカスタマイズ方法[19]を提供していますが、本書では、JSR 310: Date and Time APIの java.time.LocalDate 用のデフォルトフォーマットを変更する方法を紹介します。ここでは、デフォルトで適用される日時フォーマット "uu/MM/dd"（ロケールが日本の場合）を "uuuu-MM-dd"（ISO 8601の拡張形式）に変更します。

【19】詳細については以下のページを参照してください。
　　　http://docs.spring.io/spring/docs/current/spring-framework-reference/htmlsingle/#format

▶ Java ConfigによるBean定義例

```
@Bean
public ConversionService conversionService() {
    DefaultFormattingConversionService conversionService = new DefaultFormattingConversionService();
    DateTimeFormatterRegistrar registrar = new DateTimeFormatterRegistrar();
    // ISO 8601の拡張形式に変更
    registrar.setDateFormatter(DateTimeFormatter.ISO_DATE);
    registrar.registerFormatters(conversionService);
    return conversionService;
}
```

▶ XMLによるBean定義例

```
<bean id="conversionService"
        class="org.springframework.format.support.FormattingConversionServiceFactoryBean">
    <property name="formatterRegistrars">
        <list>
            <bean class="org.springframework.format.datetime.standard.DateTimeFormatterRegistrar">
                <!-- ISO 8601の拡張形式に変更 -->
                <property name="dateFormatter" value="ISO_DATE" />
            </bean>
        </list>
    </property>
</bean>
```

　以下の例では、プロパティ値のデフォルトを ""（null）にしておき、プロパティファイルを使用して値を上書きしています。

▶ プロパティファイルの設定例

```
application.dateOfServiceStarting = 2017-01-01
```

▶ DIコンテナで管理するBean

```
@Component
public class ApplicationProperties {
    // ・・・
    @Value("${application.dateOfServiceStarting:}")
    private java.time.LocalDate dateOfServiceStarting;  // 「2017年1月1日」が設定される
    // ・・・
}
```

2.4 プロパティ管理

ここでは、アプリケーション内で使用する設定値を解決する仕組みについてみていきます。まず、以下のような Bean 定義について考えてみましょう。

▶ 設定値をソースコード中に直書きした DataSource 定義の例

```
@Bean(destroyMethod = "close")
DataSource dataSource() {
    BasicDataSource dataSource = new BasicDataSource();
    dataSource.setDriverClassName("org.postgresql.Driver");
    dataSource.setUrl("jdbc:postgresql://localhost:5432/demo");
    dataSource.setUsername("demo");
    dataSource.setPassword("pass");
    dataSource.setDefaultAutoCommit(false);
    return dataSource;
}
```

これは、データベースへアクセスするための DataSource に関する Bean 定義です。この定義で DataSource が DI コンテナに登録されるのですが、環境に依存した情報 (データベースの URL、ユーザー名、パスワードなど) がハードコーディングされています。そのため、アクセス先を変えるたびに定義をし直す必要が出てきます。これはデプロイや運用面で作業が煩雑になったり、いろいろと面倒です。

Spring ではこのようなハードコードを避けるため、プロパティ化の仕組みが用意されています。

2.4.1 Bean 定義内でプロパティの使用

値をハードコードで指定する代わりに引数に @org.springframework.beans.factory.annotation.Value を付与して、プロパティ値をインジェクションすることができます。

▶ @Value による設定値のインジェクションを利用した DataSource 定義の例

```
@Bean(destroyMethod = "close")
DataSource dataSource(@Value("${datasource.driver-class-name}") String driverClassName,
                      @Value("${datasource.url}") String url,
                      @Value("${datasource.username}") String username,
                      @Value("${datasource.password}") String password) {
    BasicDataSource dataSource = new BasicDataSource();
    dataSource.setDriverClassName(driverClassName);
    dataSource.setUrl(url);
    dataSource.setUsername(username);
    dataSource.setPassword(password);
    dataSource.setDefaultAutoCommit(false);
    return dataSource;
}
```

この定義に対して、次のようなプロパティファイルを用意します。

▶ プロパティファイルの定義例

```
datasource.driver-class-name=org.postgresql.Driver
datasource.url=jdbc:postgresql://localhost:5432/demo
datasource.username=demo
datasource.password=pass
```

プロパティファイルの場所はJava Configに@org.springframework.context.annotation.PropertySource
アノテーションを付与することで指定できます。

▶ Java Configにおけるプロパティファイルの場所の設定例

```
@Configuration
@PropertySource("classpath:application.properties")
public class AppConfig {
    // ・・・
}
```

XMLによるBean定義の場合は、プロパティ値にプレースホルダを直接設定可能です。

▶ XMLファイルにおけるプレースホルダを用いたDataSource定義の例

```
<bean id="realDataSource" class="org.apache.commons.dbcp2.BasicDataSource" destroy-method="close">
  <property name="driverClassName" value="${datasource.driver-class-name}" />
  <property name="url" value="${datasource.url}" />
  <property name="username" value="${datasource.username}" />
  <property name="password" value="${datasource.password}" />
  <property name="defaultAutoCommit" value="false" />
</bean>
```

プロパティファイルの場所は<context:property-placeholder>要素で次のように指定します。

▶ XMLファイルにおけるプロパティファイルの場所の設定例

```
<beans xmlns="http://www.springframework.org/schema/beans"
    xmlns:xsi="http://www.w3.org/2001/XMLSchema-instance"
    xmlns:context="http://www.springframework.org/schema/context"
    xsi:schemaLocation="
        http://www.springframework.org/schema/beans
        http://www.springframework.org/schema/beans/spring-beans.xsd
        http://www.springframework.org/schema/context
        http://www.springframework.org/schema/context/spring-context.xsd">

    <context:property-placeholder location="classpath:application.properties"/>
    <!-- ・・・ -->
</beans>
```

83

プロパティはプロパティファイルだけでなく、JVM システムプロパティ、環境変数からも設定できます[20]。デフォルトでは、次の順番で優先的にプロパティが適用されます。

1. JVM システムプロパティ
2. 環境変数
3. プロパティファイル

プロパティファイルにはデフォルト値を設定しておき、環境に応じた値を環境変数や JVM システムプロパティで上書きするという使い方が可能です。

なお、プレースホルダにも ${プロパティ名:デフォルト値} という形式でプロパティのデフォルト値を設定できます。次に例を示します。

▶ **XMLファイルにおけるプロパティファイルのデフォルト値の設定**

```
<bean id="dataSource" class="org.apache.commons.dbcp2.BasicDataSource" destroy-method="close">
  <property name="driverClassName" value="${datasource.driver-class-name:org.postgresql.Driver}" />
  <property name="url" value="${datasource.url:jdbc:postgresql://localhost:5432/demo}" />
  <property name="username" value="${datasource.username:demo}" />
  <property name="password" value="${datasource.password:pass}" />
  <property name="defaultAutoCommit" value="false" />
</bean>
```

この方法ではプロパティファイルを用意する必要がなくなります。基本的にはプロパティを変える必要はないが、特定のケースでのみ変更したい場合に有用です。

2.4.2 Beanにプロパティをインジェクション

DI コンテナが管理している Bean にも @Value でプロパティをインジェクションできます。処理内でハードコーディングしたくない値を利用するときに有用です。

▶ **アノテーションにおけるBean定義でプロパティファイルの値をバインディングする実装例**

```
@Component
public class Authenticator {
    @Value("${failureCountToLock:5}")
    int failureCountToLock;

    /**
     * 認証処理
     */
    public void authenticate(String username, String password) {
        // ・・・
```

【20】そのほか JNDI、サーブレットコンテキストのパラメータなどからも設定できますが、利用頻度は低いので割愛します。

```
        // 連続認証失敗回数が閾値を超えた場合にロックする
        if (failureCount >= failureCountToLock) {
            // ロック処理
        }
    }
}
```

もちろん Java Config でも @Value でフィールドにプロパティをインジェクションできます。

▶ **Java ConfigにおけるBean定義でプロパティファイルの値をバインディングする実装例**

```
@Configuration
public class AppConfig {
    @Value("${datasource.driver-class-name}")
    String driverClassName;
    @Value("${datasource.url}")
    String url;
    @Value("${datasource.username}")
    String username;
    @Value("${datasource.password}")
    String password;

    @Bean(destroyMethod = "close")
    DataSource dataSource() {
        BasicDataSource dataSource = new BasicDataSource();
        dataSource.setDriverClassName(driverClassName);
        dataSource.setUrl(url);
        dataSource.setUsername(username);
        dataSource.setPassword(password);
        dataSource.setDefaultAutoCommit(false);
        return dataSource;
    }
}
```

複数の Bean 定義で同じプロパティを使いたい場合は、個々のメソッド引数にインジェクションするよりもフィールドにインジェクションしたほうがよいでしょう。

 **2.5　Spring Expression Language（SpEL）**

Spring Expression Language（SpEL）は、Spring Framework が提供している Expression Language [21] です。SpEL は Spring Framework 以外のさまざまな Spring プロジェクトでも利用されており、本書で紹介している「Spring Security」「Spring Data JPA」「Spring Boot」などでも SpEL と連携した機能を提供しています。

 **2.5.1　SpELのセットアップ**

依存ライブラリとして spring-expression を追加します。Spring の各プロジェクトが提供する SpEL 連携機能を使用する場合は、間接的に依存ライブラリに追加されるケースもあります。

▶ pom.xml ファイルの定義例

```
<dependency>
    <groupId>org.springframework</groupId>
    <artifactId>spring-expression</artifactId>
</dependency>
```

2.5.2　SpEL APIの利用

直接 SpEL の API を使うケースは少ないと思いますが、SpEL の仕組みを理解するために SpEL の API を直接使う方法を紹介しておきましょう。多くの場合は、ここで紹介することを Spring の各プロジェクトが提供するクラスが実装してくれています。

SpEL の利用者が意識する主なインターフェイスは、org.springframework.expression.ExpressionParser と org.springframework.expression.Expression の2つです。ExpressionParser インターフェイスは、文字列で指定された式を解析して Expression オブジェクトを生成するためのメソッドを提供し、Expression インターフェイスは、指定した式を評価（実行）するためのメソッドを提供します。

では実際に、SpEL を使用して簡単な数値演算（乗算と加算）を行なう式を評価してみましょう。本書では、ExpressionParser として SpEL 用の実装クラス（org.springframework.expression.spel.standard.SpelExpressionParser）を使用します。

▶ SpELを利用した簡単な演算の例

```
ExpressionParser parser = new SpelExpressionParser();        // SpEL用の解析オブジェクトの生成
Expression expression = parser.parseExpression("1 * 10 + 1");  // 式の解析
Integer calculationResult = expression.getValue(Integer.class);  // 式の評価
```

【21】JSR 341 で独立仕様に昇格し、Java EE 7 のスタックの一部である「Unified Expression Language」や「OGNL（Object Graph Navigation Library）」などが有名です。

この式の評価結果（calculationResultの値）は「11」になります。

次に、SpELを使用してJavaBeansのプロパティに値を設定してみましょう。

▶ SpELを利用したJavaBeansのプロパティへのアクセス例

```
ExpressionParser parser = new SpelExpressionParser();
Expression expression = parser.parseExpression("joinedYear");  // 式の解析

Staff staff = new Staff();

expression.setValue(staff, "2000");  // 式の評価

Integer joinedYear = staff.getJoinedYear();
```

JavaBeansのgetterおよびsetterを呼び出す場合は、式にJavaBeansのプロパティ名を指定します。この式を評価すると、StaffオブジェクトのjoinedYearプロパティの値は「2000」になります。ここで1つ注目してほしいのが、式の評価時に指定している値の型がInteger型ではなく、String型であるという点です。SpELは、Springが提供している型変換の仕組み（ConversionServiceインターフェイス）を利用しており、Stringを任意の型に変換することができます。デフォルトでは、DefaultConversionServiceクラスが利用されますが、式を評価する際に任意のorg.springframework.expression.EvaluationContextオブジェクトを渡すことでデフォルトの動作をカスタマイズすることもできます。

SpelExpressionParserのインスタンスを生成する際にorg.springframework.expression.spel.SpelParserConfiguration[22] を指定すると、式の解析や式の評価に対する動作をカスタマイズできます。またSpring 4.1からは、式をコンパイルする仕組み[23] が追加されました。デフォルトではコンパイル機能は無効に設定されていますが、有効にすることでパフォーマンスの向上が期待できます。

2.5.3　Bean定義でのSpELの利用

SpELは、XMLおよびアノテーションベースのBean定義でも使用することができ、「#{ <式> }」の形式で指定します。

ここでは、SpELを使用して取得した値をコンストラクタの引数に渡す方法を紹介します。

【22】詳細については以下のページを参照してください。
　　http://docs.spring.io/spring/docs/current/spring-framework-reference/htmlsingle/#expressions-parser-configuration
【23】詳細については以下のページを参照してください。
　　http://docs.spring.io/spring/docs/current/spring-framework-reference/htmlsingle/#expressions-spel-compilation

▶ コンストラクタの実装例

```
public class TemporaryDirectory implements Serializable {
    private static final long serialVersionUID = 1L;
    private final File directory;
    public TemporaryDirectory(File baseDirectory, String id) {
        this.directory = new File(baseDirectory, id);
    }
    // ・・・ メソッドは省略
}
```

　XMLを使用する場合は、<constructor-arg>要素のvalue属性にSpELを指定します。また、アノテーションを使用する場合は、コンストラクタの引数に@Valueを追加して、アノテーションのvalue属性にSpELを指定します。

▶ XMLファイルでの使用例

```
<bean id="sessionScopedTemporaryDirectory"
      class="com.example.TemporaryDirectory" scope="session">
    <constructor-arg index="0" value="file://#{systemProperties['java.io.tmpdir']}/app"/> ──── ❶
    <constructor-arg index="1" value="#{T(java.util.UUID).randomUUID().toString()}"/> ──── ❷
    <aop:scoped-proxy />
</bean>
```

▶ アノテーションでの使用例

```
@Autowired
public TemporaryDirectory(
        @Value("file://#{systemProperties['java.io.tmpdir']}/app") File baseDirectory, ──── ❶
        @Value("#{T(java.util.UUID).randomUUID().toString()}") String id) { ──── ❷
    this.directory = new File(baseDirectory, id);
}
```

❶ システムプロパティ（Map型の予約変数systemProperties）から一時ディレクトリのパスを取得し、コンストラクタ引数にインジェクションする

❷ UUID.randomUUIDメソッド（staticメソッド）を呼び出して取得した値を、コンストラクタ引数にインジェクションする

> **メモ**　SpELは、「@EventListener」「@TransactionalEventListener」「@Cacheable」「@CachePut」「@CacheEvict」などさまざまなアノテーションの中で利用することができます。

 **SpELで使用可能な式の表現**

ここまでで紹介してきた式の表現は、SpELが提供している表現のほんの一部です。ここでは、SpELがサポートしている主な表現を簡単に紹介します。

より詳しい内容やSpELで使用可能な表現の全容を知りたい方は、Springのリファレンス[24]を参照してください。

■リテラル値

SpELは、「文字列」「数値（指数表記、Hex表記、小数点、負の記号など）」「真偽値」「日時」などのリテラル値の表現をサポートしています。文字列のリテラル値を表現する際は、シングルクォート(例："'Hello World'")でくくります。

■オブジェクトの生成

SpELは、「ListとMapを生成するための表現」や「new演算子を使用して配列や任意のオブジェクトを生成するための表現」をサポートしています。具体的には、以下のような形式で指定します。

- Listを生成する場合は「{値(,..)}」形式
  例："{1,2,3}")
- Mapを生成する場合は「{キー:値(,..)}」形式
  例："{name:'Spring 太郎',joinedYear:2000}"
- 配列を生成する場合は「new型のFQCN[インデックス]」形式や「new 型[]{値(,..)}」形式
  例： "new int[]{1,2,3}"
- 任意のオブジェクトを生成する場合は「new 型のFQCN(..)」形式
  例："new com.example.FileUploadHelper()"

■プロパティへの参照

SpELは、JavaBeansのプロパティへアクセスするための表現をサポートしています。基本的にはプロパティ名を指定するだけですが、「ネストしているオブジェクトのプロパティ」「コレクションや配列内の要素」「マップ内の要素」に対する表現は、Springが提供しているData Bindingで扱うことができる表現（例："name.first"や"emails[0]"など）と同じです。

■メソッドの呼び出し

SpELは、Javaオブジェクトのメソッドを呼び出すための表現をサポートしています。基本的には通常のJavaのメソッドの呼び出し方法（例："'Hello World'.substring(0, 5)"）と同じです。

【24】 http://docs.spring.io/spring/docs/current/spring-framework-reference/htmlsingle/#expressions-language-ref

■型の解決

SpELは、型を解決するための表現「T(型のFQCN)」をサポートしています。この表現は、定数（例：″T(java. math.RoundingMode).CEILING″）やstaticメソッド（例：″T(java.util.UUID).randomUUID()″）を呼び出す際に使用します。

■変数の参照

SpELには変数という概念があり、変数にアクセスするための表現「#変数名」をサポートしています。この表現は、本書で紹介しているSpring Securityのメソッドの認可機能などで利用できます。

■Beanの参照

SpELは、DIコンテナ上のBeanを参照するための表現「@Bean名」をサポートしています。この表現は、本書で紹介している<spring:eval>（Spring MVC提供のJSPタグライブラリ）で利用できます。

■演算子

SpELは、標準的な関係演算子「<(lt)」「>(gt)」「<=(le)」「>=(ge)」「==(eq)」「!=(ne)」「!(not)」に加え、インスタンス比較を行なう「instanceof」、正規表現と比較する「matches」をサポートしています。

また、「and」「or」などの論理演算子、if-then-elseの条件分岐を実現する三項演算子（例：″name != null ? name : ′-′″）、三項演算子をスマートにしたエルビス演算子（例：″name ?: ′-′″）、「+」「-」「*」「/(div)」「%(mod)」などの算術演算子もサポートしています。

■テンプレート

SpELは、テキストの中に式を埋め込むための表現（いわゆるテンプレート）をサポートしています。式を表現する部分には、#{式}を指定します。テンプレートとして″Staff Name : #{name}″という感じのテキストを指定すると、#{name}の部分をJavaBeansのnameプロパティの値に置き換えることができます。簡易的なテンプレートを扱うだけなら、Apache FreeMarkerのような本格的なテンプレートエンジンを導入する必要はないでしょう。

■コレクションの操作

SpELは、コレクションから条件に一致する要素を抽出するための表現（Collection Selection）や、コレクション内の要素が持つ特定のプロパティ値を抽出するための表現（Collection Projection）をサポートしています。

2.6 リソースの抽象化

アプリケーションの構築時には、設定ファイルなどのさまざまなリソースにアクセスする必要があります。これらのリソースが格納されている場所は、「ファイルシステム上のディレクトリ」「クラスパス上のディレクトリ」「サーブレットコンテナ上のwarファイル」「jarファイル」「別のWebサーバー」など多岐にわたります。

アプリケーションからこれらのリソースにアクセスする際は、本来であればリソースの格納先を意識する必要がありますが、Springが提供しているリソースの抽象化の仕組みを利用すると、格納先に依存しない方法でリソースへアクセスすることができます。

まず、Springが提供しているインターフェイスやクラスを紹介します。

2.6.1 Resourceインターフェイスと実装クラス

Springは、リソースを抽象化するためのorg.springframework.core.io.Resourceインターフェイスとともに、書き込み可能なリソースであることを示すorg.springframework.core.io.WritableResourceインターフェイスを提供しています。

▶ InputStreamSourceインターフェイス

```
public interface InputStreamSource {
    InputStream getInputStream() throws IOException; ————————————————————— ❶
}
```

❶ getInputStreamメソッドは、リソースを読み込むためのInputStreamを取得する

▶ Resourceインターフェイス

```
public interface Resource extends InputStreamSource {
    boolean exists(); ————————————————————————————————————————————————— ❷
    boolean isReadable();
    boolean isOpen(); ——————————————————————————————————————————————————— ❸
    URL getURL() throws IOException;
    URI getURI() throws IOException;
    File getFile() throws IOException;
    long contentLength() throws IOException;
    long lastModified() throws IOException;
    Resource createRelative(String relativePath) throws IOException;
    String getFilename();
    String getDescription();
}
```

❷ existsメソッドは、リソースが存在するかどうかを判定する。存在する場合はtrueが返却される

❸ isOpenメソッドは、リソースを読み込むためのストリームがオープンされているか判定する。オープンされている場合はtrueが返却される

▶ WritableResource インターフェイス

```java
public interface WritableResource extends Resource {
    boolean isWritable();
    OutputStream getOutputStream() throws IOException; ─────────────────── ❹
}
```

❹ getOutputStream メソッドは、リソースを書き込むための OutputStream を取得する

Spring が標準で提供する Resource インターフェイスの主な実装クラスは、以下の表のとおりです（表2.8）。

表2.8　Resource インターフェイスの主な実装クラス

クラス名	説明
ClassPathResource	クラスパス上のリソースを表現するためのクラス
FileSystemResource	java.io パッケージのクラスを使用して、ファイルシステム上のリソースを表現するためのクラス。このクラスは WritableResource も実装している
PathResource	Java SE 7 で追加された java.nio.file パッケージのクラスを使用して、ファイルシステム上のリソースを表現するためのクラス。このクラスは WritableResource も実装している
UrlResource	URL 上のリソースを表わすためのクラス。HTTP プロトコル（http://）などを使用してアクセス可能な Web リソースを表現する際に使用するのが一般的であるが、file:// とすることでファイルシステム上のリソースを表現することもできる
ServletContextResource	Web アプリケーション上のリソースを表現するためのクラス

これらのクラスは直接使うこともありますが、Spring はリソースのロケーションから適切な実装クラスを選択する仕組みを提供しています。それが次に紹介する ResourceLoader インターフェイスです。

> Spring Framework が提供している WritableResource の実装クラスは、ファイルシステムへの書き込みしかサポートしていませんが、Spring Cloud プロジェクト傘下の Spring Cloud for Amazon Web Services では、Amazon Simple Storage Service（Amazon S3）[25] で管理するデータのダウンロードとアップロードを、WritableResource の実装クラスで実現[26] しています。これは、リソースの抽象化の仕組みをうまく利用している代表例で、アプリケーションのソースコードを変更せずに、データの格納先を Amazon S3 またはファイルシステムのどちらかにすることができます。

2.6.2　ResourceLoader インターフェイス

Spring は Resource オブジェクトを生成する処理を抽象化するためのインターフェイスとして org.springframework.core.io.ResourceLoader を提供しており、Spring の DI コンテナを構成する ApplicationContext

---

【25】http://aws.amazon.com/jp/s3/

【26】http://cloud.spring.io/spring-cloud-aws/spring-cloud-aws.html#_resource_handling

インターフェイスの実装クラスもこのインターフェイスを実装しています。

▶ ResourceLoaderインターフェイス

```
public interface ResourceLoader {
    String CLASSPATH_URL_PREFIX = ResourceUtils.CLASSPATH_URL_PREFIX;
    Resource getResource(String location);
    ClassLoader getClassLoader();
}
```

　Resourceオブジェクトを取得する際は、getResourceメソッドの引数にリソースのロケーションを指定します。ロケーションには「ファイルパス形式」または「URL形式」の値を指定しますが、クラスパス上にあるリソースを指定する場合はclasspath:プレフィックスを使用するのがポイントです。ResourceLoaderインターフェイスの実装クラスは、ロケーションに指定された値から適切なResourceインターフェイスの実装クラスを選択します。また、ResourceLoaderのサブインターフェイスとしてorg.springframework.core.io.support.ResourcePatternResolverが提供されており、ロケーションに指定したパターン（Ant形式のワイルドカード指定）に一致するリソースを複数取得することもできます。ResourceLoaderと同様に、ApplicationContextインターフェイスの実装クラスもこのインターフェイスを実装しています。

▶ ResourcePatternResolverインターフェイス

```
public interface ResourcePatternResolver extends ResourceLoader {
    String CLASSPATH_ALL_URL_PREFIX = "classpath*:";
    Resource[] getResources(String locationPattern) throws IOException;
}
```

　「ファイルパス形式」でリソースを指定した場合は、使用するApplicationContextの種類によってファイルパスの扱いが異なることを意識しておいてください。たとえば、ClassPathXmlApplicationContextを使用している場合は「クラスパスからの相対パス」、WebApplicationContextインターフェイスの実装クラスを使用している場合は「Webアプリケーションルートからの相対パス」として扱われます。この違いを意識しておかないと、スタンドアロン環境で取得できたファイルが、アプリケーションサーバーにデプロイすると取得できないといった事象が発生することがあります。筆者はこの事象への対策として、できるだけclasspath:プレフィックスを指定してクラスパス上からファイルを取得するように心がけています。

2.6.3　Resourceインターフェイスを使用したリソースアクセス

　実際にResourceインターフェイスを使用してリソースにアクセスしてみましょう。以下の実装例では、HTTP経由でWebリソース（http://localhost:8080/myApp/greeting.json）を取得しています。

▶ HTTP経由でWebリソースを取得する実装例

```
public void accessResource() throws IOException {
```

```
        // Resourceオブジェクトを生成
        Resource greetingResource =
                new UrlResource("http://localhost:8080/myApp/greeting.json");

        // Resourceインターフェイス経由でリソースにアクセス
        try (InputStream in = greetingResource.getInputStream()) {
            String content = StreamUtils.copyToString(in, StandardCharsets.UTF_8);
            System.out.println(content);
        }
    }
```

accessResourceメソッドを呼び出す前に、ローカルマシン上のアプリケーションサーバー（Tomcatなど）を起動して、Webアプリケーション（myApp）をデプロイします。デプロイするWebアプリケーションのドキュメントルート直下には、以下の内容のファイル（greeting.json）を格納してください。

▶ **greeting.jsonの内容**

```
{"hello": "world"}
```

Webアプリケーションデプロイ後に上記のメソッド（accessResource）を呼び出すと、標準出力にgreeting.jsonの中身（JSON文字列）が出力されます。

この例ではUrlResourceという具象クラスに依存してしまっているため、ResourceLoaderを使用して具象クラスに依存しない実装にしてみましょう。

▶ **ResourceLoaderでWebリソースを取得する実装例**

```
@Autowired
ResourceLoader resourceLoader;

public void accessResource() throws IOException {
    // ResourceLoader経由でResourceを取得
    Resource greetingResource =
            resourceLoader.getResource("http://localhost:8080/myApp/greeting.json");
    // ・・・
}
```

具象クラスに依存しない実装になりましたが、リソースの取得先が固定のままです。リソースを取得する際は、実行環境（ローカル、各テスト環境、プロダクション環境）ごとに取得先を切り替えられるように実装しておくべきでしょう。以下の実装例では、SpringのDIコンテナが提供している機能と連携し、プロパティ値に対応するResourceオブジェクトをインジェクションしています。

▶ **プロパティファイルによりリソースの取得先を指定する実装例**

```
// プロパティからリソースの取得先を取得してResourceオブジェクトをインジェクション
// プロパティ値の指定がなければデフォルト値(http://localhost:8080/myApp/greeting.json)が使用される
@Value("${resource.greeting:http://localhost:8080/myApp/greeting.json}")
```

```
Resource greetingResource;

public void accessResource() throws IOException {
    try (InputStream in = greetingResource.getInputStream()) {
        String content = StreamUtils.copyToString(in, StandardCharsets.UTF_8);
        System.out.println(content);
    }
}
```

SpringのDIコンテナの機能と連携すると、プロパティ値を変更するだけでアクセスするリソースを切り替えることができます。たとえば、resource.greeting=classpath:greeting.jsonというプロパティを指定すると、クラスパス直下のgreeting.jsonの中身がコンソールに出力されます。

2.6.4 XMLファイル上でのリソースの指定

XMLファイルを使用してBean定義を行なう場合、プロパティファイルや別のXMLファイルの指定を行なう際にResourceインターフェイスが使われています。具体的には、本章の「2.1 SpringによるDI（依存性の注入）」で紹介した<import>要素や、「2.4 プロパティ管理」で紹介した<context:property-placeholder>要素の中で使用されています。

次の例では、クラスパス上にある/META-INF/spring/domain-context.xmlファイルをBean定義用のXMLファイルとしてインポートしています。

```
<import resource="classpath:/META-INF/spring/domain-context.xml" />
```

下記の例では、クラスパス配下にあるすべてのプロパティファイルに定義されているプロパティを、プレースホルダ（${プロパティ名}形式）として利用できるようにしています。

```
<context:property-placeholder location="classpath*:/**/*.properties"/>
```

ここでポイントになるのがclasspath*:プレフィックスです。classpath:プレフィックスと同様にクラスパス上のファイルが対象となるのですが、「:」の前に「*」を付けると他のモジュール（jarファイル）の中のファイルも対象になります。また、リソースのロケーションの指定にAnt形式のワイルドカード（**や*）を使うことができます。

本章で説明した内容は、Springが提供しているリソースの抽象化の仕組みの一部です。より詳しい情報が知りたい方は「Spring Framework Reference Documentation -Resources-」[27] を参照してください。

【27】 http://docs.spring.io/spring/docs/current/spring-framework-reference/htmlsingle/#resources

2.7 メッセージ管理

アプリケーションの構築時には、何かしらのメッセージを扱うことになります。たとえば、構築するアプリケーションがWebアプリケーションであれば、画面に「説明文や項目名などの固定文言」「処理結果に通知するメッセージ」「エラーメッセージ」などを表示する必要があります。これらのメッセージはソースコード内にハードコーディングすることもありますが、プロパティファイルなどの外部定義から取得することが求められるケースも多いはずです。メッセージの外部化が必要となる代表的なケースは、ユーザーインターフェイスで多言語をサポートする要件がある場合でしょう。また、他言語サポートが不要な場合でも、メッセージを一元管理する目的で外部化することもあります。

本節では、Springが提供しているメッセージを外部定義から取得する仕組みについて説明します。

2.7.1 MessageSourceインターフェイスと実装クラス

Springはメッセージを外部定義から取得するための仕組みを提供しており、その仕組みの中核となるのがorg.springframework.context.MessageSourceインターフェイスです。MessageSourceはメッセージの格納先を抽象化するためのインターフェイスで、メッセージを取得するためのメソッド（getMessage）を提供します。

▶ MessageSourceインターフェイス

```
public interface MessageSource {
    String getMessage(String code, Object[] args, Locale locale)
            throws NoSuchMessageException;
    String getMessage(String code, Object[] args, String defaultMessage, Locale locale);
    String getMessage(MessageSourceResolvable resolvable, Locale locale)
            throws NoSuchMessageException;
}
```

いずれのメソッドも、codeに対応するメッセージフォーマットを取得し、取得したメッセージフォーマットにargsで指定した値を埋め込んだメッセージを返します。codeに対応するメッセージが見つからない場合は、指定したdefaultMessageが適用されます。なお、defaultMessageの指定がない場合は、NoSuchMessageException例外が発生します。

org.springframework.context.MessageSourceResolvableは、メッセージ解決に必要な値（code、args、defaultMessage）を保持していることを示すインターフェイスです。codeを複数指定することができるのが特徴で、配列の要素順にメッセージの取得を試みて、最初に取得できたメッセージを返却します。

▶ MessageSourceResolvableインターフェイス

```
public interface MessageSourceResolvable {
    String[] getCodes();  // 複数のcodeを指定できる
    Object[] getArguments();
```

```
    String getDefaultMessage();
}
```

SpringはMessageSourceの実装クラスも提供しており、主なクラスは以下の2つです（**表2.9**）。

表2.9　MessageSourceの主な実装クラス

クラス名	説明
ResourceBundleMessageSource	Java SE標準のjava.util.ResourceBundleを利用して、プロパティファイルからメッセージを取得するためのクラス
ReloadableResourceBundleMessageSource	Springが提供するorg.springframework.core.io.Resourceを利用して、プロパティファイルからメッセージを取得するためのクラス。java.util.ResourceBundleの制限で実現することができない機能をいくつかサポートしている

Spring 3.2より前のバージョンでは、ResourceBundleMessageSourceとReloadableResourceBundleMessageSourceの間には大きな機能差がありましたが、ResourceBundleMessageSourceでもJava SE 6から追加された仕組みを利用して「プロパティファイルのエンコーディング（defaultEncoding）」「キャッシュ期間（cacheMillis）」などが指定できるようになったため、この2つのクラスの機能差は縮まっています。

2.7.2　MessageSourceの利用

本書では、ResourceBundleMessageSourceを利用して、プロパティファイルに定義したメッセージを取得する方法を紹介します。指定できるオプションは異なりますが、ReloadableResourceBundleMessageSourceも同じ要領で利用できます。

■MessageSourceのBean定義

まず、MessageSourceをDIコンテナに登録します。ポイントは、BeanのIDが"messageSource"になるように定義することで、DIコンテナ（ApplicationContext）内で使用するMessageSourceとして自動検出されます。

▶ Java ConfigによるBean定義例

```
@Bean
public MessageSource messageSource() {
    ResourceBundleMessageSource messageSource = new ResourceBundleMessageSource();
    // クラスパス上に格納されているプロパティファイル（拡張子は除く）を指定する
    messageSource.setBasenames("messages");
    return messageSource;
}
```

▶ XMLによるBean定義例

```
<bean id="messageSource"
```

```
    class="org.springframework.context.support.ResourceBundleMessageSource">
    <!-- クラスパス上に格納されているプロパティファイル（拡張子は除く）を指定する -->
    <property name="basenames">
        <list>
            <value>messages</value>
        </list>
    </property>
</bean>
```

■メッセージの定義

メッセージをプロパティファイルに定義します。

▶ messages.propertiesの定義例

```
# welcome.message=ようこそ、{0} さん ！！
welcome.message=\u3088\u3046\u3053\u305D\u3001{0} \u3055\u3093 \uFF01\uFF01
```

▶ application-messages.propertiesの定義例

```
# result.succeed={0}処理が成功しました。
result.succeed={0}\u51E6\u7406\u304C\u6210\u529F\u3057\u307E\u3057\u305F\u3002
```

プロパティキーに「メッセージコード」、プロパティ値に「メッセージフォーマット（java.text.MessageFormatで解釈可能な文字列）」を指定します。なお、ASCII以外の文字（日本語など）を扱う場合は、ネイティブコードからUnicodeへ変換（native2ascii）する必要があります。

 使っているIDEがSTS（Eclipse）であれば、プロパティエディタ[28]プラグインを使えばネイティブコードで編集することができます。

■MessageSourceのAPI利用

DIコンテナに登録したMessageSourceをインジェクションして、getMessageメソッドを呼び出します。

▶ MessageSourceのAPI使用例

```
@Autowired
MessageSource messageSource;  // インジェクションする

public void printWelcomeMessage() {
    // getMessageメソッドの呼び出し
    String message = messageSource.getMessage(
        "result.succeed",
```

【28】https://osdn.jp/projects/propedit/wiki/FrontPage

```
        new String[]{"ユーザー登録"}
        , Locale.JAPANESE);

    System.out.println(message);
}
```

printWelcomeMessageメッセージを呼び出すと、コンソールに「ユーザー登録処理が成功しました。」という
メッセージが出力されます。

■MessageSourceResolvableの利用

「メッセージに埋め込む値」をプロパティファイルから取得する場合は、org.springframework.context.
support.DefaultMessageSourceResolvableを使用します。以下の実装例では、"functionName.userRegist
ration"というキーに対応するプロパティ値を、「メッセージに埋め込む値」として扱っています。

▶ MessageSourceResolvableの使用例

```
MessageSourceResolvable functionName = new DefaultMessageSourceResolvable(
        "functionName.userRegistration");

String message = messageSource.getMessage(
        "result.succeed",
        new MessageSourceResolvable[]{functionName}
        , Locale.JAPANESE);
```

プログラム上でハードコーディングしていた値（"ユーザー登録"）は、プロパティファイルに定義します。

▶ messages.propertiesの定義例

```
# functionName.userRegistration=ユーザー登録
functionName.userRegistration=\u30E6\u30FC\u30B6\u30FC\u767B\u9332
```

2.7.3　ネイティブコードのメッセージ定義

ResourceBundleMessageSourceには、プロパティファイルの中身をネイティブコードのまま扱うオプション
（defaultEncodingプロパティ）が用意されています。このオプションを利用すれば、Unicodeへの変換
（native2ascii）は不要です。プロパティファイルをIDEを使わずに編集する可能性がある場合は、このオプ
ションを利用するとよいでしょう。

▶ オプションの指定例

```
@Bean
public MessageSource messageSource() {
    ResourceBundleMessageSource messageSource = new ResourceBundleMessageSource();
```

```
messageSource.setBasenames("messages");
// ネイティブコードのエンコーディングを指定
messageSource.setDefaultEncoding("UTF-8");
return messageSource;
}
```

プロパティファイルには、ネイティブコードのままメッセージを定義します。

▶ メッセージの定義例

```
result.succeed={0}処理が成功しました。
functionName.userRegistration=ユーザー登録
```

 ## メッセージの多言語サポート

MessageResourceの実装クラスは、メッセージの多言語化に対応しています。具体的には、言語ごとにプロパティファイルを作成し、Java SE標準のResourceBundleの仕様に準拠したロケーション[29]に格納するだけです。ここでは、Java VMのデフォルトロケールが日本（日本語）になっている場合に、日本語（ja）と英語（en）をサポートする方法を紹介します。

まず、デフォルトロケールの言語向けのプロパティファイルを作成します。このファイルは、言語を意識するファイル名にする必要はありません。

▶ messages.properties

```
welcome.message=ようこそ、{0} さん ！！
```

次に、英語用のプロパティファイルを作成します。このファイルは、言語を意識するファイル名にします。

▶ messages_en.properties

```
welcome.message=Welcome, {0} !!
```

上記の例では言語だけ意識するプロパティファイルを作成しましたが、言語と国の組み合わせごとにプロパティファイルを作成することもできます。たとえば、アメリカ英語用とイギリス英語用のメッセージをサポートしたい場合は、messages_en_US.properties と messages_en_GB.properties を作成してください。なお、国の違いに左右されない共通のメッセージは、messages_en.properties に定義することができます。

---

[29] 詳細については、以下のページのgetBundleメソッドのJavaDocを参照してください。
https://docs.oracle.com/javase/jp/8/docs/api/java/util/ResourceBundle.html

データアクセス（Tx、JDBC）

　第2章ではSpringプロジェクトを支えるSpring Frameworkのコア機能（DI、AOPなど）について解説しました。本章では、実際のアプリケーション開発で欠かすことができないデータアクセス機能について解説していきます。なお、本章の説明範囲はSpringが提供するJDBC関連の機能、トランザクション（Tx）管理機能、データアクセスエラーのハンドリング機能になります。他にもSpringやその連携ライブラリには、JPA（Java Persistence API）、Hibernate[1]やMyBatis[2]といったORM（Object-Relational Mapping、Object-Relational Mapper）を利用した方法がありますが、それらについては、以降の章でそれぞれ解説しています（図3.1）。

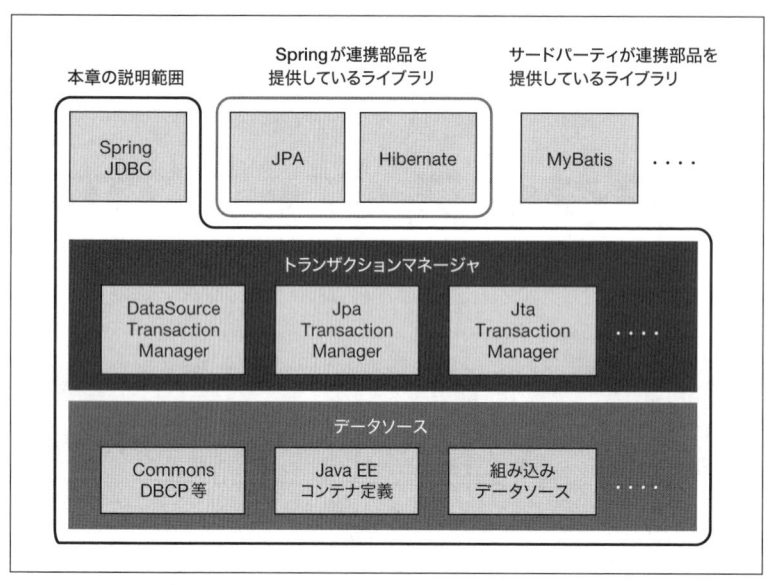

図3.1　本章の説明範囲

3.1　Springによるデータアクセス

　本節では、Springが提供しているJDBCを用いたデータアクセス支援機能について紹介していきます。まずはSpringが扱うことができるデータソースの種類について理解を深めておきましょう。その後で、JDBCデータアクセス支援機能の1つであるSpring JDBCを利用するために必要な設定などについて、コード例とともに見ていくことにします。

【1】　http://hibernate.org/

【2】　http://mybatis.org/

3.1.1 データソースについて

データソースは、データベースにアクセスするためのコネクション（java.sql.Connection）をアプリケーションに提供する役割を担います。Springが提供するデータベースアクセス機能では、以下に示す3つのデータソースを利用することができます。

- **アプリケーション内に定義したデータソース**
  Commons DBCP、Tomcat JDBC Connection Poolなどのサードパーティが提供するデータソースや、DriverManagerDataSourceといったSpringが提供するテスト用のデータソースなどをBean定義して利用します。この方法を利用する場合は、データベースのユーザーID、パスワード、接続先URLといったデータベースにアクセスするための情報をアプリケーション側で管理する必要があります。

- **アプリケーションサーバーに定義したデータソース**
  アプリケーションサーバーに定義したデータソースをJNDI経由で取得して利用します。この方法を利用すると、データベースへアクセスするための情報をアプリケーションから分離することができ、アプリケーションサーバーが提供する管理機能の恩恵も受けることができます。

- **組み込みデータベースのデータソース**
  HSQLDB [3]、H2 [4]、Apache Derby [5] といった組み込みデータベースをデータソースとして利用します。この方法を利用すると、事前にデータベースを用意する必要がなく、アプリケーションの起動時にデータベースの構築とデータソースの設定が自動的に行なわれます。データベースアクセス環境を簡単に整えることができるため、アプリケーションのプロトタイプ作成時やツール系のアプリケーション開発時に利用されることが多く、本格的なエンタープライズアプリケーションの開発で利用するケースはほとんどありません。

メモ Commons DBCPは、Apacheが提供するコネクションプール機能付きのデータソースを提供するライブラリです。

3.1.2 データソースのコンフィギュレーション

ここではデータソースのコンフィギュレーションについて説明します。

▶ **pom.xmlの定義例**

```
<dependency>
```

[3] http://hsqldb.org/
[4] http://www.h2database.com/
[5] https://db.apache.org/derby/

```
    <groupId>org.springframework</groupId>
    <artifactId>spring-jdbc</artifactId>
</dependency>
```

■アプリケーション定義のデータソース

Commons DBCPなどのコネクションプールをデータソースとして利用する場合のコンフィギュレーションについて説明します。ここではデータベースとして PostgreSQL、データソースに Commons DBCPを利用した場合のコード例を紹介します。データベースの接続情報やコネクションプールの設定値は jdbc.propertiesに記載することにします。

▶ Java ConfigによるBean定義例

```
@Configuration
@PropertySource("classpath:jdbc.properties")
public class PoolingDataSourceConfig {

    @Bean(destroyMethod = "close") ──────────────────────────────────── ❶
    public DataSource dataSource(
            @Value("${database.driverClassName}") String driverClassName,
            @Value("${database.url}") String url,
            @Value("${database.username}") String username,
            @Value("${database.password}") String password,
            @Value("${cp.maxTotal}") int maxTotal,
            @Value("${cp.maxIdle}") int maxIdle,
            @Value("${cp.minIdle}") int minIdle,
            @Value("${cp.maxWaitMillis}") long maxWaitMillis) { ──────── ❷
        BasicDataSource dataSource = new BasicDataSource(); ──────────── ❸
        dataSource.setDriverClassName(driverClassName);
        dataSource.setUrl(url);
        dataSource.setUsername(username);
        dataSource.setPassword(password);
        dataSource.setDefaultAutoCommit(false);
        dataSource.setMaxTotal(maxTotal);                              ❹
        dataSource.setMaxIdle(maxIdle);
        dataSource.setMinIdle(minIdle);
        dataSource.setMaxWaitMillis(maxWaitMillis);
        return dataSource;
    }
}
```

❶ Commons DBCP が提供するデータソースオブジェクトを Springと連携させるため、Beanとして定義する。アプリケーションが解放されるタイミングでデータソースが解放されるよう、destroyMethod 属性に org.apache.commons.dbcp2.BasicDataSourceクラスのclose メソッドを指定する

❷ データベース接続情報、コネクションプールの設定値をプロパティファイルから参照するため、パラメータとして取得する

❸ データソースを作成するため、BasicDataSourceクラスを利用する

❹ ❷で取得したパラメータを利用し、データソースの設定を行なう

▶ データベース接続情報等を設定するプロパティファイル

```
database.url=jdbc:postgresql://localhost/sample
database.username=postgres
database.password=postgres
database.driverClassName=org.postgresql.Driver
cp.maxTotal=96                                               ❺
cp.maxIdle=16
cp.minIdle=0
cp.maxWaitMillis=60000
```

❺ データベース接続情報、コネクションプールの設定値をプロパティとして定義する

▶ XMLによるBean定義例

```
<?xml version="1.0" encoding="UTF-8"?>
<beans xmlns="http://www.springframework.org/schema/beans"
    xmlns:xsi="http://www.w3.org/2001/XMLSchema-instance"
    xmlns:context="http://www.springframework.org/schema/context"
    xsi:schemaLocation="
        http://www.springframework.org/schema/beans
        http://www.springframework.org/schema/beans/spring-beans.xsd
        http://www.springframework.org/schema/context
        http://www.springframework.org/schema/context/spring-context.xsd">

    <context:property-placeholder
        location="classpath:META-INF/jdbc.properties" />              ❶

    <bean id="dataSource"
        class="org.apache.commons.dbcp2.BasicDataSource"              ❷
        destroy-method="close">
        <property name="driverClassName" value="${database.driverClassName}"/>
        <property name="url" value="${database.url}" />
        <property name="username" value="${database.username}" />
        <property name="password" value="${database.password}" />
        <property name="defaultAutoCommit" value="false" />           ❸
        <property name="maxTotal" value="${cp.maxTotal}" />
        <property name="maxIdle" value="${cp.maxIdle}" />
        <property name="minIdle" value="${cp.minIdle}" />
        <property name="maxWaitMillis" value="${cp.maxWaitMillis}" />
    </bean>

</beans>
```

❶ <context:property-placeholder>要素を利用し、プロパティファイルを読み込む。ここではクラスパス上の
META-INF/jdbc.properties ファイルを指定している

❷ Commons DBCP が提供するデータソースオブジェクトをSpringと連携させるため、Beanとして定義する。アプ
リケーションが解放されるタイミングでデータソースが解放されるよう、destroy-method属性に org.apache.

commons.dbcp2.BasicDataSource クラスの close メソッドを指定する

❸ データベース接続情報、コネクションプールの設定値をプロパティファイルから参照するように定義する

■アプリケーションサーバー定義のデータソース

ここではアプリケーションサーバー定義のデータソースを利用する場合のデータソースのコンフィギュレーションについて説明します。アプリケーションサーバーに jdbc/mydb という JNDI 名でコネクションプールが定義されていることとします。

▶ Java ConfigによるBean定義例

```
@Configuration
public class JndiDatasourceConfig {

    @Bean ─────────────────────────────────────────────────── ❶
    public DataSource dataSource() {
        JndiTemplate jndiTemplate = new JndiTemplate(); ─────── ❷
        return jndiTemplate.lookup("java:comp/env/jdbc/mydb", DataSource.class); ── ❸
    }
}
```

❶ javax.sql.DataSource の Bean を定義する

❷ JNDIをルックアップするため org.springframework.jndi.JndiTemplate クラスを利用する

❸ lookup メソッドを利用し、"java:comp/env/jdbc/mydb" のデータソースを取得する

XMLによるBean定義を行なう場合は、以下に示すように jee ネームスペースを利用することで定義を簡略化することができます。

▶ XMLによるBean定義例

```
<?xml version="1.0" encoding="UTF-8"?>
<beans xmlns="http://www.springframework.org/schema/beans"
    xmlns:xsi="http://www.w3.org/2001/XMLSchema-instance"
    xmlns:jee="http://www.springframework.org/schema/jee"
    xsi:schemaLocation="
        http://www.springframework.org/schema/beans
        http://www.springframework.org/schema/beans/spring-beans.xsd
        http://www.springframework.org/schema/jee
        http://www.springframework.org/schema/jee/spring-jee.xsd"> ───────── ❶

    <jee:jndi-lookup id="dataSource" ──────────────────────────────┐
        jndi-name="java:comp/env/jdbc/mydb" /> ────────────────────┴── ❷

</beans>
```

❶ jeeの機能を利用するため、ネームスペースとスキーマに xmlns:jee="http://www.springframework.org/schema
/jee"、http://www.springframework.org/schema/jee、http://www.springframework.org/schema/jee/spri

ng-jee.xsdを追加する

❷ `<jee:jndi-lookup>`要素を指定して、JNDI経由で利用するデータソースを定義する。`jndi-name`属性に利用するデータソースのJNDI名に「`java:comp/env/`」を付与した値を設定する

■組み込みデータソース

組み込みデータソースを利用する場合のデータソースのコンフィギュレーションについて説明します。組み込みデータソースではアプリケーションを起動するごとに毎回データベースを構築するため、構築するためのDDLや初期登録データについても合わせて用意する必要があります。

ここでは、組み込みデータベースとしてH2を利用し、schema.sqlにデータベースを構築するDDL、insert-init-data.sqlに初期登録データのSQLが記載されているものとします。

▶ Java ConfigによるBean定義例

```
@Configuration
public class DatasourceEmbeddedConfig {

    @Bean ─────────────────────────────────────────── ❶
    public DataSource dataSource() {
        return new EmbeddedDatabaseBuilder() ───────── ❷
                .setType(EmbeddedDatabaseType.H2) ───── ❸
                .setScriptEncoding("UTF-8") ─────────── ❹
                .addScripts("META-INF/sql/schema.sql", "META-INF/sql/insert-init-data.sql") ── ❺
                .build(); ───────────────────────────── ❻
    }
}
```

❶ `javax.sql.DataSource`のBeanを定義する
❷ データソースを作成するため`org.springframework.jdbc.datasource.embedded.EmbeddedDatabaseBuilder`クラスを利用する
❸ `setType`メソッドを利用し、組み込みデータベースのタイプを設定する。ここではH2を利用するため`EmbeddedDatabaseType.H2`を指定している
❹ `setScriptEncoding`メソッドを利用し、SQLファイルのファイルエンコーディングを設定する。ここではUTF-8を指定している
❺ `addScripts`メソッドを利用し、実行するSQLファイルを設定する
❻ `build`メソッドを利用し、設定した内容で`DataSource`インスタンスを生成する

▶ XMLによるBean定義例

```
<?xml version="1.0" encoding="UTF-8"?>
<beans xmlns="http://www.springframework.org/schema/beans"
    xmlns:xsi="http://www.w3.org/2001/XMLSchema-instance"
    xmlns:jdbc="http://www.springframework.org/schema/jdbc" ─────── ❶
    xsi:schemaLocation="
        http://www.springframework.org/schema/beans
        http://www.springframework.org/schema/beans/spring-beans.xsd
        http://www.springframework.org/schema/jdbc ──────────────── ❶
```

```
            http://www.springframework.org/schema/jdbc/spring-jdbc.xsd">  ──────────────────────  ❶

    <jdbc:embedded-database id="dataSource" type="H2">  ──────────────────────────────  ❷
        <jdbc:script location="classpath:META-INF/sql/schema.sql" encoding="UTF-8"/>  ───┐
        <jdbc:script location="classpath:META-INF/sql/insert-init-data.sql" encoding="UTF-8"/>  ──┴─ ❸
    </jdbc:embedded-database>

</beans>
```

❶ jdbcの機能を利用するため、ネームスペースとスキーマに xmlns:jdbc="http://www.springframework.org/
schema/jdbc"、http://www.springframework.org/schema/jdbc、http://www.springframework.org/schema/
jdbc/spring-jdbc.xsdを追加する

❷ <jdbc:embedded-database>要素を利用し、組み込みデータベースを定義する。type属性には利用するデータベー
スに応じた値（"HSQL"、"H2"、"DERBY"のいずれか）を設定する。ここではH2を利用するため、H2を設定している

❸ <jdbc:script>要素を利用し、データベースを構築するSQLを実行する。location属性に起動時に実行するSQL
ファイルを設定する。ここではクラスパス経由でschema.sqlとinsert-init-data.sqlの2つのファイルを実行す
るように設定している。encoding属性にSQLファイルのファイルエンコーディングを指定する

3.2 Spring JDBC

前節では、Spring JDBCを使用するために必要となるデータソースのBean定義方法を紹介しました。本節で
は、データアクセス処理を記述するための中心的な役割を持つ JdbcTemplate クラスの使用方法を紹介してい
きます。データアクセスの基本となるCRUD操作に必要な、SQLを実行する方法、SQLへ値をバインドする方
法、SQLの実行結果からデータを取得する方法を説明していきます。

3.2.1 Spring JDBCとは

Spring JDBCとは、SQLの内容にかかわらず共通に行なわれる定型的なJDBCの処理をSpringが代替する機
能です。たとえば次のようなものがあります。

- コネクションのオープンやクローズ
- SQLステートメントの実行
- 処理結果行の繰り返し処理
- 例外ハンドリング

Spring JDBCを利用することで、実装範囲を以下のような重要な処理に限定できます。

- SQLの定義
- パラメータの設定

- ResultSetの取得結果において、各レコードに対して実行したい処理

3.2.2 JdbcTemplateクラスを利用したCRUD操作

Spring JDBCには、JdbcTemplateクラスやNamedParameterJdbcTemplateクラスといった、SQLによるデータベースアクセスを容易に実現するためのクラスが用意されています。NamedParameterJdbcTemplate はJdbcTemplateをラップしたもので、2つの違いはバインド変数の指定方法になります。

実際にこれらのJdbcTemplateクラスを利用する場合は、直接利用するのではなく、データソースの初期化処理が完了したJdbcTemplateクラスを@Autowiredでインジェクションすることで容易に利用できるようになります。

たとえば、userテーブルから指定したuser_idに該当するuser_nameを取得するデータベースアクセスの場合、以下のようなソースコードになります。

▶ JdbcTemplateを使用したデータアクセスの実装例

```
@Autowired
JdbcTemplate jdbcTemplate;

public String findUserName(String userId) {
    String sql = "SELECT user_name FROM user WHERE user_id = ?";
    return jdbcTemplate.queryForObject(sql, String.class, userId);
}
```

▶ JdbcTemplateのJava ConfigによるBean定義

```
@Configuration
public class AppConfigurationConfig {
    // omitted

    @Bean
    public JdbcTemplate jdbcTemplate(DataSource dataSource) {
        return new JdbcTemplate(dataSource);
    }
}
```

■JdbcTemplateクラスが提供する主なデータベースアクセス処理

JdbcTemplateクラスには、データベースアクセス処理に関するメソッドが多数用意されています。本節で説明する主なメソッドを以下に示します（**表3.1**）。

表3.1　本節で説明する主なメソッド

メソッド名	説明
queryForObject	デフォルトの機能では、1レコードの1項目を取得する際に利用する。後述するRowMapperとともに利用することで、1レコードを指定したオブジェクトとして取得することができる
queryForMap	1レコードの内容をMapとして取得する際に利用する
queryForList	複数行のレコードを取得する際に利用する。Listの1要素が1レコードに該当し、内容はqueryForObjectやqueryForMapと同じになる
query	後述するResultSetExtractor、RowCallbackHandlerを用いて検索する際に利用する
update	更新系のSQL（INSERT、DELETE、UPDATE）を実行する際に利用する

■サンプルアプリケーションの概要

　ここでは会議室の予約を想定したCRUD操作を例に、Spring JDBCの基本的な使い方について説明していきます。

スキーマ情報

　サンプルとして利用するテーブルのスキーマ情報を以下に示します（**図3.2**）。roomテーブルとequipmentテーブルは1対多のリレーションとします。

room（部屋）テーブル

カラム	型	備考
room_id(pk)	VARCHAR(10)NOT NULL	
room_name	VARCHAR(30)NOT NULL	
capacity	INT NOT NULL	

equipment（設備）テーブル

カラム	型	備考
equipment_id(pk)	VARCHAR(10)NOT NULL	
room_id(pk)	VARCHAR(10)NOT NULL	外部キー　room(room_id)
equipment_name	VARCHAR(30)NOT NULL	
equipment_count	INT NOT NULL	
equipment_remarks	VARCHAR(100)	

図3.2　サンプルで利用するテーブルのスキーマ情報

初期格納データ

　テーブルに格納する初期データを以下に示します（**図3.3**）。

room（部屋）テーブル

room_id	room_name	capacity
A001	幹部用会議室	10
C001001	セミナールーム	30
X9999	カンファレンスルーム	100

equipment（設備）テーブル

equipment_id	room_id	equipment_name	equipment_count	equipment_remarks
10-1	A001	テレビ会議システム	1	
20-1	A001	プロジェクタ	1	部屋据え付けです
40-500	C001001	シンクライアント	10	
20-2	C001001	プロジェクタ	5	移動可能です
30-1	C001001	ホワイトボード	6	移動可能です

図3.3　サンプルで利用するテーブルの初期格納データ

■Java標準データ型による1項目の取得

まずはじめに、最も単純な検索を行なうSQLアクセスを例にJdbcTemplateクラスの利用方法について説明します。このSQLではバインド変数を利用せず、かつ、1レコードの1項目のみを取得するものとします。

Daoクラスの実装

データベースアクセスを担当するDao（Data Access Object）クラスを定義します。Springにより初期化処理が完了したorg.springframework.jdbc.core.JdbcTemplateクラスのインスタンスを@Autowiredによりインジェクションします。データベースにアクセスする処理をDaoクラスのメソッド内に実装します。以降、特に指定のない限り、JdbcTemplateクラスをインジェクションするDaoクラスを利用することとします。

▶ Daoクラスの実装例

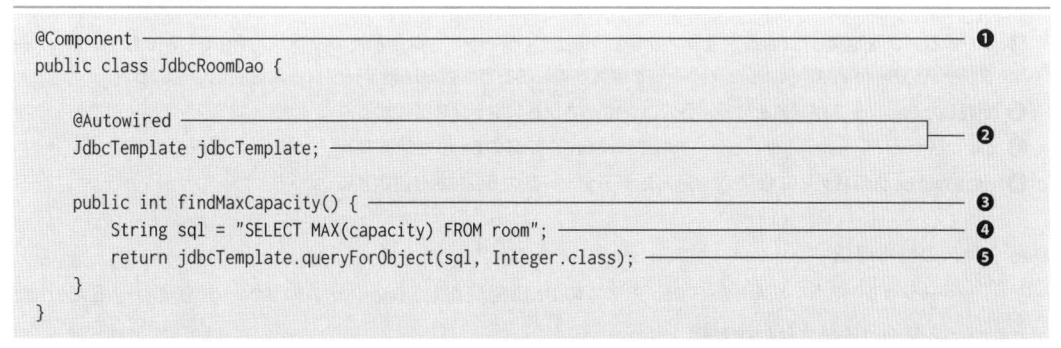

```
@Component ─────────────────────────────────────────────── ❶
public class JdbcRoomDao {

    @Autowired ───────────────────────────────────────────
    JdbcTemplate jdbcTemplate; ──────────────────────────── ❷

    public int findMaxCapacity() { ──────────────────────── ❸
        String sql = "SELECT MAX(capacity) FROM room"; ───── ❹
        return jdbcTemplate.queryForObject(sql, Integer.class); ── ❺
    }
}
```

❶ Daoクラスを定義する。コンポーネントスキャンの対象とするため、クラスに@Componentアノテーションを付与する

❷ プロパティとしてorg.springframework.jdbc.core.JdbcTemplateクラスを定義する。Springによりインジェク

ションさせるため、@Autowiredアノテーションを付与する

❸ データベースアクセス処理を実装するメソッドを定義する

❹ 実行するSQL文を定義する

❺ ❷でインジェクションされたJdbcTemplateオブジェクトを利用し、queryForObjectメソッドでSQLを実行する。検索結果は指定したデータ型で返却される

Spring JDBCのコンフィギュレーション

JdbcTemplateクラスを利用する場合、dataSourceプロパティにデータソースを設定し、Springでインスタンスを生成します。Daoクラスをコンポーネントスキャンの対象とすることで、JdbcTemplateクラスのインスタンスがインジェクションされた状態でDaoクラスのインスタンスが生成されます。

▶ XMLによるBean定義

```
<?xml version="1.0" encoding="UTF-8"?>
<beans xmlns="http://www.springframework.org/schema/beans"
    xmlns:xsi="http://www.w3.org/2001/XMLSchema-instance"
    xmlns:context="http://www.springframework.org/schema/context"
    xsi:schemaLocation="
        http://www.springframework.org/schema/beans
        http://www.springframework.org/schema/beans/spring-beans.xsd
        http://www.springframework.org/schema/context
        http://www.springframework.org/schema/context/spring-context.xsd">

    <import resource="classpath:datasource-embedded.xml" /> ──────────── ❶

    <context:component-scan base-package="com.example" /> ──────────── ❷

    <bean id="jdbcTemplate" class="org.springframework.jdbc.core.JdbcTemplate"> ──── ❸
        <property name="dataSource" ref="dataSource"/> ──────────── ❹
    </bean>

</beans>
```

❶ データソースを定義したBean定義ファイルを読み込む。データソースは前述の3つのいずれでもかまわないが、データソースのBean名は "dataSource" として定義する。ここでは組み込みデータソースを利用している

❷ 定義したDaoクラスが対象となるようにコンポーネントスキャンを定義する

❸ org.springframework.jdbc.core.JdbcTemplateクラスのBeanを定義する

❹ dataSourceプロパティに ❶ で読み込んだデータソースのBean名を設定する

Daoクラスの動作確認

アプリケーションコンテキストからDaoクラスのBeanを取得し、Daoクラスのメソッドを実行するだけで、データベースアクセスが行なわれます。

▶ Daoクラスを用いたデータアクセスの実装例

```
public static void main(String[] args) {
```

```
ApplicationContext context = new ClassPathXmlApplicationContext(
        "JdbcTemplateConfig.xml");

JdbcRoomDao dao = context.getBean("jdbcRoomDao", JdbcRoomDao.class);  ──────────── ❶

int maxCapacity = dao.findMaxCapacity();  ──────────────────────────────────────── ❷
System.out.println(maxCapacity);
}
```

❶ アプリケーションコンテキストから定義したDaoクラスのBeanを取得する
❷ データベースアクセス処理を実装したメソッドを実行する

■バインド変数を利用したSQL

バインド変数を利用することで、SQLに記述する値をパラメータとしてSQLの実行時に指定することが可能
となります。JdbcTemplateクラスにおいてもSQLの標準的な「?」を利用したバインド変数に対応しています。

▶ Daoクラスの実装

```
public String findRoomNameById(String roomId) {
    String sql = "SELECT room_name FROM room WHERE room_id = ?";  ──────────────── ❶
    return jdbcTemplate.queryForObject(sql, String.class, roomId);  ─────────────── ❷
    /*
     パラメータを配列として設定する場合
     Object[] args = new Object[]{ roomId };  ───────────────────────────────────── ❸
     return jdbcTemplate.queryForObject(sql, args, String.class);
    */
}
```

❶ バインド変数を「?」として実行するSQL文を定義する
❷ インジェクションされたJdbcTemplateオブジェクトを利用し、queryForObjectメソッドでSQLを実行する
　 バインド変数の順序に従い、設定する値を可変パラメータとして設定する
❸ パラメータを配列として設定する場合、バインド変数の順序に従って値を格納したObject配列を引数に設定する

■名前付きバインド変数を利用したSQL

前述の「?」を利用したバインド変数では、パラメータを指定する順序を意識しなくてはならなかったり、パ
ラメータが多い場合の可読性の低下といったデメリットがあります。ここでは別のパラメータの設定方法であ
る名前付きバインド変数の利用方法について説明します。

▶ Daoクラスの実装

```
@Component  ───────────────────────────────────────────────────────────────────── ❶
public class JdbcRoomNamedDao {

    @Autowired  ─────────────────────────────────────────────────────────────┐
    NamedParameterJdbcTemplate namedParameterJdbcTemplate;  ──────────────────┴─ ❷
```

```
public String findRoomNameById(String roomId) {
    String sql = "SELECT room_name FROM room WHERE room_id = :roomId"; ————— ❸
    Map<String, Object> params = new HashMap<String, Object>(); ————————— ❹
    params.put("roomId", roomId);
    return namedParameterJdbcTemplate ———————————————————————————— ❺
            .queryForObject(sql, params, String.class);
    }
}
```

❶ Daoクラスを通常のクラスとして定義する。コンポーネントの対象とするため、クラスに@Componentアノテーションを付与する

❷ プロパティとしてorg.springframework.jdbc.core.namedparam.NamedParameterJdbcTemplateクラスを定義する。Springによりインジェクションさせるため、@Autowiredアノテーションを付与する

❸ バインド変数を":バインド変数名"として実行するSQL文を定義する。ここでは"roomId"という名前のバインド変数を設定している

❹ バインド変数の名前をキーとしたMapを利用してパラメータを設定する。❸で定義した"roomId"というバインド変数の名前でパラメータを設定している

❺ ❷でインジェクションされたJdbcTemplateオブジェクトを利用し、queryForObjectメソッドでSQLを実行する

▶ Bean定義ファイル

```
<bean id="namedParameterJdbcTemplate" ————————————————————————————— ❶
    class="org.springframework.jdbc.core.namedparam.NamedParameterJdbcTemplate">
    <constructor-arg ref="dataSource"/> ———————————————————————————— ❷
</bean>
```

❶ org.springframework.jdbc.core.namedparam.NamedParameterJdbcTemplateクラスのBeanを定義する

❷ コンストラクタ引数としてデータソースのBean名を設定する。JdbcTemplateクラスとは異なり、プロパティではなくコンストラクタの引数として設定することに注意すること

SqlParameterSourceを利用したパラメータの設定

前述の例では、バインド変数の名前をキーとしたMapを利用してパラメータを設定しましたが、NamedParameterJdbcTemplateのメソッドにはMapの代わりにorg.springframework.jdbc.core.namedparam.SqlParameterSourceインターフェイスを利用することもできます。SqlParameterSourceの実装クラスを利用すると、パラメータの設定が簡単になる場合があります。ここではSqlParameterSourceの代表的な実装クラスについて紹介します。

● org.springframework.jdbc.core.namedparam.MapSqlParameterSource
  addValueメソッドの戻り値として、追加したパラメータが設定されたMapSqlParameterSourceオブジェクト自身が返されます。つまりaddValueメソッドによるメソッドチェインが可能となるため、多数のパラメータがある場合に便利です。MapSqlParameterSourceの利用イメージを以下に示します。

```
MapSqlParameterSource map = new MapSqlParameterSource()
        .addValue("roomId", "A001").addValue("roomName", " 幹部用会議室 ")
        .addValue("capacity", 10);
```

- **org.springframework.jdbc.core.namedparam.BeanPropertySqlParameterSource**

  コンストラクタ引数として指定されたオブジェクトを利用し、オブジェクトのプロパティ名をパラメータ名、プロパティ値をパラメータ値として SqlParameterSource オブジェクトを生成します。パラメータ名がプロパティ名でかまわない場合、BeanPropertySqlParameterSource は効果的にパラメータを設定することができます。BeanPropertySqlParameterSource の利用イメージを以下に示します。

```
Room room = new Room("A001", "幹部用会議室", 10);
BeanPropertySqlParameterSource map = new BeanPropertySqlParameterSource(room);
```

■1行の検索結果を取得

主キーによる検索のような1行の検索結果を取得する方法について説明します。JdbcTemplate の標準機能では Java標準のデータ型しか扱えないため、検索結果のカラム名をキーとした Map として1行の検索結果を取得します。

▶ Daoクラスの実装

```
public Room getRoomById(String roomId) { ────────────────────────────────── ❶
    String sql = "SELECT room_id, room_name, capacity FROM room WHERE room_id = ?"; ─── ❷
    Map<String, Object> result = jdbcTemplate.queryForMap(sql, roomId); ─────── ❸
    Room room = new Room();
    room.setRoomId((String) result.get("room_id")); ────────────
    room.setRoomName((String) result.get("room_name")); ────────┤── ❹
    room.setCapacity((Integer) result.get("capacity")); ────────
    return room;
}
```

❶ JdbcTemplateの処理の戻り値は Map<String, Object>となるが、そのまま返すのではなく、目的のクラスを戻り値としたメソッドを定義する。ここでは Map<String, Object>のデータを該当するプロパティに反映した Roomクラスを返すようにしている

❷ 実行する SQL文を定義する。検索結果のカラム名が Mapのキーとなる

❸ インジェクションされた JdbcTemplateオブジェクトを利用し、queryForMap メソッドで SQLを実行する

❹ 検索結果のカラム名をキーとして、検索結果の値を取得する

■複数行の検索結果を取得

複数行の検索結果を取得する方法について説明します。JdbcTemplate の標準機能では Java標準のデータ型しか扱えないため、検索結果の1行を前述の Mapとし、複数行をその Mapの List として取得します。

▶ Daoクラスの実装

```
public List<Room> getAllRoom() {                                              ❶
    String sql = "SELECT room_id, room_name, capacity FROM room";             ❷
    List<Map<String, Object>> resultList = jdbcTemplate.queryForList(sql);    ❸
    List<Room> roomList = new ArrayList<Room>();
    for(Map<String, Object> result: resultList) {
        Room room = new Room();
        room.setRoomId((String) result.get("room_id"));
        room.setRoomName((String) result.get("room_name"));                   ❹
        room.setCapacity((Integer) result.get("capacity"));
        roomList.add(room);
    }
    return roomList;
}
```

❶ JdbcTemplateの処理の戻り値はList<Map<String, Object>>となるが、そのまま返すのではなく、目的のクラス
を戻り値としたメソッドを定義する。ここではList<Map<String, Object>>のデータを該当するプロパティに反映
したList<Room>クラスを返すようにしている

❷ 実行するSQL文を定義する。検索結果のカラム名がMapのキーとなる

❸ インジェクションされたJdbcTemplateオブジェクトを利用し、queryForListメソッドでSQLを実行する

❹ 検索結果のカラム名をキーとして、検索結果の値を取得する

■検索結果が0件の場合

queryForListメソッドを除いた検索処理において検索結果が0件の場合、JdbcTemplateの処理が呼ばれる前にSpringが例外をスローします。そのため、JdbcTemplateを利用した検索処理では、後述するResult SetExtractorを利用する場合を除き、データが存在する前提で実装を行ないます。なお、0件時にスローされる例外はorg.springframework.dao.EmptyResultDataAccessExceptionになります。また、queryForListメソッドを用いた場合に検索結果が0件だった場合、空のリストが返却され、例外は発生しません。

■テーブルを更新する処理（Insert、Update、Delete）

ここではテーブルを更新する処理（Insert、Update、Delete）について説明します。

テーブルを更新する処理はSQLの違いにかかわらず、すべてJdbcTemplateのupdateメソッドを利用します。また、検索処理では検索結果が0件の場合、EmptyResultDataAccessExceptionがスローされますが、更新処理では更新結果が0件であっても例外はスローされません。更新処理では処理結果の件数が戻り値として返されるため、これを利用して結果を判断することになります。

▶ Daoクラスの実装

```
@Autowired                                                                    ❶
JdbcTemplate jdbcTemplate;

public int insertRoom(Room room) {                                            ❷
```

```
    String sql = "INSERT INTO room(room_id, room_name, capacity)" ───────────── ❸
            + " VALUES(?, ?, ?)"; ──────────────────────────
    return jdbcTemplate.update(sql, room.getRoomId(), ─────────────────── ❹
            room.getRoomName(), room.getCapacity()); ─────────────────
}

public int updateRoomById(Room room) {
    String sql = "UPDATE room SET room_name=?, capacity=?"
            + " WHERE room_id=?";
    return jdbcTemplate.update(sql, room.getRoomName(), ─────────────
            room.getCapacity(), room.getRoomId()); ─────────────────── ❺
}

public int deleteRoomById(String roomId) {
    String sql = "DELETE FROM room WHERE room_id=?";
    return jdbcTemplate.update(sql, roomId); ──────────────────────── ❺
}
```

❶ 検索処理と同様、プロパティとしてJdbcTemplateクラスを定義する。名前付きバインド変数を利用する場合、Named
ParameterJdbcTemplateクラスを定義する

❷ INSERT処理を行なうメソッドを定義する

❸ INSERT処理を行なうSQL文を定義する

❹ インジェクションされたJdbcTemplateオブジェクトを利用し、updateメソッドでSQLを実行する。バインド変数の
順序に従い、設定する値を可変パラメータとして設定する。なお、検索処理と同様、パラメータを配列として設定す
ることも可能である

❺ テーブルを更新する処理はSQLの違いにかかわらず、すべてJdbcTemplateのupdateメソッドを利用する

3.2.3 取得結果の変換処理

　前述したように、Spring JDBC標準の機能では、処理結果はJava標準のデータ型もしくはMap、Listのコレク
ション型となります。標準機能だけでは、一般的なアプリケーションにおいて必要十分なデータベースアクセス
機能を有しているとは言いがたい状態です。そのため、Spring JDBCでは取得結果を変換することができる3つ
のインターフェイスを用意しています。

● RowMapper
RowMapperとは、JDBCのResultSetを参照して特定のPOJOにマッピングするためのインターフェイスで
す。このインターフェイスを利用すると、ResultSetの1行を特定のPOJOの1インスタンスに変換するこ
とができます。次に登場するResultSetExtractorと異なり、ResultSetの1行から1インスタンスへ変換
されることが保証されるとともに、カーソル移動などのResultSetに対する処理をSpringに委ねることが
できるといった利点があります。

● ResultSetExtractor
ResultSetExtractorとは、JDBCのResultSetを操作して特定のPOJOにマッピングするためのインター

フェイスです。RowMapperとの違いはResultSetの操作が許されている点です。RowMapperはResultSetを参照することはできますが、次の1行にカーソルを移動するnextなどのメソッドの利用は推奨されていません。ResultSetExtractorを利用すると、ResultSetの複数行からPOJOの1インスタンスを生成することも可能になります。

● **RowCallbackHandler**

RowCallbackHandlerとは、JDBCのResultSetを参照してなんらかの処理を行なうためのインターフェイスです。RowMapper、ResultSetExtractorと異なり、RowCallbackHandlerは戻り値を返しません。RowCallbackHandlerは取得結果のファイル出力や、データのチェックなどを行なう場合に利用します。

■RowMapperの実装

ここではRowMapperの実装方法について説明します。

RowMapperクラスの実装

RowMapperインターフェイスを実装したクラスを作成し、mapRowメソッドにResultSetとPOJOの変換処理を記述します。なお、検索結果が0件の場合、Spring FrameworkによってRowMapperが呼び出される前に例外（EmptyResultDataAccessException）がスローされます。そのため、検索結果が1件以上存在する前提でRowMapperを実装します。

▶ **RowMapperクラスの実装例**

```
public class RoomRowMapper implements RowMapper<Room> { ─────────────────── ❶

    @Override ───────────────────────────────────────────────────── ❷
    public Room mapRow(ResultSet rs, int rowNum) throws SQLException {
        Room room = new Room(); ──────────────────────────────────── ❸
        room.setRoomId(rs.getString("room_id")); ─────────────────── ❹
        room.setRoomName(rs.getString("room_name"));
        room.setCapacity(rs.getInt("capacity"));
        return room;
    }
}
```

❶ org.springframework.jdbc.core.RowMapperインターフェイスを実装してRowMapperのクラスを定義する。RowMapperは型パラメータとして変換後のクラスを必要とし、ここではRoomクラスを指定している

❷ mapRowメソッドを実装し、ここにResultSetとPOJOの変換処理を実装する
このメソッドの戻り値は❶の型パラメータで指定したクラスとなる

❸ 戻り値となるRoomクラスのオブジェクトを生成する

❹ 引数として渡されるResultSetを参照し、取得結果を❸の戻り値となるオブジェクトに設定する。RowMapperの処理において、ResultSetを操作したカーソルの移動を行なってはいけないので注意すること

Daoクラスの実装

JdbcTemplateクラスを利用する際、RowMapperインターフェイスの実装クラスを指定します。

▶ **RowMapperを使用したDaoクラスの実装**

```
public Room getRoomById(String roomId) {                                          ❶
    String sql = "SELECT room_id, room_name, capacity" +                          ❷
        " FROM room WHERE room_id = ?";
    RoomRowMapper rowMapper = new RoomRowMapper();                                 ❸
    return jdbcTemplate.queryForObject(sql, rowMapper, roomId);                    ❹
}

public List<Room> getAllRoom() {                                                  ❺
    String sql = "SELECT room_id, room_name, capacity FROM room";                  ❷
    RoomRowMapper rowMapper = new RoomRowMapper();                                 ❸
    return jdbcTemplate.query(sql, rowMapper);                                     ❻
}
```

❶ JdbcTemplateの処理の戻り値をそのまま返すため、1件検索の場合はRowMapperと同様のRoomを戻り値としてメソッドを定義する

❷ 実行するSQL文を定義する

❸ 実装したRowMapperクラスのオブジェクトを生成する

❹ インジェクションされたJdbcTemplateオブジェクトを利用し、queryForObjectメソッドでSQLを実行する。この際、引数に❸で定義したRowMapperクラスのオブジェクトを指定する

❺ JdbcTemplateの処理の戻り値をそのまま返すため、複数検索の場合はList<Room>を戻り値としてメソッドを定義する

❻ インジェクションされたJdbcTemplateオブジェクトを利用し、queryメソッドでSQLを実行する。このとき、引数には❸で定義したRowMapperクラスのオブジェクトを指定する

ラムダ式を利用した Dao クラスの実装

Java SE 8から利用可能となったラムダ式を利用してDaoクラスを実装することもできます。ラムダ式を利用した場合、RowMapperで行なう処理をDaoクラスに直接記述するため、RowMapperインターフェイスの実装クラスが不要となります。

▶ **ラムダ式を利用したRowMapperクラスの実装例**

```
public List<Room> getAllRoom() {
    String sql = "SELECT room_id, room_name, capacity FROM room";
    return jdbcTemplate.query(sql, (rs, rowNum) -> {                              ❶
        Room room = new Room();
        room.setRoomId(rs.getString("room_id"));
        room.setRoomName(rs.getString("room_name"));
        room.setCapacity(rs.getInt("capacity"));
        return room;
    });
}
```

❶ Java SE 8以上でラムダ式を利用する場合、JdbcTemplateオブジェクトのqueryメソッドの第2引数にラムダ式を利用して直接処理を実装する。ラムダ式を利用するとRowMapperインターフェイスの実装クラスを作成する必要がなくなる

BeanPropertyRowMapperを利用したDaoクラスの実装

RowMapperインターフェイスを実装する以外に、一定のルールに従うことで自動でマッピングを行なう機能として、RowMapperインターフェイスを実装したBeanPropertyRowMapperクラスが用意されています。BeanPropertyRowMapperクラスは、Javaのリフレクション機能を使用して型パラメータで指定したクラスのオブジェクトを構築するため、処理性能を重視する場合は前述の特定のクラスのためのRowMapper実装クラスを利用してください。他にもBeanPropertyRowMapperクラスを利用する場合は、以下に示すルールや制約を考慮する必要があります。

- ルール
  - ▶ ResultSetのカラム名と指定したクラスのプロパティ名でマッピングを行なう
  - ▶ カラム名のアンダースコアを区切りとし、プロパティ名はキャメルケースでマッピングを行なう
  - ▶ String、boolean、Boolean、byte、Byte、short、Short、int、Integer、long、Long、float、Float、double、Double、BigDecimal、java.util.Dateなどの基本的なデータ型に対応している
- 制約
  - ▶ 指定したクラスが入れ子構造の場合、トップレベルのクラスに対してマッピングを行なう
  - ▶ 指定したクラスには、デフォルトコンストラクタもしくは引数なしのコンストラクタが定義されている必要がある

▶ BeanPropertyRowMapperを使用したDaoクラスの実装例

```
public Room getRoomUseBeanPropertyById(String roomId) {
    String sql = "SELECT room_id, room_name, capacity" +
        " FROM room WHERE room_id = ?";
    RowMapper<Room> rowMapper = new BeanPropertyRowMapper<Room>(Room.class); ————————①
    return jdbcTemplate.queryForObject(sql, rowMapper, roomId);
}
```

① RowMapperインターフェイスの実装として、org.springframework.jdbc.core.BeanPropertyRowMapperクラスのオブジェクトを生成する。ここでは型パラメータとしてRoomクラスを指定している。以降は通常のRowMapperインターフェイスと同様の利用方法となる

■ResultSetExtractorの実装

ここではResultSetExtractorの実装方法について説明します。今回はResultSetExtractorの処理のサンプルとして、2つのテーブルを左外部結合した処理結果から、それぞれ対応するクラスにデータをマッピングした入れ子構造のクラスに変換する処理を実装します。処理イメージを以下に示します（**図3.4**）。

room_id	room_name	capacity	equipment _id	equipment _name	equipment _count	equipment _remarks
A001	幹部用会議室	10	10-1	テレビ会議システム	1	
A001	幹部用会議室	10	20-1	プロジェクタ	1	部屋据え付けです
C001001	セミナールーム	30	40-500	シンクライアント	10	
C001001	セミナールーム	30	20-2	プロジェクタ	5	移動可能です
C001001	セミナールーム	30	30-1	ホワイトボード	6	移動可能です
X9999	カンファレンスルーム	100				

点線の重複データを除いたものが
Roomクラスのオブジェクト

実線がEquipmentクラスのオブジェクト

図3.4　roomにequipmentを左外部結合した結果とオブジェクトの対応

ResultSetExtractorクラスの実装

ResultSetExtractorインターフェイスを実装したクラスを作成し、extractDataメソッドに変換処理を記述します。

▶ ResultSetExtractorクラスの実装例

```java
public class RoomListResultSetExtractor implements ResultSetExtractor<List<Room>> { ──────── ❶

    @Override ──────────────────────────────────────────
    public List<Room> extractData(ResultSet rs) throws SQLException, DataAccessException { ── ❷
        Map<String, Room> map = new LinkedHashMap<String, Room>(); ──────────── ❸
        Room room = null;
        while(rs.next()) { ─────────────────────────────────────── ❹
            String roomId = rs.getString("room_id");
            room = map.get(roomId);
            if(room == null) {
                room = new Room();
                room.setRoomId(roomId);
                room.setRoomName(rs.getString("room_name"));
                room.setCapacity(rs.getInt("capacity"));
                map.put(roomId, room);
            }

            String equipmentId = rs.getString("equipment_id"); ─────────────── ❺
            if(equipmentId != null) {
                Equipment equipment = new Equipment();
                equipment.setEquipmentId(equipmentId);
                equipment.setRoomId(roomId);
                equipment.setEquipmentName(rs.getString("equipment_name"));
```

```
                equipment.setEquipmentCount(rs.getInt("equipment_count"));
                equipment.setEquipmentRemarks(rs.getString("equipment_remarks"));
                room.getEquipmentList().add(equipment);
            }
        }

        if(map.size() == 0) {
            throw new EmptyResultDataAccessException(1);                              ❻
        }
        return new ArrayList<Room>(map.values());                                     ❼
    }
}
```

❶ org.springframework.jdbc.core.ResultSetExtractorインターフェイスを実装してResultSetExtractorのクラスを定義する。ResultSetExtractorは型パラメータとして変換後のクラスを必要とし、ここではRoomクラスのList型コレクションを指定している

❷ extractDataメソッドを実装し、ここにResultSetExtractorの変換処理を実装する。このメソッドの戻り値は❶の型パラメータで指定したクラスとなる

❸ 左外部結合の左側のroomテーブルは、オブジェクトとして見ると重複データが存在する。重複データを特定するため、room_idをキーとするMapのコレクションを定義する

❹ ResultSetのすべての行に対して処理を行なう

❺ 左外部結合の右側のequipmentテーブルは、結合結果によってはデータが存在しない場合がある。ResultSetの該当行にequipment_idが存在するかどうかチェックし、存在する場合はequipmentオブジェクトを作成する

❻ 検索結果が0件の場合、RowMapperやSpring JDBCの通常の検索と同様の仕様にするためEmptyResultDataAccessExceptionをスローする

❼ 検索結果となるRoomクラスのList型のコレクションを返却する

Daoクラスの実装

JdbcTemplateクラスを利用する際、ResultSetExtractorインターフェイスの実装クラスを指定します。

▶ ResultSetExtractorを使用したDaoクラスの実装例

```
public List<Room> getAllRoomWithEquipment() {                                        ❶
    String sql = "SELECT r.room_id, r.room_name, r.capacity," +
            " e.equipment_id, e.equipment_name, e.equipment_count," +
            " e.equipment_remarks FROM room r LEFT JOIN equipment e" +                ❷
            " ON r.room_id = e.room_id";
    RoomListResultSetExtractor extractor = new RoomListResultSetExtractor();          ❸
    return jdbcTemplate.query(sql, extractor);                                        ❹
}

public Room getRoomWithEquipmentById(String roomId) {                                 ❺
    String sql = "SELECT r.room_id, r.room_name, r.capacity," +
            " e.equipment_id, e.equipment_name, e.equipment_count," +
            " e.equipment_remarks FROM room r LEFT JOIN equipment e" +                ❷
            " ON r.room_id = e.room_id WHERE r.room_id = ?";
    RoomListResultSetExtractor extractor = new RoomListResultSetExtractor();          ❸
```

```
    List<Room> roomList = jdbcTemplate.query(sql, extractor, roomId); ─────────────────── ❻
    return roomList.get(0); ───────────────────────────────────────────────────────────── ❼
}
```

❶ JdbcTemplateの処理の戻り値をそのまま返すため、複数検索の場合はList<Room>を戻り値としてメソッドを定義する

❷ 実行するSQL文を定義する

❸ 実装したResultSetExtractorクラスのオブジェクトを生成する

❹ インジェクションされたJdbcTemplateオブジェクトを利用し、queryメソッドでSQLを実行する。この際、引数に❸で生成したResultSetExtractorクラスのオブジェクトを指定する

❺ JdbcTemplateの処理の戻り値をそのまま返すため、1件検索の場合はRoomを戻り値としてメソッドを定義する

❻ インジェクションされたJdbcTemplateオブジェクトを利用し、queryメソッドでSQLを実行する。この際、引数に❸で生成したResultSetExtractorクラスのオブジェクトとSQL文のバインド変数を指定する

❼ 主キーであるroom_idを指定して検索を行なっているため、検索結果が存在する場合は必ず1件となる。なお、検索結果が0件の場合は実装したResultSetExtractorの仕様により、EmptyResultDataAccessExceptionがスローされる

■RowCallbackHandlerの実装

ここではRowCallbackHandlerの実装方法について説明します。今回はサンプルとして、roomテーブルに登録されているすべてのデータをCSVファイルとして出力する処理を実装します。

RowCallbackHandlerクラスの実装

RowCallbackHandlerインターフェイスを実装したクラスを作成し、processRowメソッドに処理を記述します。

▶RowCallbackHandlerクラスの実装例

```
public class RoomRowCallbackHandler implements RowCallbackHandler { ─────────────────── ❶

    @Override ─────────────────────────────────────────────────────────────────────────┐
    public void processRow(ResultSet rs) throws SQLException { ──────────────────────────┘ ❷
        try (BufferedWriter writer = new BufferedWriter(new OutputStreamWriter(
                new FileOutputStream(File.createTempFile("room_", ".csv")), "UTF-8"))) {
            while(rs.next()) { ─────────────────────────────────────────────────────────┐
                Object[] array = new Object[]{
                        rs.getString("room_id"),
                        rs.getString("room_name"),
                        rs.getInt("capacity")};                                           ❸
                String reportRow = StringUtils.arrayToCommaDelimitedString(array);
                writer.write(reportRow); ─────────────────────────────────── ❹
                writer.newLine();
            } ─────────────────────────────────────────────────────────────────────────┘
        } catch (IOException e) {
            throw new SQLException(e); ───────────────────────────────────────────────── ❺
        }
```

```
    ´}
}
```

❶ org.springframework.jdbc.core.RowCallbackHandlerインターフェイスを実装してRowCallbackHandlerのクラスを定義する

❷ processRowメソッドを実装し、ここにRowCallbackHandlerの処理を実装する

❸ ResultSetのすべての行に対して処理を行なう

❹ 取得したroomテーブルのデータをCSVファイルに書き込む

❺ RowCallbackHandlerの処理中にエラーが発生した場合、RowCallbackHandlerインターフェイスの仕様に従い、SQLExceptionにラップして例外をスローする

Daoクラスの実装

JdbcTemplateクラスを利用する際、RowCallbackHandlerインターフェイスの実装クラスを指定します。

▶ **RowCallbackHandlerを用いたDaoクラスの実装例**

```
public void reportRoom() {                                                    ❶
    String sql = "SELECT room_id, room_name, capacity FROM room";             ❷
    RoomRowCallbackHandler handler = new RoomRowCallbackHandler();            ❸
    jdbcTemplate.query(sql, handler);                                         ❹
}
```

❶ CSVファイルを出力するメソッドを定義する

❷ 実行するSQL文を定義する

❸ 実装したRowCallbackHandlerクラスのオブジェクトを生成する

❹ インジェクションされたJdbcTemplateオブジェクトを利用し、queryメソッドでSQLを実行する

3.2.4 応用的なCRUD操作

ここまでは、JdbcTemplateやNamedParameterJdbcTemplateを使用した基本的なCRUD操作の実装方法を紹介してきましたが、エンタープライズアプリケーションの開発の現場では、SQLのバッチ実行やストアドプロシージャの呼び出しなどが必要になるケースがあります。本書では、これらの操作の実現方法を簡単に紹介します。具体的な使い方は、公式リファレンスやAPIドキュメント（Javadoc）を参照してください。

■SQLのバッチ実行

大量のデータを登録・更新するようなケースでは、SQLをバッチ実行することがあります。Spring JDBCを使用する場合は、JdbcTemplateやNamedParameterJdbcTemplateのbatchUpdateメソッドを利用することでSQLのバッチ実行ができます[6]。

【6】 batchUpdateメソッドの使い方については、以下のページを参照してください。
http://docs.spring.io/spring/docs/current/spring-framework-reference/htmlsingle/#jdbc-advanced-jdbc

■ストアドプロシージャの呼び出し

ストアドプロシージャやストアドファンクションは、JdbcTemplateのcallメソッドやexecuteメソッドを利用することで呼び出すことができます。さらに、JdbcTemplateのAPIよりも洗練されたAPIを提供するStoredProcedure[7] やSimpleJdbcCall[8] といったクラスも提供されています。

3.3 トランザクション管理

前節では、Spring JDBCを用いてデータアクセス処理を記述する方法を紹介してきましたが、特に業務アプリケーションにおいて不可欠なトランザクションについてはあえて触れてきませんでした。

本節では、Springが提供する、データソースに対してトランザクション管理を行なうための機能を紹介していきます。はじめに、アノテーションを用いた宣言的なトランザクション管理の方法について説明し、次にプログラム内に直接commitメソッドやrollbackメソッドを記述する明示的なトランザクション管理について説明します。また、トランザクションの境界や振る舞いを詳細に規定する分離レベルと伝搬レベルの考え方と設定方法についても確認しておきたいと思います。

3.3.1 トランザクションマネージャ

リレーショナルデータベースなどへのアクセスを行なう場合にはトランザクションの境界や管理を意識する必要があります。トランザクション管理に関するコードを書くのは煩雑だと思われがちですが、Springではそれらを容易に実装できるようにするための機能が用意されています。たとえば、トランザクション管理のためのコードをビジネスロジックから分離するための仕組みや、異なる種類のトランザクションを透過的に扱えるようにするAPIなどが挙げられます。

Springのトランザクション管理の中心となるインターフェイスはPlatformTransactionManagerです。このインターフェイスはトランザクション管理に必要なAPIを提供しており、利用者がAPIを呼び出すことでトランザクション操作を実行することができます（ただし、後述するように、一般的にはPlatformTransactionManagerのAPIを直接呼び出すことはせず、Springが提供しているより便利なAPIを利用することのほうが多くなっています）。また、PlatformTransactionManagerはトランザクション管理の実装を抽象化するためのインターフェイスであるため、利用者は異なる種類のトランザクションを、種類の違いを意識することなく同一のAPIで操作することができます。

PlatformTransactionManagerの実装クラスとして、環境や製品に対応したものがSpringから複数提供されています。代表的な実装クラスを以下に示します（表3.2）。

【7】　StoredProcedureの使い方については、以下のページを参照してください。
　　　http://docs.spring.io/spring/docs/current/spring-framework-reference/htmlsingle/#jdbc-StoredProcedure
【8】　SimpleJdbcCallの使い方については、以下のページを参照してください。
　　　http://docs.spring.io/spring/docs/current/spring-framework-reference/htmlsingle/#jdbc-simple-jdbc-call-1

表3.2 PlatformTransactionManagerの代表的な実装クラス

クラス名	説明
DataSourceTransactionManager	JDBCおよびMyBatisなどのJDBCベースのライブラリによるデータベースアクセスを行なう場合に利用する
HibernateTransactionManager	Hibernateによるデータベースアクセスを行なう場合に利用する
JpaTransactionManager	JPAによるデータベースアクセスを行なう場合に利用する
JtaTransactionManager	JTAでトランザクションを管理する場合に利用する
WebLogicJtaTransactionManager	アプリケーションサーバーであるWebLogicのJTAでトランザクションを管理する場合に利用する
WebSphereUowTransactionManager	アプリケーションサーバーであるWebSphereのJTAでトランザクションを管理する場合に利用する

■トランザクションマネージャの定義

Springのトランザクションマネージャを利用する場合、以下の2つの作業を行ないます。

1. PlatformTransactionManagerのBeanを定義する
2. トランザクション対象とするメソッドを定義する

ここではトランザクションマネージャの定義方法について説明します。

■ローカルトランザクションを利用する場合

基本的な設定方法

ローカルトランザクションを使用する場合は、JDBCのAPIを呼び出してトランザクション制御を行なうDataSourceTransactionManagerを使用します。ローカルトランザクションとは、単一のデータストアに対するトランザクションのことで、一般的によく使われるトランザクションです。たとえば単一のデータベースに対する複数の操作を1つの論理的な単位で処理したい場合に使われます。この場合には、PlatformTransactionManagerの実装クラスとしてDataSourceTransactionManagerを使用します。この際、PlatformTransactionManagerのBean IDについては"transactionManager"を指定することを推奨します。これはSpringのデフォルトとして、トランザクションマネージャのBean IDを"transactionManager"としているためです。この名前に準拠することで各種設定を簡易に行なうことが可能となります。

▶ XMLによるBean定義

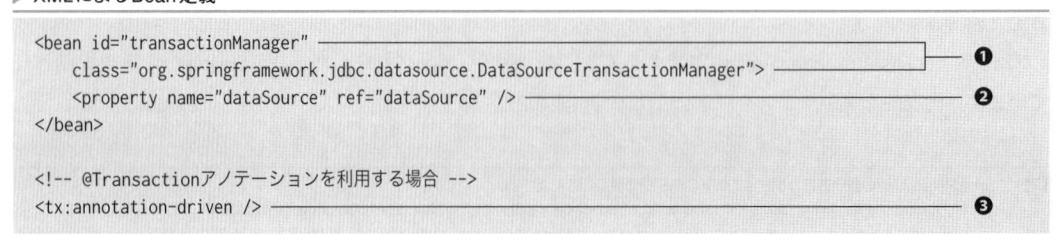

```xml
<bean id="transactionManager"
    class="org.springframework.jdbc.datasource.DataSourceTransactionManager">                ❶
    <property name="dataSource" ref="dataSource" />                                            ❷
</bean>

<!-- @Transactionアノテーションを利用する場合 -->
<tx:annotation-driven />                                                                       ❸
```

❶ PlatformTransactionManager として、org.springframework.jdbc.datasource.DataSourceTransactionManager を指定する

❷ dataSource プロパティに、設定済みのデータソースの Bean を指定する

❸ アノテーションによるトランザクション制御を有効にするため、<tx:annotation-driven>要素を追加する。@Transaction アノテーションを利用しない場合、<tx:annotation-driven>要素の定義自体が不要である

"transactionManager" 以外の名前を指定する場合

トランザクションマネージャの Bean ID に "transactionManager" 以外の値を指定した場合、<tx:annotation-driven>要素の transaction-manager 属性に同じ値を設定する必要があります。

▶ XMLによるBean定義

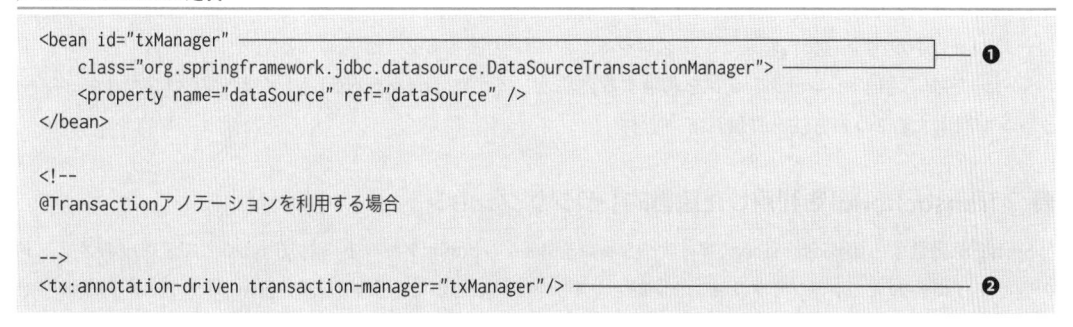

```
<bean id="txManager" ─────────────────────────────────────────────── ❶
    class="org.springframework.jdbc.datasource.DataSourceTransactionManager">
    <property name="dataSource" ref="dataSource" />
</bean>

<!--
@Transactionアノテーションを利用する場合

-->
<tx:annotation-driven transaction-manager="txManager"/> ─────────────── ❷
```

❶ PlatformTransactionManager として、org.springframework.jdbc.datasource.DataSourceTransactionManager を指定する。ここではトランザクションマネージャの Bean ID を "txManager" としている

❷ アノテーションによるトランザクション制御を有効にするため、<tx:annotation-driven>要素を追加する。transaction-manager 属性に ❶ で指定したトランザクションマネージャの Bean ID を指定する。@Transaction アノテーションを利用しない場合、<tx:annotation-driven>要素の定義自体が不要である

■グローバルトランザクションを利用する場合

グローバルトランザクションとは、複数のデータストアに適用されるトランザクションのことです。たとえば複数のデータベースにわたり、それぞれのデータベースに複数の操作を行ない、それらの操作を同じトランザクションとしてすべて成功、すべて失敗の2択に切り分けたい場合、前出のローカルトランザクションでは完全に実現することができません。それを実現するためにはグローバルトランザクションが必要になります。グローバルトランザクションの仕組みはJTA（Java Transaction API）というJava EEの仕様として標準化されており、アプリケーションサーバーからJTAの実装が提供されています。そのJTAをSpringで利用する場合には、PlatformTransactionManagerの実装クラスとしてJtaTransactionManagerを使用します。ただし、アプリケーションサーバーの製品の種類によってはJTAの振る舞いなどが若干異なることから、製品ごとのJtaTransactionManagerのサブクラスが提供されています。また、実行環境のアプリケーションサーバー製品に合わせて、自動的に最適なサブクラスを選択する機能が用意されています。

▶ XMLによるBean定義

```
<tx:jta-transaction-manager />  ─────────────────────────────────  ❶
```

❶ `<tx:jta-transaction-manager />`を指定すると、アプリケーションサーバーに対して最適なJtaTransactionManagerがBean定義される

3.3.2 宣言的トランザクション

　宣言的トランザクションとは、事前に宣言されたルールに従い、トランザクションを制御する方法のことです。宣言的トランザクションの利点は、決められたルールに従うことで、トランザクションの開始やコミット、ロールバック等の典型的な処理をビジネスロジックの中に記述する必要がなくなる点です。

　Springでは宣言的トランザクションを利用する方法として、@TransactionalもしくはXMLコンフィギュレーションを利用する2つの方法を提供しています。

■@Transactionalを利用した宣言的トランザクション

　Springが提供する@TransactionalアノテーションをBeanのpublicメソッドへ付加することで、対象のメソッドの開始終了に合わせてトランザクションを開始、コミットすることができます。またSpringのデフォルトの状態では、メソッド内の処理でデータアクセス例外などの非チェック例外が発生してメソッド内の処理が中断された場合、自動的にロールバックが行なわれます。

　デフォルトの動作を変更したり、詳細な設定を行ないたい場合は、@Transactionalの属性を変更することができます。

■トランザクション制御で必要となる情報

　ここでは、@Transactionalアノテーションの属性、つまりトランザクション制御で必要となる情報について説明します（表3.3）。

表3.3　トランザクション制御で必要となる情報

属性名	説明
value	複数のトランザクションマネージャを利用する場合、利用するトランザクションマネージャのqualifierを指定する。デフォルトのトランザクションマネージャを利用する場合は省略可能である
transactionManager	valueの別名（Spring 4.2から追加）
propagation	トランザクションの伝播レベルを指定する。詳細については後述する
isolation	トランザクションの分離レベルを指定する。詳細については後述する
timeout	トランザクションのタイムアウト時間（秒）を指定する。デフォルトは-1（使用するデータベースの仕様や設定に依存）
readOnly	トランザクションの読み取り専用フラグを指定する。デフォルトはfalse（読み取り専用でない）
rollbackFor	トランザクションのロールバック対象とする例外クラスのリストを指定する。デフォルト状態では非検査例外（RuntimeException）がロールバック対象となる

属性名	説明
rollbackForClassName	トランザクションのロールバック対象とする例外クラス名のリストを指定する。デフォルトは空（指定なし）
noRollbackFor	トランザクションのコミット対象とする例外クラスのリストを指定する。デフォルトは空（指定なし）
noRollbackForClassName	トランザクションのコミット対象とする例外クラス名のリストを指定する。デフォルトは空（指定なし）

@Transactionalの設定例を以下に示します。

表3.4　@Transactionalの設定例

項番	設定例	説明
❶	@Transactional	デフォルトのトランザクションマネージャをデフォルトの設定で利用する
❷	@Transactional(readOnly = true, timeout = 60)	デフォルトのトランザクションマネージャを、読み取り専用のトランザクションとして利用する。タイムアウトを60秒に変更する
❸	@Transactional("tx1")	"tx1"のトランザクションマネージャを利用する
❹	@Transactional(value = "tx2", propagation = Propagation.REQUIRES_NEW)	"tx2"のトランザクションマネージャを、伝播レベルをREQUIRES_NEWとして利用する

■ 基本的な使い方

@Transactionalの基本的な使い方について説明します。

トランザクション対象とするメソッドのインターフェイス

通常のJavaのインターフェイスとして定義します。

```java
public interface RoomService {
    Room getRoom(String roomId);
    void insertRoom(Room room);
}
```

トランザクション対象とするメソッドの実装

@Transactionalアノテーションはクラスとメソッドに付与することができます。違いはアノテーションの適用される範囲です。この違いを理解するため、今回はクラスとメソッドの両方に@Transactionalアノテーションを付与します。

▶ トランザクション対象とするメソッドの実装例

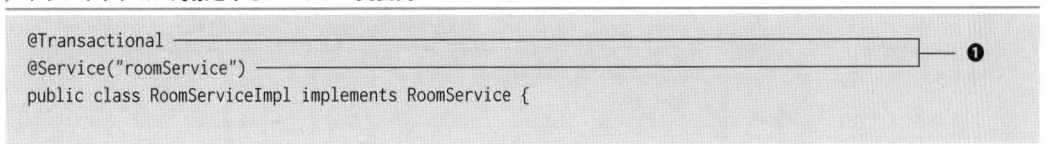

```java
@Transactional ─────────────────────────────────────────────
@Service("roomService") ─────────────────────────────────────── ❶
public class RoomServiceImpl implements RoomService {
```

```
    @Autowired
    JdbcRoomDao jdbcRoomDao;                                              ❷

    @Transactional(readOnly = true)                                      ❸
    @Override
    public Room getRoom(String roomId) {
        return jdbcRoomDao.getRoomById(roomId);
    }

    @Override                                                            ❹
    public void insertRoom(Room room) {
        jdbcRoomDao.insertRoom(room);
        List<Equipment> equipmentList = room.getEquipmentList();
        for(Equipment item: equipmentList) {
            jdbcRoomDao.insertEquipment(item);
        }
    }
}
```

❶ 定義したインターフェイスの実装クラスを定義する。@Transactionalアノテーションをクラスに付与し、このクラスのメソッドをトランザクション対象とする。コンポーネントとして登録するため、@Serviceアノテーションをクラスに付与する

❷ プロパティとして利用するDaoクラスを定義する。Springによりインジェクションさせるため、@Autowiredアノテーションを付与する

❸ 定義したインターフェイスのメソッドを実装する。メソッドに対して@Transactionalアノテーションを付加すると、メソッド単位でトランザクション制御の設定を行なうことができる。今回のように、クラスアノテーションでも@Transactionalを指定している場合は、メソッドに指定した@Transactionalの設定が優先的に適用される。アノテーションのreadOnly属性にtrueを設定し、読み取り専用のトランザクションとする

❹ このメソッドには@Transactionalが設定されていないが、❶で定義した@Transactionalクラスのアノテーションが有効となるため、❶で定義した設定値でトランザクションが適用される

コンフィギュレーションクラス

ここではBean定義ファイルではなく、コンフィギュレーションクラスを利用する場合について説明します。コンフィギュレーションクラスのポイントは@EnableTransactionManagementアノテーションをコンフィギュレーションクラスに付与することです。これにより@Transactionalアノテーションによるトランザクション制御が有効になります。

▶ Java ConfigによるBean定義

```
@Configuration
@EnableTransactionManagement                                            ❶
public class TransactionManagerConfig {

    @Autowired
    DataSource dataSource;                                              ❷
```

```
@Bean
public PlatformTransactionManager transactionManager() {
    return new DataSourceTransactionManager(dataSource);
}
}
```
❸

❶ コンフィギュレーションクラスにクラスアノテーションとして@EnableTransactionManagementを付与する
❷ プロパティとしてDataSourceを定義する。Springによりインジェクションさせるため、@Autowiredアノテーション
を付与する
❸ org.springframework.jdbc.datasource.DataSourceTransactionManagerクラスのBeanを定義する

■XMLコンフィギュレーションによる宣言的トランザクション

　@Transactionalを利用する場合、トランザクション対象となるメソッドの特定とトランザクションの設定の2
つを@Transactionalで実現していました。XMLコンフィギュレーションによる宣言的トランザクションでは、
これらの処理をすべてXMLで行なうことになります。

　XMLコンフィギュレーションでは、<tx:advice>要素などのtxで始まるトランザクション制御に関する専用
のXMLスキーマが用意されています。あわせて、トランザクション対象となるメソッドを特定するためにAOP
の機能を利用します。

トランザクション対象とするメソッドの実装

　処理ロジックは@Transactionalを利用した宣言的トランザクションと同じです。違いは@Transactionalア
ノテーションがどこにも付与されないことです。サードパーティから提供されるクラスのメソッドなど、アノ
テーションを付加することができない場合にも適用することが可能です。

Bean定義ファイル

　@Transactionalと同様にTransactionManagerのBeanを定義します。また、<tx:advice>要素でトランザク
ション設定のためのAdvice、AOPでトランザクション対象のメソッドのPointcutをそれぞれ定義します。最終的
にAdviceとPointcutを利用して、トランザクション制御のAdvisorを定義します。

▶ XMLによるBean定義

```
<?xml version="1.0" encoding="UTF-8"?>
<beans xmlns="http://www.springframework.org/schema/beans"
    xmlns:aop="http://www.springframework.org/schema/aop"          ❶
    xmlns:tx="http://www.springframework.org/schema/tx"            ❷
    xmlns:xsi="http://www.w3.org/2001/XMLSchema-instance"
    xsi:schemaLocation="
        http://www.springframework.org/schema/beans
        http://www.springframework.org/schema/beans/spring-beans.xsd
        http://www.springframework.org/schema/aop                  ❶
        http://www.springframework.org/schema/aop/spring-aop.xsd   ❶
        http://www.springframework.org/schema/tx                   ❷
        http://www.springframework.org/schema/tx/spring-tx.xsd">   ❷
```

```
<import resource="classpath:datasource-embedded.xml" />

<bean id="transactionManager"
    class="org.springframework.jdbc.datasource.DataSourceTransactionManager">
    <property name="dataSource" ref="dataSource"/>
</bean>

<tx:advice id="txAdvice">
    <tx:attributes>
        <tx:method name="get*" read-only="true"/>
        <tx:method name="*"/>
    </tx:attributes>
</tx:advice>

<aop:config>
    <aop:pointcut id="txPointcut"
        expression="execution(* com.example.RoomServiceXmlImpl.*(..))"/>
    <aop:advisor advice-ref="txAdvice" pointcut-ref="txPointcut"/>
</aop:config>

<bean id="roomService"
    class="com.example.RoomServiceXmlImpl">
    <property name="roomDao" ref="jdbcRoomDao"/>
</bean>
<bean id="jdbcRoomDao"
    class="com.example.JdbcRoomDao">
    <property name="dataSource" ref="dataSource"/>
</bean>

</beans>
```

❸

❹

❺

❻

❼

❶ AOPの機能を利用するため、ネームスペースとスキーマに xmlns:aop="http://www.springframework.org/sche ma/aop"、http://www.springframework.org/schema/aop、http://www.springframework.org/schema/aop/sp ring-aop.xsdを追加する

❷ txの機能を利用するため、ネームスペースとスキーマに xmlns:tx="http://www.springframework.org/schema/ tx"、http://www.springframework.org/schema/tx、http://www.springframework.org/schema/tx/spring-tx.xsdを追加する

❸ org.springframework.jdbc.datasource.DataSourceTransactionManagerクラスのBeanを定義する

❹ <tx:advice>要素を利用してトランザクション定義に関するAdviceを定義する。適用したいTransactionManager のBean名がデフォルトのtransactionManager以外の場合は、transaction-manager属性に❸で定義したTransac tionManagerのBean名を設定する

❺ <tx:attributes>要素を利用してトランザクション対象とするメソッドの定義およびトランザクションの設定を行なう。ここではメソッド名が「get」で始まるものは読み取り専用のトランザクション、それ以外は書き込み可能なトランザクションとして定義している。デフォルトでは、ロールバック対象となる例外は非検査例外となるため、もし検査例外もロールバック対象に含めたい場合は、rollback-for属性にロールバック対象例外クラス名を明示的に設定する必要がある

❻ <aop:config>要素を利用してpointcutとadvisorを定義する。pointcutはインターフェイスの実装クラスのメ

ソッドを対象とする。advisor は ❹ で定義した advice と、ここで定義した pointcut を設定する
❼ インターフェイスの実装クラスの Bean を定義する。定義方法は通常の Bean 定義と同様である

3.3.3 明示的トランザクション

明示的トランザクションとは、コミットやロールバックといったトランザクション制御に関する処理をソース
コードに明示的に記述する方法のことです。メソッド単位よりも細かい粒度でトランザクション制御を行ないた
いなど、宣言的トランザクションでは制御しづらい細かな制御を行ないたい場合に利用することができます。
JDBCのAPIを直接利用する記述も明示的トランザクションです。Spring では明示的トランザクションを利用す
る方法として、PlatformTransactionManager および TransactionTemplate を利用する2つの方法を提供して
います。

■PlatformTransactionManagerを利用した明示的トランザクション制御

PlatformTransactionManager を利用することでトランザクションを直接制御することができます。この場
合、TransactionDefinition および TransactionStatus を利用し、トランザクションの開始、コミットもしくは
ロールバックを明示的に実行します。

Service の実装

▶ PlatformTransactionManagerを用いたトランザクション制御の実装例

```
@Service
public class RoomServiceImpl implements RoomService {

    @Autowired                                                          ❶
    PlatformTransactionManager txManager;
    @Autowired
    JdbcRoomDao roomDao;

    @Override
    public void insertRoom(Room room) {
        DefaultTransactionDefinition def =                              ❷
                new DefaultTransactionDefinition();
        def.setName("InsertRoomWithEquipmentTx");                       ❸
        def.setReadOnly(false);                                         ❹
        def.setPropagationBehavior(
                TransactionDefinition.PROPAGATION_REQUIRED);
        TransactionStatus status = txManager.getTransaction(def);       ❺
        try {
            roomDao.insertRoom(room);
            List<Equipment> equipmentList = room.getEquipmentList();
            for(Equipment item: equipmentList) {
                roomDao.insertEquipment(item);
            }
        } catch(Exception e) {
```

```
            txManager.rollback(status); ──────────────────────── ❻
            throw new DataAccessException("error occurred by insert room", e) {};
        }
        txManager.commit(status); ──────────────────────────── ❼
    }
}
```

❶ プロパティとして、利用する PlatformTransactionManager および Dao クラスを定義する。Spring によりインジェクションさせるため、@Autowired アノテーションを付与する

❷ org.springframework.transaction.support.DefaultTransactionDefinition のオブジェクトを生成する。 ここで生成したオブジェクトを利用してトランザクションの設定を行なう

❸ DefaultTransactionDefinition の setName メソッドを利用し、トランザクションに名前を設定する

❹ トランザクションの読み書き属性や分離レベル、伝播レベル等の設定を行なう

❺ ❷で定義した DefaultTransactionDefinition オブジェクトを引数として、TransactionManager の getTransaction メソッドを実行する。これ以降の処理がトランザクションの範囲となる。また、getTransaction メソッドの戻り値は TransactionStatus オブジェクトであり、この TransactionStatus を利用してトランザクションのコミットやロールバックを行なう

❻ トランザクションをロールバックする場合、❺で取得した TransactionStatus を引数として TransactionManager の rollback メソッドを実行する。この時点でこのトランザクションのロールバックが実行される。ここではデータの登録処理でなんらかの例外が発生した場合、ロールバックする処理としている

❼ トランザクションをコミットする場合、❺で取得した TransactionStatus を引数として TransactionManager の commit メソッドを実行する。この時点でこのトランザクションのコミットが実行される

Bean 定義

Bean 定義の設定に特別なポイントはありません。必要な Bean とインジェクションの設定を行なうだけになります。

■TransactionTemplate を利用した明示的トランザクション制御

TransactionTemplate を使用すると、前出の PlatformTransactionManager よりも構造的にトランザクション制御を記述することができます。

トランザクション制御したい処理を、TransactionCallback インターフェイスの提供するメソッドに実装し、TransactionTemplate の execute メソッドへ渡します。TransactionTemplate は JdbcTemplate と同様の考え方に基づいており、アプリケーション開発者は本質的な処理ロジックのみを実装します。メソッド

Service の実装

▶ TransactionTemplate を用いたトランザクション制御の実装例

```
@Service
public class RoomServiceImpl implements RoomService {

    @Autowired ─────────────────────────────────────────── ❶
    TransactionTemplate transactionTemplate;
```

```
@Autowired
JdbcRoomDao roomDao;

@Override
public void insertRoom(final Room room) {
    transactionTemplate.execute(new TransactionCallbackWithoutResult() { ──────── ❷
        @Override ────────────────────────────────────────────
        protected void doInTransactionWithoutResult(TransactionStatus status) { ── ❸
            roomDao.insertRoom(room); ────────────────────────────── ❹
            List<Equipment> equipmentList = room.getEquipmentList();
            for(Equipment item: equipmentList) {
                roomDao.insertEquipment(item);
            }
        }
    });
    }
}
```

❶ プロパティとして、利用するTransactionTemplateおよびDaoクラスを定義する。Springによりインジェクションさ
せるため、@Autowiredアノテーションを付与する

❷ 更新処理のように戻り値を返す必要のないメソッドの場合、TransactionTemplateのexecuteメソッドを実行する。
executeメソッドの引数として、org.springframework.transaction.support.TransactionCallbackWithout
Resultのオブジェクトを指定する。なお、参照処理のように戻り値を返すメソッドの場合、org.springframework.
transaction.support.TransactionCallbackのオブジェクトを引数にTransactionTemplateのexecuteメソッド
を実行し、その戻り値をそのまま返却する

❸ doInTransactionWithoutResultメソッドを実装し、データベースアクセス等の必要な処理を実装する。このメ
ソッド内の処理が1つのトランザクションとなる。なお、参照処理のように戻り値を返すメソッドの場合、doInTran
sactionメソッドを実装する

❹ doInTransactionWithoutResultメソッドが正常終了すると、TransactionTemplateが自動的にトランザクション
をコミットする。また、データの登録処理でなんらかの例外をスローした場合、TransactionTemplateがトランザク
ションをロールバックする。なお、業務ロジックにて、例外をスローせずにトランザクションをロールバックしたい
場合は、doInTransactionWithoutResultの引数として渡されるTransactionStatusのsetRollbackOnlyメソッ
ドを実行すればよい

Bean定義

▶ TransactionTemplateのJava ConfigによるBean定義

```
@Configuration
public class AppConfig {
    // omitted

    @Bean ───────────────────────────────────────────────────── ❶
    public TransactionTemplate transactionTemplate(
            PlatformTransactionManager transactionManager) {
        TransactionTemplate transactionTemplate = new TransactionTemplate(transactionManager); ── ❷
        transactionTemplate.setIsolationLevel(TransactionDefinition.ISOLATION_READ_COMMITTED); ─┐
        transactionTemplate.setTimeout(30);                                                     ┘── ❸
```

```
        return transactionTemplate;
    }
}
```

❶ org.springframework.transaction.support.TransactionTemplateクラスのBeanを定義する

❷ PlatformTransactionManagerをコンストラクタ引数としてTransactionTemplateクラスのオブジェクトを生成する

❸ ❷で生成したTransactionTemplateのオブジェクトに対し、トランザクションの設定を行なう。ここではトランザクションの分離レベルとタイムアウトの設定を行なっている。他にも設定すべき内容があれば、同様にこのポイントで設定する

3.3.4 トランザクションの分離レベルと伝播レベル

ここではトランザクションの分離レベルと伝播レベルについて説明します。

■トランザクション分離レベル

トランザクションの分離レベルには、参照するデータや変更したデータを他のトランザクションとどのように分離するかを指定します。分離レベルは、複数トランザクションの同時実行とデータの一貫性に深く関わってきます。トランザクション分離レベルをSpringのデフォルトであるDEFAULTから変更したい場合は、@Transactionalのisolation属性、TransactionDefinitionやTransactionTemplateのsetIsolationLevelメソッドで指定することができます。

Springでは、データベースのデフォルト設定と4つのトランザクション分離レベルを利用することができます。Springで指定可能な分離レベルを以下に示します（表3.5）。なお、すべての分離レベルが実際に利用できるかどうかは、利用するデータベースの実装に依存します。

表3.5 トランザクション分離レベル

トランザクション分離レベル	説明
DEFAULT	利用するデータベースのデフォルトの分離レベルを利用する
READ_UNCOMMITTED	ダーティリード、ノンリピータブルリード、ファントムリードが発生する。この分離レベルは、未コミットの変更データを他のトランザクションから参照されることを許可する。もし変更データがロールバックされた場合、次のトランザクションでは無効な行データが検索される
READ_COMMITTED	ダーティリードを防止するが、ノンリピータブルリード、ファントムリードは発生する。この分離レベルは、未コミットの変更データをそのトランザクションで参照することを禁止する
REPEATABLE_READ	ダーティリード、ノンリピータブルリードを防止するが、ファントムリードは発生する
SERIALIZABLE	ダーティリード、ノンリピータブルリード、ファントムリードを防止する

■トランザクション伝播レベル

トランザクションの伝播レベルには、トランザクション境界でトランザクションへ参加する方法を指定します。指定する値によって、「新たにトランザクションを開始するもの」「すでに開始されているトランザクションに相

乗りするもの」など、いくつかの選択肢が用意されています。

トランザクション境界と伝播レベル

　トランザクションの伝播レベルを意識する必要があるのは、トランザクション境界が入れ子になっている場合です。複数のトランザクション境界が入れ子となっていない場合は、トランザクションがTX1開始→TX1コミット→TX2開始→TX2コミットのように逐次的に制御すべきことが自明であるため、伝搬レベルを強く意識する必要はありません（**図3.5**）。

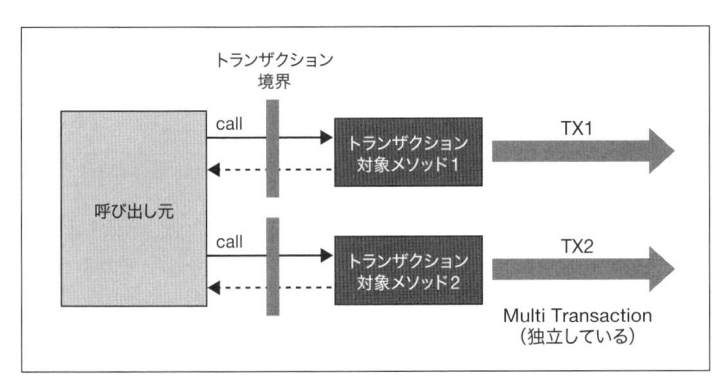

図3.5　トランザクション境界が独立するメソッド呼び出し

　トランザクション対象となるメソッド内で、別のトランザクション対象となるメソッドを呼び出した場合が伝播レベルの考慮ポイントになります。この場合、トランザクションがそれぞれ別となるのか、同一のトランザクションとなるのかはトランザクションの伝播レベルによって決まります（**図3.6**）。

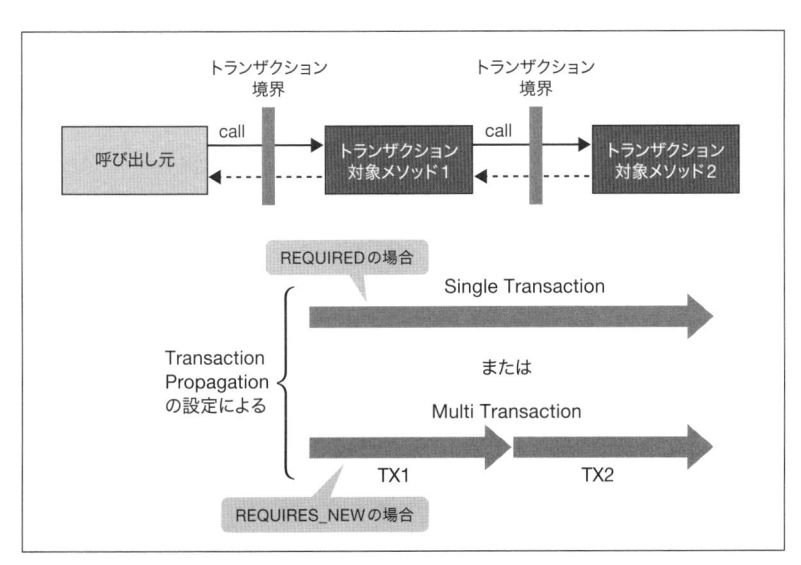

図3.6　トランザクション伝播レベル

Spring で利用可能なトランザクション伝播レベル

Springでは以下に示す7つのトランザクション伝播レベルを利用することができます (**表3.6**)。トランザクション伝搬レベルをSpringのデフォルトであるREQUIREDから変更したい場合は、@Transactionalのpropagation属性、TransactionDefinition や TransactionTemplate の setPropagationBehavior メソッドで指定することができます。

表3.6 Springで利用可能なトランザクション伝播レベル

伝播レベル	説明
REQUIRED	現在のトランザクションを継続して利用する。もしその時点でトランザクションが存在しない場合、トランザクションを新規に作成し、開始する
REQUIRES_NEW	必ず新規のトランザクションを作成し、開始する。もしその時点でトランザクションがすでに存在した場合、新規のトランザクションが終了するまでの間、現在のトランザクションを一時的に停止する
MANDATORY	現在のトランザクションを継続して利用する。もしその時点でトランザクションが存在しない場合は、例外が発生する
NEVER	トランザクションの対象外とする。もしその時点でトランザクションがすでに存在した場合、例外が発生する
NOT_SUPPORTED	トランザクションの対象外とする。もしその時点でトランザクションがすでに存在した場合、その区間が終了するまで現在のトランザクションを一時的に停止する
SUPPORTS	現在のトランザクションを継続して利用する。もしその時点でトランザクションが存在しない場合、トランザクションの対象外とする
NESTED	REQUIREDと同様に、現在のトランザクションが存在しなければ新規にトランザクションを作成し、すでに存在すれば継続利用するが、NESTEDが適用された区間はネストされたトランザクションのように扱われる。NESTEDの区間内でロールバックが発生した場合、NESTEDの区間内の処理はすべてロールバックされるが、NESTED区間外で実行された処理はロールバックされない。一方で、親である元のトランザクションがロールバックされた場合は、NESTED区間内の処理も含めてすべての処理がロールバックされる

トランザクション伝搬レベルを意識する必要がある例

たとえば、処理内容をトレースするためのログをデータベースへ保存する必要があるアプリケーションを想定します。たとえビジネスロジックが失敗し業務データはロールバックしたいけれどもログデータの出力はコミットしたいというような場合、トランザクション境界が入れ子となります。

たとえビジネスロジックとログ出力処理を別のトランザクション境界として定義しても、Springのデフォルトの伝搬レベルであるREQUIREDを使用した場合は、ログ出力内容が業務データとともにロールバックされてしまいます。このような場合には、ログ出力向けのトランザクション境界の伝播レベルをREQUIRES_NEWに変更して別トランザクションとすることで、業務データのロールバックがログ出力のトランザクションに伝搬しなくなります。

3.4 データアクセスエラーのハンドリング

アプリケーションを開発する際は、異常系、すなわちデータアクセス処理でエラーが発生することを考慮し、エラーが発生した場合のエラーハンドリング処理を実装しておく必要があります。時には、エラーの種類に応じ

てエラーハンドリング処理を切り替えます。本節では、Springによるデータアクセス例外の抽象化の考え方を理解したうえで、エラーハンドリング処理の実装方法や抽象化のカスタマイズ方法を紹介します。

3.4.1　Springが提供するデータアクセス例外

Springではデータアクセスに関する例外を統一的かつシンプルに扱うため、以下に示す3つの対応を行なっています。

■DataAccessExceptionを親クラスとするデータアクセス例外の階層構造

Springでは例外のハンドリングを容易にするため、データアクセスに関するすべての例外はDataAccessExceptionを親クラスとした階層構造になります（**図3.7**）。この階層構造により、後述するデータアクセス例外の抽象化を実現しています。

なお、この図では階層の主要なクラスを示すため、階層途中のクラスを省略しています。たとえば、DataIntegrityViolationExceptionの親クラスはNonTransientDataAccessExceptionで、NonTransientDataAccessExceptionの親クラスがDataAccessExceptionになります。

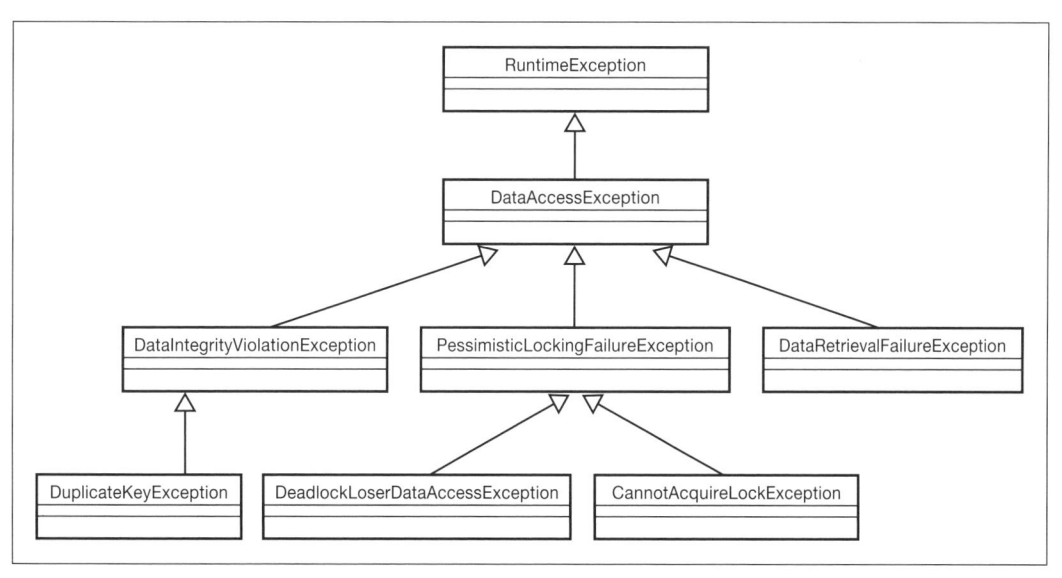

図3.7　DataAccessExceptionの階層構造のイメージ

■非検査例外によるDataAccessExceptionの実装

階層構造の親クラスであるDataAccessExceptionはRuntimeExceptionの子クラスとして実装されています。これによりDataAccessExceptionは非検査例外になります。非検査例外はtry〜catchやthrowsによる例

外ハンドリングが強制されないため、ハンドリングを行なわない場合は典型的な処理をソースコードに記述する必要がなくなります。例外ハンドリングの詳細については後述します。

■実装を隠ぺいしたデータアクセス例外

一般的にJPA、JDBC、Hibernateなどのデータアクセスの方法や、Oracle、PostgreSQL、H2などのデータベースの違いにより発生するデータアクセス例外は異なります。Springのデータアクセス機能にはそれらの異なる例外クラスを、方法や製品に依存しない共通的な例外クラスに変換する機能があります。これにより、仮にDAOの実装が変わったとしても、例外ハンドリングのソースコードに影響を及ぼすことはありません。

たとえば、Oracleを利用した際に一意制約エラーが発生した場合、Oracleのエラーコード「ORA-00001」が発生します。同様にPostgreSQLを利用した際に一意制約エラーが発生した場合、PostgreSQLのエラーコード「23000」が発生します。どちらの場合も一意制約エラーが原因であるため、Springでは同じ`DataIntegrityViolationException`が発生します。つまり、ソースコードではOracleやPostgreSQLのエラーコードを意識する必要はなく、`DataIntegrityViolationException`を利用すればよくなります。

各データベースのエラーコードの対応は`spring-jdbc-xxx.jar`の`org/springframework/jdbc/support/sql-error-codes.xml`に記述されています。JDBCを直接利用する場合や、内部的にJDBCを利用するMyBatisなどのORMでは、この定義内容を変更することでデフォルト動作をカスタマイズできます。なお、JPAやHibernateでは別の変換実装が用意されており、この方法のカスタマイズは有効にならないので注意してください。ここでは、参考としてOracleの場合のエラーコードと対応する例外について以下に示します（**表3.7**）。

表3.7　Oracleのエラーコードと対応する例外

例外	Springのエラーコード	Oracleのエラーコード
BadSqlGrammarException	badSqlGrammarCodes	900,903,904,917,936,942,17006,6550
InvalidResultSetAccessException	invalidResultSetAccessCodes	17003
DuplicateKeyException	duplicateKeyCodes	1
DataIntegrityViolationException	dataIntegrityViolationCodes	1400,1722,2291,2292
DataAccessResourceFailureException	dataAccessResourceFailureCodes	17002,17447
CannotAcquireLockException	cannotAcquireLockCodes	54,30006
CannotSerializeTransactionException	cannotSerializeTransactionCodes	8177
DeadlockLoserDataAccessException	deadlockLoserCodes	60

 ## 3.4.2　データアクセス例外のハンドリング

前述のとおり、データアクセス例外は非検査例外として実装されています。方法としては、ハンドリングを行ないたい箇所において、ハンドリングの対象とする目的の例外だけをtry〜catch文で捕捉します。非検査例外のため、ハンドリングを行なわない箇所では何も行なう必要はありません。

データアクセス例外のハンドリングを行なう実装例

　データアクセス例外のハンドリングを行なうサンプルとして、キー検索において該当のデータが見つからない場合にスローされる DataRetrievalFailureException が発生した場合、このアプリケーションで定義している NotFoundRoomIdException をスローする Service クラスを定義します。

▶ データアクセス例外のハンドリング例

```
public Room getRoomForUpdate(String roomId) {
    Room room = null;
    try {
        room = roomDao.getRoomForUpdate(roomId); ───────────────── ❶
    } catch(DataRetrievalFailureException e) { ───────────────── ❷
        throw new NotFoundRoomIdException("roomId=" + roomId, e); ───── ❸
    }
    return room;
}
```

❶ データアクセスを実行する

❷ ハンドリングの対象とする目的の例外である DataRetrievalFailureException を catch 句に定義する。Spring が提供する抽象化された例外クラスでエラー内容を判別できるため、ビジネスロジックがデータアクセスの方法や製品に依存しなくなる

❸ DataRetrievalFailureException を捕捉した場合、NotFoundRoomIdException のインスタンスを生成してスローする

3.4.3　データアクセス例外の変換ルールのカスタマイズ

　各データベースのエラーコードとデータアクセス例外の対応は spring-jdbc-xxx.jar に含まれる sql-error-codes.xml に定義されていますが、クラスパス直下に sql-error-codes.xml を配置することで、この定義をカスタマイズすることができます。

spring-jdbc-xxx.jar の org/springframework/jdbc/support/sql-error-codes.xml

　sql-error-codes.xml は通常の Bean 定義ファイルです。内容は SQLErrorCodes クラスの Bean を定義するもので、Bean の ID はデータベースの名前になっています。データベースアクセス例外に対応するプロパティが定義されており、そのプロパティの値として、データベース固有のエラーコードをカンマ区切りで指定します。デフォルト定義のサンプルとして、H2 データベースのエラーコード定義を以下に示します。

▶ H2データベースのエラーコード定義

```
<bean id="H2" class="org.springframework.jdbc.support.SQLErrorCodes">
    <property name="badSqlGrammarCodes">
        <value>42000,42001,42101,42102,42111,42112,42121,42122,42132</value>
    </property>
    <property name="duplicateKeyCodes">
        <value>23001,23505</value>
```

```
    </property>
    <property name="dataIntegrityViolationCodes">
        <value>22001,22003,22012,22018,22025,23000,23002,23003,23502,23503,23506,23507,23513</value>
    </property>
    <property name="dataAccessResourceFailureCodes">
        <value>90046,90100,90117,90121,90126</value>
    </property>
    <property name="cannotAcquireLockCodes">
        <value>50200</value>
    </property>
</bean>
```

クラスパス直下の sql-error-codes.xml

カスタマイズする場合、SQLErrorCodesのプロパティの設定を変更します。ここでは、サンプルとしてH2データベースにおいて、エラーコード23001または23505が発生した場合、DataIntegrityViolationExceptionが発生するように変更してみます。

▶ 変換ルールをカスタマイズするためのXMLによるBean定義

```
<bean id="H2" class="org.springframework.jdbc.support.SQLErrorCodes">
    <property name="badSqlGrammarCodes">
        <value>42000,42001,42101,42102,42111,42112,42121,42122,42132</value>
    </property>
    <!--
    <property name="duplicateKeyCodes">                                    ❶
        <value>23001,23505</value>
    </property>
    -->
    <property name="dataIntegrityViolationCodes">
        <value>23001,23505,22001,22003,22012,22018,22025,23000,23002,23003,23502,23503, ➡   ❷
23506,23507,23513</value>
    </property>
    <property name="dataAccessResourceFailureCodes">
        <value>90046,90100,90117,90121,90126</value>
    </property>
    <property name="cannotAcquireLockCodes">
        <value>50200</value>
    </property>
</bean>
```

❶ duplicateKeyCodes プロパティはエラーコード23001または23505と対応するため、ここではコメントアウトとする

❷ DataIntegrityViolationException に対応する dataIntegrityViolationCodes プロパティに、エラーコード 23001 および 23505 を追加する

Spring MVC

第3章までで得た知識で開発できるのは、データベースにアクセスするスタンドアロンアプリケーションまでです。本章から第7章にかけては、Spring MVCの機能を利用したWebアプリケーションの開発方法について詳しく解説していきます。

本章では、Spring MVCの特徴を簡単に紹介した後に、シンプルなサンプルアプリケーションを作成しながらSpring MVCの基礎を学び、最後にSpring MVCのアーキテクチャについて説明していきます。なお、Webアプリケーションを実装する際に必ず必要となる知識については、第5章「Webアプリケーションの開発」と第6章「RESTful Webサービスの開発」の中で説明し、開発するWebアプリケーションの要件に依存する部分（セッションの利用、ファイルアップロードなど）については、第7章「Spring MVCの応用」の中で説明します。

4.1 Spring MVCとは

Spring MVCは、Java言語を使用してWebアプリケーションを開発する際に使用するフレームワークの1つで、フレームワークのアーキテクチャとしてMVCパターンを採用しています。MVCパターンを採用したWebアプリケーションでは、Model、View、Controllerという3つの役割のコンポーネントに分割して、クライアントからのリクエストを処理します。各コンポーネントによる典型的な処理の流れは**図4.1**のようになります。

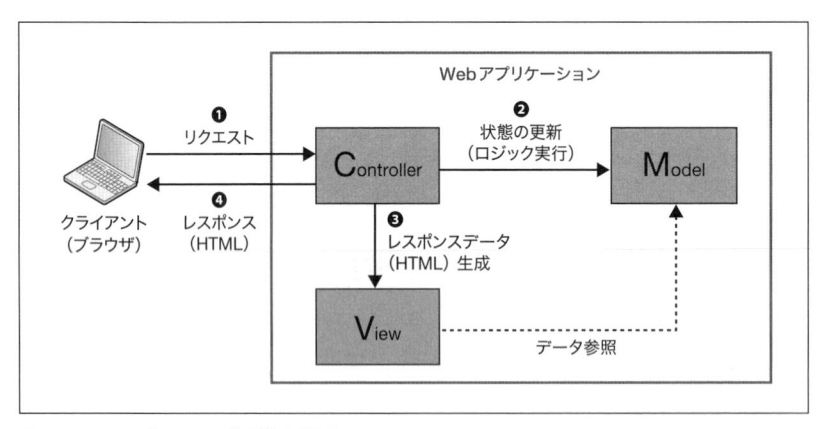

図4.1 MVCパターンの典型的な処理フロー

MVCパターンにおける各コンポーネントの役割は以下のとおりです（**表4.1**）。

表4.1 MVCパターンにおけるコンポーネントの役割

コンポーネント名	役割
Model	アプリケーションの状態（データ）やビジネスロジックを提供するコンポーネント
View	Modelが保持するアプリケーションの状態（データ）を参照し、クライアントへ返却するレスポンスデータを生成するコンポーネント
Controller	リクエストをハンドリングし、ModelとViewの呼び出しを制御するコンポーネント。コンポーネントの名前が示すとおり、このコンポーネントではリクエスト処理の流れを制御する

Spring MVCはMVCパターンを採用したフレームワークと説明しましたが、正確に言うとフロントコントローラパターンを採用しています。フロントコントローラパターンは、MVCパターンが持つ弱点を改善したアーキテクチャパターンで、多くのMVCフレームワークで採用されています。フロントコントローラパターンについては、「4.3 Spring MVCのアーキテクチャ」で解説します。

では、Spring MVCにはどのような特徴があるのでしょうか？ Webアプリケーション開発における特徴と、MVCフレームワークとしての特徴について紹介します。

4.1.1 Webアプリケーション開発における特徴

まず、Spring MVCを使用してWebアプリケーションを開発する際の特徴を紹介します。Spring MVCは、Webアプリケーションをストレスなく快適に開発することができるフレームワークで、次のような特徴があります。

- **POJO（Plain Old Java Object）での実装**
  ControllerやModelなどのクラスは、POJOとして実装できます。フレームワーク独自のインターフェイスを実装する必要がないため、作成するクラスの単体テストのテスタビリティを確保することができます。

- **アノテーションを使用した定義情報の指定**
  リクエストマッピングなどの各種定義情報は、設定ファイルではなくアノテーションを使用して指定します。ロジックとロジックに関連する定義情報をJavaファイル内で一緒に管理することで、効率的にWebアプリケーションを開発することができます。

- **柔軟なメソッドシグネチャの定義**
  Controllerクラスのメソッドの引数には、処理する際に必要なものだけを定義できます。引数に指定できる型もデフォルトでさまざまな型がサポートされており、フレームワークが自動で引数に渡す値を解決してくれるため、仕様変更やリファクタリングに強いアーキテクチャになっています。また、戻り値に指定できる型もデフォルトでさまざまな型がサポートされています。

- **Servlet APIの抽象化**
  Spring MVCはServlet API（`HttpServletRequest`、`HttpServletResponse`、`HttpSession`などのAPI）を抽象化する仕組みを提供しています。Servlet APIの抽象化の仕組みを利用すると、Controllerクラスの実装からServlet APIを使うコードを排除できるため、作成するクラスの単体テストのテスタビリティを向上できます。

- **Viewの実装技術の抽象化**
  Controllerはビュー名（Viewの論理名）を返却し、Spring MVCのフレームワーク処理が呼び出すViewを決定します。Controllerはビュー名だけを意識すればよいため、ControllerがViewの実装技術（JSP、

Thymeleaf、Servlet API、FreeMarker など）を意識する必要がなくなります。

● **Spring の DI コンテナとの連携**

Spring MVC は Spring の DI コンテナ上で動作するフレームワークです。Spring の DI コンテナが提供する DI（Dependency Injection）や AOP（Aspect Oriented Programming）などの仕組みを活用することができるため、Web アプリケーションを効率的に開発することができます。

> Spring MVC は Servlet API を抽象化する仕組みを提供していますが、Servlet API を直接使用することもできます。Cookie への書き込みなど一部の処理は Servlet API を直接使用しないと実現できないケースもあります。

Spring MVC の特徴をうまく活用して作成した Controller クラスは、**図 4.2** のようなクラスになります。

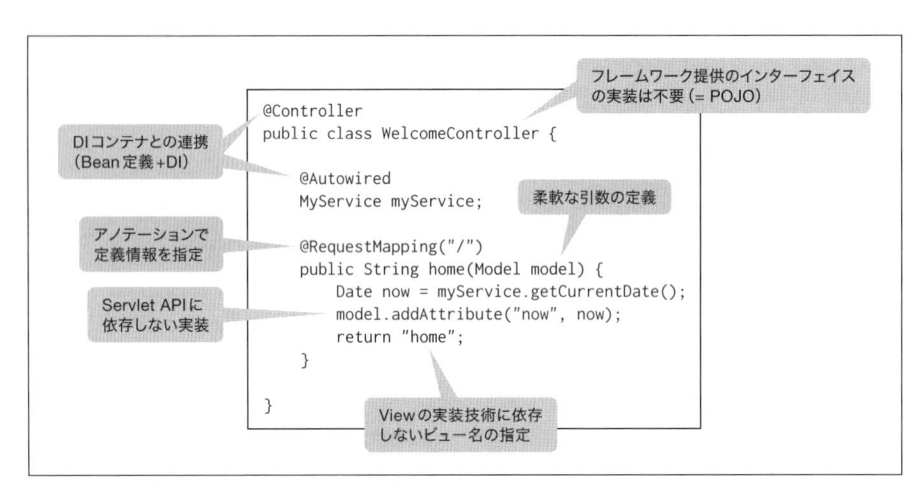

図 4.2　Spring MVC での Controller の実装例

 **MVC フレームワークとしての特徴**

次に、MVC フレームワークとしての特徴を紹介します。Spring MVC は、高い拡張性とエンタープライズアプリケーション向け機能を持ち合わせた MVC フレームワークで、以下のような特徴があります。

● **豊富な拡張ポイントの提供**

Spring MVC は、処理の役割に応じてインターフェイスを定義しています。Spring MVC はインターフェイスを介してフレームワーク処理を実行する仕組みになっているため、デフォルト実装の動作を簡単かつ柔軟にカスタマイズできるアーキテクチャになっています。

● **エンタープライズアプリケーション向けの機能の提供**

Spring MVCは単にMVCパターンのフレームワーク実装を提供するだけではありません。メッセージ管理、セッション管理、国際化、ファイルアップロードといったエンタープライズアプリケーション向けのWebアプリケーションを開発する際に必要となる標準的な機能も提供しています。

● **サードパーティのライブラリとの連携部品の提供**

Spring MVCはサードパーティのライブラリを利用する際に必要となるアダプタ実装を数多く提供しており、以下のようなライブラリを Spring MVC と組み合わせて使用できます。

▸ Jackson（JSON/XML 操作）

▸ Google Gson（JSON 操作）

▸ Google Protocol Buffers（Protocol Buffers と呼ばれるシリアライズフォーマット操作）

▸ Apache Tiles（レイアウトエンジン）

▸ FreeMarker（テンプレートエンジン）

▸ Rome（RSS/Feed 操作）

▸ JasperReports（帳票出力）

▸ Apache POI（Excel 操作）

▸ Hibernate Validator（Bean Validation）

▸ Joda-Time（日付操作）

また、サードパーティのライブラリ自体がSpring MVCとの連携部品を提供しているケースもあり、以下のようなライブラリを Spring MVC と組み合わせて使用することもできます。

▸ Thymeleaf（テンプレートエンジン）

▸ HDIV（セキュリティ強化）

4.2　はじめてのSpring MVCアプリケーション

　Spring MVCの詳細な解説を行なう前に、簡単なアプリケーションを作成して Spring MVCを使用したアプリケーション開発の基礎を学んでいきましょう。

　ここでは、以下のような入力画面で入力した値を出力画面に表示するエコーアプリケーションを作成していきます（**図4.3**）。

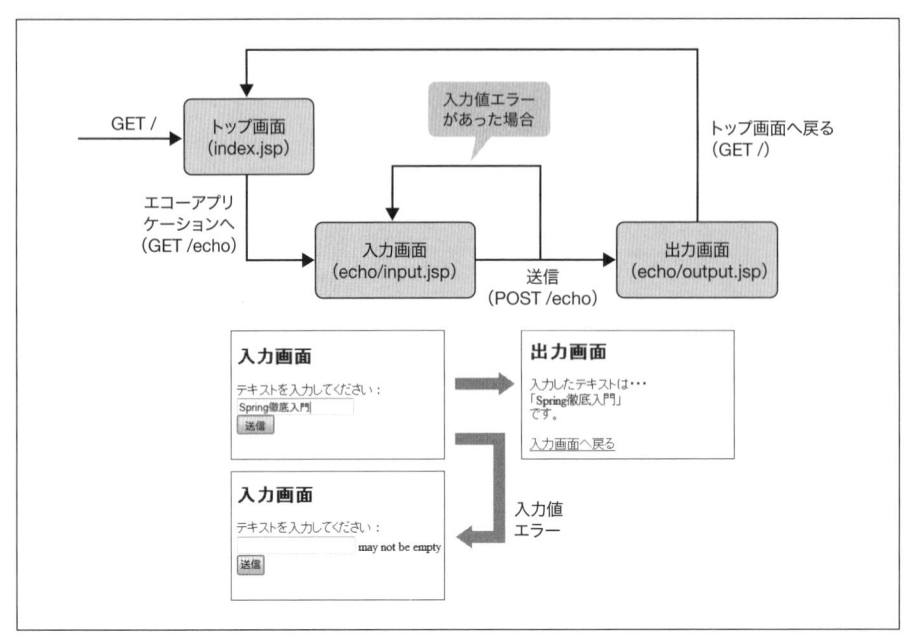

図4.3 エコーアプリケーションの画面遷移

エコーアプリケーションを作成することで、次の事柄について学ぶことができます。

- Spring MVCの適用方法
- 画面遷移の基礎
- 入力フォーム作成の基礎
- 値表示の基礎
- 入力チェックの基礎

本節ではJava Config（コンフィギュレーションクラスを使用したBean定義）を使用する前提で説明を行ないますが、最後にXMLを使用したBean定義例も紹介します。

 開発プロジェクトの作成

付録の「A.1 開発プロジェクトのセットアップ」を参照して開発用のプロジェクトを作成してください。

4.2.2 Spring MVCの適用

作成した開発用のプロジェクトに対してSpring MVCを適用します。

■ライブラリのセットアップ

まず、Spring Framework から提供されている Spring MVC および Spring MVC の依存ライブラリを開発プロジェクトに適用します。

▶ pom.xmlの定義例

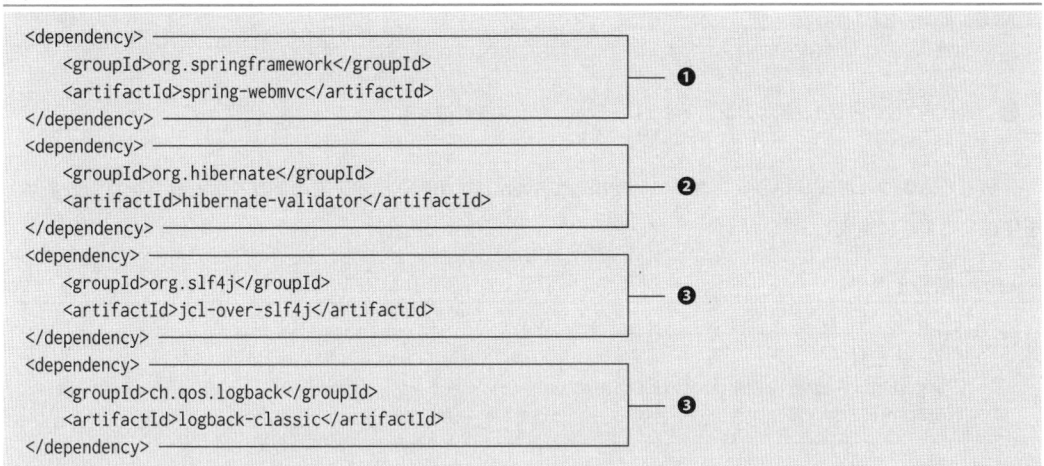

```
<dependency>
    <groupId>org.springframework</groupId>        ❶
    <artifactId>spring-webmvc</artifactId>
</dependency>
<dependency>
    <groupId>org.hibernate</groupId>              ❷
    <artifactId>hibernate-validator</artifactId>
</dependency>
<dependency>
    <groupId>org.slf4j</groupId>                  ❸
    <artifactId>jcl-over-slf4j</artifactId>
</dependency>
<dependency>
    <groupId>ch.qos.logback</groupId>            ❸
    <artifactId>logback-classic</artifactId>
</dependency>
```

❶ 依存ライブラリとして Spring MVC のモジュールを指定する。spring-webmvc を指定すると、Spring Web（spring-web）やその他の Spring Framework の依存モジュール（spring-context など）への依存関係を解決することができる

❷ 依存ライブラリとして Hibernate Validator（Bean Validation の参照実装）を指定する。Spring MVC は Bean Validation の仕組みを利用して入力チェックを行なう

❸ Spring は JCL（Apache Commons Logging）の API を使ってログ出力を行なっているため、依存ライブラリとして JCL implemented over SLF4J（SLF4J の API にロギング処理をブリッジする JCL の実装クラスを提供するライブラリ）と Logback（SLF4J の実装クラスを提供するライブラリ）を指定する

■ContextLoaderListenerのセットアップ

Web アプリケーション用のアプリケーションコンテキストを生成するために、ContextLoaderListener クラスをサーブレットコンテナに登録します。

ContextLoaderListener クラスをサーブレットコンテナに登録する際は、Web アプリケーション用のアプリケーションコンテキストに Bean を登録するための Bean 定義が必要です。エコーアプリケーションでは、Service 層以降の Bean（@Service、@Repository など）を作成しないため、Web アプリケーション用のアプリケーションコンテキストに Bean の登録は行ないませんが、本格的なアプリケーションを構築する際は必ず必要になるので空のコンフィギュレーションクラスを作成しておきます。なお、Java ファイルを格納するソースフォルダ（src/main/java）は自分で作成してください。

▶ Webアプリケーション用のコンフィギュレーションクラスの作成例

```
package example.config;

import org.springframework.context.annotation.Configuration;

@Configuration
public class AppConfig {
}
```
❶

❶ Webアプリケーション用のコンフィギュレーションクラスを作成する

作成したコンフィギュレーションクラスを使用してWebアプリケーション用のアプリケーションコンテキストを生成するように定義します。

▶ web.xmlの設定例

```
<listener>
    <listener-class>
        org.springframework.web.context.ContextLoaderListener
    </listener-class>
</listener>
<context-param>
    <param-name>contextClass</param-name>
    <param-value>
        org.springframework.web.context.support.AnnotationConfigWebApplicationContext
    </param-value>
</context-param>
<context-param>
    <param-name>contextConfigLocation</param-name>
    <param-value>example.config.AppConfig</param-value>
</context-param>
```
❶
❷
❸

❶ サーブレットコンテナのリスナクラスとしてContextLoaderListenerクラスを指定する
❷ サーブレットコンテナのcontextClassパラメータにAnnotationConfigWebApplicationContextクラスを指定する
❸ サーブレットコンテナのcontextConfigLocationパラメータに作成したコンフィギュレーションクラスを指定する

■DispatcherServletのセットアップ

Spring MVCのフロントコントローラを利用するためにDispatcherServletクラスをサーブレットコンテナに登録します。詳しくは「4.3.3 DIコンテナとの連携」で解説しますが、Spring MVCではWebアプリケーション用のアプリケーションコンテキストとは別に、DispatcherServlet用のアプリケーションコンテキストを作成します。

そのため、DispatcherServletクラスをサーブレットコンテナに登録する際は、DispatcherServlet用のアプリケーションコンテキストにBeanを登録するためのBean定義が必要です。

▶ DispatcherServlet用のコンフィギュレーションクラスの作成例

```
package example.config;

import org.springframework.context.annotation.ComponentScan;
import org.springframework.context.annotation.Configuration;
import org.springframework.web.servlet.config.annotation.EnableWebMvc;
import org.springframework.web.servlet.config.annotation.WebMvcConfigurerAdapter;

@Configuration ──────────────────────────────────────────── ❶
@EnableWebMvc ───────────────────────────────────────────── ❷
@ComponentScan("example.app") ───────────────────────────── ❸
public class WebMvcConfig extends WebMvcConfigurerAdapter { ── ❹
}
```

❶ DispatcherServlet用のコンフィギュレーションクラスを作成する

❷ クラスに@EnableWebMvcを指定する。@EnableWebMvcを指定すると、Spring MVCが提供しているコンフィギュレーションクラスがインポートされ、Spring MVCを利用するために必要となるコンポーネントのBean定義が自動で行なわれる

❸ クラスに@ComponentScanを指定する。@ComponentScanを指定すると、value属性に指定したパッケージの配下にあるステレオタイプアノテーション（@Componentや@Controllerなど）が付与されているクラスがスキャンされ、アプリケーションコンテキストにBean登録される

❹ 親クラスとしてWebMvcConfigurerAdapterクラスを指定する。WebMvcConfigurerAdapterクラスを継承すると、デフォルトで適用されるBean定義を簡単にカスタマイズできる

DispatcherServletクラスをサーブレットコンテナに登録します。その際、作成したコンフィギュレーションクラスを使用して、DispatcherServlet用のアプリケーションコンテキストを生成するように定義します。

▶ web.xmlの設定例

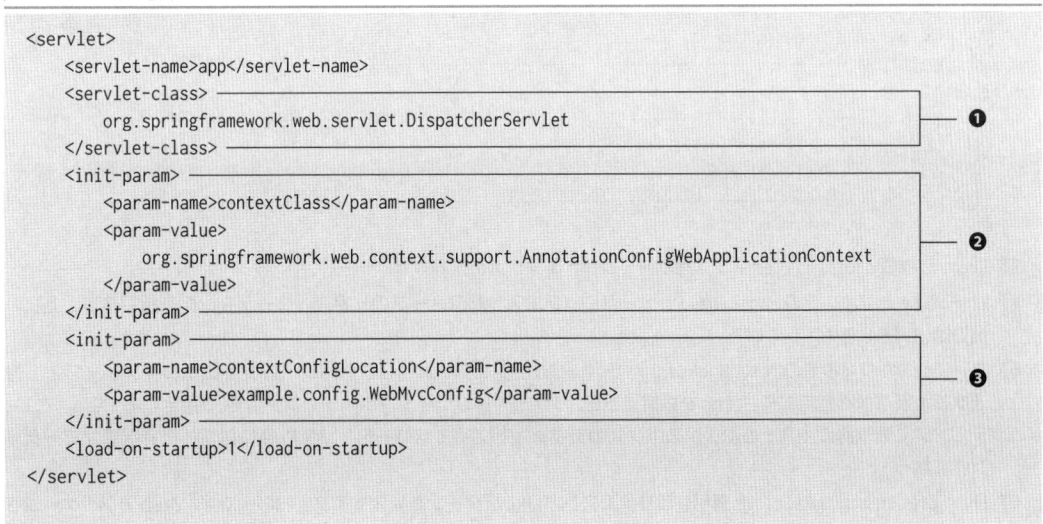

```
<servlet>
    <servlet-name>app</servlet-name>
    <servlet-class> ─────────────────────────────────────────
        org.springframework.web.servlet.DispatcherServlet          ❶
    </servlet-class> ────────────────────────────────────────
    <init-param> ────────────────────────────────────────────
        <param-name>contextClass</param-name>
        <param-value>
            org.springframework.web.context.support.AnnotationConfigWebApplicationContext  ❷
        </param-value>
    </init-param> ───────────────────────────────────────────
    <init-param> ────────────────────────────────────────────
        <param-name>contextConfigLocation</param-name>
        <param-value>example.config.WebMvcConfig</param-value>     ❸
    </init-param> ───────────────────────────────────────────
    <load-on-startup>1</load-on-startup>
</servlet>
```

```
<servlet-mapping>
    <servlet-name>app</servlet-name>
    <url-pattern>/</url-pattern>
</servlet-mapping>
```
❹

❶ DispatcherServlet クラスをサーブレットコンテナに登録する

❷ サーブレットの contextClass パラメータに AnnotationConfigWebApplicationContext クラスを指定する

❸ サーブレットの contextConfigLocation パラメータに作成したコンフィギュレーションクラスを指定する

❹ ❶で定義した DispatcherServlet を使用してリクエストをハンドリングする URL のパターンを指定する。上記の例では、Web アプリケーションに対するすべてのリクエストを❶で定義した DispatcherServlet を使用してハンドリングする

■CharacterEncodingFilterのセットアップ

入力値の日本語が文字化けしないようにするために CharacterEncodingFilter クラスをサーブレットコンテナに登録します。

▶ web.xmlの設定例

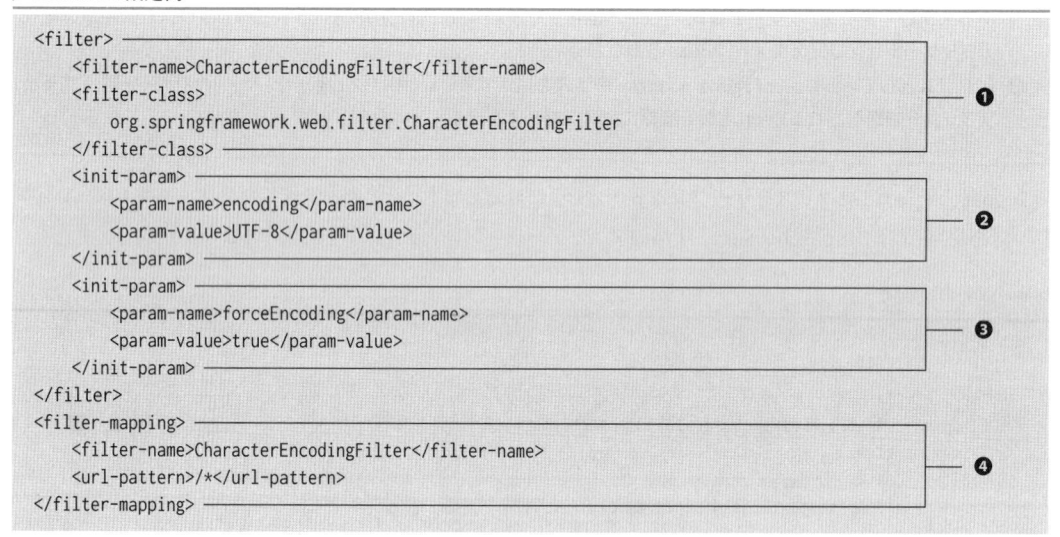

```
<filter>
    <filter-name>CharacterEncodingFilter</filter-name>
    <filter-class>
        org.springframework.web.filter.CharacterEncodingFilter
    </filter-class>
```
❶
```
    <init-param>
        <param-name>encoding</param-name>
        <param-value>UTF-8</param-value>
    </init-param>
```
❷
```
    <init-param>
        <param-name>forceEncoding</param-name>
        <param-value>true</param-value>
    </init-param>
</filter>
```
❸
```
<filter-mapping>
    <filter-name>CharacterEncodingFilter</filter-name>
    <url-pattern>/*</url-pattern>
</filter-mapping>
```
❹

❶ CharacterEncodingFilter クラスをサーブレットコンテナに登録する

❷ サーブレットフィルタの encoding パラメータにリクエストパラメータの文字エンコーディングを指定する。上記の例では、UTF-8 を指定している

❸ サーブレットフィルタの forceEncoding パラメータにリクエストおよびレスポンスの文字エンコーディングを上書きするかどうかを指定する。true を指定すると、リクエストの文字エンコーディングは❷で指定した文字エンコーディングに強制的に上書きされ、レスポンスのデフォルト文字エンコーディングも❷で指定した文字エンコーディングになる

❹ CharacterEncodingFilter を適用するリクエストの URL パターンを指定する。上記の例では、Web アプリケーションに対するすべてのリクエストを適用対象にしている

ISO 8859-1（ISO Latin 1）以外の文字を扱う必要がある場合は、`CharacterEncodingFilter`を使用して適切な文字エンコーディングの指定が必要です。また、サーブレットフィルタを複数登録する場合は、リクエストパラメータから値を取得するサーブレットフィルタより前にフィルタ処理が適用されるように登録してください。順番が逆転すると文字化けしてしまいます。

■ViewResolverのセットアップ

Spring MVCではビュー名を解決して使用するViewを判別するために、`ViewResolver`というコンポーネントを使用します。エコーアプリケーションではViewとしてJSPを使用するため、Spring MVCにJSP用のViewResolverをセットアップします。

▶ コンフィギュレーションクラス（WebMvcConfig）の定義例

```
@Configuration
@EnableWebMvc
public class WebMvcConfig extends WebMvcConfigurerAdapter {

    @Override ──────────────────────────────────────────────────── ❶
    public void configureViewResolvers(ViewResolverRegistry registry) {
        registry.jsp(); ──────────────────────────────────────────── ❷
    }

}
```

❶ `configureViewResolvers`メソッドをオーバーライドする
❷ `ViewResolverRegistry`クラスの`jsp`メソッドを呼び出しJSP用の`ViewResolver`をセットアップする

上記のBean定義を行なうと、/WEB-INFディレクトリ配下に格納されているJSPファイルがViewとして扱われます（図4.4）。

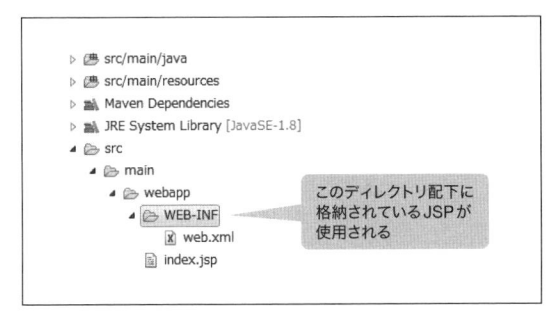

図4.4　JSPファイルのデフォルトの格納先

> JSPファイルを格納するディレクトリはViewResolverの設定で変更できます。よくあるパターンとしては、/WEB-INFディレクトリ直下ではなくviewsというサブディレクトリを設けて/WEB-INF/viewsディレクトリ配下に格納するパターンがあります。デフォルトの格納先を変更する方法については、次章以降で説明します。

■タグライブラリ定義の追加

Spring MVCのタグライブラリ（taglib）定義を追加します。この定義を追加すると、すべてのJSPからSpring MVCのtaglibが利用できるようになります。

▶ src/main/webapp/WEB-INF/include.jspの修正例

```
<%@ taglib prefix="c" uri="http://java.sun.com/jsp/jstl/core" %>
<%@ taglib prefix="spring" uri="http://www.springframework.org/tags" %> <!-- 追加 -->
<%@ taglib prefix="form" uri="http://www.springframework.org/tags/form" %> <!-- 追加 -->
```

なお、ここで紹介した方法は、web.xmlの中に以下の定義があることが前提となります。

以下の定義がない場合は、定義を追加するか、すべてのJSPの中でタグライブラリ定義を追加してください。

▶ web.xmlの定義例

```
<jsp-config>
    <jsp-property-group>
        <url-pattern>*.jsp</url-pattern>
        <page-encoding>UTF-8</page-encoding>
        <include-prelude>/WEB-INF/include.jsp</include-prelude> <!-- すべてのJSPにインクルードされる -->
    </jsp-property-group>
</jsp-config>
```

 トップ画面表示処理の実装

まずは、サンプルアプリケーションのホームページ（トップ画面）をViewResolverの仕組みを利用して表示させてみましょう。

フレームワーク処理を含めた全体の処理シーケンスは、以下のようになります（**図4.5**）。

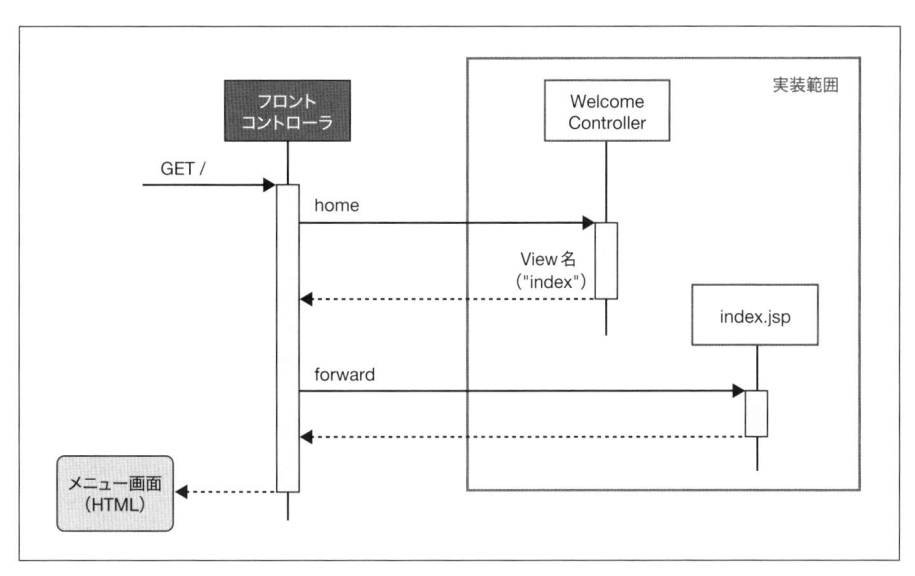

図4.5　トップ画面表示の処理シーケンス

■Controllerの作成と実装

トップ画面用のControllerクラスを作成し、トップ画面の表示リクエストをハンドリングするためのメソッドを実装します。

▶ Controllerの作成と実装例

```
package example.app;

import org.springframework.stereotype.Controller;
import org.springframework.web.bind.annotation.*;

@Controller                                            ❶
public class WelcomeController {

    @RequestMapping("/")                               ❷
    public String home() {
        return "index";                                ❸
    }

}
```

❶ クラスアノテーションに @Controller を指定する

❷ トップ画面の表示リクエストをハンドリングするためのメソッドを追加し、メソッドアノテーションとして @RequestMapping を指定する。value 属性に "/" を指定することで、"/" というパスに対するリクエストがこのメソッドにマッピングされる

❸ トップ画面を表示するJSPのView名を返却する。ここではView名として "index" を返却しているので、src/main/

webapp/WEB-INF/index.jspが呼び出される

> メモ　View名だけを返却する処理は、Spring MVCから提供されているView Controllerの仕組みを使用して実現することができます。View Controllerの使い方は次章以降で説明します。

■index.jspの移動

index.jspをViewResolverの仕組みを利用して表示するために、/WEB-INFディレクトリの直下に移動します（**図4.6**）。

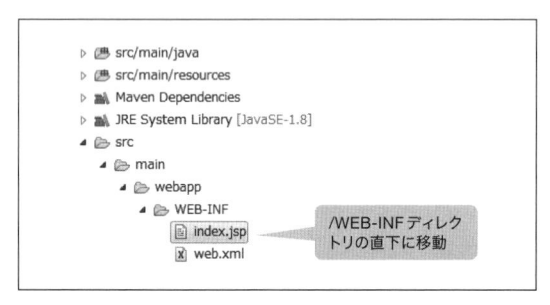

図4.6　index.jspの移動

■トップ画面の表示

アプリケーションサーバーの起動または再起動が完了したらトップ画面を開き、src/main/webapp/WEB-INF/index.jspが表示されることを確認します（**図4.7**）。

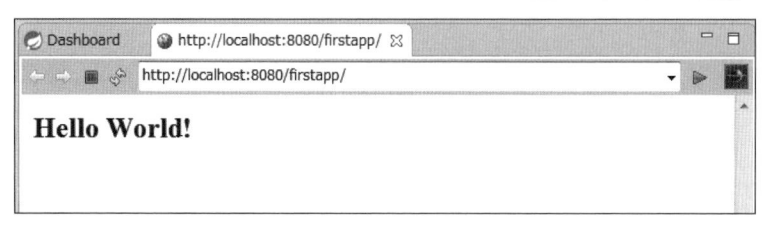

図4.7　トップ画面の表示

■メニューの追加

エコーアプリケーションの入力画面に遷移するためのメニューリンクをトップ画面に追加します。

▶ メニューの追加例

```
<html>
<body>
<h2>Hello World!</h2>
<ul>
    <li><a href="<c:url value='/echo' />">エコーアプリケーションへ</a></li>
</ul>
</body>
</html>
```

❶

❶ エコーアプリケーションの入力画面を表示するためのリクエスト（GET /echo）を送信するリンクを追加する。ここ
   では、JSTL（JSP Standard Tag Library）の<c:url>要素を使用して「アプリケーションのコンテキストパス ＋ "/
   echo"」へのリンクを追加している

■メニュー追加後のトップ画面の表示

トップ画面を再度開き、メニューが追加されたことを確認します（図4.8）。

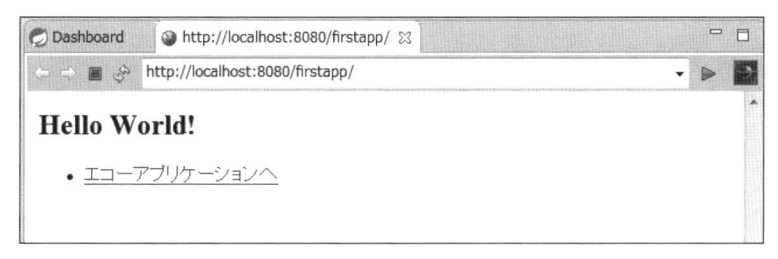

図4.8　メニュー追加後のトップ画面の表示

4.2.4　入力画面表示処理の実装

トップ画面にメニューを追加したら、エコーアプリケーションの入力画面を表示するための処理を実装しま
す。フレームワーク処理を含めた全体の処理シーケンスは、以下のようになります（図4.9）。

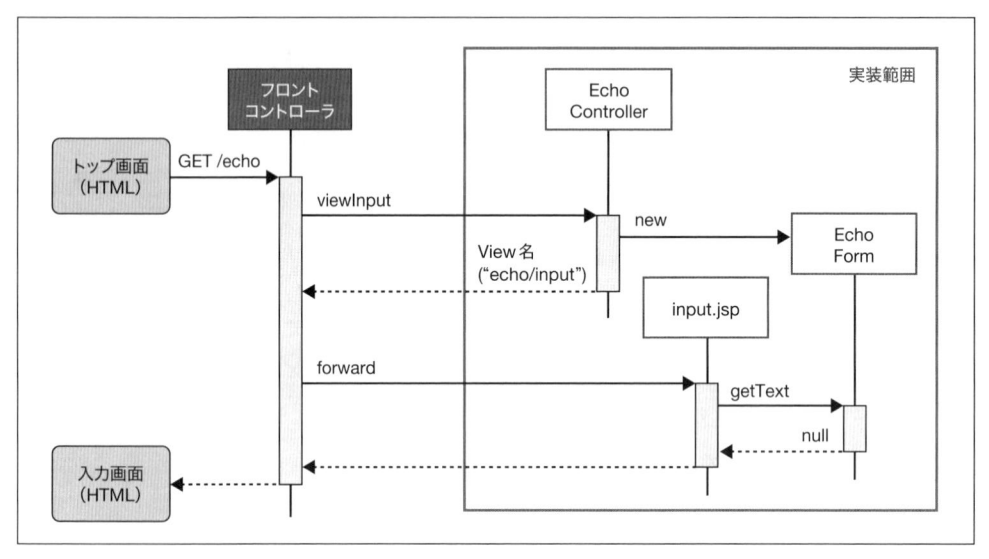

図4.9　入力画面表示処理の処理シーケンス

■フォームクラスの作成と実装

　入力値を保持するためのフォームクラスを作成します。フォームクラスは、HTMLの<form>要素内で扱う入力項目（<input>、<select>、<radio>、<checkbox>要素など）の値を保持するクラスです。

▶ フォームクラスの作成例

```
package example.app;

import java.io.Serializable;

public class EchoForm implements Serializable {

    private static final long serialVersionUID = 1L;

    private String text;                                                    ❶

    public String getText() {
        return text;
    }

    public void setText(String text) {
        this.text = text;
    }

}
```

❶ 入力値を保持するプロパティを定義する

■Controllerの作成と実装

エコーアプリケーション用のControllerクラスを作成し、入力画面の表示リクエストをハンドリングするためのメソッドを実装します。

▶ Controllerクラスの作成例

```java
package example.app;

import org.springframework.stereotype.Controller;
import org.springframework.ui.Model;
import org.springframework.web.bind.annotation.*;

@Controller
@RequestMapping("echo")                                            ❶
public class EchoController {

    @RequestMapping(method = RequestMethod.GET)                    ❷
    public String viewInput(Model model) {
        EchoForm form = new EchoForm();
        model.addAttribute(form);                                  ❸
        return "echo/input";                                       ❹
    }

}
```

❶ クラスアノテーションに@RequestMappingを指定する。value属性に"echo"を指定することで、"/echo"というパスに対するリクエストがこのControllerにマッピングされる

❷ 入力画面の表示リクエストをハンドリングするためのメソッドを追加し、メソッドアノテーションとして@RequestMappingを指定する。method属性にRequestMethod.GETを指定することで、"GET /echo"というリクエストがこのメソッドにマッピングされる

❸ フォームオブジェクト（EchoFormクラスのインスタンス）を生成し、Modelへ追加する。Modelへ追加する際に属性名を省略しているため、クラス名を利用して"echoForm"という属性名で追加される。Modelに追加したオブジェクトは、HttpServletRequestにエクスポートされる仕組みになっているため、JSPからはリクエストスコープのオブジェクトとして参照することができる

❹ 入力画面を表示するJSPのView名を返却する。ここではView名として"echo/input"を返却しているので、src/main/webapp/WEB-INF/echo/input.jspが呼び出される

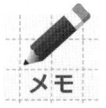

上記実装例では、説明をわかりやすくするために明示的にフォームオブジェクトをModelへ追加していますが、@org.springframework.web.bind.annotation.ModelAttributeを使用して別のメソッドで行なう仕組みも提供されています。@ModelAttributeの使い方は、次章以降で説明します。

■入力画面JSPの作成と実装

入力画面のJSPを作成します。

▶ JSP（src/main/webapp/WEB-INF/echo/input.jsp）の作成例

```
<html>
<body>
    <h2>入力画面</h2>
    <form:form modelAttribute="echoForm">                    ❷
        <div>テキストを入力してください ：</div>
        <div>
            <form:input path="text" />                        ❸❹
        </div>                                                        ❶
        <div>
            <form:button>送信</form:button>                  ❺
        </div>
    </form:form>
</body>
</html>
```

❶ Spring MVCから提供されている<form:from>要素を使用して、HTMLのフォームを作成する

❷ modelAttribute属性にフォームオブジェクトの属性名を指定する。この属性に指定したオブジェクトが保持する値をHTMLフォームの項目値として表示できる。ここでは、EchoControllerのviewInputメソッドの処理でModelに追加した"echoForm"を指定する

❸ Spring MVCから提供されている<form:input>要素を使用して、テキストフィールドを作成する

❹ path属性にmodelAttribute属性で指定したオブジェクトのプロパティ名を指定する。この属性に指定したプロパティが保持する値がテキストフィールドの初期値として表示される。ここでは、textプロパティを指定する

❺ Spring MVCから提供されている<form:button>要素を使用して、HTMLフォームの送信ボタンを作成する

<form:from>にはmethod属性とaction属性が存在しますが、これらの属性値は省略することができます。省略した場合は以下の値が適用されます。

- method属性は"post"
- action属性は画面表示時のURLのアプリケーションのコンテキストパス以降の値

エコーアプリケーションの入力画面を例にすると、入力画面を表示するためのリクエストURLはhttp://localhost:8080/firstapp/echoなので、action属性には"/firstapp/echo"が適用されます。

■入力画面の表示

トップ画面に追加したメニューリンクを押下し、入力画面が表示されることを確認します（**図4.10**）。

図4.10　入力画面の表示

4.2.5　送信処理の実装

入力画面の表示ができたら、入力画面で入力された値を受け取って出力画面に表示する処理を実装します。フレームワーク処理を含めた全体の処理シーケンスは、以下のようになります（**図4.11**）。

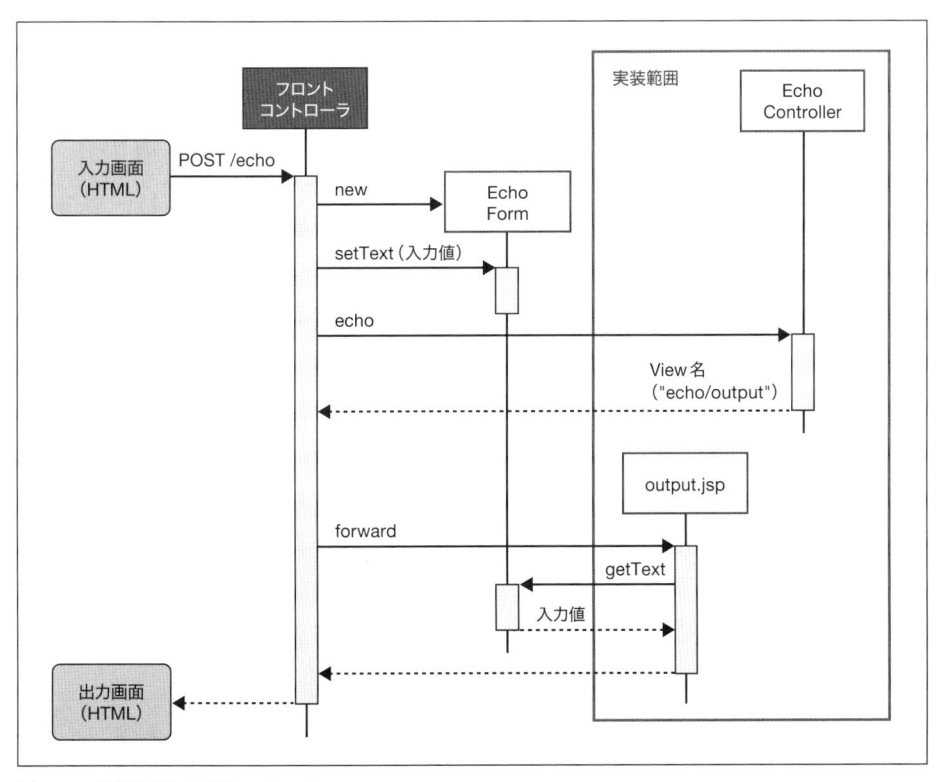

図4.11　送信処理の処理シーケンス

■Controllerの実装

エコーアプリケーション用のControllerに入力値の送信リクエストをハンドリングするためのメソッドを実装します。

▶ Controllerクラスの作成例

```
@Controller
@RequestMapping("echo")
public class EchoController {

    // ・・・

    @RequestMapping(method = RequestMethod.POST) ──────────────────── ❶
    public String echo(EchoForm form) { ─────────────────────────── ❷
        return "echo/output"; ──────────────────────────────── ❸
    }

}
```

❶ 入力値の送信リクエストをハンドリングするためのメソッドを追加し、メソッドアノテーションとして @RequestMapping を指定する。method 属性に RequestMethod.POST を指定することで、"POST /echo" というリクエストがこのメソッドにマッピングされる

❷ メソッドの引数にフォームクラスを指定する。メソッドの引数にフォームクラスを指定すると、入力画面で入力した値(リクエストパラメータの値)をフォームオブジェクトに格納して受け取ることができる。また、引数で受け取ったフォームオブジェクトは Model にも自動的に追加される仕組みになっているため、明示的に Model に追加する必要はない

❸ 出力画面を表示する JSP の View 名を返却する。ここでは View 名として "echo/output" を返却しているので、src/main/webapp/WEB-INF/echo/output.jsp が呼び出される

エコーアプリケーションは入力値を出力画面に表示するだけのアプリケーションなのでビジネスロジックの実装は行なっていませんが、通常はこのメソッドの中でドメインオブジェクトや他のコンポーネントのメソッドを呼び出してビジネスロジックを実行します。

■出力画面JSPの作成と実装

出力画面のJSPを作成します。

▶ JSP (src/main/webapp/WEB-INF/echo/output.jsp) の作成例

```
<html>
<body>
    <h2>出力画面</h2>
    <div>入力したテキストは・・・</div>
    <div>
        「<span><c:out value="${echoForm.text}" /></span>」 ──────────────── ❶
```

```
        </div>
        <div>です。</div>
        <br>
        <div>
            <a href="<c:url value='/' />">トップ画面へ戻る</a> ────────────── ❷
        </div>
    </body>
</html>
```

❶ フォームオブジェクトに格納されている入力値をテキスト表示する。ここでは、JSTLの<c:out>要素を使用して EchoFormのtextプロパティの値をHTMLに出力している

❷ トップ画面を表示するためのリクエスト（GET /）を送信するリンクを追加する

> 外部から入力された値をHTMLに出力する場合は、クロスサイトスクリプティング（XSS）対策が
> 必要です。JSTLの<c:out>要素を使用すると、XSS攻撃で使用される特殊な記号（<、>、&、'、"）
> を単なる文字としてHTMLに出力できます。

■送信処理後の出力画面の表示

入力フォームに任意の文字列を入力して送信ボタンを押下し、出力画面に入力値が表示されることを確認します（**図4.12**）。

図4.12　送信処理後の出力画面の表示

念のため、XSS対策が有効になっているか確認してみましょう。入力フォームに「<script>alert('Attack')</script>」を入力して送信ボタンを押下し、出力画面を表示してください。入力値がそのまま表示されていれば XSS対策が有効になっていますが、もしダイアログが表示されたらXSS対策が行なわれていません（**図4.13**）。

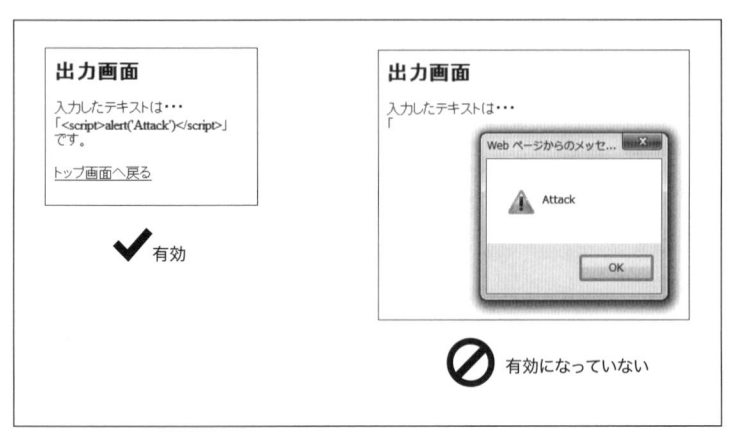

図4.13 XSS攻撃後の出力画面の表示

4.2.6 入力チェック処理の実装

ここまでの実装で正常系のシナリオの実装は完成しましたが、Webアプリケーションを構築する際に欠かすことができない入力チェックがまだ実装されていません。ここでは入力値に対して以下の入力チェックを実装します。

- 必須チェック
- 最大文字数チェック(100文字以内)

フレームワーク処理を含めた入力チェック実行時の全体の処理シーケンスは、以下のようになります（図4.14）。なお、以下のシーケンスは入力チェックエラー時のシーケンスになります。

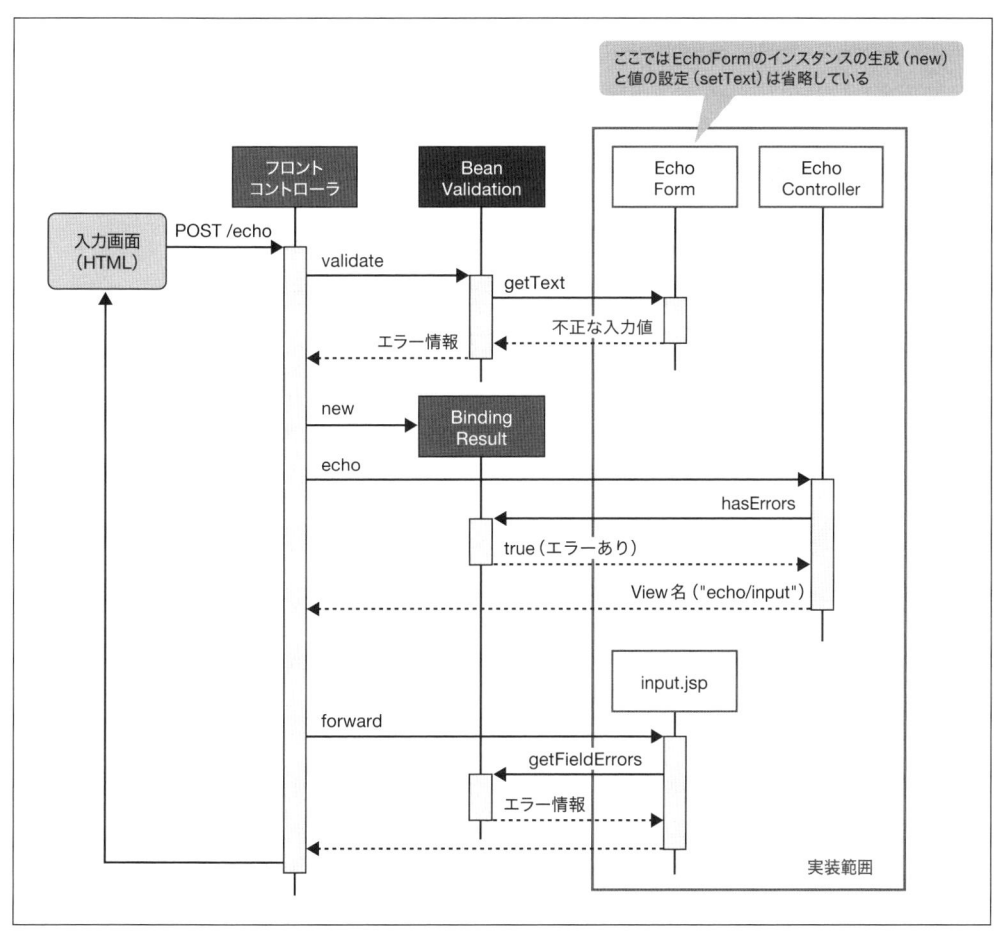

図4.14　入力チェックエラー時の処理シーケンス

■入力チェックルールの指定

　Spring MVCの入力チェックは、JavaのBean Validationの仕組みを利用してフォームオブジェクトのプロパティに入力チェックルール（Bean Validationの制約アノテーション）を指定するスタイルを採用しています。

▶ 入力チェックルール（Bean Validationの制約アノテーション）の指定例

```
import javax.validation.constraints.Size;
import org.hibernate.validator.constraints.NotEmpty;

public class EchoForm implements Serializable {

    private static final long serialVersionUID = 1L;

    @NotEmpty ─────────────────────────────────────────────── ❶
```

```
@Size(max = 100) ─────────────────────────────────────────── ❷
private String text;

// ・・・

}
```

❶ 必須チェックを行なうために Hibernate Validator が提供している @NotEmpty を指定する
❷ 最大文字数チェックを行なうために Bean Validation が提供している @Size を指定する。最大文字数（100文字）は max 属性に指定する

　ここでは2種類のアノテーションを使用しましたが、Bean Validation および Hibernate Validator からさまざまなアノテーションが提供されています。また、独自の制約アノテーションを追加することもできます。

> String以外のプロパティ値に対して必須チェックを行なう場合は、Bean Validation が提供している @javax.validation.constraints.NotNull を使います。String のプロパティに対しては未入力の場合にデフォルトで空文字が代入されるため、@NotNull による必須チェックができないことに注意してください。

■Controllerの実装

　Spring MVCの入力チェック機能を有効化し、入力チェックエラーのハンドリング処理を実装します。

▶ Controllerの実装例

```
package springbook.app;

import javax.validation.Valid;

import org.springframework.stereotype.Controller;
import org.springframework.ui.Model;
import org.springframework.validation.BindingResult;
import org.springframework.web.bind.annotation.*;


@Controller
@RequestMapping("echo")
public class EchoController {

    // ・・・

    @RequestMapping(method = RequestMethod.POST)
    public String echo(@Valid EchoForm form, BindingResult result) { ───── ❶❷
        if(result.hasErrors()){ ────────────────────────── ❸
            return "echo/input"; ────────────────────────── ❹
        }
```

```
        return "echo/output";
    }

}
```

❶ フォームクラスの引数に @Valid を指定する。@Valid を指定すると、フロントコントローラはフォームクラスの入力 チェックを実施してチェック結果を BindingResult に格納する

❷ メソッドの引数に BindingResult を指定してフォームクラスの入力チェック結果を受け取る。BindingResult は必 ず入力チェックするフォームクラスの直後の引数に指定しなければならない。引数で受け取った BindingResult オ ブジェクトは Model にも自動的に追加される仕組みになっているため、明示的に Model に追加する必要はない

❸ BindingResult の hasErrors メソッドを呼び出して入力チェックのエラー判定を行なう

❹ 入力チェックエラーが発生している場合は、入力チェックのエラー情報を表示する JSP の View 名を返却する。ここ では View 名として "echo/input"（入力画面の View 名）を返却しているので、src/main/webapp/WEB-INF/echo/ input.jsp が呼び出される

@Valid の代わりに @org.springframework.validation.annotation.Validated を使うこともで きます。@Validated を使用すると、バリデーショングループを指定して入力チェックを実施するこ とができます。バリデーショングループを指定した入力チェックについては、次章以降で説明しま す。

■入力画面 JSP の実装

入力チェックのエラー情報を表示するように JSP を実装します。

▶ JSP（src/main/webapp/WEB-INF/echo/input.jsp）の実装例

```
<form:form action="${submitUrl}" modelAttribute="echoForm">
    <div>テキストを入力してください ：</div>
    <div>
        <form:input path="text" />
        <form:errors path="text" /> ─────────────────────────── ❶ ❷
    </div>
    <div>
        <form:button>送信</form:button>
    </div>
</form:form>
```

❶ Spring MVC から提供されている <form:errors> 要素を使用して、エラー情報を出力する HTML を出力する

❷ path 属性に modelAttribute 属性で指定したオブジェクトのプロパティ名を指定する。この属性に指定したプロパ ティのエラー情報が表示される。ここでは、text プロパティを指定する

■入力チェックエラー後の入力画面の表示

未入力の状態で送信ボタンを押下し、入力画面にエラー情報が表示されることを確認します（図4.15）。

図4.15　入力チェックエラー後の入力画面の表示

　テキストフィールドの右横に「may not be empty」というエラーメッセージが表示されれば必須チェックが正しく実装されています。続いて101文字以上の文字を入力して送信ボタンを押下してみてください。「size must be between 0 and 100」というエラーメッセージが表示されれば最大桁数チェックも正しく実装されています。

　以上でエコーアプリケーションの実装は完了です。本節では、Spring MVCを使用してWebアプリケーションを開発する際に作成する以下の3つの基本コンポーネントの作成方法を紹介しました。

- Controllerクラス
- フォームクラス
- View（JSPなどのテンプレートファイル）

> エコーアプリケーションでは作成しませんでしたが、実際のアプリケーション開発の現場では基本コンポーネントに加えて以下のようなコンポーネントも作成します。
>
> - Serviceクラス
> - データアクセスクラス（RepositoryやDAOなど）
> - ドメインオブジェクト（Entityクラスなど）
>
> これらのクラスの作成方法については、次章以降で説明します。

　ここで紹介した内容だけでは本格的なアプリケーションを構築することはできませんが、これから紹介するさまざまな機能を使ってWebアプリケーションを開発するためのベースとなる知識なので、しっかり理解しておきましょう。

4.2.7　XMLファイルを使用したBean定義

　本編ではJava Configを使用してBean定義を行ないましたが、Spring Frameworkの伝統的なBean定義方法であるXMLファイルを使った定義方法も紹介しておきます。

■ContextLoaderListenerのセットアップ

Webアプリケーション用のBean定義ファイル（src/main/webapp/WEB-INF/applicationContext.xml）を作成します。

▶ Webアプリケーション用のBean定義ファイルの作成例

```xml
<?xml version="1.0" encoding="UTF-8"?>
<beans xmlns="http://www.springframework.org/schema/beans"
       xmlns:xsi="http://www.w3.org/2001/XMLSchema-instance"
       xsi:schemaLocation="
         http://www.springframework.org/schema/beans
         http://www.springframework.org/schema/beans/spring-beans.xsd
       ">
</beans>
```

作成したBean定義ファイルを使用してWebアプリケーション用のアプリケーションコンテキストを生成するように定義します。

▶ web.xmlの設定例

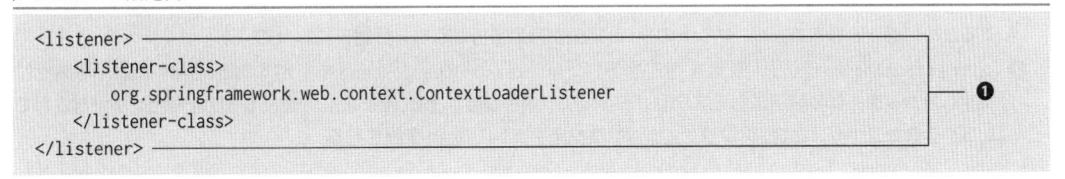

```xml
<listener>
    <listener-class>
        org.springframework.web.context.ContextLoaderListener
    </listener-class>
</listener>
```

❶ サーブレットコンテナのリスナクラスとして`ContextLoaderListener`クラスを指定する。`ContextLoaderListener`のデフォルトの動作では、Webアプリケーション内に格納されている`/WEB-INF/applicationContext.xml`を使用してアプリケーションコンテキストを生成する

サーブレットコンテナの`contextConfigLocation`パラメータに任意のBean定義ファイルを指定することもできます。

▶ 任意のBean定義ファイルを指定する場合の定義例

```xml
<context-param>
    <param-name>contextConfigLocation</param-name>
    <param-value>classpath:/META-INF/spring/applicationContext.xml</param-value>
</context-param>
```

■DispatcherServletのセットアップ

`DispatcherServlet`用のBean定義ファイル（src/main/webapp/WEB-INF/app-servlet.xml）を作成します。

▶ DispatcherServlet用のBean定義ファイルの作成例

```xml
<?xml version="1.0" encoding="UTF-8"?>
<beans xmlns="http://www.springframework.org/schema/beans"
       xmlns:xsi="http://www.w3.org/2001/XMLSchema-instance"
       xmlns:mvc="http://www.springframework.org/schema/mvc"
       xmlns:context="http://www.springframework.org/schema/context"
       xsi:schemaLocation="http://www.springframework.org/schema/beans
         http://www.springframework.org/schema/beans/spring-beans.xsd
         http://www.springframework.org/schema/mvc
         http://www.springframework.org/schema/mvc/spring-mvc.xsd
         http://www.springframework.org/schema/context
         http://www.springframework.org/schema/context/spring-context.xsd
         ">

    <mvc:annotation-driven/>                                          ──────── ❶

    <context:component-scan base-package="example.app" />            ──────── ❷

</beans>
```

❶ `<mvc:annotation-driven>`要素を指定する。`<mvc:annotation-driven>`要素を指定すると、Spring MVC を利用するために必要となるコンポーネントのBean定義が自動で行なわれる仕組みになっている

❷ `<context:component-scan>`要素を指定する。`<context:component-scan>`を指定すると、base-package属性に指定したパッケージの配下にあるステレオタイプアノテーション（@Componentや@Controllerなど）が付与されているクラスがスキャンされ、アプリケーションコンテキストにBean登録される

DispatcherServletクラスをサーブレットコンテナに登録します。作成したBean定義ファイルを使用してDispatcherServlet用のアプリケーションコンテキストを生成するように定義します。

▶ web.xmlの設定例

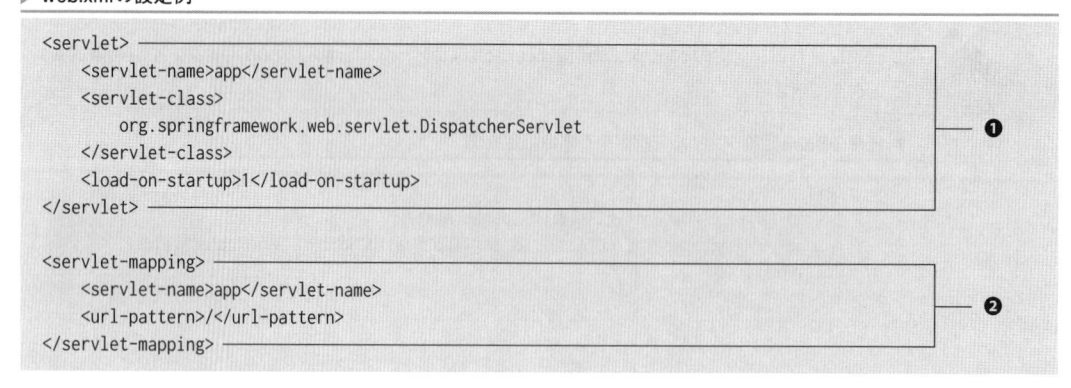

```xml
<servlet>
    <servlet-name>app</servlet-name>
    <servlet-class>
        org.springframework.web.servlet.DispatcherServlet
    </servlet-class>
    <load-on-startup>1</load-on-startup>
</servlet>

<servlet-mapping>
    <servlet-name>app</servlet-name>
    <url-pattern>/</url-pattern>
</servlet-mapping>
```

❶ DispatcherServletクラスをサーブレットコンテナに登録する。DispatcherServletのデフォルトの動作では、Webアプリケーション内に格納されている`/WEB-INF/{servlet-name}-servlet.xml`を使用してアプリケーションコンテキストを生成する

❷ ❶で定義したDispatcherServletを使用してリクエストをハンドリングするURLのパターンを指定する。上記の例

では、Web アプリケーションに対するすべてのリクエストを ❶ で定義した DispatcherServlet を使用してハンドリングする

サーブレットの contextConfigLocation 初期化パラメータに任意の Bean 定義ファイルを指定することもできます。

▶ 任意の Bean 定義ファイルを指定する場合の定義例

```
<init-param>
    <param-name>contextConfigLocation</param-name>
    <param-value>classpath:/META-INF/spring/spring-mvc.xml</param-value>
</init-param>
```

■ViewResolver のセットアップ

Spring MVC に JSP 用の ViewResolver をセットアップします。

▶ DispatcherServlet 用の Bean 定義ファイル（app-servlet.xml）の定義例

```
<mvc:view-resolvers>
    <mvc:jsp/> ──────────────────────────────── ❶
</mvc:view-resolvers>
```

❶ <mvc:view-resolvers> 要素の子要素として <mvc:jsp> 要素を指定する。<mvc:jsp> 要素を使用すると、JSP 用の ViewResolver をセットアップすることができる

4.3 Spring MVC のアーキテクチャ

前節では、Spring MVC を利用した Web アプリケーション開発の基礎について説明しました。本節では、MVC フレームワーク自体のアーキテクチャ概要と Spring MVC を構成する主要なコンポーネントの役割を解説することで、フレームワーク処理の中身を紐解いていきたいと思います。

ここで説明する内容は、Spring MVC が提供するデフォルトの動作をそのまま利用する場合や、Spring MVC のコンフィギュレーションをサポートする仕組みを利用する場合は開発者が直接意識する必要はありません。そのため、まず各機能の使い方を知りたい方は、本節を読み飛ばしても問題ありません。
ただし、ここで説明する内容は、Spring MVC のデフォルトの動作をカスタマイズする際に必要になってくるので、アプリケーションのアーキテクトを目指す方は一読しておくことをお勧めします。

4.3.1 フレームワークのアーキテクチャ

Spring MVCは「フロントコントローラパターン」と呼ばれるアーキテクチャを採用しています。フロントコントローラパターンは、クライアントからのリクエストをフロントコントローラと呼ばれるコンポーネントが受け取り、リクエストの内容に応じて実行するHandlerを選択するアーキテクチャになっています（図4.16）。

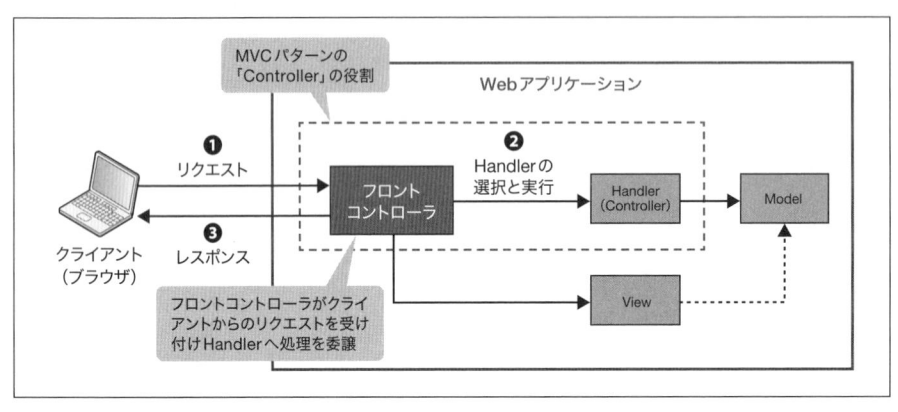

図4.16　フロントコントローラパターンの典型的な処理フロー

フロントコントローラパターンは、共通的な処理をフロントコントローラに集約することができるため、Handlerで行なう処理を減らすことができます。Spring MVCのアーキテクチャでは、以下の処理をフロントコントローラが行なっています。

- クライアントからのリクエストの受付
- リクエストデータのJavaオブジェクトへの変換
- 入力チェックの実行（Bean Validation）
- Handlerの呼び出し
- Viewの解決
- クライアントへのレスポンスデータの応答
- 例外ハンドリング

4.3.2 フロントコントローラのアーキテクチャ

ここでは、Spring MVCのフロントコントローラがどのようなアーキテクチャになっているのかを紐解いていきます。

まず、Spring MVCにおけるフロントコントローラの処理フローを見ていきましょう。Spring MVCのフロントコントローラは、org.springframework.web.servlet.DispatcherServletクラス（サーブレット）として実装されており、以下のような流れで処理を行ないます（図4.17）。

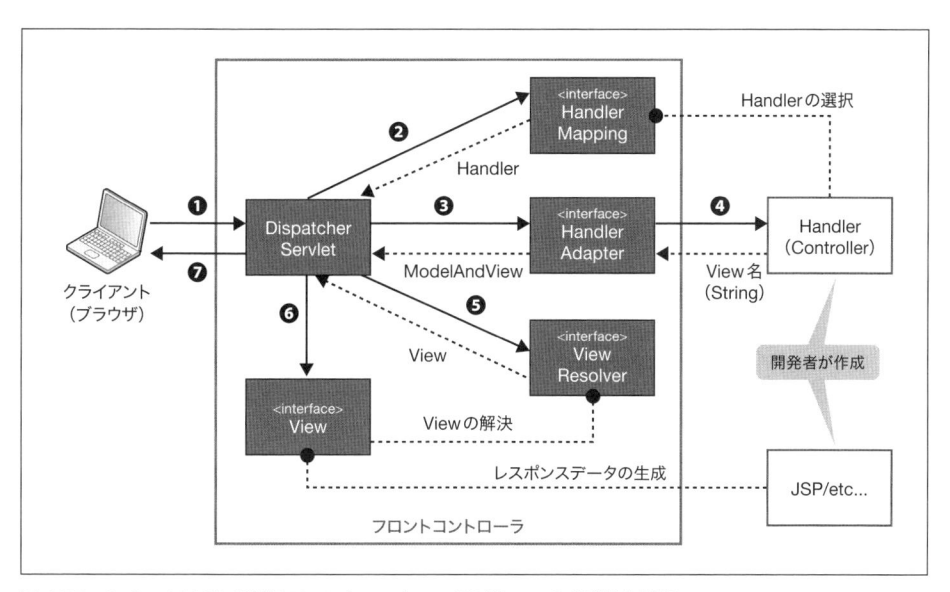

図4.17 Spring MVCにおけるフロントコントローラパターンの典型的な処理フロー

❶ DispatcherServletクラスはクライアントからのリクエストを受け付ける
❷ DispatcherServletクラスはHandlerMappingインターフェイスのgetHandlerメソッドを呼び出し、リクエスト処理を行なうHandlerオブジェクト(Controller)を取得する
❸ DispatcherServletクラスはHandlerAdapterインターフェイスのhandleメソッドを呼び出し、Handlerオブジェクトのメソッド呼び出しを依頼する
❹ HandlerAdapterインターフェイスの実装クラスはHandlerオブジェクトに実装されているメソッドを呼び出し、リクエスト処理を実行する
❺ DispatcherServletクラスはViewResolverインターフェイスのresolveViewNameメソッドを呼び出し、Handlerオブジェクトから返却されたView名に対応するViewインターフェイスのオブジェクトを取得する
❻ DispatcherServletクラスはViewインターフェイスのrenderメソッドを呼び出し、レスポンスへのレンダリング処理の実行を依頼する。Viewインターフェイスの実装クラスは、JSPなどのテンプレートエンジンなどを使用してレンダリングするデータを生成する
❼ DispatcherServletクラスはクライアントへレスポンスを返却する

　上のフロー図を見ると、フロントコントローラの処理のほとんどがインターフェイスを介して実行されていることがわかります。これはSpring MVCが持つ特徴の1つで、インターフェイスを介して処理を行なうことで、フレームワーク自体の拡張性を確保しています。ここでは、処理フローの制御に関係する代表的なインターフェイスのみを紹介しますが、フレームワーク処理を構成するためのインターフェイスが数多く用意されています。

　フレームワーク処理の大まかな流れがイメージできたところで、フロントコントローラを構成する各コンポーネントの役割を紹介していきます。

■DispatcherServlet

DispatcherServletクラスはフロントコントローラのエントリーポイントとなるサーブレットクラスで、処理の流れを制御する司令塔の役割を担います。上記の処理フロー図には記載していませんが、以下の表に挙げているインターフェイスも使用してフレームワーク処理の制御を行なっています。

表4.2　フレームワーク処理の制御に使うインターフェイス

インターフェイス名	役割
HandlerExceptionResolver	例外ハンドリングを行なうためのインターフェイス。Spring MVCが提供するいくつかの実装クラスがデフォルトで適用されている
LocaleResolver、LocaleContextResolver	クライアントのロケールやタイムゾーンを解決するためのインターフェイス。Spring MVCが提供する実装クラスがデフォルトで適用されている
ThemeResolver	クライアントのテーマ（UIのスタイル）を解決するためのインターフェイス。Spring MVCが提供する実装クラスがデフォルトで適用されている
FlashMapManager	FlashMapと呼ばれるオブジェクトを管理するためのインターフェイス。FlashMapは、PRG（Post Redirect Get）パターンのRedirectとGetの間でModelを共有するために用意されているMapオブジェクト。Spring MVCが提供する実装クラスがデフォルトで適用されている
RequestToViewNameTranslator	HandlerがView名やViewを返却しなかったときに適用するView名を決定するためのインターフェイス。Spring MVCが提供する実装クラスがデフォルトで適用されている
HandlerInterceptor	Handlerの実行前後に行なう共通処理を実装するためのインターフェイス。このインターフェイスはアプリケーション開発者が実装し、Spring MVCに登録することで有効になる
MultipartResolver	マルチパートリクエストを扱うためのインターフェイス。Spring MVCからいくつかの実装クラスが提供されているが、デフォルトでは適用されていない

これらのインターフェイスを使用した処理の仕組みについては、次章以降で順次解説していきます。

■Handler

HandlerMappingインターフェイスとHandlerAdapterインターフェイスの役割を紹介する前に、Handlerについて紹介しておきます。Spring MVCのフレームワーク処理の中では、フロントコントローラが受け取ったリクエストに対して具体的な処理を行なう役割を担います。

> フレームワーク処理の中ではHandlerと呼んでいますが、開発者が作成するクラスはControllerと呼びます。

では、開発者はどのようにControllerを実装するのでしょうか？ Spring MVCでは、以下の2つの方法でControllerを実装することができます。

- @org.springframework.stereotype.Controllerをクラスに指定し、リクエスト処理を行なうメソッドに

@RequestMappingを指定したクラスを作成する

- org.springframework.web.servlet.mvc.Controllerインターフェイスの実装クラスを作成し、リクエスト処理を行なうメソッド（handleRequest）を実装する

前者は、Spring Framework 3.1から追加されたモダンな実装方法で、新規にアプリケーションを開発する場合はこの方法でControllerを実装するのがお勧めです。

▶ @RequestMappingを使用したControllerの作成例

```java
@Controller
public class WelcomeController {

    @RequestMapping("/")
    public String home(Model model) {
        model.addAttribute("now", new Date());
        return "home";
    }

}
```

後者は、Spring Framework 3.0以前からサポートされている伝統的な実装方法になります。昔からSpringを使っている方にはお馴染みの実装方法ですが、新規にアプリケーションを作成する場合は、この方法でControllerを実装するのはお勧めしません。

▶ Controllerインターフェイスを使用したControllerの作成例

```java
@Component("/")
public class WelcomeHomeController extends AbstractController {

    @Override
    protected ModelAndView handleRequestInternal(
            HttpServletRequest request, HttpServletResponse response)
            throws Exception {
        ModelAndView mav = new ModelAndView("home");
        mav.addObject("now", new Date());
        return mav;
    }

}
```

■HandlerMapping

HandlerMappingインターフェイスは、リクエストに対応するHandlerを選択する役割を担います。

Spring MVCは何種類かの実装クラスを提供していますが、モダンな開発方法で使用する実装クラスは、RequestMappingHandlerMappingになります。RequestMappingHandlerMappingクラスは、@RequestMappingに定義されている設定情報を元に実行するHandlerを選択します。

たとえば、以下のようなControllerクラスを作成すると、helloメソッドとgoodbyeメソッドがHandlerとして認識されます。

▶ RequestMappingHandlerMappingによってHandlerとして認識されるControllerの作成例

```java
@Controller
public class GreetingController {

    @RequestMapping("/hello")
    public String hello(){
        return "hello";
    }

    @RequestMapping("/goodbye")
    public String goodbye(){
        return "goodbye";
    }

}
```

Handlerとして認識されたメソッド（helloメソッドとgoodbyeメソッド）は、以下のように@RequestMappingに指定されているリクエストマッピング情報とマッピングされます（**図4.18**）。ここでは説明をシンプルにするためにリクエストパスのみを使用してマッピングする例になっていますが、HTTPメソッド、リクエストパラメータ、リクエストヘッダーなどを組み合わせてマッピングすることもできます。

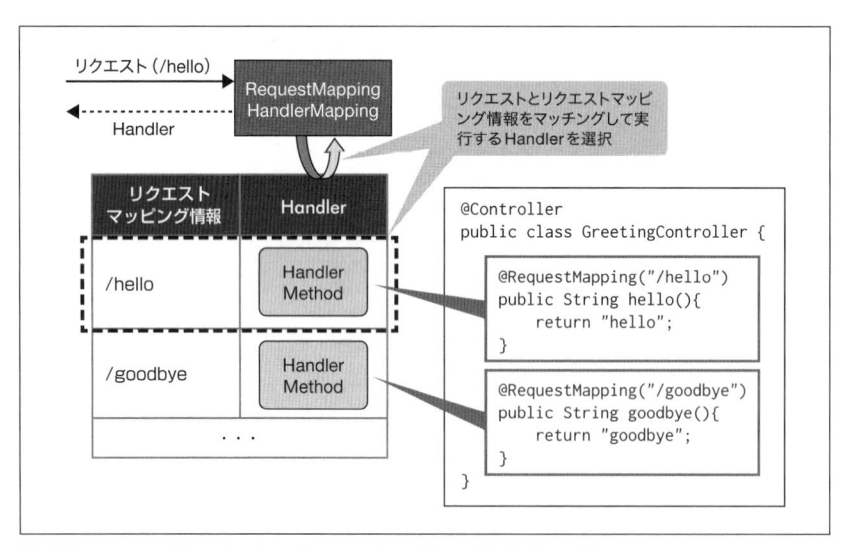

図4.18　RequestMappingHandlerMapping のマッピングイメージ

実際にクライアントからのリクエストがきた場合、RequestMappingHandlerMappingクラスはリクエストの内容（リクエストパスやHTTPメソッドなど）とリクエストマッピング情報をマッチングして実行するHandlerを選

択します。上記の例では、"/hello" というリクエストパスにマッピングされている Handler が選択されます。

■HandlerAdapter

HandlerAdapter インターフェイスは、Handler のメソッドを呼び出す役割を担います。

Spring MVC は何種類かの実装クラスを提供していますが、RequestMappingHandlerMapping クラスによって選択された Handler のメソッドを呼び出す際は、RequestMappingHandlerAdapter クラスを使用します。

RequestMappingHandlerAdapter クラスには、メソッドの引数に渡す値を解決する処理やメソッドからの返却値をハンドリングする処理などが実装されており、Spring MVC のフレームワーク処理において重要な役割を果たします。メソッドの引数に渡す値を解決する処理の中には、リクエストデータを Java オブジェクトへ変換する処理や入力チェックを実行（Bean Validation）する処理が含まれています。

引数に指定できる型と返却値に指定できる型はデフォルトでさまざまな型がサポートされていますが、デフォルトの動作を変更したり、デフォルトでサポートされていない型をサポートしたりすることもできます。Spring MVC は、Handler のメソッドシグネチャを柔軟に定義できるようにするために、以下の 2 つのインターフェイスを提供しています（**表 4.3**）。

表 4.3　Handler のメソッドシグネチャ定義に使われるインターフェイス

インターフェイス名	役割
HandlerMethodArgumentResolver	Handler のメソッド引数に渡す値を解決するためのインターフェイス
HandlerMethodReturnValueHandler	Handler のメソッドから返却された値をハンドリングするためのインターフェイス

これらのインターフェイスを使用方法については、次章以降で解説していきます。

■ViewResolver

ViewResolver インターフェイスは、Handler から返却された View 名を元に使用する View インターフェイスの実装クラスを解決する役割を担います。

Spring MVC は複数の実装クラスを提供していますが、ここでは ViewResolver インターフェイスの主な実装クラスを紹介しておきます。

表 4.4　ViewResolver インターフェイスの主な実装クラス

クラス名	説明
InternalResourceViewResolver	テンプレートエンジンとして JSP を利用する際に使用するクラス。このクラスがデフォルトで適用されている
BeanNameViewResolver	Spring の DI コンテナから View オブジェクトを取得する際に使用するクラス。特定の処理だけで使う View インターフェイスの実装クラスを Spring MVC に適用したい場合は、View インターフェイスの実装クラスを DI コンテナに Bean 登録して、BeanNameViewResolver を使用して View を解決するのが簡単な方法である

ViewResolver の使用方法については、次章以降で解説していきます。

■View

Viewインターフェイスは、クライアントへ返却するレスポンスデータを生成する役割を担います。

Spring MVCは複数の実装クラスを提供していますが、ここではViewインターフェイスの主な実装クラスを紹介しておきます。

表4.5 Viewインターフェイスの主な実装クラス

クラス名	説明
InternalResourceView	テンプレートエンジンとしてJSPを利用する際に使用するクラス
JstlView	テンプレートエンジンとしてJSP + JSTLを利用する際に使用するクラス

Viewについては、次章以降で解説していきます。

Viewがレスポンスデータを生成する役割であることに疑問を持つ方はいないと思いますが、レスポンスデータを生成するための元となるデータ（フォームオブジェクトやEntityなどのJavaオブジェクト）はどのようにViewに連携されるのでしょうか？

本章の「4.2 はじめてのSpring MVCアプリケーション」で少し触れましたが、org.springframework.ui.Modelを介してデータを連携する仕組みになっています。以下にViewとしてJSP+JSTLを使用する際のデータ連携イメージを紹介します（**図4.19**）。

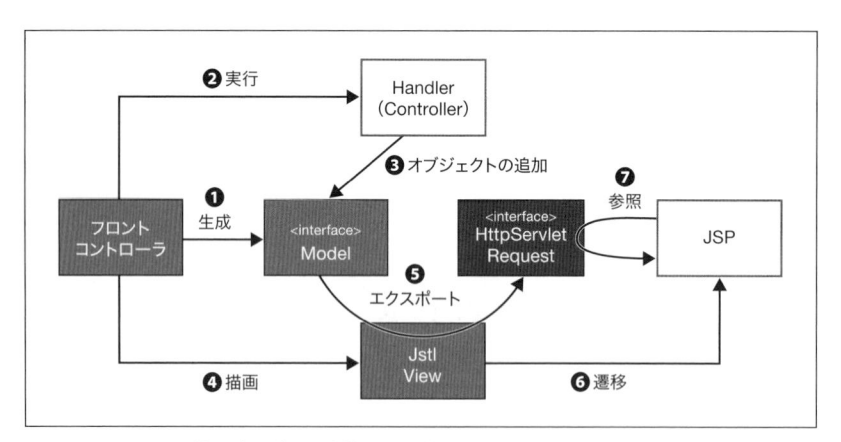

図4.19 JSP+JSTL使用時のデータ連携イメージ

❶ フロントコントローラはModelを生成する

❷ フロントコントローラはModelを引数に指定してHandlerのメソッドを実行する

❸ Handlerはレスポンスデータを生成するために必要となるデータ（フォームオブジェクトやEntityなどのJavaオブジェクト）をModelに追加する

❹ フロントコントローラはHandlerから返却されたView名に対応するViewクラス（JSP+JSTL使用時はJstlView）に対して描画を依頼する

❺ JstlViewクラスはModelに格納されているデータをJSPからアクセスできる領域（HttpServlet

Request）にエクスポートする

❻ JstlViewクラスはJSPに遷移する

❼ JSPはSpringおよびJSTLのタグライブラリやEL式を経由して、HttpServletRequestにエクスポートされたデータを参照する

4.3.3 DIコンテナとの連携

Spring MVCは、DIコンテナで管理されているオブジェクトを使用して、クライアントから受けたリクエストを処理する仕組みになっています。ここでは、Spring MVCがどのようにSpringのDIコンテナと連携しているかを解説します。

■アプリケーションコンテキストの構成

Spring MVCでは、以下の2つのアプリケーションコンテキストを使用します。

- Webアプリケーション用のアプリケーションコンテキスト
- DispatcherServlet用のアプリケーションコンテキスト

前者はWebアプリケーション全体で1つ、後者はDispatcherServletごとにインスタンスが生成され、以下のような構成になります（図4.20）。本章の「4.2 はじめてのSpring MVCアプリケーション」では、この構成で作成しました。

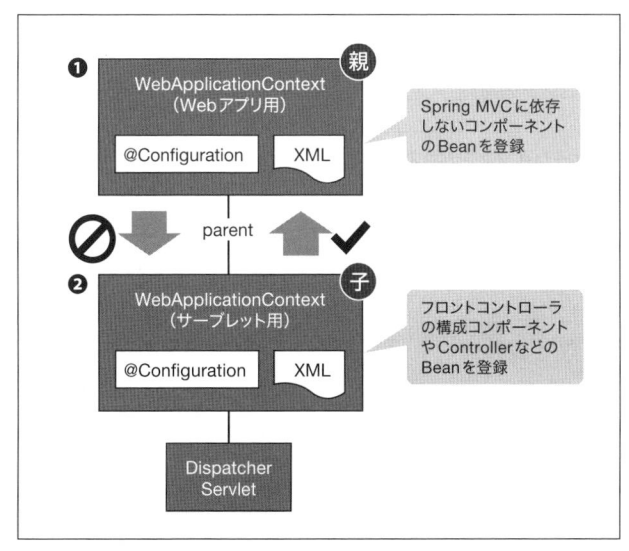

図4.20　アプリケーションコンテキストの構成

❶ Webアプリケーション用のアプリケーションコンテキストには、Webアプリケーション全体で使用するコンポーネント（Service、Repository、DataSource、ORM〔Object-Relational Mapping、Object-Relational Mapper〕など）のBeanを登録する。基本的には、Spring MVC用のコンポーネントはここには登録しない

❷ DispatcherServlet用のアプリケーションコンテキストには、Spring MVCのフロントコントローラの構成コンポーネント（HandlerMapping、HandlerAdapter、ViewResolverなど）やControllerのBeanを登録する

　この2つのアプリケーションコンテキストは親子関係になっているので、子から親のアプリケーションコンテキストに登録されているBeanを使用することができます。

　DispatcherServletを複数定義した場合は、以下のような構成になります（**図4.21**）。

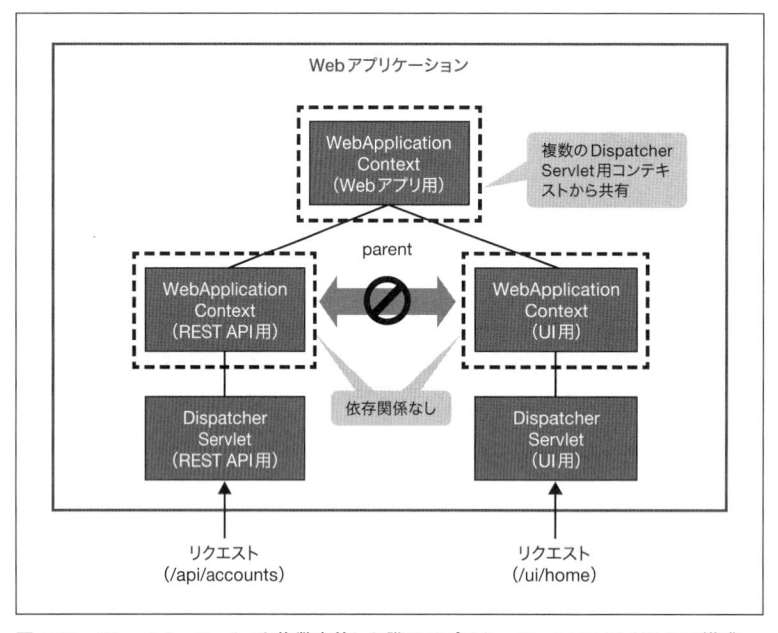

図4.21　DispatcherServletを複数定義した際のアプリケーションコンテキストの構成

　DispatcherServlet用のアプリケーションコンテキストはそれぞれ独立しているため、別のDispatcherServlet用のアプリケーションコンテキストに登録されているBeanが使用されることはありません。

■アプリケーションコンテキストのライフサイクル

　Spring MVCで扱うアプリケーションコンテキストのライフサイクルは、以下の3つのフェーズに分かれます（**表4.6**）。

表4.6 アプリケーションコンテキストのライフサイクルの3つのフェーズ

フェーズ	説明
初期化フェーズ	Webアプリケーション用のアプリケーションコンテキストとDispatcherServlet用のアプリケーションコンテキストを生成するためのフェーズ。このフェーズは、サーブレットコンテナ起動時に実行される
利用フェーズ	アプリケーションコンテキストからBeanを取得して利用するためのフェーズ
破棄フェーズ	Webアプリケーション用のアプリケーションコンテキストとDispatcherServlet用のアプリケーションコンテキストを破棄するためのフェーズ。このフェーズは、サーブレットコンテナ停止時に実行される

　具体的には、以下のようなシーケンスでアプリケーションコンテキストのライフサイクルが管理されます（図4.22）。アプリケーションコンテキストのライフサイクルの管理はSpringが提供しているクラスが行なってくれるため、アプリケーション開発者が実装する必要はありません。

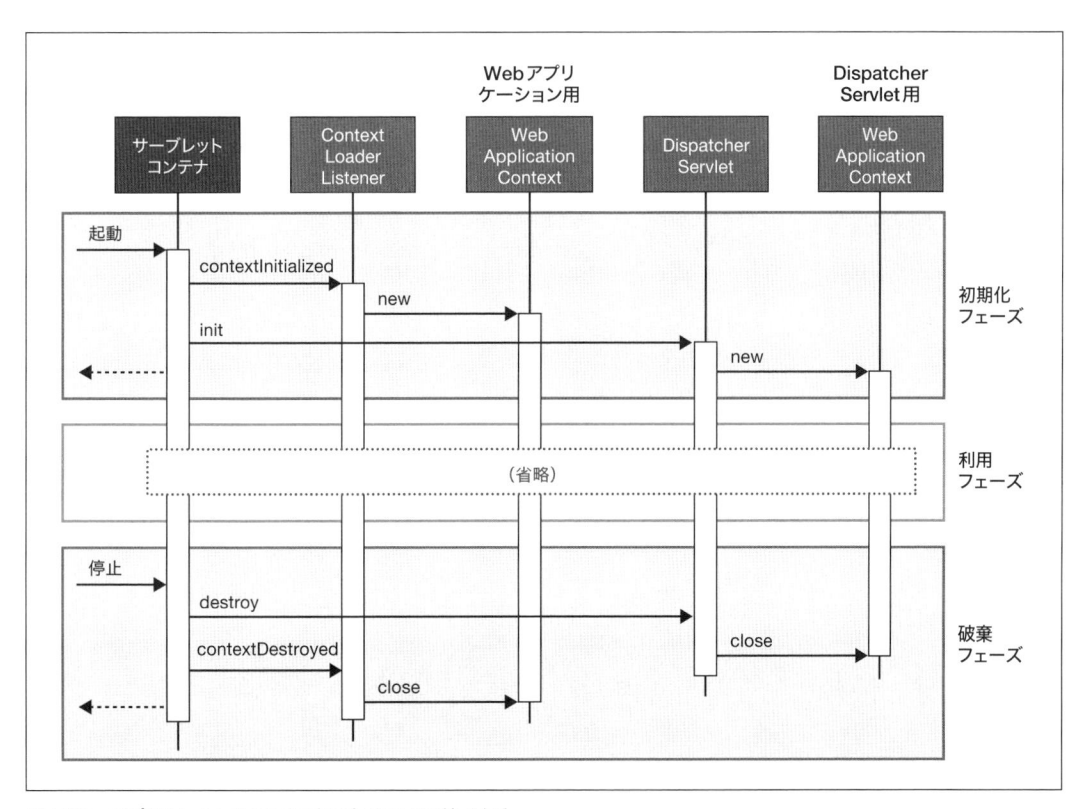

図4.22　アプリケーションコンテキストのライフサイクル

Web アプリケーションの開発

　第4章ではSpring MVCの基礎とアーキテクチャについて学びました。本章では、Webアプリケーションを開発する際に必要となるコンポーネント（Controller、フォームクラス、Viewなど）の実装方法について、詳しく解説していきます。

　まず、本章で扱うWebアプリケーションの種類とアプリケーションの設定方法を説明した後に、Controllerとフォームクラスの実装方法、JSPを使用したViewの実装方法、最後に例外のハンドリング方法について説明します。ViewとしてJSPではなくThymeleafを使う場合は、第12章「Spring + Thymeleaf」をあわせてご覧ください[1]。

　なお本章を読む際には、必ず第4章を先に読んでおいてください。なぜなら、第4章には本章を読み進めるうえで必要となる前提知識が書かれているからです。

5.1 Webアプリケーションの種類

　まず、Spring MVCを使用して作成できるWebアプリケーションの全体像を把握しておきましょう。Spring MVCは、大きく分けて以下の2種類のアプリケーションを作成するための機能を提供しています。

- 画面を応答するアプリケーション（本章で説明します）
- データのみを応答するアプリケーション

　この2つのアプリケーションは1つのWebアプリケーションとして開発することもありますが、必要となる設定や実装方法が異なる部分があるので本書では別々に説明します。なお、「データのみを応答するWebアプリケーション」の開発方法については、第6章「RESTful Webサービスの開発」で説明します。

> Spring MVCの仕組みは使用していませんが、Spring 4.0よりWebSocketの連携モジュールが提供されています。SpringのWebSocket連携モジュールを使用すると、WebSocketのAPIを直接使わずに、Springが提供しているアノテーションを使用したPOJOベースの実装が可能になります。本書ではWebSocketを使用したアプリケーションの開発方法の説明はしませんが、興味がある方はSpringのリファレンスページ[2] を参照して試してみてください。

5.1.1 画面を応答するWebアプリケーション

　Webブラウザをユーザーインターフェイスとして使うことを前提としているアプリケーションでは、JSPなどのテンプレートファイルを使用して動的なWebページ（HTML）をクライアントへ応答します（図5.1）。第4章

【1】　本書では、JSPとThymeleaf以外のViewに対する実装方法は扱っていません。Viewの実装としてGroovy、FreeMarker、JSR 223: Scripting for the Java Platformなどを利用する場合は、http://docs.spring.io/spring/docs/current/spring-framework-reference/htmlsingle/#view を参照してください

【2】　http://docs.spring.io/spring/docs/current/spring-framework-reference/htmlsingle/#websocket

の「4.2　はじめてのSpring MVCアプリケーション」で作成したアプリケーションはこのタイプのアプリケーションです。

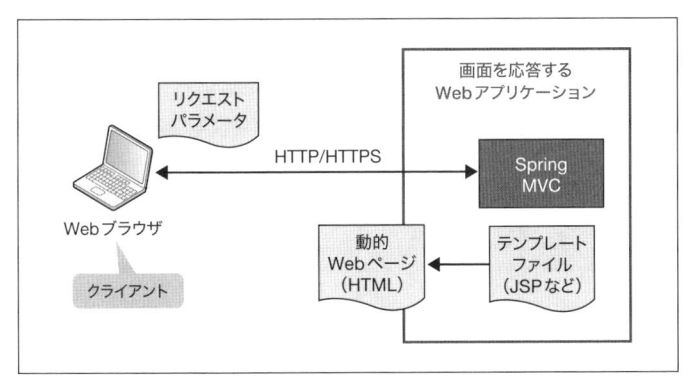

図5.1　画面を応答するWebアプリケーション

5.1.2　データのみを応答するWebアプリケーション

　ユーザーインターフェイスとデータを分離して扱うことを前提としたアプリケーションでは、JSON（Java Script Object Notation）やXMLを使用してデータのみをクライアントへ応答します。RESTful Webサービス（REST API）などがこのタイプに分類され、SPA（Single Page Application）などのリッチクライアントアプリケーションや別のフロントシステムのWebアプリケーションなどがクライアントになります（図5.2）。

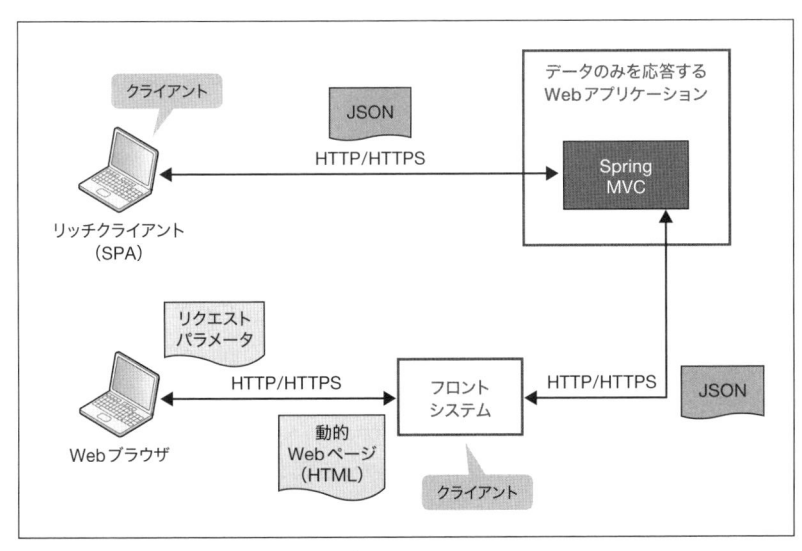

図5.2　データのみを応答するWebアプリケーション

 Spring 4.2からは、Spring MVCの仕組みを使用したSSE（Server-Sent Events）がサポートされました。SSEのサポートにより、サーバーから任意のタイミングでクライアントへデータを送ることができるようなります。SSEの詳細については、W3Cのページ[3]とSpringのリファレンスページ[4]を参照してください。なお、本書でも第7章の「7.3 非同期処理の実装」の中で、SSEのサーバー側の実装方法について説明しています。

5.2 アプリケーションの設定

本節では本格的なWebアプリケーションを開発するときに必要となる設定について説明していきます。基本的な設定方法の説明は、第4章の「4.2 はじめてのSpring MVCアプリケーション」を参照してください。

5.2.1 サーブレットコンテナの設定

Spring MVCを使用してWebアプリケーションを開発する場合は、第4章の「4.2 はじめてのSpring MVCアプリケーション」で紹介したContextLoaderListener、DispatcherServlet、CharacterEncodingFilterをサーブレットコンテナに登録する必要があります。これらのコンポーネントの説明や設定方法については、「4.2 はじめてのSpring MVCアプリケーション」と「4.3 Spring MVCのアーキテクチャ」の節を参照してください。

 Servlet 3.0以降のサーブレットコンテナでは、サーブレットコンテナの初期化処理をJavaのコードで行なうことができます。Spring MVCでは、サーブレットコンテナの初期化処理をJavaのコードで行なうためのサポートクラスとしてAbstractAnnotationConfigDispatcherServletInitializerという抽象クラスを提供しています。

5.2.2 アプリケーションコンテキストの設定

本格的なWebアプリケーションを開発する場合は、すでに「4.2 はじめてのSpring MVCアプリケーション」で紹介したBean定義に加え、MessageSourceとPropertySourcesPlaceholderConfigurerのBean定義も必要になります。

MessageSourceはメッセージを取得するためのコンポーネントで、PropertySourcesPlaceholderConfigurerはプロパティ値（JVMのシステムプロパティ、環境変数、プロパティファイルに定義した値）をDIコンテナ

【3】 http://www.w3.org/TR/eventsource/

【4】 http://docs.spring.io/spring/docs/current/spring-framework-reference/htmlsingle/#mvc-ann-async-sse

で管理しているコンポーネントにインジェクションするためのコンポーネントです。これらのコンポーネントの説明とBean定義例は、第2章の「2.4　プロパティ管理」と「2.7　メッセージ管理」の節を参照してください。

5.2.3　フロントコントローラの設定

Spring MVCのフロントコントローラを使用するには「4.3　Spring MVCのアーキテクチャ」で紹介したさまざまなコンポーネントの設定が必要になります。これらの設定を自力で行なうのは骨が折れる作業ですが、Spring MVCはこれらの設定を簡単に行なう仕組みを提供しています。たとえば、Java Configを使用する場合はコンフィギュレーションクラスに@EnableWebMvcを追加し、XMLファイルを使用する場合は<mvc:annotation-driven>要素を追加するだけで、Springの開発チームが推奨する設定が自動で行なわれます。

> これらの仕組みについては、「4.2　はじめてのSpring MVCアプリケーション」でも説明しています。このほかに、デフォルトで適用される設定を簡単にカスタマイズする方法も提供されています。デフォルトの設定をカスタマイズする方法については適宜紹介していきます。

5.3　@Controller の実装

ここからは、画面を応答するWebアプリケーションを開発するための具体的な実装方法について説明していきます。

画面を応答するWebアプリケーションを開発する際に作成する主要なコンポーネントは、Controllerクラス、フォームクラス、JSPなどのテンプレートファイル（View）の3つです。

本節では、まずControllerクラスの作成方法について説明します。

5.3.1　Controllerで実装する処理の全体像

まず、Controllerクラスで実装する主な処理の全体像を把握しておきましょう。Controllerクラスで実装する処理は、大きく以下の2つに分類することができます。

- メソッドシグネチャを参照してフロントコントローラが処理を行なう「宣言型」の処理
- Controllerクラスのメソッド内に処理を実装する「プログラミング型」の処理

Controllerでは、以下の7つの処理を実装します（**表5.1**）。

表5.1 Controllerで実装する処理

分類	処理
宣言型	リクエストマッピング
	リクエストデータの取得
	入力チェックの実行
プログラミング型	入力チェック結果のハンドリング
	ビジネスロジックの呼び出し
	遷移先とのデータ連携
	遷移先の指定

　実際のソースコードにマッピングすると以下のようになります（**図5.3**）。「宣言型」に分類される処理は、適切なアノテーションを指定するか適切なメソッド引数を宣言すれば、フロントコントローラによって処理が行なわれます。

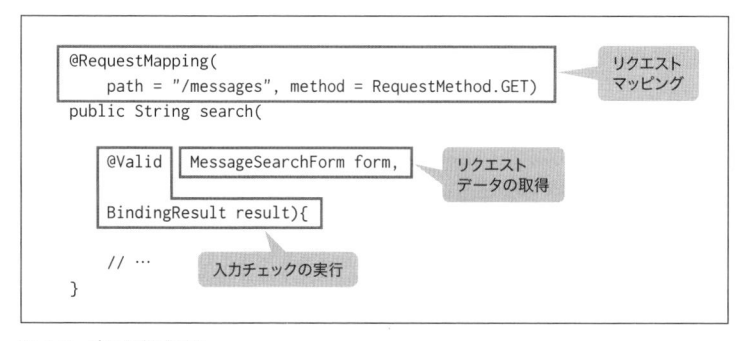

```
@RequestMapping(
    path = "/messages", method = RequestMethod.GET)     リクエスト
                                                         マッピング
public String search(

    @Valid    MessageSearchForm form,          リクエスト
                                                データの取得
    BindingResult result){

    // …                入力チェックの実行
}
```

図5.3　宣言型の処理

　「プログラミング型」に分類される処理は、開発者によるプログラミングが必要になります（**図5.4**）。

```
public String search(@Valid MessageSearchForm form,
                     BindingResult result, Model model){

    if (result.hasErrors()) {
        return "message/searchForm";        入力チェック結果
    }                                        のハンドリング

    List<Message> messages =                 ビジネスロジック
            service.search(form.getKeyword());   の呼び出し

    model.addAttribute("messages", messages);    遷移先との
                                                 データ連携
    return "message/searchResult";      遷移先の指定
}
```

図5.4　プログラミング型の処理

5.3.2　Controllerクラスの作成

Controllerクラスは POJO として作成します。

▶ Controllerクラスの作成例

```
package example.app;
// ・・・
@Controller ─────────────────────────────────────────┐
public class WelcomeController { ─────────────────────────┤  ❶
}
```

❶ クラスに @org.springframework.stereotype.Controller を指定する

POJOクラスに @Controller を指定することで、以下の効果を得られます。

- コンポーネントスキャン機能を使用して DI コンテナに Bean 登録することができる
- リクエストをハンドリングするメソッド（以降、Handler メソッドと呼ぶ）が定義されているクラスとして認識される

@Controller の value 属性に DI コンテナに登録する際の Bean ID を指定することもできます。value 属性を省略した場合は Spring が定めた命名規約に則った Bean ID が適用されます。たとえば上記のコードであれば、Spring が適用する Bean ID は "welcomeController" になります。

■DIコンテナへの登録

Controllerクラスは、コンポーネントスキャン機能を使って DI コンテナに登録するのが一般的です。

▶ DispatcherServlet用のコンフィギュレーションクラスの定義例

```
@Configuration
@EnableWebMvc
@ComponentScan("example.app") ───────────────────────────────  ❶
public class WebMvcConfig extends WebMvcConfigurerAdapter {
    // ・・・
}
```

▶ DispatcherServlet用のBean定義ファイルの定義例

```
<context:component-scan base-package="example.app" /> ──────────  ❶
```

❶ Controllerクラスが格納されているベースパッケージをスキャン対象に指定する

5.3.3 Handlerメソッドの作成

リクエストをハンドリングするメソッドを作成します。

▶ Handlerメソッドの作成例

```
package example.app;
// ・・・
@Controller
public class WelcomeController {

    @RequestMapping("/") ─────────────────────────────────────── ❶
    public String home(Model model) {
        model.addAttribute("now", new Date());
        return "home";
    }

}
```

❶ メソッドに @org.springframework.web.bind.annotation.RequestMapping を指定する。@RequestMapping を指定したメソッドが Handler メソッド (HandlerMethod) として認識される

Handlerメソッドとして認識されると、フロントコントローラが@RequestMappingに指定されているマッピング情報を読み取り、リクエストに対応するHandlerメソッドを自動で呼び出す仕組みになっています。上記の実装例では、"/" というパスにリクエストが送られるとhomeメソッドが呼び出されます。

5.3.4 Handlerメソッドの引数

Handlerメソッドは、引数としてさまざまなオブジェクトを受け取ることができます。

> メソッドの引数として受け取ることができるオブジェクトは org.springframework.web.method.support.HandlerMethodArgumentResolver インターフェイスの実装クラスを作成することで拡張できます。

■指定可能な主な型

Spring MVCがデフォルトでサポートしている主な型は以下のとおりです（**表5.2**）。

表5.2　Spring MVCがサポートしている主な型

型	説明
Model [5]	遷移先に連携するデータを保持するインターフェイス
RedirectAttributes [6]	リダイレクト先と連携するデータを格納するインターフェイス
フォームクラスなどのJavaBeans	リクエストパラメータを保持するJavaBeansクラス
BindingResult [7]	フォームクラスの入力チェック結果を保持するインターフェイス
MultipartFile [8]	マルチパートリクエストを使用してアップロードされたファイル情報を保持するインターフェイス
HttpEntity<?> [9]	リクエストヘッダーとリクエストボディを保持するインターフェイス。リクエストボディはHttpMessageConverter [10] の仕組みを使用して任意の型に変換できる
java.util.Locale	クライアントのロケール
java.util.TimeZone / java.time.ZoneId	クライアントのタイムゾーン。ZoneIdはJava SE 8以上で使用可能
java.security.Principal	クライアントの認証ユーザー情報を保持するインターフェイス
UriComponentsBuilder [11]	URIを組み立てるためのインターフェイス。コンテキストパスをベースURLとして保持している状態のオブジェクトが渡ってくる
SessionStatus [12]	@SessionAttributes [13] を使用してセッションスコープに格納したオブジェクトのライフサイクル（実際は削除指示のみ）を行なうためのインターフェイス

■指定可能な主なアノテーション

　引数にアノテーションを指定することでリクエストデータ（パス変数、リクエストパラメータ、リクエストヘッダー、クッキー、リクエストボディ）を任意の型に変換して取得することもできます。指定できる主なアノテーションは以下のとおりです（**表5.3**）。

表5.3　引数に指定可能なアノテーション [13]

アノテーション	説明
@PathVariable	URL内のパス変数の値を取得するためのアノテーション
@MatrixVariable	URL内のマトリックス変数の値を取得するためのアノテーション（デフォルトの設定では使用できない）
@RequestParam	リクエストパラメータの値を取得するためのアノテーション
@RequestHeader	リクエストヘッダーの値を取得するためのアノテーション
@CookieValue	クッキーの値を取得するためのアノテーション
@RequestBody	リクエストボディの内容を取得するためのアノテーション。リクエストボディはHttpMessageConverterの仕組みを使用して指定した型に変換される

【5】　org.springframework.uiパッケージのクラス
【6】　org.springframework.web.servlet.mvc.supportパッケージのクラス
【7】　org.springframework.validationパッケージのクラス
【8】　org.springframework.web.multipartパッケージのクラス
【9】　org.springframework.httpパッケージのクラス
【10】　org.springframework.http.converterパッケージのクラス
【11】　org.springframework.web.utilパッケージのクラス
【12】　org.springframework.web.bind.supportパッケージのクラス
【13】　org.springframework.web.bind.annotationパッケージのクラス

引数にアノテーションを指定することでリクエストデータ以外の情報を引数として受け取ることもできます。指定できる主なアノテーションは以下のとおりです（**表5.4**）。

表5.4　リクエストデータ以外の情報を引数として指定可能なアノテーション

アノテーション	説明
@ModelAttribute	Modelに格納されているオブジェクトを引数として受け取ることができる（引数の型がJavaBeansの場合は省略可能）
@Value	value属性に指定したプレースホルダ（${...}）によって置換された値、またはSpEL式（#{...}）の実行結果を引数として受け取ることができる

> Spring 4.3から新たに@SessionAttributeと@RequestAttributeが追加され、HttpSessionやHttpServletRequest内に格納されているオブジェクトを受け取れるようになります。

■暗黙的な引数の解決

上の**表5.3**と**表5.4**に示したルールで引数に渡すオブジェクトが解決できない場合は、Spring MVCは以下のルールで引数に渡すオブジェクトの解決を試みます。

- 引数の型がStringやIntegerといったシンプル型【14】の場合は、引数名に一致するリクエストパラメータの値を取得する
- 引数の型がJavaBeansの場合は、JavaBeansのデフォルトの属性名に一致するオブジェクトをModelから取得する。該当するオブジェクトがModelに存在しない場合は、デフォルトコンストラクタを呼び出して新しいオブジェクトを生成する

■使用する型の注意点

Servlet API（HttpServletRequest、HttpServletResponse、HttpSession、Part）や低レベルのJava API（InputStream、Reader、OutputStream、Writer、Map）なども指定できますが、これらのAPIを自由に使うとアプリケーションのメンテナンス性を低下させる可能性があります。これらのAPIは、アプリケーションの要件が満たされない場合に限定して使用するように注意しましょう。

 **Handlerメソッドの戻り値**

Handlerメソッドは、戻り値としてさまざまなオブジェクトを返却することができます。

【14】org.springframework.beans.BeanUtils#isSimpleProperty(Class<?>)の結果がtrueになる型

返却できるオブジェクトは org.springframework.web.method.support.HandlerMethodReturnValueHandler インターフェイスの実装クラスを作成することで拡張できます。

■指定可能な主な型

Spring MVCがデフォルトでサポートしている主な型は以下のとおりです（**表5.5**）。

表5.5　Spring MVC がサポートしている主な型

型	説明
java.lang.String	遷移先のView名を返却する
Model[15]	遷移先に連携するデータを返却する
ModelAndView[16]	遷移先のView名と遷移先に連携するデータ（Model）を返却する
void	HttpServletResponseに直接レスポンスデータを書き込む場合やRequestToViewNameTranslatorの仕組みを利用してView名を解決する場合はvoidにする
ResponseEntity<?>[17]	レスポンスヘッダーとレスポンスボディにシリアライズするオブジェクトを返却する。返却したオブジェクトはHttpMessageConverterの仕組みを使用して任意の形式にシリアライズされる
HttpHeaders[17]	レスポンスヘッダーのみを返却する

■指定可能な主なアノテーション

メソッドにアノテーションを指定して任意のオブジェクトをModelに格納したり、レスポンスボディにシリアライズすることができます。指定できる主なアノテーションは以下のとおりです（**表5.6**）。

表5.6　メソッドに指定可能なアノテーション

アノテーション	説明
@ModelAttribute	Modelに格納するオブジェクトを返却する（戻り値の型がJavaBeansの場合は省略可能）
@ResponseBody	レスポンスボディにシリアライズするオブジェクトを返却する。オブジェクトはHttpMessageConverterの仕組みを使用して任意の形式にシリアライズされる

Spring MVCはサーバー側での非同期処理もサポートしており、Callable<?>、CompletableFuture<?>（Java SE 8以上で使用可能）、DeferredResult<?>、WebAsyncTask<?>、ListenableFuture<?>を返却することで実現しています。また、HTTPストリーミングもサポートしており、ResponseBodyEmitter、SseEmitter、StreamingResponseBody型を返却することで実現しています。詳細は、第7章の「7.3　非同期リクエストの実装」で説明しています。

【15】org.springframework.ui パッケージのクラス
【16】org.springframework.web.servlet パッケージのクラス
【17】org.springframework.http パッケージのクラス

5.3.6 View Controllerの利用

　ここまでは、ControllerクラスにHandlerメソッドを実装する前提で話をしてきましたが、Viewを呼び出すだけの処理であれば、Spring MVCが提供しているView Controllerの仕組みを利用することができます。

▶ Java ConfigによるBean定義例

```
public class WebMvcConfig extends WebMvcConfigurerAdapter {
    // ・・・
    @Override
    public void addViewControllers(ViewControllerRegistry registry) { ─────────── ❶
        registry.addViewController("/").setViewName("home"); ─────────── ❷
    }
    // ・・・
}
```

❶ View ControllerのBean定義を行なうために、addViewControllersメソッドをオーバーライドする

❷ ViewControllerRegistryのaddViewControllerメソッドの引数にリクエストパスを指定し、addViewControllerメソッドから返却されたViewControllerRegistrationのsetViewNameメソッドの引数にView名を指定する

▶ XMLによるBean定義例

```
<mvc:view-controller path="/" view-name="home" /> ─────────────────────── ❶
```

❶ `<mvc:view-controller>`要素のpath属性にリクエストパスを、view-name属性にView名を指定する

　View Controllerには、ステータスコードを指定するオプションも用意されています。これは、View Controllerの仕組みを利用してエラーページを応答する際に利用するとよいでしょう。また、View Controllerと同じような仕組みで、リダイレクトするだけのControllerのBean定義や、ステータスコードを返却するだけのControllerのBean定義を行なうこともできます（**表5.7**）。

表5.7　ControllerのBean定義をサポートするメソッド名および要素名

Bean定義するController の種類	ViewControllerRegistry のメソッド	XMLの要素
リダイレクトするだけの Controller	addRedirectViewController	`<mvc:redirect-view-controller>`
ステータスコードを返却する だけのController	addStatusController	`<mvc:status-controller>`

5.4 リクエストマッピング

Spring MVCは@RequestMappingの属性値を使ってリクエストマッピングの条件を指定します。本節ではマッピング条件の具体的な指定方法について説明していきます。

まず@RequestMappingで指定可能な属性を紹介しておきましょう。複数の属性を指定した場合はそれぞれAND条件（絞り込み条件）として扱われます（**表5.8**）。

表5.8 @RequestMappingで指定可能な属性

属性名	説明
value	マッピング条件としてリクエストパス（またはパスのパターン）を指定する
path	value属性の別名
method	マッピングの絞り込み条件としてHTTPメソッドの値（GET、POST、PUTなど）を指定する
params	マッピングの絞り込み条件としてリクエストパラメータの有無やパラメータ値を指定する
headers	マッピングの絞り込み条件としてリクエストヘッダーの有無やヘッダー値を指定する
consumes	マッピングの絞り込み条件としてリクエストのContent-Typeヘッダー値（メディアタイプ）を指定する
produces	マッピングの絞り込み条件としてリクエストのAcceptヘッダー値（メディアタイプ）を指定する
name	マッピング情報に任意の名前を指定する。この属性に指定する値によってマッピングルールが変わることはない

なお、@RequestMappingはクラスレベルとメソッドレベルの両方に指定することができ、両方で同じ属性を指定した場合は以下の動作になります。

- value（path）、method、params、headers、nameの各属性はマージされた値が適用される
- consumes、producesの各属性はメソッドレベルに指定した値で上書きされる

> Spring 4.3から@RequestMappingの合成アノテーション（@GetMapping、@PostMapping、@PutMapping、@DeleteMapping、@PatchMapping）が追加されます。

5.4.1 リクエストパスの使用

リクエストパスの指定はほぼ必須で、リクエストパスと他に何かを指定してマッピングを行なうのが基本です。リクエストパス（およびパスのパターン）をマッピング条件に指定する場合は、value属性またはpath属性を使用します。

▶ リクエストパスの指定例

```
@Controller
@RequestMapping("accounts") ──────────────────────────────── ❶
```

```
public class AccountController {

    @RequestMapping("me/email") ────────────────────────────────────── ❷
    public String showEmail(Model model){
        // ・・・
    }

}
```

❶ クラスレベルに指定するとベースパスとして扱われる
❷ メソッドレベルに指定するとベースパスからの相対パスとして扱われる。上記の例では、"/accounts/me/email"と
いうパスにアクセスするとshowEmailメソッドが実行される

　属性値には複数のパスを指定することができ、複数の属性値を指定した場合は**OR条件**として扱われます。下記の例だと、"/accounts/me/email"または"/accounts/my/email"というパスにアクセスするとshowEmailメソッドが実行されます。

▶ リクエストパスの複数指定例

```
@RequestMapping({"me/email", "my/email"})  // 複数指定
public String showEmail(Model model){
    // ・・・
}
```

5.4.2 パスパターンの使用

　リクエストパスには具体的なパスだけでなく、パスのパターンも指定できます。Spring MVCがサポートしているパスパターンの形式は以下の3つです。

- URIテンプレート形式のパスパターン —— 例：/accounts/{accountId}
- URIテンプレート形式のパスパターン＋正規表現 —— 例：/accounts/{accountId:[a-f0-9-]{36}}
- Antスタイルのパスパターン —— 例：/**/accounts/me/email

　ここではURIテンプレート形式のパスパターンを使用した指定方法について説明します。

　URIテンプレートはURIのパス上の可変値を「パス変数」として扱います。具体的にはhttp://example.com/accounts/{accountId}といった形式のURLで、実際のURLの{accountId}部分にはアカウントIDを指定します。たとえばhttp://example.com/accounts/1やhttp://example.com/accounts/2といった形です。

　こういったURLをHandlerメソッドにマッピングする場合には、URIテンプレート形式のパスパターンを使用します。

▶ URIテンプレート形式のパスパターンの指定例

```
@Controller
@RequestMapping("accounts")
public class AccountController {

    @RequestMapping("{accountId}") ─────────────────────────────────── ❶
    public String showAccount(@PathVariable String accountId, Model model){ ──┘
        // ・・・
    }

}
```

❶ パス上の可変部分を「パス変数（{パス変数名}形式）」として指定する。上記の例では、"/accounts/{accountId}" というパターンのパスにアクセスするとshowAccountメソッドが実行される

5.4.3 HTTPメソッドの使用

HTTPメソッドをマッピング条件に指定する場合は、method属性を使用します。ブラウザに画面を応答するWebアプリケーションでは、HTTPメソッドとしてGETとPOSTの2つを使います。

- GETメソッド ── Webページの取得やファイルのダウンロードなどサーバーから何かしらの情報を取得する際に使用する
- POSTメソッド ── 何かしらの情報をサーバーへ送信する際に使用する（検索条件はPOSTでなくGETを使用するのが一般的）

▶ HTTPメソッドの指定例

```
@RequestMapping(path = "{accountId}", method = RequestMethod.GET) ──────────── ❶
public String showAccount(@PathVariable String accountId, Model model) {
    // ・・・
}
```

❶ org.springframework.web.bind.annotation.RequestMethod列挙型の値を指定する。上記の例では、"/accounts/{accountId}"というパターンのパスにGETメソッドでアクセスするとshowAccountメソッドが実行される

属性値には複数のHTTPメソッドを指定することもでき、複数の属性値を指定した場合は**OR条件**として扱われます。

5.4.4 リクエストパラメータの使用

リクエストパラメータをマッピング条件に指定する場合は、params属性を使用します。
params属性でサポートされている指定形式は以下のとおりです（**表5.9**）。

表5.9 params属性でサポートされている指定形式

指定形式	説明
name	指定したパラメータが存在する場合にマッピング対象となる
!name	指定したパラメータが存在しない場合にマッピング対象となる
name=value	パラメータ値が指定した値の場合にマッピング対象となる
name!=value	パラメータ値が指定した値でない場合にマッピング対象となる

▶ リクエストパラメータの指定例

```
@RequestMapping(path = "create", params = "form") ──────────────────── ❶
public String form(Model model) {
    return "account/form";
}
```

❶ リクエストパラメータの有無、またはリクエストパラメータの値を指定する。上記の例ではパラメータ名だけを指定しているので、"/accounts/create?form="というURLでアクセスするとformメソッドが実行される。POSTメソッドを使ってリクエストする場合はリクエストボディに"form"というパラメータが含まれていればよい

　属性値には複数のパラメータを指定することもでき、複数の属性値を指定した場合は**AND条件**として扱われます。

　リクエストパラメータを使用したマッピング条件の指定は、押下されたボタンやリンクによって呼び出すメソッドを切り替える場合に使用します。具体的には以下のようなケースです（**図5.5**）。

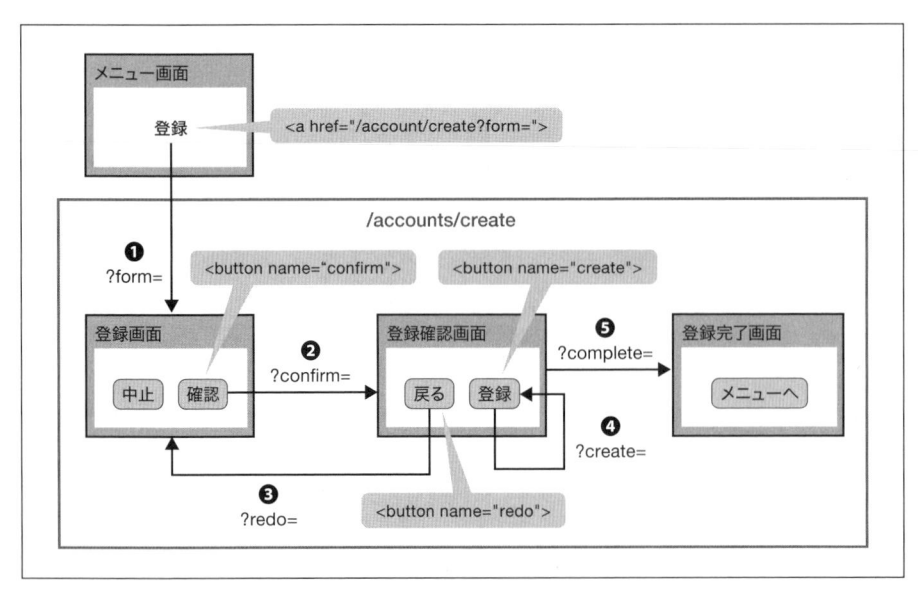

図5.5　リクエストパラメータを使用してマッピングを指定する代表的なケース

このような画面遷移を実現する場合は、Controllerクラスでは以下のようなリクエストマッピングを行ないます。なお、図5.5内の❶〜❺は、コード内の❶〜❺と対応しています。

▶ リクエストパラメータを使用したリクエストマッピングの指定例

```java
@Controller
@RequestMapping("accounts")
public class AccountController {
    @RequestMapping(path = "create", params = "form") ─────────────────── ❶
    public String form(Model model) {
        model.addAttribute(new AccountCreateForm());
        return "account/form";
    }
    @RequestMapping(path = "create", method = RequestMethod.POST, params = "confirm") ─── ❷
    public String confirm(@Validated AccountCreateForm form, BindingResult result) {
        // ・・・
        return "account/confirm";
    }
    @RequestMapping(path = "create", method = RequestMethod.POST, params = "redo") ───── ❸
    public String redo(AccountCreateForm form) {
        return "account/form";
    }
    @RequestMapping(path = "create", method = RequestMethod.POST, params = "create") ─── ❹
    public String create(@Validated AccountCreateForm form, BindingResult result,
                         RedirectAttributes redirectAttributes) {
        // ・・・
        return "redirect:/accounts/create?complete";
    }
    @RequestMapping(path = "create", method = RequestMethod.GET, params = "complete") ── ❺
    public String complete() {
        return "account/complete";
    }
}
```

❶ メニュー画面から登録画面に遷移するためのメソッド。ここでは、「/accounts/create?form=」にマッピングしている

❷ 登録画面から登録確認画面に遷移するためのメソッド。ここでは、「POST /accounts/create?confirm=」にマッピングしている

❸ 登録確認画面から登録画面に遷移する（戻る）ためのメソッド。ここでは、「POST /accounts/create?redo=」にマッピングしている

❹ 登録処理を行なうためのメソッド。ここでは、「POST /accounts/create?create=」にマッピングしており、登録処理が完了した後は登録完了画面を表示するためのパスへリダイレクトしている

❺ 登録完了画面を表示するためのメソッド。ここでは、「GET /accounts/create?complete=」にマッピングしている

HTML（JSPなどのテンプレートファイル）側では、以下のいずれかの方法でリクエストパラメータを指定します。

● リンク（<a>要素）の場合は、URL内のクエリ文字列にリクエストパラメータを指定

- HTMLフォーム内のボタン（<button>要素や<input type="submit">要素など）の場合は、name属性にリクエストパラメータの名前を指定

 **5.4.5 リクエストヘッダーの使用**

リクエストヘッダーをマッピング条件に指定する場合は、headers属性を使用します。headers属性でサポートされている指定形式はparams属性と同じです。

▶ リクエストヘッダーの指定例

```
@RequestMapping(headers = "X-Migration=true") ─────────────────── ❶
@ResponseBody
public Account postMigrationAccount(@Validated @RequestBody Account account) {
    // ・・・
}
```

❶ リクエストヘッダーの有無またはリクエストヘッダーの値を指定する。上記の例では、X-Migrationヘッダーの値にtrueを指定してアクセスするとpostMigrationAccountメソッドが実行される

属性値には複数のヘッダーを指定することもでき、複数の属性値を指定した場合は**AND条件**として扱われます。

5.4.6 Content-Typeヘッダーの使用

リクエストのContent-Typeヘッダーの値をマッピング条件に指定する場合は、consumes属性を使用します。consumes属性でサポートされている指定形式は以下のとおりです（表5.10）。

表5.10 consumes属性でサポートされている指定形式

指定形式	説明
mediaType	メディアタイプが指定した値の場合にマッピング対象となる
!mediaType	メディアタイプが指定した値でない場合にマッピング対象となる

▶ Content-Typeの指定例

```
@RequestMapping(consumes = "application/json") ─────────────────── ❶
@ResponseBody
public Account postAccount(@Validated @RequestBody Account account) {
    // ・・・
}
```

❶ リクエストボディのメディアタイプを指定する。上記の例では、リクエストボディにJSON（メディアタイプがapplication/json）を指定してアクセスするとpostAccountメソッドが実行される

属性値には複数のメディアタイプを指定することもでき、複数の属性値を指定した場合は**OR条件**として扱われます。

Acceptヘッダーの使用

リクエストのAcceptヘッダーの値をマッピング条件に指定する場合は、produces属性を使用します。produces属性でサポートされている指定形式はconsumesと同じです。

▶ Acceptの指定例

```
@RequestMapping(path = "create", produces = "application/json") ──────────── ❶
@ResponseBody
public Account postAccount(@Validated @RequestBody Account account) {
    // ・・・
}
```

❶ レスポンスボディのメディアタイプを指定する。上記の例では、レスポンスボディとしてJSON（メディアタイプがapplication/json）を受け取ることができるクライアントがアクセスするとpostAccountメソッドが実行される

属性値には複数のメディアタイプを指定することもでき、複数の属性値を指定した場合は**OR条件**として扱われます。

リクエストデータの取得

Spring MVCはリクエストデータを取得する方法をいくつか提供しており、簡単にリクエストデータを取得できます（**表5.11**）。

表5.11 リクエストデータの主な取得方法

取得方法	説明
パス変数値の取得	@PathVariableを使用して特定のパス変数値を取得する
リクエストパラメータ値の取得	@RequestParamを使用して特定のリクエストパラメータ値を取得する
リクエストヘッダー値の取得	@RequestHeaderを使用して特定のリクエストヘッダー値を取得する
クッキー値の取得	@CookieValueを使用して特定のクッキー値を取得する
リクエストパラメータ値の一括取得	フォームクラス（またはコマンドクラス）と呼ばれるJavaBeansを使用してリクエストパラメータをJavaBeansのプロパティにバインドして取得する。フォームクラスの実践的な実装方法については、「5.6 フォームクラスの実装」を参照

ここでは、アノテーションを使ってリクエストデータを取得する方法を紹介します（**図5.6**）。

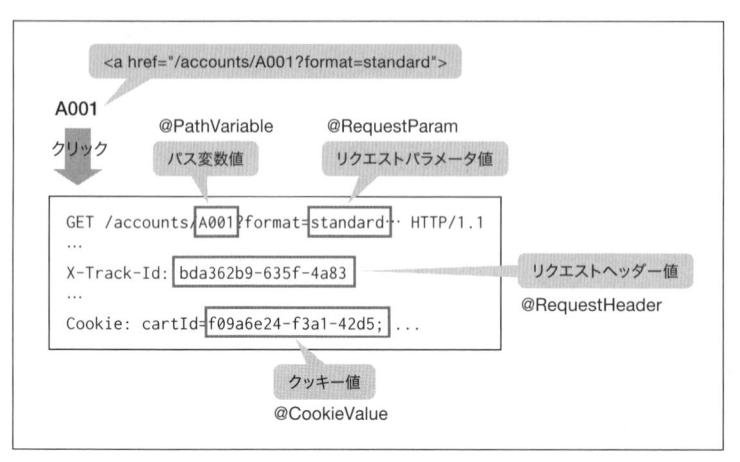

図5.6　アノテーションを使用して取得可能なリクエストデータ

5.5.1　パス変数値の取得（@PathVariable）

URI内のパス変数値を取得するには、メソッド引数に@PathVariableを指定します。

▶ メソッド引数の定義例

```
@RequestMapping(path = "accounts/{accountId}", method = RequestMethod.GET) ────────── ❶
public String detail(@PathVariable String accountId) { ───────────────────────── ❷
    // ・・・
}
```

❶ @RequestMappingのvalue(path)属性にパス変数（{変数名}）を宣言する。上記の例では、accountIdという名前のパス変数を指定している

❷ パス変数値を取得する引数に@PathVariableを指定する。value属性を省略すると引数名がパス変数名となる。図5.6の例では、accountIdという名前（引数名）に一致するパス変数値（"A001"）を取得する

@PathVariableを使用して取得したパス変数値は、Modelオブジェクトに同じ名前で格納される仕組みになっています。

5.5.2　リクエストパラメータ値の取得（@RequestParam）

利用者が直接入力しない（プログラムで付与するような）リクエストパラメータ値を取得するには、メソッド引数に@RequestParamを指定します。

▶ メソッド引数の定義例

```
@RequestMapping(path = "detail", method = RequestMethod.GET)
public String detail(@RequestParam String format) { ─────────────────────────── ❶
    // ・・・
}
```

❶ リクエストパラメータ値を取得する引数に@RequestParamを指定する。上記の例では、formatという名前（引数名）
に一致するリクエストパラメータ値（"standard"）を取得する

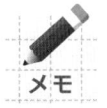

　　リクエストヘッダー値とクッキー値も同じ要領で取得可能です。リクエストヘッダー値を取得する
　　場合は@RequestHeader、クッキー値を取得する場合は@CookieValueを使用します。

@RequestParam、@RequestHeader、@CookieValueの属性値

@RequestParam、@RequestHeader、@CookieValueには以下の属性があり、デフォルトの動作をカスタマイズ
することができます【18】（表5.12）

表5.12　指定可能な属性

属性名	説明
value	値を取得するパラメータ名を指定する。省略した場合は引数名がパラメータ名として適用される
name	value属性の別名
required	パラメータが必須か否かを指定する。省略した場合はtrue（必須）が適用され、パラメータが存在しない場合はorg.springframework.web.bind.ServletRequestBindingException【18】が発生して400（Bad Request）として扱われる
defaultValue	パラメータが存在しない場合（またはパラメータ値が空の場合）に適用するデフォルト値を指定する。デフォルト値を指定した場合は、required属性は強制的にfalseとなる

　　defaultValue属性に指定できるのは文字列だけですが、指定した文字列はSpring MVCが提供す
　　る型変換の仕組みによって引数の型に変換されます。

▶ 属性値の指定例

```
@RequestMapping(path = "accounts", method = RequestMethod.GET)
public String cart(
```

【18】説明の中で「パラメータ」と表現している部分は、使用するアノテーションに応じて「リクエストパラメータ」「リクエストヘッダー」「クッキー」に置
き換えてください。

【19】@RequestParamの場合は、org.springframework.web.bind.MissingServletRequestParameterException（ServletRequestBindingExcep
tionのサブクラス）が発生します。

```
@CookieValue("example.springbook.cartId") String cartId,
@RequestHeader(name = "X-Track-Id", required = false) String trackingId,
@RequestParam(defaultValue = 1) Integer page) {
// ・・・
}
```

required=falseの代わりに、Java SE 8で追加されたjava.util.Optionalを使用して値を取得することもできます。

▶ Optionalの使用例

```
@RequestMapping(path = "accounts/create", method = RequestMethod.POST)
public String create(
    @Validated AccountCreateForm form,
    @RequestHeader("X-Track-Id") Optional<String> trackingId) {
    // ・・・
}
```

5.5.4 コンパイルオプションの注意点

@PathVariable、@RequestParam、@RequestHeader、@CookieValueのvalue（name）属性を省略する場合、-gオプション（デバッグ情報を出力するモード）またはJava SE 8から追加された-parametersオプション（メソッドまたはパラメータにリフレクション用のメタデータを生成するモード）のどちらかのコンパイルオプションを有効にする必要があります。これらのオプションを有効にしておかないと、実行時に引数の名前が解決できないため、リクエストデータを取得することができません。

5.5.5 利用可能な型

リクエストパラメータ、リクエストヘッダー、クッキーに設定される値は、物理的には文字列として送られてきますが、論理的には「数値」「日時」「真偽値」などの型を意識する項目も少なくありません。Spring MVCでは、このような項目に対するリクエストデータをString以外の型に変換する仕組みを提供しています。デフォルトで利用できる主な型は以下のとおりです。

- プリミティブ型（int、booleanなど）およびそれらのラッパー型（Integer、Booleanなど）
- 値を表現する型（String、Dateなど）
- MultipartFile

また、リクエストデータはコレクションや配列として取得することもできます。これはチェックボックスや複数選択可能なプルダウンの選択値を取得する際に利用できます。

デフォルトでさまざまな型への変換がサポートされていますが、サポートされていない型への変換処理の追加やSpring MVCのデフォルトの動作をカスタマイズしたい場合は、org.springframework.web.bind.WebDataBinderクラスのメソッドを利用してSpring MVCのバインディング処理をカスタマイズしてください。

5.5.6 バインディング処理のカスタマイズ（WebDataBinder）

リクエストデータをフォームクラスのプロパティやメソッドの引数にバインドする処理は、WebDataBinderのメソッドを使用してカスタマイズできます。WebDataBinderには、Spring MVCが行なうバインディング処理をカスタマイズするためのメソッドとして、以下の2つのメソッドが用意されています。

- **addCustomFormatter**

  org.springframework.format.Formatterインターフェイスを利用して、文字列を任意の型へ変換するためのカスタム実装を適用するためのメソッドです。

- **registerCustomEditor**

  java.beans.PropertyEditorインターフェイスを利用して、文字列を任意の型へ変換するためのカスタム実装を適用するためのメソッドです。

> WebDataBinderは文字列を別の型へ変換する際に、Spring Frameworkが提供している型変換の仕組みを利用しています。Spring Frameworkが提供している型変換の仕組みについては第2章の「2.3　データバインディングと型変換」を参照してください。

まず、WebDataBinderのメソッドを呼び出すために、@org.springframework.web.bind.annotation.InitBinderを付与したメソッドをControllerクラスに実装する必要があります。Spring MVCはリクエストデータのバインディング処理を行なう前に、@InitBinderが付与されたメソッドを呼び出す仕組みになっています。

▶ **@InitBinderメソッドの定義例**

```
@InitBinder ─────────────────────────────────────────────── ❶
public void initBinder(WebDataBinder binder) {
    // ・・・
}
```

❶ WebDataBinderを引数に宣言したメソッドを作成し、@InitBinderを指定する。フォームクラスやメソッド引数に対してリクエストデータのバインディング処理を行なう前に、このメソッドが呼び出される

次に、addCustomFormatterとregisterCustomEditorメソッドを呼び出してカスタム実装を適用します。以下の例では、Spring Frameworkが提供している実装クラスを利用して、文字列をDate型に変換する際のフォーマットを"yyyyMMdd"形式にカスタマイズしています。

▶ addCustomFormatterメソッドの呼び出し例

```
@InitBinder
public void initBinder(WebDataBinder binder) {
    binder.addCustomFormatter(new DateFormatter("yyyyMMdd"));
}
```

▶ registerCustomEditorメソッドの呼び出し例

```
@InitBinder
public void initBinder(WebDataBinder binder) {
    SimpleDateFormat dateFormat = new SimpleDateFormat("yyyyMMdd");
    dateFormat.setLenient(false);
    binder.registerCustomEditor(Date.class, new CustomDateEditor(dateFormat, false));
}
```

addCustomFormatter メソッドと registerCustomEditor メソッドには、カスタム実装を適用する対象（フォームの属性名やリクエストパラメータ名など）を指定できるオーバーロードメソッドも提供されています。また、@InitBinder の value 属性には @InitBinder メソッドを呼び出す対象を指定することもできます。以下の実装例では、"targetDate" という名前のリクエストパラメータに対してのみ "yyyyMMdd" というフォーマットを適用しています。

▶ 特定のパラメータに対してのみカスタム実装を適用する際の指定例

```
@RequestMapping(path = "search", method = RequestMethod.GET)
public String search(@RequestParam targetDate, Model model) {
    // ・・・
}
```

```
@InitBinder
public void initBinder(WebDataBinder binder) {
    binder.addCustomFormatter(new DateFormatter("yyyyMMdd"), "targetDate");
}
// または、
@InitBinder("targetDate")
public void initBinder(WebDataBinder binder) {
    binder.addCustomFormatter(new DateFormatter("yyyyMMdd"));
}
```

複数のControllerクラスに対してカスタマイズ実装を適用する必要がある場合は、@ControllerAdviceを付与したクラスに実装するようにしましょう。詳細は第7章の「7.4.3 @ControllerAdviceの利用」を参照してください。

5.5.7 アノテーションを使用したフォーマットの指定

パラメータごとに「数値」や「日時」のフォーマットを指定する場合は、Spring Frameworkから提供されている以下の2つのフォーマット指定用のアノテーションを使うと直感的に把握しやすくなります。

- **@org.springframework.format.annotation.DateTimeFormat**
  日時型のフォーマットを指定するためのアノテーションです。このアノテーションは、Java標準のjava.util.Date、java.util.Calendar、java.long.Longに加え、Joda-TimeとJSR 310: Date and Time API（java.time.*）のクラスをサポートしています。

- **@org.springframework.format.annotation.NumberFormat**
  数値型や通貨型のフォーマットを指定するためのアノテーションです。このアノテーションは、Java標準のjava.lang.Numberクラスのサブクラスに加え、Spring 4.2からはJSR 354: Money and Currency API（javax.money.*）の一部のクラス（MonetaryAmountとCurrencyUnit）をサポートしています。

フォーマット指定用のアノテーションを使用すると、@InitBinderメソッドの実装は不要になり、以下のような指定が可能になります。

▶ フォームクラスでの指定例

```
public class AccountCreateForm implements Serializable {
    // ・・・
    @DateTimeFormat(pattern = "yyyyMMdd")
    private Date dateOfBirth;
    // ・・・
}
```

▶ Handlerメソッドの引数での指定例

```
@RequestMapping(path = "search", method = RequestMethod.GET)
public String search(
    @DateTimeFormat(pattern = "yyyyMMdd") @RequestParam targetDate,
    Model model) {
    // ・・・
}
```

@DateTimeFormatと@NumberFormatはメタアノテーションとして使用できます。メタアノテーションの仕組みを利用してカスタムアノテーションを作成すると、フォーマット定義の集中管理と直感的なフォーマット指定を両立することができます。

5.6 フォームクラスの実装

フォームクラスは、HTMLフォーム内の入力フィールドの構造をJavaBeansとして表現したクラスです。Spring MVCはフォームオブジェクトを介して、以下の値をサーバーとクライアント間で連携（バインディング）する仕組みになっています（図5.7）。

- **HTMLフォームに表示する値**

  フォームオブジェクトが保持している値をHTMLに埋め込んで連携しています。JSPなどのViewの処理で実装します。

- **HTMLフォームに入力された値**

  入力された値（リクエストパラメータ値）をフォームオブジェクトに設定して連携します。フロントコントローラの処理として実行されます。

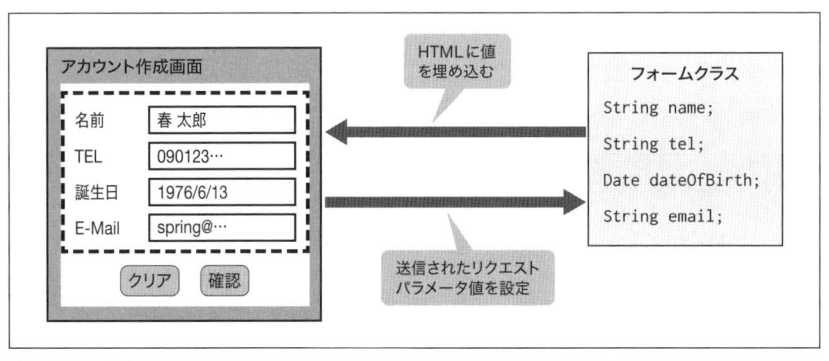

図5.7　フォームクラスを介した値の連携イメージ

HTMLフォームのフィールドとフォームクラスのプロパティとのバインディングは、Spring MVCが定めたネーミングルールによって解決されます。具体的なバインディング例は後ほど説明します。

5.6.1 フォームオブジェクトのスコープ

フォームクラスの具体的な作成方法の説明を行なう前に、フォームオブジェクトのスコープについて説明しておきます。フォームオブジェクトは、リクエストスコープ、フラッシュスコープ、セッションスコープという3つのスコープのいずれかで管理されます（表5.13）。

表 5.13　スコープの種類

スコープ	説明
リクエストスコープ	リクエスト内でオブジェクトを共有するためのスコープ。（デフォルト）オブジェクトをリクエストスコープで扱う場合は、特別な実装は必要ない。単にModelにオブジェクトを格納するだけで、リクエストスコープのオブジェクトとして扱われる
フラッシュスコープ	PRG (Post Redirect Get) パターンのリクエスト間（POSTとリダイレクト後のGETの2つのリクエスト間）でオブジェクトを共有するためのスコープ。オブジェクトは一時的にHttpSessionに格納され、リダイレクト処理完了後に自動で破棄される
セッションスコープ	同一セッション内の複数のリクエストでオブジェクトを共有するためのスコープ。オブジェクトはHttpSessionに格納され、明示的に破棄するまでHttpSession内に残り続ける。セッションスコープを使用したアプリケーションの実装方法については、第7章の「7.1　HTTPセッションの利用」を参照

上記で紹介したスコープはフォームオブジェクト専用の概念ではなく、Modelに格納するオブジェクト共通の概念です。スコープという考え方は、「5.8.4　Viewとのデータ連携」や「5.8.5　リダイレクト先とのデータ連携」で扱うオブジェクトにも適用される概念です。

■ リクエストスコープ

フォームオブジェクトをリクエストスコープで扱う場合、特別な実装は必要ありません。単にModelにオブジェクトを格納するだけで、リクエストスコープのオブジェクトとして扱われます。

同じ画面を同時に開くことが求められるアプリケーションを開発するときは、フォームオブジェクトをリクエストスコープで管理します。リクエストスコープを使用すると操作性の高いアプリケーションの作成が可能になりますが、画面遷移する際にフォームデータを<input type="hidden">を使って引き回す必要があるため、JSPの実装が煩雑になることがあります。

■ フラッシュスコープ

フォームオブジェクトをフラッシュスコープで扱う場合は、org.springframework.web.servlet.mvc.support.RedirectAttributesにオブジェクトを追加します。RedirectAttributesにオブジェクトを追加する際にaddFlashAttributeメソッドを使用するのがポイントです。

▶ フラッシュスコープの使用例

```
@RequestMapping(path = "create", method = RequestMethod.POST)
public String create(
    @Validated AccountCreateForm form, BindingResult result,
    RedirectAttributes redirectAttributes) {
    redirectAttributes.addFlashAttribute(form);                          ❶
    return "redirect:/account/create?complete";                          
}

@RequestMapping(path = "create", method = RequestMethod.GET, params = "complete")
public String createComplete(AccountCreateForm form) {                   ❷
    // ・・・
```

```
    return "account/complete":
}
```

❶ フラッシュスコープに追加して、リダイレクト先にフォームオブジェクトを共有する
❷ フラッシュスコープ (Model) から取得したフォームオブジェクトが設定される

PRGパターン使用時に、リダイレクト先の処理 (ControllerやView) でフォームオブジェクトを参照する必要がある場合は、フォームオブジェクトをフラッシュスコープで管理します。

■セッションスコープ

フォームオブジェクトをセッションスコープで扱う場合は、@org.springframework.web.bind.annotation.SessionAttributesにセッションスコープの対象 (クラスまたは属性名) を指定するだけで管理することができるようになります。

▶ セッションスコープの管理対象の指定例

```
@Controller
@RequestMapping("account/create")
// ↓ セッションスコープで管理する対象を指定
@SessionAttributes(types = AccountCreateForm.class)
public class AccountCreateController {
    // ・・・
}
```

フォームデータを<input type="hidden">を使って引き回すのが難しい場合は、フォームオブジェクトをセッションスコープで管理することを検討するとよいでしょう。

5.6.2 フォームクラスの作成

では、まずフォームクラスの作成方法について説明します。

▶ フォームクラスの作成例

```
public class AccountCreateForm ─────────────────────────── ❶
                implements Serializable { ──────────────┐
                                                         ├─ ❷
    private static final long serialVersionUID = 1L; ────┘

    @NotNull ──────────────────────────────────────────── ❸
    @Size(min = 1, max = 50)
    private String name;

    @NotNull
    @Size(min = 9, max = 11)
```

```
    private String tel;

    @NotNull
    @DateTimeFormat(pattern = "yyyy/MM/dd") ──────────────────────  ❹
    private Date dateOfBirth;

    @NotNull
    @Size(min = 9, max = 256)
    private String email;
    // ・・・
}
```

❶ HTMLフォームの入力フィールドと同じ構造のフォームクラスを作成する

❷ java.io.Serializableインターフェイスを実装し、serialVersionUIDフィールドを定義する。Serializableの実装が必須なのはフォームオブジェクトをセッションスコープで管理する場合だが、使用するスコープに関係なくSerializableを実装しておくのが無難

❸ 要件に合わせて入力チェックルールを指定する。入力チェックルールの指定方法については「5.7　入力チェック」を参照

❹ 要件に合わせて数値や日時のフォーマットを指定する。フォーマットの指定方法については「5.5.7　アノテーションを使用したフォーマットの指定」を参照

フォームクラスを作成する際は、フォームクラスが「HTMLフォームの入力フィールドを表現するためのクラスである」ということを忘れないでください。

5.6.3　HTMLフォームとのバインディング

ここからは、HTMLフォームとフォームオブジェクトのバインディングパターンについて、具体例を示しながら説明していきます。

具体的なパターンの説明を行なう前に、HTMLフォームとフォームオブジェクトの紐付け方法を紹介しておきます。

■フォームオブジェクトをModelへ格納

View（JSP）からフォームオブジェクトへアクセスできるようにするために、フォームオブジェクトをModelに格納します。フォームオブジェクトをModelを格納する方法は、以下の2つの方法があります。

1つ目は、ModelのAPIを直接呼び出す方法で、以下のような実装になります。

▶ ModelのAPIを直接呼び出して格納する実装例

```
@RequestMapping("create")
public String form(Model model) {
    model.addAttribute(new AccountCreateForm()); ──────────────────  ❶
    return "account/createForm";
```

```
}
```

❶ Modelの addAttribute メソッドを呼び出し、フォームオブジェクトをModelに格納する。Modelに追加する際
の属性名は省略することができ、省略した場合はデフォルトの属性名が適用される。上記の例では、"account
CreateForm"（クラス名の先頭を小文字にした値）が属性名となる

2つ目は、ModelAttribute アノテーションを付与したメソッドを用意する方法で、以下のような実装になりま
す。

▶ ModelAttributeアノテーションを付与したメソッドを用意して格納する実装例

```
@ModelAttribute ─────────────────────────────────────────── ❶
public AccountCreateForm setUpForm() {
    return new AccountCreateForm(); ──────────────────────── ❷
}

@RequestMapping("create")
public String form(Model model) {
    return "account/createForm";
}
```

❶ @ModelAttributeを付与したメソッドを作成する。@ModelAttributeを付与したメソッドを用意しておくと、Hand
lerメソッドが呼び出される前に実行され、返却したオブジェクトがModelに格納される仕組みになっている。Model
に追加する際の属性名は@ModelAttributeのvalue属性に指定することができ、省略した場合はデフォルトの属性
名が適用される。上記の例では、"accountCreateForm"（クラス名の先頭を小文字にした値）が属性名となる
❷ フォームオブジェクトを生成し、戻り値として返却する

■フォームオブジェクトとHTMLフォームの紐付け

Modelに格納されているフォームオブジェクトとHTMLフォームを紐付けます。

▶ フォームオブジェクトをHTMLフォームに紐付けるJSPの実装例

```
<form:form modelAttribute="accountCreateForm"> ───────────────────────── ❶
    <!-- ... -->
</form:form>
```

❶ <form:form>要素のmodelAttribute属性に、Modelに格納したフォームオブジェクトの属性名を指定する

フォームオブジェクトのプロパティとHTMLのフィールドの具体的な紐付け方は、この後でパターンごとに
説明していきます。

5.6.4 シンプル型とのバインディング

まず、シンプル型とのバインディングについて説明します。5.5節でリクエストデータ（リクエストパラメータ）を受け取ることができる型を紹介しましたが、フォームクラスでも同様にString以外の型にバインドすることができます。

具体的には、以下に挙げている型へバインドできます。

- プリミティブ型（int、booleanなど）およびそれらのラッパー型（Integer、Booleanなど）
- 値を表現する型（String、Dateなど）
- MultipartFile

シンプル型のプロパティとのバインディングを行なう場合は、HTMLフォームのフィールド名とフォームクラスのプロパティ名を一致させるだけです（図5.8）。

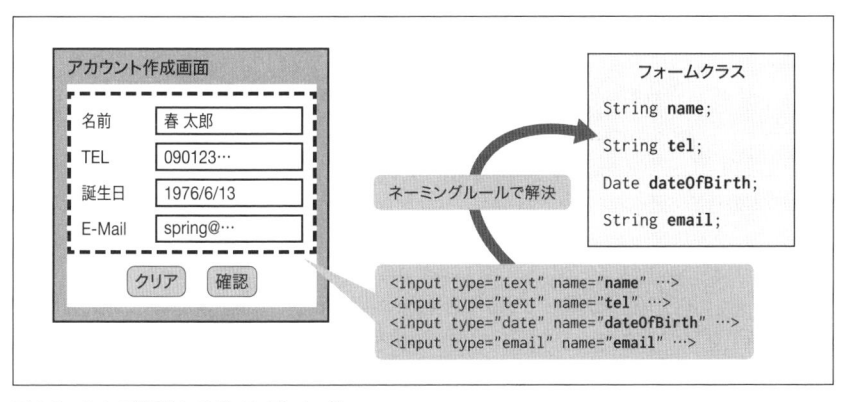

図5.8　シンプル型とのバインディング

▶ シンプル型のプロパティとのバインディング例

```
<form:form modelAttribute="accountCreateForm"> ──────────────────────────❶
    <span>名前</span><form:input path="name" /><br> ────────────────────❷
    <span>TEL</span><form:input path="tel" /><br>
    <span>誕生日</span><form:input path="dateOfBirth" type="date" /><br>
    <span>E-Mail</span><form:input path="email" type="email" /><br><br>
    <!-- ... -->
</form:form>
```

❶ modelAttribute属性にフォームオブジェクトの属性名を指定する。デフォルトの属性名はクラス名の先頭を小文字にした値

❷ path属性にバインドしたいフォームクラスのプロパティ名を指定する

5.6.5 シンプル型のコレクションとのバインディング

シンプル型はコレクションとしてバインドすることもできます。コレクションは、チェックボックスや複数選択可能なプルダウンの選択値を取得する際に利用できます。

シンプル型のコレクションのプロパティとのバインディングを行なう場合は、シンプル型と同様に、HTMLフォームのフィールド名とフォームクラスのプロパティ名を一致させるだけです。また、コレクション内の位置を明示的に指定する場合は、「コレクションのプロパティ名[要素位置]」という形式の値をHTMLフォームのフィールド名に指定します（**図5.9**）。

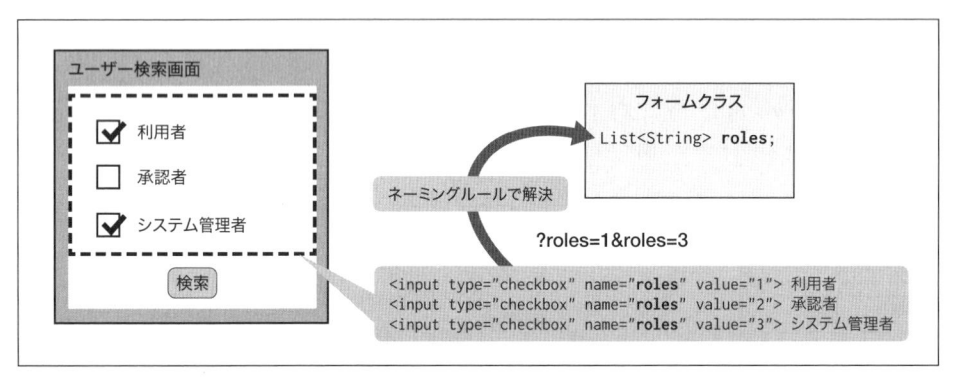

図5.9 シンプル型のコレクションとのバインディング

 Spring MVCは java.util.Map とのバインディングもサポートしており、Mapを使用する場合は、path属性に「Mapのプロパティ名[キー名]」という形式の値を指定すればバインディングすることができます。

5.6.6 ネストしたJavaBeansとのバインディング

フォームクラスを使用すると、リクエストパラメータをネストしたJavaBeansのプロパティへバインドすることができます。ネストしたJavaBeansの中で定義できる型はフォームクラスで定義できる型と同じです。

ネストしたJavaBeansのプロパティとのバインディングを行なう場合は、プロパティ名を「．」（ピリオド）でつないだものをHTMLフォームのフィールド名に指定します（**図5.10**）。

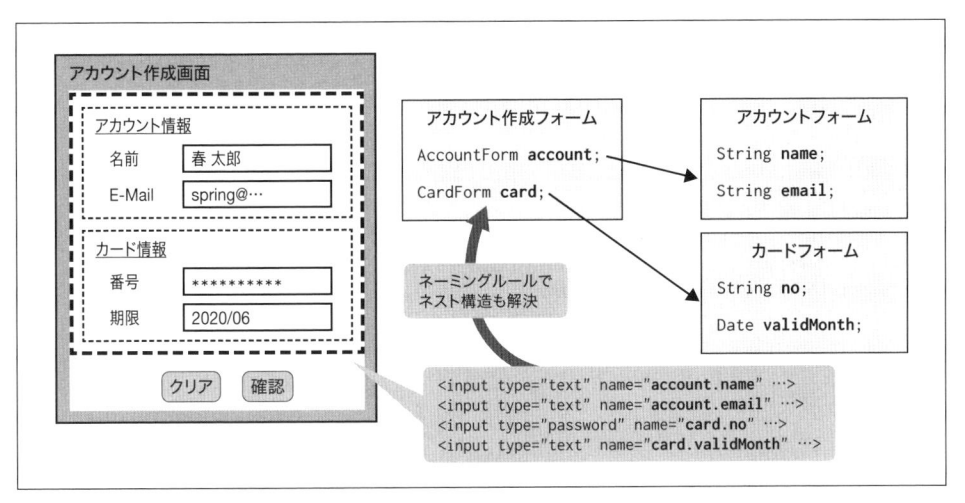

図5.10　ネストしたJavaBeansのプロパティとのバインディング

▶ フォームクラス（ネストしたJavaBeansを持つクラス）の作成例

```
public class AccountCreateForm
                   implements Serializable {
    private static final long serialVersionUID = 1L;
    private AccountForm account;                             ❷      ❶
    private CardForm card;
    // ・・・
}
```

❶ 構造化されたHTMLと同じ構造のフォームクラスを作成する

❷ ここでは、アカウントフォームとカードフォームという2つのクラスをネスト項目として定義する

▶ ネストされるクラスの作成例

```
public class AccountForm                                           ❸
                   implements Serializable {                       ❹
    private static final long serialVersionUID = 1L;
    private String name;
    private String email;
    // ・・・
}
```

```
public class CardForm                                              ❸
                   implements Serializable {                       ❹
    private static final long serialVersionUID = 1L;
    private String no;
    private Date validMonth;
    // ・・・
}
```

❸ HTMLフォーム内の構造化された部分と同じ構造のJavaBeansを作成する

❹ フォームオブジェクトをセッションスコープで管理する場合は、フォームクラスにネストされるクラスにも java.
io.Serializableインターフェイスを実装し、serialVersionUIDフィールドを定義する必要がある

▶ ネストしたJavaBeansのプロパティとのバインディング例

```
<form:form  modelAttribute="accountCreateForm">
    <!-- ... -->
    <span>名前</span><form:input path="account.name" /><br> ─────────────────── ❶
    <span>E-Mail</span><form:input path="account.email" /><br>
    <!-- ... -->
    <span>番号</span><form:password path="card.no" /><br>
    <span>期限</span><form:input path="card.validMonth"/><br><br>
    <!-- ... -->
</form:form>
```

❶ path属性にバインドしたいJavaBeansのプロパティへのパス（プロパティ名を「.」でつないだ値）を指定する

5.6.7 コレクション内のJavaBeansとのバインディング

フォームクラスを使用すると、リクエストパラメータをコレクション内のJavaBeansのプロパティへバインドすることができます。

コレクション内のJavaBeansのプロパティとのバインディングを行なう場合は、「コレクションのプロパティ名 [要素位置].プロパティ名」という形式の値をHTMLフォームのフィールド名に指定します（**図5.11**）。

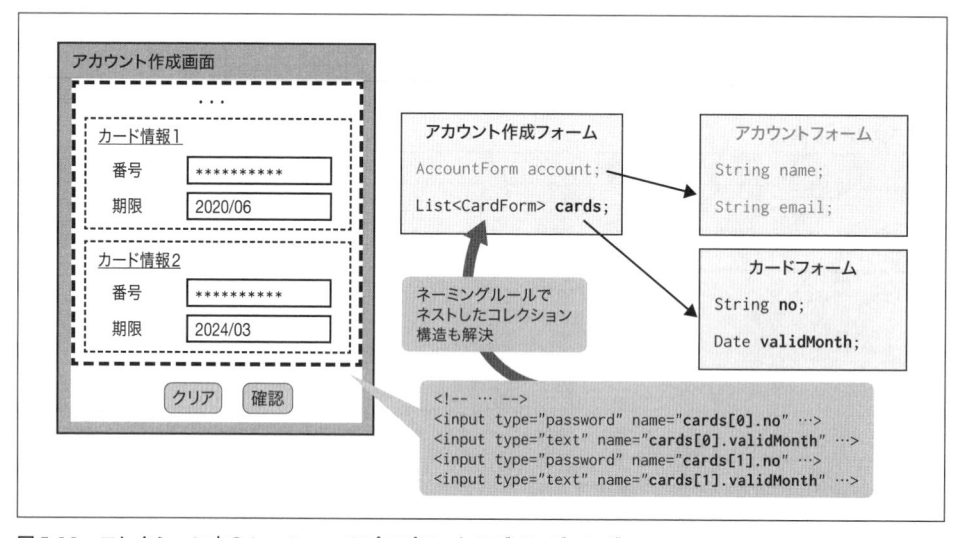

図5.11　コレクション内のJavaBeansのプロパティとのバインディング

▶コレクション内のJavaBeansのプロパティとのバインディング例

```
<form:form  modelAttribute="accountCreateForm">
    <!-- ... -->
    <span>番号</span><form:password path="cards[0].no" /><br> ————————————————— ❶
    <span>期限</span><form:input path="cards[0].validMonth"/><br><br>
    <!-- ... -->
    <span>番号</span><form:password path="cards[1].no" /><br>
    <span>期限</span><form:input path="cards[1].validMonth"/><br><br>
    <!-- ... -->
</form:form>
```

❶ path属性にバインドしたいコレクション内のJavaBeansのプロパティへのパス (コレクションのプロパティ名[要素位置].プロパティ名) を指定する。要素位置は0開始

> Spring MVCはjava.util.Map内のJavaBeansのプロパティとのバインディングもサポートしており、path属性に「Mapのプロパティ名[キー名].プロパティ名」という形式の値を指定してバインディングします。

5.6.8　プロパティ値のリセット

最後に、フォームオブジェクトのプロパティ値をリセットする方法を紹介しておきます。

プロパティ値のリセットは、フォームオブジェクトに初期値を指定していたり、フォームオブジェクトをセッションスコープで管理しているときに、以下のような操作 (処理) を行なう際に必要になります。

- チェックボックスを「チェック済み」から「未チェック」の状態へ変更
- 複数選択可能なセレクトボックスを「選択済み」から「未選択」の状態へ変更
- 入力項目を「活性」から「非活性」の状態へ変更
- 入力項目を非表示 (DOM上から削除)

上記に挙げたような操作を行なった場合、フォーム送信時にリクエストパラメータが送信されないため、フォームオブジェクトの状態が更新されません。結果として、消したはずの値が復活してしまうという現象が起きてしまいます。

■リセット用のリクエストパラメータ

Spring MVCは、フォームオブジェクトのプロパティ値をリセットするために、特殊なリクエストパラメータをサポートしています。

リセット用のリクエストパラメータは、データバインディング用のリクエストパラメータの名前の先頭に「_」 (アンダースコア) を付けたものです。たとえば、rolesという名前のプロパティに対するリセット用のリクエス

トパラメータは、_rolesという名前になります。

リセット用のリクエストパラメータを送信すると以下のような動作になります。

1. フォームオブジェクトのプロパティ値にnullを設定する
2. 次に、フォームオブジェクトのプロパティ値にデータバインディング用のリクエストパラメータ値を設定する

したがって、データバインディング用のリクエストパラメータが送信されない場合には値がリセットされます。

> Spring MVCが提供しているJSPタグライブラリ（<form:checkboxes>要素や<form:select>要素など）を使用してチェックボックスやセレクトボックスなどを作成すると、リセット用のパラメータが自動で送信される仕組みになっているため、上記の事象に対して特別な対処は不要です。非活性や非表示状態に変更した項目に対してリセット用のリクエストパラメータを送信する必要がある場合は、<hidden>要素を使用してリセット用のリクエストパラメータも送信するように実装しておくとよいでしょう。

5.7 入力チェック

　Spring MVCはBean Validation [20] の仕組みを利用して、リクエストパラメータ値がバインドされたフォームクラス（またはコマンドクラス）に対して入力チェックを行ないます。Bean Validationを利用した入力チェックはSpring 3.0でサポートされた仕組みで、Spring 3.0より前のバージョンではSpringが提供する独自のValidatorの仕組み（以降、Spring Validatorと呼ぶ）を利用して入力チェックを行なっていました。本書では、Bean Validationを利用した入力チェックの実装方法を説明した後に、Spring Validatorの仕組みについても簡単に説明します。

5.7.1 入力チェックの有効化

　Spring MVCのデフォルトの動作では、フォームクラスに対する入力チェックは実行されません。入力チェックを行なう場合は、入力チェックを行なうメソッドの引数にフォームクラスを定義して、@org.springframework.validation.annotation.Validatedまたは@javax.validation.Validを指定してください。@Validatedを使用するとBean Validationのバリデーショングループの仕組みが利用できるため、本書では@Validatedを使用する前提で説明をしていきます。

▶ 入力チェックを有効化するためのHandlerメソッドの実装例

```
@RequestMapping(method = RequestMethod.GET)
```

【20】http://beanvalidation.org

```
public String search(
    @Validated AccountSearchForm form, ─────────────────────── ❶
    BindingResult result, ─────────────────────────────────── ❷
    Model model) {
  // ・・・
}
```

❶ メソッド引数にフォームクラスを定義して@Validatedを指定する

❷ 入力チェック対象のフォームクラスの直後にorg.springframework.validation.BindingResultを定義する。Bind
  ingResultには、リクエストデータのバインディングエラーと入力チェックエラーの情報が格納される

リクエストパラメータの値が不正な場合、BindingResultを介して以下のようなイメージでエラー情報が連
携されます（図5.12）。

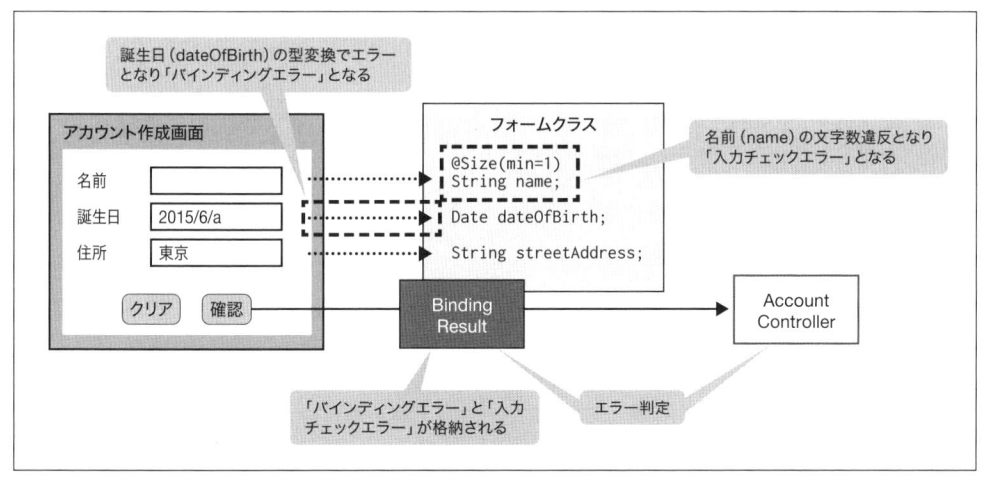

図5.12　エラー情報の連携イメージ

Spring MVCでは、数値型や日時型などの妥当性チェックは、リクエストパラメータの値をフォー
ムオブジェクトにバインドする際に「型変換エラー」が発生するか否かで判断します。型変換エラー
が発生した場合は、フォームオブジェクトのプロパティに紐付けられたバインディングエラーを
BindingResultに格納する仕組みになっています。なお、引数にBindingResultを省略した場合は、
org.springframework.validation.BindExceptionが発生して400（Bad Request）として扱わ
れます。

5.7.2 入力チェック結果の判定

入力チェックの実行と入力チェック結果（BindingResult）の生成はフレームワークが行なってくれますが、入力チェック結果のエラー判定およびエラー処理はアプリケーション側で実装する必要があります。入力チェック結果の判定はBindingResultのメソッドを使用します（**表5.14**）。

表5.14 BindingResultから提供されているエラー判定メソッド

メソッド名	説明
hasErrors()	何かしらのエラーが発生している場合にtrueを返却する
hasGlobalErrors()	オブジェクトレベルのエラーが発生している場合にtrueを返却する
hasFieldErrors()	フィールドレベルのエラーが発生している場合にtrueを返却する
hasFieldErrors(String)	引数に指定したフィールドでエラーが発生している場合にtrueを返却する

以下に、hasErrorsメソッドを使用した最も標準的な実装例を紹介します。

▶ 標準的な入力チェック結果の判定例

```
@RequestMapping(path = "search", method = RequestMethod.GET)
public String search(
        @Validated AccountSearchForm form,
        BindingResult result,
        Model model) {
    if (result.hasErrors()) {                          ❶
        return "account/searchForm";                   ❷
    }
    // ・・・
    return "account/searchResult";
}
```

❶ BindingResultのメソッドを呼び出してエラーの有無を判定する。エラーの内容によってエラー処理を切り替える必要がなければ、hasErrorsメソッドを使って結果を判定するのが標準的な実装方法である

❷ エラー処理を行なう。上記の例では、遷移先の画面（エラー内容を表示する画面）のView名を返却している

5.7.3 未入力の扱い

テキストフィールドを未入力の状態にしてHTMLフォームを送信した場合、Spring MVCはフォームオブジェクトに空文字（""）を設定します。そのため「未入力は許容するが、入力された場合は6文字以上であること」という要件をBean Validation標準のアノテーションを使用して満たすことができません。このような要件を満たす必要がある場合は、Springが提供しているorg.springframework.beans.propertyeditors.StringTrimmerEditorを使用することを検討してください。StringTrimmerEditorはリクエストパラメータの値をトリムし、トリムした結果が空文字の場合はnullに変換します。

▶ StringTrimmerEditorの適用例

```
@InitBinder
public void initBinder(WebDataBinder binder) {
    binder.registerCustomEditor(
        String.class, new StringTrimmerEditor(true)); ─────────────── ❶
}
```

❶ コンストラクタ引数に true（空文字を null へ変換する）を指定して StringTrimmerEditor のインスタンスを作成
する。作成した StringTrimmerEditor のインスタンスを WebDataBinder に登録する

5.7.4　入力チェックルールの指定

　入力チェックルールは、Bean Validation の制約アノテーションを使用して指定します。制約アノテーション
は、次の3つに分類することができます。

- Bean Validation 標準の制約アノテーション
- 実装プロバイダ独自の制約アノテーション（本書では Hibernate Validator を使用）
- 独自の制約アノテーション

　ここでは、Bean Validation 標準のアノテーション（javax.validation.constraints.*）を中心に、実装プ
ロバイダの1つである Hibernate Validator が提供している代表的なアノテーション（org.hibernate.valida
tor.constraints.*）の一部を紹介していきます。

■必須チェック

　必須チェックを行なう場合は、@NotNullを使用します。

▶ 「nullでないこと」をチェックする際の指定例 [21]

```
@NotNull  // nullでないこと
private String name;
```

　Hibernate Validatorには、「nullまたはトリムした値が空文字（""）でないこと」をチェックする
@NotBlank が用意されています。

■桁数（サイズ）チェック

　文字数やコレクションなどの要素数をチェックには、@Sizeを使用します（**表5.15**）。

【21】StringTrimmerEditorを適用する必要があります。

表 5.15 @Size の属性

属性名	説明
min	許可する最小値を指定する（デフォルトは 0）
max	許可する最大値を指定する（デフォルトは Integer.MAX_VALUE）

▶「指定したサイズ以内であること」をチェックする際の指定例

```
@Size(max = 50)  // 50文字以内であること
private String name;
```

> Hibernate Validatorには、「文字列長または要素数が空でないこと」をチェックする @NotEmpty、
> 文字列長をチェックする @Length が用意されています。

■文字種チェック

文字種チェックを行なう場合は、@Patternを使用します（**表5.16**）。

表 5.16 @Pattern の属性

属性名	説明
regexp	正規表現のパターン文字列を指定する
flags	フラグ（オプション）を指定する

▶「英数字であること」をチェックする際の指定例

```
@Pattern(regexp = "[a-zA-Z0-9]*")  // 英数字であること
private String couponCode;
```

　正規表現を使ったチェックは非常に強力で便利なのですが、問題が1つあります。それは、入力チェックルール（正規表現）がいろいろな個所に散らばってしまうことです。Bean Validationは、この問題を解決するための仕組みもちゃんと提供してくれています。Bean Validationが提供する仕組みを利用した解決方法については、後述の「5.7.6 入力チェックルールの追加」の「既成ルールの合成」で説明します。

> Hibernate Validatorには、「RFC 2822に準拠したメールアドレスであること」をチェックする
> @Email、「RFC 2396に準拠したURLであること」をチェックする@URL、「クレジット番号として
> 入力ミスがないこと」をチェックする@CreditCardNumberが用意されています。

■数値の妥当性チェック

　数値の妥当性をチェックする場合は、フォームクラスのプロパティを数値型（Integer、Long、BigDecimalな

ど）として定義します。Spring MVCは、リクエストパラメータの値をフォームクラスのプロパティの型へ変換する際に、変換エラーが発生した場合は不正な値として扱います。なお、PropertyEditorや@NumberFormatを使用して、値を変換する際に使用するフォーマットを指定できます。

 @NumberFormatは入力チェックを行なうアノテーションではなく、あくまでフォーマットを指定するアノテーションです。

■数値の範囲チェック

数値の範囲（最小値と最大値）をチェックする場合は、チェックする数値の精度に応じて使用するアノテーションを使い分けます。長整数（long）の精度で範囲チェックを行なう際には@Minまたは@Max、任意の精度の符号付き小数（BigDecimal）の精度で範囲チェックを行なう際に@DecimalMinと@DecimalMaxを使用します（表5.17、表5.18）。これらのアノテーションはチェック対象の値が閾値と同じ値の場合は、許容値として扱います。

表5.17　共通の属性

属性名	説明
value	閾値（最小値または最大値）を指定する

表5.18　@DecimalMin と @DecimalMax の属性

属性名	説明
inclusive	閾値と同じ値を許容値とみなすか指定する。省略した場合のデフォルトはtrue（許容値とみなす）となる

▶「数値が指定した範囲であること」をチェックする際の指定例

```
@Min(1)
@Max(100)  // 1から100であること
private int quantity;
```

 Hibernate Validatorには、@Minと@Maxを合成した@Rangeが用意されています。@Digitsを使用すると、整数部と小数部の桁数を指定して数値の範囲をチェックできます。@Digitsを使用する場合は、整数部の桁数を指定するinteger属性と、小数部の桁数を指定するfraction属性を指定します。

▶数値の範囲（-99.99から99.99の値で0.01刻みである）をチェックする際の指定例

```
@Digits(integer = 2, fraction = 2)  // -99.99から99.99であること
private BigDecimal rate;
```

■日時の妥当性チェック

　日時の妥当性をチェックする場合は、フォームクラスのプロパティを日時型（Dateやjava.time.LocalDate
など）として定義します。Spring MVCはプロパティの型とフォーマットの定義を参照して日時型へ変換する際
に、変換エラーが発生した場合は不正な値として扱います。なお、PropertyEditorや@DateTimeFormatを使
用して、値を変換する際に使用するフォーマットを指定することが可能です。

@DateTimeFormatは入力チェックを行なうアノテーションではなく、あくまでフォーマットを指定
するアノテーションです。

　未来日時または過去日時であることをチェックする場合は、@Futureまたは@Pastを使用します。

▶「過去日時であること」をチェックする際の指定例

```
@Past  // 過去日時であること
@DateTimeFormat(pattern = "yyyyMMdd")
private Date dateOfBirth;
```

■真偽値チェック

　指定した真偽値（trueまたはfalse）であることをチェックする場合は、@AssertTrueや@AssertFalseを使
用します。

▶「真偽値がtrueであること」をチェックする際の指定例（例：利用規約への同意）

```
@AssertTrue  // true(利用規約に同意済み)であること
private boolean isAgreedTermsOfUse;
```

■制約アノテーションの予約属性

　最後に、各アノテーションが持つ予約属性について紹介しておきます（表5.19）。

表5.19　制約アノテーションの予約属性

属性名	説明
message	制約に違反したときのエラーメッセージを指定する。この属性にはメッセージを直接指定する方法とメッセージコードを指定する方法がサポートされている。属性の指定を省略した場合はデフォルトのメッセージが使用される
groups	バリデーショングループを指定する。この属性にはグループを表わすJavaタイプ（インターフェイスまたはクラス）を指定する。省略した場合はjavax.validation.groups.Defaultを指定した場合と同じ動きになる
payload	制約アノテーションに対して任意のメタ情報（たとえばエラーの重要度など）を指定する。この属性にはメタ情報を表わすJavaタイプ（インターフェイスまたはクラス）を指定する。Springのデフォルト実装では、エラー情報として連携されたメタ情報を使用する処理が実装されていないため、指定しても意味がない

5.7.5 ネストした JavaBeans の入力チェック

ネストした JavaBeans やコレクション内の JavaBeans に定義したプロパティに対して入力チェックを行ないたい場合は、@Valid を指定します。@Valid はチェックルールを表現する制約アノテーションではなく、チェック対象を示すマーカーアノテーションです。

▶ ネストした JavaBeans をチェック対象にする際の指定例

```
@Valid  // ネストしたJavaBeansもチェック対象となる
private AccountForm account;
```

5.7.6 入力チェックルールの追加

実際のアプリケーション開発では、Bean Validation および Hibernate Validator が提供している制約アノテーションとは別に、独自の入力チェックルールの追加が必要になるケースがあります。

独自の入力チェックルールを追加する方法としては、「既成ルールを合成して作成する方法」と「独自のバリデータを実装して作成する方法」の2つがあります。

■既成ルールを合成して作成する方法

「英数字チェック」のような複数の個所で使用する汎用的な入力チェックルールについては、フォームオブジェクトの各プロパティに @Pattern を指定するのではなく、@Pattern をメタアノテーションとして指定した独自の制約アノテーションを作成するのがよいでしょう。

独自の制約アノテーションを作成することで、正規表現のパターン定義を1箇所に集約することができ、入力チェックルールの指定も直感的に行なえるようになります。

▶ 半角英数字であることをチェックする独自アノテーションの利用

```
@AlphaNumeric  // @Patternではなく独自の制約アノテーションを利用
private String couponCode;
```

独自のアノテーション（@AlphaNumeric）は以下のように作成します。

▶ 既成ルールを合成した独自の制約アノテーションの作成例

```
package com.example.validation;

import java.lang.annotation.*;
import javax.validation.*;
import javax.validation.constraints.Pattern;

import static java.lang.annotation.ElementType.*;
import static java.lang.annotation.RetentionPolicy.RUNTIME;
```

```
@Documented
@Constraint(validatedBy = {})
@Target({ METHOD, FIELD, ANNOTATION_TYPE, CONSTRUCTOR, PARAMETER })
@Retention(RUNTIME)
@ReportAsSingleViolation
// ↓ 英数字であること（正規表現のパターン文字列をメタアノテーションに指定）
@Pattern(regexp = "[a-zA-Z0-9]*")
public @interface AlphaNumeric {

    String message() default "{com.example.validation.AlphaNumeric.message}";
    Class<?>[] groups() default {};
    Class<? extends Payload>[] payload() default {};

    @Target({ METHOD, FIELD, ANNOTATION_TYPE, CONSTRUCTOR, PARAMETER })
    @Retention(RUNTIME)
    @Documented
    public @interface List {
        AlphaNumeric[] value();
    }

}
```

上の例では既成のルールを1つしか使用していませんが、既成ルールを複数まとめた合成アノテーションを作成することもできます。たとえば、@Sizeと@Patternを組み合わせて@ZipCodeや@TelephoneNumberといったアノテーションを作成できます。なお、既成のルールをまとめた合成アノテーションを作成する場合は、@ReportAsSingleViolationも付与するのが一般的です。@ReportAsSingleViolationを付与すると、message属性で指定したメッセージが利用されるようになります。逆に付与しない場合は、既成ルールに指定したメッセージが利用されます。

■独自のバリデータを実装して作成する方法

Bean Validationは、相関チェック（複数の項目間の整合性をチェック）を行なうための制約アノテーションは提供していません。そのため、相関チェックを行なう場合は独自のバリデータを作成します。また、既成のルールの組み合わせだけでは実現できない入力チェックルールについても、独自のバリデータを作成して対応します。

ここでは、相関チェックの実装例として、「2つのプロパティの値が同じであること」をチェックする入力チェックルールについて考えてみましょう。この入力チェックルールは、確認用のパスワードやメールアドレスを入力させる画面で使用されることが想定されます。

▶ 制約アノテーション（@EqualsPropertyValues）の作成例

```
package com.example.validation;
// ・・・
```

```
@Documented
@Constraint(validatedBy = {EqualsPropertyValuesValidator.class}) ─────────────────── ❶
@Target({ TYPE, ANNOTATION_TYPE })
@Retention(RUNTIME)
public @interface EqualsPropertyValues {

    String message() default "com.example.validation.EqualsPropertyValues.message}";
    Class<?>[] groups() default {};
    Class<? extends Payload>[] payload() default {};

    String property(); ─────────────────────────────────────────────────
    String comparingProperty(); ────────────────────────────────────── ❷

    @Target({ TYPE, ANNOTATION_TYPE })
    @Retention(RUNTIME)
    @Documented
    public @interface List {
        EqualsPropertyValues[] value();
    }

}
```

❶ @Constraint の validatedBy 属性にバリデータの実装クラスを指定する

❷ バリデータの振る舞いを指定するための属性を用意する。ここでは、「チェック対象のプロパティ名を指定する属性（property）」と「比較先のプロパティ名を指定する属性（comparingProperty）」を用意している

▶ バリデータの作成例

```
package com.example.common.validation;

import javax.validation.*;

import org.springframework.beans.*;
import org.springframework.util.*;

public class EqualsPropertyValuesValidator
    implements ConstraintValidator<EqualsPropertyValues, Object> { ─────────────── ❶

    private String property;
    private String comparingProperty;
    private String message;

    public void initialize(EqualsPropertyValues constraintAnnotation) { ─────────── ❷
        this.property = constraintAnnotation.property();
        this.comparingProperty = constraintAnnotation.comparingProperty();
        this.message = constraintAnnotation.message();
    }

    public boolean isValid(Object value, ConstraintValidatorContext context) { ──────── ❸
        // 2つのプロパティ値を取得して比較
```

```
        BeanWrapper beanWrapper = new BeanWrapperImpl(value);
        Object propertyValue = beanWrapper.getPropertyValue(property);
        Object comparingPropertyValue = beanWrapper.getPropertyValue(comparingProperty);
        boolean matched = ObjectUtils.nullSafeEquals(
            propertyValue, comparingPropertyValue);
        if (matched) {
            return true; ─────────────────────────────────────────────────── ❹
        } else {
            context.disableDefaultConstraintViolation();
            context.buildConstraintViolationWithTemplate(message)
                    .addPropertyNode(property).addConstraintViolation();
            return false; ────────────────────────────────────────────────── ❺
        }
    }
}
```

❶ ConstraintValidatorインターフェイスを実装する。1つ目の型パラメータに「制約アノテーション」を、2つ目に「チェック対象のクラス」を指定する

❷ initializeメソッドにバリデータを初期化処理を実装する。引数は、1つ目の型パラメータに指定した制約アノテーションとなる

❸ isValidメソッドに検証処理を実装する。第1引数は、2つ目の型パラメータに指定したクラスとなる

❹ 検証が成功した場合はtrueを返却する。ここでは、2つのプロパティ値が同じ値の場合に検証成功と判定している

❺ 検証が失敗した場合はfalseを返却する

　独自のバリデータの実装が終わったら、相関チェックを行なうフォームクラスに対して、作成した制約アノテーションを指定します。

▶ 2つのプロパティの値が同じであることをチェックする際の指定例

```
// ↓ 相関チェックはクラスレベルに制約アノテーションを指定する
@EqualsPropertyValues(property = "password", comparingProperty = "reEnteredPassword")
public class AccountCreateForm implements Serializable {
    private static final long serialVersionUID = 1L;
    // ・・・
    @NotNull
    @Password
    private String password;

    private String reEnteredPassword;
    // ・・・
}
```

　相関チェックを行なう場合は、クラスレベルに制約アノテーションを指定するのがポイントです。クラスレベルに制約アノテーションを指定することで、バリデータのisValidメソッドの第1引数でフォームオブジェクトを受け取ることができます。

5.7.7　入力チェックルールの切り替え

Bean Validationのバリデーショングループの仕組みを使用すると、適用する入力チェックルールを実行時に切り替えることができます。

以下の例では、入力画面で選択したアカウントのタイプ（無料アカウント、有料アカウント）によって、カード番号に対する入力チェックルールを切り替えています（**図5.13**）。

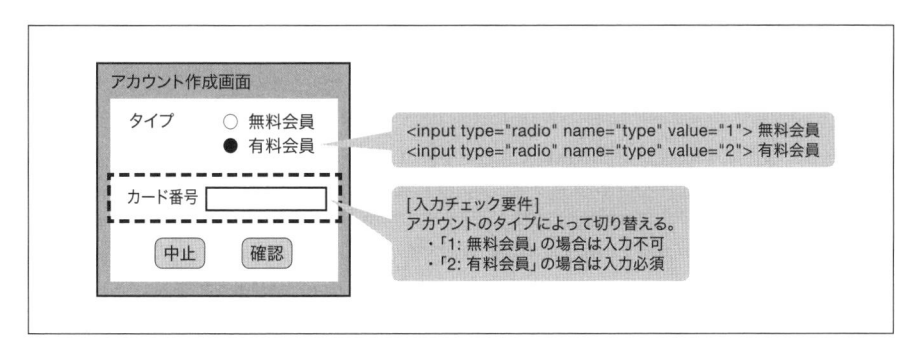

図5.13　バリデーショングループを使用した入力チェックの一例

▶ 入力チェック処理で使用するバリデーショングループの指定例

```
@RequestMapping(method = RequestMethod.POST, params = {"confirm", "type=1"})
public String confirmForFreeAccount(
        @Validated(FreeAccount.class) AccountCreateForm form, ─────────────────── ❶
        BindingResult result, Model model) { ──────────────────────────────────── ❶
    // ・・・
}


@RequestMapping(method = RequestMethod.POST, params = {"confirm", "type=2"})
public String confirmForPayAccount(
        @Validated(PayAccount.class) AccountCreateForm form, ──────────────────── ❶
        BindingResult result, Model model) { ──────────────────────────────────── ❶
    // ・・・
}
```

❶ 入力画面で選択されたアカウントのタイプごと（リクエストパラメータtypeの値ごと）にHandlerメソッドを用意し、フォームクラスの引数アノテーションとして@Validatedを指定する。@Validatedのvalue属性にはアカウントのタイプごとに用意したグループインターフェイスを指定する

また、フォームクラスの入力チェックルールの指定は以下のようになります。

▶ バリデーショングループのフォームクラスでの定義例

```
public class AccountSearchForm implements Serializable {
    interface FreeAccount extends Default {} ─────────────────────────────────── ❶
    interface PayAccount extends Default {} ──────────────────────────────────── ❶
```

```
// ・・・
@Size(min = 1, max = 1)
private String type;

@Size.List({
        @Size(max = 0, groups = FreeAccount.class),
        @Size(min = 14, max = 16, groups = PayAccount.class)
})
private String cardNo;

// ・・・
}
```
❷

❶ グループインターフェイスを作成する。ここでは、無料アカウント向けと有料アカウント向けの2つのグループインターフェイスをしている。なお、グループインターフェイスにはBean Validationが提供しているDefaultインターフェイスを継承している。これは、グループ指定のないチェックルール（この例であれば、typeプロパティに指定している@Size）をチェック対象に含めたいときに有効な指定方法である

❷ グループごとの入力チェックルールを指定する。この例では、「無料アカウントはカード番号が未入力であること」「有料アカウントは14桁以上16桁未満のカード番号が入力されていること」がチェックルールとなる

5.7.8 エラー情報の表示

バインディングエラーや入力チェックエラーが発生した場合、入力画面にエラー値とエラーメッセージを表示するのが一般的です（**図5.14**）。

ViewとしてJSPを使用する場合は、Spring MVCから提供されているJSPタグライブラリを使用すると、簡単にエラー情報を画面に表示できます。以降の説明では、ViewとしてJSPを使用することを前提としています。

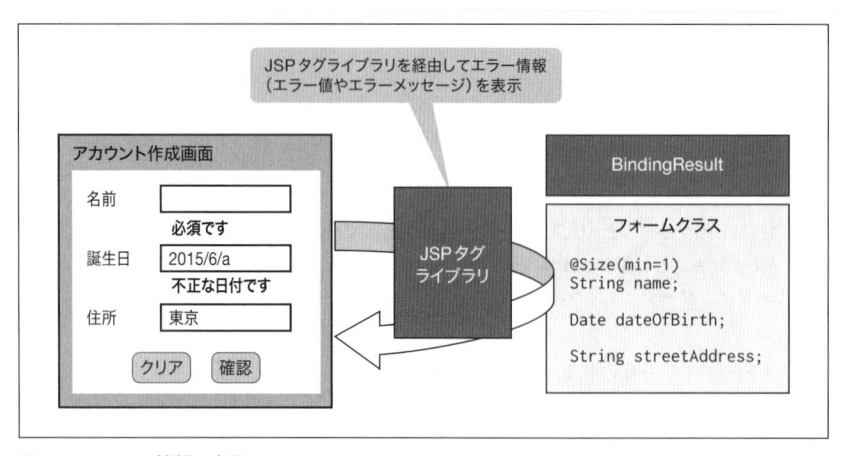

図5.14　エラー情報の表示

230

■エラー値の表示

　ユーザーが入力したエラー値は、`<form:form>`および`<form:input>`などの要素を利用すると、自動でエラー値を表示してくれる仕組みになっています。そのため、開発者はエラー値を表示するために特別な実装を行なう必要ありません。

■項目ごとにエラーメッセージを表示

　エラーが発生した項目の近く（横や下など）にエラーメッセージを表示するには、`<form:errors>`要素のpath属性にプロパティの名前を指定します。

▶ エラーメッセージを項目ごとに表示する際の実装例

```
名前：<form:input path="name" />
      <form:errors path="name" />> ──────────────────────────── ❶
```

❶ path属性にプロパティの名前を指定する。指定したプロパティのエラーメッセージのみHTMLに出力される

■すべてのエラーメッセージをまとめて表示

　ページの先頭などに設けたメッセージ表示エリアにすべてのエラーメッセージをまとめて表示する場合は、`<form:errors>`要素のpath属性に`"*"`を指定します。

▶ すべてのエラーメッセージをまとめて表示する際の実装例

```
<div id="messages">
    <form:errors path="*" /> ──────────────────────────── ❶
</div>
```

❶ path属性に`"*"`プロパティの名前を指定する。BidingResultが保持しているすべてのエラーメッセージがHTMLに出力される

> すべてのエラーメッセージまとめて表示する場合、Springのデフォルト実装をそのまま利用すると、表示するメッセージの表示順番を制御することはできません。実行タイミングによってエラーメッセージの表示順番が変わる可能性があるので注意するようにしてください。

5.7.9　エラーメッセージの解決

　バインディングエラーや入力チェックエラーが発生した場合、画面に表示されるエラーメッセージは実装プロバイダが用意したメッセージになります。

　実装プロバイダとしてHibernate Validatorを使用している場合は、表示されるメッセージは残念ながら日本語に対応していません。また、英語のメッセージも簡易的なメッセージなので、そのまま利用するケースはほと

んどないと思います。ここでは、デフォルトで用意されているメッセージを変更する方法について説明します。

■エラーメッセージの定義方法

SpringとBean Validationを組み合わせて使用した場合、エラーメッセージは以下の3つの方法で定義することができます。

- Springが提供するMessageSourceで読み込んだプロパティファイルにメッセージを定義する
- Bean Validation管理のプロパティファイルにメッセージを定義する
- 制約アノテーションのmessage属性に直接メッセージを定義する

Springのデフォルトの実装では、まずMessageSourceからメッセージを取得し、MessageSourceからメッセージが取得できない場合はBean Validationの仕様で解決されたメッセージを使います(**図5.15**)。

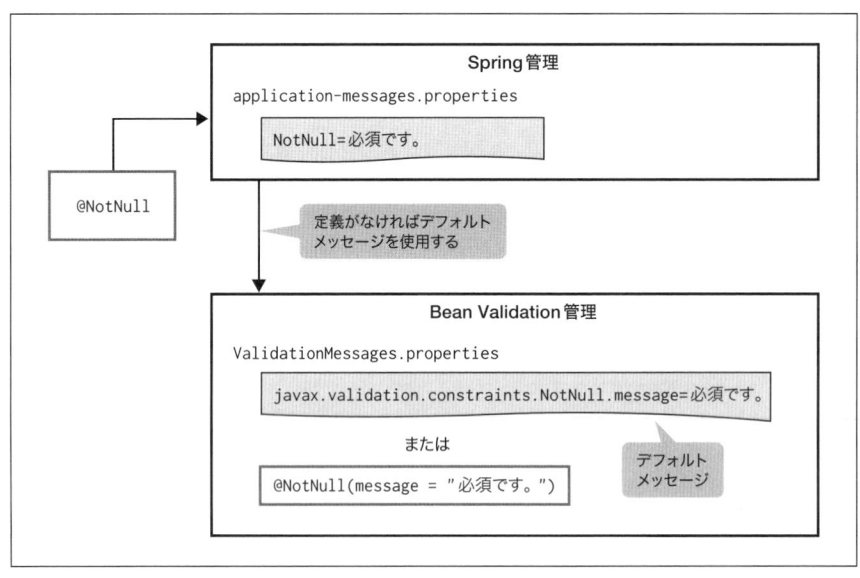

図5.15 エラーメッセージの取得イメージ

■Spring管理のプロパティファイルにエラーメッセージを定義

Spring管理のプロパティファイルにエラーメッセージを定義する場合は、MessageSourceで読み込んだプロパティファイルにメッセージを定義します。

▶ メッセージの定義例

```
NotNull = 入力してください。 ──────────────────────────────── ❶
```

❶ プロパティキーにメッセージコード、プロパティ値にエラーメッセージを指定する。上記の例では、@NotNullに対す

るエラーメッセージを定義している

メッセージコードには、Springが提供するorg.springframework.validation.MessageCodesResolverの実装クラスによって解決されるメッセージコードのいずれかを指定することができます。デフォルトの実装クラス（DefaultMessageCodesResolver）を使用した場合は、以下のメッセージコードを指定できます。

- 制約アノテーションのクラス名＋「.」＋フォームオブジェクトの属性名＋「.」＋プロパティ名
- 制約アノテーションのクラス名＋「.」＋フォームオブジェクトの属性名
- 制約アノテーションのクラス名＋「.」＋プロパティ名
- 制約アノテーションのクラス名＋「.」＋プロパティの型名（FQCN）
- 制約アノテーションのクラス名

 型変換エラー（バインディングエラー）に対するメッセージコードは、「制約アノテーションのクラス名」の部分を「typeMismatch」に読み替えて指定してください。

▶ さまざまなメッセージコードを使ったメッセージ定義例

```
# 入力チェックエラーに対応するメッセージの定義例
NotNull.accountForm.name = アカウント登録者の氏名を入力してください。
NotNull.name = 名前を入力してください。
NotNull.java.lang.String = 文字列を入力してください。
NotNull = 値を入力してください。
```

エラーメッセージには、java.text.MessageFormatのメッセージフォーマットを指定します。メッセージフォーマットにはプレースホルダを指定可能で、プロパティ名と制約アノテーションの属性値を埋め込むことができます。

▶ エラーメッセージの定義例

```
Size = {0}は{2}文字以上{1}文字以下で入力してください。
```

プレースホルダに埋め込まれる値は以下のとおりです。

- {0} —— プロパティ名（物理名または論理名）
- {1}以降 —— 制約アノテーションの属性値（**インデックス位置はアノテーションの属性名のアルファベットの昇順**）

たとえば、@Sizeを例に説明すると、メッセージの可変部分には以下の値が埋め込まれます。インデックス位置が「属性の定義順でない」というのがポイントです。

- {0} —— プロパティ名（物理名または論理名）
- {1} —— max属性の値
- {2} —— min属性の値

■Bean Validation管理のプロパティファイルにエラーメッセージを定義

Bean Validation管理のプロパティファイルにデフォルトのエラーメッセージを定義する場合は、クラスパス直下のValidationMessages.propertiesにメッセージを定義します。

▶ メッセージの定義例

```
javax.validation.constraints.NotNull.message = 入力してください。 ──────────────── ❶
javax.validation.constraints.Size.message = {0}は{min}文字以上{max}文字以下で入力してください。 ── ❷
```

❶ プロパティキーにメッセージコード、プロパティ値にエラーメッセージを指定する。デフォルトのメッセージコードは、「制約アノテーションのクラス名（FQCN）＋ .message」である
❷ 制約アノテーションの属性値を埋め込みたい場合は、埋め込みたい場所にプレースホルダ（{制約アノテーションの属性名}）を指定する

> {0}を指定するとプロパティ名（物理名または論理名）を埋め込むことができますが、これはBean
> Validationの機能ではなく、Springの機能によって埋め込んでいます。

デフォルトで適用されるメッセージコードは、制約アノテーションのmessage属性で任意のメッセージコードに変更することも可能です。

▶ デフォルトで適用されるメッセージコードの変更例

```
@NotNull(message = "{validation.errors.required}") ──────────────────────── ❶
private String name;
```

❶ 制約アノテーションのmessage属性にメッセージコードを指定する

■message属性にメッセージを定義

エラーメッセージは、制約アノテーションのmessage属性に直接指定することもできます。

▶ エラーメッセージをmessage属性に直接指定する定義例

```
@NotNull(message = "入力してください。") ────────────────────────────── ❶
private String name;
```

❶ 制約アノテーションのmessage属性にエラーメッセージを指定する

■プロパティの論理名の定義

　メッセージの中にプロパティ名を埋め込むには{0}を指定しますが、デフォルトだとプロパティの物理名が埋め込まれます。これを論理名にするには、Spring管理のプロパティファイルに物理名と論理名のマッピングを行なう必要があります。

　マッピングする際に使用することができるキー名は以下のとおりです。

1. フォームオブジェクトの属性名 +「.」+ プロパティ名
2. プロパティ名

▶ プロパティの物理名と論理名のマッピング例

```
accountForm.name = アカウント名
name = 名前
```

COLUMN

EL式によるメッセージ定義

　Bean Validation 1.1からは、EL式を使用してメッセージを動的に組み立てる仕組みがサポートされています。EL式のサポートにより、デフォルトメッセージを柔軟に組み立てることが可能になっています。たとえば、@Sizeに対するメッセージを考えた場合、@Sizeを使用した入力チェックで表示するメッセージは、以下の3つのパターンが考えられます。

- @Size(min=10,max=10) ── 10文字で入力する
- @Size(max=10) ── 10文字以内で入力する
- @Size(min=8, max=32) ── 8文字以上32文字以内で入力する

　EL式を利用すると、1つのメッセージ定義でこれら3つのメッセージを表現することができます。

▶ EL 3.0環境下でのエラーメッセージの定義例

```
javax.validation.constraints.Size.message =\
  ${min == max ? min += '文字で入力してください。' :\
    min == 0   ? max += '文字以内で入力してください。' :\
                 min += '文字以上' += max += '文字以内で入力してください。'}
```

　EL式はバージョンによって記法が異なるので、使用するアプリケーションサーバーのサポートバージョンを確認してください。

5.7.10 Bean Validationのカスタマイズ

Spring MVCのセットアップを@EnableWebMvcや<mvc:annotation-driven>要素を使用して行なうと、Bean Validationのjavax.validation.Validatorインターフェイスの実装クラスがSpring MVCに自動で適用されます。実際に適用されるクラスは、org.springframework.validation.beanvalidation.OptionalValidatorFactoryBeanです。OptionalValidatorFactoryBeanは、Bean Validationのプロバイダ（Hibernate Validatorなど）とのアダプタの役割を担い、実際のチェック処理はプロバイダが提供するValidatorクラスに委譲しています。

Spring MVCに適用されるBean Validationの動作をカスタマイズする場合は、OptionalValidatorFactoryBeanまたはLocalValidatorFactoryBeanのBean定義を明示的に行ない、Spring MVCに適用するValidatorを差し替えることで実現できます。

▶ Java ConfigによるBean定義例

```java
// ・・・
@Configuration
public class WebMvcConfig extends WebMvcConfigurerAdapter {
    // ・・・
    @Bean                                                                      ❶
    OptionalValidatorFactoryBean validator() {
        OptionalValidatorFactoryBean validator = new OptionalValidatorFactoryBean();
        // setterメソッドなどを呼び出してカスタマイズする
        return validator;
    }
    @Override                                                                  ❷
    public Validator getValidator() {
        return validator();
    }
}
```

❶ カスタマイズしたValidatorをDIコンテナに登録する
❷ getValidatorメソッドをオーバーライドする。❶でカスタマイズしたValidatorを返却し、Spring MVCが利用するValidatorを差し替える

▶ XMLファイルによるBean定義例

```xml
<bean id="validator"                                                           ❶
    class="org.springframework.validation.beanvalidation.OptionalValidatorFactoryBean">
    <!-- setterインジェクションを利用してカスタマイズする -->
</bean>
<mvc:annotation-driven validator="validator" />                                ❷
```

❶ カスタマイズしたValidatorをDIコンテナに登録する
❷ <mvc:annotation-driven>要素のvalidator属性に、❶でカスタマイズしたValidatorのBean名を指定し、Spring MVCが利用するValidatorを差し替える

5.7.11 Spring Validatorの利用

最後に、Spring 3.0より前のバージョンから存在しているSpring Validatorのインターフェイスの使い方を簡単に紹介しておきます（表5.20）。Spring Validatorの中核となるインターフェイスは、`org.springframework.validation.Validator`と`org.springframework.validation.SmartValidator`です（表5.21）。

▶ Validatorインターフェイス

```
public interface Validator {
    boolean supports(Class<?> clazz);
    void validate(Object target, Errors errors);
}
```

表5.20 Validator インターフェイスのメソッド

メソッド名	説明
supports	引数に渡されたクラスがチェック対象のクラスか否かを判定する。チェック対象の場合はtrueを返す。trueを返却すると、validateメソッドが呼び出される
validate	引数に渡されたオブジェクトの状態をチェックする

▶ SmartValidatorインターフェイス

```
public interface SmartValidator extends Validator {
    void validate(Object target, Errors errors, Object... validationHints);
}
```

表5.21 SmartValidator インターフェイスのメソッド

メソッド名	説明
validate	引数に渡されたオブジェクトの状態をチェックする。引数のvalidationHintsには、@Validatedのvalue属性に指定したグループインターフェイスが渡ってくる

本書では、この2つのインターフェイスを利用した「相関項目チェックの実装例」と「Spring Validator経由でBean Validationの機能を利用する方法」を紹介します。

■Spring Validatorを利用した相関項目チェックの実装例

Spring Validatorのインターフェイスは、特定のJavaBeansに対する相関項目チェックを実装する際に便利なインターフェイスです。Bean ValidationのConstraintValidatorインターフェイスでも同じことは実現できますが、制約アノテーションを一緒に作る必要があるため、Spring Validatorに比べて少し手間がかかります。

▶ Spring Validator使用した相関項目チェックの実装例

```
@Component
public class AccountCreateFormValidator implements Validator { ————————————————————— ❶
```

237

```
    @Override
    public boolean supports(Class<?> clazz) { ─────────────────────────────── ❷
        return AccountCreateForm.class.isAssignableFrom(clazz);
    }
    @Override
    public void validate(Object target, Errors errors) { ──────────────────── ❸
        if (errors.hasFieldErrors("type")) { ─────────────────────────────── ❹
            return;
        }
        AccountCreateForm form = AccountCreateForm.class.cast(target); ─────── ❺
        if ("1".equals(form.getType())) {
            // 一般会員の場合
            if (StringUtils.hasLength(form.getCardNo())) {
                errors.rejectValue("cardNo", "Size");
            }
        } else {
            // プレミアム会員の場合
            if (form.getCardNo() == null
                    || form.getCardNo().length() < 14
                    || form.getCardNo().length() > 16) {
                errors.rejectValue("cardNo", "Size", new Object[]{14, 16}, null);
            }
        }
    }
}
```

❶ Validatorインターフェイスを実装する
❷ チェック対象クラスかどうかの判定クラスを実装する。この例では、AccountCreateFormクラスとその継承クラス
　　を対象としている
❸ 相関項目チェック処理を実装する。Bean Validationなどの他のValidator内で発生したエラーが引数errorsとし
　　て渡される
❹ 単項目チェックエラーの存在判定を行なう。この例では、相関項目チェック対象の項目に単項目レベルのエラーがあ
　　る場合は、相関チェックは実施しないようにしている
❺ 相関項目チェックを行なう。この例では、会員タイプによってカード番号のチェックを切り替えている

作成したSpring Validatorの実装クラスは、@InitBinderメソッドを使用してSpring MVCに適用します。

▶ Spring ValidatorのSpring MVCへの適用例

```
@Autowired
AccountCreateFormValidator accountCreateFormValidator; ─────────────────────── ❶

@InitBinder
public void initBinder(WebDataBinder binder) {
    binder.addValidators(accountCreateFormValidator); ────────────────────── ❷
}
```

❶ 作成したValidatorをインジェクションする

❷ 作成した`Validator`を`WebDataBinder`に追加する

`WebDataBinder`に Spring Validator の実装クラスを追加すると、Bean Validation による入力チェックが行なわれた後に、`WebDataBinder`に追加した Spring Validator のメソッドが呼び出される仕組みになっています。

■Spring Validator経由でBean Validationの機能を利用する方法

Spring が提供している`OptionalValidatorFactoryBean`や`LocalValidatorFactoryBean`は、実は Smart Validator インターフェイスも実装しています。このため、Spring Validator のメソッドを経由して、Bean Validation の機能を利用することができます。基本的には、@Validatedを使用した宣言ベースの入力チェックを推奨しますが、@Validatedで表現ができない（または表現が難しい）入力チェック要件がある場合には、Spring Validator のメソッドを直接呼び出す方式も検討してみてください。

Spring Validator のメソッドを直接呼び出す場合は、DIコンテナに登録されている Spring Validator の Bean をインジェクションし、Spring Validator の`validate`メソッドを呼び出します。なお、Spring Validator のインターフェイスを実装する Bean が DI コンテナ上に複数存在する場合は、@Autowiredと@Qualifierを併用して`OptionalValidatorFactoryBean`や`LocalValidatorFactoryBean`の Bean がインジェクションされるように制御してください。

▶ SmartValidatorのメソッドの利用例

```
@Autowired
SmartValidator validator; ─────────────────────────────────── ❶
// ・・・
@RequestMapping(method = RequestMethod.POST, params = "confirm")
public String confirm(AccountCreateForm form,  // @Validatedは付与しない
                      BindingResult result, Model model) {
    Class<?> validationGroup = null;
    // validationGroupを決定するロジックの実装
    // ・・・
    validator.validate(form, result, validationGroup); ───────── ❷
    if (result.hasErrors()) { ─────────────────────────────── ❸
        return "account/form";
    }
    // ・・・
    return "account/confirm";
}
```

❶ Spring Validator をインジェクションする
❷ 明示的に validate メソッドを呼び出す
❸ チェック結果の判定を行なう

5.8 画面遷移

画面遷移を行なうには、遷移先の指定方法と遷移先とのデータ連携方法を理解する必要があります。まず、遷移先の指定方法について紹介していきます。

5.8.1 遷移先の指定方法

遷移先の指定は、View名（遷移先に割り振られた論理的な名前）をHandlerメソッドの戻り値として返却することで実現します。View名を返却すると、Spring MVCがViewResolverのメソッドを呼び出して、View名から物理的なView（たとえばJSPファイル）を解決し、実行します。

▶ View名を文字列として返却する実装例

```
@Controller
public class WelcomeController {

    @RequestMapping("/")
    public String home() {
        return "home";                                                          ❶
    }

}
```

❶ Handlerメソッドの戻り値としてView名を返却する

たとえばJSP用のViewResolverをデフォルトの状態で適用していると、Webアプリケーション内の/WEB-INF/home.jspが呼び出され、/WEB-INF/home.jspで生成したHTMLがブラウザ上に描画されます。

5.8.2 リクエストパスへのリダイレクト

別のリクエストパスへリダイレクトした結果を遷移先にする場合は、View名に「redirect: + リダイレクト先のリクエストパス」を指定します。

▶ リダイレクトする際のView名の指定例

```
@Controller
public class WelcomeController {

    @RequestMapping("/")
    public String home() {
        return "redirect:/menu";   // リダイレクト先のリクエストパスを指定
    }
```

```
    }
```

■リクエストパラメータの指定

リダイレクト先にリクエストパラメータを連携する場合は、org.springframework.web.servlet.mvc.support.RedirectAttributesへ格納します。

▶ **RedirectAttributesにリクエストパラメータを格納する実装例**

```
@RequestMapping(path = "create", method = RequestMethod.POST)
public String create(@Validated AccountCreateForm form, BindingResult result,
    RedirectAttributes redirectAttributes) {
    // ・・・
    redirectAttributes.addAttribute("accountId", createdAccount.getAccountId()); ─────────── ❶
    return "redirect:/account/create?complete";
}
```

❶ RedirectAttributesのaddAttributeメソッドを呼び出し、リクエストパラメータを格納する。上記の例では、リダイレクト時のURLは「/account/create?complete&accountId=A0001」といった形式になる

■パス変数の指定

リダイレクト先のURLを動的に組み立てる必要がある場合は、URL内にパス変数を設け、パス変数に埋め込む値をRedirectAttributesに格納します。

▶ **リダイレクト先のURLを動的に組み立てる実装例**

```
@RequestMapping(path = "create", method = RequestMethod.POST)
public String create(@Validated AccountCreateForm form, BindingResult result,
    RedirectAttributes redirectAttributes) {
    // ・・・
    redirectAttributes.addAttribute("accountId", createdAccount.getAccountId()); ─────────── ❶
    return "redirect:/account/{accountId}?createComplete"; ────────────────────────── ❷
}
```

❶ RedirectAttributesのaddAttributeメソッドを呼び出し、パス変数に埋め込む値を格納する
❷ リダイレクト先のURL内にパス変数を用意する。上記の例では、URL内の{accountId}の部分がパス変数として扱われ、リダイレクト時のURLは「/account/A0001?createComplete」といった形式になる

リダイレクト先にリクエストパラメータを連携する場合や、リダイレクト先のURLを動的に組み立てる場合は、必ずRedirectAttributesのaddAttributeメソッドを使用してください。以下の例のようにプログラムで組み立てた値をView名として返却してしまうと、Viewオブジェクトをキャッシュする仕組みを有効に活用できません。

▶ Viewのキャッシュ機構を有効活用できなくなってしまう実装例

```
return "redirect:/account/create?complete&accountId=" + createdAccount.getAccountId();
// または
return "redirect:/account/" + createdAccount.getAccountId() + "?createComplete";
```

さらに、addAttributeメソッドを使用すると、リクエストパラメータとパス変数値がURLエンコーディングされる仕組みになっています。

5.8.3 リクエストパスへのフォワード

別のリクエストパスへ内部転送した結果を遷移先にする場合は、View名に「forward: + 転送先のリクエストパス」を指定します。

▶ フォワードする際のView名の指定例

```
@Controller
@RequestMapping("auth")
public class AuthController {

    @RequestMapping("login")
    public String login(@Validated LoginForm form, BindingResult result) {
        if (result.hasErrors()) {
            return "auth/loginForm";
        }
        return "forward:/auth/authenticate";  // 転送先のリクエストパスを指定
    }

}
```

5.8.4 Viewとのデータ連携

Viewの処理で必要となるデータ（Javaオブジェクト）は、Modelへ格納して連携します。ModelにJavaオブジェクトを格納すると、Spring MVCがViewからアクセスできる領域（JSPならHttpServletRequest）にJavaオブジェクトをエクスポートします。

JavaオブジェクトをModelに格納する方法は、以下の2つの方法があります。

● ModelのAPIを直接呼び出す
● ModelAttributeアノテーションを付与したメソッドを用意する

■スコープ

Modelへ格納するオブジェクトは、リクエストスコープ、フラッシュスコープ、セッションスコープのいずれか

のスコープで管理されます。Modelへ格納するオブジェクトのスコープの詳細については、「5.6.1 フォームオブジェクトのスコープ」を参照してください。

■ModelのAPIを利用

ModelのaddAttributeメソッドを呼び出し、JavaオブジェクトをModelに格納します。

▶ ModelのAPIを明示的に呼び出す実装例

```
@RequestMapping("{accountId}")
public String detail(@PathVariable String accountId, Model model) {
    Account account = accountService.findOne(accountId);
    model.addAttribute(account);  // ←明示的に追加
    return "account/detail";
}
```

Modelにオブジェクトを追加する際に属性名を省略した場合は、クラス名をJavaBeansのプロパティの命名規約に従って変換した文字列が属性名になります。たとえば、追加したオブジェクトのクラス名がcom.myapp.Productの場合はproductが属性名になります。同様に、com.myapp.MyProductの場合はmyProduct、com.myapp.UKProductの場合はUKProductが属性名になります。属性名の生成処理は、org.springframework.core.ConventionsクラスのgetVariableName(Object)メソッドが使われています。細かい変換仕様が知りたい方はConventionsクラスのソースコードを参照してください。

■@ModelAttributeメソッドの利用

ModelAttributeアノテーションを付与したメソッドを使えば、JavaオブジェクトをModelに格納できます。

▶ ModelAttributeアノテーションを付与したメソッドを用意する実装例

```
@ModelAttribute  // ←メソッドの戻り値をModelに追加
public Account setUpAccount(@PathVariable String accountId) {
    return accountService.findOne(accountId);
}

@RequestMapping("{accountId}")
public String detail() {
    return "account/detail";
}
```

@ModelAttributeを付与したメソッドを用意しておくと、Handlerメソッドが呼び出される前に実行され、返却したオブジェクトがModelに格納される仕組みになってなっています。Modelに追加する際の属性名は@ModelAttributeのvalue属性に指定することができ、省略した場合はデフォルトの属性名が適用されます。

■Viewからのアクセス

Modelに格納したJavaオブジェクトにView（ここではJSP）からアクセスする場合は、以下のような実装になります。

▶ JSPからModelに格納したJavaオブジェクトへアクセスする実装例

```
氏名： <c:out value="${account.name}" />                                    ❶
```

❶ リクエストスコープに格納されているJavaオブジェクトにアクセスする。上記の例では、EL式を使用してaccountという属性名で格納されているJavaBeansのnameプロパティから値を取得している

5.8.5 リダイレクト先とのデータ連携

リダイレクト先のHandlerメソッドやViewで必要となるJavaオブジェクトは、org.springframework.web.servlet.mvc.support.RedirectAttributesへ格納して連携します。RedirectAttributesにオブジェクトを格納すると、フラッシュスコープと呼ばれる領域にオブジェクトが格納され、リダイレクト後のGETリクエストの際にModelにエクスポートされる仕組みになっています。

▶ RedirectAttributesにJavaオブジェクトを格納する実装例

```
@RequestMapping(path = "create", method = RequestMethod.POST)
public String create(@Validated AccountCreateForm form, BindingResult result,
    RedirectAttributes redirectAttributes) {
    Account createdAccount = accountService.create(...);
    redirectAttributes.addFlashAttribute(createdAccount);                    ❶
    return "redirect:/account/create?complete";
}


@RequestMapping(path = "create", method = RequestMethod.GET, params = "complete")
public String createComplete() {                                            ❷
    return "account/createComplete";
}
```

❶ RedirectAttributesのaddFlashAttributeメソッドを呼び出し、JavaオブジェクトをRedirectAttributes（フラッシュスコープ）に格納する。RedirectAttributesに追加する際の属性名は省略することができ、省略した場合はデフォルトの属性名が適用される

❷ このメソッドが呼び出される前に、❶で追加したJavaオブジェクトがフラッシュスコープからModelにエクスポートされるため、遷移先のViewからはリクエストスコープに格納されているJavaオブジェクトとして扱うことができる

 RedirectAttributesにはaddAttributeというメソッドがあります。このメソッドは、リダイレクト先へリクエストパラメータやパス変数値を連携する際に使用するメソッドです。addAttributeの使用方法については、「5.8.2 リクエストパスへのリダイレクト」で説明しています。

5.9　Viewの解決

Viewは、Modelに格納されているJavaオブジェクトを参照し、クライアントへ返却するレスポンスデータを生成するためのコンポーネントです。Spring MVCでは、Viewはorg.springframework.web.servlet.Viewインターフェイスとして表現され、実際に使用するViewクラスはorg.springframework.web.servlet.ViewResolverインターフェイスの実装クラスによって解決します（**図5.16**）。

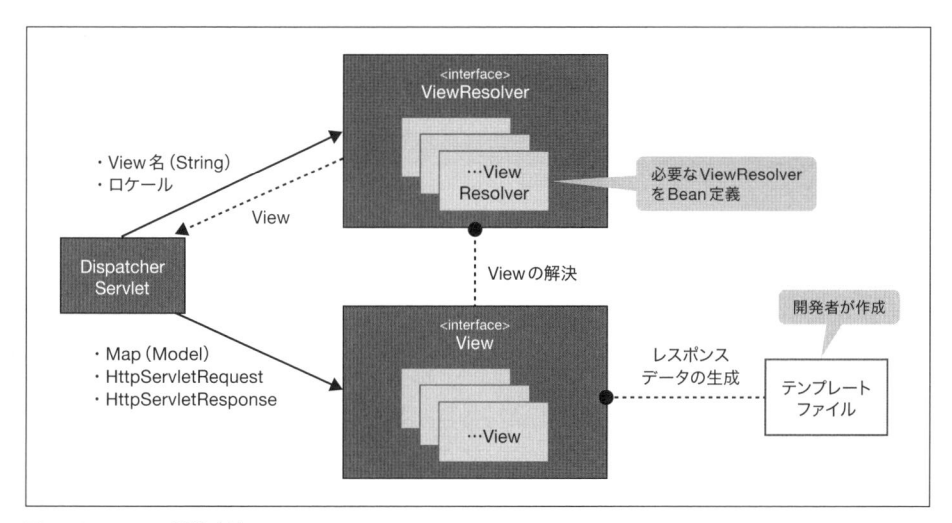

図5.16　Viewの解決方法

ViewResolverは複数定義することができ、優先順が高いものから順に呼び出され、最初に解決されたViewを使用する仕組みになっています。

5.9.1　テンプレートベースのView

まず、Spring MVCがサポートしている代表的なテンプレートベースのViewクラスとViewResolverクラスを紹介しておきましょう。Spring MVCはさまざまなViewクラスを提供しており、JSP以外のテンプレートエンジンを使用することもできます（**表5.22**、**表5.23**）。

表 5.22　テンプレートベースの View クラス

クラス名	説明
InternalResourceView	JSPを利用する際に使用するViewクラス
JstlView	JSP + JSTL を利用する際に使用するViewクラス
TilesView	レイアウトエンジンとしてApache Tiles [22]、テンプレートエンジンとしてJSPを利用する際に使用するViewクラス
FreeMarkerView	FreeMarker [23] を利用する際に使用するViewクラス
GroovyMarkupView	Groovy Markup Template Engine [24] を利用する際に使用するViewクラス
ScriptTemplateView	JSR 223 script engine経由でJavaScriptライブラリ (Handlebars.js、Mustache.js、React.js、EJSなど) のテンプレートエンジンを利用する際に使用するViewクラス

表 5.23　テンプレートベースの ViewResolver クラス

クラス名	説明
InternalResourceViewResolver	JSPを利用する際に使用するViewResolverクラス
TilesViewResolver	レイアウトエンジンとしてApache Tiles 、テンプレートエンジンとしてJSPを利用する際に使用するViewResolver クラス
FreeMarkerViewResolver	FreeMarkerを利用する際に使用するViewResolverクラス
GroovyMarkupViewResolver	Groovy Markup Template Engineを利用する際に使用するViewResolverクラス
ScriptTemplateViewResolver	JSR 223 script engine経由でJavaScriptライブラリ(Handlebars.js, Mustache.js, React.js, EJSなど)のテンプレートエンジンを利用する際に使用するViewResolver クラス

 **InternalResourceViewResolver の Bean 定義**

　Spring MVCはさまざまなViewクラスを提供していますが、ここからはJSPを使用してViewを実装する方法について説明していきます。

 近年、サードパーティのテンプレートエンジンとして注目を集めているのがThymeleaf [25] です。本書でも紹介しているSpring Bootでは、JSPの使用は非推奨となり、Thymeleafなどのサーブレットコンテナに依存しないテンプレートエンジンの使用が推奨されています。本書でも、Spring MVCとThymeleafを組み合わせて使用する方法を第12章「Spring + Thymeleaf」で説明しています。

　JSPを使用してViewを実装する際は、InternalResourceViewResolverを使用してViewクラスを解決します。

【22】 https://tiles.apache.org

【23】 http://freemarker.org

【24】 http://groovy-lang.org/templating.html#_the_markuptemplateengine/

【25】 http://www.thymeleaf.org

▶ Java ConfigによるBean定義

```
@Override ───────────────────────────────────────────────── ❶
public void configureViewResolvers(ViewResolverRegistry registry) {
    registry.jsp(); ───────────────────────────────────────── ❷
}
```

❶ configureViewResolversメソッドをオーバーライドする

❷ ViewResolverRegistryのjspメソッドを呼び出す。InternalResourceViewResolverが生成され、prefixプロパティに"/WEB-INF/"、suffixプロパティに".jsp"が設定される

▶ XMLによるBean定義

```
<mvc:view-resolvers>
    <mvc:jsp /> ─────────────────────────────────────────────── ❶
</mvc:view-resolvers>
```

❶ <mvc:jsp>要素を定義する。InternalResourceViewResolverが生成され、prefixプロパティに"/WEB-INF/"、suffixプロパティに".jsp"が設定される

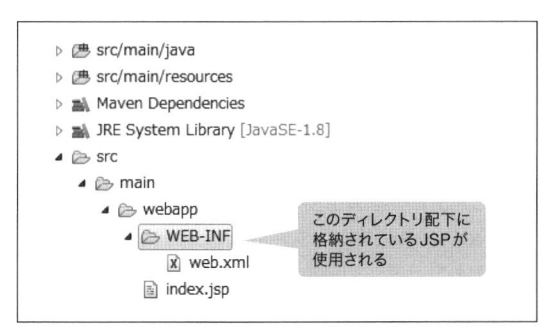

図5.17　JSPファイルのデフォルトの格納先

 JSPファイルの格納先を変更するには、InternalResourceViewResolverのprefixプロパティの値を変更します。以下は、JSPファイルの格納先を「/WEB-INF/views/」に変更する際の定義例です。

▶ Java ConfigによるBean定義

```
@Override
public void configureViewResolvers(ViewResolverRegistry registry) {
    registry.jsp().prefix("/WEB-INF/views/");
}
```

▶ XMLによるBean定義

```
<mvc:view-resolvers>
    <mvc:jsp prefix="/WEB-INF/views/" />
</mvc:view-resolvers>
```

 **JSPの実装**

ここからは、JSP [26] を使用してViewを実装する方法について説明していきます。

5.10.1 ディレクティブ

ディレクティブは、JSPをどのように処理するかをサーブレットコンテナに対して指示するための要素です。ディレクティブには、pageディレクティブ、taglibディレクティブ、includeディレクティブの3つがあります。

■pageディレクティブ

pageディレクティブはJSPページの振る舞いを指定するためのディレクティブです。指定できる主な要素は以下のとおりです（**表5.24**）。

表 5.24　page ディレクティブで指定できる主な属性

属性名	説明
contentType	レスポンスデータのMIMEタイプと文字コードを指定する。デフォルトは "text/html; charset=ISO-8859-1"
pageEncoding	JSPの文字コードを指定する
session	JSPでセッションにアクセスできるようにするか指定する。デフォルトはtrue（アクセス可能）。trueを指定すると、暗黙オブジェクトsessionが使用可能になる
errorPage	JSP内で発生した例外を処理させるエラー処理用のページを指定する
isErrorPage	JSPがエラー処理用のページか指定する。デフォルトはfalse（エラー処理用のページではない）。trueを指定すると、暗黙オブジェクトexceptionが使用可能になる
trimDirectiveWhitespaces	生成したレスポンスデータから余分な空白行や余白を取り除くか指定する。デフォルトはfalse（取り除かない）

▶ pageディレクティブの指定例

```
<%@ page pageEncoding="UTF-8" %>
```

■taglibディレクティブ

taglibディレクティブは、カスタムタグライブラリを使用できるようにするためのディレクティブです（**表5.25**）。

【26】http://download.oracle.com/otndocs/jcp/jsp-2_3-mrel2-spec/

表 5.25　taglib ディレクティブの属性

属性名	説明
prefix	タグライブラリのプレフィックス文字を指定する。JSPからはこのプレフィックス文字を指定してタグライブラリを使用する
uri	TLDファイルを表わすURI、またはTLDファイルが格納されているファイルパスを指定する
tagdir	タグファイルが格納されているディレクトリを指定する

▶ taglibディレクティブの使用例

```
<%@ taglib prefix="c" uri="http://java.sun.com/jsp/jstl/core" %>
```

■ includeディレクティブ

includeディレクティブは、別のファイルに記載されているコードを取り込むためのディレクティブです（表5.26）。このディレクティブで指定したファイルは、JSPファイルをサーブレットクラスへコンパイルする際に、ソースコードの一部として取り込まれます。

表 5.26　include ディレクティブの属性

属性名	説明
file	ソースコードの一部として取り込むファイルを指定する

▶ includeディレクティブの使用例

```
<%@ include file="/WEB-INF/header.jsp"%>
```

メモ　他のページの内容を取り込み方法として、JSPのアクションタグの1つである<jsp:include>要素やJSTLの<c:import>要素を使う方法があります。includeディレクティブとこれらの要素の違いは、指定したページをソースコードの一部として取り込むのか、それとも指定したページを実行した結果（レスポンスデータ）を取り込むのかという違いです。

5.10.2 スクリプトレット

JSPでは、<% ... %>や<%= ... %>という記述の中にJavaコードを埋め込むことができます。このようにして埋め込んだJavaコードのことをスクリプトレットと呼びます。スクリプトレットはJSPが登場した頃はよく使用されていましたが、現在では何でもできてしまうスクリプトレットを使うのではなく、JSTL（JavaServer Pages Standard Tag Library）などのカスタムタグライブラリとEL式を組み合わせてJSPを実装するのが一般的です。

▶ スクリプトレットを使用したJSPの実装例

```
<% for (String hobby : java.util.Arrays.asList("スポーツ", "映画", "音楽")) { %>
```

```
    <%= hobby %><br>
<% } %>
```

▶ スクリプトレットを使用したJSPから出力されるHTML

```
スポーツ<br>
映画<br>
音楽<br>
```

5.10.3 カスタムタグライブラリ

スクリプトレットを使った実装が問題視されるようになって登場したのが、カスタムタグライブラリ（以下、タグライブラリと略す）です。タグライブラリは、JSP標準のアクションタグとは別に、ユーザー定義の独自タグを定義できる仕組みです。たとえば、JSTLの要素を使用して繰り返し処理を実装すると以下のようになります。

▶ タグライブラリを使用したJSPの実装例

```
<%@ taglib prefix="c" uri="http://java.sun.com/jsp/jstl/core" %>
<!-- ... -->
<c:forEach var="hobby" items="スポーツ,映画,音楽">
    <c:out value="${hobby}" /><br>
</c:forEach>
```

繰り返し処理のサンプルだとスクリプトレットとタグライブラリの違いはあまり感じないかもしれませんが、タグライブラリを利用すると、Viewに関するロジックの共通化や複雑なロジックをカプセル化することができるため、JSPの実装をシンプルな状態に保ちやすくなります。

本書では、以下のタグライブラリを利用したJSPの実装例を紹介します（**表5.27**）。

表5.27　本章で使い方を紹介するタグライブラリ

タグライブラリ名	説明
JSTL（JavaServer Pages Standard Tag Library）	Javaの開発元であったサン・マイクロシステムズ社（2010年オラクル社が買収）が標準化したタグライブラリ
spring-form JSP Tag Library	Spring MVCが提供しているHTMLフォームの作成を支援するタグライブラリ
spring JSP Tag Library	Spring MVCが提供している汎用的な要素を集めたタグライブラリおよびEL関数
Spring Security JSP Tag Library	Spring Securityが提供している認証情報へのアクセスや認可制御などを支援するタグライブラリ

5.10.4 タグファイル

タグファイルはJSPの文法で記述したフラグメントファイルで、タグファイルに実装した処理をカスタムタグ

として利用することができます。タグファイルは「.tag」という拡張子で保存し、taglibディレクティブを使ってタグファイルを格納したディレクトリを指定するだけでカスタムタグとして使用できます。たとえば、タグファイルを活用して繰り返し処理を実装すると以下のようになります。

▶ タグファイルの作成例 (/WEB-INF/tags/printTokens.tag)

```
<%@ tag pageEncoding="UTF-8" %>
<%@ taglib uri="http://java.sun.com/jsp/jstl/core" prefix="c"%>
<%@ attribute name="tokensString" type="java.lang.String" required="true"%>

<c:forEach var="token" items="${tokensString}">
    <c:out value="${token}" /><br>
</c:forEach>
```

▶ タグファイルの利用例

```
<%@ taglib prefix="myTags" tagdir="/WEB-INF/tags" %>

<myTags:printTokens tokensString="スポーツ,映画,音楽" />
```

タグファイルを使用すると、Viewに関するロジックを簡単に共通化することができるため、共通的に使用するUI部品（ページネーションリンクやカレンダーなど）を作成する際に使用するとよいでしょう。

5.10.5 EL (Expression Language)

JSPでは、ELと呼ばれる式言語を使用して値の参照、出力、演算を行なうことができます。EL式は、${...}（または#{...}）という形式で記述します。

たとえば、HttpServletRequestに"message"という属性名で"こんにちは！"という文字列が格納されていたとしましょう。この文字列をEL式を使って画面に表示する場合は、以下のような実装になります。

▶ EL式を使用したJSPの実装例

```
<span id="message">${message}</span>
```

EL式はXML特殊文字に対するエスケープ処理は行なわないため、上記の実装だとクロスサイトスクリプティングが発生する可能性があります。XML特殊文字が含まれる可能性がある場合は、JSTLから提供されているEL関数やJSPタグライブラリを併用するようにしてください。

■オブジェクトの参照方法

EL式を使用してオブジェクトを参照する方法はいくつかバリエーションがあり、主な参照方法は以下のとおりです。

- JavaBeansのプロパティを参照する場合は、「属性名.プロパティ名」を指定する
- リストや配列内の要素を参照する場合は、「属性名[要素位置]」を指定する
- マップ内の要素を参照する場合は、「属性名.キー名」または「属性名['キー名']」を指定する

具体的には以下のような実装になります。

▶ EL式を使用したオブジェクトの参照例

```
<!-- ↓ JavaBeansのtextプロパティを参照 -->
<span id="message">${message.text}</span>

<!-- ↓ リストの先頭(0番目)の要素を参照 -->
<span id="message">${messages[0].text}</span>

<!-- ↓ マップ内のsportキーを参照 -->
<span id="hobby">${hobbyCodeList.sport}</span>

<!-- ↓ マップ内のキー名に「.」が含まれる場合は['キー名']形式で参照 -->
<span id="message">${messages['guidance.termsOfUse']}</span>
```

■ 使用可能な演算子

EL式では、以下の演算子を使用することができます（**表5.28**）。

表5.28　EL式で使用可能な演算子

分類	演算子	説明	演算子	説明
算術演算子	+	加算する	/ (div)	徐算する
	-	減算する	% (mod)	剰余する
	*	乗算する		
比較演算子	== (eq)	同じ値か比較する	!= (ne)	異なる値か比較する
	<= (le)	左辺のほうが小さいまたは同じ値か比較する	>= (ge)	左辺のほうが大きいまたは同じ値か比較する
	< (lt)	左辺のほうが小さい値か比較する	> (gt)	左辺のほうが大きい値か比較する
	empty	nullまたは要素が空（文字列の場合は空文字）であるか比較する		
論理演算子	&& (and)	比較演算子の比較結果を集合積として扱う		
	|| (or)	比較演算子の比較結果を集合和として扱う		
	! (not)	比較演算子の比較結果を否定する		

■ 使用可能な暗黙オブジェクト

EL式では、以下の暗黙オブジェクトを使用することができます（**表5.29**）。

表5.29　EL式で使用可能な暗黙オブジェクト

オブジェクト名	説明
pageContext	javax.servlet.jsp.PageContextオブジェクト

オブジェクト名	説明
pageScope	PageContextで管理しているオブジェクトを格納したMapオブジェクト
requestScope	HttpServletRequestで管理しているオブジェクトを格納したMapオブジェクト
sessionScope	HttpSessionで管理しているオブジェクトを格納したMapオブジェクト
applicationScope	ServletContextで管理しているオブジェクトを格納したMapオブジェクト
param / paramValues	リクエストパラメータの値を格納したMapオブジェクト
header / headerValues	リクエストヘッダーの値を格納したMapオブジェクト
cookie	クッキーを格納したMapオブジェクト
initParam	ServletContextの初期化パラメータを格納したMapオブジェクト

pageContextを使用すると、サーブレットAPIのクラスに直接アクセスできてしまいます。サーブレットAPIのクラスを直接使用すると保守性を損なう可能性があるので、むやみに使用するのは避けるようにしましょう。

5.10.6 EL関数

ELでは、EL式から呼び出すことができる関数（EL関数）を使用できます。たとえば、JSTLが提供しているfn:escapeXml関数を使用すると、XMLとしてエスケープが必要な文字を実体参照文字列へ変換できます。

▶ EL関数を使用したJSPの実装例

```
<%@ taglib prefix="fn" uri="http://java.sun.com/jsp/jstl/functions" %>

<span>${fn:escapeXml(form.memo)}</span>
```

5.10.7 JSPの共通設定

サーブレットコンテナに対してJSPをどのように処理するかを指示する方法として、web.xmlの<jsp-config>要素を使用することができます。<jsp-config>要素を使用すると、jspファイルをグループ化することができ、グループ単位でJSPの振る舞いを制御するパラメータを設定できるようになります。

以下に最もシンプルな<jsp-config>の設定例を紹介します。本書で紹介できなかった項目については、JSPの仕様書[27]を参照してください。

▶ <jsp-config>を使用したJSPの設定例（web.xml）

```
<jsp-config>
    <jsp-property-group>
```

【27】http://download.oracle.com/otndocs/jcp/jsp-2_3-mrel2-eval-spec/

```
        <!-- 設定を適用するファイルのパターンを指定する -->
        <url-pattern>*.jsp</url-pattern>
        <!-- 指定したページの文字コードを指定する -->
        <page-encoding>UTF-8</page-encoding>
        <!-- 指定したページの先頭でインクルードするファイルを指定する -->
        <include-prelude>/WEB-INF/include-prelude.jsp</include-prelude>
    </jsp-property-group>
</jsp-config>
```

▶ /WEB-INF/include-prelude.jsp

```
<!-- 指定したページの先頭で定義したいJSPコードを記載する -->
<%@ taglib prefix="c" uri="http://java.sun.com/jsp/jstl/core" %>
```

　上記のような設定をweb.xmlに追加することで、各JSPの先頭で文字コードの指定やタグライブラリの読み込み定義を行なう必要がなくなり、JSPの動作に関わる設定を一元管理できるのが大きなメリットです。

5.10.8 JSTLの利用

　ViewとしてJSPを使用する場合は、JSTLの利用は必須と言っても過言ではありません。Springもいくつか便利なカスタムタグを提供していますが、JSTLのカスタムタグも使用します。JSTLから提供されているカスタムタグは表5.30に挙げているように5つに分類されます。

　本書では、JSTLにどのようなカスタムタグやEL関数があるのかの紹介にとどめ、具体的な使い方の説明は行ないません。具体的な使い方やオプションの説明については、「JSTL　使い方」というキーワードでインターネットを検索するか、JSTL 1.2の仕様書[28]を参照してください。

表5.30　JSTLの分類

プレフィックス	URI	説明
c	http://java.sun.com/jsp/jstl/core	コアな処理（値の表示、分岐、繰り返しなどの処理）を行なうためのカスタムタグを格納したタグライブラリ
fmt	http://java.sun.com/jsp/jstl/fmt	メッセージの表示や値のフォーマットなどを行なうカスタムタグを格納したタグライブラリ
sql	http://java.sun.com/jsp/jstl/sql	データベースアクセスを行なうカスタムタグを格納したタグライブラリ
x	http://java.sun.com/jsp/jstl/xml	XML操作を行なうカスタムタグを格納したタグライブラリ
fn	http://java.sun.com/jsp/jstl/functions	便利なEL関数を格納したタグライブラリ

■ライブラリのセットアップ

　JSTLを依存ライブラリに追加します。

【28】 http://download.oracle.com/otndocs/jcp/jstl-1.2-mrel2-eval-oth-JSpec/

▶ pom.xmlの定義例

```
<dependency>
    <groupId>org.apache.taglibs</groupId>
    <artifactId>taglibs-standard-jstlel</artifactId>
</dependency>
```

■タグライブラリの読み込み

JSPの先頭に使用するタグライブラリの読み込み定義を行ないます。

▶ タグライブラリの読み込み例

```
<%@ taglib prefix="c" uri="http://java.sun.com/jsp/jstl/core" %>
<%@ taglib prefix="fmt" uri="http://java.sun.com/jsp/jstl/fmt" %>
<%@ taglib prefix="fn" uri="http://java.sun.com/jsp/jstl/functions" %>
```

■coreタグライブラリ

coreタグライブラリから提供されているカスタムタグは以下のとおりです（**表5.31**）。

表 5.31　core タグライブラリのカスタムタグ一覧

要素名	説明
<c:out>	値を出力する
<c:set>	指定したスコープに値を格納する
<c:remove>	指定したスコープから値を削除する
<c:catch>	例外を捕捉する
<c:if>	分岐条件を指定し、指定した条件に一致したときに行なう処理を実装する
<c:choose>	複数分岐の開始を示す
<c:when>	複数分岐の分岐条件を指定し、指定した条件に一致したときに行なう処理を実装する。<c:choose>要素内で使用する
<c:otherwise>	<c:when>要素で指定した条件にいずれも一致しなかったときに行なう処理を実装する。<c:choose>要素内で使用する
<c:forEach>	コレクションや配列に対して繰り返し処理を実装する
<c:forTokens>	区切り文字で区切られたトークン文字列に対して繰り返し処理を実装する
<c:import>	指定したリソースをインポートする
<c:url>	URLを生成する
<c:redirect>	指定したURLにリダイレクトする
<c:param>	パラメータを指定する。<c:import>、<c:url>、<c:redirect>要素内で使用する

■fmtタグライブラリ

fmtタグライブラリから提供されている主なカスタムタグを**表5.32**に示します。ここでは、Spring連携時に使用する4つのカスタムタグのみ紹介します。fmtタグライブラリには、メッセージをリソースバンドルから取得す

るためのカスタムタグ（<fmt:message>など）がありますが、これはSpringが提供するカスタムタグ（<spring:message>など）で代替可能なので使用しません。

表5.32 fmtタグライブラリのSpring連携時に使用するカスタムタグ一覧

要素名	説明
<fmt:formatNumber>	数値をフォーマットする
<fmt:parseNumber>	文字列を数値に変換する
<fmt:formatDate>	java.util.Dateを文字列にフォーマットする
<fmt:parseDate>	文字列をjava.util.Dateに変換する

■functionsタグライブラリ

functionsタグライブラリから提供されているEL関数は以下のとおりです（**表5.33**）。

表5.33 functionsタグライブラリのEL関数一覧

EL関数	説明
fn:contains	指定した文字列が含まれているか判定する
fn:containsIgnoreCase	指定した文字列が大文字・小文字を区別せずに含まれているか判定する
fn:startsWith	指定した文字列で開始しているか判定する
fn:endsWith	指定した文字列で終了しているか判定する
fn:indexOf	指定した文字列が最初に出現するインデックスを取得する
fn:length	コレクションまたは配列の要素数、文字列長を取得する
fn:escapeXml	指定した文字列をXML特殊文字をエスケープする
fn:replace	文字列置換を行なう
fn:toLowerCase	大文字を小文字に変換する
fn:toUpperCase	小文字を大文字に変換する
fn:trim	文字列をトリムする
fn:substring	指定した範囲の文字列を切り取る
fn:substringAfter	指定した文字列に一致した後の文字列を切り取る
fn:substringBefore	指定した文字列に一致する前の文字列を切り取る
fn:join	文字列配列を文字列として結合する
fn:split	文字列を区切り文字を指定して文字列配列に分割する

 5.11 SpringのHTMLフォーム用タグライブラリの利用

Spring MVCは、HTMLフォームを出力するためのタグライブラリを提供しています（**表5.34**）。このタグライブラリを利用すると、HTMLフォームとJavaオブジェクト（フォームオブジェクト）のバインディングを簡単に行なうことができます。

表5.34 Spring MVC が提供する HTML フォーム出力用のカスタムタグの一覧

要素名	説明
`<form:form>`	フォームオブジェクトに対応するHTMLのフォーム（`<form>`要素）を出力する
`<form:input>`	テキストフィールド（`<input type="text">`要素）を出力する
`<form:password>`	パスワードフィールド（`<input type="password">`要素）を出力する
`<form:textarea>`	テキストエリア（`<textarea>`要素）を出力する
`<form:checkboxes>`	複数のチェックボックス（`<input type="checkbox">`要素）を出力する
`<form:checkbox>`	チェックボックス（`<input type="checkbox">`要素）を出力する
`<form:radiobuttons>`	複数のラジオボタン（`<input type="radio">`要素）を出力する
`<form:radiobutton>`	ラジオボタン（`<input type="radio">`要素）を出力する
`<form:select>`	セレクトボックス（`<select>`要素）を出力する
`<form:options>`	複数のセレクトボックスの選択肢（`<option>`要素）を出力する
`<form:option>`	セレクトボックスの選択肢（`<option>`要素）を出力する
`<form:hidden>`	隠しフィールド（`<input type="hidden">`要素）を出力する
`<form:label>`	ラベル（`<label>`要素）を出力する
`<form:button>`	ボタン（`<button type="submit">`要素）を出力する
`<form:errors>`	バインディングエラーおよび入力チェックエラーを出力する

本節では、これらのカスタムタグの代表的な使い方について説明していきます。なお、カスタムタグの動作をカスタマイズするための属性の説明は、使用頻度が高いと思われる属性に絞っています。すべての属性を知りたい場合は、TLDファイル[29]を参照してください。

5.11.1 タグライブラリのセットアップ

JSPの先頭にHTMLフォームを出力するためのタグライブラリの読み込み定義を追加します。

▶ タグライブラリのセットアップ例

```
<%@ taglib prefix="form" uri="http://www.springframework.org/tags/form" %>
```

5.11.2 フォームの出力

フォームオブジェクトに対応するHTMLのフォーム（`<form>`要素）を出力する場合は、`<form:form>`要素を使用します（表5.35）。

▶ JSPの実装例

```
<form:form modelAttribute="loginForm">
```

【29】spring-webmvcのjarファイル内の「/META-INF/spring-form.tld」

257

```
    ユーザー名：<form:input path="username"/><br>
    パスワード：<form:password path="password"/><br>
    <form:button>ログイン</form:button>
</form:form>
```

▶ HTMLの出力例

```
<form id="loginForm" action="/login" method="post">
    ユーザー名：<input id="username" name="username" type="text" value=""/><br>
    パスワード：<input id="password" name="password" type="password" value=""/><br>
    <button type="submit" value="Submit">ログイン</button>
    <div>
        <input type="hidden" name="_csrf" value="30f9fac8-5f3a-427f-a34a-a5133805ecf7" />
    </div>
</form>
```

表 5.35 <form:form> 要素の主な属性

属性名	説明
modelAttribute	HTMLフォームにバインドするフォームオブジェクトの属性名を指定する。省略した場合のデフォルト値は"command"となる
action	HTMLフォームの送信先を指定する。省略した場合のデフォルト値はページ表示時のURIとなる
method	HTMLフォームを送信する際に使用するHTTPメソッド（postまたはget）を指定する。省略した場合のデフォルト値は"post"となる

■RequestDataValueProcessorとの連携

<form:form> 要素を使用すると、org.springframework.web.servlet.support.RequestDataValueProcessorインターフェイスの実装クラスを使用して、HTMLフォームに出力する値をカスタマイズできます。RequestDataValueProcessorに定義されているメソッドを使えば、以下のような操作を行なうことができます。

- action属性に設定する値のカスタマイズ
- 任意の<input type="hidden">の出力
- HTMLのフィールド値（<input>要素のvalue属性など）に設定する値のカスタマイズ

本書で紹介するSpring Securityが提供しているCSRF対策用のトークン値は、RequestDataValueProcessorの仕組みを利用して自動で埋め込むことができます。

▶ Spring SecurityのCSRF対策機能と連携したときに出力される<input type="hidden">の例

```
<input type="hidden" name="_csrf" value="30f9fac8-5f3a-427f-a34a-a5133805ecf7" />
```

5.11.3　フォーム項目の共通的な属性

HTMLのフォーム項目（<input>、<textarea>など）を出力するためのタグライブラリには、いくつかの共通する属性があります。ここでは多くのタグで共通に定義されている属性を紹介します（表5.36）。

表 5.36　多くのタグで共通する属性

属性名	説明
path	フォーム項目にバインドするフォームオブジェクトのプロパティを指定する
disabled	フォーム項目を非活性にするか指定する。省略した場合のデフォルト値はfalse（非活性にしない）
readonly	フォーム項目を読み取り専用にするか指定する。省略した場合のデフォルト値はfalse（読み取り専用でない）

5.11.4　テキストフィールドの出力

テキストフィールド（<input type="text">要素）を出力する場合は、<form:input>要素を使用します。type属性を明示的に指定することで、"text"の代わりに"date"、"email"、"url"などのHTML5のtypeを使用することができます。

▶ JSPの実装例

```
ユーザー名：<form:input path="username"/>
```

▶ HTMLの出力例

```
ユーザー名：<input id="username" name="username" type="text" value=""/>
```

5.11.5　パスワードフィールドの出力

テキストフィールド（<input type="password">要素）を出力する場合は、<form:password>要素を使用します。

▶ JSPの実装例

```
パスワード：<form:password path="password"/>
```

▶ HTMLの出力例

```
パスワード：<input id="password" name="password" type="password" value=""/>
```

5.11.6 テキストエリアの出力

テキストエリア（<textarea>要素）を出力する場合は、<form:textarea>要素を使用します。

▶ JSPの実装例

```
ご意見・ご要望：<form:textarea path="opinionsAndRequests"/>
```

▶ HTMLの出力例

```
ご意見・ご要望：<textarea id="opinionsAndRequests" name="opinionsAndRequests"></textarea>
```

5.11.7 複数チェックボックスの出力

Mapまたはコレクションの要素をチェックボックスとして出力するには、<form:checkboxes>要素を使用します（表5.37）。

▶ Mapの生成例

```
@Bean
public Map<String, String> hobbyCodeList() {
    Map<String, String> map = new LinkedHashMap<>();
    map.put("sport", "スポーツ");
    map.put("music", "音楽");
    return Collections.unmodifiableMap(map);
}
```

▶ JSPの実装例

```
<spring:eval expression="@hobbyCodeList" var="hobbyCodeList"/>

趣味：<form:checkboxes path="hobbies" items="${hobbyCodeList}" />
```

▶ HTMLの出力例

```
趣味：<span>
        <input id="hobbies1" name="hobbies" type="checkbox" value="sport"/>
        <label for="hobbies1">スポーツ</label>
    </span>
    <span>
        <input id="hobbies3" name="hobbies" type="checkbox" value="music"/>
        <label for="hobbies3">音楽</label>
    </span>
    <input type="hidden" name="_hobbies" value="on"/>
```

表 5.37 <form:checkboxes> 要素の主な属性

属性名	説明
items	チェックボックスを構成するための情報（値とラベル）を保持する Map やコレクションを指定する。上記の例では、Map のキー値がチェックボックスの値、Map の値がチェックボックスのラベルとなる
itemValue	items 属性に JavaBeans のコレクションを指定した場合は、チェックボックスの値を保持しているプロパティ名を指定する
itemLabel	items 属性に JavaBeans のコレクションを指定した場合は、チェックボックスのラベルを保持しているプロパティ名を指定する

5.11.8 チェックボックスの出力

チェックボックスを出力する場合は、<form:checkbox> 要素を使用します（表 5.38）。

▶ JSP の実装例

```
利用規約：<form:checkbox path="agreement" label="同意する" />
```

▶ HTML の出力例

```
利用規約：<input id="agreement1" name="agreement" type="checkbox" value="true"/>
         <label for="agreement1">同意する</label>
         <input type="hidden" name="_agreement" value="on"/>
```

表 5.38 <form:checkbox> 要素の主な属性

属性名	説明
value	チェックボックスの値を指定する。バインド対象のプロパティの型が真偽型（Boolean や boolean）の場合は、この属性に指定した値を無視され常に true となる
label	チェックボックスのラベルを指定する

5.11.9 複数ラジオボタンの出力

Map またはコレクションの要素をラジオボタンとして出力する場合は、<form:radiobuttons> 要素を使用します（表 5.39）。

▶ Map の生成例

```
@Bean
public Map<String, String> genderCodeList() {
    Map<String, String> map = new LinkedHashMap<>();
    map.put("men", "男性");
    map.put("women", "女性");
    return Collections.unmodifiableMap(map);
}
```

▶ JSPの実装例

```
<spring:eval expression="@genderCodeList" var="genderCodeList"/>

性別：<form:radiobuttons path="gender" items="${genderCodeList}" />
```

▶ HTMLの出力例

```
性別：<span>
        <input id="gender1" name="gender" type="radio" value="men"/>
        <label for="gender1">男性</label>
    </span>
    <span>
        <input id="gender2" name="gender" type="radio" value="women"/>
        <label for="gender2">女性</label>
    </span>
```

表5.39　<form:radiobuttons> 要素の主な属性

属性名	説明
items	ラジオボタンを構成するための情報（値とラベル）を保持するMapやコレクションを指定する。上記の例では、Mapのキー値がラジオボタンの値、Mapの値がラジオボタンのラベルとなる
itemValue	items属性にJavaBeansのコレクションを指定した場合は、ラジオボタンの値を保持しているプロパティ名を指定する
itemLabel	items属性にJavaBeansのコレクションを指定した場合は、ラジオボタンのラベルを保持しているプロパティ名を指定する

5.11.10 ラジオボタンの出力

ラジオボタンを出力するには、<form:radiobutton>要素を使用します（**表5.40**）。

▶ JSPの実装例

```
性別：<form:radiobutton path="gender" value="men" label="男性" />
      <form:radiobutton path="gender" value="women" label="女性" />
```

▶ HTMLの出力例

```
性別：<input id="gender1" name="gender" type="radio" value="men"/>
      <label for="gender1">男性</label>
      <input id="gender2" name="gender" type="radio" value="women"/>
      <label for="gender2">女性</label>
```

表5.40　<form:radiobutton> 要素の主な属性

属性名	説明
value	ラジオボタンの値を指定する
label	ラジオボタンのラベルを指定する

5.11.11 セレクトボックスの出力

Mapまたはコレクションの要素をセレクトボックスとして出力するには、<form:select>要素を使用します（**表5.41**）。

▶ Mapの生成例

```
@Bean
public Map<String, String> prefectureCodeList() {
    Map<String, String> map = new LinkedHashMap<>();
    map.put("11", "埼玉");
    map.put("12", "千葉");
    return Collections.unmodifiableMap(map);
}
```

▶ JSPの実装例

```
<spring:eval expression="@prefectureCodeList" var="prefectureCodeList"/>

お住まい：<form:select path="livingPrefecture" items="${prefectureCodeList}"/>
```

▶ HTMLの出力例

```
お住まい：<select id="livingPrefecture" name="livingPrefecture">
            <option value="11">埼玉</option>
            <option value="12">千葉</option>
        </select>
```

表 5.41　<form:select> 要素の主な属性

属性名	説明
items	選択肢を構成するための情報（値とラベル）を保持するMapやコレクションを指定する。上記の例では、Mapのキー値が選択肢の値、Mapの値が選択肢のラベルとなる
itemValue	items属性にJavaBeansのコレクションを指定した場合は、選択肢の値を保持しているプロパティ名を指定する
itemLabel	items属性にJavaBeansのコレクションを指定した場合は、選択肢のラベルを保持しているプロパティ名を指定する
multiple	複数のオプションを選択できるようにするかを指定する。複数のオプションを選択できるようにする場合は"multiple"または"true"を指定する

■<form:option> と <form:options> の利用

セレクトボックスの選択肢を生成する場合、<form:option>と<form:options>を利用できます（**表5.42**、**表5.43**）。<form:option>要素は選択肢（<option>要素）を1つ出力するためのカスタムタグで、<form:options>タグはMapまたはコレクションの要素を選択肢として出力するためのカスタムタグです。

この2つのカスタムタグを利用すると、「空の選択肢の追加」や「選択肢のグループ化」などを行なうことができます。

▶ Mapの生成例

```
@Bean
public Map<String, String> prefectureCodeListForNorthKanto() {
    Map<String, String> map = new LinkedHashMap<>();
    map.put("08", "茨城");
    map.put("09", "栃木");
    map.put("10", "群馬");
    return Collections.unmodifiableMap(map);
}

@Bean
public Map<String, String> prefectureCodeListForSouthKanto() {
    Map<String, String> map = new LinkedHashMap<>();
    map.put("11", "埼玉");
    map.put("12", "千葉");
    map.put("13", "東京");
    map.put("14", "神奈川");
    return Collections.unmodifiableMap(map);
}
```

▶ JSPの実装例

```
<spring:eval expression="@prefectureCodeListForNorthKanto"
            var="prefectureCodeListForNorthKanto"/>
<spring:eval expression="@prefectureCodeListForSouthKanto"
            var="prefectureCodeListForSouthKanto"/>

お住まい：<form:select path="livingPrefecture">
            <form:option value="" label="--選択してください--"/>
            <optgroup label="北関東">
                <form:options items="${prefectureCodeListForNorthKanto}"/>
            </optgroup>
            <optgroup label="南関東">
                <form:options items="${prefectureCodeListForSouthKanto}"/>
            </optgroup>
        </form:select>
```

▶ HTMLの出力例

```
お住まい：<select id="livingPrefecture" name="livingPrefecture">
            <option value="">--選択してください--</option>
            <optgroup label="北関東">
                <option value="08">茨城</option>
                <option value="09">栃木</option>
                <option value="10">群馬</option>
            </optgroup>
            <optgroup label="南関東">
                <option value="11">埼玉</option>
                <option value="12">千葉</option>
                <option value="13">東京</option>
                <option value="14">神奈川</option>
```

```
        </optgroup>
    </select>
```

表 5.42　<form:option> 要素の主な属性

属性名	説明
value	選択肢の値を指定する
label	選択肢のラベルを指定する

表 5.43　<form:options> 要素の主な属性

属性名	説明
items	選択肢を構成するための情報（値とラベル）を保持するMapやコレクションを指定する。上記の例では、Mapのキー値が選択肢の値、Mapの値が選択肢のラベルとなる
itemValue	items属性にJavaBeansのコレクションを指定した場合は、選択肢の値を保持しているプロパティ名を指定する
itemLabel	items属性にJavaBeansのコレクションを指定した場合は、選択肢のラベルを保持しているプロパティ名を指定する

5.11.12　隠しフィールドの出力

隠しフィールド（<input type="hidden">要素）を出力する場合は、<form:hidden>要素を使用します。

▶ JSPの実装例

```
<form:hidden path="gender"/>
```

▶ HTMLの出力例

```
<input id="gender" name="gender" type="hidden" value="men"/>
```

5.11.13　ラベルの出力

ラベル（<label>要素）を出力する場合は、<form:label>要素を使用します（**表5.44**）。

▶ JSPの実装例

```
<form:label path="opinionsAndRequests">ご意見・ご要望</form:label>：
<form:textarea path="opinionsAndRequests"/>
```

▶ HTMLの出力例

```
<label for="opinionsAndRequests">ご意見・ご要望</label>：
<textarea id="opinionsAndRequests" name="opinionsAndRequests"></textarea>
```

表 5.44 <form:label> 要素の主な属性

属性名	説明
path	ラベルにバインドするフォームオブジェクトのプロパティを指定する。ここで指定したプロパティでバインディングエラーや入力チェックエラーが発生した場合、エラー時のスタイルが適用される

5.11.14 ボタンの出力

ボタン（<button>要素）を出力する場合は、<form:button>要素を使用します（表5.45）。

▶ JSPの実装例

```
<form:button name="confirm">確認</form:button>
```

▶ HTMLの出力例

```
<button id="confirm" name="confirm" type="submit" value="Submit">確認</button>
```

表 5.45 <form:button> 要素の主な属性

属性名	説明
name	ボタンを押下した際に送信するリクエストパラメータ名を指定する
value	ボタンを押下した際に送信するリクエストパラメータ値を指定する。省略した場合のデフォルト値は "Submit" となる

5.11.15 入力チェックエラーの出力

バインディングエラーまたは入力チェックエラーのエラー情報を出力するには、<form:errors>要素を使用します（表5.46）。

▶ JSPの実装例

```
利用規約：<form:checkbox path="agreement" value="true" label="同意する"/>
        <form:errors path="agreement"/>
```

▶ HTMLの出力例

```
利用規約：<input id="agreement1" name="agreement" type="checkbox" value="true"/>
        <label for="agreement1">同意する</label>
        <input type="hidden" name="_agreement" value="on"/>
        <span id="agreement.errors">must be true</span> <!-- ← エラー情報 -->
```

表 5.46 <form:errors> 要素の主な属性

属性名	説明
path	出力するエラー情報の所有者 (フォームオブジェクトのプロパティ) を指定する。path 属性には前方一致のワイルドカードを使うことができ、"*" を指定するとすべてのエラー情報が出力される。省略した場合は、各プロパティに紐付けられているエラー情報は出力されずにオブジェクトに紐付けられているエラー情報のみが出力される

5.12　Springの汎用タグライブラリの利用

Spring MVC は、JSP の実装をサポートするための汎用的なタグライブラリを提供しています (表5.47、表5.48)。

表 5.47　カスタムタグ

要素名	説明
<spring:message>	クライアントが指定したロケールに対応したメッセージを出力する
<spring:theme>	利用者が指定したテーマ (Webページの表示デザイン) に対応したメッセージを出力する
<spring:argument>	メッセージのプレースホルダに埋め込む値を指定する。<spring:message>または<spring:theme>要素内で使用する
<spring:hasBindErrors>	入力チェックエラー (バインディングエラー) 有無の判定とエラー情報を取得する
<spring:bind>	指定したオブジェクトやプロパティに紐付くバインディング情報 (org.springframework.web.servlet.support.BindStatus) を取得する
<spring:nestedPath>	バインディング情報にアクセスする際に指定するパスにルートパス (ネストパス) を設定する。<spring:bind>やフォーム関連のカスタムタグ (<form:input>要素など) 内で使用する
<spring:transform>	バインディング情報 (BindStatus) に割り当てられている java.beans.PropertyEditor を使用して値を文字列へ変換する
<spring:url>	URLを生成する
<spring:param>	リクエストパラメータやURLテンプレート内のパス変数の値を指定する。<spring:url>要素内で使用する
<spring:htmlEscape>	HTMLエスケープ有無のデフォルト値を上書きする
<spring:escapeBody>	HTMLエスケープまたはJavaScriptエスケープを行なう
<spring:eval>	SpEL (Spring Expression Language) の実行結果を出力する

表 5.48　EL 関数

関数名	説明
spring:mvcUrl	Spring MVCのリクエストマッピング情報 (@RequestMapping) と連携してURLを生成する

本節では、これらのカスタムタグやEL関数の代表的な使い方について説明していきます。なお、カスタムタグは動作をカスタマイズするための属性の説明は、使用頻度が高いと思われる属性に絞っています。すべての

属性を知りたい場合は、TLDファイル【30】を参照してください。

5.12.1 タグライブラリのセットアップ

JSPの先頭にタグライブラリの読み込み定義を行ないます。

```
<%@ taglib prefix="spring" uri="http://www.springframework.org/tags" %>
```

5.12.2 ロケール別のメッセージの出力

クライアントが指定したロケールに対応したメッセージを出力するには、<spring:message>要素を使用します（表5.49）。メッセージはSpringが提供しているMessageSourceから取得する仕組みになっています。

▶ **メッセージの定義例 (メッセージ定義用のプロパティファイル)**

```
title.home=ホーム画面
```

▶ **JSPの実装例**

```
<spring:message code="title.home"/>
```

▶ **HTMLの出力例**

```
ホーム画面
```

表 5.49　<spring:message> 要素の主な属性

属性名	説明
code	メッセージを取得するためのコード (プロパティキー) を指定する
arguments	メッセージのプレースホルダ ({インデックス番号} 形式) に埋め込む値を指定する。カンマ区切りの文字列またはオブジェクトのコレクション (配列) の指定が可能
text	デフォルトメッセージを指定する。この属性を指定したメッセージは、code属性に指定したコードに対応したメッセージが見つからない場合に使用される。たとえば、複数の言語をサポートする際に、主言語をtext属性に指定するといった利用方法が考えられる

■プレースホルダの埋め込み値の指定

プレースホルダに値を埋め込む場合は、arguments属性に埋め込む値を指定します。

【30】 spring-webmvcのjarファイル内の「/META-INF/spring.tld」

▶ メッセージの定義例（メッセージ定義用のプロパティファイル）

```
guidance.passwordValidPolicy=同じパスワードが使用できる期間は{0}日です。
```

▶ JSPの実装例

```
<spring:message code="guidance.passwordValidPolicy" arguments="90"/>
```

▶ HTMLの出力例

```
同じパスワードが使用できる期間は90日です。
```

　プレースホルダが複数ある場合は、値をカンマで区切って指定します。また、EL式を使用してオブジェクトのコレクションや配列を指定することもできます。さらにSpring 4.0からは、プレースホルダに埋め込む値を指定するためのカスタムタグ（<spring:argument>要素）が提供されています。

```
<spring:message code="guidance.passwordValidPolicy">
    <spring:argument value="90"/>
</spring:message>
```

5.12.3　テーマ別のメッセージの出力

　利用者が指定したテーマ（Webページの表示デザイン）に対応したメッセージを出力する場合は、<spring:theme>要素を使用します（**表5.50**。実際には画面に表示するメッセージを定義するのではなく、テーマに対応するスタイル定義（フォントの種類、フォントや背景の色、UI部品の配置などの指定）や、スタイルシートが格納されているパスなどを取得するような使い方が一般的です。

▶ テーマ別の設定値の定義例（テーマ別のプロパティファイル）

```
stylesheet=app/css/defaultStyles.css
```

▶ JSPの実装例

```
<spring:theme code="stylesheet" var="stylesheet"/>
<link rel="stylesheet" href="<c:url value='/resources/${stylesheet}'/>">
```

▶ HTMLの出力例

```
<link rel="stylesheet" href="/resources/app/css/defaultStyles.css">
```

表 5.50　<spring:theme> 要素の主な属性

属性名	説明
code	メッセージを取得するためのコード（プロパティキー）を指定する

この要素を使用する場合は、ThemeResolver、ThemeSource、ThemeChangeInterceptorのBean定義が必要になります【31】。

5.12.4　入力チェックエラーの判定

入力チェックエラー（バインディングエラー）の有無の判定やエラー情報の取得を行ないたい場合は、<spring:hasBindErrors>要素を使用します（**表5.51**）。指定したオブジェクトにエラーがある場合は、エラー情報がリクエストスコープの変数（errors）に格納されます。なお、エラー情報にアクセスできるのは<spring:hasBindErrors>要素の中からのみです。

▶ 入力チェックエラーを判定するJSPの実装例

```
<spring:hasBindErrors name="accountCreateForm">
    <div id="errorMessages">
        <p>入力値に誤りがあります。</p>
        <ul>
            <c:forEach items="${errors.allErrors}" var="error">
                <li><spring:message message="${error}"/></li>
            </c:forEach>
        </ul>
    </div>
</spring:hasBindErrors>
```

表5.51　<spring:hasBindErrors>要素の主な属性

属性名	説明
name	エラー判定を行なうオブジェクト（フォームオブジェクト）の属性名を指定する

5.12.5　バインディング情報（BindStatus）の取得

指定したオブジェクト（フォームオブジェクト）またはプロパティのバインディング情報（BindStatus）を取得する場合は、<spring:bind>要素を使用します（**表5.52**）。<spring:bind>要素を使用すると、バインディング情報（BindStatus）がリクエストスコープの変数（status）に格納されます。なお、バインディング情報にアクセスできるのは<spring:bind>要素の中からのみです。

▶ JSPの実装例

```
<spring:bind path="accountCreateForm.dateOfBirth">${status.displayValue}</spring:bind>
```

【31】 テーマの解決方法については、以下のページを参照してください。
　　　http://docs.spring.io/spring/docs/current/spring-framework-reference/htmlsingle/#mvc-themeresolver

▶ `<spring:nestedPath>` 併用時のJSPの実装例

```
<spring:nestedPath path="accountCreateForm">
    <spring:bind path="dateOfBirth">${status.displayValue}</spring:bind>
</spring:nestedPath>
```

表 5.52 `<spring:bind>` 要素の主な属性

属性名	説明
path	バインディング情報へアクセスするためのパス（オブジェクト名やプロパティ名）を指定する。`<spring:nestedPath>` を併用すると、`<spring:nestedPath>` の path 属性で指定したパスからの相対パスの指定となる
ignoreNestedPath	`<spring:nestedPath>` を併用している場合に、`<spring:nestedPath>` の path 属性の値を無視するか指定する。無視する場合は true を指定する。省略した場合のデフォルト値は false

バインディング情報（BindStatus）から取得できる情報は以下のとおりです（**表5.53**）。

表 5.53 BindStatus のプロパティ

プロパティ名	説明
value	プロパティにバインドした値またはリジェクトされた値
valueType	プロパティの型
actualValue	オブジェクトのプロパティに実際に設定されている値
displayValue	HTML エスケープ処理が行なわれている表示用の値
error	エラーの有無。エラーがある場合は true が返却される
errorCodes	エラーコードの配列。エラーがある場合は、エラーメッセージを解決する際に使用されるエラーコードの配列が返却される
errorCode	エラーコード。errorCodes の先頭が返却される
errorMessages	エラーメッセージの配列。エラーがある場合は、エラーメッセージの配列が返却される
errorMessage	エラーメッセージ。errorMessages の先頭が返却される
errors	指定したオブジェクトのエラー情報
editor	プロパティに割り当てられている java.beans.PropertyEditor

5.12.6 BindStatus と連携した文字列変換

バインディング情報（BindStatus）に割り当てられている PropertyEditor を使用して値を文字列へ変換する場合は、`<spring:transform>` 要素を使用します（**表5.55**）。これは、セレクトボックス、チェックボックス、ラジオボタンといった入力値を選択するような項目での利用が考えられます。たとえば、予約画面で出発日をセレクトボックスで選択するようなユーザーインターフェイスを作る際に使用できます。

▶ 出発日を保持するプロパティの定義

```
@DateTimeFormat(iso = DateTimeFormat.ISO.DATE)  // yyyy-MM-dd形式
```

```
private Date departureDate;
```

▶ JSPの実装例

```
<form:select path="departureDate">
    <c:forEach items="${targetDateList}" var="targetDate">
        <spring:transform value="${targetDate}" var="formattedTargetDate"/> <!-- 値の変換 -->
        <form:option value="${formattedTargetDate}">${formattedTargetDate}</form:option>
    </c:forEach>
</form:select>
```

▶ HTMLの出力例

```
<select name="departureDate">
    <option value="2015-09-28" >
        2015-09-28
    </option>
    <!-- ... -->
</select>
```

表 5.54 ＜spring:transform＞ 要素の主な属性

属性名	説明
value	変換対象の値を指定する

5.12.7 URLの生成

＜a＞要素のhref属性などに指定するURLを組み立てる場合は、＜spring:url＞要素を使用します（**表5.55**）。このカスタムタグは、JSTLの＜c:url＞要素が提供している機能にURIテンプレートをサポートしたものです。

ここではURLテンプレートを使用したURLの生成方法について説明します。それ以外の使い方は、JSTLの＜c:url＞と同じです。

▶ JSPの実装例

```
<spring:url value="/users/{userId}" var="userUrl">
    <spring:param name="userId" value="${userId}"/>
</spring:url>
<a href="${userUrl}"><c:out value="${userId}"/></a>
```

▶ HTMLの出力例

```
<a href="/myWebApp/users/A0000001">A0000001</a>
```

表 5.55 <spring:url> 要素の属性

属性名	説明
value	リクエストパスやURLを指定する。URIテンプレートのパス変数（{変数名}）に設定する値は、<spring:param> 要素（表5.56）を使用して指定する
context	コンテキストパスを指定する。省略した場合のデフォルト値はWebアプリケーションのコンテキストパスとなる

表 5.56 <spring:param> 要素の属性

属性名	説明
name	URIテンプレート内のパス変数の名前を指定する
value	パス変数に埋め込む値を指定する。レスポンス時に使用される文字コードでURLエンコーディングされる

5.12.8 エスケープ有無のデフォルトの上書き

Spring MVCが提供するカスタムタグを使って出力する値のHTMLエスケープの有無のデフォルト値は、サーブレットコンテナの初期化パラメータ（defaultHtmlEscape）で管理されています（**表5.57**）。このデフォルト値をページ単位で上書きしたい場合は、<spring:htmlEscape>要素を使用します。

▶ JSPの実装例

```
<spring:htmlEscape defaultHtmlEscape="true"/>
```

表 5.57 <spring:htmlEscape> 要素の属性

属性名	説明
defaultHtmlEscape	HTMLエスケープの有無のデフォルト値を指定する。HTMLエスケープを行なう場合はtrueを指定する

サーブレットコンテナの初期化パラメータを省略した場合のデフォルト値はfalse（HTMLエスケープしない）が適用されます。ただし、フォーム関連のカスタムタグのデフォルト値はtrue（HTMLエスケープする）で上書きされています。

5.12.9 出力値のエスケープ

HTMLエスケープやJavaScriptエスケープした値を出力するには、<spring:escapeBody>要素を使用します（**表5.58**）。

▶ HTMLエスケープのみ行なうJSPの実装例

```
<spring:escapeBody htmlEscape="true">${message}</spring:escapeBody>
```

▶ JavaScriptエスケープのみ行なうJSPの実装例

```
<script>
    var message = "<spring:escapeBody javaScriptEscape="true">${message}</spring:escapeBody>";
    // ・・・
</script>
```

▶ HTMLエスケープ + JavaScriptエスケープを行なうJSPの実装例

```
<button type="submit" onclick="return confirm(
        '<spring:escapeBody htmlEscape='true' javaScriptEscape='true'>${message}</spring:escapeBody>')">
    終了
</button>
```

表 5.58　`<spring:escapeBody>` 要素の属性

属性名	説明
htmlEscape	HTMLエスケープの有無を指定する。HTMLエスケープを行なう場合はtrueを指定する。省略した場合は、ページに設定されているデフォルト値が適用される
javaScriptEscape	JavaScriptエスケープの有無を指定する。JavaScriptエスケープを行なう場合はtrueを指定する

5.12.10　SpELの実行結果の取得

SpEL（Spring Expression Language）の実行結果を出力するには、`<spring:eval>` 要素を使用します（**表5.59**）。`<spring:eval>` 要素を使用すると、JSPのEL式で表現できないような処理を実行したり、DIコンテナに登録されているBeanにアクセスできたりします。SpELの詳細については、第2章の「2.5 Spring Expression Language（SpEL）」を参照してください。

ここでは、DIコンテナで管理されているBeanにアクセスする方法を例に、その使い方を見ていきます。

▶ Beanの定義例

```
@Component
public class AppSettings {

    @Value("${passwordValidDays:90}")
    int passwordValidDays;

    public int getPasswordValidDays() {
        return passwordValidDays;
    }

}
```

▶ JSPの実装例

```
<spring:message code="guidance.passwordValidPolicy">
```

```
    <spring:argument>
        <spring:eval expression="@appSettings.passwordValidDays"/>
    </spring:argument>
</spring:message>
```

▶ JSPの実装例

同じパスワードが使用できる期間は90日です。

表 5.59　<spring:eval> 要素の主な属性

属性名	説明
expression	SpELの式を指定する。DIコンテナで管理されているBeanにアクセスするには、「@ + bean名」を指定する

5.12.11　リクエストマッピング情報と連携したURLの生成

Spring MVCのリクエストマッピング情報（@RequestMapping）と連携してURLを生成するには、spring:mvcUrl関数を使用します（**表5.60**）。spring:mvcUrl関数を使用すると、Controllerに実装したHandlerメソッドを呼び出す感覚でURLを組み立てることができます。

▶ Controllerの実装例

```
@RequestMapping("/menu")
@Controller
public class MenuController {

    @RequestMapping(method = RequestMethod.GET)
    public String view() {
        return "welcome/menu";
    }

}
```

▶ JSPの実装例

```
<a href="${spring:mvcUrl('MC#view').build()}">メニューへ</a>
```

▶ HTMLの出力例

```
<a href="/menu/">メニューへ</a>
```

表5.60　spring:mvcUrl 関数の引数

引数位置	説明
1	リクエストマッピング情報（@RequestMapping）の名前を指定する。@RequestMappingのname属性に指定した値がリクエストマッピング情報の名前となり、name属性を省略した場合は、「Controllerクラスの短縮名（クラス名の大文字部分をつなげた値）＋「#」＋Handlerメソッドのメソッド名」がリクエストマッピング情報の名前となる

　spring:mvcUrl関数を呼び出すと、org.springframework.web.servlet.mvc.method.annotation.MvcUriComponentsBuilder.MethodArgumentBuilder クラスのインスタンスが返却されます。MethodArgumentBuilderには以下のメソッドが用意されています（**表5.61**）。

表5.61　MethodArgumentBuilder のメソッド

メソッド名	説明
arg	Handlerメソッドの引数に渡す値（URIテンプレートのパス変数値やリクエストパラメータ値）を指定する。第1引数に引数の位置（0開始）、第2引数に引数に渡す値を指定する
build	URLを生成する。リクエストマッピング情報とHandlerメソッドの引数に渡した値をもとにURLが生成される。なお、URLはUTF-8でURLエンコーディングされている
buildAndExpand	パス変数値を指定してURLを生成する。リクエストマッピング情報、Handlerメソッドの引数に渡した値、パス変数値をもとにURLが生成される。なお、URLはUTF-8でURLエンコーディングされている。URIテンプレート内のパス変数に埋め込む値をすべてHandlerメソッドの引数として渡す場合は、buildメソッドを使用すればよい

■Handlerメソッドの引数の指定

　Handlerメソッドの引数に指定したアノテーション（@PathVariableや@RequestParamなど）と連動して、URLが組み立てられます。以下の実装例では、Handlerメソッドの引数に渡した値を、URIテンプレートのパス変数値としてURL内に埋め込んでいます。

▶ Controllerの実装例

```
@RequestMapping("/users")
@Controller
public class UserController {

    @RequestMapping(path = "{userId}", method = RequestMethod.GET)
    public String viewDetail(@PathVariable String userId, Model model) {
        // ・・・
        return "user/detail";
    }

}
```

▶ JSPの実装例

```
<!-- URIテンプレートのパス変数に引数値を埋め込む -->
<a href="${spring:mvcUrl('UC#viewDetail').arg(0, userId).build()}">
    <c:out value="${userId}"/>
```

```
</a>
```

▶ HTMLの出力例

```
<a href="/users/A0000001">
    A0000001
</a>
```

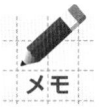

メモ

@DateTimeFormatなどのフォーマット指定用のアノテーションとURLを連動できるのも特徴の1つです。

5.13 例外ハンドリング

例外ハンドリングは、アプリケーションを開発するうえで欠かすことができない重要な処理の1つです。ここでは、Webアプリケーションで発生する例外のハンドリング方法について説明します。

5.13.1 例外の種類

具体的な例外ハンドリングの方法を説明する前に、Webアプリケーションで発生する例外を整理しておきましょう。

Webアプリケーションで発生する例外は、大きく以下の3つに分類されます。アプリケーション開発者は、これらの例外に対して適切にエラー処理を行なう必要があります。

- **システム例外**
  処理を継続することができない例外（アプリケーション自体のバグ、依存ライブラリのバグ、ミドルウェアやハードウェアの故障、システムリソースの枯渇、ネットワーク障害など）は、システム例外に分類されます。システム例外が発生した場合は、システム利用者にはシステムエラー画面を表示し、システム運用者にはシステム障害が発生したことが通知されるように実装します。

- **リクエスト不正を通知する例外**
  リクエストの内容が不正なときに発生する例外（存在しないパスへのリクエスト、バインディングエラー、入力チェックエラーなど）は、リクエスト不正を通知する例外に分類されます。リクエスト不正を通知する例外が発生した場合は、システム利用者にリクエストの内容が間違っていることを通知するように実装します。

- **アプリケーション例外**
  ビジネスルールに違反したときに発生する例外（ユーザー登録時のIDの重複エラー、排他エラー、在庫

数の不足エラーなど）は、アプリケーション例外に分類されます。アプリケーション例外が発生した場合は、アプリケーションの要件で決められているエラー処理を実装します。

5.13.2 例外の発生個所とハンドリング方法

Spring MVCを使用したWebアプリケーションでは、以下の個所で例外が発生する可能性があり、それぞれ例外ハンドリングの方法も異なります（図5.18）。

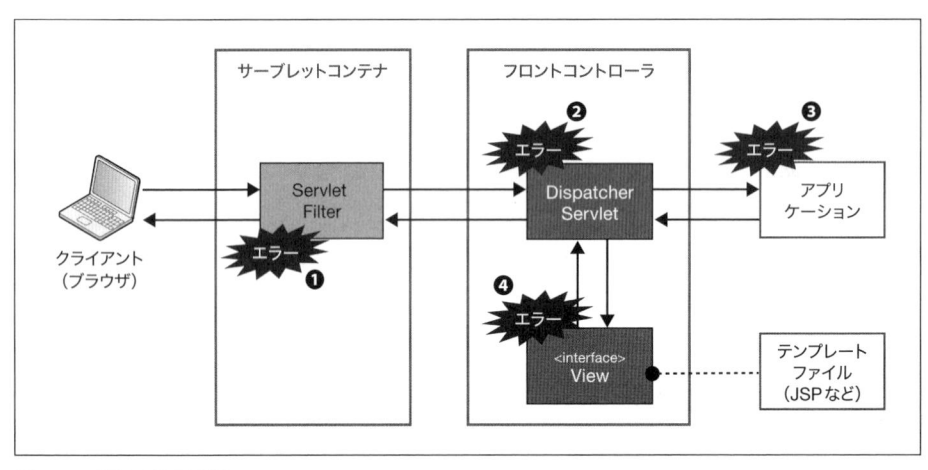

図5.18　例外の発生個所

❶ Servlet Filter

共通的な処理をServlet Filterを使用して実現するには、Servlet Filterで発生する例外に対する例外ハンドリングが必要になります。Servlet Filterの中で発生した例外は、サーブレットコンテナのエラーページ機能（web.xmlの<error-page>要素）を使用してエラー処理を実装します。

❷ DispatcherServlet

Spring MVCを使用するには、フロントコントローラが行なうフレームワーク処理で発生する例外に対する例外ハンドリングが必要になります。Spring MVCのフロントコントローラの中で発生した例外は、Spring MVCが提供する例外ハンドリングの仕組み（HandlerExceptionResolver）を使用してエラー処理を実装します。

❸ アプリケーション（Controller、Service、Repositoryなど）

Spring MVCを使用する場合は、Controller以降の処理（アプリケーション個別の処理）で発生する例外に対する例外ハンドリングが必要になります。アプリケーションの中で発生した例外は、プログラム内でのtry～catchやSpring MVCが提供する例外ハンドリングの仕組み（HandlerExceptionResolver）を使用してエラー処理を実装します。

❹ View（JSP など）

Viewを使用してクライアントへ応答するデータを生成する場合は、View内で発生する例外に対する例外ハンドリングが必要になります。Viewの中で発生した例外は、サーブレットコンテナのエラーページ機能（web.xmlの<error-page>要素）を使用してエラー処理を実装します。

■例外ハンドリングの方法

Spring MVCを使用したWebアプリケーションで発生する例外は、サーブレットコンテナのエラーページ機能か、Spring MVCの例外ハンドラのいずれかの方法を利用してハンドリングします。

 利用するライブラリによっては、ライブラリ独自の例外ハンドリングの仕組みを提供している場合があるので、システムおよびアプリケーションの要件に応じて利用してください。

5.13.3 サーブレットコンテナのエラーページ機能の利用

サーブレットコンテナは、サーブレットコンテナまで通知された例外やエラー応答（HttpServletResponseのsendErrorメソッドの呼び出し）をハンドリングし、遷移先のページを指定することができる機能を提供しています。

エラー時の遷移先のページは、web.xmlの<error-page>要素を使用して設定します。

▶ ステータスコードを使用して遷移先を指定する際の設定例

```
<error-page>
    <error-code>500</error-code> ──────────────── ❶
    <location>/WEB-INF/error/systemError.jsp</location> ──────────── ❷
</error-page>
```

❶ ステータスコードを使用して遷移先を指定する場合は、<error-code>要素にステータスコードを指定する。<error-code>には、エラー系（4xxや5xx）のレスポンスコードの指定が可能

❷ <location>要素に遷移先のページを指定する

▶ 例外の型を使用して遷移先を指定する際の設定例

```
<error-page>
    <exception-type>java.lang.Exception</exception-type> ──────────── ❸
    <location>/WEB-INF/error/systemError.jsp</location>
</error-page>
```

❸ 例外の型を使用して遷移先を指定する場合は、<exception-type>要素を例外の型を指定する

▶ デフォルトの遷移先を指定する際の設定例（Servlet 3.1以上のサーブレットコンテナで利用可能）

```
<error-page>
    <location>/WEB-INF/error/defaultError.jsp</location>
</error-page>
```
❹

❹ デフォルトの遷移先を指定する場合は、<location>要素のみ指定した<error-page>要素を定義する

> 商用環境にデプロイするアプリケーションについては、サーブレットコンテナのエラーページ機能
> を使用して、デフォルトの遷移先を指定しておくことを強くお勧めします。
> デフォルトの遷移先を設けていない場合は、アプリケーションサーバーが用意しているエラーペー
> ジが表示されます。Tomcatなど一部のアプリケーションサーバーでは、アプリケーションサーバー
> の製品情報や例外のスタックトレースが表示されてしまいます。このような内部情報を商用環境で
> 表示してしまうと、アプリケーションサーバーやフレームワークのセキュリティ上の脆弱性を突い
> た攻撃にさらされるリスクが高くなります。

■エラーページで参照可能なエラー情報

エラーページに指定された遷移先では、以下のようなエラー情報をリクエストスコープから取得できます（**表 5.62**）。

表 5.62　エラーページで参照可能なリクエストスコープの属性

属性名	型	説明
javax.servlet.error.status_code	Integer	レスポンスのステータスコード
javax.servlet.error.exception_type	Class	例外オブジェクトの型
javax.servlet.error.message	String	例外のメッセージ
javax.servlet.error.exception	Throwable	例外オブジェクト
javax.servlet.error.request_uri	String	例外が発生したリクエストのURI
javax.servlet.error.servlet_name	String	例外が発生したリクエストに割り当てられたサーブレットの名前

■型階層の扱い

例外の型を使用してエラーページの定義を行なった場合は、発生した例外クラスと型階層が最も近い定義が適用されます。

▶ 型階層を意識した遷移先の指定例

```
<error-page>
    <exception-type>java.lang.Exception</exception-type>
    <location>/WEB-INF/systemError.jsp</location>
</error-page>

<error-page>
```

```
    <exception-type>java.io.IOException</exception-type>
    <location>/WEB-INF/ioError.jsp</location>
</error-page>
```

上記のような設定が行なわれている状態でjava.io.FileNotFoundException（IOExceptionのサブクラス）が発生した場合は、/WEB-INF/ioError.jspが遷移先のページになります。

■原因例外の扱い

サーブレットコンテナに通知された例外がjavax.servlet.ServletException（またはServletExceptionのサブクラス）で、例外の型に対応するエラーページの定義が存在しない場合は、原因例外（ServletExceptionのgetRootCauseメソッドの戻り値）に対応するエラーページの定義が適用されます。

逆に言うと、ServletException（またはServletExceptionのサブクラス）やjava.lang.Exceptionに対するエラーページの定義を行なった場合は、原因例外による遷移先の指定はできません。

5.13.4 Spring MVCの例外ハンドラの利用

Spring MVCは、フロントコントローラおよびController以降の処理（アプリケーション個別の処理）で発生する例外をハンドリングするためのコンポーネントとして、org.springframework.web.servlet.mvc.method.annotation.HandlerExceptionResolverインターフェイスといくつかの実装クラスを提供しています。Spring MVCの自動コンフィギュレーションの仕組みを利用すると、以下の3つの実装クラスがデフォルトで適用されます（**表5.63**）。

表5.63　デフォルトで適用されるHandlerExceptionResolverの実装クラス

クラス名	説明
ExceptionHandlerExceptionResolver	@ExceptionHandlerを指定したメソッドを実装して例外ハンドリングを行なうための例外ハンドラ
ResponseStatusExceptionResolver	@ResponseStatusを付与した例外クラスを作成して例外ハンドリングを行なうための例外ハンドラ。このクラスで例外がハンドリングされると、@ResponseStatusで指定したステータスコードを使用してHttpServletResponseのsendErrorメソッドが呼び出される
DefaultHandlerExceptionResolver	Spring MVCのフロントコントローラの処理で発生する例外をハンドリングするための例外ハンドラ。このクラスで例外がハンドリングされると、例外クラスに対応するステータスコードを使用してHttpServletResponseのsendErrorメソッドが呼び出される

Spring MVC配下で発生した例外はDispatcherServletが捕捉して、HandlerExceptionResolverのresolveExceptionメソッドを呼び出して例外ハンドリングを行ないます。resolveExceptionメソッドはModelAndViewクラスのオブジェクトを返却することで、遷移先と遷移先で必要となる情報を解決します（**図5.19**）。な

お、エラー画面への遷移は、通常時の画面遷移と同様にViewResolverの仕組みが使用されます。

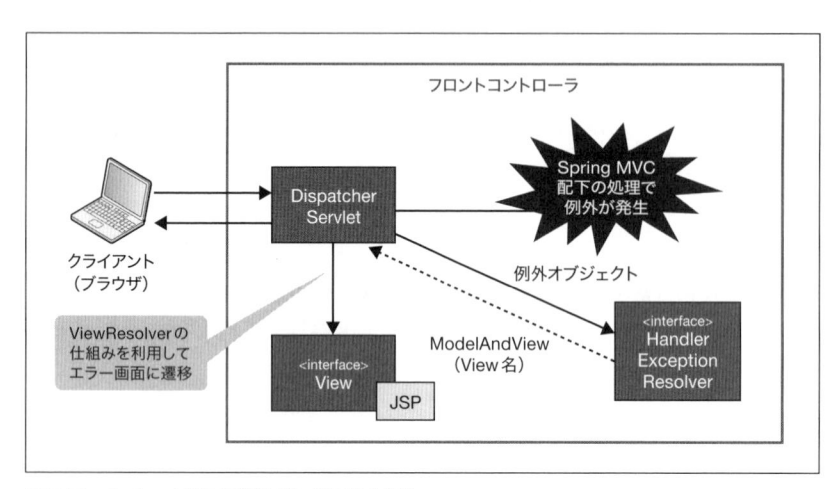

図5.19　Spring MVCの例外ハンドラの仕組み

Spring MVC配下の処理でエラー（java.lang.Errorおよびそのサブクラス）が発生した場合は、org.springframework.web.util.NestedServletExceptionにラップされた例外がサーブレットコンテナまで通知されます。つまりエラー（java.lang.Error）をSpring MVCの例外ハンドラを使用してハンドリングすることはできません [32]。

■HandlerExceptionResolverの適用順

　デフォルトで適用されるHandlerExceptionResolverは、ExceptionHandlerExceptionResolver、ResponseStatusExceptionResolver、DefaultHandlerExceptionResolverの順でメソッドが呼び出されます。resolveExceptionメソッドで例外がハンドリングされた場合は、後続のHandlerExceptionResolverのメソッドは呼び出されません。また、すべてのHandlerExceptionResolverで例外がハンドリングされなかった場合は、org.springframework.web.util.NestedServletException（ServletExceptionのサブクラス）にラップされてサーブレットコンテナに通知されます。

■DefaultHandlerExceptionResolverでハンドリングされる例外

　DefaultHandlerExceptionResolverでハンドリングされる例外クラスと、例外に対応するステータスコードのマッピングは以下のとおりです（**表5.64**）。

【32】Spring 4.3からErrorやThrowableをハンドリングできるようになります。

表5.64　デフォルトで適用される HandlerExceptionResolver の実装クラス

クラス名	説明	レスポンスコード
NoSuchRequestHandlingMethodException	リクエストに対応するHandlerメソッドが見つからなかった場合に発生する例外。MultiActionController [33] を継承してControllerを作成した場合に発生する	404
HttpRequestMethodNotSupportedException	サポートされていないHTTPメソッドが使用された場合に発生する例外。レスポンスのAllowヘッダーにサポートされているHTTPメソッドの一覧が設定される	405
HttpMediaTypeNotSupportedException	リクエストのContent-Typeにサポート外のメディアタイプが指定されている場合に発生する例外。レスポンスのAcceptヘッダーにサポートされているメディアタイプの一覧が設定される	415
HttpMediaTypeNotAcceptableException	リクエストのAcceptヘッダーに指定されているメディアタイプに対応するレスポンスをサポートしていない場合に発生する例外	406
MissingPathVariableException	@PathVariableを使用してパス変数値を取得する際に、URIテンプレート内にパス変数が存在しない場合に発生する例外	500
MissingServletRequestParameterException	必須のリクエストパラメータが未指定の場合に発生する例外。@RequestParamを使用してリクエストパラメータ値を取得する場合に発生する	404
ServletRequestBindingException	リクエストに対応するHandlerメソッドが見つからなかった場合に発生する例外。@RequestMappingのparams属性を使用してリクエストマッピングを行なっている際に、params属性に指定した条件に一致するリクエストパラメータが存在しない場合に発生する	400
ConversionNotSupportedException	Springの型変換の仕組みで変換できない型が使用された場合に発生する例外	500
TypeMismatchException	リクエストパラメータ値などの型変換に失敗した場合に発生する例外。たとえば、@RequestParamを使用してリクエストパラメータ値をIntegerとして受け取る場合に、リクエストパラメータ値に数値以外の値が指定されるとこの例外が発生する	400
HttpMessageNotReadableException	HttpMessageConverterを使用したリクエストBODY（JSONやXMLなど）の読み取りに失敗した場合に発生する例外	400
HttpMessageNotWritableException	HttpMessageConverterを使用したリクエストBODY（JSONやXMLなど）の書き込みに失敗した場合に発生する例外	500
MethodArgumentNotValidException	@RequestBodyまたは@RequestPartを付与して取得したオブジェクトでバインディングエラー（入力チェックエラー）が発生した場合に発生する例外	400
MissingServletRequestPartException	必須のアップロードファイルが未指定の場合に発生する例外。@RequestPartを使用してアップロードファイルを取得する場合に発生する	400
BindException	フォームオブジェクトでバインディングエラー（入力チェックエラー）が発生した場合に発生する例外。Handlerメソッドの引数にBindingResultを指定するとこの例外は発生しない	400
NoHandlerFoundException	リクエストに対応するHandlerメソッドが見つからなかった場合に発生する例外。Handlerが見つからないときにこの例外を発生させたい場合は、DispatcherServletのthrowExceptionIfNoHandlerFoundプロパティをtrue（デフォルト値はfalse）に設定する必要がある	404

【33】本書ではMultiActionControllerの使い方の説明はしていません。

5.13.5 @ExceptionHandlerメソッドの利用

DefaultHandlerExceptionResolverでハンドリングされない例外に対するエラー処理を実装するには、@org.springframework.web.bind.annotation.ExceptionHandlerを付与したメソッドを作成します。

@ExceptionHandlerを付与したメソッドは、「Controllerクラス」「ControllerAdviceクラス（@ControllerAdviceを付与したクラス）」に実装することができます。Controller固有の例外処理はControllerクラスに実装し、アプリケーション全体で行なう共通的な例外処理はControllerAdviceクラスに実装するのが一般的な使い方です。

例外処理の内容が「遷移先のViewの指定」と「レスポンスコードの指定」だけの場合は、Spring MVCから提供されているorg.springframework.web.servlet.handler.SimpleMappingExceptionResolverを利用することで実現することができます。SimpleMappingExceptionResolverを使用するには、SimpleMappingExceptionResolverをBean定義してDIコンテナに登録する必要があります。適用順を制御する必要がある場合は、SimpleMappingExceptionResolverのorderプロパティに適切な値を指定してください。orderプロパティを省略した場合は、最も優先度が低いExceptionHandlerExceptionResolverとしてDIコンテナに登録されます。

■共通的な例外処理の実装

アプリケーション全体で共通的に行なう例外処理は、例外ハンドリング用のControllerAdviceクラスを作成して@ExceptionHandlerメソッドを実装します。

▶ 共通的な例外ハンドラの実装例

```java
package com.example;

import org.springframework.http.HttpStatus;
import org.springframework.web.bind.annotation.*;

@ControllerAdvice                                                              ❶
public class GlobalExceptionHandler {

    @ExceptionHandler                                                          ❷
    @ResponseStatus(HttpStatus.INTERNAL_SERVER_ERROR)                          ❸
    public String handleException(Exception e) {
        // 任意のエラー処理を実装する
        // ・・・
        return "error/systemError";                                           ❹
    }

}
```

❶ 共通的な例外処理を実装するために、@ControllerAdviceを付与したクラスを作成する

❷ @ExceptionHandler を付与したメソッドを実装する。ハンドリング対象の例外クラスの指定は、メソッドの引数また
は @ExceptionHandler の value 属性に指定する。上記の例では、ハンドリング対象の例外クラスはメソッドの引数
で指定している

❸ クライアントへ応答するステータスコードを指定する。上記の例では500（Internal Server Error）を指定している。
省略した場合のデフォルト値は200（OK）となる

❹ エラー処理として遷移先の View名を返却する。上記の例ではシステムエラー画面に遷移するための View名（"error
/systemError"）を返却している

　上記の実装例では、handleException というメソッドを1つだけ実装していますが、複数のメソッドを実装す
ることができます。また、クラス名やメソッド名も特別な制約はありません。

■@ExceptionHandler メソッドの引数

@ExceptionHandler メソッドの引数には、以下のような型を指定することができます（**表5.65**）。

表5.65　@ExceptionHandler メソッドに指定可能な主な型

型	説明
Exception	発生した例外オブジェクト[34]
HandlerMethod	リクエストにマッピングされた HandlerMethod オブジェクト
java.util.Locale	クライアントのロケール
java.util.TimeZone / java.time.ZoneId	クライアントのタイムゾーン。ZoneId は Java SE 8以上で使用可能
java.security.Principal	クライアントの認証ユーザー情報を保持するインターフェイス

Handler メソッドの引数と同様に、Servlet API（HttpServletRequest、HttpServletResponse、
HttpSession）や低レベルの Java API（InputStream、Reader、OutputStream、Writer）なども指
定できますが、これらの API を自由に使うとアプリケーションのメンテナンス性を低下させる可能
性があります。アプリケーションの要件が満たせない場合に限定し、これらの API を使用するよう
に心がけましょう。

■@ExceptionHandler メソッドの戻り値

@ExceptionHandler メソッドの戻り値には、さまざまなオブジェクトを指定することができます。Spring MVC
がデフォルトでサポートしている主な型は以下のとおりです（**表5.66**）。

【34】Spring 4.3から Error や Throwable が指定可能です。

表5.66 Spring MVCがデフォルトでサポートしている戻り値の主な型

型	説明
String	遷移先のView名を返却する
ModelAndView	遷移先のView名と遷移先に連携するデータ（Model）を返却する
void	HttpServletResponseに直接レスポンスデータを書き込む場合はvoidにする
ResponseEntity<?>	レスポンスヘッダーとレスポンスボディにシリアライズするオブジェクトを返却する。返却したオブジェクトはHttpMessageConverterの仕組みを使用して任意の形式にシリアライズされる

また、Handlerメソッドと同様に@ModelAttributeや@ResponseBodyをメソッドに付与することで、任意のオブジェクトをModelに格納したり、レスポンスボディにシリアライズすることができます。

 ## **@ResponseStatus を指定した例外クラスの利用**

例外処理としてステータスコードのみを設定すればよい場合は、@org.springframework.web.bind.annotation.ResponseStatusを付与した例外クラスを作成することで実現することができます。

▶ @ResponseStatusを付与した例外クラスの作成例

```
@ResponseStatus(HttpStatus.NOT_FOUND)
public class ResourceNotFoundException extends RuntimeException {
    // ・・・
}
```

上記の例外クラスをSpring MVC配下の処理でスローすると、レスポンスのステータスコードに404（Not Found）を設定できます。また、@ResponseStatusは親クラスや原因例外の例外クラスに指定することもできます。

RESTful Webサービスの開発

第5章では「画面を応答するWebアプリケーション」の実装方法について学びました。本章では、「データのみを応答するWebアプリケーション」のRESTful Webサービス（REST API）を開発する際に必要となるコンポーネント（Controller、リソースクラス）の実装方法について詳しく解説していきます。

ここではまず、REST APIのアーキテクチャを紹介した後に、「書籍情報」を扱うREST APIを題材にSpring MVCを使用したREST APIの実装方法を学んでいきます。さらに最後には、Springが提供するHTTPクライアント（RestTemplate）を利用して、「書籍情報」を扱うREST APIを呼び出す方法も紹介します。

メモ

REST APIを開発する際には、第5章「Webアプリケーションの開発」で学んだ知識も必要になります。そのため、第5章の5.1節（Webアプリケーションの種類）から5.5節（リクエストデータの取得）までと、5.7節（入力チェック）を事前に読んでおくと、本章をスムーズに読み進められます。

6.1　REST APIのアーキテクチャ

REST APIの具体的な開発方法の説明を行なう前に、まずREST APIがどのようなものか理解しておきましょう。RESTは「REpresentational State Transfer」の略であり、クライアントとサーバー間でデータをやりとりするアプリケーションを構築するためのアーキテクチャスタイルの1つです。

RESTのアーキテクチャスタイルにおいて最も重要なのは「リソース」という概念です。REST APIでは、データベースなどで管理している情報の中からクライアントに提供する情報を「リソース」として抽出します。抽出したリソースはWeb上に公開し、リソースにアクセス（CRUD操作）するための手段として「REST API」を用意します。

6.1.1　Resource Oriented Architecture（ROA）

ROAは、RESTfulなWebアプリケーションを構築するための具体的なアーキテクチャを定義しています。ここでは、ROAの主要なアーキテクチャを7つ紹介し、REST APIを開発（特に設計）するうえで考慮すべき点をいくつか説明していきます。

■Web上のリソースとして公開

クライアントに提供する情報は、Web上のリソースとして公開します。これは、HTTPプロトコルを使ってリソースにアクセスできるようにすることを意味しています。

■URIによるリソースの識別

Webに公開するリソースには、リソースを一意に識別するためのURI（Universal Resource Identifier）を割り当て、同じネットワークにつながっていればどこからでも同じリソースにアクセスできるようにします。

リソースに割り当てるURIは、「リソースの種類を表わす名詞」と「リソースを一意に識別するための値（IDなど）」を組み合わせるのが一般的です。https://api.github.com/users/spring-projectsを例に説明すると、「users」の部分が「リソースの種類」、「spring-projects」の部分が「リソースを一意に識別するための値」になります。

■HTTPメソッドによるリソースの操作

リソースに対するCRUD操作は、HTTPメソッド（GET、POST、PUT、DELETEなど）を使い分けることで実現します。REST API作成時によく使うHTTPメソッドは以下の4つです（**表6.1**）。

表6.1　よく使われるHTTPメソッドと役割

HTTPメソッド	役割
GET	URIで指定されたリソースを取得する
POST	リソースを作成し、作成したリソースにアクセスするためのURIを返却する
PUT	URIで指定されたリソースを作成または更新する
DELETE	URIで指定されたリソースを削除する

上記以外にも、HEAD、PATCH、OPTIONSなどのHTTPメソッドがありますが、GET、POST、PUT、DELETEに比べると使用する頻度は高くありません。

■適切なフォーマットの使用

リソースのフォーマットは、視認性・データ構造の表現性が高いJSONまたはXMLなどのフォーマットを使用します。基本的にはJSONやXMLを使用しますが、REST APIでは特定のフォーマットを使用することを規定していないので、アプリケーションの要件に応じて使用するフォーマットを選択してください。

▶ リソースのフォーマット（GitHub提供のユーザー情報の一部抜粋）

```
{
    "login": "spring-projects",
    "id": 317776,
    "avatar_url": "https://avatars.githubusercontent.com/u/317776?v=3",
    "type": "Organization",
    "site_admin": false,
    "name": "Spring",
    "company": null,
    "public_repos": 177,
    "created_at": "2010-06-29T18:58:02Z",
    "updated_at": "2015-09-28T10:38:45Z"
}
```

■適切なHTTPステータスコードの使用

　クライアントへ返却するレスポンスには、適切なHTTPステータスコードを設定します（**表6.2**）。HTTPステータスコードはサーバーの処理結果を示すための値です。処理結果のハンドリングをクライアント側のアプリケーションで行なうREST APIでは、HTTPステータスコードに適切な値を設定しておくことは非常に重要です。HTTPのステータスコードはRFC[1]でどのような値を設定するか明確に決まっており、クライアントとの食い違いが発生しづらいというメリットがあります。

表6.2　HTTP ステータスコードの分類

分類	説明
1xx系	リクエストを受理して処理を継続していることを通知するためのレスポンスコード
2xx系	リクエストを受理して処理が完了したことを通知するためのレスポンスコード
3xx系	リクエストを完了させるために追加で処理（リダイレクトなど）が必要であることを通知するためのレスポンスコード
4xx系	リクエストに不備があるため処理を中断したことを通知するためのレスポンスコード
5xx系	正当なリクエストに対してサーバーが正しく処理を行なえなかったことを通知するためのレスポンスコード

■ステートレスなクライアント／サーバー間の通信

　クライアントからのリクエストデータのみで処理を行なうようにします。これは、アプリケーションサーバーのHTTPセッションなどの共有メモリは使用せずに、リクエストデータのみでリソースに対する操作を行なうようにしておくことを意味しています。ステートレスな通信を実現する際は、アプリケーションの状態（画面などの状態）は、クライアント側のアプリケーション（DOMやJavaScriptの変数など）で管理するようにします。

■関連のあるリソースへのリンク

　リソースの中には、関連を持つ他のリソースやサブリソースへのハイパーメディアリンク（URI）を含めます。これは、関連を持つリソース同士が相互にリンクを保持しておくことで、リンクをたどるだけで関連するすべてのリソースにアクセスできる状態にしておくことを意味しています。

　なお、リソースの中にハイパーメディアリンク（URI）を設けて、そのリンクをたどることでリソースへアクセスするアーキテクチャのことを、HATEOAS（Hypermedia as the Engine of Application State）と呼びます。HATEOASのアーキテクチャを利用すると、クライアントがリソースへアクセスする際に使用するURIを事前に知っている必要がなくなるため、クライアントとサーバーとの疎結合性を高めるというメリットがあります。

▶ ハイパーメディアリンク（URI）を含むリソースの例

```
{
  "login": "spring-projects",
  "id": 317776,
  "_links":{
    "self":{
      "href":"https://localhost:8080/users/spring-projects"
```

【1】　http://tools.ietf.org/search/rfc2616#section-6.1.1

```
  },
  "users":{
    "href":"https://localhost:8080/users"
    }
  }
}
```

6.1.2 フレームワークのアーキテクチャ

　REST APIは、Spring MVCの仕組みを使用して開発します。Spring MVCのアーキテクチャは第4章の「4.3 Spring MVCのアーキテクチャ」で紹介済みですが、REST APIを開発する場合は以下のような仕組みでフレームワーク処理が行なわれます（図6.1）。

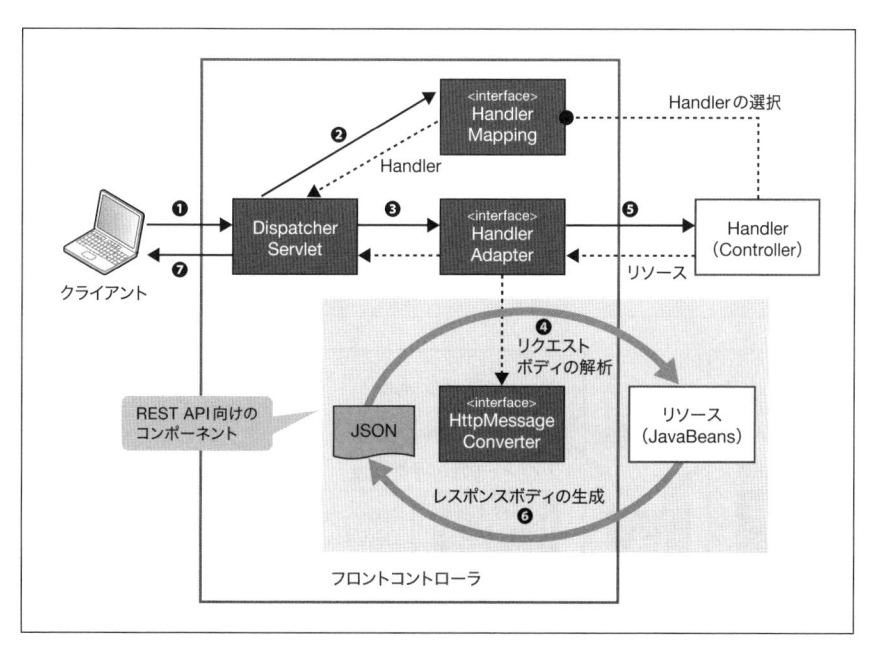

図6.1　REST API向けのフレームワークアーキテクチャ

❶ DispatcherServletクラスはクライアントからのリクエストを受け付ける

❷ DispatcherServletクラスはHandlerMappingインターフェイスのgetHandlerメソッドを呼び出し、リクエスト処理を行なうHandlerオブジェクト（REST API用のController）を取得する

❸ DispatcherServletクラスはHandlerAdapterインターフェイスのhandleメソッドを呼び出し、Handlerオブジェクトのメソッド呼び出しを依頼する

❹ HandlerAdapterインターフェイスの実装クラスはHttpMessageConverterのメソッドを呼び出し、リクエストボディのデータをリソースクラスのオブジェクトへ変換する

6

❺ HandlerAdapterインターフェイスの実装クラスはHandlerオブジェクトに実装されているメソッドを呼び出し、リクエスト処理を実行する

❻ HandlerAdapterインターフェイスの実装クラスはHttpMessageConverterのメソッドを呼び出し、Handlerオブジェクトから返却されたリソースクラスのオブジェクトをレスポンスボディへ書き込む

❼ DispatcherServletクラスはクライアントへレスポンスを返却する

画面を応答するWebアプリケーションとの主な違いは、以下の2点です。

● レスポンスボディを生成するためにViewの仕組みは利用しない
● 「リクエストボディの解析」と「レスポンスボディの生成」はHttpMessageConverterというコンポーネントを介して行なう

■HttpMessageConverterについて

Spring MVCは、Spring Webから提供されているorg.springframework.http.converter.HttpMessageConverterを使用して、リクエストボディをJavaオブジェクトへ変換し、Javaオブジェクトをレスポンスボディへ変換します。また、本章の最後に紹介するRESTクライアント（RestTemplateクラス）は、HttpMessageConverterを使用して、Javaオブジェクトをリクエストボディへ変換し、レスポンスボディをJavaオブジェクトへ変換します。

REST APIとREST APIクライアントの両方をSpringを使用して作成した場合は、以下のような利用イメージになります（**図6.2**）。

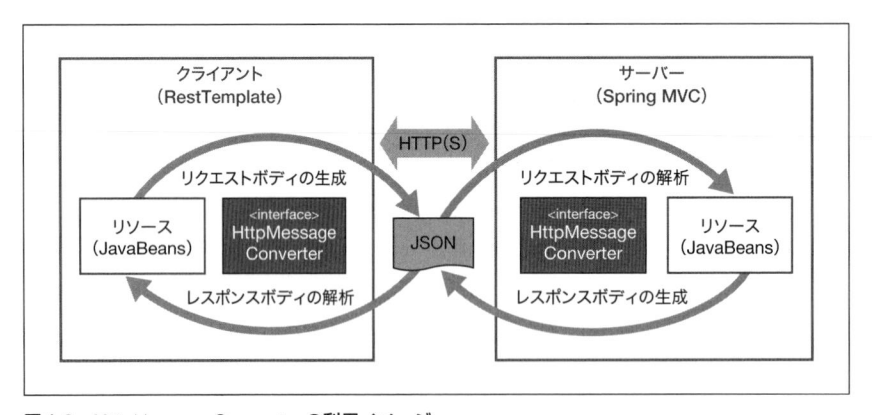

図6.2 HttpMessageConverterの利用イメージ

Springはさまざまな HttpMessageConverter の実装クラスを提供しており、一般的なリソースの形式（JSONやXMLなど）であれば、Springが提供しているクラスをそのまま利用できます（**表6.3**、**表6.4**）。

表6.3　依存ライブラリを必要としない主な HttpMessageConverter の実装クラス

クラス名	説明
ByteArrayHttpMessageConverter	「ボディ部（任意のメディアタイプ）⇔ バイト配列」変換用のクラス
StringHttpMessageConverter	「ボディ部（テキスト形式のメディアタイプ）⇔ String」変換用のクラス
ResourceHttpMessageConverter	「ボディ部（任意のメディアタイプ）⇔ org.springframework.core.io.Resourceの実装クラス」変換用のクラス
AllEncompassingFormHttpMessageConverter	「ボディ部（フォーム形式またはマルチパート形式のメディアタイプ）⇔ org.springframework.util.MultiValueMap」変換用のクラス。マルチパート形式に対してはMultiValueMapからボディへの変換のみがサポートされており、ボディからMultiValueMapへ変換することはできない

表6.4　依存ライブラリを必要とする主な HttpMessageConverter の実装クラス

クラス名	説明
MappingJackson2HttpMessageConverter	FasterXML Jackson Databind [2] を利用した「ボディ部（JSON形式のメディアタイプ）⇔ 任意のJavaBeans」変換用のクラス
GsonHttpMessageConverter	Google Gson [3] を利用した「ボディ部（JSON形式のメディアタイプ）⇔ 任意のJavaBeans」変換用のクラス
MappingJackson2XmlHttpMessageConverter	FasterXML Jackson XML Databind [4] を利用した「ボディ部（XML形式のメディアタイプ）⇔ 任意のJavaBeans」変換用のクラス
Jaxb2RootElementHttpMessageConverter	Java標準のJAXB2を使用した「ボディ部（XML形式のメディアタイプ）⇔ 任意のJavaBeans」変換用のクラス

6

どのHttpMessageConverterが使われるかは、ボディ部の形式（メディアタイプ）と変換対象のJavaクラスの種類によって決まります。

■リソースクラスについて

本書では、リソースを表現するJavaクラスのことを「リソースクラス【5】」と呼びます。Entityなどのドメインオブジェクトをリソースクラスとして流用する方法もありますが、本書ではドメインオブジェクトとは別のクラスを作成する前提で説明を行ないます。

たとえば、次のようなJSON形式のリソースを扱う場合を考えてみます。

▶ JSON形式のリソースの例

```
{
    "login": "spring-projects",
    "id": 317776,
    "name": "Spring",
    "blog": "http://spring.io/projects"
}
```

【2】　https://github.com/FasterXML/jackson

【3】　https://github.com/google/gson

【4】　https://github.com/FasterXML/jackson-dataformat-xml

【5】　Java EEのJAX-RS（Java API for RESTful Web Services）で扱う「リソースクラス」とは別物です。JAX-RSのリソースクラスは、Spring MVCでいうところのControllerと同じ役割を担います。

```
}
```

この場合、次のようなリソースクラスを作成します。

▶ リソースクラスの実装例

```
import java.io.Serializable;

public class UserResource implements Serializable {
    private static final long serialVersionUID = 1L;
    private String login;
    private Integer id;
    private String name;
    private String blog;
    // ・・・
}
```

6.2 アプリケーションの設定

本節では、本格的な REST API の開発で必要となる設定について説明していきます。第4章の「4.2 はじめての Spring MVC アプリケーション」や第5章の「5.2 アプリケーションの設定」で Spring MVC の基本的な設定方法を紹介しましたが、REST API を開発する際にも同様の設定が必要になります。

6.2.1 ライブラリのセットアップ

前節で Spring が提供している HttpMessageConverter の実装クラスを紹介しました。HttpMessageConverter の一部の実装クラスは、他のライブラリに依存しており、依存ライブラリがクラスパス上に存在する場合に有効になる仕組みになっています。

ここでは、リソースの形式として JSON を使用する際に利用する「FasterXML Jackson Databind」を依存ライブラリに追加します。

▶ pom.xml の定義例

```
<dependency>                                                          ─┐
    <groupId>com.fasterxml.jackson.core</groupId>                      │  ❶
    <artifactId>jackson-databind</artifactId>                          │
</dependency>                                                         ─┘
```

❶ 依存ライブラリとして FasterXML Jackson Databind を指定する。jackson-databind を指定すると、JSON と Java Beans の相互変換ができるようになる

6.2.2 サーブレットコンテナの設定

基本的には、第4章の「4.2 はじめてのSpring MVCアプリケーション」や第5章の「5.2 アプリケーションの設定」で紹介した設定を行なうだけで、REST APIの開発を進められます。

■HiddenHttpMethodFilterの適用

REST APIを提供する場合は、HTTPメソッドとしてPUT、PATCH、DELETEなども使用しますが、たとえばWebブラウザなどクライアント側の実装によってはGETとPOSTしか使えない場合があります。そのようなクライアントからのアクセスをサポートする必要がある場合は、Spring Webから提供されているorg.springframework.web.filter.HiddenHttpMethodFilterクラスを使用しましょう。

HiddenHttpMethodFilterを使用すると、クライアントとの物理的な通信はPOSTメソッドを使用しますが、サーブレットコンテナ内ではリクエストパラメータで送られてきた値に置き換えて処理を行なうことができます。デフォルトでは、「_method」という名前で送られてきたリクエストパラメータ値に置き換える仕組みになっており、クライアントから「_method=put」というリクエストパラメータを送ると、サーブレットコンテナ内で行なわれる処理はPUTメソッドでアクセスしたときと同じになります。

▶ HiddenHttpMethodFilterの定義例（web.xml）

```
<filter>
    <filter-name>HiddenHttpMethodFilter</filter-name>
    <filter-class>org.springframework.web.filter.HiddenHttpMethodFilter</filter-class>
</filter>
<filter-mapping>
    <filter-name>HiddenHttpMethodFilter</filter-name>
    <url-pattern>/*</url-pattern>
</filter-mapping>
```

6.2.3 フロントコントローラの設定

基本的には、第4章の「4.2 はじめてのSpring MVCアプリケーション」や第5章の「5.2 アプリケーションの設定」で紹介した設定を行なうだけで、REST APIの開発を進められます。なお、REST APIの開発を行なう場合は、ViewResolverのセットアップは不要です。

■HttpMessageConverterの適用

Spring MVCの設定をJava Configを使用して行なう場合は@EnableWebMvc、XMLファイルを使用して行なう場合は<mvc:annotation-driven>要素を使用すると、Springが提供しているHttpMessageConverterが自動で適用される仕組みになっています。そのため、自動で適用されるHttpMessageConverterをそのまま利用する場合は、特別な設定は不要です。

■ HttpMessageConverterのカスタマイズ

デフォルトで適用される HttpMessageConverter の設定を変更したい場合や、独自の HttpMessageConverter の実装クラスを適用する必要がある場合は、以下のような Bean 定義を用いて実現できます。

▶ Java ConfigによるBean定義例

```
@EnableWebMvc
@Configuration
public class WebMvcConfig extends WebMvcConfigurerAdapter {
    @Bean
    public MappingJackson2HttpMessageConverter mappingJackson2HttpMessageConverter() {
        return new MappingJackson2HttpMessageConverter(
                Jackson2ObjectMapperBuilder.json().indentOutput(true).build());
    }
    @Override
    public void extendMessageConverters(List<HttpMessageConverter<?>> converters) {        ──❶
        converters.add(0, mappingJackson2HttpMessageConverter());        ──❷
    }
}
```

❶ WebMvcConfigurerAdapter の extendMessageConverters メソッドをオーバーライドする。メソッドの引数には、デフォルトの HttpMessageConverter が格納されているリストが渡される

❷ 引数で受け取ったリストの先頭に、任意の HttpMessageConverter を追加する

> **メモ** デフォルトの HttpMessageConverter を適用したくない場合は、extendMessageConverters メソッドではなく configureMessageConverters メソッドをオーバーライドしてください。

▶ XMLファイルによるBean定義例

```
<bean id="mappingJackson2HttpMessageConverter"
      class="org.springframework.http.converter.json.MappingJackson2HttpMessageConverter">
    <property name="objectMapper">
        <bean class="org.springframework.http.converter.json.Jackson2ObjectMapperFactoryBean">
            <property name="indentOutput" value="true"/>
        </bean>
    </property>
</bean>

<mvc:annotation-driven>
    <mvc:message-converters>        ──❶
        <ref bean="mappingJackson2HttpMessageConverter"/>        ──❷
    </mvc:message-converters>
</mvc:annotation-driven>
```

❶ <mvc:message-converters>要素を追加する

❷ <mvc:message-converters>の中で<bean>要素または<ref>要素を指定して、カスタマイズした HttpMessageCon verter を指定する。<mvc:message-converters>要素の中で指定した HttpMessageConverter が適用され、その後にデフォルトの HttpMessageConverter が適用されている

デフォルトの HttpMessageConverter を適用したくない場合は、<mvc:message-converters>要素の register-defaults 属性を false にしてください。

6.3 @RestControllerの実装

ここからは、REST API を開発するための具体的な実装方法について説明していきます。

REST API を開発する際に作成する主要なコンポーネントは、Controller クラスとリソースクラスの2つです。本節では、まず Controller クラスの作成方法について説明します。

6.3.1 Controllerで実装する処理の全体像

具体的な作成方法の説明に入る前に、Controller クラスで実装する主な処理の全体像を把握しておきましょう。Controller クラスで実装する処理は、大きく以下の2つに分類することができます。

- メソッドシグネチャを参照してフロントコントローラが処理を行なう「宣言型」の処理
- Controller クラスのメソッド内に処理を実装する「プログラミング型」の処理

Controller で実装する主な処理は以下の5つです（**表6.5**）。

表 6.5 Controller で実装する主な処理

分類	処理
宣言型	リクエストマッピング
	リクエストデータ（リソース）の取得
	入力チェックの実行
プログラミング型	ビジネスロジックの呼び出し
	レスポンスデータ（リソース）の返却

基本的な部分は「画面を応答する Web アプリケーション」を開発するときに実装する Controller と同じなのですが、以下の2点が異なります。

- リクエストデータとレスポンスデータは HttpMessageConverter を使用して取得および返却する
- 入力チェック結果のハンドリングは例外ハンドラで共通的に行なう

ここでは、実際のソースコードにマッピングして、「画面を応答するWebアプリケーション」で作成するControllerとの違いを確認してみましょう。違いがある部分には★マークを付けてあります。

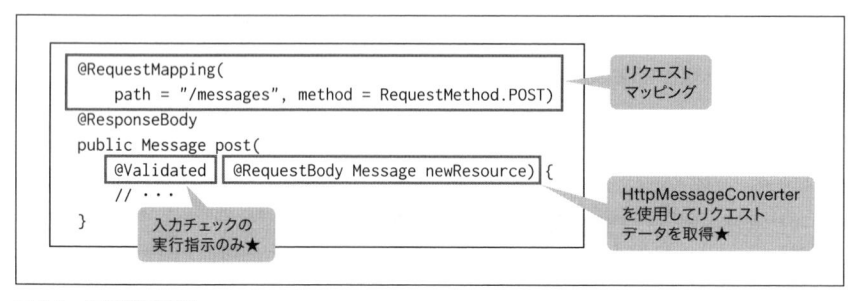

図6.3　宣言型の処理

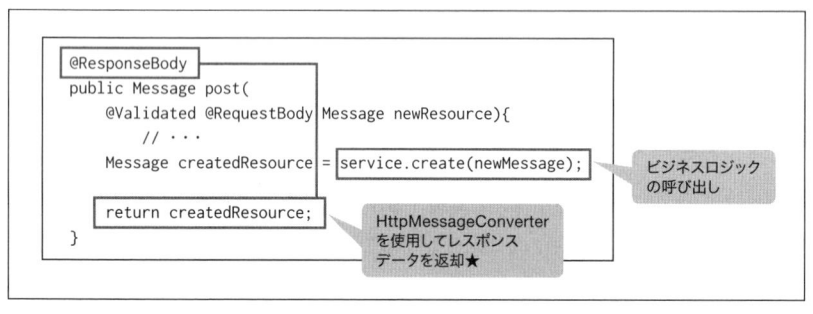

図6.4　プログラミング型の処理

具体的には、以下の違いがあります。

- リクエストボディに設定されているリクエストデータを受け取るための引数に@RequestBodyを指定する
- レスポンスボディに出力するデータを保持するオブジェクトをメソッドの戻り値として返却し、メソッドに@ResponseBodyを指定する（@Controllerの代わりに@RestControllerを使用すると省略できる）
- 入力チェック結果はBindingResultとして受け取るのではなく、例外をハンドリングして受け取る

REST APIでエラーが発生した場合は、エラー通知用の専用メッセージ（JSONなど）を応答するのが一般的で、入力チェックエラーも例外ではありません。入力チェックエラーをハンドリングする方法は、「例外ハンドラを利用して共通的にハンドリングする方法」と「BindingResultを利用して個別にハンドリングする方法」がありますが、エラー通知用の専用メッセージを応答する場合は、前者の「例外ハンドラを利用して共通的にハンドリングする方法」を採用することをお勧めします。なお、本書で紹介するREST APIの実装方法は「例外ハンドラを利用して共通的にハンドリング方法」を採用することを前提としており、例外ハンドラの実装方法については「6.5 例外ハンドリング」で詳しく解説しています。

6.3.2　Controllerクラスの作成

Controllerで実装する処理の全体像を把握できたところで、実際にControllerを作成する方法を説明します。

基本的な部分は「画面を応答するWebアプリケーション」を開発するときに作成するControllerと同じですが、@Controllerの代わりに@org.springframework.web.bind.annotation.RestControllerを使用します。

▶ Controllerクラスの実装例

```
package example.api;
// ・・・
@RestController ─────────────────────────────────────── ❶
@RequestMapping("books") ──────────────────────────────── ❷
public class BooksRestController {
}
```

❶ POJOとしてクラスを作成し@RestControllerを指定する。@RestControllerは、@Controllerと@ResponseBody
を合成したアノテーション

❷ Controllerクラスで扱うリソースのパス情報（URIのパス部）を@RequestMappingに指定する。上記の例では、作成
したControllerクラスの中で実装するHandlerメソッド（REST API）は、http://localhost:8080/{contextPath}
/booksというURIに割り当てられる

6.3.3　REST API（Handlerメソッド）の作成

ここからは、REST APIの作成方法を紹介していきます。

@RestControllerを付与したControllerクラスに、REST API用のメソッド（Handlerメソッド）を作成します。ここでは、「書籍情報」を扱うREST APIを作成しながら、Spring MVCを使ってREST APIを実装する方法について学んでいきます。

■リソースクラスの作成

REST APIを作成する前に、リソースクラス（REST APIで扱うリソースを表現するJavaクラス）を作成しておきます。なお、リソースクラスの作成方法については、「6.4　リソースクラスの実装」で詳しく説明します。

ここでは、以下のようなJSONを使用して書籍情報を扱うことにします。本来であればもっと多くの項目を持っていますが、説明をシンプルにするために以下の3つの項目のみをリソースとして扱います。

▶ 本節の説明で扱うリソースの形式

```
{
    "bookId" : "00000000-0000-0000-0000-000000000000",
    "name" : "書籍名",
    "publishedDate" : "2010-04-20"
}
```

▶ **本節の説明で扱うリソースクラスの実装例**

```java
public class BookResource implements Serializable {
    private static final long serialVersionUID = 1L;
    private String bookId;
    private String name;
    private java.time.LocalDate publishedDate;
    // ・・・
}
```

　ここでのポイントは、JSONのフィールド名とJavaBeansのプロパティ名を合わせておくことです。また、プロパティの型にはString以外の型も使用することができます。本節では、出版日（publishedDate）をJava SE 8から追加されたJSR 310: Date and Time APIの日付型（java.time.LocalDate）として扱います。Date and Time APIを使用する場合は、jackson-datatype-jsr310を依存ライブラリに追加する必要があります。

▶ **pom.xmlの定義例**

```xml
<dependency>
    <groupId>com.fasterxml.jackson.datatype</groupId>
    <artifactId>jackson-datatype-jsr310</artifactId>
</dependency>
```

■Bookリソースの取得

　特定のBookリソースを取得するREST APIの実装は以下のようになります。特定のBookリソースに割り当てるURI（URIテンプレート）は、http://localhost:8080/{contextPath}/books/{bookId}とします。{bookId}の部分を「パス変数」と呼び、REST APIで処理するBookリソースを識別するユニークな値（書籍ID）を指定します。

▶ **リソースの取得用のREST APIの実装例**

```java
@Autowired
BookService bookService;

@RequestMapping(path = "{bookId}", method = RequestMethod.GET) ─────── ❶❷
public BookResource getBook(@PathVariable String bookId) { ─────────── ❸

    Book book = bookService.find(bookId); ──────────────────────────── ❹

    BookResource resource = new BookResource(); ────────────────────── ❺
    resource.setBookId(book.getBookId());
    resource.setName(book.getName());
    resource.setPublishedDate(book.getPublishedDate());

    return resource; ───────────────────────────────────────────────── ❻
}
```

❶ @RequestMapping を使用してリクエストマッピングを行なう。上記の例では、書籍IDを受け取るためのパス変数 {bookId} を path 属性に指定している。また、今回は @RestController を使用しているため、@ResponseBody を省略している

❷ リソースの取得する REST API の HTTP メソッドには GET を指定する

❸ @PathVariable を使用して、パス変数 {bookId} から書籍IDを取得する

❹ ビジネスロジックを呼び出し、パス変数から取得した書籍IDの書籍情報（Book）を取得する

❺ ビジネスロジックを呼び出して取得した書籍情報を、Book リソースに変換する

❻ Book リソースを返却して、処理が正常に完了したことを通信する HTTP ステータスコード「200 OK」を応答する

本来であれば、書籍情報を管理するテーブルを作成して CRUD 操作をすべきところですが、ここではインメモリ実装のサービスクラスを作成して動作確認します。なお、書籍情報を表す Book クラスのクラス構造は、BookResource クラスと同じにします。

▶ インメモリ実装のサービスクラスの実装例

```
package example.domain.service;
// ・・・
@Service
public class BookService {
    private final Map<String, Book> bookRepository = new ConcurrentHashMap<>();

    @PostConstruct
    public void loadDummyData(){
        Book book = new Book();
        book.setBookId("00000000-0000-0000-0000-000000000000");
        book.setName("書籍名");
        book.setPublishedDate(LocalDate.of(2010,4,20));
        bookRepository.put(book.getBookId(),book);
    }

    public Book find(String bookId) {
        Book book = bookRepository.get(bookId);  // Mapから取得
        return book;
    }
}
```

アプリケーションサーバーを起動して、http://localhost:8080/books/00000000-0000-0000-0000-0000 00000000 に対して GET メソッドを使ってアクセスすると、次のような JSON が返却されます。

▶ curlを利用したAPIへのアクセス方法とレスポンス例

```
$ curl http://localhost:8080/books/00000000-0000-0000-0000-000000000000
{"bookId":"00000000-0000-0000-0000-000000000000","name":"書籍名","publishedDate":[2010,4,20]}
```

JSON は返却されましたが、publishedDate の値が正しくありません。publishedDate を正しい値（ISO 8601 の拡張形式）にするには、フォーマットの指定が必要になります。フォーマットを指定する方法はいくつかあり

ますが、ここではJacksonから提供されている@com.fasterxml.jackson.annotation.JsonFormatを使用して個別にフォーマットを指定します。アプリケーション全体でフォーマットを指定する方法については、以降の「6.4 リソースクラスの実装」で紹介します。

▶ @JsonFormatを使用したフォーマットの指定例

```
public class BookResource implements Serializable {
    // ・・・
    @JsonFormat(pattern = "yyyy-MM-dd")  // ISO 8061の拡張形式(yyyy-MM-dd)の指定を追加
    private LocalDate publishedDate;
    // ・・・
}
```

アプリケーションサーバーを再起動してもう一度REST APIにアクセスすると、以下のようなJSONが返却されます。

▶ フォーマット指定後のレスポンス例

```
{"bookId":"00000000-0000-0000-0000-000000000000","name":"書籍名","publishedDate":"2010-04-20"}
```

■リソースの作成

新しくBookリソースを追加するREST APIの実装は、以下のようになります。

▶ リソースの作成用のREST APIの実装例

```
@RequestMapping(method = RequestMethod.POST) ──────────────────── ❶
public ResponseEntity<Void> createBook(
        @Validated @RequestBody BookResource newResource) { ──────── ❷❸

    Book newBook = new Book(); ───────────────────────────────── ❹
    newBook.setName(newResource.getName());
    newBook.setPublishedDate(newResource.getPublishedDate());

    Book createdBook = bookService.create(newBook); ──────────────── ❺

    String resourceUri =
        "http://localhost:8080/books/" + createdBook.getBookId(); ──── ❻

    return ResponseEntity.created(URI.create(resourceUri)).build(); ──── ❼
}
```

❶ @RequestMappingを使用してリクエストマッピングを行なう。リソースの作成するREST APIのHTTPメソッドにはPOSTを指定する

❷ リソースクラスの引数に@RequestBodyを指定して、リクエストボディに指定されているデータ（JSON）を取得する

❸ リソースクラスの引数に@Validatedを指定して、リソースオブジェクトに対して入力チェックを実行する

❹ Bookリソースを書籍情報へ変換する

❺ ビジネスロジックを呼び出し、書籍情報を作成する

❻ 作成した書籍情報にアクセスするための URI を生成する。ここで生成した URI は Location ヘッダーに設定する

❼ Location ヘッダーを設定して、リソースの作成が成功したことを通知する HTTP ステータスコード「201 Created」を応答する。レスポンスヘッダーを設定する必要がある場合は、ResponseEntity を返却する。ResponseEntity の created メソッドを使用すると引数に指定した URI が Location ヘッダーに、「201 Created」が HTTP ステータスコードに設定される。なお、レスポンスボディが不要な場合は、BodyBuilder の build メソッドを呼び出して ResponseEntity オブジェクトを生成する

> 上記の実装例では、Location ヘッダーに設定する URI の中のある環境依存値「http://local host:8080」をハードコーディングしてしまっています。このままだとローカル環境でしか動作しないアプリケーションになってしまいます。環境依存値を解決する方法としては、@Value を使用してプロパティから URI のベース部分を取得する方法がありますが、Spring はもっとスマートな方法を提供してくれています。具体的な実装方法については、本章の「6.3.5 URIの組み立て」で説明します。

作成した REST API の動作確認を行なうために、先ほど作成したインメモリ実装のサービスクラスに以下のメソッドを作成しましょう。

▶ インメモリ実装のサービスクラスの実装例

```
public Book create(Book book) {
    String bookId = UUID.randomUUID().toString();
    book.setBookId(bookId);
    bookRepository.put(bookId, book);  // Mapに追加
    return book;
}
```

アプリケーションサーバーを再起動して、http://localhost:8080/books に対して POST メソッドを使ってアクセスしてください。その際、リクエストのコンテンツタイプには application/json を指定し、リクエストボディには以下の JSON を指定します。

▶ リクエストボディに設定する JSON

```
{"name":"Spring徹底入門","publishedDate":"2016-04-01"}
```

リソースの作成に成功すると、以下のような HTTP レスポンスが返却されます。HTTP ステータスコードに「201 Created」が設定され、Location ヘッダーには「作成した Book リソースにアクセスするための URI」が設定されていることが確認できます。

▶ curl を利用した API へのアクセス方法とレスポンス例

```
$ curl -D - -H "Content-type: application/json" -X POST -d '{"name":"Spring徹底入門","publishedDate": ➋
"2016-04-01"}' http://localhost:8080/books
```

```
HTTP/1.1 201 Created
Location: http://localhost:8080/books/c1c3da32-16e9-4288-9dc9-4866f2e4407a
・・・
```

　さらに、Locationヘッダーに設定されているURIに対してGETメソッドを使ってアクセスすると、作成したBookリソースを取得することができます。

▶ レスポンス例

```
{"bookId":"c1c3da32-16e9-4288-9dc9-4866f2e4407a","name":"Spring徹底入門","publishedDate":"2016-04-01"}
```

■リソースの更新

　特定のBookリソースを更新するREST APIの実装は、以下のようになります。

▶ リソースの更新用のREST APIの実装例

```java
@RequestMapping(path = "{bookId}", method = RequestMethod.PUT) ────────────────── ❶
@ResponseStatus(HttpStatus.NO_CONTENT) ──────────────────────────────────── ❷
public void put(@PathVariable String bookId,
                @Validated @RequestBody BookResource resource) {

    Book book = new Book();
    book.setBookId(bookId);
    book.setName(resource.getName());
    book.setPublishedDate(resource.getPublishedDate());

    bookService.update(book); ──────────────────────────────────────────── ❸

}
```

❶ @RequestMappingを使用してリクエストマッピングを行なう。リソースの更新するREST APIのHTTPメソッドにはPUTを指定する

❷ 応答するHTTPステータスコードを指定する。メソッドに@ResponseStatusを付与すると、任意のHTTPステータスコードを応答することができる。上記の例では、サーバーからクライアントへ返却するコンテンツがない（ボディ部が空である）ことを通知する「204 No Content」を応答している。更新したコンテンツの内容を返却する必要がある場合は、更新したBookリソースを返却して「200 OK」を応答すればよい

❸ ビジネスロジックを呼び出し、書籍情報を更新する

　作成したREST APIの動作確認を行なうため、先ほど作成したインメモリ実装のサービスクラスに以下のメソッドを作成しましょう。

▶ インメモリ実装のサービスクラスの実装例

```java
public Book update(Book book) {
    return bookRepository.put(book.getBookId(), book);  // Mapを更新;
```

```
}
```

アプリケーションサーバーを再起動して、更新したいBookリソースのURIに対してPUTメソッドを使ってアクセスしてください。その際、リクエストのコンテンツタイプはapplication/jsonを指定し、リクエストボディには以下のJSONを指定します。ここでは、書籍名に「(Spring 4.2対応)」という文言を追加し、出版日を「2016-04-01」から「2016-03-20」に変更してみます。

▶ **リクエストボディに設定するJSON**

```
{"bookId":"dc73d61b-f755-4473-82d2-5e13b4b4c981","name":"Spring徹底入門 (Spring 4.2対応)","publishedDa ➡
te":"2016-03-20"}
```

リソースの更新に成功すると、以下のようなHTTPレスポンスが返却されます。HTTPステータスコードに「204 No Content」が設定されていることが確認できます。

▶ **curlを利用したAPIへのアクセス方法とレスポンス例**

```
$ curl -D - -H "Content-type: application/json" -X PUT -d '{"bookId":"c1c3da32-16e9-4288-9dc9-4866f2e4 ➡
407a","name":"Spring徹底入門(Spring 4.2対応)","publishedDate":"2016-03-20"}' http://localhost:8080/book ➡
s/c1c3da32-16e9-4288-9dc9-4866f2e4407a
HTTP/1.1 204 No Content
・・・
```

これだと本当に更新されたかわからないので、更新したリソースを取得して確認してみましょう。

▶ **レスポンス例**

```
{"bookId":"c1c3da32-16e9-4288-9dc9-4866f2e4407a","name":"Spring徹底入門 (Spring 4.2対応)","publishedDate ➡
":"2016-03-20"}
```

レスポンスを見ると、書籍名と出版日が変更されていることが確認できました。

■リソースの削除

特定のBookリソースを削除するREST APIの実装は、以下のようになります。

▶ **リソースの削除用のREST APIの実装例**

```
@RequestMapping(path = "{bookId}", method = RequestMethod.DELETE) ─────────── ❶
@ResponseStatus(HttpStatus.NO_CONTENT) ──────────────────────────── ❷
public void delete(@PathVariable String bookId) {
    bookService.delete(bookId); ─────────────────────────────── ❸
}
```

❶ @RequestMappingを使用してリクエストマッピングを行なう。リソースの削除するREST APIのHTTPメソッドにはDELETEを指定する

❷ 応答するHTTPステータスコードを指定する。リソースを削除する場合は、応答するリソースがなくなるので「204 No Content」を応答するのが一般的である。削除したコンテンツの内容を返却する必要がある場合は、削除したBookリソースを返却して「200 OK」を応答すればよい

❸ ビジネスロジックを呼び出し、書籍情報を削除する

作成したREST APIの動作確認を行なうため、先ほど作成したインメモリ実装のサービスクラスに以下のメソッドを作成しましょう。

▶ インメモリ実装のサービスクラスの実装例

```
public Book delete(String bookId) {
    return bookRepository.remove(bookId);  // Mapから削除
}
```

アプリケーションサーバーを再起動して、削除したいBookリソースのURIに対してDELETEメソッドを使ってアクセスしてください。

リソースの削除に成功すると、以下のようなHTTPレスポンスが返却されます。HTTPステータスコードに「204 No Content」が設定されていることが確認できます。

▶ curlを利用したAPIへのアクセス方法とレスポンス例

```
$ curl -D - -X DELETE http://localhost:8080/books/c1c3da32-16e9-4288-9dc9-4866f2e4407a
HTTP/1.1 204 No Content
・・・
```

これだと本当に削除されたかわからないので、削除したリソースを取得して確認してみましょう。今の実装のままだと、削除したリソースを取得するとNullPointerExceptionが発生してシステムエラーになってしまうので、この動作を「404 Not Found」が応答されるように変更します。

▶ 「404 Not Found」を応答するための例外クラスの実装例

```
@ResponseStatus(HttpStatus.NOT_FOUND) ──────────────────────────────── ❶
public class BookResourceNotFoundException extends RuntimeException {
    public BookResourceNotFoundException(String bookId) {
        super("Book is not found (bookId = " + bookId + ")");
    }
}
```

❶ @ResponseStatusは例外クラスに対しても付与することができる。その例外が発生した場合に返却したいHTTPステータスコードを指定する

▶ Bookリソースを取得するREST API（getBook）の変更点

```
Book book = bookService.find(bookId);
// 書籍情報がない場合は例外をスローする
if (book == null) {
```

```
        throw new BookResourceNotFoundException(bookId);
    }
```

アプリケーションサーバーを再起動した後に、「リソースの作成 → リソースの削除 → 削除したリソースを取得」を行なうと、「404 Not Found」が応答されることを確認できます。

▶ レスポンスヘッダーの出力例

```
$ curl -D - http://localhost:8080/books/c1c3da32-16e9-4288-9dc9-4866f2e4407a
HTTP/1.1 404 Not Found
・・・
```

ここで紹介した例外ハンドリングの方法は、簡易的な方法になります。REST APIにおける本格的な例外ハンドリングの仕組みについては、「6.5 例外ハンドリング」で詳しく説明します。

■リソースの検索

ここまでは、リソースをユニークに識別するIDを用いてCRUD操作を行なうAPIの実装方法を紹介しました。しかし、一般的なREST APIでは、ID以外の条件でリソースに対する操作を行ないたい場合があります。代表的な例がリソースの検索を行なうAPIです。URIに含めていたIDの代わりとなる検索条件をリクエストに含めて送信し、サーバー側でその条件を受け取る必要があります。

Bookリソースを検索するREST APIの実装は、以下のようになります。ここではまず、Bookリソースの検索条件を取得するためのクラスを作成します。第5章「Webアプリケーションの開発」で紹介したように、検索条件の取得方法には以下の2つの方法があります。

- @RequestParamを使用して個別に取得する
- フォームクラスのように、検索条件を保持するJavaBeansを作成してリクエストパラメータをバインドして取得する

どちらの方法でも検索条件を取得することはできますが、入力チェックのことを考えると検索条件を保持するクラスを作成したほうがよいでしょう。

▶ Bookリソースの検索条件を保持するクラスの実装例

```
public class BookResourceQuery implements Serializable {
    private static final long serialVersionUID = 1L;
    private String name;
    @DateTimeFormat(iso = DateTimeFormat.ISO.DATE) ─────────────────── ❶
    private LocalDate publishedDate;
    // ・・・
}
```

❶ ISOの日付形式をサポートするために @DateTimeFormat を指定する

Bookリソースの検索条件を取得するためのクラスを作成したら、REST APIの実装を行ないます。

▶ **Bookリソースを検索するREST APIの実装例**

```
@RequestMapping(method = RequestMethod.GET)  ──────────────────────── ❶
public List<BookResource> searchBooks(@Validated BookResourceQuery query) { ─── ❷❸

    BookCriteria criteria = new BookCriteria();
    criteria.setName(query.getName());
    criteria.setPublishedDate(query.getPublishedDate());

    List<Book> books = bookService.findAllByCriteria(criteria); ──────── ❹

    return books.stream().map(book -> {
        BookResource resource = new BookResource();
        resource.setBookId(book.getBookId());
        resource.setName(book.getName());
        resource.setPublishedDate(book.getPublishedDate());
        return resource;
    }).collect(Collectors.toList()); ─────────────────────────── ❺❻
}
```

❶ @RequestMappingを使用してリクエストマッピングを行なう。リソースの検索するREST APIのHTTPメソッドにはGETを指定する

❷ メソッドの引数に「Bookリソースの検索条件を取得するためのクラス」を指定する

❸ 検索条件を保持するクラスの引数に@Validatedを指定して、検索条件を保持するオブジェクトに対して入力チェックを実行する

❹ ビジネスロジックを呼び出し、検索条件に一致する書籍情報を検索する。検索条件をビジネスロジックに引き継ぐため、POJOなJavaBeansであるBookCriteriaへリクエストパラメータの情報を格納し渡している

❺ 条件に一致した書籍情報の一覧をBookリソースの一覧へ変換する

❻ Bookリソースの一覧を返却し、処理が正常に完了したことを通信するHTTPステータスコード「200 OK」を応答する

作成したREST APIの動作確認を行なうために、先ほど作成したインメモリ実装のサービスクラスに以下のメソッドを作成しましょう。「名前」は部分一致、「出版日」は完全一致するものを抽出して「出版日」の昇順でソートしています。なお、書籍情報の検索条件を保持するBookCriteriaクラスのクラス構造は、BookResourceQueryクラスと同じにします。

▶ **インメモリ実装のサービスクラスの実装例**

```
public List<Book> findAllByCriteria(BookCriteria criteria) {
    return bookRepository.values().stream()
            .filter(book ->
                (criteria.getName() == null
                    || book.getName().contains(criteria.getName())) &&
                (criteria.getPublishedDate() == null
                    || book.getPublishedDate().equals(criteria.getPublishedDate())))
```

```
        .sorted((o1, o2) ->
            o1.getPublishedDate().compareTo(o2.getPublishedDate()))
        .collect(Collectors.toList());
}
```

アプリケーションサーバーを再起動して、Bookリソースを検索してみましょう。

まず、URIにhttp://localhost:8080/booksを指定して検索条件なしで検索すると、すべてのBookリソースが取得できます。アプリケーションサーバー起動時は1件だけなので、リソースを追加してから検索してみます。

▶ **検索条件なしで検索した場合のレスポンス例**

```
[{"bookId":"00000000-0000-0000-0000-000000000000","name":"書籍名","publishedDate":"2010-04-20"},{ ➡
"bookId":"dc73d61b-f755-4473-82d2-5e13b4b4c981","name":"Spring徹底入門","publishedDate":"2016-04-01"}]
```

次に、URIにhttp://localhost:8080/books?name=%e6%9b%b8%e7%b1%8dを指定して、指定した名前（"書籍"）を含むBookリソースのみ検索してみます。

▶ **検索条件を指定した場合のレスポンス例**

```
[{"bookId":"00000000-0000-0000-0000-000000000000","name":"書籍名","publishedDate":"2010-04-20"}]
```

最後に、URIにhttp://localhost:8080/books?publishedDate=1999-01-01（一致する書籍がない日付）を指定して、検索結果を0件にしてみます。

▶ **検索条件に一致するリソースが存在しない場合のレスポンス例**

```
[]
```

6.3.4　CORSのサポート

CORSはCross-Origin Resource Sharingの略で、Webページの中からAJAX（XMLHttpRequest）を使って「別ドメインのサーバーのリソース（JSONなど）」にアクセスできるようにするための仕組みです。CORSの詳細については、W3Cのホームページ [6] などのサイトで確認してください。

ここでは、Spring 4.2で追加されたCORS用の機能については説明します。Springが提供しているCORS用の機能では、CORSリクエストが妥当かチェックして必要に応じてCORS制御用のレスポンスヘッダーを付与します。

CORSをサポートするリソースを指定する方法は、以下の2つの方法がサポートされています。

---

[6]　http://www.w3.org/TR/cors/

- Bean定義を使用してアプリケーション単位に設定する
- @org.springframework.web.bind.annotation.CrossOriginを使用してControllerやHandlerメソッド単位に設定する

> Springのデフォルト実装では、CORSリクエストが不正な場合は、HTTPステータスコードとして「Forbidden 403」を設定してエラー応答します。また、Spring Webから提供されているorg.springframework.web.filter.CorsFilterを使用すると、Spring MVCの管理外のリソースに対してCORS機能を適用することもできます。

■アプリケーション単位の設定

まず、Bean定義を使用してアプリケーション単位にCORSの設定を適用する方法を紹介します。

下記の設定例では、/api配下のリソースに対してCORSを許可しています。CORSの設定をした後に/api配下のリソースにAJAXを使用してアクセスすると、以下のようなCORS制御用のレスポンスヘッダーが設定されます。

▶ CORSを適用したリソースへアクセスしたときに追加されるレスポンスヘッダーの例

```
Access-Control-Allow-Origin: http://example.com:8080
Access-Control-Allow-Credentials: true
Vary: Origin
```

▶ Java Configを使用したBean定義例

```
@Configuration
@EnableWebMvc
public class WebMvcConfig extends WebMvcConfigurerAdapter {

    @Override
    public void addCorsMappings(CorsRegistry registry) {
        registry.addMapping("/api/**");  ————————————————————————————————  ❶
    }
}
```

❶ WebMvcConfigurerAdapterクラスのaddCorsMappingsメソッドをオーバーライドし、CorsRegistryクラスのaddMappingメソッドを使用してCORS機能を適用するパスを指定する

▶ XMLを使用したBean定義例（api-servlet.xml）

```
<mvc:cors>
    <mvc:mapping path="/api/**" />  ————————————————————————————————————  ❶
</mvc:cors>
```

❶ <mvc:cors>要素の中に<mvc:mapping>要素を定義し、path属性にCORS機能を適用するパスを指定する

■Controller／Handlerメソッド単位の設定

続いて、@CrossOriginを使用してController／Handlerメソッド単位にCORSの設定を適用する方法を紹介します。

▶ @CrossOriginを使用した場合のControllerクラスの実装例

```
@CrossOrigin ─────────────────────────────────────────────── ❶
@RequestMapping("books")
@RestController
public class BooksRestController {

    @CrossOrigin(maxAge = 900) ──────────────────────────────── ❷
    @RequestMapping(path = "{bookId}", method = RequestMethod.GET)
    public BookResource getBook(@PathVariable String bookId) {
        // ・・・
    }

}
```

❶ クラスに@CrossOriginを指定すると、クラス内のすべてのHandlerメソッドに対してCORSの設定が適用される

❷ メソッドに@CrossOriginを指定すると、クラスで指定した設定をカスタマイズすることができる。もちろん、クラスに@CrossOriginを指定しないでメソッドだけに指定することも可能である

> クラスとメソッドの両方に@CrossOriginを指定した場合、属性に指定した値は基本的にはミックスされますが、allowCredentials属性とmaxAge属性の値は上書きされます。また、前述したアプリケーション単位で指定した設定（グローバル設定）を利用している場合も同じルールでミックスまたは上書きされます。

■CORS機能のオプション

CORS機能の挙動は、オプション（Java Configのメソッド、XML要素の属性、@CrossOriginの属性）によって変更することができます。ここでは、Java Configのメソッドを例に指定できるオプションを紹介します（表6.6）。

表6.6 CORS機能のオプションを指定するJava Configのメソッド

メソッド名	説明
allowedOrigins	アクセスを許可するオリジン（ドメインのサーバー）を指定する。デフォルトでは ＊（制限がないことを示す値）が適用される
allowedMethods	アクセスを許可するHTTPメソッドを指定する。このメソッドで指定した値が、preflightリクエストのレスポンスのAccess-Control-Allow-Methodsヘッダーに設定される。デフォルトでは、GET、HEAD、POSTが許可される。ただし@CrossOriginを使用した場合は、@RequestMappingのmethod属性に指定した値が使用される
allowedHeaders	CORSリクエストで使用可能なリクエストヘッダーを指定する。preflightリクエスト時のチェックで利用され、preflightリクエストのレスポンスのAccess-Control-Allow-Headersヘッダーに設定される。デフォルトでは ＊（制限がないことを示す値）が適用され、リクエストのAccess-Control-Request-Headersヘッダーの設定値が適用される
exposedHeaders	CORSリクエストで使用可能なヘッダーのホワイトリストを指定する。このメソッドで指定したヘッダーが、レスポンスのAccess-Control-Expose-Headersヘッダーに設定される
allowCredentials	クレデンシャル（CookieやBasic認証）を扱うか指定する。デフォルトでは、true（クレデンシャルを扱う）が適用される。trueを指定すると、レスポンスのAccess-Control-Allow-Credentialsヘッダーが出力され、レスポンスのAccess-Control-Allow-OriginヘッダーにはリクエストのOriginヘッダーの値が設定されるようになる
maxAge	クライアント（Webブラウザ）がpreflightリクエストのレスポンスをキャッシュする期間（秒単位）を指定する。このメソッドで指定した値が、preflightリクエストのレスポンスのAccess-Control-Max-Ageヘッダーに設定される。デフォルトでは、1800秒（30分）が適用される

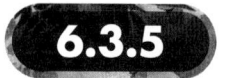 ## 6.3.5 URIの組み立て

6.3.3項の「リソースの作成」のところで少し触れましたが、SpringはURIを生成するためのコンポーネント（org.springframework.web.util.UriComponentsBuilder）を提供しています。また、Spring MVCのHandlerメソッドの定義と連動してURIを生成するためのコンポーネント（org.springframework.web.servlet.mvc.method.annotation.MvcUriComponentsBuilder）も提供しています。UriComponentsBuilderはサーブレット環境やSpring MVCの仕組みに依存していない汎用的なコンポーネントで、MvcUriComponentsBuilderの中でも利用しています。

■UriComponentsBuilderを利用したURIの生成

まず、UriComponentsBuilderを使用してURIを生成する方法を紹介します。UriComponentsBuilder使用すると、以下の2つが簡単にできるようになります。

- プロトコル、ホスト名、ポート番号、コンテキストパスといった環境依存する部分の隠ぺい
- URIテンプレートを使用したURIの組み立て

6.3.3項の「リソースの作成」では、ソースコード内にhttp://localhost:8080/という環境依存値に記載していましたが、UriComponentsBuilderを使用したコードに置き換えると、環境依存値をソースコードからなくすことができます。

▶ UriComponentsBuilderを使用したURIの生成例

```
@RequestMapping(method = RequestMethod.POST)
public ResponseEntity<Void> createBook(
        @Validated @RequestBody BookResource newResource,
        UriComponentsBuilder uriBuilder) { ─────────────────────────── ❶
    // ・・・
    URI resourceUri = uriBuilder
            .path("books/{bookId}") ──────────────────────────────── ❷
            .buildAndExpand(createdBook.getBookId()) ──────────────── ❸
            .encode() ────────────────────────────────────────────── ❹
            .toUri(); ────────────────────────────────────────────── ❺

    return ResponseEntity.created(resourceUri).build();
}
```

❶ Handlerメソッドの引数にUriComponentsBuilderを定義する。サーブレット環境用のUriComponentsBuilder (org.springframework.web.servlet.support.ServletUriComponentsBuilder) のオブジェクトが引数に設定される

❷ pathメソッドを使用して、REST APIを呼び出すためのURIテンプレートを指定する。上記の例では、URIテンプレートに "books/{bookId}" を指定している。ここには実行環境に依存する値を含めないのがポイント

❸ buildAndExpandメソッドを使用して、ビルドしたURIテンプレートにパス変数 "{bookId}" に埋め込む値を指定する

❹ encodeメソッドを使用してURLエンコーディングを行なう。上記の例では文字コードとしてUTF-8を使用しているが、別の文字コードを利用することもできる

❺ toUriメソッドを使用してURIを生成する

> ServletUriComponentsBuilderは、URIを組み立てる際に、Forwarded、X-Forwarded-Proto、X-Forwarded-Host、X-Forwarded-Port、X-Forwarded-Prefixといったヘッダーを参照することで、クライアントとアプリケーションサーバーの間にロードバランサやWebサーバーなどが存在する構成でも、クライアントの環境からアクセスできるURIが生成されるように考慮されています。

■MvcUriComponentsBuilderを利用したURIの生成

次に、MvcUriComponentsBuilderを利用してURIを生成する方法を紹介します。MvcUriComponentsBuilderを使用すると、Handlerメソッドのメソッド定義（リクエストマッピングやメソッド引数の定義など）と連動してURIを組み立てることができるため、UriComponentsBuilderを利用したURIの生成に比べて以下の点で優れています。

● 作成するURI（URIテンプレート）を意識する必要がなくなる
● タイプセーフな実装となる

では、実際にどのような実装になるのか見てみましょう。

▶ **MvcUriComponentsBuilderを使用したURIの生成例**

```java
@RequestMapping(path = "{bookId}", method = RequestMethod.GET)
public BookResource getBook(@PathVariable String bookId) {
    // ・・・
}


@RequestMapping(method = RequestMethod.POST)
public ResponseEntity<Void> createBook(
        @Validated @RequestBody BookResource newResource,
        UriComponentsBuilder uriBuilder) {
    // ・・・
    URI resourceUri = MvcUriComponentsBuilder.relativeTo(uriBuilder)  ────────── ❶
            .withMethodCall(
                on(BooksRestController.class).getBook(createdBook.getBookId()))  ────────── ❷
            .build().encode().toUri();

    return ResponseEntity.created(resourceUri).build();
}
```

❶ `MvcUriComponentsBuilder`の`relativeTo`メソッドを使用して、引数で受け取った`UriComponentsBuilder`を「base Url」を組み立てるためのオブジェクトとして扱う

❷ URI生成用にProxy化されたControllerのHandlerメソッド（getBook）を呼び出すことで、getBookのURIテンプレート "books/{bookId}" とパス変数 "{bookId}" に埋め込む値を指定する。URIテンプレートには「getBookメソッドの@RequestMappingに指定した値」、パス変数に埋め込む値には「getBookメソッド呼び出し時に指定した値」が使用される仕組みになっている。onメソッドはURI生成用のControllerのProxyオブジェクトを作成するためのstaticメソッドで、`MvcUriComponentsBuilder`に実装されている

6.4 リソースクラスの実装

　リソースクラスは、JSONやXMLのリソース構造をJavaBeansとして表現したクラスです。Spring MVCはリソースクラスを介して、サーバーとクライアント間でリソースの状態を連携する仕組みになっています（図6.5）。Entityなどのクラスをリソースクラスとして流用する方法もありますが、本書では専用のクラスを作成する前提で説明を行ないます。

> ドメインオブジェクトとは別のクラスを作成する前提としている理由は、クライアントとの入出力で扱うリソースの情報と業務処理で扱うドメインオブジェクトの情報が一致しないことがあるためです。リソースクラスとドメインオブジェクト用のクラスをあらかじめ分離しておくことで、REST APIで扱うリソースの情報に変更があったり、業務処理で扱うドメインオブジェクトの情報に変更があったりした場合に、変更に対する影響範囲を最小限に抑えることができます。クラスを分離するとオブジェクトの変換処理が必要になりますが、Bean変換用のOSSライブラリ[7] を使用すれば

【7】 Dozer (http://dozer.sourceforge.net) やApache Commons BeanUtils (http://commons.apache.org/proper/commons-beanutils/) など。Springにも`org.springframework.beans.BeanUtils`というユーティリティクラスがあります。

簡単に変換できます。リソースクラスを作成するか否かは、アプリケーションの特性を考慮して決定します。

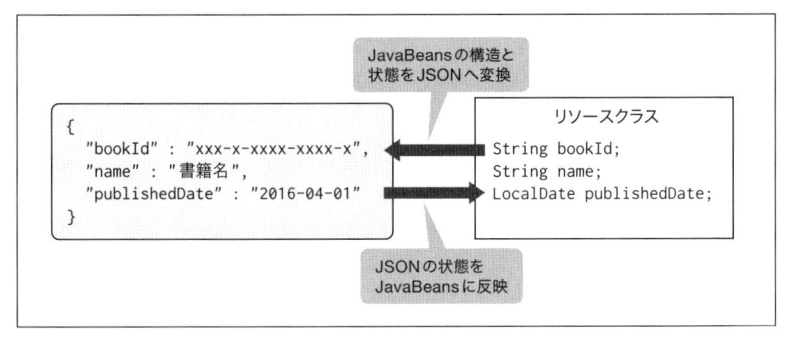

図6.5　リソースクラスを介したJSON形式のリソースの連携イメージ

　JSONとJavaオブジェクトのマッピングは非常に直感的です。Javaクラスに比べるとフィールド型を表現するバリエーションは少ないですが、文字列・数値・真偽値（trueまたはfalse）というレベルでの区別は可能です。また、リストやネストしたオブジェクトも表現することができます（**図6.6**、**図6.7**）。

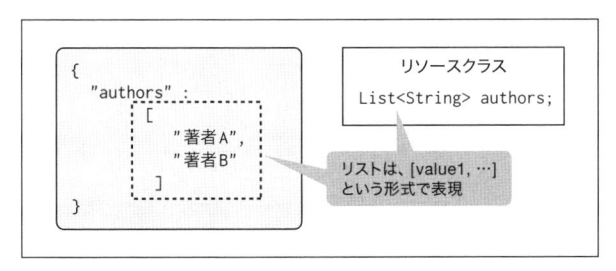

図6.6　リストの連携イメージ

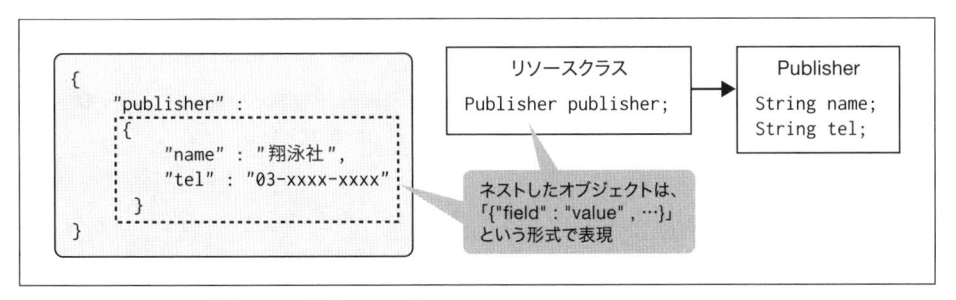

図6.7　ネストしたオブジェクトの連携イメージ

6.4.1 リソースクラスの作成

リソースクラスはJavaBeansクラスとして作成します。

ここでは、本章の冒頭の説明で使用した書籍情報を例に、リソースクラスの作成方法について説明していきます。

▶ **書籍情報のリソース（JSON）例**

```
{
  "bookId" : "xxx-x-xxxx-xxxx-x",
  "name" : "書籍名",
  "authors" : [ "著者A" ],
  "publishedDate" : "2016-04-01",
  "publisher" : {
    "name" : "翔泳社",
    "tel" : "03-xxxx-xxxx"
  }
}
```

このJSONを扱えるようにするため、以下の2つのJavaBeansクラスを作成します。

▶ **書籍情報を表現するリソースクラスの実装例**

```
import java.io.Serializable;
import java.time.LocalDate;
import java.util.List;

public class BookResource implements Serializable {  ————————————————  ❶
    private static final long serialVersionUID = 1L;
    private String bookId;  ————————————————————————————————————  ❷
    private String name;
    private List<String> authors;  ————————————————————————————  ❸
    private LocalDate publishedDate;  ——————————————————————————  ❹
    private BookPublisher publisher;  ——————————————————————————  ❺

    // ・・・ (Getter/Setter)

    public static class Publisher implements Serializable {  ——————  ❺
        private static final long serialVersionUID = 1L;
        private String name;
        private String tel;

        // ・・・ (Getter/Setter)

    }

}
```

❶ JSONを表現するJavaBeansクラスを作成する。クラス名に特に制限はないが、接尾辞を「Resource」にしておく

と区別しやすい

❷ JSONのフィールド名と同じ名前でプロパティを用意する。異なる名前にすると、Jacksonのアノテーション（@Json Property）を使用したマッピング定義が必要になる

❸ 値やネストしたオブジェクトを複数扱う場合は、コレクションフレームワークのクラス（java.util.Listなど）を使用する

❹ プロパティの型には、適切な型を指定する。ここではJava SE 8で追加されたDate and Time APIのjava.time. LocalDateを使用している。Date and Time APIのクラスを使用するためにアドオンのライブラリが必要になる。なお、アドオンのライブラリの適用方法については後で説明する

❺ オブジェクトをネストする場合は、ネストするオブジェクトを表現するJavaBeansクラスを用意する。ここではリソースクラスの内部クラスとして実装しているが、もちろん通常のクラスでもよい

BookResourceクラスのオブジェクトをREST APIから返却すると、以下のようなJSONが生成されます。残念ながらpublishedDateが期待どおりのフォーマットになっていません。この原因は次の2つが考えられます。

- Date and Time APIのクラスをサポートするために必要なアドオンのライブラリが適用されていない
- フォーマットの指定がない

▶ 実際に返却されるJSON

```json
{
  "bookId" : "3afd8c2a-82bb-11e5-8bcf-feff819cdc9f",
  "name" : "書籍名",
  "authors" : [ "著者A" ],
  "publishedDate" : {
    "year" : 2016,
    "month" : "APRIL",
    "monthValue" : 4,
    "dayOfMonth" : 1,
    "dayOfWeek" : "FRIDAY",
    "era" : "CE",
    "dayOfYear" : 92,
    "leapYear" : true,
    "chronology" : {
      "id" : "ISO",
      "calendarType" : "iso8601"
    }
  },
  "publisher" : {
    "name" : "翔泳社",
    "tel" : "03-xxxx-xxxx"
  }
}
```

6

6.4.2 Jacksonの機能を使用したフォーマットの制御

ここからは、Jacksonの機能を利用してJSONのフォーマットを制御する方法をいくつか紹介します。

- JSONにインデントを設ける方法
- アンダースコア区切りのJSONフィールドを扱う方法
- Java SE 8で追加されたDate and Time APIのクラスをサポートする方法
- 日時型のフォーマットを指定する方法

本書では紙幅の都合で紹介できませんが、フォーマットを制御するためのアノテーション（@JsonProperty、@JsonIgnore、@JsonInclude、@JsonIgnoreProperties、@JsonPropertyOrder、@JsonSerialize、@JsonDeserializeなど）や、シリアライズおよびデシリアライズ処理のカスタマイズをサポートしてくれる抽象クラス（JsonSerializer、JsonDeserializer）などが提供されています。これらのアノテーションやクラスを利用することで、さまざまなフォーマットに対応させることができます。

■Springが提供するJackson用のサポートクラス

具体的なフォーマットの制御方法を説明する前に、Springが提供しているJackson用のサポートクラスを紹介しておきましょう。

Jacksonはcom.fasterxml.jackson.databind.ObjectMapperというクラスを使用して、JSONとJavaオブジェクトを相互に変換します。ObjectMapperにはデフォルトの動作をカスタマイズするためのオプションが数多く用意されており、Springが提供するサポートクラスを使用すると、ObjectMapperを直接扱うよりも簡単かつスマートにオプションを指定できます。

Springが提供するヘルパークラスは、以下の2つです。

- org.springframework.http.converter.json.Jackson2ObjectMapperBuilder
- org.springframework.http.converter.json.Jackson2ObjectMapperFactoryBean

前者はビルダーパターンを使用してObjectMapperを作成するためのクラスで、Java Configを使用してBean定義を行なう場合に利用します。後者はSpringが提供するFactoryBeanの仕組みを利用してObjectMapperを作成するためのクラスで、主にXMLを使用してBean定義を行なう場合に使用します。

▶ Jackson2ObjectMapperBuilderの利用例

```
@Bean
ObjectMapper objectMapper() {
    return Jackson2ObjectMapperBuilder.json()
            // ここにオプションを指定
            .build();
}
```

▶ Jackson2ObjectMapperFactoryBeanの利用例

```
<bean id="objectMapper"
    class="org.springframework.http.converter.json.Jackson2ObjectMapperFactoryBean">
    <!-- ここにオプションを指定 -->
</bean>
```

■JSONにインデントを設ける方法

ObjectMapperのデフォルトの動作では、JSONにインデントや改行が含まれないため、生成されるJSONが見づらいのが難点です。生成されるJSONのサイズが少し大きくなることが許容できる場合は、JSONにインデントと改行を含めるようにJacksonの設定を変更するとよいでしょう。

▶ Java Configを使用したObjectMapperのBean定義例

```
@Bean
ObjectMapper objectMapper() {
    return Jackson2ObjectMapperBuilder.json()
            .indentOutput(true) ─────────────────────────────── ❶
            .build();
}
```

▶ XMLを使用したObjectMapperのBean定義例

```
<bean id="objectMapper"
    class="org.springframework.http.converter.json.Jackson2ObjectMapperFactoryBean">
    <property name="indentOutput" value="true"/> ────────────── ❶
</bean>
```

❶ indentOutput プロパティに true を指定する

■Date and Time APIのクラスをサポートする方法

Java SE 8で追加されたDate and Time APIのクラスをサポートする場合は、Jacksonから提供されているライブラリ（jackson-datatype-jsr310）をアドオンする必要があります。

▶ pom.xmlの定義例

```
<dependency>
    <groupId>com.fasterxml.jackson.datatype</groupId>
    <artifactId>jackson-datatype-jsr310</artifactId>
</dependency>
```

jackson-datatype-jsr310を依存ライブラリに追加すると、Date and Time APIのクラスが扱えるようになります。ただしフォーマットの指定がないため、期待どおりの結果になりません。

▶ jackson-datatype-jsr310適用後（フォーマットの指定がない状態）に返却されるJSON

```
{
  "bookId" : "xxx-x-xxxx-xxxx-x",
  "name" : "書籍名",
  "authors" : [ "著者A" ],
  "publishedDate" : [ 2016, 4, 1 ],
  "publisher" : {
    "name" : "翔泳社",
    "tel" : "03-xxxx-xxxx"
  }
}
```

■日時型のフォーマットを指定する方法

日時型のフォーマットを指定する場合は、ObjectMapper にフォーマットを指定します。

▶ Java Configを使用したObjectMapperのBean定義例

```
@Bean
ObjectMapper objectMapper() {
    return Jackson2ObjectMapperBuilder.json()
            .indentOutput(true)
            .dateFormat(new StdDateFormat()) ─────────────────────────── ❶
            .build();
}
```

▶ XMLを使用したObjectMapperのBean定義例

```
<bean id="objectMapper"
    class="org.springframework.http.converter.json.Jackson2ObjectMapperFactoryBean">
    <property name="indentOutput" value="true"/>
    <property name="dateFormat">
        <bean class="com.fasterxml.jackson.databind.util.StdDateFormat"/> ─────── ❶
    </property>
</bean>
```

❶ dateFormat プロパティに java.text.DateFormat のインスタンスを指定する。ISO 8601 の日時形式をサポートする場合は、Jackson から提供されている com.fasterxml.jackson.databind.util.StdDateFormat を使用すればよい

▶ StdDateFormat適用後に返却されるJSON

```
{
  "bookId" : "xxx-x-xxxx-xxxx-x",
  "name" : "書籍名",
  "authors" : [ "著者A" ],
  "publishedDate" : "2016-04-01",
  "publisher" : {
    "name" : "翔泳社",
```

```
    "tel" : "03-xxxx-xxxx"
  }
}
```

publishedDateの値がISO 8601の日付形式（yyyy-MM-dd）になりました。StdDateFormatを適用すると、それぞれ以下のフォーマットが適用されます。

- java.time.LocalDateはyyyy-MM-dd —— 例：2016-04-01
- java.time.LocalDateTimeはyyyy-MM-dd'T'HH:mm:ss.SSS —— 例：2015-11-04T01:18:42.997
- java.time.ZonedDateTimeはyyyy-MM-dd'T'HH:mm:ss.SSS'Z' —— 例：2015-11-04T01:18:42.997+09:00
- java.time.LocalTimeはHH:mm:ss.SSS —— 例：01:18:42.997

ヒント

@com.fasterxml.jackson.annotation.JsonFormatを使用すると、プロパティ単位でフォーマットを指定することもできます。

```
@JsonFormat(pattern = "yyyy/MM/dd")
private LocalDate publishedDate;
```

6.5 例外ハンドリング

本節では、REST APIで発生した例外のハンドリング方法について説明します。なお、例外ハンドリングを行なうための基本的な仕組みについては、第5章「Webアプリケーションの開発」を参照してください。

6.5.1 REST APIのエラー応答

REST APIでエラーが発生した場合、REST APIで扱っているリソースの形式（JSONなど）で応答するのが一般的です。たとえば、GitHubが提供しているREST APIでは以下のようなJSONが返却されます。

▶ エラー応答用のJSON例

```
{
  "message": "Not Found",
  "documentation_url": "https://developer.github.com/v3"
}
```

本節でも、GitHubのREST APIと同じ形式でレスポンスする方法を紹介しながら、REST APIで発生した例外のハンドリングの実装方法を学んでいきます。

例外ハンドリングの実装の説明に入る前に、エラー情報を保持するJavaBeansを作成しておきましょう。

▶ **エラーの情報を保持するクラスの実装例**

```
package com.example.api;

import com.fasterxml.jackson.annotation.JsonProperty;

import java.io.Serializable;

public class ApiError implements Serializable {
    private static final long serialVersionUID = 1L;

    private String message;

    @JsonProperty("documentation_url")
    private String documentationUrl;

    // ・・・

}
```

6.5.2 Spring MVCの例外ハンドラの実装

REST API用の例外ハンドリングクラスの実装方法を紹介します。Springには、REST API専用の例外ハンドリングの仕組みはありませんが、REST API用の例外ハンドリングクラスの作成を補助してくれるクラス（org. springframework.web.servlet.mvc.method.annotation.ResponseEntityExceptionHandler）を提供しています。

■例外ハンドラクラスの作成

まずSpring MVC向けの例外ハンドラクラスを作成します。

▶ **例外ハンドラクラスの実装例**

```
package com.example.api;

import org.springframework.web.bind.annotation.ControllerAdvice;
import org.springframework.web.servlet.mvc.method.annotation.ResponseEntityExceptionHandler;

@ControllerAdvice
public class ApiExceptionHandler extends ResponseEntityExceptionHandler {  ─────────── ❶
}
```

❶ REST API用の例外ハンドラクラスを作成する。親クラスに`ResponseEntityExceptionHandler`を指定して、クラス

に@ControllerAdviceを付与する[8]

ResponseEntityExceptionHandlerには、Spring MVCのフレームワーク処理で発生する例外をハンドリングする@ExceptionHandlerメソッドが実装されています。つまり、上記のようなクラスを作成するだけで、フレームワーク処理で発生する例外をすべてハンドリングすることができます。ResponseEntityExceptionHandlerクラスを継承したクラスを作成しただけだと、レスポンスボディは空の状態でエラー応答されます。

■エラー情報をレスポンスボディに出力するための実装

ResponseEntityExceptionHandlerを継承したクラスを作成しただけだと、レスポンスボディは空の状態で応答されます。レスポンスボディにエラー情報を出力する場合は、handleExceptionInternalメソッドをオーバーライドします。

▶ エラー情報を出力する場合の例外ハンドラクラスの実装例

```
@ControllerAdvice
public class ApiExceptionHandler extends ResponseEntityExceptionHandler {

    private ApiError createApiError(Exception ex) {
        ApiError apiError = new ApiError();
        apiError.setMessage(ex.getMessage());   // メッセージの解決方法は見直しましょう
        apiError.setDocumentationUrl("http://example.com/api/errors");
        return apiError;
    }                                                                          ❶

    @Override
    protected ResponseEntity<Object> handleExceptionInternal(
            Exception ex, Object body, HttpHeaders headers,
            HttpStatus status, WebRequest request) {
        ApiError apiError = createApiError(ex);
        return super.handleExceptionInternal(
            ex, apiError, headers, status, request);                           ❷
    }

}
```

❶ エラー情報を保持するオブジェクトを生成するメソッドを追加する。上記の実装例では、クライアントに返却するメッセージに例外オブジェクトのメッセージを設定しているが、この処理はアプリケーションの要件に合わせて見直す必要がある。例外オブジェクトに設定されているメッセージは、アプリケーションの内部情報を含む可能性があるため、クライアントへ返却するメッセージとしては不適切なケースがある

❷ 親クラスのhandleExceptionInternalメソッドを呼び出し、ResponseEntityを返却する

サポートしていないHTTPメソッドを使用してリソースへアクセスすると、以下のようなエラー応答「405 Method Not Allowed」になります。

---

[8] Spring 4.3から@ControllerAdviceと@ResponseBodyを合成した@RestControllerAdviceが追加されます。

▶ サポートしていないHTTPメソッドを使用した場合のエラー応答

```
{
  "message" : "Request method 'PUT' not supported",
  "documentation_url" : "http://example.com/api/errors"
}
```

　このケースで設定される例外メッセージは、クライアントにそのまま返却しても問題なさそうですが、リクエストボディに不正なJSONが指定されたときや、入力チェックでエラーとなる値が指定されたときの例外メッセージには、JacksonやSpringを使っていることが露呈してしまうメッセージが出力されてしまいます。

■エラーメッセージの解決方法

　内部情報を露呈してしまうような例外メッセージを適切なメッセージに変換するにはどうするのがよいのでしょうか？ 唯一無二の対応方法はありませんが、以下のような実装が考えられます。

▶ 例外メッセージを変換する場合の例外ハンドらクラスの実装例

```
@ControllerAdvice
public class ApiExceptionHandler extends ResponseEntityExceptionHandler {

    private final Map<Class<? extends Exception>, String> messageMappings =
        Collections.unmodifiableMap(new LinkedHashMap() {{
            put(HttpMessageNotReadableException.class,
                    "Request body is invalid");
        }});                                                                    ❶

    private String resolveMessage(Exception ex, String defaultMessage) {
        return messageMappings.entrySet().stream()
            .filter(entry -> entry.getKey().isAssignableFrom(ex.getClass())).findFirst()
            .map(Map.Entry::getValue).orElse(defaultMessage);                   ❷
    }

    private ApiError createApiError(Exception ex) {
        ApiError apiError = new ApiError();
        apiError.setMessage(resolveMessage(ex, ex.getMessage()));               ❸
        apiError.setDocumentationUrl("http://example.com/api/errors");
        return apiError;
    }

    // ・・・
}
```

❶ 例外クラスとエラーメッセージのマッピングを行なう
❷ エラーメッセージ解決用のメソッドを追加する。発生した例外にマッピングされたエラーメッセージを返却する。
　 マッピングされたメッセージがない場合は、引数に指定されたデフォルトメッセージを返却する
❸ エラーメッセージ解決用のメソッドを呼び出すように修正する

　再度リクエストボディに不正な JSON を指定して REST API を呼び出すと、マッピング定義から取得したエラーメッセージが返却されるようになります。

▶ メッセージ変換の実装を加えた後のエラー応答「400 Bad Request」

```
{
  "message" : "Request body is invalid",
  "documentation_url" : "http://example.com/api/errors"
}
```

6.5.3　ハンドリング対象の例外クラスの追加

ResponseEntityExceptionHandler は、フレームワーク処理の中で発生する例外だけハンドリングします。そのため、開発者が作成した例外クラスや依存ライブラリから発生する例外クラス、システム例外に分類されるような例外については、個別に例外ハンドリングする必要があります。

■ユーザー定義のカスタム例外のハンドリング

　アプリケーションを作成する場合は、アプリケーション専用の例外クラスなどを作成するのが一般的です。ユーザー定義の例外クラスに対する例外ハンドリングは、以下のように実装します。

▶ ユーザー定義の例外のハンドリング例

```
@ExceptionHandler                                                      ❶
public ResponseEntity<Object> handleBookNotFoundException(
        BookNotFoundException ex, WebRequest request) {                ❷
    return handleExceptionInternal(
        ex, null, null, HttpStatus.NOT_FOUND, request);               ❸
}
```

❶ ユーザー定義の例外クラスをハンドリングするための @ExceptionHandler メソッドを追加する
❷ メソッドの引数にハンドリングしたい例外クラスを宣言する。引数に宣言したクラスに割り当て可能（キャスト可能）な例外が発生した場合は、このメソッドで例外がハンドリングされる
❸ 例外オブジェクトと HTTP ステータスコードを指定して、ResponseEntity を生成するためのメソッド（handleExceptionInternal）を呼び出す

■システム例外のハンドリング

　システム例外をハンドリングする場合は、エラーメッセージに設定する内容に気をつけてください。システム例外のエラー応答時に使用するメッセージには例外メッセージは使用せず、エラー原因が特定できない固定文言にするのがよいでしょう。

▶ システム例外のハンドリング例

```
@ExceptionHandler
public ResponseEntity<Object> handleSystemException(
        Exception ex, WebRequest request) {
    ApiError apiError = createApiError(ex, "System error is occurred");  ────────────── ❶
    return super.handleExceptionInternal(
        ex, apiError, null, HttpStatus.INTERNAL_SERVER_ERROR, request);
}

// ・・・

private ApiError createApiError(Exception ex, String defaultMessage) {  ──────────── ❷
    ApiError apiError = new ApiError();
    apiError.setMessage(resolveMessage(ex, defaultMessage));
    apiError.setDocumentationUrl("http://example.com/api/errors");
    return apiError;
}
```

❶ デフォルトメッセージに固定文言を指定する。上記の例では、固定文言として "System error is occurred" を指定している

❷ エラー情報を生成するメソッドでは、デフォルトメッセージを引数で受け取るように修正する

6.5.4 入力チェック例外のハンドリング

REST APIの入力チェックエラーが発生した場合、org.springframework.web.bind.MethodArgumentNotValidException または org.springframework.validation.BindException がスローされ、ResponseEntityExceptionHandler に実装されている @ExceptionHandler メソッドによってハンドリングされます。

入力チェック例外のメッセージの中には、Springを使用していることが露呈してしまう内容が含まれているため、例外メッセージをそのまま応答するのは適切ではありません。また、入力チェックエラーが発生した場合は、どの項目にどんなエラーがあるのかクライアントへ応答することが求められるケースがあります。

ここでは MethodArgumentNotValidException に対する例外ハンドリングの実装例を紹介しますが、BindException も同じ要領で例外ハンドリングすることができます。

■適切なエラーメッセージへの変換

まずは、例外メッセージをそのまま出力するのではなく、例外クラスに対応するエラーメッセージのマッピングを行なうようにします。

▶ 例外クラスに対応するメッセージのマッピング例

```
private final Map<Class<? extends Exception>, String> messageMappings =
    Collections.unmodifiableMap(new LinkedHashMap() {{
        // ・・・
        put(MethodArgumentNotValidException.class,
```

```
                   "Request value is invalid");  // ← マッピングの追加
    }});
```

▶ マッピング定義追加後のエラー応答例

```
{
  "message" : "Request value is invalid",
  "documentation_url" : "http://example.com/api/errors"
}
```

マッピング定義を追加することで、適切なエラーメッセージが出力されるようになりました。

■エラーの詳細情報の出力

次に、どの項目にどんなエラーが存在するかをJSONに出力するようにします。JSONにエラーの詳細情報を含める場合は、エラーの詳細情報を保持するためのクラスが必要になります。

▶ エラーの詳細情報を保持するクラスの実装例

```
public class ApiError implements Serializable {

    private static class Detail implements Serializable {  ─────────────── ❶
        private static final long serialVersionUID = 1L;
        private final String target;
        private final String message;
        private Detail(String target, String message) {
            this.target = target;
            this.message = message;
        }
        public String getTarget() { return target; }
        public String getMessage() { return message; }
    }

    // ・・・

    @JsonInclude(JsonInclude.Include.NON_EMPTY)  ─────────────────────── ❷
    private final List<Detail> details = new ArrayList<>();

    public void addDetail(String target, String message) {
        details.add(new Detail(target, message));
    }

    public List<Detail> getDetails() { return details; }

    // ・・・
}
```

❶ エラーの詳細情報を保持するクラスを作成する。上記の例では、ApiErrorのstaticな内部クラスとして作成している

327

❷ エラーの詳細情報をリストで保持するプロパティを追加する。上記の例では、エラーの詳細情報がないときに details フィールドを JSON に出力しないようにするために、Jackson が提供している @JsonInclude を指定している。また、エラーの詳細情報を追加する場合は addDetail メソッドを呼び出す

▶ エラーの詳細情報を追加する実装例

```
@Autowired ─────────────────────────────────────────────────── ❶
MessageSource messageSource;

@Override ───────────────────────────────────────────────────── ❷
protected ResponseEntity<Object> handleMethodArgumentNotValid(
        MethodArgumentNotValidException ex, HttpHeaders headers,
        HttpStatus status, WebRequest request) {
    ApiError apiError = createApiError(ex, ex.getMessage());
    ex.getBindingResult().getGlobalErrors().stream()
        .forEach(e -> apiError.addDetail(e.getObjectName(), getMessage(e, request))); ── ❸
    ex.getBindingResult().getFieldErrors().stream()
        .forEach(e -> apiError.addDetail(e.getField(), getMessage(e, request))); ── ❹
    return super.handleExceptionInternal(
        ex, apiError, headers, status, request);
}

private String getMessage(MessageSourceResolvable resolvable, WebRequest request){
    return messageSource.getMessage(resolvable, request.getLocale());
}
```

❶ エラーメッセージを取得するためのコンポーネント（MessageSource）をDIする
❷ ResponseEntityExceptionHandler の handleMethodArgumentNotValid メソッドをオーバーライドする。BindException をハンドリングする場合は、handleBindException メソッドをオーバーライドすればよい
❸ オブジェクトに紐付けられているエラーオブジェクト（org.springframework.validation.ObjectError）をエラーの詳細情報に追加する
❹ フィールドに紐付けられているエラーオブジェクト（org.springframework.validation.FieldError）をエラーの詳細情報に追加する

▶ エラーの詳細情報を出力した後のエラー応答例

```
{
  "message" : "Request value is invalid",
  "details" : [ {
    "target" : "name",
    "message" : "may not be null"
  } ],
  "documentation_url" : "http://example.com/api/errors"
}
```

レスポンスの内容を確認すると、どこでどんなエラーが発生したのかわかるようになりました。上記の例では、JSON 内の name フィールドに値が指定されていなかった（null 値であった）ということがわかります。

6.5.5 サーブレットコンテナに通知されたエラーの応答

ここまでは、Spring MVCの例外ハンドラを使って例外ハンドリングを行なう方法を紹介してきました。では、サーブレットコンテナに通知されたエラー（Servlet Filterで発生した例外、HttpServletResponseのsendErrorメソッドを使用したエラー応答）はどのようにハンドリングしたらよいのでしょうか？

第5章の「5.13 例外ハンドリング」で説明しましたが、サーブレットコンテナに通知されたエラーはサーブレットコンテナのエラーページ機能（web.xmlの<error-page>要素）を使用してハンドリングします。「画面を応答するWebアプリケーション」では、JSPなどのテンプレートファイルを使用してエラー画面（HTML）を応答するのが一般的ですが、JSONを返却するREST API用のアプリケーションでもテンプレートファイルを使用するのがよいのでしょうか？

もちろんテンプレートファイルを使ってJSONを組み立てることはできますが、Spring MVCの例外ハンドラと同様に、エラー情報を保持するクラスをHttpMessageConverterを使ってJSONに変換したいと考える読者も多いはずです。そのような場合は、エラーページ機能でハンドリングしたエラーの遷移先をControllerのHandlerメソッドにすることで実現できます。

▶ エラー応答用のControllerの実装例

```
package com.example.api;

import org.springframework.http.HttpStatus;
import org.springframework.web.bind.annotation.RequestMapping;
import org.springframework.web.bind.annotation.RestController;

import javax.servlet.http.HttpServletRequest;
import javax.servlet.RequestDispatcher;

@RestController
public class ApiErrorPageController {
    @RequestMapping("/error")                                              ❶
    public ApiError handleError(HttpServletRequest request) {

        String message;
        Exception ex = (Exception) request.getAttribute(
                RequestDispatcher.ERROR_EXCEPTION);
        Integer statusCode = (Integer) request.getAttribute(
                RequestDispatcher.ERROR_STATUS_CODE);
        if (ex != null) {
            message = ex.getMessage();   // メッセージの解決方法は見直しましょう
        } else {                                                           ❷
            if (Arrays.asList(HttpStatus.values()).stream()
                    .anyMatch(status -> status.value() == statusCode)) {
                message = HttpStatus.valueOf(statusCode).getReasonPhrase();
            } else {
                message = "Custom error(" + statusCode + ") is occurred";
            }
        }
```

```
        ApiError apiError = new ApiError();
        apiError.setMessage(message);
        apiError.setDocumentationUrl("http://example.com/api/errors");
        return apiError;
    }
}
```

❸

❶ エラー応答用のエラー情報を返却するHandlerメソッドを追加する
❷ リクエストスコープに格納されている例外オブジェクトおよびHTTPステータスコードから、エラー情報に設定する
  メッセージを取得する。例外オブジェクトに設定されているメッセージは、アプリケーションの内部情報を含む可能
  性があるので、エラー情報に設定するメッセージとしては不適切なケースがある。例外オブジェクトを参照してエ
  ラーメッセージを取得する処理は、Spring MVCの例外ハンドラと共有したほうがよい
❸ エラー情報を返却する

　web.xmlの<error-page>要素を使用して、ハンドリングする例外クラスおよびHTTPステータスコードと遷
移先を指定します。遷移先には、エラー応答用のエラー情報を返却するHandlerメソッドを呼び出すためのパ
ス（/error）を指定してください。

▶ エラーハンドリングの定義例（web.xml）

```
<!-- 例外クラスの指定してエラーハンドリングを行なう際の定義例 -->
<error-page>
    <exception-type>java.lang.Exception</exception-type>
    <location>/error</location>
</error-page>

<!-- HTTPステータスコードの指定してエラーハンドリングを行なう際の定義例 -->
<error-page>
    <error-code>404</error-code>
    <location>/error</location>
</error-page>
```

　アプリケーションサーバーのServlet APIのバージョンが3.1以上の場合は、サーブレットコンテナのデフォ
ルトのエラーページをカスタマイズすることができます。この仕組みを利用すると、<exception-type>要素や
<error-code>要素を使用して、1つずつ遷移先を指定する手間を省くことができます。

▶ デフォルトのエラーページを変更する定義例 (web.xml)

```
<error-page>
    <location>/error</location>
</error-page>
```

6.6 RESTクライアントの実装

前節までは REST API を作成する方法について説明してきましたが、本節では Spring ベースの Java アプリケーションから REST API にアクセスする方法について説明していきます。

Java アプリケーションから REST API にアクセスする方法としては、以下の2つが選択肢になります。

- サードパーティ製の HTTP クライアント用のライブラリを使用する
- JDK 1.1 から追加された `java.net.HttpURLConnection` クラスを使用する

Spring ベースの Java アプリケーションではどうするのがよいのでしょうか？ Spring 2系までは、サードパーティ製のライブラリや Java SE 標準の `HttpURLConnection` クラスを直接使用する必要がありましたが、Spring 3.0 から `org.springframework.web.client.RestTemplate` という HTTP クライアント用のクラスが追加されたため、Spring 3.0 以降では `RestTemplate` を使うのが標準的な方法になります。

6.6.1 RestTemplate とは

`RestTemplate` は、REST API にアクセスする際に使用するメソッドを提供しているクラスです。クラス名に「Rest」とあるため勘違いする方もいるかもしれませんが、REST API 専用のクラスというわけではありません。`RestTemplate` は Spring Framework が提供する HTTP クライアント機能のエントリーポイントとなるクラスで、REST API と親和性が高いメソッドを提供してくれています。

たとえば本章の冒頭（6.1.1項）で少し紹介した、GitHub が公開している Spring プロジェクトのユーザー情報を `RestTemplate` を使用して取得する場合は、以下のような実装になります。

▶ RestTemplateの実装例

```
// インスタンスの生成
RestTemplate restTemplate = new RestTemplate();

// GitHubのREST APIを呼び出しユーザー情報を取得
GitHubUser resource = restTemplate.getForObject(
    "https://api.github.com/users/{username}", GitHubUser.class, "spring-projects");

// ユーザー情報からログイン名を取得
System.out.println(resource.getLogin());
```

`RestTemplate` のインスタンスを生成する部分を除けば、「`RestTemplate` のメソッドを呼び出す」というたった1ステップの実装を行なうだけで、次の4つの処理が実行できてしまいます。

- リクエスト URI の組み立て
- HTTP リクエストの送信

- HTTPレスポンスの受信
- レスポンスボディをJavaオブジェクトへ変換

おそらく読者の方の中には、サードパーティ製のHTTPクライアントを直接使っても同じでは？と思った方も大勢いると思います。たしかに多くのライブラリで同じことが実現できます。「なぜRestTemplateを使うのか？」という部分を、RestTemplateが採用しているアーキテクチャを紐解きながら説明していきます。

REST APIの呼び出しを非同期で実行するには、`org.springframework.web.client.AsyncRest Template`を使用します。`AsyncRestTemplate`の使い方については、Springのリファレンスページ[9]を参照してください。

■RestTemplateのアーキテクチャ

RestTemplateは、以下に示すようなアーキテクチャを採用しています（図6.8）。

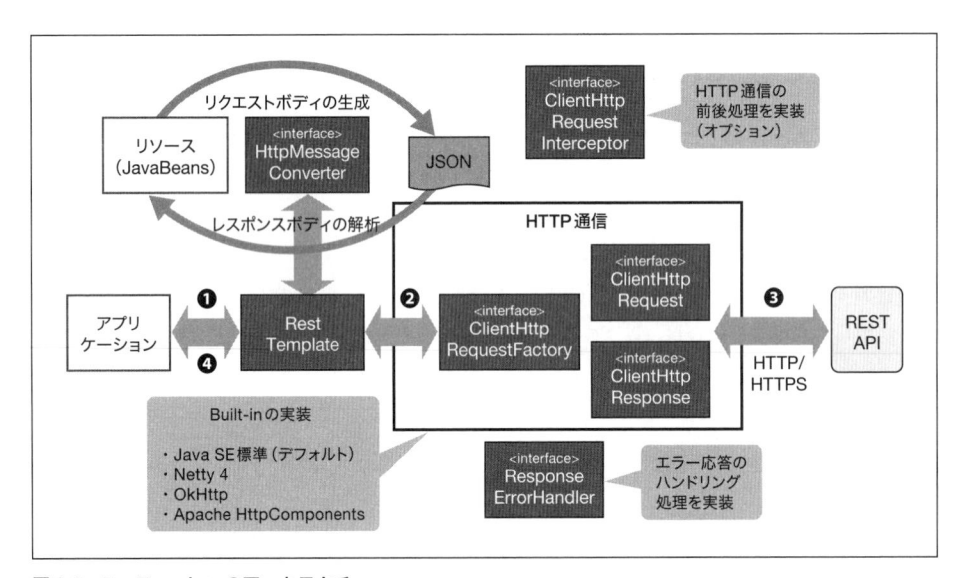

図6.8 RestTemplateのアーキテクチャ

RestTemplateのメソッドを呼び出したときの処理の流れを大まかに説明します。

❶ アプリケーションは、RestTemplateのメソッドを呼び出してREST APIの呼び出し依頼を行なう

❷ RestTemplateは、HttpMessageConverterを使用してJavaオブジェクトをメッセージ（JSONなど）に変換し、ClientHttpRequestFactoryから取得したClientHttpRequestに対してメッセージの送信依頼を行なう

【9】 http://docs.spring.io/spring/docs/current/spring-framework-reference/htmlsingle/#rest-async-resttemplate

❸ ClientHttpRequestは、Java SE標準のクラスやサードパーティ製のライブラリのクラスを使用してHTTP経由でメッセージを送信する

❹ RestTemplateは、REST APIから応答されたメッセージをHttpMessageConverterを使用してJavaオブジェクトに変換し、アプリケーションに返却する

ここで注目してほしいのは、HTTP通信を行なう際に「Java SE標準のクラス」や「サードパーティから提供されているライブラリのクラス」を使用するスタイルを採用している点です。利用するクラスは簡単に切り替えられる仕組みになっていて、利用するクラスを変えてもRestTemplateのメソッドを呼び出しているクラス（アプリケーションのソースコード）に与える影響がほとんどないのが最大の特徴です。アプリケーション開発者にとっては、RestTemplateの使い方だけ知っていればよいというのは大きなメリットです。

■RestTemplateを構成するコンポーネント

RestTemplateを構成するクラスやインターフェイスについて簡単に紹介しておきます。アプリケーション開発者はRestTemplateの使い方を知っていればよいのですが、アプリケーションアーキテクトはコンポーネントの役割も知っておいたほうがよいでしょう。なぜなら、エンタープライズアプリケーションの開発現場では、「独自のメッセージ形式のサポート」や「共通処理の追加」、「エラーハンドリングのカスタマイズ」が必要になるケースは少なくないからです。

- **org.springframework.http.converter.HttpMessageConverter**
  HTTPのボディ部のメッセージとJavaBeansを相互に変換するためのインターフェイスです。

- **org.springframework.http.client.ClientHttpRequestFactory**
  リクエストを送信するオブジェクトを（org.springframework.http.client.ClientHttpRequestインターフェイスを実装したクラスのオブジェクト）を生成するためのインターフェイスです。レスポンスの受信は、org.springframework.http.client.ClientHttpResponseインターフェイスを実装したクラスが行ないます。Springからは、Java SE標準[10]、Netty 4[11]、OkHttp[12]、Apache HttpComponents[13]を使用してHTTP通信を行なうための実装クラスが提供されています。

- **org.springframework.http.client.ClientHttpRequestInterceptor**
  HTTP通信の前後に共通処理を組み込むためのインターフェイスです。この仕組みを使用すると、リクエストヘッダー（認証用のヘッダー、リクエストトラッキング用のヘッダーなど）の追加、通信ログの出力、通信処理のリトライなどの共通的な処理をRestTemplateに組み込むことができます。

- **org.springframework.web.client.ResponseErrorHandler**
  エラー応答の判定とエラー時の処理を実装するためのインターフェイスです。Springからは、エラー系（HTTPステータスコードが400以上）の場合に例外を発生させる実装クラス（org.springframework.

【10】 https://docs.oracle.com/javase/8/docs/api/java/net/HttpURLConnection.html
【11】 http://netty.io/
【12】 http://square.github.io/okhttp/
【13】 http://hc.apache.org/index.html

web.client.DefaultResponseErrorHandler）が提供されており、デフォルトで適用されます。

6.6.2 RestTemplateのセットアップ

前置きが少し長くなってしまいましたが、ここからはRestTemplateを使うために必要なセットアップ方法について説明します。

■ライブラリのセットアップ

RestTemplateを提供しているSpring Webのモジュールを依存ライブラリに追加します。

▶ pom.xmlの定義例

```
<dependency>
    <groupId>org.springframework</groupId>
    <artifactId>spring-web</artifactId>
</dependency>
```

リソースの形式がJSONの場合は、Jacksonのモジュールを依存ライブラリに追加します。

▶ pom.xmlの定義例

```
<dependency>
    <groupId>com.fasterxml.jackson.core</groupId>
    <artifactId>jackson-databind</artifactId>
</dependency>
```

■RestTemplateをDIコンテナに登録

RestTemplateを使用する場合は、RestTemplateをDIコンテナに登録するのが一般的です。

▶ Java Configを使用したBean定義例

```
@Bean
RestTemplate restTemplate() {
    return new RestTemplate();
}
```

▶ XMLを使用したBean定義例

```
<bean id="restTemplate" class="org.springframework.web.client.RestTemplate"/>
```

■RestTemplateの利用

RestTemplateを利用する場合は、org.springframework.web.client.RestOperationsインターフェイス

として DI します。インターフェイスとして扱うことで、モジュールの疎結合性を保つことができます。

▶ RestTemplateのDI例

```
@Autowired
RestOperations restOperations;
```

REST APIの呼び出し

RestTemplate を使う準備ができたので、REST API を呼び出す方法を紹介します。RestTemplate には、REST API を呼び出すためのメソッドとして、以下のメソッドが用意されています (**表6.7**)。

表 6.7　RestTemplate から提供されているメソッド

メソッド名	説明
getForObject	GET メソッドを使用してリソースを取得するためのメソッド。レスポンスボディを任意のJavaオブジェクトに変換して取得する場合に使用する
getForEntity	GET メソッドを使用してリソースを取得するためのメソッド。レスポンスをResponseEntityとして取得する場合に使用する
headForHeaders	HEAD メソッドを使用してリソースのヘッダー情報を取得するメソッド
postForLocation	POST メソッドを使用してリソースを作成するためのメソッド。作成したリソースにアクセスするためのURIだけ取得する場合に使用する
postForObject	POST メソッドを使用してリソースを作成するためのメソッド。レスポンスボディを任意のJavaオブジェクトに変換して取得する場合に使用する
postForEntity	POST メソッドを使用してリソースを作成するためのメソッド。レスポンスをResponseEntityとして取得する場合に使用する
put	PUT メソッドを使用してリソースを作成または更新するためのメソッド
delete	DELETE メソッドを使用してリソースを削除するためのメソッド
optionsForAllow	OPTIONS メソッドを使用して「呼び出し可能なHTTPメソッド (REST API) の一覧」を取得するためのメソッド
exchange	任意のHTTPメソッドを使用してリソースにアクセスするためのメソッド。リクエストヘッダーに任意のヘッダー値を設定する場合に使用する
execute	任意のHTTPメソッドを使用してリソースにアクセスするためのメソッド。HttpMessageConverterを使わずにボディの読み書きを行なう場合に使用する

org.springframework.http.ResponseEntityは、HTTPレスポンスのボディ部とヘッダー部のデータを保持するためのクラスです。ボディ部は任意のJavaBeans、ヘッダー部は org.springframework.http.HttpHeadersに変換されます。

　ここからは、「6.3 @RestControllerの実装」で紹介した「Bookリソースを扱う REST API」を呼び出す方法を例に、RestTemplate の具体的な使い方について説明していきます。

▶ Bookリソースの形式

```
{
    "bookId" : "00000000-0000-0000-0000-000000000000",
    "name" : "書籍名",
    "publishedDate" : "2010-04-20"
}
```

■ リソースの取得

REST APIを呼び出してリソースを取得する場合は、getForObject、getForEntity、exchange、executeのいずれかのメソッドを使用します。

▶ getForObjectの使用例

```
String resource = restOperations.getForObject(
    "http://localhost:8080/books/00000000-0000-0000-0000-000000000000",
    String.class);

System.out.println(resource);
```
❶

❶ getForObjectメソッドを使用してREST APIを呼び出す。第1引数にREST APIのURI、第2引数にレスポンスボディの変換先となるJavaクラスを指定する

標準出力の内容を確認すると、{"bookId":"00000000-0000-0000-0000-000000000000","name":"書籍名",",publishedDate":"2010-04-20"}というJSON形式の文字列が取得できました。しかし、リソースを文字列として取得してしまうと、特定のフィールド値を取得することができません。特定のフィールド値を取得したい場合は、リソースクラス（JavaBeans）を作成し、レスポンスボディの変換先クラスに指定します。

▶ リソースクラスの実装例

```
public class BookResource implements Serializable {
    private static final long serialVersionUID = 1L;
    private String bookId;
    private String name;
    private java.time.LocalDate publishedDate;
    // ・・・
}
```

▶ getForObjectの使用例

```
BookResource resource = restOperations.getForObject(
    "http://localhost:8080/books/00000000-0000-0000-0000-000000000000",
    BookResource.class);

System.out.println(resource.getName());
```

標準出力の内容を確認すると、「書籍名」という文字列（name フィールドの値）が取得できています。

■リソースの作成

REST API を呼び出してリソースを作成する場合は、postForLocation、postForObject、postForEntity、exchange、execute のいずれかのメソッドを使用します。

POST メソッドを使用してリソースを作成した場合のレスポンスには、HTTP ステータスコードに「201（Created）」、Location ヘッダーに「作成したリソースにアクセスするための URI」が設定されるのが一般的な REST API の仕様です。

▶ postForLocationの使用例

```
BookResource resource = new BookResource();                                    ❶
resource.setName("Spring徹底入門");
resource.setPublishedDate(LocalDate.of(2016,4,1));

URI createdResourceUri = restOperations.postForLocation(
    "http://localhost:8080/books", resource);                                  ❷

System.out.println(createdResourceUri);
```

❶ リクエストボディに書き込むためのリソースクラスのオブジェクトを生成する

❷ postForLocationメソッドを使用してREST APIを呼び出す。第1引数にREST APIのURI、第2引数にリクエストボディの変換元となるJavaBeansを指定する

標準出力の内容を確認すると、Location ヘッダー値（http://localhost:8080/books/dc73d61b-f755-4473-82d2-5e13b4b4c981）が取得できています。

■リクエストヘッダーの設定

リクエストヘッダーを設定する必要がある場合は、Spring 4.1 から追加された org.springframework.http.RequestEntity のビルダーパターンのメソッドを使用するのが、一番効率的な実装方法です。

▶ ビルダーパターンのメソッドの使用例

```
BookResource resource = new BookResource();
// ・・・
RequestEntity<BookResource> requestEntity = RequestEntity                      ❶
        .post(URI.create("http://localhost:8080/books"))
        .contentType(MediaType.APPLICATION_JSON)                               ❷
        .header("X-Track-Id", UUID.randomUUID().toString())                    ❸
        .body(resource);                                                       ❹

ResponseEntity<Void> responseEntity =
        restOperations.exchange(requestEntity, Void.class);                    ❺
```

❶ アクセスする REST API（URI と HTTP メソッド）を指定して、RequestEntity のビルダーオブジェクトを取得する。ビルダーオブジェクトを取得するためのメソッドは、HTTP メソッドごとに用意されている

❷ Accept、Accept-Charset、If-Modified-Since、If-None-Match、Content-Type、Content-Length ヘッダーを設定する場合は、ビルダーにあらかじめ用意されている専用のメソッド（accept、acceptCharset、ifModifiedSince、ifNoneMatch、contentType、contentLength）を使用する

❸ 任意のヘッダーを設定する場合は、ビルダーの header メソッドを使用する

❹ リクエストボディが必要な場合は、ビルダーの body メソッドを呼び出して RequestEntity のオブジェクトを生成する。リクエストボディが不要な場合は、ビルダーの build メソッドを呼び出す

❺ exchange メソッドを使用して REST API を呼び出す。第 1 引数に❹で生成した RequestEntity、第 2 引数にレスポンスボディの変換先となる JavaBeans を指定する

■HTTP ステータスとレスポンスヘッダーの取得

HTTP ステータスとレスポンスヘッダーを取得する場合は、org.springframework.http.ResponseEntity を取得できるメソッド（xxxForEntity や exchange）を使用して REST API を呼び出します。

▶ REST API 呼び出しの例

```
BookResource resource = new BookResource();
// ・・・
ResponseEntity<Void> responseEntity = restOperations.postForEntity( ─────────
    "http://localhost:8080/books", resource, Void.class); ─────────────────────── ❶

HttpStatus httpStatus = responseEntity.getStatusCode(); ───────────────────── ❷
HttpHeaders responseHeaders = responseEntity.getHeaders(); ─────────────────── ❸
```

❶ postForEntity メソッドを使用して REST API を呼び出し、レスポンスを ResponseEntity として受け取る

❷ ResponseEntity の getStatusCode メソッドを呼び出して HTTP ステータスを取得する

❸ ResponseEntity の getHeaders メソッドを呼び出してレスポンスヘッダーを取得する

■URI テンプレートの利用

URI を指定する際に、URI テンプレートを使用する方法について説明します。

ここまでの説明では、URI には http://localhost:8080/books/00000000-0000-0000-0000-000000000000 という完成された URI を指定していましたが、URI テンプレートを使用すると http://localhost:8080/books/{bookId} という感じで URI の中に変数を指定することができます。上記の URL を例に説明すると、「http://localhost:8080/books/」の部分が固定部、「00000000-0000-0000-0000-000000000000」の部分が可変部となり、可変部は変数として扱います。

▶ URI テンプレートを使用して REST API を呼び出す実装例

```
String bookId = "00000000-0000-0000-0000-000000000000";

BookResource resource = restOperations.getForObject(
    "http://localhost:8080/books/{bookId}", ─────────────────────────────── ❶
```

```
BookResource.class, bookId);  ──────────────────────────────── ❷
```

❶ REST APIを呼び出すときに指定するURIに、URIテンプレートを指定する。上記の例では`"http://localhost:8080`
`/books/{bookId}"`を指定している

❷ メソッドの最終引数（可変長引数）に、URIテンプレートに埋め込む変数値を指定する。上記の例では変数`bookId`
の値を指定している

`RequestEntity`のビルダーパターンのメソッドを使用する場合は、`org.springframework.web.util.Uri`
`ComponentsBuilder`や`org.springframework.web.util.UriTemplate`クラスを使用してURIテンプレートを
扱います。

▶ UriComponentsBuilderを使用してURIテンプレートを扱う実装例

```
RequestEntity<Void> requestEntity = RequestEntity
        .get(UriComponentsBuilder
                .fromUriString("http://localhost:8080/books/{bookId}")
                .buildAndExpand(bookId)
                .encode()
                .toUri())
        .header("X-Track-Id", UUID.randomUUID().toString())
        .build();
```

 変数値の指定方法としては、「可変長引数（配列）を使用した位置（インデックス）による指定」と
「Mapを使用した変数名による指定」の2種類がサポートされています。

■その他のリソース操作

本書では、リソースの更新（put）や削除（delete）、リソースのヘッダー情報の取得（headForHeaders）、呼
び出し可能なHTTPメソッドの一覧の取得（optionsForAllow）の呼び出しに対する説明は割愛しますが、本
項の「リソースの取得」や「リソースの作成」で説明したメソッドと同じように呼び出すことができます。

6.6.4 エラー応答のハンドリング

`RestTemplate`のデフォルト実装では、エラー系（HTTPステータスコードが400以上）の応答があった場合
に以下の例外が発生します（**表6.8**）。

表6.8 エラー系の応答があった場合の例外

HTTPステータスコード	例外クラス
ユーザー定義のステータスコード	org.springframework.web.client.UnknownHttpStatusCodeException
クライアントエラー系 (4xx)	org.springframework.web.client.HttpClientErrorException
サーバーエラー系 (5xx)	org.springframework.web.client.HttpServerErrorException

これらの例外は実行時例外（RuntimeException）を継承しているため捕捉する義務がありません。そのため、アプリケーションの要件に応じて捕捉して例外処理を行なう必要があります。なお、デフォルトの動作はResponseErrorHandlerの実装クラスを作成することで変更することができます。

6.6.5 タイムアウトの指定

サーバーとの通信に対してタイムアウト時間を指定する場合は、以下のようなBean定義を行ないます。

▶ Java Configを使用したBean定義例

```
@Bean
RestTemplate restTemplate() {
    SimpleClientHttpRequestFactory requestFactory = new SimpleClientHttpRequestFactory();
    requestFactory.setConnectTimeout(5000); ────────────────── ❶
    requestFactory.setReadTimeout(3000); ──────────────────── ❷
    RestTemplate restTemplate = new RestTemplate(requestFactory);
    return restTemplate;
}
```

▶ XMLを使用したBean定義例

```
<bean id="clientHttpRequestFactory"
      class="org.springframework.http.client.SimpleClientHttpRequestFactory">
    <property name="connectTimeout" value="5000" ───────────── ❶
    <property name="readTimeout" value="3000" ──────────────── ❷
</bean>

<bean id="restTemplate" class="org.springframework.web.client.RestTemplate">
    <constructor-arg ref="clientHttpRequestFactory" />
</bean>
```

❶ connectTimeoutプロパティにサーバーとの接続タイムアウト時間（ミリ秒）を設定する。タイムアウト発生時はorg.springframework.web.client.ResourceAccessExceptionが発生する

❷ readTimeoutプロパティにレスポンスデータの読み込みタイムアウト時間（ミリ秒）を設定する。タイムアウト発生時はResourceAccessExceptionが発生する

Spring MVC の応用

第4章から第6章でSpring MVCの機能を利用したWebアプリケーションの開発方法を学びましたが、典型的なWebアプリケーションの開発では、「セッションの利用」「ファイルのアップロード」「画面やメッセージの国際化」「共通処理の適用」「静的リソースのキャッシュ制御」などへの考慮も必要になります。さらに、Webアプリケーションで重たい処理（たとえば大量データを扱うような処理など）を実行する場合や、SSE（Server-Sent Events）に代表されるPush型の処理を実現する際には、リクエストとレスポンスを別のスレッド上で行なう「（いわゆる）非同期処理」の採用が必要になることがあります。

本章では、これらの要件をSpring MVCの仕組みを利用して実現する方法を紹介していきます。

7.1 HTTPセッションの利用

本節では、Spring MVCで javax.servlet.http.HttpSession オブジェクト（以降、HTTPセッションと呼ぶ）を利用する方法について説明します。

Webアプリケーションで「複数の入力画面で構成されるウィザードを使って入力したデータ」や「ショッピングサイトのカートに追加した商品データ」などを扱う場合は、複数のリクエストをまたいで同じデータを共有する必要があります。これらのデータを複数のリクエストをまたいで共有する方法はいくつかありますが、HTTPセッションを利用するのが一番簡単な方法でしょう。ただし、HTTPセッションにデータを格納した場合、新たに立ち上げたウィンドウやタブ内でも同じHTTPセッションが利用されることがあるため、それぞれ別々のデータを扱えないことがあります。HTTPセッションは安易に利用するのではなく、アプリケーションおよびシステム要件を考慮して利用有無を決めるように心がけましょう。

Spring MVCでHTTPセッション内でデータを管理する場合、以下の3つの方法を利用できます（**表7.1**）。

表7.1 HTTPセッション内でデータを管理する方法

HTTPセッションの利用方法	説明
セッション属性（@SessionAttributes）の利用	Spring MVCの org.springframework.ui.Model に追加したオブジェクトを、HttpSessionのAPIを直接使わずにHTTPセッション内で管理する
セッションスコープのBeanの利用	HTTPセッションで管理したいオブジェクトをセッションスコープのBeanとしてDIコンテナに登録することで、HttpSessionのAPIを直接使わずにHTTPセッション内で管理する
HttpSessionのAPIの利用	HttpSession の API（setAttribute、getAttribute、removeAttribute など）を直接使用して、対象オブジェクトをHTTPセッション内で管理する

Spring MVCでは、ControllerのHandlerメソッドの引数としてHttpSessionオブジェクトを受け取ることができますが、基本的にはHttpSessionのAPIを直接使用しない方法（Spring MVCのServlet APIの抽象化の仕組み）を利用するようにしましょう。なお、本書ではHttpSessionのAPIを直接使用する方法の紹介は行ないません。

セッション属性（@SessionAttributes）

@org.springframework.web.bind.annotation.SessionAttributes は、1つの Controller 内で扱う複数の
リクエスト間でデータを共有する場合に有効な方法です。入力画面が複数のページで構成されるような場合や
複雑な画面遷移を伴う場合は、@SessionAttributes を使用してフォームオブジェクトをセッションで管理する
ことを検討してみてください（**図7.1**）。フォームオブジェクトをセッションに格納することで、アプリケーション
の設計や実装がシンプルになることがあります。なお、入力画面、確認画面、完了画面がそれぞれ1ページで
構成されるシンプルな画面構成の場合は、HTTPセッションを使わずにHTMLフォームのhidden要素を使用
してデータを持ち回る方法の採用も検討してみてください。

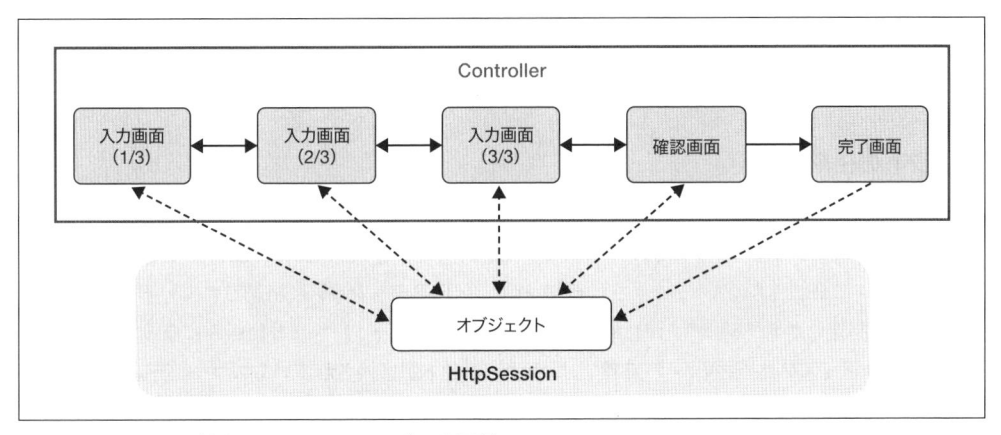

図7.1　セッション属性（@SessionAttributes）の利用例

■管理対象オブジェクトの指定

@SessionAttributes には、HTTP セッションで管理する対象オブジェクトを指定します。管理対象オブジェ
クトの指定方法として、以下の2つがサポートされています。

- **クラスの指定** —— 管理対象にするクラスを types 属性に指定する
- **属性名の指定** —— 管理対象にするオブジェクトの属性名を names 属性に指定する

▶ 管理対象オブジェクトの指定例

```
@Controller
@RequestMapping("/accounts")
@SessionAttributes(types = AccountCreateForm.class) ─────────────────────────── ❶
public class AccountCreateController {
    // omitted
}
```

❶ @SessionAttributes の types 属性に、HTTP セッションに格納するオブジェクトのクラスを指定する。後述する

@ModelAttributeメソッド、またはModelのaddAttributeメソッドを使用してModelに追加したオブジェクトのうち、types属性で指定したクラスに一致するオブジェクトがHTTPセッションに格納される

@SessionAttributesのnames属性を利用して、セッションに格納するオブジェクトの属性名を指定することもできます。この方法は、「同じクラスから生成されるオブジェクトのうち、セッションで管理するものと管理しないものが混在するケース」で使用できます。

▶ 属性名を使用した指定例

```
@Controller
@RequestMapping("/accounts")
@SessionAttributes(names = "password")
public class AccountCreateController {
    // omitted
}
```

■オブジェクトの格納と利用

@SessionAttributesを使用してHTTPセッション内でオブジェクトを管理する場合は、管理対象となるオブジェクトをModelに格納するだけです。Modelに格納したオブジェクトのうち、管理対象に指定したオブジェクトがHTTPセッションに格納（エクスポート）されます。また、HTTPセッションに格納されているオブジェクトのうち、管理対象に指定したオブジェクトがModelの中に格納（インポート）される仕組みになっています。この仕組みにより、HandlerメソッドやViewの処理では、オブジェクトが格納されているスコープを意識する必要はありません。

Modelにオブジェクトを格納する方法は、「@ModelAttributeメソッドを利用する方法」と「ModelのAPIを利用する方法」がありますが、ここでは「@ModelAttributeメソッドを利用する方法」の実装例を紹介します。

▶ オブジェクトをHTTPセッションに追加するための実装例

```
@Controller
@RequestMapping("/accounts")
@SessionAttributes(types = AccountCreateForm.class)
public class AccountCreateController {

    @ModelAttribute("accountCreateForm") ─────────────────────────── ❶
    public AccountCreateForm setUpAccountCreateForm() {
        return new AccountCreateForm();
    }

    // ・・・

}
```

❶ @ModelAttributeメソッドで返却したオブジェクトがModelに追加され、透過的にHTTPセッションにも追加される。ここでは、返却したオブジェクトを"accountCreateForm"という属性名でセッションに格納している

@ModelAttributeのvalue属性を省略すると、@ModelAttributeメソッドから返却されるオブジェクトの属性名を生成するために、すべてのリクエストで@ModelAttributeメソッドが呼び出されます。インスタンスを生成するだけの軽い処理であれば大きな問題にはならないかもしれませんが、データベースなどの外部リソースへのアクセスを伴う処理が実行される場合は、性能の劣化につながる可能性があります。この動作は、@ModelAttributeのvalue属性に明示的にオブジェクトの属性名を指定すると回避することができます。

Modelからオブジェクトを取得する場合は、Handlerメソッドにオブジェクトを受け取るための引数を宣言します。

▶ **Modelからオブジェクトを取得する際の実装例**

```
@RequestMapping(path = "create", method = RequestMethod.POST)
public String create(@Validated AccountCreateForm from,─────────────────────────❶
    BindingResult result,
    @ModelAttribute("password") String password, ──────────────────────────────❷
    RedirectAttributes redirectAttributes) {
    // ・・・
    return "redirect:/accounts/create?complete";
}
```

❶ 取得したいオブジェクトを受け取るための引数を宣言する。引数には、「クラス名の先頭を小文字にした値」と一致する属性名のオブジェクトが設定される。上記の例では、属性名がaccountCreateFormのオブジェクトが引数に設定される

❷ Modelから取得するオブジェクトの属性名は、@ModelAttributeのvalue属性に指定することができる。なお、@ModelAttributeを指定している状態でModel内（HTTPセッション内）に該当オブジェクトが存在しない場合は、org.springframework.web.HttpSessionRequiredExceptionが発生する [1]

■オブジェクトの削除

HTTPセッションに格納したオブジェクトを削除する場合は、ControllerのHandlerメソッドの中でorg.springframework.web.bind.support.SessionStatusのsetCompleteメソッドを呼び出します。

▶ **オブジェクトをHTTPセッションから削除するための実装例**

```
@RequestMapping(path = "create", params = "complete", method = RequestMethod.GET)
public String createComplete(SessionStatus sessionStatus) {
    sessionStatus.setComplete(); ──────────────────────────────────────────────❶
    return "account/createComplete";
}
```

❶ SessionStatusのsetCompleteメソッドを呼び出し、セッションを扱う処理が完了したことをマークする

---

[1] Spring 4.3からは、@ModelAttributeにbinding属性が追加されています。binding属性をfalseにすると、Modelから取得したオブジェクトに対してリクエストパラメータがバインドされることを防げます。

SessionStatus の setComplete を呼び出したときの動作は、以下のとおりです。

- @SessionAttributes で指定した管理対象オブジェクトがすべて削除される
- SessionStatus の setComplete メソッドを呼び出したタイミングではオブジェクトは削除されず、セッションを扱う処理が完了したことをマークしているだけになっている。実際には Controller の Handler メソッドの処理が終了した後に、フレームワークが HTTP セッションからオブジェクトを削除する
- Handler メソッドの終了後に HTTP セッションからオブジェクトが削除されるが、View とのデータ連携領域（Model）の中には同じオブジェクトが残ってしまう。そのため、setComplete を呼び出した直後に遷移した View からは、Model を介して HTTP セッションから削除したオブジェクトを参照できる

■Viewからアクセスする方法

View から HTTP セッションに格納したオブジェクトにアクセスする場合、HTTP セッションを使わないときと同じ方法でアクセスすることができます。これは、Model に格納したオブジェクトが「request（リクエストスコープ）」に格納される仕組みになっているためです。View として JSP を使う場合は、EL 式で ${属性名} で指定するだけです。

▶ View（JSP）からアクセスする実装例

```
メールアドレス: <c:out value="${accountCreateForm.email}"/>
```

7.1.2 セッションスコープ Bean

セッションスコープの Bean は、複数の Controller をまたぐ画面遷移において、Controller 間でデータを共有する場合に有効な方法です（**図7.2**）。複数のユースケースをまたいでデータを共有する必要がある場合は、セッションスコープの Bean の利用を検討するとよいでしょう。

なお、セッションスコープの Bean を介して HTTP セッション内で管理されるオブジェクトのライフサイクルは、HTTP セッション自体のライフサイクルと同じです。

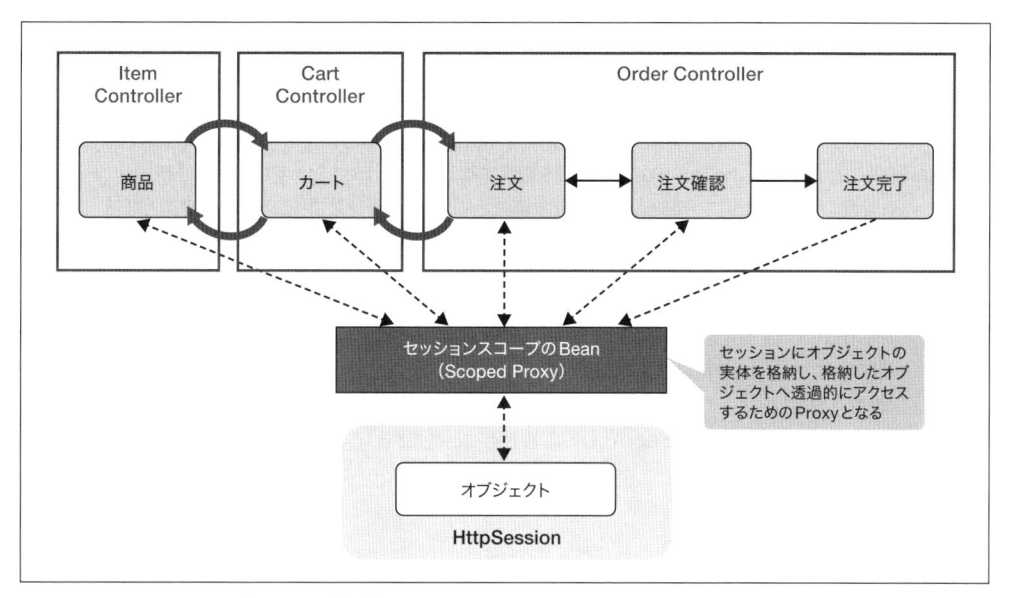

図7.2 セッションスコープBeanの利用例

■セッションスコープBeanの定義

　HTTPセッションで管理したいオブジェクトを、セッションスコープのBeanとしてDIコンテナに登録します。その際、Scoped Proxyが有効になるように定義します。Scoped Proxyは、スコープの寿命が長い（たとえばシングルトンスコープ）Beanに対して、スコープの寿命が短い（たとえばセッションスコープやリクエストスコープ）Beanをインジェクションできるようにするための仕組みです。

▶ アノテーションによるセッションスコープのBean定義例

```
@Component
@Scope(value = "session", proxyMode = ScopedProxyMode.TARGET_CLASS) ──────────────── ❶
public class Cart implements Serializable {
    // omitted
}
```

▶ Java ConfigによるセッションスコープのBean定義例

```
@Bean
@Scope(value = "session", proxyMode = ScopedProxyMode.TARGET_CLASS) ──────────────── ❶
public Cart cart() {
    return new Cart();
}
```

▶ XMLによるセッションスコープのBean定義例

```
<beans:bean id="cart" class="com.example.domain.Cart" scope="session"> ──────────── ❷
```

```
    <aop:scoped-proxy proxy-target-class="true" /> ─────────────────── ❸
</beans:bean>
```

❶ @Scopeアノテーションのvalue属性に"session"を指定することで、セッションスコープのBean定義となる。また、proxyMode属性にScopedProxyMode.TARGET_CLASSを指定することでScoped Proxyが有効となる[2]

❷ <beans:bean>要素のscope属性に"session"を指定することで、セッションスコープのBean定義となる

❸ <aop:scoped-proxy>のproxy-target-classにtrueを指定することでScoped Proxyが有効となる

> JPAのEntityクラスをセッションスコープのBeanとして定義した場合、JPAのAPI内でセッションスコープのBeanを正しく扱えないことがあります。正しく扱えない場合は、JPAのEntityクラスをセッションスコープのBeanとして定義するのではなく、Entityクラスを包んだラッパークラスをセッションスコープのBeanとして定義することを検討してみてください。

■セッションスコープBeanの利用

セッションスコープのBeanを利用する場合は、他のBeanと同様にインジェクションして利用します。

▶ セッションスコープBeanの利用例

```
@Controller
@RequestMapping("/items")
public class ItemController {
    @Autowired
    Cart cart; ──────────────────────────────────── ❶
    // ・・・
}
@Controller
@RequestMapping("/cart")
public class CartController {
    @Autowired
    Cart cart; ──────────────────────────────────── ❶
    // ・・・
}
@Controller
@RequestMapping("/orders")
public class OrderController {
    @Autowired
    Cart cart; ──────────────────────────────────── ❶
    // ・・・
}
```

❶ セッションスコープのBeanをControllerにインジェクションする。インジェクションしたセッションスコープのBeanのメソッドを呼び出すと、同一セッション内であれば同じオブジェクトのメソッドが呼び出される仕組みになっ

---

[2] Spring 4.3からは、@SessionScopeに置き換えることができます。

ているため、複数のコンポーネントでセッションスコープのデータを共有できる

■Viewからアクセスする方法

ViewからセッションスコープのBeanにアクセスする場合、SpELを利用してDIコンテナからセッションスコープのBeanを取得します。

▶ View（JSP）からアクセスする実装例

```
<spring:eval var="cart" expression="@cart" /> ———————————————————————————————— ❶
<c:forEach var="cartItem" items="${cart.cartItems}">
    <!-- ... -->
</c:forEach>
```

❶ SpEL（<spring:eval>要素）を利用して、セッションスコープのBeanを参照してページスコープの変数に格納する。expression属性には、「@＋Bean名」を指定する。ページスコープの変数に格納した後は、@SessionAttributesを使ったときと同じ方法でHTTPセッションに格納したオブジェクトにアクセスすることができる

7.2　ファイルアップロード

本節では、ファイルをアップロードする方法について説明します。Spring MVCでファイルをアップロードする場合は、以下のいずれかの方法を利用します。

- **Servlet標準のアップロード機能**

  Servlet 3.0でサポートされたファイルアップロード機能と、Spring Webが提供するコンポーネントを利用してファイルアップロードを行ないます。この方法は、Servletのバージョンが3.0以上のアプリケーションサーバーで動かす場合に利用します。

- **Apache Commons FileUpload [3] のアップロード機能**

  ファイルアップロード用のライブラリである Apache Commons FileUpload と、Spring Webが提供するコンポーネントを利用してファイルアップロードを行ないます。この方法は、Servletのバージョンが3.0未満の場合や、Servlet標準のファイルアップロード機能だとリクエストパラメータやファイル名が文字化けする場合に利用します。

7.2.1　ファイルアップロードの仕組み

まず、Spring MVCおよびSpring Webが提供するファイルアップロードの仕組みを紹介します（図7.3）。

【3】　https://commons.apache.org/proper/commons-fileupload/

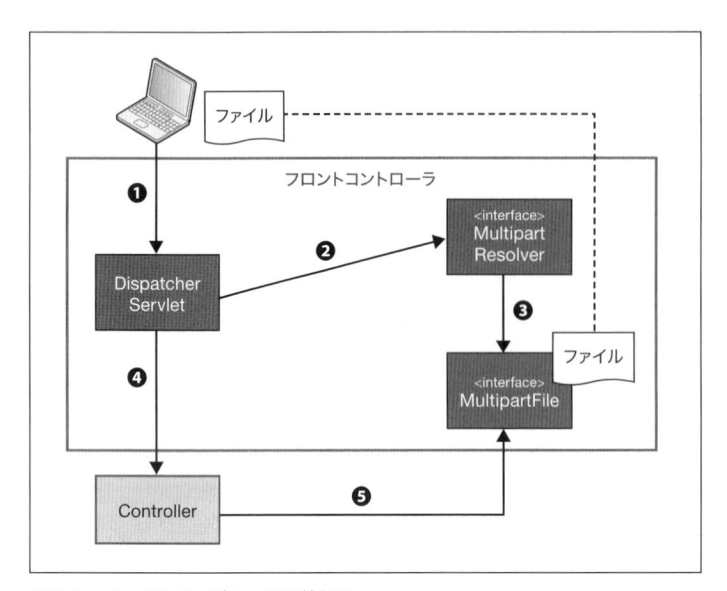

図7.3 ファイルアップロードの仕組み

❶ アップロードするファイルを選択し、アップロードを実行する

❷ DispatcherServletは、org.springframework.web.multipart.MultipartResolverインターフェイスのメソッド
を呼び出し、マルチパートリクエストを解析する

❸ MultipartResolverの実装クラスは、マルチパートリクエストを解析し、アップロードデータを保持するorg.
springframework.web.multipart.MultipartFileを生成する

❹ DispatcherServletは、Controllerの処理メソッドを呼び出す。❸で生成したMultipartFileオブジェクトは、
Controllerの引数またはフォームオブジェクトにバインドして受け取る

❺ Controllerは、MultipartFileオブジェクトのメソッドを呼び出し、アップロードされたファイルの中身やメタ情報
（ファイル名など）を取得する

Springが提供するコンポーネントがServletやApache Commons FileUploadのAPIを隠ぺいしてくれるため、
Servlet標準およびApache Commons FileUploadのどちらの方法を利用しても同じようにControllerを実装でき
ます。なお、本書では、Servlet標準のアップロード機能を利用する方法を紹介します。

7.2.2 ファイルアップロード機能のセットアップ

Servlet標準とSpringのファイルアップロード機能を利用するには、ファイルアップロード機能を利用するた
めの設定と、Spring MVCと連携するための設定が必要になります。

■ファイルアップロード機能を利用するための設定

Servlet標準のファイルアップロード機能を利用するために、Webアプリケーションデプロイメント記述子

（web.xml）に`<multipart-config>`要素を追加します。

▶ web.xmlの記述例

```
<web-app xmlns="http://java.sun.com/xml/ns/javaee"
    xmlns:xsi="http://www.w3.org/2001/XMLSchema-instance"
    xsi:schemaLocation="
        http://java.sun.com/xml/ns/javaee
        http://java.sun.com/xml/ns/javaee/web-app_3_0.xsd"
    version="3.0">
    <!-- ... -->
    <servlet>
        <servlet-class>
            org.springframework.web.servlet.DispatcherServlet
        </servlet-class>
        <multipart-config />  ──────────────────────────────────── ❶
    </servlet>
    <!-- ... -->
</web-app>
```

❶ Servlet標準のファイルアップロード機能を使うサーブレットの`<servlet>`要素に、`<multipart-config>`要素を追加する

　Servlet標準のファイルアップロード機能をデフォルト設定のまま利用すると、アップロードできるファイルのサイズに上限はありません。サイズに上限を設けたい場合は、ファイル単位の最大サイズ、アップロード時のリクエスト全体の最大サイズ、一時ファイル出力有無の閾値サイズの3つを指定する必要があります。

▶ `<multipart-config>`要素の記述例

```
<multipart-config>
    <max-file-size>5242880</max-file-size>  ──────────────────── ❶
    <max-request-size>27262976</max-request-size>  ─────────────── ❷
    <file-size-threshold>1048576</file-size-threshold>  ────────── ❸
</multipart-config>
```

❶ 1ファイルの最大バイト数を指定する。デフォルト値は-1（制限なし）
❷ マルチパートリクエスト全体の最大バイト数を指定する。デフォルト値は-1（制限なし）
❸ ファイルの中身を一時ファイルとして保存するか否かの閾値（1ファイルのバイト数）を指定する。デフォルト値は0（常にファイルに出力）

　なお、サイズに上限を設けた場合は、サイズの上限を超えると org.springframework.web.multipart.MultipartException が発生します。サイズの上限エラーを検知したい場合は、MultipartExceptionをハンドリングしてください。

> サイズの上限を超えると`MultipartException`が発生すると説明しましたが、Spring MVCの`DispatcherServlet`より前にリクエストパラメータにアクセスする処理があると、`MultipartException`が発生しない可能性があります。
>
> 具体的には、本書でも紹介しているSpring SecurityのCSRF対策用のServlet Filterを適用した状態でTomcat上でサイズの上限を超えた場合は、`MultipartException`ではなくCSRFエラーになります。これは、Tomcatの実装がリクエストパラメータの値を`null`として扱うようになっているためですが、この動作はServlet APIの仕様として定められているわけではないため、アプリケーションサーバーによって動作が変わる可能性があります。
>
> では、サイズの上限を超えた場合に必ず`MultipartException`を発生させたい場合はどうすればよいのでしょうか? それには、Spring Webから提供されている`org.springframework.web.multipart.support.MultipartFilter`を使用します。`MultipartFilter`を使用すると、リクエストパラメータにアクセスする前にマルチパートリクエストの解析処理を行なうことができるため、サイズの上限を超えている場合に必ず`MultipartException`を発生させることができます。ただし、`MultipartFilter`はSpring Securityの`FilterChain`よりも前に定義しておく必要があります。

■Spring MVCと連携するための設定

Servlet標準のファイルアップロード機能とSpring MVCを連携するために、Springの DIコンテナに「Servlet標準向けの`MultipartResolver`」のBeanを定義します。Beanを定義する際は、Bean名を "multipartResolver" にする必要があります。

▶ Java ConfigによるBean定義例

```java
@Bean
public MultipartResolver multipartResolver() {
    return new StandardServletMultipartResolver();
}
```

▶ XMLによるBean定義例

```xml
<bean id="multipartResolver"
    class="org.springframework.web.multipart.support.StandardServletMultipartResolver">
</bean>
```

7.2.3 アップロードデータの取得

アップロードしたファイルのデータは、`org.springframework.web.multipart.MultipartFile`をフォームオブジェクトにバインドして取得します。Spring MVCの機能としては`javax.servlet.http.Part`をControllerのHandlerメソッドの引数として取得することもできますが、以下の点で`MultipartFile`をフォームオブジェクトにバインドする方法のほうが優れています。

- 特定のアップロード機能のAPI（Servlet API）に依存しない
- Bean Validationの仕組みを利用して入力チェックを行なうことができる

では、実際にファイルをアップロードしてみましょう。

■フォームクラスの作成

アップロードデータを受け取るためのプロパティをフォームクラスに定義します。

▶ フォームクラスの実装例

```
public class FileUploadForm implements Serializable {
    private MultipartFile file; ─────────────────────────────────── ❶
    // ・・・
}
```

❶ MultipartFile型のプロパティを定義する

■Viewの実装

Viewでは、HTMLフォームからマルチパートリクエストを送信します。以下は、ViewとしてJSPを使用する場合の実装例です。

▶ マルチパートリクエストを送信する際のJSPを実装例

```
<form:form modelAttribute="fileUploadForm" enctype="multipart/form-data"> ──────── ❶
    ファイル : <form:input path="file" type="file" /><br> ──────────── ❷
    <form:button>アップロード</form:button>
</form:form>
```

❶ <form:form>要素のenctype属性に"multipart/form-data"を指定する
❷ <form:input>要素のtype属性に"file"を指定し、ファイルアップロード用のフィールドを生成する

■Controllerの実装

フォームオブジェクトからMultipartFileを取得し、永続処理に必要なデータを取得します。

▶ Controllerの実装例

```
@RequestMapping("/file/upload")
@Controller
public class FileUploadController {
    // ・・・
    @RequestMapping(method = RequestMethod.POST)
    public String upload(FileUploadForm form) {

        MultipartFile file = form.getFile();
```

```
        String contentType = file.getContentType();                        ①
        String parameterName = file.getName();                             ②
        String originalFilename = file.getOriginalFilename();              ③
        long fileSize = file.getSize();                                     ④

        try (InputStream content = file.getInputStream()) {                ⑤
            // アップロードデータの永続化処理
            // ・・・
        }

        return "redirect:/file/upload?complete";
    }
    // ・・・
}
```

❶ コンテンツタイプを取得する

❷ リクエストパラメータ名を取得する

❸ ファイル名を取得する

❹ ファイルサイズを取得する

❺ ファイルの中身を java.io.InputStream として取得する

上記以外にも、MultipartFile には以下のメソッドが用意されています。

- アップロードデータをバイト配列で取得するためのメソッド（getBytes）
- アップロードデータが空か否かを判定するメソッド（isEmpty）
- アップロードデータを指定したファイルにコピーするメソッド（transferTo）

> アップロードデータのメタ情報（コンテンツタイプ、ファイルサイズ、ファイル名など）に対する入力チェックを行なう場合は、MultipartFile から取得した値を検証する Bean Validation のバリデーター（javax.validation.ConstraintValidator の実装クラス）を作成しましょう。

7.3 非同期リクエストの実装

本節では、Servlet 3.0 からサポートされた非同期実行の仕組みを利用した非同期処理の実装について説明します。

7.3.1 非同期リクエストの仕組み

Spring MVC では、以下の 2 つのパターンの処理方式をサポートしています。

■非同期実行が終了してからHTTPレスポンスを開始

このパターンは、時間がかかり負荷の大きい処理をアプリケーションサーバーが管理するスレッドから分離させ、アプリケーションサーバーのスレッドを有効利用したい場合に使用します。勘違いしやすいのですが、HTTPレスポンスは非同期実行している処理が終了した後に行なうため、クライアント側から見ると同期処理と同じ動作になります（**図7.4**）。

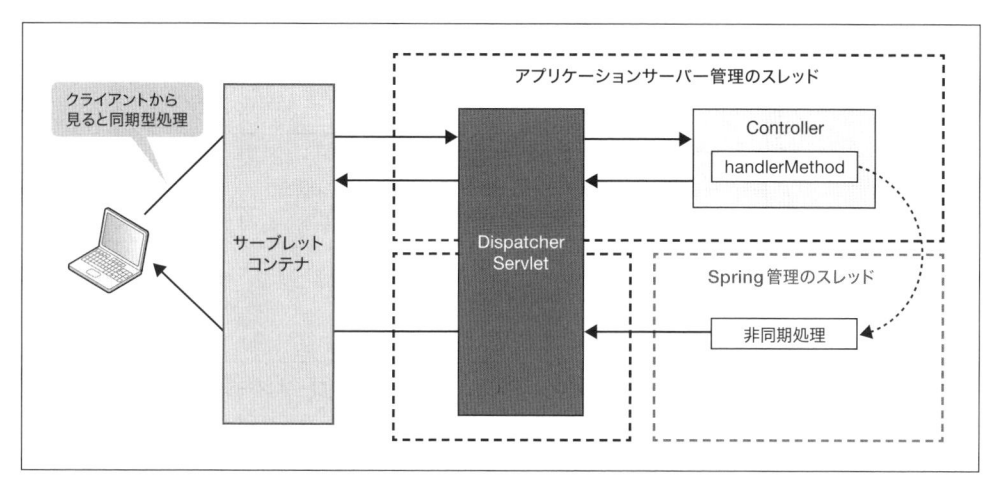

図7.4　非同期実行が終了してからHTTPレスポンスを開始するパターンのフローイメージ

Spring MVCは、このパターンの非同期処理をサポートするために以下の2つの仕組みを提供しています。

- **Spring MVC 管理のスレッドを使用した非同期処理**

  この仕組みを利用する場合は、Handlerメソッドから`java.util.concurrent.Callable`を返却します。また、`org.springframework.web.context.request.async.WebAsyncTask`クラスを返却することもできます。

- **Spring MVC 管理外のスレッドを使用した非同期処理**

  この仕組みを利用する場合は、Handlerメソッドから`org.springframework.web.context.request.async.DeferredResult`を返却します。以下のクラスを返却することもできます。

  ▶ `org.springframework.util.concurrent.ListenableFuture`
  ▶ `java.util.concurrent.CompletableFuture`

■非同期実行の処理中にHTTPレスポンスを開始

このパターンは、サーバーから任意のタイミングでデータを送信（Push）するときに使用します。サーバー側は非同期処理を起動したタイミングでいったんHTTPレスポンスを行ない、その後、非同期処理中の任意のタイミングでレスポンスデータを送信（Push）します（**図7.5**）。このパターンを利用する場合は、クライアント

が分割レスポンス（"Transfer-Encoding: chunked"）に対応している必要があります。

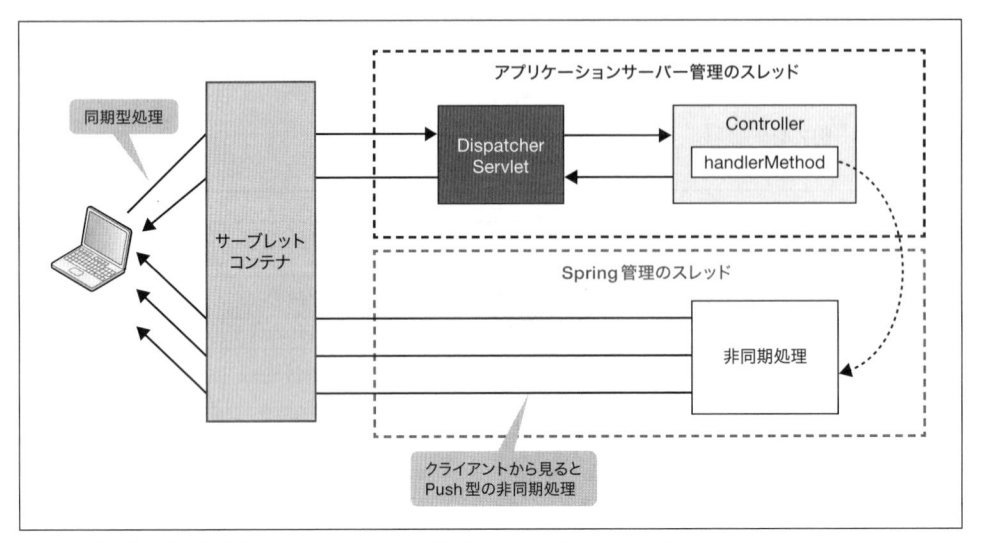

図7.5　非同期実行の処理中にHTTPレスポンスを分割してレスポンスするパターンのフローイメージ

Spring MVC は、このパターンの非同期処理をサポートするために以下の2つの仕組みを提供しています。

- **ロングポーリングを使用した非同期処理**

    この仕組みを利用する場合は、Handler メソッドから org.springframework.web.servlet.mvc.method.annotation.ResponseBodyEmitter を返却します。

- **SSE（Server-Sent Events）[4] に準拠した非同期処理**

    この仕組みを利用する場合は、Handler メソッドから org.springframework.web.servlet.mvc.method.annotation.SseEmitter を返却します。なお、クライアントが SSE（"Content-Type: text/event-stream"）に対応している必要があります。

> Push型の非同期処理ではありませんが、HTTP Streaming を実現するために OutputStream に直接データを出力する仕組みが提供されています。この仕組みを利用する場合は、Handler メソッドから org.springframework.web.servlet.mvc.method.annotation.StreamingResponseBody を返却してください。

---

[4]　https://www.w3.org/TR/eventsource/

7.3.2 非同期実行を有効にするための設定

サーブレットコンテナと Spring MVC の設定を変更して、非同期実行が行なえるようにします。

■サーブレットコンテナの非同期実行の有効化

サーブレットコンテナの設定を変更して、Servlet 標準の非同期実行が行なえるようにします。

▶ web.xmlの定義例

```xml
<filter>
    <filter-name>CharacterEncodingFilter</filter-name>
    <filter-class>org.springframework.web.filter.CharacterEncodingFilter</filter-class>
    <async-supported>true</async-supported>                                       ❶
    <!-- ... -->
</filter>
<filter-mapping>
    <filter-name>CharacterEncodingFilter</filter-name>
    <url-pattern>/*</url-pattern>
    <dispatcher>REQUEST</dispatcher>
    <dispatcher>ASYNC</dispatcher>                                                ❷
</filter-mapping>
<!-- ... -->
<servlet>
    <servlet-name>appServlet</servlet-name>
    <servlet-class>org.springframework.web.servlet.DispatcherServlet </servlet-class>
    <!-- ... -->
    <async-supported>true</async-supported>                                       ❸
</servlet>
```

❶ `<async-supported>`要素に`true`を設定し、サーブレットフィルタを非同期実行に対応させる
❷ 非同期リクエストをサーブレットフィルタの処理対象にしたい場合は、`<dispatcher>`要素に`ASYNC`を設定する
❸ `<async-supported>`要素に`true`を設定し、`DispatcherServlet`を非同期実行に対応させる

■Spring MVC上での非同期実行の有効化

Spring MVC の設定を変更して、Servlet 標準の非同期実行の仕組みと連携する機能を有効化します。

▶ Java ConfigによるBean定義

```java
@Configuration
@EnableWebMvc                                                                     ❶
@ComponentScan("com.example.app")
public class WebMvcConfig extends WebMvcConfigurerAdapter {
    @Override
    public void configureAsyncSupport(AsyncSupportConfigurer configurer) {        ❷
        configurer.setDefaultTimeout(5000);
    }
}
```

❶ @EnableWebMvcを付与すると非同期実行の機能が自動で有効になる

❷ 非同期実行の設定をカスタマイズする場合は、WebMvcConfigurerAdapterのconfigureAsyncSupportメソッドを
オーバーライドする。タイムアウト時間（ミリ秒単位）は要件に合わせてカスタマイズする

Bean定義をXMLで表現すると、以下のようになります。

▶ **XMLによるBean定義**

```
<mvc:annotation-driven>
    <mvc:async-support default-timeout="5000" />
</mvc:annotation-driven>
```

> **メモ**
>
> Spring MVC管理のスレッドを使用して非同期処理を実行する場合は、要件に合わせて使用する
> TaskExecutorをカスタマイズしてください。デフォルトで使用されるTaskExecutorは、要求ごと
> に新しいスレッドを生成する実装クラス（SimpleAsyncTaskExecutor）になっています。
>
> ```
> @Override
> public void configureAsyncSupport(AsyncSupportConfigurer configurer) {
>     configurer.setDefaultTimeout(5000);
>     // スレッドプールを利用するようにカスタマイズしたTaskExecutorを設定する
>     configurer.setTaskExecutor(mvcTaskExecutor());
> }
>
> @Bean
> public TaskExecutor mvcTaskExecutor() {
>     ThreadPoolTaskExecutor executor = new ThreadPoolTaskExecutor();
>     executor.setCorePoolSize(5);
>     executor.setMaxPoolSize(10);
>     executor.setQueueCapacity(25);
>     return executor;
> }
> ```
>
> Bean定義をXMLで表現すると、以下のようになります。
>
> ```
> <task:executor id="mvcTaskExecutor" pool-size="5-10" queue-capacity="25" />
> <mvc:annotation-driven>
>     <mvc:async-support default-timeout="5000" task-executor="mvcTaskExecutor" />
> </mvc:annotation-driven>
> ```

 **非同期処理の実装**

本書では、以下の2つの非同期処理の実装方法を紹介します。

- CompletableFutureを使用した非同期処理
- SseEmitterを使用したPush型の非同期処理

■@Asyncの利用

本書で説明する非同期処理は、どちらもSpring MVC管理外のスレッドを使用した非同期処理です。Spring Frameworkは、特定のメソッドを別スレッドで実行する仕組みを提供しており、別スレッドで実行したいメソッドに@org.springframework.scheduling.annotation.Asyncを付与するだけです。

```
@Async  // 別スレッドで実行される
public void save(InputStream in, File file) {
    // ・・・
}
```

なお、この仕組みを利用する場合は、以下のようなBean定義を行なう必要があります。

▶ Java ConfigによるBean定義

```
@Configuration
@EnableAsync ─────────────────────────────────────────────────── ❶
public class AsyncConfig {
    @Bean ─────────────────────────────────────────────┐
    public TaskExecutor taskExecutor() {                │
        ThreadPoolTaskExecutor executor = new ThreadPoolTaskExecutor(); ─┤── ❷
        executor.setCorePoolSize(5);
        executor.setMaxPoolSize(10);
        executor.setQueueCapacity(25);
        return executor;
    }
}
```

❶ @EnableAsyncを付与すると@Asyncを利用した非同期実行の機能が有効になる

❷ @Asyncがデフォルトで使用するTaskExecutorは、要求ごとに新しいスレッドを生成する実装クラス（SimpleAsync TaskExecutor）である。使用するTaskExecutorをカスタマイズする場合は、"taskExecutor"というBean名でBean定義しておけばよい。ここでは、スレッドプールを利用するようにカスタマイズしたTaskExecutorをBean定義している

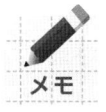

使用するTaskExecutorは、org.springframework.scheduling.annotation.AsyncConfigurerSupportクラス（AsyncConfigurerインターフェイスの実装クラス）を継承することでカスタマイズすることもできます。AsyncConfigurerには、非同期処理内で捕捉されなかった例外をハンドリングする仕組み（AsyncUncaughtExceptionHandler）をカスタマイズするためのメソッドも用意されており、デフォルトではSimpleAsyncUncaughtExceptionHandlerというクラス（ERRORレベルでログ出力するクラス）が利用されます。

Bean定義をXMLで表現すると、以下のようになります。

▶ XMLによるBean定義

```
<task:annotation-driven />
<task:executor id="taskExecutor" pool-size="5-10" queue-capacity="25" />
```

■CompletableFutureを使用した非同期処理の実装

CompletableFutureを使用した非同期処理の実装例を以下に示します。以下の実装例では、ファイルのアップロードを非同期処理として実行し、非同期処理が終了したら"upload/complete"という名前のViewに遷移します。

▶ Java ConfigによるBean定義Handlerメソッドの実装例

```
@Autowired
AsyncUploader asyncUploader;

@RequestMapping(path = "upload", method = RequestMethod.POST)
public CompletableFuture<String> upload(MultipartFile file) {
    return asyncUploader.upload(file);  // 非同期処理を呼び出す
}                                                                  ❶
```

▶ 非同期処理の実装例

```
@Component
public class AsyncUploader {

    @Autowired
    UploadService uploadService;

    @Async
    public CompletableFuture<String> upload(MultipartFile file) {

        uploadService.upload(file);  // 重たい処理を呼び出す           ❷

        return CompletableFuture.completedFuture("upload/complete");  ❸
    }

}
```

❶ Handlerメソッドの戻り値としてCompletableFutureを返却する。型パラメータには、非同期処理が正常終了したときにSpring MVCのフレームワーク処理に返却する値の型を指定する。ここでは遷移先のView名を返却するため、型パラメータにはStringを指定する

❷ @Asyncを付与したメソッドに、別スレッドで実行したい処理を実装する

❸ @Asyncを付与したメソッドの戻り値には、Spring MVCのフレームワーク処理に返却する値 (View名) を指定したCompletableFutureを返却する

■SseEmitterを使用したPush型の非同期処理の実装

SseEmitterを使用したPush型の非同期処理の実装例を以下に示します。以下の実装例では、1秒間隔で3つのイベントを非同期処理としてクライアントに送信します。

▶ Handlerメソッドの実装例

```
@Autowired
GreetingMessageSender greetingMessageSender;

@RequestMapping(path = "greeting", method = RequestMethod.GET)
public SseEmitter greeting() throws IOException, InterruptedException {
    SseEmitter emitter = new SseEmitter();
    greetingMessageSender.send(emitter);  // 非同期処理を呼び出す
    return emitter;
}
```
❶

▶ Push型の非同期処理の実装例

```
@Component
public class GreetingMessageSender {
    @Async
    public void send(SseEmitter emitter)
            throws IOException, InterruptedException {

        // 1秒間隔でイベントを送信する
        emitter.send(emitter.event()
            .id(UUID.randomUUID().toString()).data("Good Morning!"));
        TimeUnit.SECONDS.sleep(1);

        emitter.send(emitter.event()
            .id(UUID.randomUUID().toString()).data("Hello!"));
        TimeUnit.SECONDS.sleep(1);

        emitter.send(emitter.event()
            .id(UUID.randomUUID().toString()).data("Good Night!"));

        // 非同期処理を終了する
        emitter.complete();
    }
}
```
❷

❶ Handlerメソッド戻り値としてSseEmitterを返却する
❷ @Asyncを付与したメソッドで、イベントを送信する処理を実装する。クライアントに送信するイベントは、Handlerメソッドの戻り値として返却したSseEmitterオブジェクトのメソッドを使う

ブラウザ（Chrome）でリクエストすると、1秒間隔でイベントがブラウザ上に反映され、最終的には以下のようなデータが表示されます。

```
id:97ad5039-3b3c-4898-b66a-a836f1d3948c
data:"Good Morning!"

id:c616a134-d820-40fc-92e6-1c9c1541b064
data:"Hello!"

id:82930673-83fe-4c3f-ad53-975eb9503fcf
data:"Good Night!"
```

7.3.4 非同期実行の例外ハンドリング

基本的に、対処しなければならない非同期処理固有の処理はありません。非同期処理中に発生した例外は、最終的にはSpring MVCのExceptionResolverによってハンドリングされます。ただし、Handlerメソッドの戻り値としてDeferredResultを返却する場合は、発生した例外を捕捉してDeferredResultのsetErrorResultメソッドの引数に設定します。こうすることで、Spring MVCのExceptionResolverによって例外がハンドリングされます。

▶ DeferredResult使用時の例外ハンドリングの実装例

```java
@Async
public void upload(MultipartFile file, DeferredResult<String> deferredResult) {
    try {
        // ・・・
        deferredResult.setResult("upload/complete");
    } catch (Exception e) {
        deferredResult.setErrorResult(e);  // 発生した例外をDeferredResultに設定する
    }
}
```

7.3.5 非同期実行に対する共通処理の実装

非同期処理に対して共通的な処理を実装するには、org.springframework.web.context.request.async.CallableProcessingInterceptor または org.springframework.web.context.request.async.DeferredResultProcessingInterceptor インターフェイスの実装クラスを作成します。これらのインターフェイスには、以下の5つのメソッドが用意されており、Spring MVCのフレームワーク機能が呼び出しタイミングを制御しています（表7.2）。

表 7.2　CallableProcessingInterceptor と DeferredResultProcessingInterceptor のメソッド

メソッド名	説明
beforeConcurrentHandling	非同期実行を開始する直前に呼び出される
preProcess	非同期実行を開始した直後に呼び出される

メソッド名	説明
postProcess	非同期実行の処理結果または例外オブジェクトが設定された直後に呼び出される
handleTimeout	非同期実行がタイムアウトしたときに呼び出される
afterCompletion	非同期実行の処理が終了したときに呼び出される

CallableProcessingInterceptorもしくはDeferredResultProcessingInterceptorを作成するときは、空実装が行なわれているAdapterクラス（CallableProcessingInterceptorAdapterやDeferredResultProcessingInterceptorAdapter）を継承し、実装が必要なメソッドだけオーバーライドするのがよいでしょう。以下は、非同期実行がタイムアウトした際に、タイムアウト用のViewに遷移させるようにするための実装例です。

▶ CallableProcessingInterceptorの実装例

```
public class CustomCallableProcessingInterceptor
        extends CallableProcessingInterceptorAdapter {
    @Override
    public <T> Object handleTimeout(NativeWebRequest request, Callable<T> task) {
        return "error/timeoutError";
    }
}
```

▶ DeferredResultProcessingInterceptorの実装例

```
public class CustomDeferredResultProcessingInterceptor
        extends DeferredResultProcessingInterceptorAdapter {
    @Override
    public <T> boolean handleTimeout(NativeWebRequest request, DeferredResult<T> deferredResult) {
        deferredResult.setResult((T)"error/timeoutError");
        return false;
    }
}
```

作成したクラスを、Spring MVCのフレームワーク処理に適用します。

▶ Java ConfigによるBean定義例

```
@Override
public void configureAsyncSupport(AsyncSupportConfigurer configurer) {
    // ・・・
    configurer.registerCallableInterceptors(new CustomCallableProcessingInterceptor());
    configurer.registerDeferredResultInterceptors(new CustomDeferredResultProcessingInterceptor());
}
```

Bean定義をXMLで表現すると、以下のようになります。

▶ XMLによるBean定義例

```
<mvc:async-support default-timeout="5000" task-executor="mvcAsyncTaskExecutor">
```

```
    <mvc:callable-interceptors>
        <bean class="com.example.async.CustomCallableProcessingInterceptor" />
    </mvc:callable-interceptors>
    <mvc:deferred-result-interceptors>
        <bean class="com.example.async.CustomDeferredResultProcessingInterceptor" />
    </mvc:deferred-result-interceptors>
</mvc:async-support>
```

7.4 共通処理の実装

本節では、ControllerのHandlerメソッドの呼び出し前後に共通処理を実行する方法について説明します。

7.4.1 サーブレットフィルタの利用

Spring MVC（DispatcherServlet）の呼び出し前後に共通する処理を実行するには、javax.servlet.Filterインターフェイスの実装クラスを作成します。javax.servlet.Filterを直接実装してもよいのですが、ここではSpringが提供しているサポートクラスを利用する方法を紹介します（**表7.3**）。

表7.3　Spring が提供するサーブレットフィルタのサポートクラス

クラス名	説明
GenericFilterBean	サーブレットフィルタの初期化パラメータを、サーブレットフィルタクラスのプロパティにバインドする機能を持つ基底クラス
OncePerRequestFilter	同一リクエスト内で1回だけ処理が実行されることを担保する機能を持つ基底クラス。GenericFilterBeanを継承しており、Springが提供しているサーブレットフィルタはこのクラスの子クラスとして作成されている

以下は、SLF4JのMDCにクライアントのリモートアドレスを設定するサーブレットフィルタの実装例になっています。デフォルトではMDCのキーは"X-Forwarded-For"ですが、サーブレットフィルタの初期化パラメータでカスタマイズできるようにします。

▶ **Springが提供するサポートクラスを利用した実装例**

```
public class ClientInfoMdcPutFilter extends OncePerRequestFilter {

    private static final String FORWARDED_FOR_HEADER_NAME = "X-Forwarded-For";

    private String mdcKey = FORWARDED_FOR_HEADER_NAME;
    public void setMdcKey(String mdcKey) { this.mdcKey = mdcKey; }
    public void getMdcKey() { return mdcKey; }
```
❶

```
    protected final void doFilterInternal(HttpServletRequest request,
        HttpServletResponse response, FilterChain filterChain)
            throws ServletException, IOException {
        String remoteIp = Optional.ofNullable(request.getHeader(FORWARDED_FOR_HEADER_NAME))
            .orElse(request.getRemoteAddr());
        MDC.put(mdcKey, remoteIp);
        try {
            filterChain.doFilter(request, response);
        } finally {
            MDC.remove(mdcKey);
        }
    }
}
```

❷

❶ MDCのキーを保持するプロパティを定義し、サーブレットフィルタの初期化パラメータで上書きできるようにする

❷ 共通処理は doFilterInternal メソッドの中で実装する

作成したサーブレットフィルタクラスをサーブレットコンテナに登録します。

▶ web.xmlの定義例

```
<filter>
    <filter-name>clientInfoPutFilter</filter-name>
    <filter-class>com.example.ClientInfoMdcPutFilter</filter-class>
    <init-param>
        <param-name>mdcKey</param-name>
        <param-value>remoteIp</param-value>
    </init-param>
</filter>
<filter-mapping>
    <filter-name>clientInfoPutFilter</filter-name>
    <url-pattern>/*</url-pattern>
</filter-mapping>
```

❶

❶ サーブレットフィルタの初期化パラメータを使用して、MDCのキーをカスタマイズする。パラメータ名は、サーブ
レットフィルタクラスのプロパティ名と一致させる。上記の例では、MDCのキーは "remoteIp" になる

■DIコンテナで管理しているBeanのインジェクション

サーブレットフィルタ内の処理でDIコンテナで管理しているBeanを利用したい場合は、サーブレットフィル
タをDIコンテナに登録し、DelegatingFilterProxy経由でサーブレットフィルタの処理を実行します。Dele
gatingFilterProxyは、SpringのDIコンテナに登録されているサーブレットフィルタに処理を委譲するサーブ
レットフィルタクラスです。

```
@Component
public class ClientInfoMdcPutFilter extends OncePerRequestFilter {
    @Autowired
```

❶

365

```
    MessageSource messageSource; ─────────────────────────────────────────── ❷
    // ・・・
}
```

▶ web.xmlの定義例

```
<filter>
    <filter-name>clientInfoPutFilter</filter-name> ────────────────────┐
    <filter-class>org.springframework.web.filter.DelegatingFilterProxy</filter-class> ──┘── ❸
</filter>
```

❶ サーブレットフィルタをDIコンテナに登録する

❷ 利用するBeanをインジェクションする

❸ サーブレットフィルタの名前は、DIコンテナに登録したサーブレットフィルタのBean名にする。デフォルトでは、
　サーブレットフィルタの名前に一致するBeanに処理を委譲するが、委譲先のBeanはDelegatingFilterProxyの
　targetBeanNameプロパティに指定することもできる

■Spring提供のサーブレットフィルタ

　Spring WebおよびSpring MVCは、以下のサーブレットフィルタを提供しています（**表7.4**）。CharacterEncod
ingFilterは必ず使用する必要がありますが、その他のクラスはアプリケーションの要件に応じて使用してくだ
さい。

表7.4　Spring が提供するサーブレットフィルタ

クラス名	説明
CorsFilter	CORS 連携用のクラス
HttpPutFormContentFilter	HTMLフォームからのリクエスト（application/x-www-form-urlencoded）で PUTメソッドとPATCHメソッドを利用できるようにするためのクラス
HiddenHttpMethodFilter	リクエストパラメータ（hiddenパラメータ）で指定されたHTTPメソッドに変換する（なりすまして処理を行なう）ためのクラス
CharacterEncodingFilter	リクエストとレスポンスの文字エンコーディングを指定するためのクラス
RequestContextFilter	HttpServletRequestとHttpServletResponseをスレッドローカルに設定するためのクラス
ResourceUrlEncodingFilter	静的リソースにアクセスするためのURLをResourceResolverと連携して生成するクラス
MultipartFilter	マルチパートリクエストを解析するためのクラス
ShallowEtagHeaderFilter	ETagの制御を行なうクラス
ServletContextRequestLoggingFilter	リクエストデータをサーブレットコンテナのログに出力するクラス
CommonsRequestLoggingFilter	リクエストデータをApache Commons Logging（JCL）のAPI経由でログに出力するクラス

HandlerInterceptorの利用

Controllerでハンドリングする処理に対してだけ共通処理を実行したい場合は、org.springframework.web.servlet.HandlerInterceptorインターフェイスの実装クラスを作成します。HandlerInterceptorは、リクエストにマッピングされたHandlerメソッドが決定した後に呼び出されるので、アプリケーションが許可しているリクエストに対してのみ共通処理を実行することができます（図7.6）。

HandlerInterceptorには、以下の3つのメソッドが用意されており、Spring MVCのフレームワーク機能が呼び出しタイミングを制御しています（表7.5）。

表 7.5　HandlerInterceptor のメソッド

クラス名	説明
preHandle	ControllerのHandlerメソッドを実行する前に呼び出される。Handlerメソッドの呼び出しを中止する場合は、メソッドの戻り値としてfalseを返却する
postHandle	ControllerのHandlerメソッドが正常終了した後に呼び出される。このメソッドは、Handlerメソッドで例外が発生した場合は呼び出されない
afterCompletion	ControllerのHandlerメソッドの処理が終了した後に呼び出される。このメソッドは、Handlerメソッドで例外が発生しても呼び出される

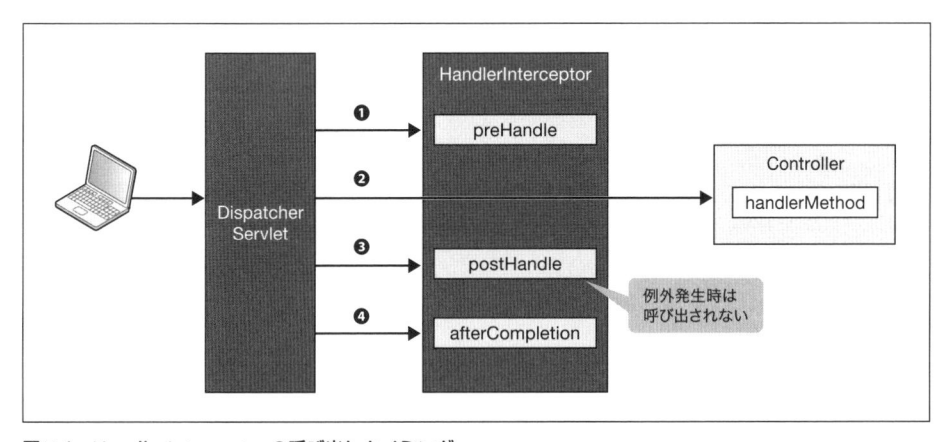

図7.6　HandlerInterceptorの呼び出しタイミング

以下は、ControllerのHandlerメソッドが正常終了したときにログを出力する実装例になっています。

▶ HandlerInterceptorの実装例

```
public class SuccessLoggingInterceptor extends HandlerInterceptorAdapter { ─────────── ❶

    private static final Logger logger = LoggerFactory
            .getLogger(SuccessLoggingInterceptor.class);
```

```
@Override
public void postHandle(HttpServletRequest request, HttpServletResponse response,
        Object handler, ModelAndView modelAndView) {
    if (logger.isInfoEnabled()) {
        HandlerMethod handlerMethod = (HandlerMethod) handler;
        Method method = ((HandlerMethod) handler).getMethod();
        logger.info("[SUCCESS CONTROLLER] {}.{}",
            method.getDeclaringClass().getSimpleName(), method.getName());
    }
}
}
```
❷

❶ org.springframework.web.servlet.handler.HandlerInterceptorAdapter の子クラスとして HandlerIntercep tor の実装クラスを作成する。HandlerInterceptorAdapter は HandlerInterceptor の空実装を提供しているため、作成するクラスでは必要なメソッドだけ実装すればよい

❷ 正常終了した後に共通処理を実行する場合は、postHandle メソッドをオーバーライドして共通処理を実装する

作成した HandlerInterceptor の実装クラスを、Spring MVC のフレームワーク機能に適用します。以下は、/resources/ 配下を除いたパスに対して HandlerInterceptor を適用する Bean 定義例になっています。

▶ Java ConfigによるBean定義例

```
@Configuration
@EnableWebMvc
public class WebMvcConfig extends WebMvcConfigurerAdapter {
    @Override
    public void addInterceptors(InterceptorRegistry registry) {
        registry.addInterceptor(new SuccessLoggingInterceptor())
            .includePathPatterns("/**")  // 適用対象のパスを指定
            .excludePathPatterns("/resources/**");  // 除外パスを指定
    }
}
```

▶ XMLによるBean定義例

```
<mvc:interceptors>
    <mvc:interceptor>
        <mvc:mapping path="/**" /> <!-- 適用対象のパスを指定 -->
        <mvc:exclude-mapping path="/resources/**" /> <!-- 除外パスを指定 -->
        <bean class="com.example.interceptor.SuccessLoggingInterceptor" />
    </mvc:interceptor>
</mvc:interceptors>
```

7.4.3　@ControllerAdviceの利用

Controllerクラスには、Handlerメソッド（@RequestMappingを付与したメソッド）とは別に、Controller専用の特殊なメソッド（@InitBinderメソッド、@ModelAttributeメソッド、@ExceptionHandlerメソッド）を実装することができます。これらのメソッドを複数のControllerクラスで共有するには、@ControllerAdviceを付与したクラスを作成します[5]。

以下は、例外ハンドリング処理をすべてのControllerクラスで共有する実装例になっています。

▶ @ControllerAdviceクラスの実装例

```
@ControllerAdvice ────────────────────────────────── ❶
public class GlobalExceptionHandler {
    private static final Logger logger =
        LoggerFactory.getLogger(GlobalExceptionHandler.class);

    @ExceptionHandler
    @ResponseStatus(HttpStatus.INTERNAL_SERVER_ERROR)
    public String handleSystemException(Exception e) {
        logger.error("System Error occurred.", e);
        return "error/system";
    }

}
```

❶ クラスレベルに@ControllerAdviceを付与する。すべてのControllerに適用する場合は、アノテーションの属性の指定は不要

@ControllerAdviceに実装した処理の適用範囲は、アノテーションの属性で柔軟に指定することができます（表7.6）。

表7.6　@ControllerAdvice の属性

属性名	説明
basePackages	指定したパッケージ配下のControllerに対して共通処理が適用される
value	basePackagesと同じ
basePackageClasses	指定したクラスまたはインターフェイスが格納されているパッケージ配下のControllerに対して共通処理が適用される
annotations	指定したアノテーションが付与されたControllerに対して共通処理が適用される
assignableTypes	指定したクラスまたはインターフェイスに割り当て可能（キャスト可能）なControllerに対して共通処理が適用される

【5】　Spring 4.3からは、@ControllerAdviceと@ResponseBodyを合成した@RestControllerAdviceが追加されています。

7.4.4 HandlerMethodArgumentResolverの利用

Spring MVCのデフォルトでサポートされていないオブジェクトをControllerのHandlerメソッドの引数に渡したい場合は、org.springframework.web.method.support.HandlerMethodArgumentResolverインターフェイスの実装クラスを作成します。

以下は、HTTPのリクエストヘッダーやCookieなどに設定されている共通項目を保持するJavaBeanを、Handlerメソッドの引数としてサポートする実装例になっています。

▶ 共通項目を保持するJavaBeanの実装例

```java
public class CommonRequestData {
    private String userAgent;
    private String sessionId;
    // ・・・
}
```

▶ HandlerMethodArgumentResolverの実装例

```java
public class CommonRequestDataMethodArgumentResolver
        implements HandlerMethodArgumentResolver {

    @Override ──────────────────────────────────────────── ❶
    public boolean supportsParameter(MethodParameter parameter) {
        return CommonRequestData.class.isAssignableFrom(parameter.getParameterType());
    }

    @Override ──────────────────────────────────────────── ❷
    public Object resolveArgument(MethodParameter parameter,
            ModelAndViewContainer mavContainer, NativeWebRequest webRequest,
            WebDataBinderFactory binderFactory) throws Exception {

        HttpSession session =
                webRequest.getNativeRequest(HttpServletRequest.class).getSession(false);

        String userAgent = webRequest.getHeader(HttpHeaders.USER_AGENT);
        String sessionId = Optional.ofNullable(session).map(HttpSession::getId).orElse(null);

        CommonRequestData commonRequestData = new CommonRequestData();
        commonRequestData.setUserAgent(userAgent);
        commonRequestData.setSessionId(sessionId);
        return commonRequestData;
    }

}
```

❶ 処理対象とする引数の型を判定する。このメソッドでtrueを返却すると、resolveArgumentメソッドが呼び出される
❷ Handlerメソッドの引数に渡すオブジェクトを生成する

作成したHandlerMethodArgumentResolverの実装クラスを、Spring MVCのフレームワーク機能に適用します。

▶ Java ConfigによるBean定義例

```
@Configuration
@EnableWebMvc
public class WebMvcConfig extends WebMvcConfigurerAdapter {
    @Override
    public void addArgumentResolvers(List<HandlerMethodArgumentResolver> argumentResolvers) {
        argumentResolvers.add(new CommonRequestDataMethodArgumentResolver())
    }
}
```

▶ XMLによるBean定義例

```
<mvc:annotation-driven>
    <mvc:argument-resolvers>
        <bean class="com.example.CommonRequestDataMethodArgumentResolver" />
    </mvc:argument-resolvers>
</mvc:annotation-driven>
```

あとは、ControllerのHandlerメソッドの引数に共通項目を保持するJavaBeanを追加するだけです。

▶ Handlerメソッドの実装例

```
@RequestMapping("/")
public String home(CommonRequestData commonRequestData) {
    System.out.println("userAgent : " + commonRequestData.getUserAgent());
    System.out.println("sessionId : " + commonRequestData.getSessionId());
    return "home";
}
```

デフォルトでサポートされていない型をHandlerメソッドの戻り値として扱う場合は、HandlerMethodReturnValueHandlerインターフェイスの実装クラスを作成します。HandlerMethodReturnValueHandlerの実装クラスを作成するシーンはかなりレアなケースなので、本書では実装方法の紹介は行ないません。

7.5 静的リソース

本節では、Spring MVCアプリケーションで静的リソース（HTMLファイル、CSSファイル、JavaScriptファイルや画像ファイルなど）へアクセスする方法ついて説明します。Java EE準拠のWebアプリケーションでは、静的リソースはWebアプリケーションのドキュメントルート上の任意のディレクトリに格納することができます。

Webアプリケーションのドキュメントルートは、MavenやGradleプロジェクトではあればsrc/main/webappです。

たとえば、以下のようなディレクトリにCSSファイルを格納した場合は、http://localhost:8080/context-path/static/css/app.cssというURLでアクセスすることができます（**図7.7**）。

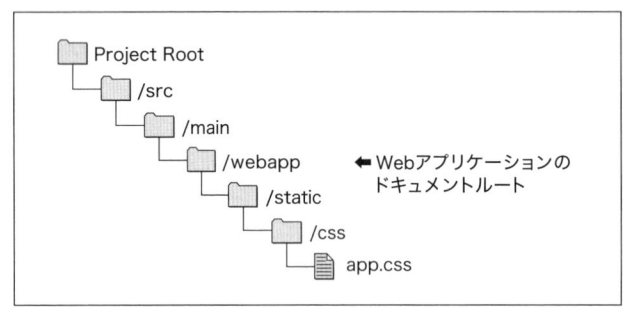

図7.7　Java EE準拠のWebアプリケーションにおける静的リソースの格納例

7.5.1　デフォルトサーブレットとDispatcherServletの共存

Servletの仕様では、ルートパス（/）にマッピングされたサーブレットのことを「デフォルトサーブレット」と呼び、デフォルトサーブレット経由でWebアプリケーションのドキュメントルート配下のファイルにアクセスすることができます。Spring MVCアプリケーションでは、DispatcherServletをルートパスにマッピングするスタイルを採用することがよくありますが、DispatcherServletをルートパスにマッピングすると、Webアプリケーションのドキュメントルート配下のファイルにアクセスできなくなってしまいます。この動作を変更するには、Spring MVCが提供している「DispatcherServletで受けたリクエストをデフォルトサーブレットへ転送する機能」（**図7.8**）を有効化してください。

▶ **Java Configによる機能の有効化**

```java
@Configuration
@EnableWebMvc
public class WebMvcConfig extends WebMvcConfigurerAdapter {
    @Override
    public void configureDefaultServletHandling(DefaultServletHandlerConfigurer configurer) {
        configurer.enable();
    }
}
```

▶ **XMLによる機能の有効化**

```xml
<mvc:default-servlet-handler/>
```

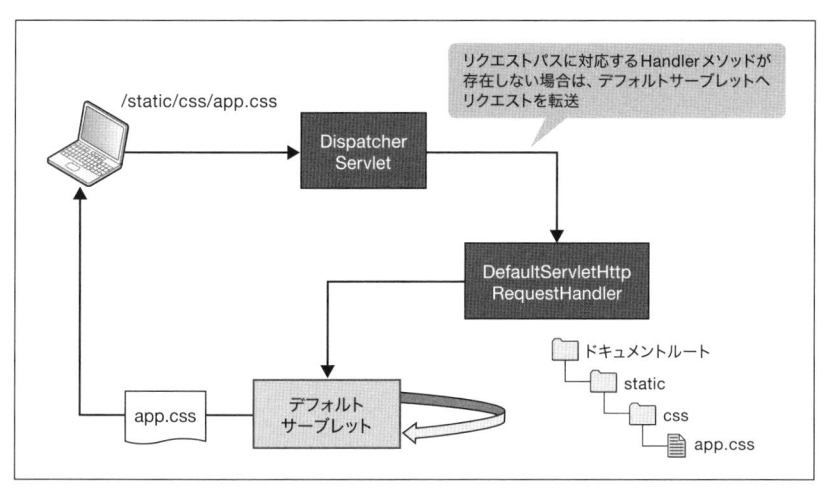

図7.8　デフォルトサーブレットとDispatcherServletの共存時のフロー

7.5.2　Spring MVC独自の静的リソース解決の仕組み

Spring MVCは、静的リソースを解決するための独自の仕組みを提供しています。Spring MVCでは、静的リソースへアクセスする機能として org.springframework.web.servlet.resource.ResourceHttpRequestHandler というクラスを提供しており、ResourceHttpRequestHandler を利用すると、任意のディレクトリに格納されているファイルへのアクセスやHTTPのキャッシュ制御などの機能を簡単に実現することができます。

■任意のディレクトリに格納されているファイルへのアクセス

ResourceHttpRequestHandler は、リクエストパスとリソースの物理的な格納場所とのマッピングを行ない、マッピングに一致する静的リソースをWebコンテンツとしてレスポンスします。リソースの格納場所には、クラスパス上のディレクトリ、Webアプリケーションのドキュメントルート上のディレクトリ、任意のディレクトリを指定することができます。

▶ Java Configによるマッピングの定義例

```
@Configuration
@EnableWebMvc
public class WebMvcConfig extends WebMvcConfigurerAdapter {
    // ・・・
    @Override
    public void addResourceHandlers(ResourceHandlerRegistry registry) {
        // リクエストパスとリソースの物理的な格納場所をマッピング
        registry.addResourceHandler("/static/**")
                .addResourceLocations("classpath:/static/");
    }
}
```

▶ **XMLによるマッピングの定義例**

```
<mvc:resources mapping="/static/**" location="classpath:/static/" />
```

たとえば、以下のようにクラスパス上のディレクトリにCSSファイルを格納した場合は、http://localhost:8080/context-path/static/css/app.cssというパスでアクセスすることができます（図7.9）。

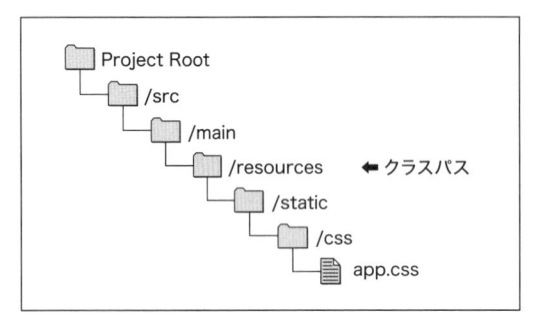

図7.9　静的リソースの格納例

■HTTPのキャッシュ制御

ResourceHttpRequestHandlerにはHTTPのキャッシュ制御を行なう機能があり、HTTPリクエストのIf-Modified-Sinceヘッダーの値とリソースの最終更新日時を比較し、リソースに更新がなければHTTPステータスの304（Not Modified）を返します。デフォルトの動作では、キャッシュの有効期間が設定されないため、キャッシュに関する動作はブラウザの仕様に依存します。キャッシュの有効期間を設定する場合は、以下のようなBean定義を行ないます。

▶ **Java Configによるキャッシュの有効期間の指定例**

```
@Override
public void addResourceHandlers(ResourceHandlerRegistry registry) {
    registry.addResourceHandler("/static/**")
            .addResourceLocations("classpath:/static/")
            .setCachePeriod(604800);  // 有効期間を秒単位で指定 (604800=7日)
}
```

XMLによるキャッシュの有効期間の指定例

```
<mvc:resources mapping="/static/**" location="classpath:/static/"
        cache-period="604800" />
```

有効期間を指定すると、Cache-Controlヘッダーのmax-age属性に指定した値が出力されます。なお、有効期間に0を設定すると、Cache-Controlヘッダーにはno-store属性が出力されます。

Cache-Controlヘッダーに出力する属性を細かく制御したい場合は、org.springframework.http.CacheControlクラスを使用してください。

```
@Override
public void addResourceHandlers(ResourceHandlerRegistry registry) {
    registry.addResourceHandler("/static/**")
            .addResourceLocations("classpath:/static/")
            .setCacheControl(CacheControl.maxAge(7, TimeUnit.DAYS).cachePublic());
}
```

なお、XMLで設定する場合は、mvc:cache-control要素を使用します。

■ResourceResolverとResourceTransformerの利用

ResourceHttpRequestHandlerには、「バージョン付き公開パスを使用した静的リソースへのアクセス」や「Gzip化された静的リソースへのアクセス」、「WebJars内の静的リソースのバージョン番号の隠ぺい」を行なう機能があります。これらの機能は、org.springframework.web.servlet.resource.ResourceResolverとorg.springframework.web.servlet.resource.ResourceTransformerインターフェイスの実装クラスとして提供しています。

- **ResourceResolver インターフェイス**
  このインターフェイスは、「静的リソースにアクセスするための公開パス」と「サーバー上の物理的な静的リソース」を相互に解決するためのメソッドを提供します。

- **ResourceTransformer インターフェイス**
  このインターフェイスは、静的リソースのコンテンツデータを書き換えるためのメソッドを提供します。

この2つのインターフェイスが実装しているクラスには以下のようなものがあります（**表7.7、表7.8**）。

表7.7　ResourceResolver の主な実装クラス

クラス名	説明
VersionResourceResolver	「バージョン付きの公開パス」と「サーバー上の物理的な静的リソース」を相互に解決する。バージョニング方法として、「コンテンツデータのMD5ハッシュ値によるバージョニング」と「指定した固定バージョンによるバージョニング」をサポートしている
GzipResourceResolver	公開パスに対応する静的リソースのgzipファイル（.gz）を解決する
WebJarsResourceResolver	WebJarsの公開パス内のバージョン部分を隠ぺいする

7

表7.8　ResourceTransformer の主な実装クラス

クラス名	説明
CssLinkResourceTransformer	CSS ファイル内のパスを公開パスに書き換える
AppCacheManifestTransformer	HTML5のAppCache manifestファイル内のパスを公開パスに書き換え、manifestファイルのコメントにコンテンツのハッシュ値を含める

■バージョン付きの公開パスを使用した静的リソースへのアクセス

本書では、ResourceResolver と ResourceTransformer の利用例として、バージョン付きの公開パスを使用した静的リソースへのアクセスする方法を紹介します。なお、バージョニング方法には「コンテンツデータのMD5ハッシュ値によるバージョニング」を使用します。

まず、ResourceResolver として VersionResourceResolver を適用します。

▶ VersionResourceResolverの適用例

```
@Override
public void addResourceHandlers(ResourceHandlerRegistry registry) {
    registry.addResourceHandler("/static/**")
            .addResourceLocations("classpath:/static/")
            .resourceChain(true) ─────────────────────────────❶
            .addResolver(new VersionResourceResolver()
                    .addContentVersionStrategy("/**")); ──────❷
}
```

❶ ResourceResolver や ResourceTransformer の実行結果をキャッシュするか指定する。キャッシュする場合は true を指定する。変更を頻繁に行なうローカルの開発環境では、false を指定するのが望ましい

❷ VersionResourceResolver を追加し、addContentVersionStrategy メソッドの引数に対象リソースのパターンを指定する。上記の設定だと、/static/ 配下のすべてのリソースがバージョン付きの公開パスでアクセス可能になる。なお、VersionResourceResolver を追加すると CssLinkResourceTransformer も自動で追加される

次に、org.springframework.web.servlet.resource.ResourceUrlEncodingFilter をサーブレットコンテナに登録し、「静的リソースにアクセスするための公開パス」を JSP タグライブラリや Thymeleaf Dialect などの View 部品経由で解決できるようにします。

▶ web.xmlの定義例

```
<filter>
    <filter-name>ResourceUrlEncodingFilter</filter-name>
    <filter-class>
        org.springframework.web.servlet.resource.ResourceUrlEncodingFilter
    </filter-class>
</filter>
<filter-mapping>
    <filter-name>ResourceUrlEncodingFilter</filter-name>
    <url-pattern>/*</url-pattern>
</filter-mapping>
```

最後に、View部品経由で「静的リソースにアクセスするための公開パス」を取得し、HTMLに出力します。

▶ View（JSP）の実装例

```
<!-- View部品にはバージョンなしのパスを指定する -->
<link href="<c:url value='/static/css/app.css'/>" type="text/css" rel="stylesheet" />
```

HTMLの出力例

```
<!-- バージョン付きの公開パスに変換される -->
<link href="/static/css/app-f5100c1673b440e00b7839d189c43636.css" type="text/css" rel="stylesheet" />
```

なお、CSSファイル内に別の静的リソースへのリンクがある場合でも、CssLinkResourceTransformerによって
バージョン付きの公開パスに変換されます。

▶ リンクを含むオリジナルのCSSファイル

```
/* オリジナルのCSSファイルにはバージョンなしのパスを指定する */
@import url(/static/css/fw.css);
body {
    background-image: url("/static/images/body-background.png");
}
```

▶ バージョン付きの公開パスに変換後のCSSファイル

```
/* バージョン付きの公開パスに変換される */
@import url(/static/css/fw-01e21f21ded830ac657f4afbc17e6495.css);
body {
    background-image: url("/static/images/body-background-d41d8cd98f00b204e9800998ecf8427e.png");
}
```

7.6 　国際化

本節では、画面などで扱うラベルやメッセージを特定の言語に固定せず、ロケールと呼ばれる言語や国・地
域を表す単位で切り替える方法について説明します。

7.6.1 　ロケールの解決

アプリケーション内で扱うロケールの解決には、org.springframework.web.servlet.LocaleResolverイ
ンターフェイスを使用します。Spring MVCは、ロケールの保存場所に応じて以下の実装クラスを提供してお
り、デフォルトではAcceptHeaderLocaleResolverが有効になっています（表7.9）。

表 7.9 Spring が提供する LocaleResolver の実装クラス

クラス名	説明
AcceptHeaderLocaleResolver	HTTPリクエストのAccept-Languageヘッダーに指定されているロケールを使用する。ロケールを切り替える場合は、ブラウザの言語設定を変更する
SessionLocaleResolver	HTTPセッションに保存したロケールを使用する。ロケールを切り替える場合は、後述のLocaleChangeInterceptorを利用して行なう
CookieLocaleResolver	Cookieに保存したロケールを使用する。ロケールを切り替える場合は、後述のLocaleChangeInterceptorを利用して行なう
FixedLocaleResolver	JVMやOSのロケール、アプリケーションで指定したロケールを使用する。アプリケーションで使用するロケールを固定化する場合に利用するとよい

なお、クライアントからのロケールの指定がない場合は、デフォルトのロケールが利用され、「LocaleResolverに指定したデフォルトロケール」、「JVMに指定したロケール」、「OSに指定したロケール」の順番で解決されます。

7.6.2 ロケールの利用

画面などで扱うラベルやメッセージは、MessageSource インターフェイスを介して取得します。View として JSP を使う場合は、Spring MVC が提供する JSP タグライブラリ(<spring:message>要素)を利用すると、LocaleResolver によって解決されたロケールに対応するラベルやメッセージを取得することができます。

▶ JSPの実装例

```
<spring:message code="title.home"/>
```

Handler メソッド配下の処理でロケールに依存する処理を実装する場合は、Handler メソッドの引数で java.util.Locale オブジェクトを受け取ることができます。

```
@RequestMapping(path = "make", params = "scope=daily")
public String makeDailyReport(Locale locale) {
    // ロケールに依存する処理を行なう
    // ・・・
    return "report/complete"
}
```

また、Handler メソッド以外の個所でロケールに依存する処理を実装する場合は、org.springframework.web.servlet.support.RequestContextUtils の getLocale(HttpServletRequest) メソッドを使うと簡単にロケールにアクセスできます。

7.6.3　UIを使用したロケールの切り替え

ここでは画面などのUIを使用してロケールを切り替える方法について説明します。ロケールの切り替えは、`org.springframework.web.servlet.i18n.LocaleChangeInterceptor`を利用することで簡単に行なうことができます。

■LocaleResolverのBean定義

まず、切り替えたロケールを保存する際に使用するLocaleResolverのBean定義を行ないます。以下は、ロケールをCookieに保存するCookieLocaleResolverを使用する際の定義例です。

▶ Java ConfigによるCookieLocaleResolverのBean定義例

```
@Bean ──────────────────────────────────────────────────────── ❶
public LocaleResolver localeResolver() {
    CookieLocaleResolver resolver = new CookieLocaleResolver();
    resolver.setCookieName("locale"); ──────────────────────── ❷
    resolver.setDefaultLocale(Locale.JAPANESE); ────────────── ❸
    return resolver;
}
```

❶ CookieLocaleResolverをlocaleResolverというBean名でBean定義する
❷ cookieNameプロパティにロケールを保存するCookie名を設定する。デフォルト値だとSpring Frameworkを使用していることがわかる名前(`"org.springframework.web.servlet.i18n.CookieLocaleResolver.LOCALE"`)なので、Cookie名は変更するほうが望ましい
❸ デフォルトのロケールを指定する

Cookie名とデフォルトロケール以外のプロパティについては、作成するアプリケーションの要件に応じて設定しましょう。

Bean定義をXMLで表現すると、以下のようになります。

▶ XMLによるCookieLocaleResolverのBean定義例

```
<bean id="localeResolver"
    class="org.springframework.web.servlet.i18n.CookieLocaleResolver">
    <property name="cookieName" value="locale"/>
    <property name="defaultLocale" value="ja"/>
</bean>
```

■LocaleChangeInterceptorのBean定義

次に、画面などのUIを使用してロケールを切り替える機能をサポートするLocaleChangeInterceptorのBean定義を行ないます。LocaleChangeInterceptorは、リクエストパラメータからロケールを取得し、取得したロケールをLocaleResolverを介して保存先(CookieやHTTPセッションなど)に格納します。

▶ Java ConfigによるLocaleChangeInterceptorのBean定義例

```java
@Configuration
@EnableWebMvc
public class WebMvcConfig extends WebMvcConfigurerAdapter {
    @Override
    public void addInterceptors(InterceptorRegistry registry) {
        registry.addInterceptor(new LocaleChangeInterceptor())
            .includePathPatterns("/**")
            .excludePathPatterns("/resources/**")
            .excludePathPatterns("/**/*.html");
    }
}
```
❶

❶ addInterceptorsメソッドをオーバーライドし、LocaleChangeInterceptor を Spring MVCのフレームワーク処理に適用する。なお、ロケールを指定するためのリクエストパラメータの名前のデフォルト値は "locale" である

Bean定義をXMLで表現すると、以下のようになります。

▶ XMLによるLocaleChangeInterceptorのBean定義例

```xml
<mvc:interceptors>
    <mvc:interceptor>
        <mvc:mapping path="/**" />
        <mvc:exclude-mapping path="/resources/**" />
        <mvc:exclude-mapping path="/**/*.html" />
        <bean class="org.springframework.web.servlet.i18n.LocaleChangeInterceptor" />
    </mvc:interceptor>
</mvc:interceptors>
```

■ロケール切り替え用の画面要素の表示

最後に、ロケールを切り替えるための画面要素（リンク、ボタン、プルダウンなど）を出力します。以下は、ロケールの切り替えをリンクで行なう場合の実装例です。

▶ ロケールの切り替えをリンクで行なう場合の実装例

```
<a href="?locale=en">English</a>
<a href="?locale=ja">Japanese</a>
```
❶

❶ リクエストパラメータとして、ロケールを指定するためのリクエストパラメータ（"locale"）を設定する

このリンクをクリックすると、LocaleChangeInterceptorが呼び出され、リクエストパラメータで指定したロケールがSpring MVCアプリケーションに反映されます。

Spring Test

第7章までの知識で、Spring Frameworkの機能を利用したWebプリケーションの開発ができるようになりました。本章では、Spring Frameworkが提供するテスト支援用のモジュールを利用して、Springアプリケーションに対してテストを行なう方法について解説していきます。

ここでは、「DIコンテナに登録したBeanへのテスト」、「データベースアクセスを伴う処理へのテスト」、「Spring MVC上で動くControllerへのテスト」を行なう方法を紹介します。なお、第9章では「Spring Secuirtyの機能を利用した処理へのテスト」を行なう方法も紹介しているので、あわせてご覧ください。

8.1 Spring Testとは

Spring Test [1] は、Spring Framework上で動かすために作成したクラス（@Controller、@Service、@Repository、@Componentを付与したクラスなど）のテストを支援するモジュールです。作成したクラスに対するテストは、「単体テスト」と「結合テスト」に分類し、以下のような観点でテストを行なうのが一般的です。

単体テストは、テスト対象のクラス内で実装しているロジックのみをテストします。単体テストを行なう際には、テスト対象のクラスの中で依存している他のコンポーネントはモックやスタブなどを使用し、実行結果が他のコンポーネントの実装内容に左右されないようにします。結合テストは、基本的にはモックやスタブは使わずに、プロダクション環境で使用するクラスを結合してテストを行ないます。ここでポイントなのは、結合テストはシステムやアプリケーション全体が正しく動作するかを検証するのではなく、開発者が作成したクラスがSpringのフレームワーク上で正しく動作するかをテストするという点です。

Spring Testは、これらの観点のテストを支援するための仕組みや便利な機能を提供しており、Springを使用したエンタープライズアプリケーション開発の現場において、欠かすことができない重要なモジュールの1つとなっています。また、Spring Test以外にも、Spring SecurityやSpring Bootなどからもテスト用のコンポーネントが提供されており、Springがテストを重要視していることがわかります。

具体的なテスト方法の説明に入る前に、Spring Testがどのような機能を提供しているか簡単に紹介しましょう。

Spring Testは、主に以下の機能を提供しています。

- JUnit [2] やTestNG [3] といったテスティングフレームワーク上でSpringのDIコンテナを動かす機能
- トランザクション制御をテスト向けに最適化する機能
- アプリケーションサーバーを使わずにSpring MVCの動作を再現する機能
- テストデータをセットアップするためのSQLを実行する機能
- RestTemplateを使用したHTTP通信に対してモックレスポンスを返却する機能 [4]

【1】 http://docs.spring.io/spring/docs/current/spring-framework-reference/htmlsingle/#testing
【2】 http://junit.org/
【3】 http://testng.org/
【4】 本書では扱っていないため、詳細については以下のページを参照してください。
http://docs.spring.io/spring/docs/current/spring-framework-reference/htmlsingle/#spring-mvc-test-client

さらに、Servlet API や Spring が提供する API のモッククラスなどのサポートクラスも提供しており、これらのクラスの一部は単体テストでも利用できます。

DI コンテナ管理の Bean に対するテスト

本節では、Spring の DI コンテナで管理される Bean（@Controller、@Service、@Repository、@Component などが付与されたクラス）に対するテスト方法について説明します。本節のメインの話題は、DI コンテナと連携した結合テストになりますが、単体テストについても簡単に説明します。

なお、本書では、テスティングフレームワークとして JUnit を使用する前提で説明します。

▶ pom.xml の設定例

```
<dependency>
    <groupId>junit</groupId>
    <artifactId>junit</artifactId>
    <scope>test</scope>
</dependency>
```

8.2.1　Bean の単体テスト

単体テストでは、Spring の DI コンテナの機能は使わずに、テスト対象のクラス内で実装しているロジックだけをテストします。たとえば、固定のメッセージを返すだけのクラスに対する JUnit テストコードは、以下のようになります。

▶ 固定のメッセージを返却するクラス

```
package com.example.domain;

import org.springframework.stereotype.Service;

@Service
public class MessageService {
    public String getMessage() {
        return "Hello!!";
    }
}
```

▶ 固定のメッセージを返却するクラスの JUnit テストケース

```
import org.junit.*;

import static org.junit.Assert.*;
import static org.hamcrest.core.Is.*;
```

```
public class MessageServiceTest {
    @Test
    public void testGetMessage() {
        MessageService service = new MessageService();
        String actualMessage = service.getMessage();
        assertThat(actualMessage, is("Hello!!"));
    }
}
```

　実際には、固定のメッセージを返すだけのクラスを作成することはほとんどなく、コードに対応するメッセージを返却するようなクラスを提供するのが一般的です。ここでは、Springが提供しているMessageSourceインターフェイスを利用して、外部定義からメッセージを取得する実装に変更してみます。

▶ MessageSourceからメッセージを取得するクラス

```
import org.springframework.beans.factory.annotation.Autowired;
import org.springframework.context.MessageSource;
import org.springframework.stereotype.Service;

import java.util.Locale;

@Service
public class MessageService {
    @Autowired
    MessageSource messageSource;
    public String getMessageByCode(String code) {
        return messageSource.getMessage(code, null, Locale.getDefault());
    }
}
```

　プロダクション環境では、MessageSourceにResourceBundleMessageSourceなどを使用して外部定義からメッセージを取得する必要がありますが、単体テスト環境では、依存コンポーネントであるMessageSourceはモック化することを検討しましょう。依存コンポーネントをモック化すると、テスト条件を簡単に整えられるようになるため、テストコードを効率的に記述できるようになります。ここで紹介した実装例は処理が単純なためモック化のメリットをあまり感じないかもしれません。しかし、依存コンポーネントの戻り値によって処理を複雑に分岐させるようなケースでは、依存コンポーネントからの返却値を自由に制御できるモックの仕組みは非常に便利です。

　本書では、依存コンポーネントをモック化するために、Mockito [5] を使用します。

▶ pom.xmlの設定例

```
<dependency>
    <groupId>org.mockito</groupId>
```

---

[5]　http://mockito.org/

```
    <artifactId>mockito-core</artifactId>
    <scope>test</scope>
</dependency>
```

以下は、Mockitoを使用してMessageSourceをモック化する場合のテストケースの実装例です。

▶ MessageSourceからメッセージを取得するクラスのJUnitテストケース

```
import org.junit.*;
import org.springframework.context.MessageSource;
import org.mockito.*;
import org.mockito.runners.MockitoJUnitRunner;

import java.util.Locale;

import static org.junit.Assert.*;
import static org.hamcrest.core.Is.*;
import static org.mockito.Mockito.*;

@RunWith(MockitoJUnitRunner.class)
public class MessageServiceTest {                                          ❶

    @InjectMocks
    MessageService service;
    @Mock
    MessageSource mockMessageSource;

    @Test
    public void testGetMessageByCode() {
        doReturn("Hello!!").when(mockMessageSource)                        ❷
            .getMessage("greeting", null, Locale.getDefault());

        // テストを行なう。
        String actualMessage = service.getMessageByCode("greeting");
        assertThat(actualMessage, is("Hello!!"));
    }
}
```

❶ MockitoJUnitRunner を使用し、テスト対象のコンポーネント（@InjectMocksを付与したコンポーネント）に対して、モック化したコンポーネント（@Mockや@Spyを付与したコンポーネント）をインジェクションできるようにする

❷ MessageSource モックの設定をする。ここでは、"greeting" というコードが指定された際に、"Hello!!" を返却するようにしている

8.2.2 DIコンテナ内のBeanに対する結合テスト

単体テストをパスしたクラスは、SpringのDIコンテナに登録し、各コンポーネントを結合した状態でテストします。基本的にはデータベースなどの外部リソースへのアクセスも含めてテストするのが結合テストですが、外

部システムや外部サイトへのアクセスを伴うコンポーネントについては、結合テストでもモックやスタブなどを利用するケースもあります。

では、実際にJUnit上にDIコンテナを起動して、DIコンテナ内のBeanに対してテストを行なってみましょう。

■Bean定義ファイルの作成

まず、DIコンテナを作成する際に使用するBean定義ファイルを作成します。Bean定義ファイルの中には、MessageServiceクラスをコンポーネントスキャンするための定義と、MessageServiceクラスが依存しているMessageSourceのBean定義を行ないます。

▶ Java ConfigによるBean定義例

```java
import org.springframework.context.MessageSource;
import org.springframework.context.annotation.*;
import org.springframework.context.support.ResourceBundleMessageSource;

@Configuration
@ComponentScan("com.example.domain")  // コンポーネントスキャンを有効化
public class AppConfig {

    @Bean  // MessageSourceのBean定義
    public MessageSource messageSource() {
        ResourceBundleMessageSource messageSource = new ResourceBundleMessageSource();
        messageSource.setBasenames("messages");
        return messageSource;
    }

}
```

▶ XMLによるBean定義例 （src/main/resources/applicationContext.xml）

```xml
<?xml version="1.0" encoding="UTF-8"?>
<beans xmlns="http://www.springframework.org/schema/beans"
       xmlns:xsi="http://www.w3.org/2001/XMLSchema-instance"
       xmlns:context="http://www.springframework.org/schema/context"
       xsi:schemaLocation="
       http://www.springframework.org/schema/beans
       http://www.springframework.org/schema/beans/spring-beans.xsd
       http://www.springframework.org/schema/context
       http://www.springframework.org/schema/context/spring-context.xsd
       ">

    <!-- コンポーネントスキャンを有効化 -->
    <context:component-scan base-package="com.example.domain"/>

    <!-- MessageSourceのBean定義 -->
    <bean id="messageSource"
          class="org.springframework.context.support.ResourceBundleMessageSource">
        <property name="basenames">
```

```
            <list>
                <value>messages</value>
            </list>
        </property>
    </bean>

</beans>
```

さらに、ResourceBundleMessageSourceが読み込むプロパティファイル（messages.properties）をクラスパス直下に作成します。

▶ messages.propertiesの定義例

```
greeting=Hello!!
```

■テストケースの作成と実行

次に、結合テスト用のテストケースを作成します。結合テスト用のテストケースを作成するために、Spring Testのモジュールを依存ライブラリに追加します。

▶ pom.xmlの設定例

```
<dependency>
    <groupId>org.springframework</groupId>
    <artifactId>spring-test</artifactId>
    <scope>test</scope>
</dependency>
```

▶ 結合テスト用のテストケースクラス

```
import org.junit.Test;
import org.junit.runner.RunWith;
import org.springframework.beans.factory.annotation.Autowired;
import org.springframework.test.context.ContextConfiguration;
import org.springframework.test.context.junit4.SpringJUnit4ClassRunner;
import com.example.config.AppConfig;

import static org.hamcrest.core.Is.*;
import static org.junit.Assert.*;

@RunWith(SpringJUnit4ClassRunner.class) ─────────────────────────────── ❶
@ContextConfiguration(classes = AppConfig.class) ────────────────────── ❷
public class MessageServiceIntegrationTest {

    @Autowired
    MessageService service; ──────────────────────────────────────────── ❸

    @Test
```

```
    public void testGetMessageByCode() {
        String actualMessage = service.getMessageByCode("greeting"); ─────────────── ❹
        assertThat(actualMessage, is("Hello!!"));
    }

}
```

❶ @RunWithの value 属性に、JUnit 上でテスト用の DI コンテナを動かすための Runner クラスを指定する [6]

❷ @ContextConfigurationの classes 属性に、DI コンテナを作成する際に使用するコンフィギュレーションクラスを指定する

❸ @Autowiredを指定して、DI コンテナ内に登録されているテスト対象の Bean をインジェクションする

❹ インジェクションした Bean のメソッドを呼び出し、DI コンテナによって結合されたコンポーネント対してテストを行なう

なお、XML ファイルを利用して Bean 定義を行なう場合は、@ContextConfigurationの locations 属性に使用するファイルを指定してください。

▶ **Bean定義にXMLファイルを使用する際のテストクラスの作成例**

```
// ・・・
@ContextConfiguration(locations = "/applicationContext.xml")
public class MessageServiceIntegrationTest {
    // ・・・
}
```

作成したテストケースを実行すると、クラスパス直下に配置した messages.properties からメッセージ（Hello!!）が取得されテストが成功します。テストは成功しましたが、本当にプロパティファイルからメッセージを取得しているか確証がないので、messages.properties のメッセージ定義を「greeting=Bonjour!!」に変更してテストを再度実行してみてください。テストが失敗すれば、正しくコンポーネントが結合できています。

8.2.3 Spring TestContext Framework

Spring Test は、テスティングフレームワーク上で動作するテスト用のフレームワーク機能のことを、Spring TestContext Framework と呼んでいます。Spring TestContext Framework を利用すると、Spring が提供しているアノテーション、Java標準のアノテーション、Spring Test が提供しているテスト用のアノテーションなどを使用して、テストケースを作成できます。

本書では、Spring TestContext Framework 自体のアーキテクチャ [7] などの説明は割愛し、Spring TestContext Framework の代表的な使い方の説明に注力します。

【6】 Spring 4.3 からは、SpringJunit4ClassRunner クラスの別名クラスとして SpringRunner クラスが追加されています。

【7】 Spring TestContext Framework 自体のアーキテクチャに興味がある方は、http://docs.spring.io/spring/docs/current/spring-framework-reference/htmlsingle/#testcontext-framework の「Key abstractions」と「TestExecutionListener configuration」を参照してください。

■Spring JUnit Runner & Rules

Spring Test は、JUnit 上で Spring TestContext Frameworkを動作させるためのサポートクラスとして、org.springframework.test.context.junit4.SpringJUnit4ClassRunner を提供しており、JUnit の @RunWith の value 属性に指定します。@RunWithには 1 つの Runner クラスしか指定できないため、JUnit が提供している Runner クラス（Theories、Parameterized、Categories など）や、Mockito などのサードパーティが提供している Runner クラスと併用することができません。他の Runner と Spring TestContext Frameworkを併用したい場合は、Spring 4.2 から追加された org.springframework.test.context.junit4.rules.SpringClassRule と org.springframework.test.context.junit4.rules.SpringMethodRuleを使用することで実現できます。

▶ SpringClassRuleとSpringMethodRuleの使用例

```
@RunWith(MockitoJUnitRunner.class)  // 他のRunnerクラスを指定
@ContextConfiguration(classes = AppConfig.class)
public class MessageServiceIntegrationTest {
    @ClassRule
    public static final SpringClassRule SPRING_CLASS_RULE = new SpringClassRule();
    @Rule
    public final SpringMethodRule springMethodRule = new SpringMethodRule();
    // ・・・
}
```

8.2.4　DIコンテナのコンフィギュレーション

Spring TestContext Framework 上に DI コンテナを作成するには、Spring Testが提供している @org.springframework.test.context.ContextConfigurationをテストケースクラスに付与し、@ContextConfiguration の classes属性または locations 属性に Bean定義ファイルを指定します。

▶ Bean定義をJava Configで行なう場合の指定例

```
// ・・・
@ContextConfiguration(classes = AppConfig.class)
public class MessageServiceIntegrationTest {
    // ・・・
}
```

▶ Bean定義をXMLで行なう場合の指定例

```
// ・・・
@ContextConfiguration(locations = "/applicationContext.xml")
public class MessageServiceIntegrationTest {
    // ・・・
}
```

本書では、使用頻度の高いclasses属性と locations 属性を紹介しますが、Spring TestContext Framework

8

の動作をカスタマイズするための属性がいろいろと用意されています。

■デフォルトのBean定義ファイル

@ContextConfigurationのclasses属性とlocations属性は省略することができ、これらの属性を省略した場合は、「テストケースクラス内のstaticなコンフィギュレーションクラス（内部クラス）」または「ネーミングルールベースで解決されたXMLファイル」のいずれかが使用されます。

▶ staticなコンフィギュレーションクラス（内部クラス）の作成例

```
@RunWith(SpringJUnit4ClassRunner.class)
@ContextConfiguration ─────────────────────────────────────────── ❶
public class MessageServiceIntegrationTest {

    @Configuration
    static class LocalContext { ───────────────────────────────── ❷
        // ・・・ Bean定義
    }

    // ・・・
}
```

❶ @ContextConfigurationのclasses属性とlocations属性の指定を省略する [8]
❷ @Configurationを付与したstaticなコンフィギュレーションクラスを作成する

ネーミングルールベースで解決するXMLファイルは、テストケースクラスがcom.example.domain.MessageServiceIntegrationTestの場合、クラスパス内のcom/example/domain/MessageServiceIntegrationTest-context.xmlとなります。

■Webアプリケーション向けのDIコンテナのコンフィギュレーション

@ContextConfigurationに加えて@org.springframework.test.context.web.WebAppConfigurationをクラスレベルに指定すると、Webアプリケーション向けのDIコンテナ（WebApplicationContext）を作成することができます。WebApplicationContextを使うとWebアプリケーション（war）内のファイルにアクセスすることができるようになりますが、@WebAppConfigurationを使用した場合は、開発プロジェクト内のsrc/main/webappディレクトリが「Webアプリケーションのルートディレクトリ」になります。これは、MavenやGradleの標準構成のWebアプリケーションのルートディレクトリと一緒なので、MavenやGradleを使っていれば特別な設定は必要ありません。

また、@WebAppConfigurationを指定すると、Webアプリケーション向けのDIコンテナ（WebApplicationContext）に加えて、Servlet APIに依存する各種モックオブジェクト（MockServletContext、MockHttpSession、MockHttpServletRequest、MockHttpServletResponse）などをテストケースクラスにインジェクション

【8】　Spring 4.3からは、@ContextConfiguration自体の指定も省くことができます。

できます。これは、テスト前提のセットアップや実行結果の検証を行なう際に、Servlet APIを使用する必要があるときに使えます。なお、MockServletContextはテストケースメソッド間で共有されますが、それ以外のモックオブジェクトはテストケースメソッドごとに新しいオブジェクトが生成されます。

▶ **各種モックオブジェクトのインジェクション例**

```
// ・・・
@WebAppConfiguration
public class WebApplicationIntegrationTest {
    @Autowired
    MockServletContext mockServletContext;   // テストケースメソッド間で共有される

    @Autowired
    MockHttpSession mockSession;

    @Autowired
    MockHttpServletRequest mockRequest;

    @Autowired
    MockHttpServletResponse mockResponse;

    // ・・・
}
```

8.2.5 DIコンテナのライフサイクル制御

　Spring TestContext Framework 上に生成された DI コンテナは、テスト実行時の Java VM が終了するまでキャッシュされ、必要に応じてテストケース間で共有される仕組みになっています[9]。

■DIコンテナのキャッシュ

　デフォルトの動作では、同一テストケースクラスのテストメソッドで同じDIコンテナが使われます。さらに、テストケースクラスが別の場合でも、@ContextConfiguration などに指定した属性値[10] が同じであれば、キャッシュ済みのDIコンテナが利用されます。キャッシュを有効に利用することで、DIコンテナの生成時間が短縮されるため、テストの実行時間も短くなります。

@ContextConfigurationに複数のBean定義ファイルを指定する場合は、指定順番を意識する必要があります。仮に同じファイルを指定していた場合でも、指定順番が違うと別々のDIコンテナを生成してキャッシュしてしまいます。このような間違った指定を行なってしまうと、無駄なDIコンテ

【9】　Spring 4.3からは、最大キャッシュ数 (デフォルトは32個) が設けられ、最大キャッシュ数を超えるとLRU (Least Recently Used) 方式でキャッシュが破棄されます。

【10】 キャッシュのキーとして使われる属性値については以下のURLを参照してください。
　　　 http://docs.spring.io/spring/docs/current/spring-framework-reference/htmlsingle/#testcontext-ctx-management-caching

ナが生成されるため、テストの実行時間の遅延や使用メモリの圧迫の原因になるので注意してください。

■DIコンテナの破棄

デフォルトの動作では、テスト実行時のJava VMが終了する際にDIコンテナが破棄（クローズ＋キャッシュから削除）されます。この動作は、@org.springframework.test.annotation.DirtiesContextを使用して制御することができます。テストケースクラス単位で動作を制御したい場合は、クラスレベルに@DirtiesContextを付与してclassMode属性に破棄タイミングを指定します。DIコンテナを破棄するタイミングとして以下の4つを指定できます。

- テストケースクラス内のテストが終了した後 —— デフォルト
- テストケースクラス内のテストを開始する前
- テストケースクラス内の各テストメソッドの開始前
- テストケースクラス内の各テストメソッドの終了後

▶ テストケースクラス内の全テストが終了したタイミングで破棄する例

```
// ・・・
@DirtiesContext
public class MessageServiceIntegrationTest {
    // ・・・
}
```

特定のテストメソッドに対して@DirtiesContextを適用したい場合は、メソッドレベルに@DirtiesContextを付与してmethodMode属性に破棄するタイミングを指定します。デフォルトは、「テストメソッドの終了後」にDIコンテナを破棄します。そのほかのオプションとしては、「テストメソッドの開始前」が用意されています。

▶ テストメソッドが終了したタイミングで破棄する例

```
@Test
@DirtiesContext
public void testGetMessageByCode() {
    // ・・・
}
```

8.2.6 プロファイルの指定

Springのプロファイル機能を使用しているアプリケーションに対してテストを行なう場合は、@org.springframework.test.context.ActiveProfilesを使います。@ActiveProfilesを使用すると、テスト実行時に適用するプロファイルを指定できます。

　ここでは、java.sql.DataSourceをSpringのプロファイルを使って切り替えているケースを例に、@Active
Profilesの使い方を説明します。以下の例は、開発者のローカル環境では組み込みデータソースとしてH2を
利用し、それ以外の環境（テスト環境やプロダクション環境）ではアプリケーションサーバーのデータソースを
利用しています。

▶ Springのプロファイル機能を使用したBean定義例（開発者のローカル環境向け）

```
@Configuration
@Profile("dev")  // 開発者のローカル環境向けのBean定義
public class DevContext {
    @Bean
    public DataSource dataSource() {
        return new EmbeddedDatabaseBuilder()
                .setType(EmbeddedDatabaseType.H2).build();
    }
}
```

▶ Springのプロファイル機能を使用したBean定義例（デフォルト）

```
@Configuration
@Profile("default")  // デフォルト(開発者のローカル環境以外向け)のBean定義
public class DefaultContext {
    @Bean
    public DataSource dataSource() throws NamingException {
        JndiTemplate jndiTemplate = new JndiTemplate();
        return jndiTemplate.lookup("jdbc/dataSource", DataSource.class);
    }
}
```

　JUnit上でテストを実行する場合はアプリケーションサーバーのデータソースを使うことができないため、
@ActiveProfilesを使用してDevContextが有効になるようにします。

▶ テスト実行時に適用するプロファイルの指定例

```
// ・・・
@ActiveProfiles("dev")  // 適用したいプロファイル名を指定
public class AccountServiceIntegrationTest {
    // ・・・
}
```

　なお、アプリケーション実行時およびテスト実行時に適用するプロファイルを明示的に指定しない場合は、
"default"という名前のプロファイルが適用されます。上記のBean定義例だと、DefaultContextが有効にな
り、アプリケーションサーバーのデータソースを使います。

8

8.2.7 テスト用のプロパティ値の指定

システムプロパティ（Java VM の -D オプション）やプロパティファイルから値を取得するクラスに対するテストを行なう場合は、プロパティ値を変更して複数のバリエーションでテストを実施することが求められるケースがあります。そのようなケースでは、@org.springframework.test.context.TestPropertySource を使うことができます。@TestPropertySource を使用すると、テストケースクラス単位でテスト用のプロパティ値を指定できます。

▶ プロパティ値を取得するクラスの実装例

```
public class AuthenticationService {

    @Value("${auth.failureCountToLock:5}")
    int failureCountToLock;
    // ・・・

}
```

テスト用のプロパティ値を指定する方法は、以下の 2 つの方法がサポートされています。

- アノテーションに直接指定する
- プロパティファイルに指定する

■アノテーションに直接指定

@TestPropertySource の properties 属性に、プロパティ値を直接指定します。

▶ プロパティ値を直接指定する際の定義例

```
// ・・・
@TestPropertySource(properties = "auth.failureCountToLock=3")
public class AuthenticationServiceIntegrationTest {
    // ・・・
}
```

■プロパティファイルに指定

テスト時に適用するプロパティ値を指定したファイルを用意しておき、@TestPropertySource の locations 属性にファイルを指定します。

▶ プロパティファイルに指定する際の定義例

```
// ・・・
@TestPropertySource(locations = "/test.properties")
public class AuthenticationServiceIntegrationTest {
    // ・・・
}
```

```
    }
```

▶ プロパティファイルの定義例（classpath:test.properties）

```
auth.failureCountToLock=3
```

なお、@TestPropertySource の locations 属性と properties 属性を省略した場合は、ネーミングルールベースで解決したプロパティファイルが使用されます。具体的には、テストケースクラスが com.example.domain.AuthenticationIntegrationTest の場合、クラスパス内の com/example/domain/AuthenticationIntegrationTest.properties が利用されます。

8.3　データベースアクセスを伴う処理のテスト

本節では、データベースへアクセスする Bean に対するテスト方法について説明します。データベースにアクセスする Bean に対してテストを行なう場合は、以下の作業が必要になります。

- テスト用のデータソースの設定
- テストデータのセットアップ
- テストケース用のトランザクション制御
- テーブルの中身の検証

8.3.1　テスト用のデータソースの設定

まず、テスト用のデータソースを設定します。一般的な Web アプリケーションでは、アプリケーションサーバーで管理しているデータソースを JNDI 経由で取得するため、JUnit 実行時にそのまま利用するとエラーになってしまいます。

▶ 通常使用するデータソースの定義例

```
@Configuration
@ComponentScan("com.example.domain")
public class AppConfig {
    @Bean
    public DataSource dataSource() throws NamingException {
        JndiTemplate jndiTemplate = new JndiTemplate();
        return jndiTemplate.lookup("jdbc/dataSource", DataSource.class);
    }
    // ・・・
}
```

　このようなケースでは、テスト用のデータソースを定義して、JUnit 実行時に使用するデータソースを差し替えましょう。テスト用の Bean 定義ファイルを用意し、テスト用のデータソースを定義します。テスト実行時にテスト用のデータソースに差し替える場合は、通常使用するデータソースの Bean 名と同じ名前で Bean を定義する必要があります。

▶ テスト用のデータソースの定義例

```
@Configuration
public class TestConfig {
    @Bean
    public DataSource dataSource() {   // 通常使用するデータソースのBean名と同じ名前でBean定義
        return new EmbeddedDatabaseBuilder()
                .setType(EmbeddedDatabaseType.H2)
                .setScriptEncoding("UTF-8").addScript("schema.sql")
                .build();
    }
}
```

▶ classpath:schema.sqlの定義例

```
CREATE TABLE account (
    id CHAR(3) PRIMARY KEY
    ,name VARCHAR(128)
);
```

　@ContextConfiguration に Bean 定義ファイルを指定する際は、通常使用する Bean 定義ファイルを先に指定し、その後にテスト用の Bean 定義ファイルを指定します。

▶ @ContextConfigurationでのBean定義ファイルの指定例

```
// ・・・
@ContextConfiguration(classes = {AppConfig.class, TestConfig.class})
public class AccountRepositoryTest {
    // ・・・
}
```

　このように Bean 定義すると、テスト用の Bean 定義ファイルの内容で Bean 定義が上書きされるため、通常使用するデータソース Bean をテスト用に差し替えることができます。ここでは Java Config による Bean 定義を例に説明しましたが、XML ファイルによる Bean 定義も同じ仕組みで Bean 定義を差し替えることができます。

8.3.2 テストデータのセットアップ

　データベースにアクセスするテストを実行する場合は、テスト前提を満たすようなテストデータを事前に登録しておく必要があります。テストデータを準備する必要がある場合は、Spring Test が提供している @org.spring framework.test.context.jdbc.Sqlを使用することができます。@Sqlを使用すると、テストケースメソッドの呼び出し前に任意のSQLを実行できます。なお、呼び出しタイミングはテストケースメソッドの終了後に変更することもできます。@Sqlの動作をさらに細かくカスタマイズしたい場合は、config属性に@org.springframework.test.context.jdbc.SqlConfigを指定します。

　@Sqlはクラスレベルとメソッドレベルの両方に指定することができ、クラスレベルに@Sqlを指定すると、@Sqlの指定がないメソッドすべてに適用されます。クラスとメソッドの両方に@Sqlを指定すると、メソッドに指定した@Sqlが有効になります。

▶ @Sqlを使用したテストデータのセットアップ例

```java
package com.example.domain;

// ・・・
@Sql("/account-delete.sql")
public class AccountRepositoryTest {

    @Autowired
    AccountRepository accountRepository;

    // クラスレベルに指定したaccount-delete.sqlが実行される
    // データをすべて消してからテストを実行
    @Test
    public void testCreate() {
        Account account = new Account();
        account.setId("001");
        account.setName("Spring太郎");
        accountRepository.create(account);
        // ・・・
    }

    // メソッドに指定したaccount-delete.sqlとaccount-insert-data.sqlが実行される
    // データをすべて消した後にテストデータを登録してからテストを実行
    @Test
    @Sql({"/account-delete.sql", "/account-insert-data.sql"})
    public void testFindOne() {
        Account account = accountRepository.findOne("001");
        // ・・・
    }

}
```

▶ classpath:account-delete.sqlの作成例

```sql
DELETE FROM account;
```

▶ classpath:account-delete.sqlの作成例

```sql
INSERT INTO account (id, name) VALUES ('001', 'Spring太郎');
INSERT INTO account (id, name) VALUES ('002', 'Spring次郎');
```

　なお、実行するSQLファイルの指定を省略した場合は、ネーミングルールベースで解決したSQLファイルが使用されます。具体的には、クラスレベルに@Sqlを指定し、テストケースクラスがcom.example.domain.AccountRepositoryTestの場合、クラスパス内のcom/example/domain/AccountRepositoryTest.sqlが利用されます。また、メソッドレベルに@Sqlを指定し、テストケースメソッド名が「testFindOne」の場合、クラスパス内のcom/example/domain/AccountRepositoryTest.testFindOne.sqlが利用されます。ここではSQLファイルを使用する方法を紹介しましたが、statements属性にSQLを直接指定することもできます。

> @SqlにはJava SE 8で追加された@Repeatableが付与されているため、Java SE 8以降を使う場合は同じ箇所に複数指定できます。なお、Java SE 7以前のJavaを使う場合でも、@org.springframework.test.context.jdbc.SqlGroupを使用することで複数の@Sqlを指定できます。

8.3.3　テストケース用のトランザクション制御

　@Sqlを使用してテストデータをセットアップする方法を紹介しましたが、デフォルトの動作では、テストデータをセットアップする際に使用するトランザクションと、テスト対象のデータアクセス処理で使用するトランザクションは別々になります。そのため、テストデータをセットアップするためのSQLを実行した後に1回コミットが行なわれ、その後にテストケースメソッドが呼び出されます。さらに、テスト対象のBeanがトランザクション管理対象になっている場合は、テスト対象のメソッドが正常終了したタイミングでもコミットされます。

　トランザクションが別々になることや、テスト対象のメソッドが正常終了した際にトランザクションがコミットされること自体は、特に問題ではありません。ただし、テストを実行する前にあったレコードが消えてしまったり、レコードの状態が変わってしまうことは意識しておく必要があります。特に、複数のテスト環境で同じデータベースを使う場合は、JUnitを実行したタイミングで別の試験で用意しておいたテストデータの状態が変化してしまうため注意が必要です。

　このような事故を防ぐには、JUnit専用のデータベースを用意しておくと確実です。あるいは、Spring Testが提供しているテスト用のトランザクション制御の仕組みを利用して防ぐこともできます。

■トランザクション境界の移動

　テストを実行する前の状態に戻す最も確実な方法は、テストデータのセットアップとテスト自体を同一トランザクション内で実行し、テストが終了した時点でトランザクションをロールバックすることです。Spring Testでは、JUnit実行時のトランザクション境界を、テストケースメソッドの呼び出し前に移動する仕組みを提供しています。この仕組みを利用すると、@Sqlで指定したSQLファイルの実行とテストを同一トランザクション内で行なうことができます。さらに、テストケースが終了すると、デフォルトでロールバックします。

　トランザクション境界をテストケースメソッドの前に移動する場合は、Springが提供している@Transactionalをクラスまたはメソッドに指定するだけです。@Transactionalをクラスレベルに指定した場合は、テストケースクラス内のすべてのテストケースメソッドのトランザクション境界を移動することができます。

▶ トランザクション境界をテストケースメソッドの前に移動する際の指定例

```
@Test
@Transactional  // メソッドレベルに指定
public void testCreate() {
    // ・・・
}
```

 テスト対象のトランザクションの伝播方法がREQUIRES_NEW（常に新規のトランザクションを作成して実行する）の場合は、トランザクション境界をテストケースメソッドの前に移動しても同一トランザクション内で実行することはできません。また、一部の処理のトランザクションの伝播方法がREQUIRES_NEWになっている場合も、その部分の処理はコミットされます。

■ トランザクション境界でのロールバック／コミットの制御

@Transactionalを指定してトランザクション境界をテストケースメソッドの前に移動した場合は、デフォルトの動作ではテスト終了時にロールバックされます。ほとんどのケースにおいてデフォルトの動作で問題ないはずですが、トランザクションをコミットする必要がある場合は、Spring 4.2から追加された@org.springframework.test.annotation.Commitをクラスまたはメソッドに指定してください。@Commitをクラスレベルに指定した場合は、テストケースクラス内のすべてのテストケースメソッドでトランザクションがコミットされます。

▶ テストケースメソッド終了後にトランザクションをコミットする場合の指定例

```
// ・・・
@Transactional
@Commit
public class AccountRepositoryTest {
    // ・・・
}
```

クラスレベルに@Commitを指定したときに、特定のメソッドだけをロールバックしたい場合は、メソッドに@org.springframework.test.annotation.Rollbackを指定します。

▶ 特定のメソッドだけロールバックしたい場合の指定例

```
// ・・・
@Transactional
@Commit
public class AccountRepositoryTest {
    // ・・・
    @Test
    @Rollback  // メソッドレベルに指定
    public void testCreate() {
        // ・・・
    }
```

8

```
    // ・・・
}
```

■永続コンテキストのフラッシュ

トランザクション境界をテストケースメソッドの前へ移動した状態でJPAやHibernateを使った更新系のテストを行なう場合は、永続コンテキストを明示的にフラッシュしてSQLが発行されるようにする必要があります。これは、JPAやHibernateがEntityへの更新操作を永続コンテキストと呼ばれるインメモリ領域に蓄積しておき、トランザクションのコミット時にSQLを発行する仕組みになっているためです。トランザクション境界をテストケースメソッドの前へ移動した場合、デフォルトの動作ではトランザクションがロールバックされるため、SQLが実行されずにテストが終了してしまう可能性があります。

▶ JPA利用時のフラッシュ方法

```
@Autowired
EntityManager entityManager; ─────────────────────────────────── ❶
// ・・・
@Test
@Transactional
public void testCreate() {
    // ・・・
    accountRepository.create(account);
    entityManager.flush(); ───────────────────────────────────── ❷
    // ・・・
}
```

❶ EntityManagerをインジェクションする
❷ assertする前にEntityManagerのflushメソッドを呼び出し、SQLを明示的に実行する

なお、本章で使い方を紹介しているMyBatisをバッチモードで利用する場合も同様に、蓄積されているSQLを明示的にフラッシュする必要があります。

▶ MyBatis利用時のフラッシュ方法

```
@Autowired
SqlSession sqlSession; ─────────────────────────────────────── ❶
// ・・・
@Test
@Transactional
public void testCreate() {
    // ・・・
    accountRepository.create(account);
    sqlSession.flushStatements(); ─────────────────────────────── ❷
    // ・・・
}
```

❶ SqlSessionをインジェクションする
❷ アサートする前にSqlSessionのflushStatementsメソッドを呼び出し、SQLを明示的に実行する

8.3.4　テーブルの中身の検証

更新系処理のテストの場合は、処理結果がデータベースに正しく反映されたか検証する必要があります。テーブルの中身を検証する必要がある場合は、Springが提供しているorg.springframework.jdbc.core. JdbcTemplateを使用してデータベースからレコードを取得し、取得したレコードが期待どおりの状態になっているか検証することができます。

▶ JdbcTemplateの定義例

```
@Configuration
public class TestConfig {
    // ・・・
    @Bean
    public JdbcTemplate jdbcTemplateForAssertion(DataSource dataSource) {
        return new JdbcTemplate(dataSource);
    }
    // ・・・
}
```

▶ JdbcTemplateを使用したレコードの検証例

```
@Autowired
@Qualifier("jdbcTemplateForAssertion")
JdbcTemplate jdbcTemplate;
// ・・・
@Test
public void testCreate() {
    Account account = new Account();
    account.setId("001");
    account.setName("Spring太郎");
    accountRepository.create(account);

    // JdbcTemplateを使用して登録したレコードをデータベースから取得
    Map<String, Object> createdAccount =
            jdbcTemplate.queryForMap("SELECT id, name FROM account WHERE id = '001'");

    // 取得したレコードの妥当性を検証
    assertThat(createdAccount.get("id"), is("001"));
    assertThat(createdAccount.get("name"), is("Spring太郎"));
}
```

なお、@Transactionalを使用してトランザクション境界をテストケースメソッドの前に移動する場合は、JdbcTemplateで使うDataSourceと、テスト対象のコンポーネントで使うDataSourceに同じDataSourceを設

8

定しておく必要があります。別のDataSourceを設定してしまうと、JDBCのコネクションが共有されないため JdbcTemplate経由で取得したレコードに処理結果が反映されません。

8.4 Spring MVCのテスト

　本節では、Spring MVC上で動くControllerに対するテスト方法について説明します。Controllerに対するテストの話をするときにいつも出てくる話題があります。それは、「Controllerに対する単体テストは必要か？」という話題です。Controllerの主な役割は、リクエストマッピング、入力チェック、リクエストデータの取得、ビジネスロジック（Service）の呼び出し、遷移先の制御であり、Controllerには単体テストが必要になるようなロジックを実装しません。リクエストマッピング、リクエストデータの取得、入力チェックについては、Spring MVCのフレームワーク機能と結合しないと妥当性を検証することができません。これらを総合的に判断すると、Controllerのテストは単体テストではなく、Spring MVCのフレームワーク機能と結合した状態で結合テストとして行なうほうがよいでしょう。

　では、Spring MVCのフレームワーク機能と結合した状態でControllerをテストするには、どうすればよいのでしょうか？ 最もオーソドックスな選択肢は、Webアプリケーションをアプリケーションサーバーにデプロイし、E2E（End to End）テストとして実施する方法です。E2Eテストとして実施すると、Viewが生成したレスポンスデータ（HTMLなど）の妥当性を検証できるのがメリットです。一方、E2Eテストとして実施すると以下のようなデメリットがあります。

- アプリケーションサーバーやデータベースの起動が必須となる
- トランザクションがコミットされるため、テスト実施前の状態に戻すことができない
- 回帰テストを実行するために、Seleniumなどを利用したテストケースの実装が必要になる
- Seleniumを使うとテストの実行時間が長くなる

Spring Testは、E2Eテストのデメリットを解消しつつ、Spring MVCのフレームワーク機能と結合した状態でControllerをテストするためのプラットフォームとして、org.springframework.test.web.servlet.MockMvcというクラスを提供しています。

8.4.1 MockMvcとは

MockMvcは、アプリケーションサーバー上にデプロイせずに、Spring MVCの動作を再現する仕組みを提供するクラスです（**図8.1**）。

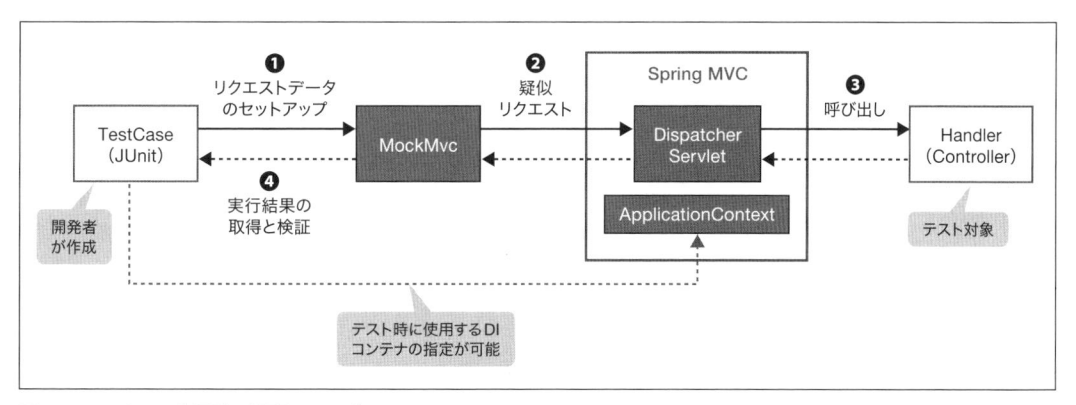

図8.1 MockMvc使用時の処理イメージ

❶ テストケースメソッドは、`DispatcherServlet`にリクエストするデータ（リクエストパスやリクエストパラメータなど）をセットアップする

❷ `MockMvc`は、`DispatcherServlet`に対して疑似的なリクエストを行なう。実際に使われる`DispatcherServlet`は、テスト用に拡張されている`org.springframework.test.web.servlet.TestDispatcherServlet`となる

❸ `DispatcherServlet`（Spring MVCのフレームワーク処理）は、リクエスト内容に一致するHandler（Controller）のメソッドを呼び出す

❹ テストケースメソッドは、`MockMvc`が返却する実行結果を受け取り、実行結果の妥当性を検証する

`MockMvc`の動作モードには、以下の2つがあります。

- ユーザー指定のDIコンテナと連携するモード
- スタンドアロンモード

Spring MVCのコンフィギュレーションも含めてテストを行ないたい場合は、ユーザー指定のDIコンテナと連携するモードを利用してください。

> 本書では扱いませんが、Spring Testは、`MockMvc`とHtmlUnit[11] を連携する機能も提供しています。HtmlUnitと連携することで、テンプレートエンジン（Thymeleaf、Freemarkerなど）が生成したHTMLの妥当性の検証を簡単に行なうことができます。さらに、Selenium WebDriverやGebと連携すると、Page Object Patternを活用した可読性および再利用性の高いテストケースを記載することも可能です。具体的な使い方については、Spring Frameworkのリファレンスの「HtmlUnit Integration」[12] を参照してください。

【11】http://htmlunit.sourceforge.net
【12】http://docs.spring.io/spring/docs/current/spring-framework-reference/htmlsingle/#spring-mvc-test-server-htmlunit

8.4.2 MockMvc のセットアップ

先ほども紹介したように、MockMvc には2つのモードあり、それぞれセットアップの方法が異なります。

■ユーザー指定のDIコンテナと連携するモード

このモードでは、Spring MVCのコンフィギュレーションを適用したDIコンテナを生成し、生成したDIコンテナを使用してSpring MVCの動作を再現します。このモードを利用すると、アプリケーションサーバーにデプロイしたときとほぼ同じ状態でテストを行なうことができます。

▶ ユーザー指定のDIコンテナと連携するモードのセットアップ例

```java
// ..
import org.springframework.test.web.servlet.MockMvc;
import org.springframework.test.web.servlet.setup.MockMvcBuilders;

@RunWith(SpringJUnit4ClassRunner.class)
@ContextHierarchy({                                                              ❶
        @ContextConfiguration(classes = AppConfig.class)
        , @ContextConfiguration(classes = WebMvcConfig.class)
})
@WebAppConfiguration                                                             ❷
public class WelcomeControllerTest {
    @Autowired
    WebApplicationContext context;                                              ❸

    MockMvc mockMvc;

    @Before
    public void setupMockMvc() {
        this.mockMvc = MockMvcBuilders.webAppContextSetup(context).build();     ❹
    }
    // ・・・
}
```

❶ テスト用のDIコンテナを生成する際に使用するBean定義ファイルを指定する。第4章「Spring MVC」で紹介したような「Webアプリケーション用のアプリケーションコンテキスト」と「DispatcherServlet用のアプリケーションコンテキスト」における階層関係を再現する場合は、@org.springframework.test.context.ContextHierarchyを使用する。なお、階層関係がない場合は @ContextConfiguration でよい

❷ @WebAppConfigurationを指定して、テスト用のDIコンテナをWebアプリケーション向けにする

❸ テスト時に使用するアプリケーションコンテキスト（DIコンテナ）をインジェクションする

❹ テスト時に使用するアプリケーションコンテキストを指定して、MockMvcを生成する

■スタンドアロンモード

スタンドアロンモードでは、Spring MVCのコンフィギュレーションは Spring Test 側が行ない、Spring Test が生成したDIコンテナを使用してSpring MVCの動作を再現します。Spring Testが行なうコンフィギュレーショ

ンは、テストケース側でカスタマイズすることができます。このモードを利用すると、Spring MVC のフレームワーク機能を利用しつつ、Controller のテストを単体テストの観点で行なうことができます。

▶ スタンドアロンモードのセットアップ例

```java
// DIコンテナを生成するためのアノテーションは不要
public class WelcomeControllerTest {

    MockMvc mockMvc;

    @Before
    public void setupMockMvc() {
        this.mockMvc = MockMvcBuilders
            .standaloneSetup(new WelcomeController()).build();    ──────────── ❶
    }
    // ・・・
}
```

❶ テスト対象の Controller を指定して、MockMvc を生成する。必要に応じて StandaloneMockMvcBuilder のメソッドを呼び出して、Spring Test が行なうコンフィギュレーションをカスタマイズする

　以下は、テスト対象の Controller が他のコンポーネントに依存している際に、依存コンポーネントをモック化してテストする場合のセットアップ例です。ここでは、Mockito を使用して依存コンポーネントをモック化します。

▶ 依存コンポーネントをモック化する場合のセットアップ例

```java
MockMvc mockMvc;

@InjectMocks
MessageRestController controller;    ──────────────────────────── ❶

@Mock
MessageService mockMessageService;    ─────────────────────────── ❷

@Before
public void setupMockMvc() {
    MockitoAnnotations.initMocks(this);    ────────────────────── ❸
    this.mockMvc = MockMvcBuilders.standaloneSetup(controller).build();    ── ❹
}
```

❶ テスト対象の Controller に @InjectMocks を指定する
❷ モック化するコンポーネントに @Mock や @Spy を指定する
❸ テスト対象の Controller (@InjectMocks を付与したコンポーネント) に対して、モック化したコンポーネント (@Mock や @Spy を付与したコンポーネント) をインジェクションする。なお、MockitoAnnotations.initMocks(this); を呼び出す代わりに、テストケースクラスに @RunWith(MockitoJUnitRunner.class) を付与することで同じ効果を得ることもできる
❹ テスト対象の Controller を指定して、MockMvc を生成する

■サーブレットフィルタの追加

MockMvcには、サーブレットフィルタを追加することができます。サーブレットフィルタを追加してテストすることで、アプリケーションサーバーにデプロイしたときの状態により近づけることができます。

▶ サーブレットフィルタの追加例

```
@Before
public void setupMockMvc() {
    this.mockMvc = MockMvcBuilders.webAppContextSetup(context)
        // サーブレットフィルタの追加
        .addFilters(new CharacterEncodingFilter("UTF-8"))
        .build();
}
```

■staticメソッドのインポート

テストケースを書く前に、MockMvcを使用したテストをサポートしてくれるstaticメソッドをインポートします。

▶ staticメソッドのインポート例

```
// ・・・
import static org.springframework.test.web.servlet.request.MockMvcRequestBuilders.*; ─────── ❶
import static org.springframework.test.web.servlet.result.MockMvcResultMatchers.*; ─────── ❷
import static org.springframework.test.web.servlet.result.MockMvcResultHandlers.*; ─────── ❸
// ・・・
public class WelcomeControllerTest {
    // ・・・
}
```

❶ リクエストデータをセットアップする際に使用するstaticメソッドをインポートする
❷ 実行結果を検証する際に使用するstaticメソッドをインポートする
❸ 実行結果をログなどに出力する際に使用するstaticメソッドをインポートする

8.4.3　テストの実行

テストを実行する際は、Controllerを呼び出すために必要なリクエストデータをセットアップし、MockMvcにリクエストの実行依頼を行ないます。ここでは、ウェルカムページ（index.jsp）を表示するだけの、最もシンプルなControllerを呼び出す方法を紹介します。

▶ テスト対象のController

```
@Controller
public class WelcomeController {
    // 「GET /」にマッピング
    @RequestMapping(path = "/", method = RequestMethod.GET)
    public String home() {
```

```
        return "index";
    }
}
```

▶「GET /」に対するテストの実装例

```
// ・・・
@Test
public void testHome() throws Exception {
    mockMvc.perform(get("/"))                                    ──── ❶
            .andExpect(status().isOk())                          ───┐
            .andExpect(forwardedUrl("/WEB-INF/index.jsp"));      ───┴ ❷
}
```

❶ MockMvcのperformメソッドを呼び出し、DispatcherServletにリクエストを行なう。performの引数には、MockMvc RequestBuildersを使用してセットアップしたリクエストデータを渡す。MockMvcRequestBuildersには、get、post、fileUploadといったメソッドが、リクエストの種類ごとに用意されている

❷ performメソッドから返却されたorg.springframework.test.web.servlet.ResultActionsのメソッドを呼び出し、実行結果の妥当性を検証する。上記の例では、HTTPステータスコードの妥当性と遷移先JSPのパスの妥当性を検証している

8.4.4 リクエストデータのセットアップ

リクエストデータのセットアップは、org.springframework.test.web.servlet.request.MockHttpServlet RequestBuilder や org.springframework.test.web.servlet.request.MockMultipartHttpServletReques tBuilderのファクトリメソッドを使用して行ないます（表8.1、表8.2）。

表8.1　MockHttpServletRequestBuilder の主なメソッド

メソッド名	利用シーン
param / params	リクエストパラメータを設定する
header / headers	リクエストヘッダーを設定する。contentTypeやacceptなどの特定のヘッダーを指定するためのメソッドも用意されている
cookie	クッキーを設定する
content	リクエストボディを設定する
requestAttr	リクエストスコープにオブジェクトを設定する
flashAttr	フラッシュスコープにオブジェクトを設定する
sessionAttr	セッションスコープにオブジェクトを設定する

表8.2　MockMultipartHttpServletRequestBuilder の主なメソッド

メソッド名	説明
file	アップロードするファイルを設定する

8

407

▶ リクエストデータのセットアップ例

```
@Test
public void testBooks() throws Exception {
    mockMvc.perform(get("/books")
                .param("name", "Spring")
                .accept(MediaType.APPLICATION_JSON)
                .header("X-Track-Id", UUID.randomUUID().toString()))
            .andExpect(status().isOk());
}
```

8.4.5 実行結果の検証

実行結果の検証は、org.springframework.test.web.servlet.ResultActions の andExpect メソッドを使用します。andExpect メソッドの引数には、実行結果を検証する org.springframework.test.web.servlet.ResultMatcher を指定します。Spring Test は、MockMvcResultMatchers のファクトリメソッドを介してさまざまな ResultMatcher を提供しています（表8.3）。

表 8.3　MockMvcResultMatchers の主なメソッド

メソッド名	利用シーン
status	HTTPステータスコードを検証する
header	レスポンスヘッダーの状態を検証する
cookie	クッキーの状態を検証する
content	レスポンスボディの中身を検証する。jsonPathやxpathなどの特定のコンテンツ向けのメソッドも用意されている
view	Controllerが返却したView名を検証する
forwardedUrl	遷移先のパスを検証する。パターンで検証する場合は、forwardedUrlPatternメソッドを使う
redirectedUrl	リダイレクト先のパスまたはURLを検証する。パターンで検証する場合は、redirectedUrlPatternメソッドを使う
model	Spring MVCのModelの状態を検証する
flash	フラッシュスコープの状態を検証する
request	Servlet 3.0からサポートされた非同期処理の処理状態、リクエストスコープおよびセッションスコープの状態を検証する

MockMvc上でもViewやHttpMessageConverterが生成したレスポンスボディの妥当性を検証することが可能ですが、ViewとしてJSPを使う場合は、レスポンスボディは常に空になるため妥当性を検証することはできません。

▶ 実行結果の検証例

```
@Test
public void testBooks() throws Exception {
    mockMvc.perform(get("/books")
            .andExpect(status().isOk())
            .andExpect(content().string("[{\"bookId\":\"001\",\"name\":\"Spring徹底入門\"}]"));
}
```

Spring Test が提供する ResultMatcher でサポートされていない検証を行ないたい場合は、以下のいずれかの方法で検証ロジックを実装することができます。

- 独自の ResultMatcher を作成する
- ResultActions の andReturn メソッドを呼び出して org.springframework.test.web.servlet.MvcResult を取得し、テストケース内で検証ロジックを実装する

検証ロジックを複数のテストケースで共有したい場合は、ResultMatcher を作成しましょう。

8.4.6 実行結果の出力

実行結果をログなどに出力する場合は、org.springframework.test.web.servlet.ResultActions の andDo メソッドを使用します。andDo メソッドの引数には、実行結果に対して任意の処理を行なう org.springframework.test.web.servlet.ResultHandler を指定します。Spring Test は、MockMvcResultHandlers のファクトリメソッドを介してさまざまな ResultHandler を提供しています。

表 8.4　MockMvcResultHandlers の主なメソッド

メソッド名	利用シーン
log	実行結果をデバッグレベルでログ出力する。ログ出力時に使用されるロガー名は org.springframework.test.web.servlet.result
print	実行結果を任意の出力先に出力する。出力先を指定しない場合は、標準出力 (System.out) が出力先になる

▶ 実行結果をログに出力する際の実装例

```
@Test
public void testBooks() throws Exception {
    mockMvc.perform(get("/books")
            .andExpect(status().isOk())
            .andDo(log());
}
```

Spring Security

第8章でSpringアプリケーションに対するテスト方法を学んだことで、Spring Frameworkの機能を利用したWebアプリケーションの開発（実装とテスト）が一通りできるようになりました。しかし、ここまでの知識で作成したWebアプリケーションを商用システムとしてリリースすることは残念ながらできないでしょう。なぜなら、セキュリティ対策がまったく行なわれていないからです。本章では、Springプロジェクトから提供されている「Spring Security」の機能を利用して、Webアプリケーションに対してセキュリティ対策を行なう方法について詳しく解説していきます。

まず、Spring Securityの「セットアップ方法」と「アーキテクチャ」について説明した後に、セキュリティ対策の基本となる「認証」と「認可」、さらにセキュリティを強化するために必要となる「CSRF対策」「セッション管理」「ブラウザのセキュリティ対策機能との連携（セキュリティヘッダーの出力）」について説明します。そして最後に、Spring Securityが提供するテスト用の支援モジュールを使用して、セキュリティ対策が正しく適用されているかをテストする方法についても紹介します。

9.1 Spring Securityとは

Spring Securityは、アプリケーションにセキュリティ対策機能を実装する際に使用するフレームワークで、主にサーブレットコンテナにデプロイするWebアプリケーションに対してセキュリティ対策を行なうときに利用します。

9.1.1 Spring Securityの特徴

Spring Securityの特徴として、以下の2つがあります。

● 豊富なオプションの提供
Spring Securityのデフォルト実装の動作をカスタマイズするためのオプションが豊富に提供されています。このため、デフォルトの動作がセキュリティ要件に合致しない場合であっても、オプションの値を変更することで要件に合った動作に変更できるケースがあります。

● 豊富な拡張ポイントの提供
Spring Securityは動作をカスタマイズするための拡張ポイントを豊富に提供します。Spring Securityのデフォルト実装を使って要件を満たせない場合は、拡張クラスを作成することで要件に合った動作にカスタマイズすることができます。

9.1.2 基本機能

Spring Securityは、セキュリティ対策の基本機能として「認証機能」と「認可機能」の2つを提供しています（表9.1）。

表 9.1 セキュリティ対策の基本機能

機能	説明
認証機能	アプリケーションを利用するユーザーの正当性を確認する機能を提供する
認可機能	アプリケーションが提供するリソースや処理に対するアクセスを制御する機能を提供する

 ## 9.1.3 強化機能

　Spring Security では認証と認可という基本的な機能に加え、Web アプリケーションのセキュリティを強化するための機能をいくつか提供しています（**表9.2**）。

表 9.2 セキュリティ対策の強化機能

機能	説明
セッション管理機能	セッションハイジャック攻撃やセッション固定攻撃からユーザーを守る機能、セッションのライフサイクル（生成、破棄、タイムアウト）を制御するための機能などを提供する
CSRF対策機能	クロスサイトリクエストフォージェリ（Cross-Site Request Forgery：CSRF）攻撃からユーザーを守るための機能を提供する
ブラウザのセキュリティ対策機能との連携機能	ブラウザのセキュリティ対策機能と連携し、ブラウザの機能を悪用した攻撃からユーザーを守るためのセキュリティヘッダーを出力する機能を提供する

 Spring Security は、ここで紹介していない機能も多く提供しています。本書では一部の機能の説明しかできませんが、Spring Security が提供するすべての機能を知りたい方は、Spring Security Reference のページ[1] をご覧ください。

9.2 Spring Security のセットアップ

9

　Spring Security の詳細な解説に入る前に、Web アプリケーションに Spring Security を適用するためのセットアップ方法について解説します。

9.2.1 ライブラリのセットアップ

　まず、Spring Security から提供されているライブラリを開発プロジェクトに適用します。

▶ pom.xmlの定義例

```
<dependency>
    <groupId>org.springframework.security</groupId>
```

【1】 http://docs.spring.io/spring-security/site/docs/current/reference/htmlsingle/

```
    <artifactId>spring-security-web</artifactId>
</dependency>
<dependency>
    <groupId>org.springframework.security</groupId>
    <artifactId>spring-security-config</artifactId>
</dependency>
<dependency>
    <groupId>org.springframework.security</groupId>
    <artifactId>spring-security-taglibs</artifactId>
</dependency>
```

このコードは、本書の解説で扱うクラスが格納されているライブラリを適用する例になっています。

9.2.2 Spring SecurityのBean定義

次に、Spring SecurityのコンポーネントをBean定義します。

■コンフィギュレーションクラスの作成

Java Configを使用する場合は、以下のようなクラスを作成します。

▶ コンフィギュレーションクラスの作成例

```
package springbook.config;

import org.springframework.security.config.annotation.web.builders.*;
import org.springframework.security.config.annotation.web.configuration.*;

@EnableWebSecurity ─────────────────────────────────────── ❶
public class WebSecurityConfig extends WebSecurityConfigurerAdapter { ─── ❷
    @Override
    public void configure(WebSecurity web) {
        web.ignoring() ───────────────────────────────┐
                .antMatchers("/resources/**"); ────────┴── ❸
    }
}
```

❶ クラスに @EnableWebSecurity を指定する。@EnableWebSecurity を指定すると、Spring Security が提供している
コンフィギュレーションクラスがインポートされ、Spring Security を利用するために必要となるコンポーネントの
Bean定義が自動で行なわれる仕組みになっている

❷ 親クラスとして WebSecurityConfigurerAdapter クラスを指定する。WebSecurityConfigurerAdapter クラスを継
承すると、デフォルトで適用される Bean定義を簡単にカスタマイズすることができる

❸ セキュリティ対策が不要なリソース (CSS や JavaScript など) がある場合は、Spring Security の処理を適用しないよ
うにする

作成したコンフィギュレーションクラスを使用してDIコンテナを生成するように定義します。

▶ web.xmlの設定例

```xml
<listener>
    <listener-class>
        org.springframework.web.context.ContextLoaderListener
    </listener-class>
</listener>
<context-param>
    <param-name>contextClass</param-name>
    <param-value>
        org.springframework.web.context.support.AnnotationConfigWebApplicationContext
    </param-value>
</context-param>
<context-param>
    <!-- contextConfigLocationに作成したコンフィギュレーションクラスを指定 -->
    <param-name>contextConfigLocation</param-name>
    <param-value>springbook.config.WebSecurityConfig</param-value>
</context-param>
```

■XMLファイルの作成

XMLファイルを使用する場合は、以下のようなファイルを作成します。

▶ XMLファイル（security-context.xml）の作成例

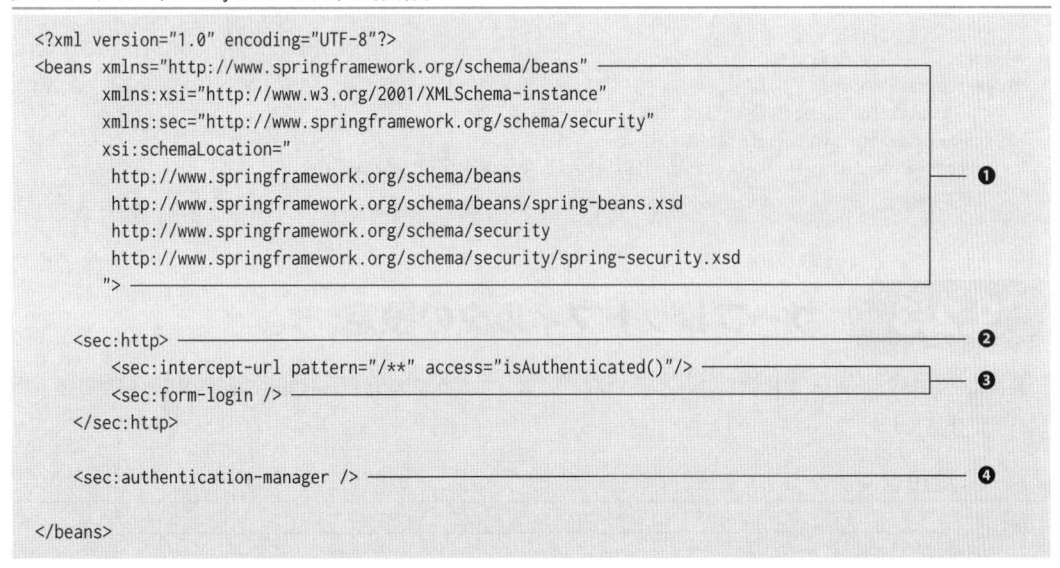

```xml
<?xml version="1.0" encoding="UTF-8"?>
<beans xmlns="http://www.springframework.org/schema/beans"
       xmlns:xsi="http://www.w3.org/2001/XMLSchema-instance"
       xmlns:sec="http://www.springframework.org/schema/security"
       xsi:schemaLocation="
       http://www.springframework.org/schema/beans
       http://www.springframework.org/schema/beans/spring-beans.xsd
       http://www.springframework.org/schema/security
       http://www.springframework.org/schema/security/spring-security.xsd
       ">                                                                    ❶

    <sec:http>                                                               ❷
        <sec:intercept-url pattern="/**" access="isAuthenticated()"/>        ❸
        <sec:form-login />
    </sec:http>

    <sec:authentication-manager />                                           ❹

</beans>
```

❶ Spring Securityから提供されているXMLネームスペースを有効にする。上記の例では、secという名前を割り当てている。XMLネームスペースを使用すると、Spring SecurityのコンポーネントのBean定義を簡単に行なうことができる

❷ `<sec:http>`要素を定義する。`<sec:http>`要素を定義すると、Spring Securityを利用するために必要となるコンポーネントのBean定義が自動的に行なわれる

❸ ここではセットアップの疎通確認を行なうために、すべてのパスに対して認証が必要となる認可設定を行ない、フォーム認証機能を有効化している

❹ <sec:authentication-manager>要素を定義して、認証機能用のコンポーネントをBean定義する。この要素を定義しておかないとサーバー起動時にエラーが発生してしまう

セキュリティ対策が不要なリソース（CSSやJavaScriptなど）がある場合は、以下のようなBean定義を行ない、Spring Securityの処理を適用しないようにします。なお、複数の<sec:http>要素を定義する場合、定義した順にパスとpatternのマッチングが行なわれるため、以下の設定は「XMLファイル（security-context.xml）の作成例」で設定した❷の<sec:http>要素よりも前に記述する必要があります。

▶ Spring Securityの処理を適用しないようにするためのBean定義例

```
<!-- Spring Securityの処理を適用しないパスパターンを指定 -->
<sec:http pattern="/resources/**" security="none" />
```

作成したXMLファイルを使用してDIコンテナを生成するように定義します。

▶ web.xmlの設定例

```
<listener>
    <listener-class>
        org.springframework.web.context.ContextLoaderListener
    </listener-class>
</listener>
<context-param>
    <!-- contextConfigLocationに作成したXMLファイルを指定 -->
    <param-name>contextConfigLocation</param-name>
    <param-value>classpath:/META-INF/spring/security-context.xml</param-value>
</context-param>
```

9.2.3 サーブレットフィルタの設定

最後に、Spring Securityが提供しているサーブレットフィルタクラス（FilterChainProxy）をサーブレットコンテナに登録します。

▶ web.xmlの設定例

```
<filter>
    <filter-name>springSecurityFilterChain</filter-name>             ❶
    <filter-class>
        org.springframework.web.filter.DelegatingFilterProxy
    </filter-class>
</filter>
<filter-mapping>
    <filter-name>springSecurityFilterChain</filter-name>             ❷
```

```
    <url-pattern>/*</url-pattern>
</filter-mapping>
```

❶ Spring Framework から提供されている DelegatingFilterProxy を使用して、DI コンテナで管理されている Bean（FilterChainProxy）をサーブレットコンテナに登録する。サーブレットフィルタの名前には、DI コンテナで管理されている Bean の名前（springSecurityFilterChain）を指定する。なお、この Bean は「9.2.2　Spring Security の Bean 定義」で説明した設定によって自動的に DI コンテナに追加されている

❷ Spring Security を適用する URL のパターンを指定する。上記の例では、すべてのリクエストに対して Spring Security を適用している

　サーブレットフィルタクラスをサーブレットコンテナに登録したら、アプリケーションサーバーを起動してください。セットアップが正しく行なわれている場合は、トップページにアクセスすると、Spring Security が提供しているログイン画面が表示されます（**図9.1**）。

Login with Username and Password

User: _____
Password: _____
[Login]

図9.1　Spring Security が提供しているデフォルトのログイン画面

 Servlet 3.0以降のサーブレットコンテナでは、サーブレットコンテナの初期化処理をJavaのコードで行なうことができます。Spring Security では、サーブレットコンテナの初期化処理をJavaを使って行なうためのサポートクラスとして AbstractSecurityWebApplicationInitializer という抽象クラスを提供しています。このクラスは以下の初期化処理を自動で行なってくれます。

- ContextLoaderListener をサーブレットコンテナに登録する処理
- Spring Securityのサーブレットフィルタクラスをサーブレットコンテナに登録する処理

9.3　Spring Security のアーキテクチャ

　各機能の詳細な説明を行なう前に、Spring Security のアーキテクチャ概要と Spring Security を構成する主要なコンポーネントの役割を見ていきます。

 ここで紹介する内容は、Spring Security が提供するデフォルトの動作をそのまま利用する場合や、Spring Security のコンフィギュレーションをサポートする仕組みを利用する場合は、開発者が直接意識する必要はありません。そのため、まず各機能の使い方を知りたい方は、本節を読み飛ばし

ても問題ありません。ここで説明する内容は、Spring Securityのデフォルトの動作をカスタマイズする際に必要になってくるので、アプリケーションのアーキテクトを目指す方は一読しておくことをお勧めします。

9.3.1 Spring Securityのモジュール構成

まずSpring Securityが提供しているモジュールを紹介します。Spring Securityは、コンポーネントの役割などに応じてモジュール分割されており、標準的なWebアプリケーションに対してセキュリティ対策を講じる際に必要となるモジュールは以下の4つになります（**表9.3**）。

表9.3　標準的なWebアプリケーションで必要となるモジュール群

モジュール名	説明
spring-security-core	認証と認可機能を実現するためのコアなコンポーネントが格納されている
spring-security-web	Webアプリケーションのセキュリティ対策を実現するためのコンポーネントが格納されている
spring-security-config	各モジュールから提供されているコンポーネントのセットアップをサポートするためのコンポーネント（Java ConfigをサポートするクラスやXMLネームスペースを解析するクラスなど）が格納されている
spring-security-taglibs	認証情報や認可機能にアクセスするためのJSPタグライブラリが格納されている

本書では使い方を紹介しませんが、上記以外にも以下のようなモジュールも提供しています。

- 一般的に利用される認証方法（LDAP、OpenID [2]、CAS [3] など）をサポートするためのモジュール
- ACL（Access Control List）を使用したドメインオブジェクトの認可制御を行なうモジュール
- SpringのWebSocket機能に対してセキュリティ対策を追加するためモジュール
- Spring Securityの機能を用いる処理に対するテストを支援するためのモジュール

Spring Securityのモジュールではありませんが、OAuth 2.0 [4] の仕組みを使用してAPIの認可を実現するためモジュール（spring-security-oauth2 [5]）などが姉妹ライブラリとして提供されています。

---

[2]　OpenIDは、簡単に言うと「1つのIDで複数のサイトにログインできるようする」ための仕組みです。

[3]　CASは、OSSとして提供されているシングルサインオン用のサーバーコンポーネントです。詳細については、以下のページを参照してください。
https://www.apereo.org/projects/cas

[4]　OAuth 2.0は、OAuth 1.0が抱えていた課題（署名と認証フローの複雑さ、モバイルやデスクトップのクライアントアプリの未対応など）を改善したバージョンで、OAuth 1.0との後方互換性はありません。

[5]　詳細については、以下のページを参照してください。
http://projects.spring.io/spring-security-oauth/

9.3.2 フレームワークのアーキテクチャ

Spring Securityは、サーブレットフィルタの仕組みを使用してWebアプリケーションのセキュリティ対策を行なうアーキテクチャを採用しており、以下のような流れで処理が行なわれます（**図9.2**）。

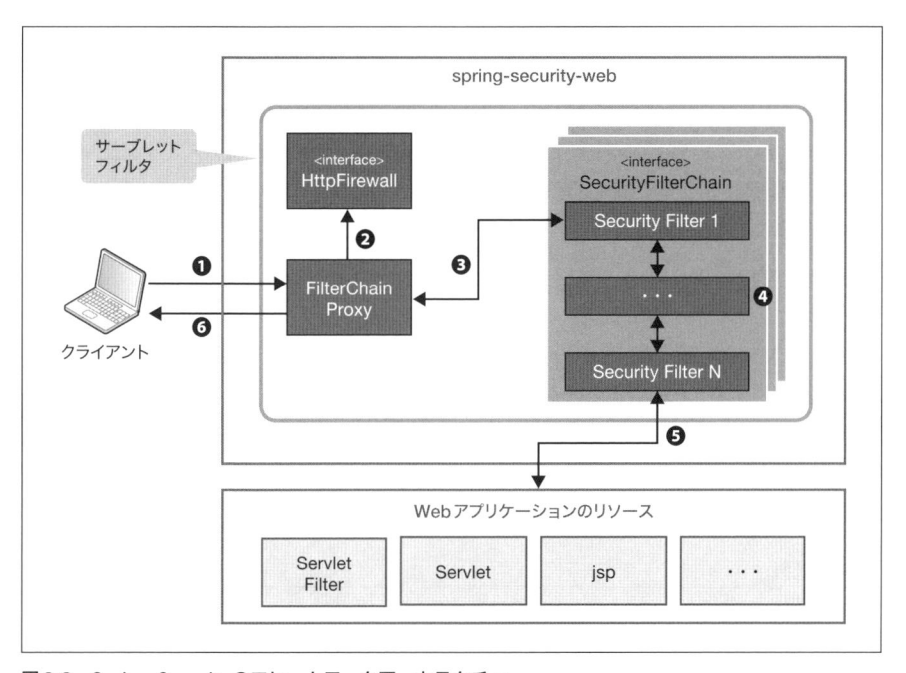

図9.2　Spring Securityのフレームワークアーキテクチャ

❶ クライアントは、Webアプリケーションに対してリクエストを送る

❷ Spring SecurityのFilterChainProxyクラス（サーブレットフィルタ）がリクエストを受け取り、HttpFirewallインターフェイスのメソッドを呼び出してHttpServletRequestとHttpServletResponseに対してファイアウォール機能を組み込む

❸ FilterChainProxyクラスは、SecurityFilterChainに設定されているセキュリティ対策用のSecurity Filter（サーブレットフィルタ）クラスに処理を委譲する

❹ SecurityFilterChainには複数のSecurity Filterが設定されており、Security Filterの処理が正常に終了すると後続のSecurity Filterが呼び出される

❺ 最後のSecurity Filterの処理が正常に終了した場合、後続処理（サーブレットフィルタやサーブレットなど）を呼び出し、Webアプリケーション内のリソースへアクセスする

❻ FilterChainProxyクラスは、Webアプリケーションから返却されたリソースをクライアントに返却する

フレームワーク処理を構成する主要なコンポーネント[6] は以下のとおりです。

【6】 詳細については、以下のページを参照してください。
http://docs.spring.io/spring-security/site/docs/current/reference/htmlsingle/#security-filter-chain

■FilterChainProxy

FilterChainProxyクラスは、フレームワーク処理のエントリーポイントとなるサーブレットフィルタクラスです。このクラスはフレームワーク処理の全体の流れを制御し、具体的なセキュリティ対策処理はSecurity Filterに委譲するスタイルになっています。

■HttpFirewall

HttpFirewallインターフェイスは、HttpServletRequestとHttpServletResponseに対してファイアウォール機能を組み込むためのインターフェイスです。デフォルトでは、DefaultHttpFirewallクラスが使用され、ディレクトリトラバーサル攻撃や、不正なリダイレクト先の指定によるHTTPレスポンス分割攻撃に対するチェックなどが実装されています。

■SecurityFilterChain

SecurityFilterChainインターフェイスは、FilterChainProxyが受け取ったリクエストに対して適用する「Security Filterのリスト」を管理するためのインターフェイスです。デフォルトではDefaultSecurityFilterChainクラスが使用され、リクエストのパターンごとに「Security Filterのリスト」を管理します。

たとえば、以下のようなBean定義を行なうと、指定したパスのパターンごとに異なるセキュリティ対策を適用できます。

▶ Java ConfigによるBean定義例

```
@EnableWebSecurity
public class WebSecurityConfig {
    @Configuration
    @Order(1)
    public static class UiWebSecurityConfig extends WebSecurityConfigurerAdapter {
        @Override
        protected void configure(HttpSecurity http) throws Exception {
            http.antMatcher("/ui/**");
            // ・・・
        }
    }
    @Configuration
    @Order(2)
    public static class ApiWebSecurityConfig
            extends WebSecurityConfigurerAdapter {
        @Override
        protected void configure(HttpSecurity http) throws Exception {
            http.antMatcher("/api/**");
            // ・・・
        }
    }
}
```

▶ XMLによるBean定義例

```xml
<sec:http pattern="/ui/**">
    <!-- ... -->
</sec:http>

<sec:http pattern="/api/**">
    <!-- ... -->
</sec:http>
```

■Security Filter

Security Filterクラスは、フレームワーク機能やセキュリティ対策機能を提供するサーブレットフィルタクラスです。Spring Securityは、複数のSecurity Filterを連鎖させることでWebアプリケーションのセキュリティ対策を行なう仕組みになっています。ここでは、認証と認可機能を実現するために必要となるコアなクラス[7]を紹介しておきます（表9.4）。

表9.4 コアなSecurity Filter

クラス名	説明
SecurityContextPersistenceFilter	認証情報をリクエストをまたいで共有するための処理を提供する。デフォルトの実装では、HttpSessionに認証情報を格納して認証情報を共有する
UsernamePasswordAuthenticationFilter	リクエストパラメータで指定されたユーザー名とパスワードを使用して認証処理を行なう。フォーム認証を行なう際に使用する
LogoutFilter	ログアウト処理を行なう
FilterSecurityInterceptor	HTTPリクエスト（HttpServletRequest）に対して認可処理を実行する
ExceptionTranslationFilter	FilterSecurityInterceptorで発生した例外をハンドリングしてクライアントへ返却するレスポンスを制御する。デフォルトの実装では、未認証ユーザーからのアクセスの場合は認証を促すレスポンス、認証済みのユーザーからのアクセスの場合は認可エラーを通知するレスポンスを返却する

9.4 認証処理の適用

認証処理は、アプリケーションを利用するユーザーの正当性を確認するための処理です。最も標準的な方法は、アプリケーションを使用できるユーザーをデータストアに登録しておいて、利用者が入力した認証情報（ユーザー名とパスワードなど）と照合する方法です。利用者に認証情報を入力してもらう方式もいくつかあり、HTMLの入力フォームを使う方式やRFCで定められているHTTP標準の認証方式（Basic認証やDigest認証など）を利用するのが一般的ですが、OpenID認証やシングルサインオン認証などの認証方式を利用するケースもあります。

【7】 詳細については、以下のページを参照してください。
http://docs.spring.io/spring-security/site/docs/current/reference/htmlsingle/#core-web-filters

　本節では、HTMLの入力フォームで入力した認証情報とリレーショナルデータベースに格納されているユーザー情報を照合して認証処理を行なう実装例を紹介しながら、Spring Securityの認証機能を解説していきます。

9.4.1　認証処理の仕組み

　まず、Spring Securityが提供する認証処理の仕組みを理解しましょう。Spring Securityは、以下のような流れで認証処理を行ないます（図9.3）。

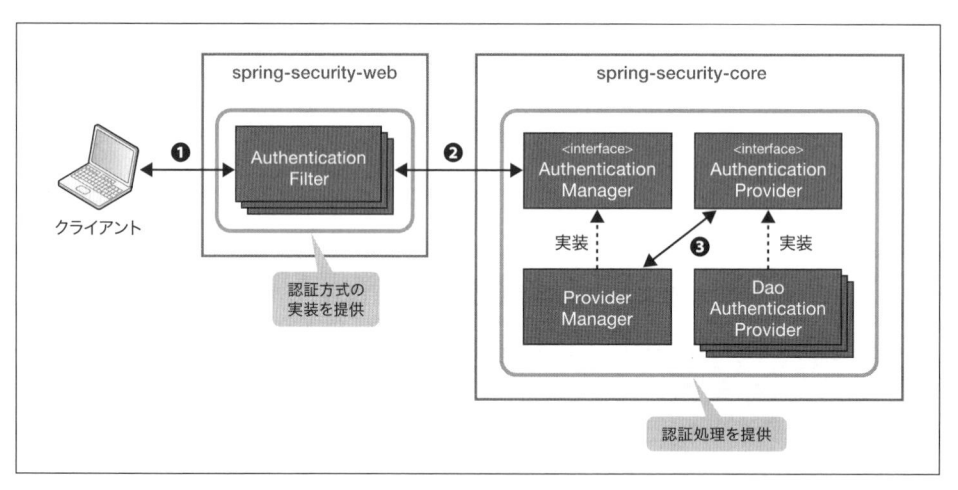

図9.3　認証処理の仕組み

❶ クライアントは、認証処理を行なうパスに対して資格情報（ユーザー名とパスワード）を指定してリクエストを送信する

❷ Authentication Filterはリクエストから資格情報を取得し、`AuthenticationManager`クラスの認証処理を呼び出す

❸ `ProviderManager`（デフォルトで使用される`AuthenticationManager`の実装クラス）は、実際の認証処理を`AuthenticationProvider`インターフェイスの実装クラスに委譲する

> Authentication Filterと`AuthenticationProvider`の実装クラスは複数用意されており、要件に合わせて使用するクラスを選択する仕組みになっています。また、Spring Securityが提供している実装が利用できない場合は、Authentication Filterや`AuthenticationProvider`の実装クラスを作成し、作成したクラスをSpring Securityに組み込むことで独自の認証処理を適用することができます。

■Authentication Filter

　Authentication Filterは、認証方式に対する実装を提供するサーブレットフィルタです。本書では、フォーム認証用のサーブレットフィルタクラス（`UsernamePasswordAuthenticationFilter`）を使用する前提で説明し

ますが、Spring SecurityはBasic認証、Digest認証、Remember Me認証用のサーブレットフィルタクラスも提供しています。

■AuthenticationManager

`AuthenticationManager`は、認証処理を実行するためのインターフェイスです。Spring Securityが提供するデフォルト実装（`ProviderManager`）では、実際の認証処理は`AuthenticationProvider`に委譲し、`AuthenticationProvider`で行なわれた認証処理の処理結果をハンドリングする仕組みになっています。

■AuthenticationProvider

`AuthenticationProvider`は、認証処理の実装を提供するためのインターフェイスです。本書では、データストアに登録しているユーザーの資格情報とユーザーの状態をチェックして認証処理を行なう実装クラス（`DaoAuthenticationProvider`）を使用する前提で説明しますが、Spring Securityは認証方法別の実装クラスも提供しています。

9.4.2 フォーム認証

Spring Securityは、以下のような流れでフォーム認証を行ないます（**図9.4**）。

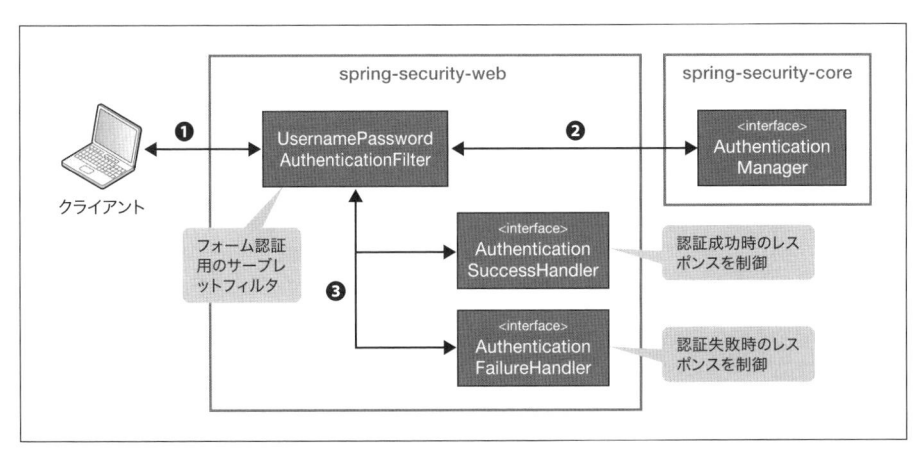

図9.4　フォーム認証の仕組み

❶ クライアントは、フォーム認証を行なうパスに対して資格情報（ユーザー名とパスワード）をリクエストパラメータとして送信する

❷ `UsernamePasswordAuthenticationFilter`クラスは、リクエストパラメータから資格情報を取得して`AuthenticationManager`の認証処理を呼び出す

❸ `UsernamePasswordAuthenticationFilter`クラスは、`AuthenticationManager`から返却された認証結果をハンドリングする。認証処理が成功した場合は`AuthenticationSuccessHandler`のメソッドを、認証処理が失敗した場合

はAuthenticationFailureHandlerのメソッドを呼び出し、画面遷移を行なう

■フォーム認証の適用

フォーム認証を使用する場合は、以下のようなBean定義を行ないます。

▶ Java ConfigによるBean定義例

```
@EnableWebSecurity
public class WebSecurityConfig extends WebSecurityConfigurerAdapter {
    @Override
    protected void configure(HttpSecurity http) throws Exception {
        // ・・・
        http.formLogin();                                                    ❶
    }
}
```

❶ formLoginメソッドを呼び出すと、フォーム認証が有効になり、FormLoginConfigurerのインスタンスが返却される。FormLoginConfigurerには、フォーム認証で使用するコンポーネントの動作をカスタマイズするためのメソッドが定義されている

▶ XMLによるBean定義例

```
<sec:http>
    <!-- ... -->
    <sec:form-login />                                                       ❶
</sec:http>
```

❶ <sec:form-login>要素を定義するとフォーム認証が有効になる。<sec:form-login>要素には、フォーム認証で使用するコンポーネントの動作をカスタマイズするための属性が用意されている

■デフォルトの動作

Spring Securityのデフォルトの動作では、"/login"に対してGETメソッドでアクセスするとSpring Securityが用意しているデフォルトのログインフォームが表示され、ログインボタンを押下すると"/login"に対してPOSTメソッドでアクセスして認証処理を行ないます。

■ログインフォームの作成

Spring Securityは、フォーム認証用のログインフォームをデフォルトで提供していますが、そのまま利用するケースはほとんどないと思います。ここでは、自身で作成したログインフォームをSpring Securityに適用する方法を紹介します。

まず、ログインフォームを表示するためのJSPを作成します。ここでは、Spring MVCのViewResolverに指定しているベースパス（src/main/webapp/views/）の直下にJSPを配置し、Spring MVC経由でログインフォームを表示する前提で説明していきます。

▶ ログインフォームを表示するためのJSPの作成例（loginForm.jsp）

```jsp
<%@ page contentType="text/html;charset=UTF-8" pageEncoding="UTF-8" %>
<%@ taglib prefix="c" uri="http://java.sun.com/jsp/jstl/core" %>
<%@ taglib prefix="sec" uri="http://www.springframework.org/security/tags" %>
<%@ taglib prefix="form" uri="http://www.springframework.org/tags/form" %>
<%-- ... --%>
<div id="wrapper">
    <h3>ログインフォーム</h3>
    <c:if test="${param.containsKey('error')}">                    ─┐
        <span style="color: red;">                                 │
            <c:out value="${SPRING_SECURITY_LAST_EXCEPTION.message}"/>  ├─❶
        </span>                                                     │
    </c:if>                                                        ─┘
    <c:url var="loginUrl" value="/login"/>                        ─┐
    <form:form action="${loginUrl}">                               │
        <table>                                                    │
            <tr>                                                   │
                <td><label for="username">ユーザー名</label></td>  │
                <td><input type="text" id="username" name="username"></td>  │
            </tr>                                                  │
            <tr>                                                   │
                <td><label for="password">パスワード</label></td>  ├─❷
                <td><input type="password" id="password" name="password"></td>  │
            </tr>                                                  │
            <tr>                                                   │
                <td> </td>                                    │
                <td><button>ログイン</button></td>                │
            </tr>                                                  │
        </table>                                                   │
    </form:form>                                                  ─┘
</div>
<%-- ... --%>
```

❶ 認証エラーを表示するためのエリアを作成する。認証エラーが発生した場合は、セッションまたはリクエストスコープに "SPRING_SECURITY_LAST_EXCEPTION" という属性名で例外オブジェクトが格納される

❷ ユーザー名とパスワードを入力するためのログインフォームを作成する。ここではユーザー名を "username"、パスワードを "password" というリクエストパラメータで送信している

次に、認証処理用のControllerを作成し、ログインフォームを表示するためのHandlerメソッドを作成します。

▶ ログインフォームを表示するためのHandlerメソッドの作成例

```java
@Controller
public class AuthenticationController {

    @RequestMapping(path = "/login", method = RequestMethod.GET)
    public String viewLoginForm(){
        return "loginForm";                                        ─── ❶
    }
```

9

```
}
```

❶ ログインフォームのView名("loginForm")を返却する。ViewResolverによって、ログインフォームのJSP(src/main/webapp/views/loginForm.jsp)が呼び出される

最後に、作成したログインフォームをSpring Securityに適用するため、以下のようなBean定義を行ないます。

▶ **Java ConfigによるBean定義例**

```
@Override
protected void configure(HttpSecurity http) throws Exception {
    // ・・・
    http.formLogin()
            .loginPage("/login")                                        ❶
            .permitAll();                                               ❷
    http.authorizeRequests()
            .anyRequest().authenticated();
}
```

❶ loginPageメソッドを呼び出し、ログインフォームを表示するためのパスを指定する。匿名ユーザーが認証を必要とするリソースにアクセスした場合は、ここで指定したパスにリダイレクトしてログインフォームを表示する仕組みになっている。loginPageメソッドに与えた引数によって、認証パス(loginProcessingUrl)も連動して変わる

❷ permitAllメソッドを呼び出し、すべてのユーザーに対してログインフォームへのアクセス権を付与する

> 匿名ユーザーにログインフォームへのアクセス権を付与しないと、ログインフォームを表示する際にも認可エラーが発生するため、リダイレクトループと呼ばれる現象が発生してログインフォームを表示することができません。

▶ **XMLによるBean定義例**

```
<sec:http>
    <sec:form-login
        login-page="/login"/>                                          ❶
    <sec:intercept-url pattern="/login" access="permitAll"/>           ❷
    <sec:intercept-url pattern="/**" access="isAuthenticated()"/>
</sec:http>
```

❶ login-page属性にログインフォームを表示するためのパスを指定する
❷ すべてのユーザーに対してログインフォームへのアクセス権を付与する

■デフォルト動作のカスタマイズ

フォーム認証処理のカスタマイズポイントとして、「認証パス」と「資格情報を送るリクエストパラメータ名」の変更方法を紹介します。以下の例では、認証パスを"/authenticate"、ユーザー名のリクエストパラメータを

"uid"、パスワードのリクエストパラメータを "pwd" に変更しています。

▶ Java ConfigによるBean定義例

```
@Override
protected void configure(HttpSecurity http) throws Exception {
    // ・・・
    http.formLogin()
            // ・・・
            .loginProcessingUrl("/authenticate")
            .usernameParameter("uid")
            .passwordParameter("pwd")
            .permitAll();
}
```

▶ XMLによるBean定義例

```
<sec:http>
    <!-- ... -->
    <sec:form-login
        login-processing-url="/authentication"
        username-parameter="uid"
        password-parameter="pwd" />
</sec:http>
```

9.4.3 認証成功時のレスポンス

Spring Securityは、認証成功時のレスポンスを制御するためのコンポーネントとして、AuthenticationSuccessHandler というインターフェイスと実装クラスを提供しています。

表9.5 AuthenticationSuccessHandler の実装クラス [8]

クラス名	説明
SavedRequestAwareAuthenticationSuccessHandler	認証前にアクセスを試みたURLにリダイレクトを行なう（**デフォルトで使用される実装クラス**）
SimpleUrlAuthenticationSuccessHandler	コンストラクタに指定したURL（defaultTargetUrl）にリダイレクトまたはフォワードする

■デフォルトの動作

Spring Securityのデフォルトの動作では、認証前にアクセスを拒否したリクエストをHTTPセッションに保存しておいて、認証が成功した際にアクセスを拒否したリクエストを復元してリダイレクトする仕組みになっています。認証したユーザーにリダイレクト先へのアクセス権があればページが表示され、アクセス権がなければ認可

【8】 Spring Security 4.1から、フォワード専用のFowardAuthenticationSuccessHandlerが追加されています。

エラーになります。この動作を実現するために使用されるのが、SavedRequestAwareAuthenticationSuccessHandlerクラスです。なお、ログインフォームを明示的に表示してから認証処理を行なった後の遷移先は、Webアプリケーションのルートパス（"/"）になります。

■デフォルト動作のカスタマイズ

認証成功時のレスポンスのカスタマイズポイントとして、認証成功時に遷移するデフォルトのパスの変更方法を紹介します。以下の例では、認証成功時に遷移するデフォルトのパスを"/menu"に変更しています。

▶ Java ConfigによるBean定義例

```java
@Override
protected void configure(HttpSecurity http) throws Exception {
    // ・・・
    http.formLogin()
            .defaultSuccessUrl("/menu")
            .permitAll();
}
```

▶ XMLによるBean定義例

```xml
<sec:http>
    <!-- ... -->
    <sec:form-login default-target-url="/menu" />
</sec:http>
```

本書ではコード例は記載しませんが、直接AuthenticationSuccessHandlerを指定することもできます。

9.4.4 認証失敗時のレスポンス

Spring Securityは、認証失敗時のレスポンスを制御するためのコンポーネントとして、AuthenticationFailureHandlerというインターフェイスと実装クラスを提供しています（**表9.6**）。

表 9.6 AuthenticationFailureHandler の実装クラス [9]

クラス名	説明
SimpleUrlAuthenticationFailureHandler	コンストラクタに指定したURL（defaultTargetUrl）にリダイレクトまたはフォワードを行なう（デフォルトで使用される実装クラス）
ExceptionMappingAuthenticationFailureHandler	認証例外と遷移先のURLをマッピングする。Spring Securityはエラー原因ごとに発生する例外クラスが変わるので、この実装クラスを使用するとエラーの種類ごとに遷移先を切り替えることができるようになる

【9】 Spring Security 4.1から、フォワード専用のFowardAuthenticationFailureHandlerが追加されています。

クラス名	説明
DelegatingAuthenticationFailureHandler	認証例外とAuthenticationFailureHandlerをマッピングすることができる実装クラス。ExceptionMappingAuthenticationFailureHandlerと似ているが、認証例外ごとにAuthenticationFailureHandlerを指定できるので、より柔軟な振る舞いをサポートできる

■デフォルトの動作

Spring Securityのデフォルトの動作では、ログインフォームを表示するためのパスに"error"というクエリパラメータが付与されたURLにリダイレクトする仕組みになっています。たとえば、ログインフォームを表示するためのパスが"/login"の場合は、"/login?error"にリダイレクトされます。

■デフォルト動作のカスタマイズ

認証失敗時のレスポンスのカスタマイズポイントとして、「認証失敗時に遷移するパス」の変更方法を紹介します。以下の例では、認証失敗時に遷移するパスを/loginFailureに変更しています。

▶ Java ConfigによるBean定義例

```
@Override
protected void configure(HttpSecurity http) throws Exception {
    // ・・・
    http.formLogin()
            .failureUrl("/loginFailure")
            .permitAll();
}
```

▶ XMLによるBean定義例

```
<sec:http>
    <!-- ... -->
    <sec:form-login
        authentication-failure-url="/loginFailure" />
</sec:http>
```

本書ではコード例は記載しませんが、直接AuthenticationFailureHandlerを指定することもできます。

9.4.5　データベース認証

Spring Securityは、以下のような流れでデータベース認証を行ないます（図9.5）。

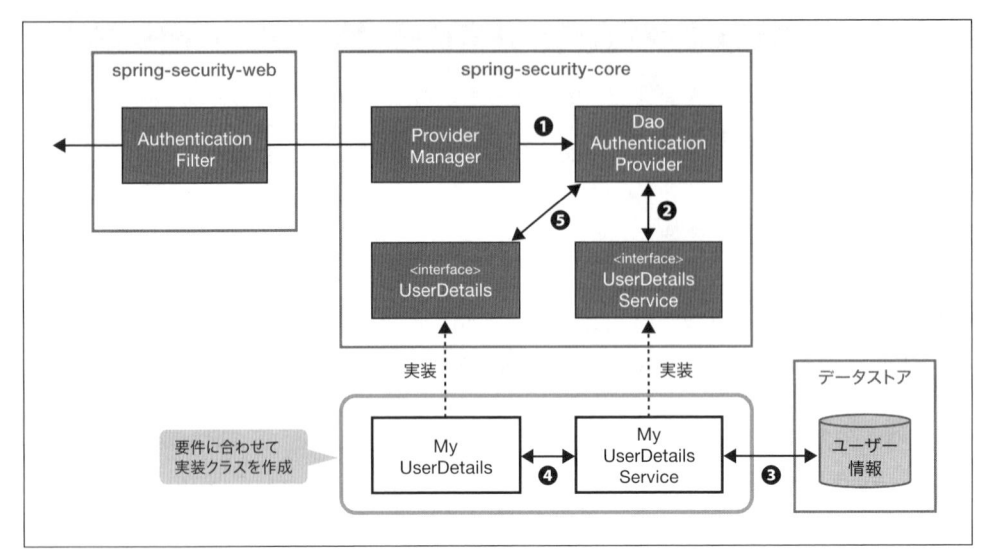

図9.5 データベース認証の仕組み

❶ Spring Securityはクライアントからの認証依頼を受け、DaoAuthenticationProviderの認証処理を呼び出す

❷ DaoAuthenticationProviderは、UserDetailsServiceのユーザー情報取得処理を呼び出す

❸ UserDetailsServiceの実装クラスは、データストアからユーザー情報を取得する

❹ UserDetailsServiceの実装クラスは、データストアから取得したユーザー情報からUserDetailsを生成する

❺ DaoAuthenticationProviderは、UserDetailsServiceから返却されたUserDetailsとクライアントが指定した認証情報との照合を行ない、クライアントが指定したユーザーの正当性をチェックする。クライアントが指定したユーザーが正当なユーザーでない場合は、認証例外をスローする

Spring Securityは、ユーザー情報をリレーショナルデータベースからJDBC経由で取得するための実装クラスを提供しています。

- org.springframework.security.core.userdetails.User
- org.springframework.security.core.userdetails.jdbc.JdbcDaoImpl

これらの実装クラスは最低限の認証処理（パスワードの照合、有効ユーザーの判定）しか行なわないため、そのまま利用できるケースは少ないと思われます。そのため本書では、UserDetailsとUserDetailsServiceの実装クラスを作成する方法を紹介します。

■UserDetailsの作成

UserDetailsは、認証処理で必要となる資格情報（ユーザー名とパスワード）とユーザーの状態を提供するためのインターフェイスで、以下のメソッドが定義されています。AuthenticationProviderとしてDaoAuthenticationProviderを使用する場合は、アプリケーションの要件に合わせてUserDetailsの実装クラスを作成することになります。

▶ UserDetailsインターフェイス

```java
public interface UserDetails extends Serializable {
    String getUsername(); ─────────────────────────────────────── ❶
    String getPassword(); ─────────────────────────────────────── ❷
    boolean isEnabled(); ──────────────────────────────────────── ❸
    boolean isAccountNonLocked(); ─────────────────────────────── ❹
    boolean isAccountNonExpired(); ────────────────────────────── ❺
    boolean isCredentialsNonExpired(); ────────────────────────── ❻
    Collection<? extends GrantedAuthority> getAuthorities(); ──── ❼
}
```

❶ ユーザー名を返却するメソッド

❷ 登録されているパスワードを返却するメソッド。このメソッドで返却したパスワードとクライアントから指定された
パスワードが一致しない場合は、DaoAuthenticationProviderはBadCredentialsExceptionをスローする

❸ 有効なユーザーかを判定するメソッド。有効な場合はtrueを返却する。無効なユーザーの場合、DaoAuthentication
Provider は DisabledException をスローする

❹ アカウントのロック状態を判定するメソッド。ロックされていない場合はtrueを返却する。アカウントがロックされ
ている場合、DaoAuthenticationProviderはLockedExceptionをスローする

❺ アカウントの有効期限の状態を判定するメソッド。有効期限内の場合はtrueを返却する。有効期限切れの場合、Dao
AuthenticationProviderはAccountExpiredExceptionをスローする

❻ 資格情報の有効期限の状態を判定するメソッド。有効期限内の場合はtrueを返却する。有効期限切れの場合、Dao
AuthenticationProviderはCredentialsExpiredExceptionをスローする

❼ ユーザーに与えられている権限リストを返却するメソッド。このメソッドは認可処理で利用する

▶ UserDetailsの実装クラスの作成例

```java
public class AccountUserDetails implements UserDetails { ─────────────── ❶

    private final Account account;
    private final Collection<GrantedAuthority> authorities;

    public AccountUserDetails(
        Account account, Collection<GrantedAuthority> authorities) {
        this.account = account; ───────────────────────────────── ❷
        this.authorities = authorities; ────────────────────────
    }

    public String getPassword() {
        return account.getPassword();
    }
    public String getUsername() {
        return account.getUsername();
    }
    public boolean isEnabled() {                                    ❸
        return account.isEnabled();
    }
    public Collection<GrantedAuthority> getAuthorities() {
        return authorities;
```

```
    }

    public boolean isAccountNonExpired() {
        return true;
    }
    public boolean isAccountNonLocked() {
        return true;
    }
    public boolean isCredentialsNonExpired() {
        return true;
    }

    public Account getAccount() {
        return account;
    }

}
```
④

⑤

❶ UserDetailsインターフェイスを実装したクラスを作成する
❷ ユーザー情報と権限情報をプロパティに保持する
❸ UserDetailsインターフェイスに定義されているメソッドを実装する
❹ 上記の例では、「アカウントのロック」「アカウントの有効期限切れ」「資格情報の有効期限切れ」に対するチェックは常にチェックOK（true）を返却する実装になっている
❺ 認証処理成功後の処理でアカウント情報にアクセスできるようにするために、getterメソッドを用意する

Spring Securityは、UserDetailsの実装クラスとしてUserクラスを提供しています。Userクラスを継承すると資格情報とユーザーの状態を簡単に保持することができます。

▶ Userクラスを継承したUserDetailsの実装クラスの作成例

```
public class AccountUserDetails extends User {

    private final Account account;

    public AccountUserDetails(Account account, boolean accountNonExpired,
            boolean credentialsNonExpired, boolean accountNonLocked,
            Collection<GrantedAuthority> authorities) {
        super(account.getUsername(), account.getPassword(),
                account.isEnabled(), true, true, true, authorities);
        this.account = account;
    }

    public Account getAccount() {
        return account;
    }

}
```

432

■ UserDetailsServiceの作成

UserDetailsServiceは、資格情報とユーザーの状態をデータストアから取得するためのインターフェイスで、以下のメソッドが定義されています。AuthenticationProviderとしてDaoAuthenticationProviderを使用する場合は、アプリケーションの要件に合わせてUserDetailsServiceの実装クラスを作成します。

ここでは、データベースからアカウント情報を検索して、UserDetailsのインスタンスを生成するためのサービスクラスを作成します。

▶ UserDetailsServiceインターフェイス

```java
public interface UserDetailsService {
    UserDetails loadUserByUsername(String username) throws UsernameNotFoundException; ────────── ❶
}
```

❶ 与えられたユーザー名を用いてUserDetailsを取得し、返却するメソッド

▶ UserDetailsServiceの実装クラスの作成例

```java
@Service
public class AccountUserDetailsService implements UserDetailsService {
    @Autowired
    AccountRepository accountRepository;

    @Transactional(readOnly = true)
    public UserDetails loadUserByUsername(String username)
            throws UsernameNotFoundException {
        Account account = Optional.ofNullable(accountRepository.findOne(username)) ──────┐
                .orElseThrow(() -> new UsernameNotFoundException("user not found.")); ───┴─ ❶
        return new AccountUserDetails(account, getAuthorities(account)); ──────────────────── ❷
    }

    private Collection<GrantedAuthority> getAuthorities(Account account) { ──┐
        if (account.isAdmin()) {                                             │
            return AuthorityUtils.createAuthorityList("ROLE_USER", "ROLE_ADMIN"); │
        } else {                                                             ├─ ❸
            return AuthorityUtils.createAuthorityList("ROLE_USER");          │
        }                                                                    │
    } ───────────────────────────────────────────────────────────────────────┘
}
```

❶ データベースからアカウント情報を検索する。アカウント情報が見つからない場合は、UsernameNotFoundException をスローする

❷ アカウント情報が見つかった場合は、UserDetailsを生成する

❸ ユーザーが保持する権限情報（ロール）を生成する。ここで生成した権限情報は認可処理で使用される

> Spring Securityの認可処理は、「ROLE_」で始まる権限情報をロールとして扱います。そのため、ロールを使用してリソースへのアクセス制御を行なう場合は、ロールとして扱う権限情報にROLE_プレフィックスを必ず付与してください。

■認証処理の適用

作成したUserDetailsServiceを使用して認証処理を行なうには、DaoAuthenticationProviderを有効化して、作成したUserDetailsServiceを適用する必要があります。

▶ Java ConfigによるBean定義例

```
@EnableWebSecurity
public class WebSecurityConfig extends WebSecurityConfigurerAdapter {

    @Autowired
    UserDetailsService userDetailsService;

    @Autowired
    void configureAuthenticationManager(AuthenticationManagerBuilder auth) throws Exception {
        auth.userDetailsService(userDetailsService)                              ❷      ❶
            .passwordEncoder(passwordEncoder());                                 ❸

    }

    @Bean
    PasswordEncoder passwordEncoder(){
        return new BCryptPasswordEncoder();                                             ❸
    }

}
```

❶ AuthenticationManagerのBean定義を行なうためのメソッドを作成する【10】

❷ AuthenticationManagerBuilderに作成したUserDetailsServiceを設定して、DaoAuthenticationProviderを有効化する

❸ DaoAuthenticationProviderにPasswordEncoderを設定する。上記の例では、パスワードをBCryptアルゴリズムを使用してハッシュ化するBCryptPasswordEncoderを使用する。パスワードのハッシュ化については、「9.4.6 パスワードのハッシュ化」で説明する

▶ XMLによるBean定義例

```
<sec:authentication-manager>
    <sec:authentication-provider
        user-service-ref="accountUserDetailsService">                           ❷      ❶
        <sec:password-encoder ref="passwordEncoder" />                          ❸
    </sec:authentication-provider>
</sec:authentication-manager>

<bean id="passwordEncoder"
    class="org.springframework.security.crypto.bcrypt.BCryptPasswordEncoder" />        ❸
```

❶ AuthenticationManagerのBean定義を行なう

❷ DaoAuthenticationProviderのBean定義を行ない、DaoAuthenticationProviderに作成したUserDetailsS

【10】 Spring Security 4.1から、DIコンテナに登録したUserDetailsServiceとPasswordEncoderが自動検出されるように改善されており、明示的なBean定義は不要になります。

erviceを設定する

❸ DaoAuthenticationProviderにPasswordEncoderを設定する

パスワードのハッシュ化

パスワードをデータベースなどに保存する場合は、パスワードそのものではなくパスワードのハッシュ値を保存するのが一般的です。Spring Securityは、パスワードをハッシュ化するためのインターフェイス（PasswordEncoder）と実装クラスを提供しており、認証機能と連携して動作する仕組みになっています（**表9.7**）。

表9.7 PasswordEncoderの実装クラス [11]

クラス名	説明
BCryptPasswordEncoder	BCryptアルゴリズムを使用してパスワードのハッシュ化および照合を行なう
StandardPasswordEncoder	SHA-256アルゴリズムを使用してパスワードのハッシュ化および照合を行なう
NoOpPasswordEncoder	ハッシュ化しない実装クラス。テスト用のクラスなので、実際のアプリケーションで使用することはない

PasswordEncoderには、パスワードをハッシュ化するためのメソッド（encode）と平文のパスワードとハッシュ化されたパスワードを照合するためのメソッド（matches）が提供されており、パスワードをデータベースなどに保存する際や、データベースに保存されているハッシュ化されたパスワードとハッシュ化されていないパスワードの照合を行なう際に使用することができます。

Spring Securityには、org.springframework.security.crypto.passwordとorg.springframework.security.authentication.encodingという2つのパッケージにPasswordEncoderインターフェイスが存在しますが、org.springframework.security.authentication.encodingパッケージのPasswordEncoderは非推奨になっています。本書では、非推奨になっているPasswordEncoderインターフェイスの実装クラスの紹介は行ないませんが、パスワードのハッシュ化要件に一致する実装クラスがある場合は、利用を検討してみてください。

■BCryptPasswordEncoder

BCryptPasswordEncoderは、BCryptアルゴリズムを使用してパスワードのハッシュ化およびパスワードの照合を行なう実装クラスです。ソルトには16バイトの乱数（java.security.SecureRandom）が使用され、デフォルトでは1,024（2の10乗）回ストレッチングを行ないます。

「ソルト」とはパスワードに追加する文字列のことです。パスワードにソルトを追加して実際のパスワードより桁数を長くすると、レインボークラックなどのパスワード解析を困難にすることができます。またストレッチングとは、ハッシュ値の計算を繰り返し行なうことです。ストレッチングを多

【11】Spring Security 4.1から、SCryptとPBKDF2アルゴリズムを使用してパスワードをハッシュ化するPasswordEncoderが追加されています。

く行ないパスワード解析に必要になる時間を増やすと、パスワードの総当たり攻撃などによるパスワード解析を困難にすることができます。なお、ストレッチング回数は多いほどパスワードの強度は増しますが、サーバーへの負荷は増えてしまいます。性能要件も考慮して回数を決めましょう。

9.4.7 認証イベントのハンドリング

　Spring Securityは、Spring Frameworkが提供しているイベント通知の仕組みを利用して、認証処理の処理結果を他のコンポーネントへ連携する仕組みを提供しています。この仕組みを利用すると、以下のようなセキュリティ要件をSpring Securityの認証機能に組み込むことができます。

- 認証成功、失敗などの認証履歴をデータベースやログに保存したい
- パスワードを連続して間違った場合にアカウントをロックしたい

　認証イベントの通知は、以下のような仕組みで行なわれます（図9.6）。

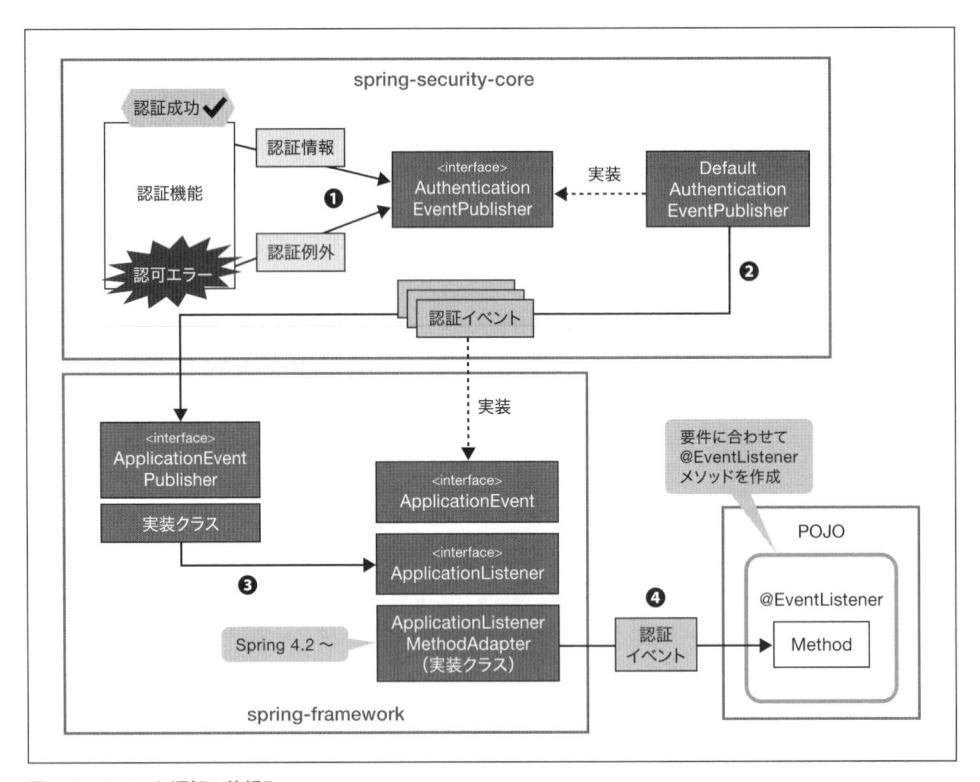

図9.6　イベント通知の仕組み

❶ Spring Securityの認証機能は、認証結果（認証情報や認証例外）を`AuthenticationEventPublisher`に渡して認証イベントの通知依頼を行なう

❷ `AuthenticationEventPublisher`インターフェイスのデフォルトの実装クラスは、認証結果に対応する認証イベントクラスのインスタンスを生成し、`ApplicationEventPublisher`に渡してイベントの通知依頼を行なう

❸ `ApplicationEventPublisher`インターフェイスの実装クラスは、`ApplicationListener`インターフェイスの実装クラスにイベントを通知する

❹ `ApplicationListener`の実装クラスの1つである`ApplicationListenerMethodAdaptor`は、`@org.springframework.context.event.EventListener`が付与されているメソッドを呼び出してイベントを通知する

> Spring 4.1までは`ApplicationListener`インターフェイスの実装クラスを作成してイベントを受け取る必要がありましたが、Spring 4.2からはPOJOに`@EventListener`を付与したメソッドを実装するだけでイベントを受け取ることができます。なおSpring 4.2以降でも、従来と同様に`ApplicationListener`インターフェイスの実装クラスを作成してイベントを受け取ることができます。

■認証成功イベント

認証が成功したときにSpring Securityが通知する主なイベントは以下の3つです（**表9.8**）。この3つのイベントは途中でエラーが発生しなければ、以下の順番ですべて通知されます。

表9.8　認証が成功したことを通知するイベントクラス

イベントクラス	説明
`AuthenticationSuccessEvent`	`AuthenticationProvider`による認証処理が成功したことを通知する。このイベントをハンドリングすると、クライアントが正しい認証情報を指定したことを検知することができるが、後続の認証処理でエラーになる可能性がある
`SessionFixationProtectionEvent`	セッション固定攻撃対策の処理（セッションIDの変更処理）が成功したことを通知する。このイベントをハンドリングすると、変更後のセッションIDを検知することができる
`InteractiveAuthenticationSuccessEvent`	認証処理がすべて成功したことを通知する。このイベントをハンドリングすると、画面遷移を除くすべての認証処理が成功したことを検知することができる

■認証失敗イベント

認証が失敗したときにSpring Securityが通知する主なイベントは以下のとおりです（**表9.9**）。認証に失敗した場合は、いずれか1つのイベントが通知されます。

表9.9 認証が失敗したことを通知するイベントクラス

イベントクラス	説明
AuthenticationFailureBadCredentialsEvent	BadCredentialsExceptionが発生したことを通知する
AuthenticationFailureDisabledEvent	DisabledExceptionが発生したことを通知する
AuthenticationFailureLockedEvent	LockedExceptionが発生したことを通知する
AuthenticationFailureExpiredEvent	AccountExpiredExceptionが発生したことを通知する
AuthenticationFailureCredentialsExpiredEvent	CredentialsExpiredExceptionが発生したことを通知する
AuthenticationFailureServiceExceptionEvent	AuthenticationServiceExceptionが発生したことを通知する

■イベントリスナの作成

　認証イベントの通知を受け取って処理を行ないたい場合は、@EventListenerを付与したメソッドを実装したクラスを作成し、DIコンテナに登録するだけです。

▶ イベントリスナの作成例

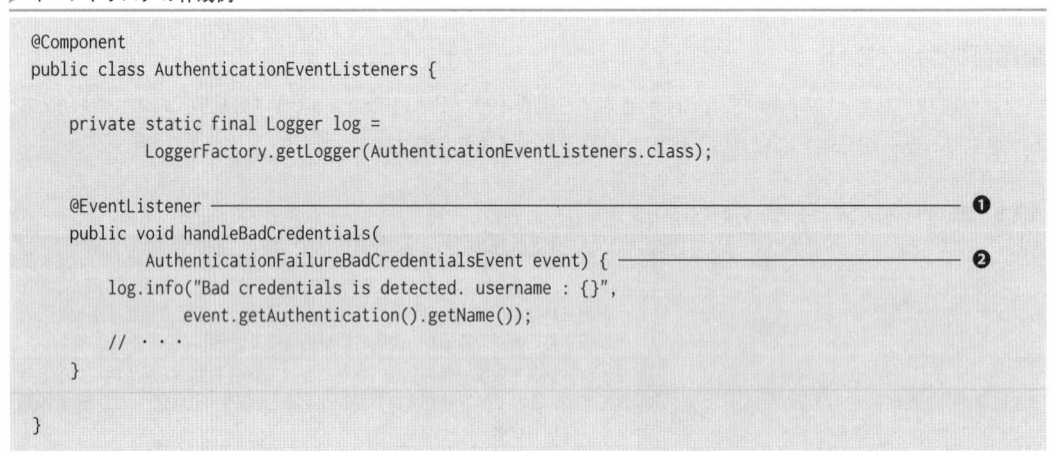

```
@Component
public class AuthenticationEventListeners {

    private static final Logger log =
            LoggerFactory.getLogger(AuthenticationEventListeners.class);

    @EventListener                                                          ❶
    public void handleBadCredentials(
            AuthenticationFailureBadCredentialsEvent event) {               ❷
        log.info("Bad credentials is detected. username : {}",
                event.getAuthentication().getName());
        // ・・・
    }

}
```

❶ @EventListenerを付与したメソッドを作成する
❷ メソッドの引数にハンドリングしたい認証イベントクラスを指定する

　ここでは、クライアントが指定した認証情報に誤りがあった場合に通知されるAuthenticationFailureBadCredentialsEventをハンドリングするクラスを作成していますが、他のイベントも同じ要領でハンドリングすることができます。

9.4.8 ログアウト

　Spring Securityは、以下のような流れでログアウト処理を行ないます（図9.7）。

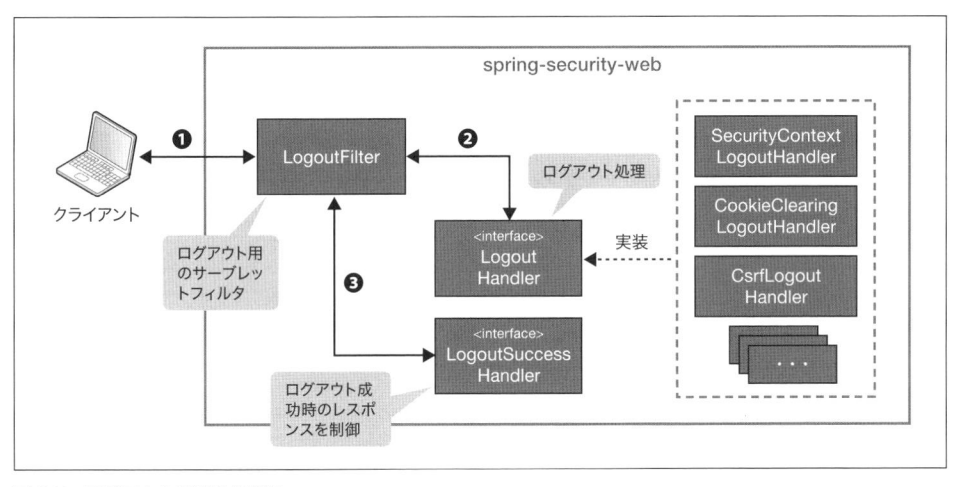

図9.7　ログアウト処理の仕組み

❶ クライアントは、ログアウト処理を行なうためのパスにリクエストを送信する

❷ LogoutFilterは、LogoutHandlerのメソッドを呼び出してログアウト処理を行なう

❸ LogoutFilterは、LogoutSuccessHandlerのメソッドを呼び出して画面遷移を行なう

LogoutHandlerの実装クラスは複数存在し、それぞれ以下の役割を持っています。

表9.10　LogoutHandlerの主な実装クラス

クラス名	説明
SecurityContextLogoutHandler	認証情報のクリアとセッションの破棄を行なう
CookieClearingLogoutHandler	指定したクッキーを削除するためのレスポンスを行なう
CsrfLogoutHandler	CSRF対策用トークンの破棄を行なう

　これらのLogoutHandlerは、Spring Securityが提供しているBean定義をサポートするクラスが自動で LogoutFilterに設定する仕組みになっているので、基本的にはアプリケーションの開発者が直接意識する必要はありません。

■ログアウト処理の適用

ログアウト処理を適用するには、以下のようなBean定義を行なう必要があります。

▶ Java ConfigによるBean定義例

```
@Override
protected void configure(HttpSecurity http) throws Exception {
    // ・・・
    http.logout() ─────────────────────────────────── ❶
            .permitAll(); ─────────────────────────── ❷
```

```
    }
```

❶ logout メソッドを呼び出すとログアウト機能が有効となり、LogoutConfigurer のインスタンスが返却される。LogoutConfigurer には、ログアウト用のコンポーネントをカスタマイズするためのメソッドが用意されている

❷ permitAll メソッドを呼び出し、匿名ユーザーを含むすべてのユーザーに対してログアウトとログアウト成功時に遷移するパスへのアクセス権が付与される

> ✏️ **メモ**
> 匿名ユーザーにログアウト成功時に遷移するパスへのアクセス権を付与しないと、ログアウト時の遷移で認可エラーが発生するため、意図しない画面遷移になります。

▶ **XML による Bean 定義例**

```
<sec:http>
    <!-- ... -->
    <sec:logout />                                                    ❶
</sec:http>
```

❶ ログアウト機能を有効化する。ログアウト機能が使うパスに対してアクセス権を付与する場合は、`<sec:intercept-url>` 要素を使用する。`<sec:intercept-url>` 要素については、「9.5.4 Web リソースへの認可（XML ファイル編）」を参照

■デフォルトの動作

Spring Security のデフォルトの動作では、"/logout" というパスにリクエストを送るとログアウト処理が行なわれます。ログアウト処理では、ログインユーザーの認証情報のクリア、セッションの破棄が行なわれ、CSRF 対策を行なっている場合は CSRF 対策用トークンの破棄も行なわれます。

▶ **ログアウト処理を呼び出すための JSP の実装例**

```
<%@ taglib prefix="c" uri="http://java.sun.com/jsp/jstl/core" %>
<%@ taglib prefix="sec" uri="http://www.springframework.org/security/tags" %>
<%-- ... --%>
<form action="<c:url value='/logout'/>" method="post">            ❶
    <sec:csrfInput />                                              ❷
    <button>ログアウト</button>
</form>
```

❶ ログアウト用のフォームを作成する

❷ CSRF 対策用のトークン値をリクエストパラメータに埋め込む。`<sec:csrfInput>` 要素については、「9.6 CSRF 対策」で説明する

> ✏️ **メモ**
> CSRF 対策を有効にしている場合は、CSRF 対策用のトークン値を POST メソッドを使って送信する必要があります。

■デフォルト動作のカスタマイズ

ログアウト処理のカスタマイズポイントとして、「ログアウトパス」の変更方法を紹介します。以下の例では、ログアウトパスを"/auth/logout"に変更しています。

▶ Java ConfigによるBean定義例

```java
@Override
protected void configure(HttpSecurity http) throws Exception {
    // ・・・
    http.logout()
            .logoutUrl("/auth/logout")
            .permitAll();
}
```

▶ XMLによるBean定義例

```xml
<sec:http>
    <!-- ... -->
    <sec:logout logout-url="/auth/logout" />
</sec:http>
```

9.4.9　ログアウト成功時のレスポンス

Spring Securityは、ログアウト成功時のレスポンスを制御するためのコンポーネントとして、LogoutSuccessHandlerというインターフェイスと実装クラスを提供しています。

表9.11　AuthenticationFailureHandler の実装クラス [12]

クラス名	説明
SimpleUrlLogoutSuccessHandler	指定したURL（defaultTargetUrl）にリダイレクトを行なう（デフォルトで使用される）
HttpStatusReturningLogoutSuccessHandler	指定したHTTPステータスで応答を行なう

■デフォルトの動作

Spring Securityのデフォルトの動作では、ログインフォームを表示するためのパスに"logout"というクエリパラメータが付与されたURLにリダイレクトする仕組みになっています。

たとえば、ログインフォームを表示するためのパスが"/login"の場合は、"/login?logout"にリダイレクトされます。

【12】Spring Security 4.1から、DelegatingLogoutSuccessHandlerが追加されており、リクエストのパターンごとに適用するLogoutSuccessHandlerを指定することができます。

■デフォルト動作のカスタマイズ

ログアウト処理のカスタマイズポイントとして、「ログアウト成功時に遷移するパス」の変更方法を紹介します。以下の例では、ログアウト成功時に遷移するパスを "/logoutSuccess" に変更しています。

▶ Java ConfigによるBean定義例

```java
@Override
protected void configure(HttpSecurity http) throws Exception {
    // ・・・
    http.logout()
            .logoutSuccessUrl("/logoutSuccess")
            .permitAll();
    // ・・・
}
```

▶ XMLによるBean定義例

```xml
<sec:http>
    <!-- ... -->
    <sec:logout logout-success-url="/logoutSuccess" />
    <!-- ... -->
</sec:http>
```

本書ではコード例は記載しませんが、直接LogoutSuccessHandlerを指定することもできます。

9.4.10 認証情報へのアクセス

認証済みユーザーの認証情報は、Spring Securityのデフォルト実装ではセッションに格納されます。セッションに格納された認証情報は、リクエストごとにSecurityContextPersistenceFilterクラスによってSecurityContextHolderというクラスに格納され、同一スレッド内であればどこからでもアクセスすることができるようになります。

■Javaからのアクセス

一般的な業務アプリケーションでは、「いつ」「誰が」「どのデータに」「どのようなアクセスをしたか」を記録する監査ログを取得することがあります。このような要件を実現する際の「誰が」は、認証情報から取得できます。

▶ Javaから認証情報へアクセスする実装例

```java
Authentication authentication =
        SecurityContextHolder.getContext().getAuthentication();                    ❶

String userUuid = null;
if (authentication.getPrincipal() instanceof AccountUserDetails) {
```

```
AccountUserDetails userDetails =
        AccountUserDetails.class.cast(authentication.getPrincipal()); ──────────── ❷
userUuid = userDetails.getAccount().getUserUuid(); ──────────────────── ❸
}
```

❶ SecurityContextHolder から認証情報（Authenticationオブジェクト）を取得する

❷ Authentication#getPrincipalメソッドを呼び出して、UserDetails オブジェクトを取得する。認証済みでない場合（匿名ユーザーの場合）は、匿名ユーザーであることを示す文字列が返却されるので注意が必要

❸ UserDetails から処理に必要な情報を取得する。ここでは、ユーザーを一意に識別するための値（UUID）を取得している

> Spring Securityのデフォルト実装では、認証情報をスレッドローカルの変数に格納しているため、リクエストを受けたスレッドと同じスレッドであればどこからでもアクセスできてしまいます。この仕組みは便利ですが、認証情報を必要とするクラスが SecurityContextHolder クラスに直接依存しており、乱用するとコンポーネントの疎結合性を低下させてしまうので注意しましょう。

■JSPからのアクセス

　一般的な Web アプリケーションでは、ログインユーザーのユーザー情報などを画面に表示することがあります。このような要件を実現する際のログインユーザーの情報は、認証情報から取得することができます。

▶ JSPから認証情報へアクセスする実装例

```
<%@ taglib prefix="sec" uri="http://www.springframework.org/security/tags" %>
<%-- ... --%>
ようこそ、
<sec:authentication property="principal.account.lastName"/> ──────────── ❶
さん。
```

❶ Spring Security から提供されている<sec:authentication>要素を使用して、認証情報（Authenticationオブジェクト）を取得する。property 属性にアクセスしたいプロパティへのパスを指定する。ネストしているオブジェクトへアクセスしたい場合は、プロパティ名を「.」で連結すればよい

9.4.11　認証処理と Spring MVC の連携

　Spring Security は、Spring MVC と連携するためのコンポーネントをいくつか提供しています。ここでは、認証処理と連携するためのコンポーネントの使い方を紹介します。

　Spring Security は、認証情報（UserDetails）を Spring MVCのコントローラのメソッドに引き渡すためのコンポーネントとして AuthenticationPrincipalArgumentResolver というクラスを提供しています。AuthenticationPrincipalArgumentResolver を使用すると、コントローラのメソッド引数として UserDetails インターフェイスまたはその実装クラスのインスタンスを受け取ることができます。

　AuthenticationPrincipalArgumentResolverをSpring MVCに適用するためのBean定義は以下のとおりです。

▶ Java ConfigによるBean定義例

```
@EnableWebSecurity  // アノテーションを付与すると自動でSpring MVCに適用される
public class WebSecurityConfig extends WebSecurityConfigurerAdapter {
    // ・・・
}
```

▶ XMLによるBean定義例（Spring MVC用のXMLファイル）

```
<mvc:annotation-driven>
    <mvc:argument-resolvers>
        <bean class="org.springframework.security.web.method.annotation.AuthenticationPrincipal⏎
ArgumentResolver" />
    </mvc:argument-resolvers>
</mvc:annotation-driven>
```

　認証情報（UserDetails）をコントローラのメソッドで受け取るときは、認証情報を受け取るための引数を宣言し、引数アノテーションとして@org.springframework.security.core.annotation.AuthenticationPrincipalを指定します。

▶ 認証情報（UserDetails）を受け取るメソッドの作成例[13]

```
@RequestMapping(method = RequestMethod.GET)
public String view(
        @AuthenticationPrincipal AccountUserDetails userDetails,  // 認証情報を受け取る
        Model model) {
    model.addAttribute(userDetails.getAccount());
    return "profile";
}
```

9.4.12 エラーメッセージ

　認証に失敗した場合、Spring Securityが用意しているエラーメッセージが表示されます。このエラーメッセージは内容を変更したり、表示しないようにすることができます。

■エラーメッセージの変更

　認証失敗時に表示されるエラーメッセージを変更したい場合は、MessageSourceで読み込んでいるプロパティファイルにSpring Securityが用意しているメッセージの定義を追加してください。

【13】 Spring Security 4.1から、UserDetailsが保持するオブジェクトを引数として受け取れるようになっています。本書の例に置き換えると、Account を引数として受け取れます。

▶ メッセージの定義例（messages.properties）

```
AbstractUserDetailsAuthenticationProvider.badCredentials = 入力した認証情報に誤りがあります。
AbstractUserDetailsAuthenticationProvider.credentialsExpired = 認証情報の利用期限が切れています。
AbstractUserDetailsAuthenticationProvider.disabled = 無効なアカウントです。
AbstractUserDetailsAuthenticationProvider.expired = アカウントの利用期限が切れています。
AbstractUserDetailsAuthenticationProvider.locked = アカウントがロックされています。
```

　ここでは、DaoAuthenticationProviderを使用する際に発生する認証エラーのメッセージを変更する例を紹介しましたが、他にも多くのメッセージが用意されています。Spring Securityが用意しているメッセージの種類については、spring-security-core モジュールのjarファイルの中の org/springframework/security/messages.properties ファイルを確認してください。

> MessageSourceの中でプロパティファイルをISO 8859-1（デフォルトの文字コード）で読み込んでいる場合は、マルチバイト文字はUnicodeコード（¥udddd表記）形式に変換する必要があります。なお、プロパティファイルを任意の文字コードで読み込む場合は、MessageSourceのdefaultEncoding プロパティに文字コードを指定してください。

■システムエラー時のメッセージ

　認証処理の中で予期しないエラー（システムエラーなど）が発生した場合、InternalAuthenticationServiceException という例外が発生します。InternalAuthenticationServiceExceptionが保持するメッセージには、原因例外のメッセージが設定されるため画面にそのまま表示するのは好ましくありません。

　システムエラーの例外メッセージを画面に表示しないようにするには、ExceptionMappingAuthenticationFailureHandler や DelegatingAuthenticationFailureHandler を使用して、InternalAuthenticationServiceExceptionが発生したときの遷移先をシステムエラー画面にするのがよいでしょう。

9.5　認可処理の適用

　認可処理は、アプリケーションの利用者がアクセスできるリソースを制御するための処理です。最も標準的な方法は、リソースごとにアクセスポリシーを定義しておいて、利用者がリソースにアクセスしようとしたときにアクセスポリシーを調べて制御する方法です。

　アクセスポリシーには、どのリソースにどのユーザーからのアクセスを許可するかを定義します。Spring Securityでは、Webリソース、Javaメソッド、ドメインオブジェクト【14】に対してアクセスポリシーを定義できます。

【14】ドメインオブジェクトのアクセスに対する認可処理については、本書では取り扱いません。興味がある方は以下のページを参照してください。
http://docs.spring.io/spring-security/site/docs/current/reference/htmlsingle/#domain-acls

本節では、WebリソースとJavaメソッドのアクセスに対して認可処理を適用するための実装例（定義例）を紹介しながら、Spring Securityの認可機能について説明していきます。

9.5.1 認可処理の仕組み

まず、Spring Securityが提供する認証処理の仕組みを理解しましょう。Spring Securityは、以下のような流れで認可処理を行ないます（**図9.8**）。

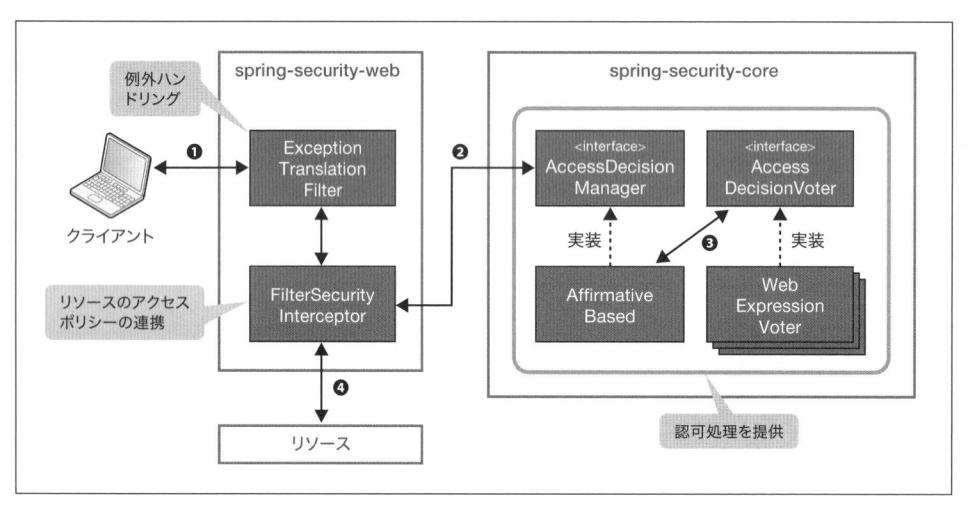

図9.8　認可機能の仕組み

❶ クライアントが任意のリソースにアクセスする

❷ FilterSecurityInterceptorクラスは、AccessDecisionManagerインターフェイスのメソッドを呼び出し、リソースへのアクセス権の有無をチェックする

❸ AffirmativeBasedクラス（デフォルトで使用されるAccessDecisionManagerの実装クラス）は、AccessDecisionVoterインターフェイスのメソッドを呼び出し、アクセス権の有無を投票してもらう

❹ FilterSecurityInterceptorは、AccessDecisionManagerによってアクセス権が付与された場合に限り、リソースへアクセスする

■ExceptionTranslationFilter

ExceptionTranslationFilterは、認可処理（AccessDecisionManager）で発生した例外をハンドリングし、クライアントへ適切なレスポンスを行なうためのサーブレットフィルタです。デフォルトの実装では、未認証ユーザーからのアクセスの場合は認証を促すレスポンス、認証済みのユーザーからのアクセスの場合は認可エラーを通知するレスポンスを返却します。

■FilterSecurityInterceptor

FilterSecurityInterceptorは、HTTPリクエストに対して認可処理を適用するためのサーブレットフィルタで、実際の認可処理はAccessDecisionManagerに委譲しています。AccessDecisionManagerインターフェイスのメソッドを呼び出す際には、クライアントがアクセスしようとしたWebリソースに指定されているアクセスポリシーを連携します。

■AccessDecisionManager

AccessDecisionManagerは、アクセスしようとしたリソースに対してアクセス権があるかチェックを行なうためのインターフェイスです。Spring Securityが提供する実装クラスでは、この後紹介するAccessDecisionVoterというインターフェイスのメソッドを呼び出してアクセス権を付与するか否かを投票してもらう仕組みになっており、デフォルトで適用されるクラスはAffirmativeBasedクラスです。AffirmativeBasedクラスは、いずれかのAccessDecisionVoterが「付与」を投票した場合にアクセス権を与える実装クラスです。

■AccessDecisionVoter

AccessDecisionVoterは、アクセスしようとしたリソースに指定されているアクセスポリシーを参照し、アクセス権を付与するかを投票(「付与」「拒否」「棄権」)するためのインターフェイスです。Spring Securityはいくつかの実装クラスを提供していますが、Spring Security 4.0からデフォルトで適用されるクラスはWebExpression
Voterに統一されています。WebExpressionVoterは、Expression Language(EL式)を使用して、利用者が持つ権限情報とリクエスト情報(HttpServletRequest)を参照して投票を行なう実装クラスです。

9.5.2　アクセスポリシーの記述方法

認可処理の適用方法を説明する前に、アクセスポリシーの記述方法を紹介します。

Spring Securityは、アクセスポリシーを指定する記述方法としてSpring Expression Language(SpEL[15])をサポートしています。SpELを使わない方法もありますが、本書ではExpressionを使ってアクセスポリシーを指定する方法で説明を行なっていきます。

■Common Expressions

Spring Securityが用意している共通的なExpressionは以下のとおりです(**表9.12**)。

【15】SpELの使い方については本書でも紹介していますが、より詳しい使い方については、以下のページを参照してください。
　　　http://docs.spring.io/spring/docs/current/spring-framework-reference/htmlsingle/#expressions

表9.12 Spring Security が提供している共通的な Expression

Expression	説明
hasRole(String role)	ログインユーザーが、引数に指定したロールを保持している場合にtrueを返却する
hasAnyRole(String... roles)	ログインユーザーが、引数に指定したロールのいずれかを保持している場合にtrueを返却する
isAnonymous()	ログインしていない匿名ユーザーの場合にtrueを返却する
isRememberMe()	Remember Me認証によってログインしたユーザーの場合にtrueを返却する
isAuthenticated()	ログイン中の場合にtrueを返却する
isFullyAuthenticated()	Remember Me認証ではなく、通常の認証プロセスによってログインしたユーザーの場合にtrueを返却する
permitAll	常にtrueを返却する
denyAll	常にfalseを返却する
principal	認証されたユーザーのユーザー情報（UserDetailsインターフェイスを実装したクラスのオブジェクト）を返却する
authentication	認証されたユーザーの認証情報（Authenticationインターフェイスを実装したクラスのオブジェクト）を返却する

■Web Expressions

Spring Security が用意している Web アプリケーション向け Expression は以下のとおりです（表9.13）。

表9.13 Spring Security が提供する Web アプリケーション向け Expression

Expression	説明
hasIpAddress(String ipAddress)	引数に指定したIPアドレス体系にリクエスト元のIPアドレスが一致する場合にtrueを返却する

9.5.3 Web リソースへの認可（Java Config編）

Java Configを使用して、Webリソースに対してアクセスポリシーを定義する方法について説明します。

■アクセスポリシーを適用するWebリソースの指定

まず、アクセスポリシーを適用するリソース（HTTPリクエスト）を指定します。アクセスポリシーを適用するリソースの指定は、ExpressionInterceptUrlRegistryクラスの以下のメソッドを呼び出して行ないます（表9.14）。

表9.14 アクセスポリシーを適用するリソースを指定するための主なメソッド

メソッド名	説明
antMatchers	ant形式で指定したパスパターンに一致するリソースを適用対象にする
regexMatchers	正規表現で指定したパスパターンに一致するリソースを適用対象にする
requestMatchers	指定したRequestMatcherインターフェイスの実装に一致するリソースを適用対象に指定する

メソッド名	説明
anyRequest	その他のリソースを適用対象に指定する

▶ ExpressionInterceptUrlRegistryクラスのメソッドの使用例

```
@Override
protected void configure(HttpSecurity http) throws Exception {
    // ・・・
    http.authorizeRequests()
            .antMatchers("/admin/accounts/**").hasRole("ACCOUNT_MANAGER")
            .antMatchers("/admin/**").hasRole("ADMIN")
            .anyRequest().authenticated();
}
```

　上記のコード例のように、リソースごとに異なるアクセスポリシーを指定することができますが、複数の定義を指定する際は定義順番に注意してください。これは、Spring Securityが定義した順番でリクエストとのマッチング処理を行ない、最初にマッチした定義を使用するためです。たとえば"/admin/accounts/1"というパスにアクセスした場合、上記の例の3パターンすべてにマッチしますが、最初にマッチするのは"/admin/accounts/**"なので「hasRole("ACCOUNT_MANAGER")」というアクセスポリシーが適用されます。

■アクセスポリシーの指定

　次にアクセスポリシーを指定します。アクセスポリシーの指定は、AuthorizedUrlクラスのメソッドを使用して行ないます。AuthorizedUrlクラスのインスタンスは、ExpressionInterceptUrlRegistryクラスのメソッドを呼び出してアクセスポリシーを適用するリソースを指定すると取得できます。AuthorizedUrlクラスのメソッドを呼び出すと、メソッドに対応するExpressionがアクセスポリシーとして設定され、設定したExpressionの結果がtrueになるとリソースへのアクセスが許可されます。

▶ AuthorizedUrlクラスのメソッドの使用例

```
@Override
protected void configure(HttpSecurity http) throws Exception {
    // ・・・
    http.authorizeRequests()
            .antMatchers("/admin/accounts/**").hasRole("ACCOUNT_MANAGER")
            .antMatchers("/admin/configurations/**")
                .access("hasIpAddress('127.0.0.1') and hasRole('CONFIGURATION_MANAGER')")
            .antMatchers("/admin/**").hasRole("ADMIN")
            .anyRequest().authenticated();
}
```

Spring Security 4.1からWebリソースに対してパス変数値を参照した認可制御がサポートされ、以下のようなアクセスポリシーの指定が可能になります。

449

▶ パス変数を参照したWebリソースに対する認可制御の設定例

```
@Override protected void configure(HttpSecurity http) throws Exception {
    // ・・・
    http.authorizeRequests()
            .antMatchers("/users/{username}")
                    .access("isAuthenticated() and (hasRole('ADMIN') or (#username ==
principal.username))")
            .anyRequest()
                    .authenticated(); }
```

9.5.4 Webリソースへの認可（XMLファイル編）

XMLファイルを使用して、Webリソースに対してアクセスポリシーを定義する方法について説明します。

■アクセスポリシーを適用するWebリソースの指定

まず、アクセスポリシーを適用するリソース（HTTPリクエスト）を指定します。アクセスポリシーを適用するリソースの指定は、<sec:intercept-url>要素の以下の属性を使用します（表9.15）。

表9.15 アクセスポリシーを適用するリソースを指定するための属性

属性名	説明
pattern	Ant形式または正規表現で指定したパスパターンに一致するリソースを適用対象にする
method	指定したHTTPメソッド（GET、POSTなど）を使ってアクセスがあった場合に適用対象にする

▶ pattern属性の定義例

```
<sec:http>
    <!-- ... -->
    <sec:intercept-url pattern="/admin/accounts/**" access="hasRole('ACCOUNT_MANAGER')"/>
    <sec:intercept-url pattern="/admin/**" access="hasRole('ADMIN')"/>
    <sec:intercept-url pattern="/**" access="authenticated()"/>
</sec:http>
```

Java Configを使用したときと同様に、XMLファイルを使用してアクセスポリシーを指定する場合も定義順番には注意が必要です。

■アクセスポリシーの指定

次に、アクセスポリシーを指定します。アクセスポリシーの指定は、<sec:intercept-url>要素のaccess属性に指定します。access属性に指定したExpressionの結果がtrueになるとリソースへのアクセスが許可されます。前項のJava Config編のAuthorizedUrlクラスのメソッドの使用例で紹介した定義をBean定義ファイルで表現すると、以下のような定義になります。

▶ access属性の定義例

```
<sec:http>
    <!-- ... -->
    <sec:intercept-url pattern="/admin/accounts/**"
            access="hasRole('ACCOUNT_MANAGER')"/>
    <sec:intercept-url pattern="/admin/configurations/**"
            access="hasIpAddress(127.0.0.1) and hasRole('CONFIGURATION_MANAGER')"/>
    <sec:intercept-url pattern="/admin/**"
            access="hasRole('ADMIN')"/>
    <sec:intercept-url pattern="/**" access="isAuthenticated()"/>
    <!-- ... -->
</sec:http>
```

9.5.5 メソッドへの認可

　Spring Securityは、Spring AOPの仕組みを利用して、アプリケーションコンテキスト内で管理しているBeanのメソッド呼び出しに対して認可処理を行なう仕組みを提供しています。メソッドに対する認可処理を使用すると、メソッドの引数や戻り値のオブジェクトの状態を参照できるため、よりきめの細かいアクセスポリシーの定義を行なえます。

　メソッドへの認可処理を使用する場合は、メソッド呼び出しに対して認可処理を行なうためのコンポーネント（AOP）を有効化してから、アクセスポリシーをクラスやメソッドのアノテーションに定義します。

　Spring Securityがサポートしているアノテーションは以下のとおりです。

- @PreAuthorize、@PostAuthorize、@PreFilter、@PostFilter ―― Spring Securityのアノテーション
- @Secured ―― Spring Securityのアノテーション
- JSR 250（javax.annotation.securityパッケージ）のアノテーション（@RolesAllowedなど）

　本書では、アクセスポリシーの指定にExpressionを使用することができる @PreAuthorize と @PostAuthorizeを紹介します[16]。

■メソッド認可の有効化

　まず、メソッドに対して認可処理を行なうAOPを有効化します。

▶ Java ConfigによるBean定義例

```
@EnableGlobalMethodSecurity(prePostEnabled = true) ―――――――――――――――――❶❷
public class MethodSecurityConfig {
}
```

❶ コンフィギュレーションクラスに @EnableGlobalMethodSecurity を付与すると、メソッド呼び出しに対する認可処

【16】 Spring Security 4.1から、アクセスポリシーを指定するアノテーションを、メタアノテーションとして利用できるようになっています。

理を行なうAOPが有効になる

❷ prePostEnabled属性にtrueを指定する。prePostEnabled属性にtrueを指定すると、Expressionを使用してアクセスポリシーを定義することができるアノテーション（@PreAuthorizeや@PostAuthorizeなど）が有効になる

▶ XMLによるBean定義例

```
<sec:global-method-security pre-post-annotations="enabled" />  ——————————— ❶ ❷
```

❶ `<sec:global-method-security>`要素を付与すると、メソッド呼び出しに対する認可処理を行なうAOPが有効になる

❷ pre-post-annotations属性に"enabled"を指定する。この設定により、Expressionを使用してアクセスポリシーを定義できるアノテーションが有効になる

■ メソッド実行前に適用するアクセスポリシーの指定

　メソッドの実行前に適用するアクセスポリシーを指定する場合は、@PreAuthorizeを使用します。

　@PreAuthorizeのvalue属性に指定したExpressionの結果がtrueになるとメソッドの実行が許可されます。以下の例では、管理者以外の人間が他人のアカウント情報にアクセスできないように定義しています。

▶ @PreAuthorizeの定義例

```
@PreAuthorize("hasRole('ADMIN') or (#username == principal.username)")
public Account findOne(String username) {
    return accountRepository.findOne(username);
}
```

　ここでポイントになるのは、Expressionの中からメソッドの引数にアクセスしている部分です。具体的には、#usernameの部分が引数にアクセスしている部分になります。Expression内で「# + 引数名」形式のExpressionを指定すると、メソッドの引数にアクセスすることができます。

Spring Securityは、クラスに出力されているデバッグ情報から引数名を解決する仕組みになっていますが、アノテーション（@org.springframework.security.access.method.P）を使用して明示的に引数名を指定することもできます。以下のケースに当てはまる場合は、アノテーションを使用して明示的に変数名を指定してください。

- 引数のデバッグ情報を出力しない
- Expressionの中から実際の変数名とは別の名前を使ってアクセスする（例：短縮した名前）

▶ @Pの使用例

```
@PreAuthorize("hasRole('ADMIN') or (#username == principal.username)")
public Account findOne(@P("username") String username) {
    return accountRepository.findOne(username);
}
```

Java SE 8から追加されたコンパイルオプション（-parameters）を使用すると、メソッドパラメー

タにリフレクション用のメタデータが生成されるため、アノテーションを指定しなくても引数名を
解決してくれます。

■メソッド実行後に適用するアクセスポリシーの指定

メソッドの実行後に適用するアクセスポリシーを指定する場合は、@PostAuthorizeを使用します。

@PostAuthorizeのvalue属性に指定したExpressionの結果がtrueになると、メソッドの実行結果が呼び出
し元に返却されます。以下の例では、所属する部署が違うユーザーのアカウント情報にアクセスできないよう
に定義しています。

▶ @PostAuthorizeの定義例

```
@PreAuthorize("hasRole('DEPARTMENT_MANAGER')")
@PostAuthorize("(returnObject == null) " +
        "or (returnObject.departmentCode == principal.account.departmentCode)")
public Account findOne(String username) {
    return accountRepository.findOne(username);
}
```

ここでポイントになるのは、Expressionの中からメソッドの戻り値にアクセスしている部分です。具体的には、
returnObject.departmentCode の部分が戻り値にアクセスしている部分になります。Expression内で
returnObjectを指定すると、メソッドの戻り値にアクセスすることができます。

9.5.6 JSPの画面項目への認可

Spring Securityは、JSPタグライブラリを使用してJSPの画面項目に対して認可処理を適用することができま
す。ここでは最もシンプルな定義を例に、JSPの画面項目のアクセスに対して認可処理を適用する方法について
説明します。

■アクセスポリシーの定義

まず、JSPタグライブラリを使用してJSPの画面項目に対してアクセスポリシーを定義します。表示を許可する
条件（アクセスポリシー）をJSPに定義します。

▶ JSPタグライブラリを使用したアクセスポリシーの定義例

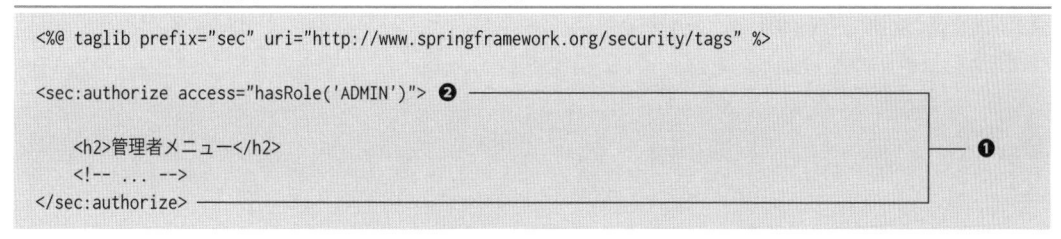

```
<%@ taglib prefix="sec" uri="http://www.springframework.org/security/tags" %>

<sec:authorize access="hasRole('ADMIN')"> ❷

    <h2>管理者メニュー</h2>
    <!-- ... -->
</sec:authorize>                                                    ❶
```

❶ アクセスポリシーを適用したい部分を`<sec:authorize>`タグで囲む

❷ access属性にアクセスポリシーを定義する。access属性に指定したExpressionの結果がtrueになると`<sec:authorize>`要素の中に実装したJSPの処理が実行される。ここでは、「管理者の場合は表示を許可する」というアクセスポリシーを定義している

■Webリソースに指定したアクセスポリシーとの連動

ボタンやリンクなど（サーバーへのリクエストを伴う画面項目）へのアクセスポリシーは、リクエスト先のWebリソースに定義されているアクセスポリシーと連動させることができます。

▶ Webリソースのアクセスポリシーと連携するためのJSPの実装例

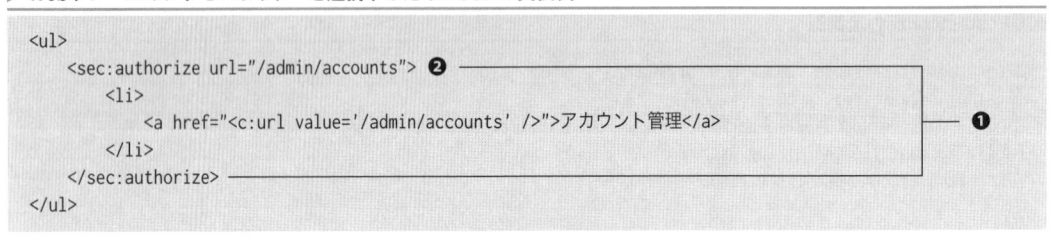

```
<ul>
    <sec:authorize url="/admin/accounts">  ❷
        <li>
            <a href="<c:url value='/admin/accounts' />">アカウント管理</a>
        </li>
    </sec:authorize>                                            ❶
</ul>
```

❶ ボタンやリンクを出力する部分を`<sec:authorize>`要素で囲む

❷ url属性にWebリソースへアクセスするためのURLを指定する。url属性に指定したWebリソースにアクセスできる場合に限り`<sec:authorize>`要素の中に実装したJSPの処理が実行される。ここでは、「"/admin/accounts"というURLが割り振られているWebリソースにアクセス可能な場合は表示を許可する」というアクセスポリシーを定義しており、Webリソースに定義されているアクセスポリシーを直接意識する必要がないのがポイント（メリット）となる

たとえば、Webリソースに以下のようなアクセスポリシーが定義されている場合は、"ROLE_ACCOUNT_MANAGER"というロールを保持しているログインユーザーに対してのみ「アカウント管理」のリンクが表示されます。

```
http.authorizeRequests()
        .antMatchers("/admin/accounts/**").hasRole("ACCOUNT_MANAGER")
```

9.5.7 認可エラー時のレスポンス

Spring Securityは、リソースへのアクセスを拒否した場合、以下のような流れでエラーをハンドリングしてレスポンスを行ないます（図9.9）。

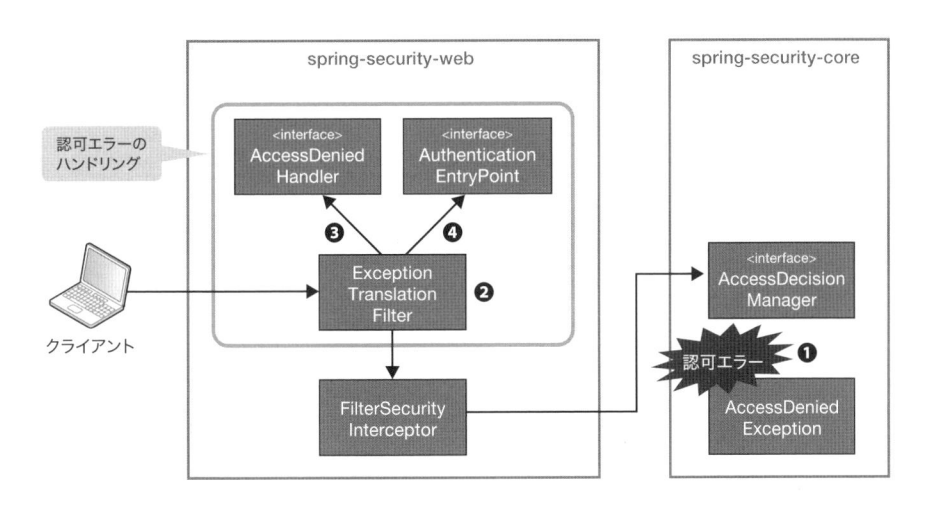

図9.9 認可エラーのハンドリングの仕組み

❶ Spring Securityは、リソースやメソッドへのアクセスを拒否するために`AccessDeniedException`をスローする

❷ `ExceptionTranslationFilter`クラスは、`AccessDeniedException`を捕捉し、`AccessDeniedHandler`または`AuthenticationEntryPoint`インターフェイスのメソッドを呼び出してエラー応答を行なう

❸ 認証済みのユーザーからのアクセスの場合は、`AccessDeniedHandler`インターフェイスのメソッドを呼び出してエラー応答を行なう

❹ 未認証のユーザーからのアクセスの場合は、`AuthenticationEntryPoint`インターフェイスのメソッドを呼び出してエラー応答を行なう

■AccessDeniedHandler

`AccessDeniedHandler`インターフェイスは、認証済みのユーザーからのアクセスを拒否した際のエラー応答を行なうためのインターフェイスです。Spring Securityは、`AccessDeniedHandler`インターフェイスの実装クラスとして以下のクラスを提供しています（**表9.16**）。

表9.16 Spring Security が提供する AccessDeniedHandler の実装クラス

クラス名	説明
`AccessDeniedHandlerImpl`	HTTPレスポンスコードに403（Forbidden）を設定し、指定されたエラーページに遷移する。エラーページの指定がない場合は、HTTPレスポンスコードに403（Forbidden）を設定してエラー応答（`HttpServletResponse#sendError`）を行なう
`DelegatingAccessDeniedHandler`	`AccessDeniedException`と`AccessDeniedHandler`インターフェイスの実装クラスのマッピングを行ない、発生した`AccessDeniedException`に対応する`AccessDeniedHandler`インターフェイスの実装クラスに処理を委譲する

なお、Spring Securityのデフォルトの設定では、エラーページの指定が行なわれていない`AccessDeniedHandlerImpl`が使用されます。

■AuthenticationEntryPoint

AuthenticationEntryPointインターフェイスは、未認証のユーザーからのアクセスを拒否した際のエラー応答を行なうためのインターフェイスです。Spring Securityは、AuthenticationEntryPointインターフェイスの実装クラスとして以下のクラスを提供しています（**表9.17**）。

表 9.17　Spring Security が提供する主な AuthenticationEntryPoint の実装クラス

クラス名	説明
LoginUrlAuthenticationEntryPoint	フォーム認証用のログインフォームを表示する
DelegatingAuthenticationEntryPoint	RequestMatcher と AuthenticationEntryPoint インターフェイスの実装クラスのマッピングを行ない、HTTPリクエストに対応するAuthenticationEntryPointインターフェイスの実装クラスに処理を委譲する

Spring Securityのデフォルトの設定では、認証方式（フォーム認証、Basic認証、Digest認証など）に対応するAuthenticationEntryPointインターフェイスの実装クラスが使用されます。

■認可エラー時の遷移先

Spring Securityのデフォルトの設定だと、認証済みのユーザーからのアクセスを拒否した際に、アプリケーションサーバーのエラーページが表示されてしまいます。アプリケーションサーバーのエラーページを表示してしまうと、システムのセキュリティを低下させる要因になるので適切なエラー画面を表示するようにしましょう。エラーページを指定するには、以下のようにBean定義を行ないます。

▶ Java ConfigによるのBean定義例

```
@Override
protected void configure(HttpSecurity http) throws Exception {
    // ・・・
    http.exceptionHandling()
            .accessDeniedPage("/WEB-INF/views/accessDeniedError.jsp"); ─────── ❶
    // ・・・
}
```

❶ ExceptionHandlingConfigurer の accessDeniedPage メソッドを呼び出し、認可エラーのエラーページを指定する

▶ XMLによるBean定義例

```
<sec:http>
    <!-- ... -->
    <sec:access-denied-handler
        error-page="/WEB-INF/views/accessDeniedError.jsp" /> ─────────────── ❶
    <!-- ... -->
</sec:http>
```

❶ error-page 属性に認可エラーのエラーページを指定する

■デフォルト動作のカスタマイズ

　認可エラー時のレスポンスのカスタマイズポイントとして、AuthenticationEntryPoint と AccessDenied Handler の差し替え方法を紹介します。ここでは AuthenticationEntryPoint と AccessDeniedHandler の Bean 定義が別途行なわれている前提とします。

▶ Java Config による Bean 定義例

```
@Override
protected void configure(HttpSecurity http) throws Exception {
    // ・・・
    http.exceptionHandling()
            .authenticationEntryPoint(authenticationEntryPoint())  ──────── ❶
            .accessDeniedHandler(accessDeniedHandler());  ──────── ❷
    // ・・・
}
```

❶ authenticationEntryPoint メソッドに引数にカスタマイズした AuthenticationEntryPoint を指定する
❷ accessDeniedHandler メソッドを引数にカスタマイズした AccessDeniedHandler を指定する

▶ XML による Bean 定義例

```
<sec:http entry-point-ref="authenticationEntryPoint">  ──────── ❶
    <!-- ... -->
    <sec:access-denied-handler ref="accessDeniedHandler" />  ──────── ❷
    <!-- ... -->
</sec:http>
```

❶ entry-point-ref 属性にカスタマイズした AuthenticationEntryPoint を指定する
❷ access-denied-handler 属性にカスタマイズした AccessDeniedHandler を指定する

9.6　CSRF 対策

　本節では、Spring Security が提供している CSRF（クロスサイトリクエストフォージェリ）[17] 対策の機能について説明します。

9.6.1　Spring Security の CSRF 対策

　Spring Security は、セッション単位にランダムなトークン値（CSRF トークン）を払い出し、払い出された CSRF トークンをリクエストパラメータ（HTML フォームの hidden 項目）として送信することで、そのリクエス

【17】CSRF の詳細については、Open Web Application Security Project（OWASP）が発行している文書を参照してください。
https://www.owasp.org/images/7/79/OWASP_Top_10_2013_JPN.pdf

トが正規のWebページからなのか、それとも攻撃者が用意したWebページからなのかを判断する機能があります。Spring Securityのデフォルト実装では、POST、PUT、DELETE、PATCHのHTTPメソッドを使用したリクエストに対して、CSRFトークンチェックを行ないます。

9.6.2 CSRF対策機能の適用

CSRF対策機能は、Spring 3.2から追加された機能でSpring Security 4.0からデフォルトで適用されるようになりました。そのため、CSRF対策機能を有効にするための特別な定義は必要ありません。なお、CSRF対策機能を適用したくない場合は、明示的に無効化する必要があります。

▶ Java Configによる無効化例

```
@Override
protected void configure(HttpSecurity http) throws Exception {
    // ・・・
    http.csrf().disable();  // disableメソッドを呼び出し無効化
}
```

▶ XMLによる無効化例

```
<sec:http>
    <!-- ... -->
    <sec:csrf disabled="true"/>  <!-- disabled属性にtrueを設定して無効化 -->
</sec:http>
```

■HTMLフォーム使用時のトークン値の連携

HTMLフォームを使ってリクエストを送信する場合は、Spring Securityから提供されている<sec:csrf Input>要素を使用して、HTMLフォームのhidden項目としてCSRFトークン値を連携します。

▶ JSPの実装例

```
<%@ taglib prefix="sec" uri="http://www.springframework.org/security/tags" %>

<form action="<c:url value='/login' />" method="post">
    <!-- ... -->
    <sec:csrfInput />  <!-- hidden項目としてCSRFトークン値を埋め込む -->
    <!-- ... -->
</form>
```

▶ HTMLの出力例

```
<form action="/login" method="post">
    <!-- ... -->
    <!-- CSRFトークン値のhidden項目 -->
    <input type="hidden" name="_csrf" value="63845086-6b57-4261-8440-97a3c6fa6b99" />
```

```
    <!-- ... -->
</form>
```

■Ajax使用時の連携

Ajaxを使ってリクエストを送信する場合は、Spring Securityから提供されている`<sec:csrfMetaTags>`要素を使用して、HTMLの`<meta>`要素としてCSRFトークンの情報を出力し、`<meta>`要素から取得したトークン値をAjax通信時のリクエストヘッダーに設定して連携します。

▶ JSPの実装例

```
<%@ taglib prefix="sec" uri="http://www.springframework.org/security/tags" %>

<head>
    <!-- ... -->
    <sec:csrfMetaTags /> <!-- HTMLのmeta要素としてCSRFトークンの情報を出力 -->
    <!-- ... -->
</head>
```

▶ HTMLの出力例

```
<head>
    <!-- ... -->
    <meta name="_csrf_parameter" content="_csrf" />
    <meta name="_csrf_header" content="X-CSRF-TOKEN" /> <!-- ヘッダー名 -->
    <meta name="_csrf" content="63845086-6b57-4261-8440-97a3c6fa6b99" />  <!-- トークン値 -->
    <!-- ... -->
</head>
```

▶ JavaScript（jQuery）の実装例

```
$(function () {
    var headerName = $("meta[name='_csrf_header']").attr("content");
    var tokenValue = $("meta[name='_csrf']").attr("content");
    $(document).ajaxSend(function(e, xhr, options) {
        xhr.setRequestHeader(headerName, tokenValue);  // CSRFトークン値の設定
    });
});
```

9.6.3 トークンチェックエラー時のレスポンス

CSRFトークンチェックでエラーが発生した場合、Spring Securityは`AccessDeniedHandler`インターフェイスを使用してエラーのレスポンスを行ないます。

CSRFトークンチェックでエラーが発生したときに専用のエラーページに遷移させる場合は、Spring Securityから提供されている`DelegatingAccessDeniedHandler`クラスを利用して、それぞれの例外に`AccessDenied`

Handlerインターフェイスの実装クラスを指定してください（**表9.18**）。

表9.18 CSRFトークンチェックで使用される例外クラス

クラス名	説明
InvalidCsrfTokenException	クライアントから送られたトークン値と、サーバー側で保持しているトークン値が一致しない場合に使用する
MissingCsrfTokenException	サーバー側にトークン値が保存されていない場合に使用する

 **CSRF対策機能とSpring MVCとの連携**

　Spring Securityは、SpringMVCと連携するためのコンポーネントを提供しています。たとえば、CsrfRequestDataValueProcessorというクラスを用いることで、SpringMVCから提供されている<form:form>要素を使用したHTMLフォーム内に、CSRFトークン値のhidden項目を自動で出力することができます。

　CSRF対策機能を有効にすると、CsrfRequestDataValueProcessorが自動的にSpring MVCに適用される仕組みになっているため、明示的に定義を追加する必要はありません。

　HTMLフォームを作成する際は、<form:form>要素を使用してHTMLフォームを出力します。

▶ JSPの実装例

```
<%@ taglib prefix="form" uri="http://www.springframework.org/tags/form" %>

<c:url var="loginUrl" value="/login"/>
<form:form action="${loginUrl}">
    <!-- ... -->
</form:form>
```

▶ HTMLの出力例

```
<form id="command" action="/login" method="post">
    <!-- ... -->
    <div>
        <input type="hidden" name="_csrf" value="63845086-6b57-4261-8440-97a3c6fa6b99" />
    </div>
</form>
```

メモ

Spring MVCが扱えるRequestDataValueProcessorインターフェイスの実装クラスは1つだけなので、DispatcherServletが管理するApplicationContextの中にRequestDataValueProcessorインターフェイスを実装しているBeanが登録されていると、CsrfRequestDataValueProcessorはSpring MVCに適用されず、<form:form>要素を使った際にCSRFトークン値のhidden項目は出力されません。複数のRequestDataValueProcessorインターフェイスの実装クラスをSpring MVCに適用する場合は、それぞれのRequestDataValueProcessorインターフェイスの実装クラスに処理を委譲するような実装クラスを作成する必要があります。

9.7　セッション管理

本節ではSpring Securityが提供しているセッション管理機能について説明します。

9.7.1　セッション管理機能の適用

セッション管理機能を使用する場合は、以下のようなBean定義を行ないます。

▶ Java ConfigによるBean定義例

```
@Override
protected void configure(HttpSecurity http) throws Exception {
    // ・・・
    http.sessionManagement();                                              ❶
}
```

❶ sessionManagementメソッドを呼び出し、SessionManagementConfigurerのインスタンスを取得する。Session
ManagementConfigurerには、セッション管理機能のコンポーネントの動作をカスタマイズするためのメソッドが定
義されている。なお、WebSecurityConfigurerAdapterを継承してコンフィギュレーションクラスを作成している
場合は、sessionManagementメソッドは親クラスの処理で呼び出されるため、デフォルトでセッション管理機能が
適用されている

▶ XMLによるBean定義例

```
<sec:http>
    <!-- ... -->
    <sec:session-management />                                             ❶
</sec:http>
```

❶ <sec:session-management>要素を指定する。<sec:session-management>要素を指定すると、セッション管理機
能が適用される

REST APIなどセッションを使用しない場合は、セッションの作成方針を"stateless"に変更する必要があり
ます。

▶ Java ConfigによるBean定義例

```
http.sessionManagement()
        .sessionCreationPolicy(SessionCreationPolicy.STATELESS);
```

▶ XMLによるBean定義例

```
<sec:http create-session="stateless">
    <!-- ... -->
```

```
</sec:http>
```

なお、セッションの作成方針は以下のオプションから選択することができます（**表9.19**）。

表9.19　セッションの作成方針

オプション	説明
always	セッションが存在しない場合は、無条件に新たなセッションを生成する。このオプションを指定すると、Spring Securityの処理でセッションを使わないケースでもセッションが作成される
ifRequired	セッションが存在しない場合は、セッションにオブジェクトを格納するタイミングで新たなセッションを作成して利用する（デフォルトの動作）
never	セッションが存在しない場合は、セッションの生成および利用は行なわない。ただし、すでにセッションが存在している場合はセッションを利用する
stateless	セッションの有無に関係なく、セッションの生成および利用は行なわない

> セッション作成方針に「stateless」を指定した際の動作がJava ConfigとXMLとで微妙に異なります。Java Configの場合、すでにセッションが存在している状態でログイン処理が成功すると、後述のセッション固定攻撃対策機能のオプションが「none」以外の場合は新たにセッションが作成されます[18]。

9.7.2　URL Rewriting抑止機能

URL Rewritingが行なわれるとURL内にセッションIDが露出してしまうため、セッションIDを盗まれるリスクが高くなります。Spring SecurityはURL Rewritingを抑止するための仕組みも提供しており、この機能はSpring Security 4.0以上ではデフォルトで適用されます。

> Servlet 3.0以上のサーブレットコンテナを使う場合は、Servletの標準仕様の仕組みを使ってURL Rewritingを抑止することができます。

▶ **web.xmlの定義例**

```
<session-config>
    <!-- ... -->
    <tracking-mode>COOKIE</tracking-mode>
</session-config>
```

【18】 https://github.com/spring-projects/spring-security/issues/3363

 **セッション固定攻撃対策機能**

　セッション管理機能を適用すると、デフォルトでセッション固定攻撃対策機能が有効になます。セッション固定攻撃対策機能を使用すると、ログイン成功時に新たにセッションIDを払い直すため、攻撃者が事前に払い出したセッションIDが使われることはありません。

　なお、セッション固定攻撃への対策方法は以下のオプションから選択することができます（**表9.20**）。

表9.20　セッション固定攻撃への対策のオプション

オプション	説明
changeSessionId	Servlet 3.1で追加されたHttpServletRequest#changeSessionIdメソッドを使用してセッションIDを変更する（Servlet 3.1以上のコンテナ上でのデフォルトの動作）
migrateSession	ログイン前に使用していたセッションを破棄し、新たにセッションを作成する。ログイン前にセッションに格納されていたオブジェクトは新しいセッションに引き継がれる（Servlet 3.0以下のコンテナ上でのデフォルトの動作）
newSession	migrateSessionと同じ方法でセッションIDを変更するが、ログイン前に格納されていたオブジェクトは新しいセッションに引き継がれない
none	Spring SecurityはセッションIDを変更しない

　以下の例では、セッション固定攻撃への対策のオプションを「newSession」に変更しています。

▶ Java ConfigによるBean定義例

```
http.sessionManagement().sessionFixation().newSession();
```

▶ XMLによるBean定義例

```
<sec:session-management session-fixation-protection="newSession"/>
```

 **多重ログインの制御**

　Spring Securityは、同じユーザー名（ログインID）を使った多重ログインを制御する機能を提供していますが、Spring Securityが提供しているデフォルト実装にはいくつかの制約や注意事項があります。本書では、これらの制約と注意事項について紹介しますが、具体的な使い方の説明は扱いません。具体的な使い方が知りたい方は、Spring Securityのリファレンスページ[19]を参照してください。

　Spring Securityが提供しているデフォルト実装（org.springframework.security.core.session.Session

【19】● 18.3 Concurrency Control
　　　http://docs.spring.io/spring-security/site/docs/current/reference/htmlsingle/#concurrent-sessions
　　● Concurrent Session Control
　　　http://docs.spring.io/spring-security/site/docs/current/reference/htmlsingle/#ns-concurrent-sessions
　　● 38.1.33 <concurrency-control>
　　　http://docs.spring.io/spring-security/site/docs/current/reference/htmlsingle/#nsa-concurrency-control

RegistryImpl) では、ユーザーごとにセッション情報をアプリケーションサーバーのメモリ内で管理します。そのため、複数のアプリケーションサーバーを同時に起動するシステムでは利用することができません。

また、アプリケーションサーバーを停止または再起動するとメモリ内で管理していたセッション情報はクリアされます。使用するアプリケーションサーバーによっては、停止または再起動時のセッション状態を復元する機能を持っているため、実際のセッション状態とSpring Securityが管理しているセッション情報に不整合が生じる可能性があります。

9.7.5 無効なセッションを使ったリクエストの検知

Spring Securityは、無効なセッションを使ったリクエストを検知する機能を提供しています。無効なセッションとして扱われるリクエストの大部分は、セッションタイムアウト後のリクエストです。

以下の例では、無効なセッションを検知した際の遷移先として "/error/invalidSession" を指定することで、この機能を有効化しています。

▶ Java ConfigによるBean定義例

```
http.sessionManagement().invalidSessionUrl("/error/invalidSession");
```

▶ XMLによるBean定義例

```
<sec:session-management invalid-session-url="/error/invalidSession"/>
```

9.8 ブラウザのセキュリティ対策機能との連携

本節では、ブラウザが提供しているセキュリティ対策機能との連携方法について説明します。

最近の主要なブラウザは、ブラウザが提供する機能が悪用されないようにするために、いくつかのセキュリティ対策機能を提供しています。ブラウザが提供するセキュリティ対策機能の一部は、サーバー側でHTTPのレスポンスヘッダーを出力することで動作を制御することができます。

Spring Securityは、セキュリティ関連のレスポンスヘッダーを出力する機能を用意することで、Webアプリケーションのセキュリティを強化する仕組みを提供しています。

9.8.1 セキュリティヘッダー出力機能の適用

セキュリティヘッダー出力機能は、Spring 3.2から追加された機能でSpring Security 4.0からデフォルトで適用されるようになりました。そのため、セキュリティヘッダー出力機能を有効にするための特別な定義は必要ありません。

なお、セキュリティヘッダー出力機能を適用しない場合は、明示的に無効化する必要があります。

▶ Java Configによる無効化例

```
@Override
protected void configure(HttpSecurity http) throws Exception {
    // ・・・
    http.headers().disable();  // disableメソッドを呼び出し無効化
}
```

▶ XMLによる無効化例

```
<sec:http>
    <!-- ... -->
    <sec:headers disabled="true"/>  <!-- disabled属性にtrueを設定して無効化 -->
</sec:http>
```

9.8.2 デフォルトでサポートしているセキュリティヘッダー

Spring Securityがデフォルトでサポートしているレスポンスヘッダーは以下の5つです[20]。

- Cache-Control (Pragma、Expires)

  コンテンツのキャッシュ方法を指示するためのヘッダーです。保護されたコンテンツがブラウザにキャッシュされないようにすることで、権限のないユーザーが保護されたコンテンツを閲覧できてしまうリスクを減らすことができます。

- X-Frame-Options

  フレーム (<frame>または<iframe>要素) 内でコンテンツの表示を許可するか否かを指示するためのヘッダーです。フレーム内でコンテンツが表示されないようすることで、クリックジャッキングと呼ばれる攻撃手法を使って機密情報を盗みとられるリスクをなくすことができます。

- X-Content-Type-Options

  コンテンツの種類の決定方法を指示するためのヘッダーです。一部のブラウザでは、Content-Typeヘッダーの値を無視してコンテンツの内容を見て決定します。コンテンツの種類を決定する際にコンテンツの内容を見ないようにすることで、クロスサイトスクリプティングを使った攻撃を受けるリスクを減らすことができます。

- X-XSS-Protection

  ブラウザのXSSフィルタ機能を使って有害スクリプトを検出する方法を指示するためのヘッダーです。XSSフィルタ機能を有効にして有害なスクリプトを検知するようにすれば、クロスサイトスクリプティングを使った攻撃を受けるリスクを減らすことができます。

---

[20] Spring Security 4.1から、「Content Security Policy (CSP)」と「HTTP Public Key Pinning (HPKP)」用のレスポンスヘッダーがサポートされています。

- Strict-Transport-Security

  HTTPSを使ってアクセスした後にHTTPを使ってアクセスしようとした際に、HTTPSに置き換えてからアクセスすることを指示するためヘッダーです。HTTPSでアクセスした後にHTTPが使われないようにすることで、中間者攻撃と呼ばれる攻撃手法を使って悪意のあるサイトに誘導されるリスクを減らすことができます。

すべてのヘッダーが出力された場合の出力例は以下のとおりです。

▶ セキュリティヘッダーの出力例

```
Cache-Control: no-cache, no-store, max-age=0, must-revalidate
Pragma: no-cache
Expires: 0
X-Frame-Options: DENY
X-Content-Type-Options: nosniff
X-XSS-Protection: 1; mode=block
Strict-Transport-Security: max-age=31536000 ; includeSubDomains
```

9.8.3 セキュリティヘッダーの選択

出力するセキュリティヘッダーを選択したい場合は、以下のようなBean定義を行ないます。ここではSpring Securityが提供しているすべてのセキュリティヘッダーを出力する例になっていますが、実際は必要なものだけ指定してください。

▶ Java ConfigによるBean定義例

```
http.headers()
        .defaultsDisabled() ─────────────────────────── ❶
        .cacheControl().and() ─────────────────────────── ❷
        .frameOptions().and() ─────────────────────────── ❸
        .contentTypeOptions().and() ─────────────────────── ❹
        .xssProtection().and() ────────────────────────── ❺
```

▶ XMLによるBean定義例

```
<sec:headers defaults-disabled="true">                    ❶
    <sec:cache-control/>                                  ❷
    <sec:frame-options/>                                  ❸
    <sec:content-type-options/>                           ❹
    <sec:xss-protection/>                                 ❺
    <sec:hsts/>                                           ❻
</sec:headers>
```

❶ まずデフォルトで適用されるヘッダー出力を行なうコンポーネント登録を無効化する

❷ Cache-Control（Pragma、Expires）ヘッダーを出力するコンポーネントを登録する

❸ X-Frame-Options ヘッダーを出力するコンポーネントを登録する

❹ X-Content-Type-Options ヘッダーを出力するコンポーネントを登録する

❺ X-XSS-Protection ヘッダーを出力するコンポーネントを登録する

❻ Strict-Transport-Security ヘッダーを出力するコンポーネントを登録する

また、不要なものだけ無効化する方法もあります。

▶ Java Config による Bean 定義例

```
http.headers().cacheControl().disable();  // disableメソッドを呼び出し無効化
```

▶ XML による Bean 定義例

```
<sec:cache-control disabled="true"/>  <!-- disabled属性にtrueを設定して無効化 -->
```

上記の例では、Cache-Control 関連のヘッダーだけ出力されなくなります。

9.9 Spring Security のテスト

本節では、Spring Security の機能を利用している処理に対するテスト方法について説明します。Spring Security Test は以下の機能を提供することで、Spring Security の機能を使っている処理に対するテストを支援します。

- MockMvc [21] を使用して「認証処理」や「認可処理」などのテストを行なうための機能
- テスト時に適用する認証情報をアノテーションで指定できる機能

なお、Spring Security Test は、Spring Test の機能を利用して作られています。

9

9.9.1 Spring Security Test のセットアップ

まず、Spring Security Test を Spring Test に適用する方法について説明します。

■依存ライブラリの追加

Spring Security Test を依存ライブラリとして追加します。

▶ pom.xml の設定例

```
<dependency>
```

【21】Spring MVC アプリケーションの結合テストを支援するクラスです。詳細は、第8章「Spring Test」で説明しています。

```
    <groupId>org.springframework.security</groupId>
    <artifactId>spring-security-test</artifactId>
    <scope>test</scope>
</dependency>
```

■Spring Securityのサーブレットフィルタの追加

　MockMvcの機能を利用する場合は、MockMvcにSpring Securityのサーブレットフィルタを追加します。サーブレットフィルタを追加するには、SecurityMockMvcConfigurersのspringSecurityメソッドを使います。

▶ Spring Securityのサーブレットフィルタの追加例

```
import static org.springframework.security.test.web.servlet.setup.SecurityMockMvcConfigurers.*;
// ・・・
@Before
public void setupMockMvc() {
    this.mockMvc = MockMvcBuilders.webAppContextSetup(webApplicationContext)
            // Spring Securityのサーブレットフィルタを追加
            .apply(springSecurity())
            .build();
}
```

　なお、MockMvcが利用するDIコンテナの中には、Spring SecurityのBeanが登録されている状態にしておく必要があります。以下は、WebSecurityConfigの中でSpring SecurityのBean定義を行なっている場合の指定例になります。

▶ Spring SecurityのBeanを登録するコンフィギュレーションクラスの指定例

```
// ・・・
@ContextHierarchy({
    @ContextConfiguration(classes = {AppConfig.class, WebSecurityConfig.class})
    , @ContextConfiguration(classes = WebMvcConfig.class)
})
@WebAppConfiguration
public class WebSecurityTest { /* ... */ }
```

■staticメソッドのインポート

　MockMvcの機能を利用する場合は、MockMvcを使用したテストをサポートしてくれるstaticメソッドをインポートしておきましょう。

▶ staticメソッドのインポート例

```
// ・・・
import static org.springframework.security.test.web.servlet.request.SecurityMockMvcRequestBuilders.*; ❶
import static org.springframework.security.test.web.servlet.request.SecurityMockMvcRequestPostProcesso❷
rs.*; ❷
```

```
import static org.springframework.security.test.web.servlet.response.SecurityMockMvcResultMatchers.*;  ❸
// ・・・
public class WebSecurityTest { /* ... */ }
```

❶ Spring Security の機能を呼び出すときに必要となるリクエストデータをセットアップする際に使用する static メソッドをインポートする
❷ Spring Security の機能を呼び出すときに必要となるリクエストデータと、Spring Security の機能が扱うオブジェクトの状態をセットアップする際に使用する static メソッドをインポートする
❸ Spring Security の機能の実行結果を検証する際に使用する static メソッドをインポートする

9.9.2 認証処理のテスト

Spring Security Test は、フォーム認証、Basic 認証、Digest 認証、X.509 認証、ログアウトなどのテストをサポートする機能を提供しています。本書では、フォーム認証とログアウトのテストを行なう方法を紹介します。

■フォーム認証のテスト

フォーム認証に対するテストを行なう場合は、ログイン処理を行なうパスに対して「ユーザー名」と「パスワード」を送信し、認証処理が正しく実行されたかどうかを検証します。

▶ 認証が成功するパターンのテストケース実装例

```
@Test
public void testFormLogin() throws Exception {
    mockMvc.perform(
        formLogin().user("user").password("validPassword"))            ❶
        .andExpect(status().isFound()).andExpect(redirectedUrl("/"))   ❷
        .andExpect(authenticated().withRoles("USER"));                 ❸
}
```

❶ SecurityMockMvcRequestBuilders の formLogin メソッドを使用して、「ログイン処理を行なうパス (デフォルト＝/login)」「ユーザー名 (デフォルトのパラメータ名＝username)」「パスワード (デフォルトのパラメータ名＝password)」を指定してリクエストを送信する。なお、formLogin メソッドを使用すると、有効な CSRF トークン値も一緒に送信される
❷ 認証処理成功時のリダイレクト先の妥当性を検証する
❸ SecurityMockMvcResultMatchers の authenticated メソッドを使用して、認証情報の状態を検証する。上記の例では、認証情報のロールの妥当性を検証している。なお、認証処理失敗時のテストケースでは、unauthenticated メソッドを使用して認証情報が生成されていないことを検証することができる

■ログアウトのテスト

ログアウトに対するテストを行なう場合は、ログアウト処理を行なうパスにリクエストを送信し、ログアウト処理が正しく実行されたかどうかを検証します。

▶ ログアウト処理のテストケース実装例

```
@WithMockUser ─────────────────────────────────────────────── ❶
@Test
public void testLogout() throws Exception {
    mockMvc.perform(logout()) ──────────────────────────────── ❷
        .andExpect(status().isFound()).andExpect(redirectedUrl("/login?logout")) ── ❸
        .andExpect(unauthenticated()); ─────────────────────── ❹
}
```

❶ ログアウト処理で認証情報が破棄されたことを検証するために、認証済みの状態にセットアップしておく。@With
MockUserについては、このあとの「9.9.3 認可処理のテスト」で説明する

❷ SecurityMockMvcRequestBuildersのlogoutメソッドを使用して、「ログアウト処理を行なうパス（デフォルト＝
/logout）」を指定してリクエストを送信する。なお、logoutメソッドを使用すると、有効なCSRFトークン値も一緒
に送信される

❸ ログアウト処理成功時のリダイレクト先の妥当性を検証する

❹ SecurityMockMvcResultMatchersのunauthenticatedメソッドを使用して、認証情報が破棄されていることを検
証する

9.9.3 認可処理のテスト

　認可処理のテストを行なう場合は、Spring Securityの認可処理が行なわれる前に、テストケースの事前条件
を満たす認証情報をセットアップしておく必要があります。Spring Security Testは、認証情報をセットアップす
る方法として以下の2つの方法を提供しています。

● アノテーションを使用した認証情報のセットアップ
● MvcMockが拡張ポイントとして提供しているRequestPostProcessorを使用した認証情報のセットアップ

■アノテーションを使用した認証情報のセットアップ

　「メソッドへの認可」のテストをMockMvcを使用せずに行ないたい場合は、アノテーションを使用してテスト
用の認証情報をセットアップします。Spring Security Testが提供しているアノテーションは以下の2つで、どち
らもorg.springframework.security.test.context.supportパッケージに属しています（表9.21）。

表9.21　Spring Security Testが提供しているアノテーション [22]

アノテーション	説明
@WithMockUser	アノテーションの属性に指定した「ユーザー名」「パスワード」「ロール」などの値を保持するUserDetailsを生成し、テスト時に使用される認証情報に設定する。UserDetailsの実装クラスには、Spring Securityが提供しているorg.springframework.security.core.userdetails.Userが利用される
@WithUserDetails	アノテーションの属性に指定した「ユーザー名」に対応するUserDetailsを、DIコンテナに登録されているUserDetailsServiceから読み込み、テスト時に使用される認証情報に設定する

【22】Spring Security 4.1から、匿名ユーザー用の認証情報をセットアップする@WithAnonymousUserが追加されています。

▶ テスト対象のメソッドの実装例

```
@Service
public class MessageService {
    @PreAuthorize("hasRole('ADMIN')")  // 管理者ユーザーのみアクセスできるメソッド
    public Message create(String message) {
        // ・・・
    }
}
```

▶ @WithMockUserの使用例

```
@Autowired
MessageService service; ─────────────────────────────────── ❶

@WithMockUser(username = "admin", roles = "ADMIN") ──────── ❷
@Test  // 管理者ユーザーなので認可エラーは発生しない
public void testCreateByAdminRole() {
    Message createdMessage =  service.create("Message1");
    // ・・・
}
```

❶ テスト対象の Bean をインジェクションする
❷ @WithMockUser を使用し、管理者ユーザーとして認証済みの状態にする

▶ @WithUserDetailsの使用例

```
@WithUserDetails("user") ───────────────────────────────── ❶
@Test(expected = AccessDeniedException.class)  // ロール不足により認可エラーが発生する
public void testCreateByUserRole() {
    service.create("Message2");
}
```

❶ @WithUserDetailsを使用し、一般ユーザーとして認証済みの状態にする

なお、どちらのアノテーションも指定せずにメソッドを呼び出すと、認証情報が取得できないため、org.spri ngframework.security.authentication.AuthenticationCredentialsNotFoundExceptionが発生します。

■RequestPostProcessorを使用した認証情報のセットアップ

「Webリソースへの認可」のテストを行なう場合は、アノテーションを使用した認証情報のセットアップに加え、MockMvcのRequestPostProcessorの仕組みを使用して認証情報をセットアップすることもできます。

▶ RequestPostProcessorの使用例

```
@Test
public void testPostMessageByAdminRole() throws Exception {
    mockMvc.perform(post("/messages").with(user("admin").roles("ADMIN"))) ──────── ❶
            .andExpect(status().isOk());
```

```
}
```

❶ SecurityMockMvcRequestPostProcessorsのuserメソッドを使用して、認証情報に設定するUserDetailsを設定する

userメソッド以外にも、Authenticationオブジェクトを直接設定するauthenticationメソッドや、SecurityContextオブジェクトを直接設定するsecurityContextメソッドなどが用意されています。

9.9.4　CSRFトークンチェック対象のリクエストに対するテスト

Spring SecurityのCSRF機能を有効にしている場合は、POST、PUT、DELETE、PATCHのHTTPメソッドを使用したリクエストに対してCSRFトークンチェックが行なわれます。そのため、該当するHTTPメソッドを使用してリクエストを行なうには、有効なCSRFトークン値をリクエストパラメータまたはリクエストヘッダーに含める必要があります。

▶ 有効なCSRFトークン値を送信するための実装例

```
@WithMockUser
@Test
public void testCreateAccount() throws Exception {
    mockMvc.perform(post("/accounts").with(csrf()))                          ❶
            .andExpect(status().isOk());
}
```

❶ SecurityMockMvcRequestPostProcessorsのcsrfメソッドを使用して、有効なCSRFトークン値をリクエストパラメータに設定する。トークン値をリクエストヘッダーに設定したい場合は、csrf().asHeader()とすればよい。また、csrf().useInvalidToken()とすることで、明示的に無効なCSRFトークンを設定することもできる

10

Spring Data JPA

第3章ではSpring JDBCを用いてSQLを記述するデータベース連携の方法について紹介しました。本章では、Spring Data JPAの機能を使用してJPA（Java Persistence API）を用いることで、SQLを書かずにデータベース連携を行なうアプリケーションを開発する方法を解説していきます。

まず、Java EEで標準化されているJPAについての概要と利用方法を紹介します。JPAそのものについての理解を深めたうえで、Springから提供されている強力なフレームワークであるSpring Data JPAを使用し、Springアプリケーションで JPAを利用する方法について紹介していきます。

10.1 JPA（Java Persistence API）とは

JPAは2006年にリリースされたJava EE 5で仕様が定められているJava標準のORM（Object-Relational Mapping、Object-Relational Mapper）です。本書にはORMやJPAについて詳細に紹介するほどの紙幅はないため、Spring Data JPAを使用するうえで最低限必要になることを厳選して紹介していきます。

10.1.1 ORMとJPAの概念

ORMの概念を一言で説明すると、「リレーショナルデータベース（以下、データベースと略す）への読み書きを、オブジェクトへのアクセスにより透過的に実現する仕組み」です。商用システムの開発では、アプリケーションが扱うデータを永続化するためにデータベースの利用が欠かせません。もしあなたがJavaでSQLを実行するようなプログラムを記述していたことがあるなら、以下のような不満を一度は感じたことがあるのではないでしょうか。

- データベース上のテーブル間の関連を、Javaオブジェクト間の参照関係へそのまま反映するのが難しい
- SQLの入出力値を格納するためだけの入れ物（一般にData Transfer Objectと呼ばれるクラス）を大量に作ってしまった
- 似たようなSQLを何度書けば済むのだろうか。特に主キー指定のCRUD操作を行なうSQLはテーブル名が違うだけなのに……
- SQLで読み書きするテーブルのカラムと、Javaオブジェクトのプロパティのマッピングは機械的で不毛な作業だ

プログラミング言語がオブジェクト指向であるにもかかわらず、データベースやSQLがオブジェクト指向でないことからこのような問題が生まれています。そこでオブジェクト指向言語とデータベースの間の溝を埋めようとする思想がORMです。ORMがオブジェクトとデータベースのマッピングを行なう役割を担うため、プログラム開発者はオブジェクトへのアクセスを記述するだけでデータベースへアクセスすることができます。これまでのデータベースを意識した煩雑なコードから解放されることにより、ビジネスルールの記述に集中できるようになります。

　前述したように、JPAはJava標準のORMで、現在ではJava EEの中心的な構成要素となっています。標準化が行なわれた当時、Java向けのORMはHibernateが人気を博していたことから、JPAはHibernateの基本思想を受け継いで仕様が策定されました。JPA 1.0がJava EE 5で策定されてから、JPA 2.0（Java EE 6）、JPA 2.1（Java EE 7）と仕様・実装ともにアップデートが重ねられています。

　JPAは他のJava EEの構成要素と疎結合の部分が多く、たとえばEJB（Enterprise JavaBeans）コンテナに対応していないTomcat上でも、JPA実装さえ追加すれば利用できます。いくつかのJPA実装がOSSで提供されているため、利用も容易です（**表10.1**）。JPA実装のことを一般的に「永続化プロバイダ」と呼ぶことがあります。

表10.1　OSS提供されている主なJPA実装

製品名	特徴
EclipseLink	JPAの参照実装。GlassFishで使用されている
Hibernate ORM	JPAのベースとなったHibernateのJPA実装。JBoss/WildFlyで使用されている
Apache OpenJPA	Apacheソフトウェア財団で開発されているJPA実装。Apache TomEEで使用されている
DataNucleus	Google AppEngineで使用されている

　詳細は後述しますが、JPAの魅力がよくわかる例を紹介します。以下のコードでは、データベースから1件のレコードを参照しています。最初に従来のSpring JDBCを使用した例、次にJPAを使用したものを掲載しています。

▶ Spring JDBCを使用したコード例

```
public Room getRoomById(String roomId) {
    String sql = "SELECT room_id, room_name, capacity" + " FROM room WHERE room_id = ?";
    RowMapper<Room> rowMapper = new BeanPropertyRowMapper<Room>(Room.class);
    return getJdbcTemplate().queryForObject(sql, rowMapper, roomId);
}
```

▶ JPAを使用したコード例

```
@PersistenceContext
EntityManager entityManager;

public Room getRoomById(String roomId) {
    return entityManager.find(Room.class, roomId);
}
```

10

　JPAを使用した場合、Spring JDBCでは必要であったSQLがなくなっていることに加え、データベースのカラムからJavaオブジェクトへのマッピングが隠ぺいされていることがわかります。では、JPAがどのような仕組みでSQLやデータベースの定義の隠ぺいを実現し、JPAがいつどのようにデータベースへアクセスを行なっているのかを見ていきましょう。そのためにポイントとなるのが、EntityとEntityManagerです。上記の例だとRoomクラスがEntityになります。

10.1.2 Entity

データベース上の永続化されたデータをマッピングするJavaオブジェクトをEntityと呼びます。Entityはメモリ上のJavaオブジェクトのインスタンスで、後述するEntityManagerによりデータベース上のデータと同期が行なわれます。EntityはPOJOを用いたクラスとして記述できますが、EntityであることをJPA実装へ認識させたり、マッピングに必要な情報を付加するために、JPAが提供するアノテーションを使用する必要があります。

> アノテーションを使用せず、XMLファイルでEntityのマッピング定義を行なうことも可能です。
> 本書ではアノテーションを使用した場合の実装方法のみ紹介します。

JPAでは、オブジェクトを一意に特定するための主キーをEntityのプロパティとテーブルに持たせる必要があります。この主キーによってEntityとデータベースの永続化されたデータの紐付けを行ないます。Entityの実装例として、roomテーブルに対するEntityクラスの定義を以下に示します（**表10.2**）。

表10.2　room テーブル

カラム	型	PK	FK
room_id	INT NOT NULL	○	
roomName	VARCHAR(10)		
capacity	INT		

▶ Entityクラスの実装例

```java
package com.example.domain.model;

import javax.persistence.Column;
import javax.persistence.Entity;
import javax.persistence.Id;
import javax.persistence.Table;

@Entity ──────────────────────────────────────── ❶
@Table(name = "room") ─────────────────────────── ❷
public class Room implements Serializable { ───── ❸
    @Id ──────────────────────────────────────── ❹
    @GeneratedValue ──────────────────────────── ❺
    @Column(name = "room_id") ─────────────────── ❻
    private Integer roomId;

    @Column(name = "room_name")
    private String roomName;

    @Column(name = "capacity")
    private Integer capacity;
```

```
    // constructor, getter, setter
}
```

❶ @javax.persistence.Entityアノテーションを付与し、Entityクラスであることを示す

❷ @javax.persistence.Tableアノテーションを付与し、マッピングさせるテーブル名を指定する。省略した場合は、クラス名を大文字にした名前のテーブル（今回の場合は "ROOM"）へマッピングされる

❸ JPAとしてはEntityはSerializableである必要はないが、拡張性を考慮してSerializableとしている

❹ @javax.persistence.Idアノテーションを付与し、主キーであることを示す。主キーが複合キーとなっている場合は、@javax.persistence.EmbeddedIdを使用することで対応できる

❺ @javax.persistence.GeneratedValueアノテーションを付与することで、主キーの生成をJPAに委ねることができる。strategy属性にGenerationTypeを指定することで生成方法（シーケンスを使用する、キー生成用テーブルを使用するなど）を指定することが可能だが、デフォルトではGenerationType.AUTO、すなわち使用しているデータベースに最適なキー生成方法が自動的に選択される

❻ @javax.persistence.Columnアノテーションを付与し、マッピングさせるカラム名を指定する。省略した場合は、プロパティ名を大文字にした名前のカラム（今回の場合は "ROOMID"）へマッピングされる

　上の解説からもわかるように、JPAではEntityと永続化されたデータとの間のマッピングにはデフォルトルールがあり、デフォルトと異なる場合に@Tableや@Columnなどのアノテーションによってマッピングルールを指定します。そのため、JPAのデフォルトマッピングルールに準拠したテーブルの物理設計を行なうと、マッピングルールの設定を削減できます。このような設定思想を「Configuration by Exception（例外な状況でのみ明示的に設定を行なう）」と呼びます。また、Javaとデータベースの型の変換もJDBC標準のマッピングルールに従って行なわれるため、基本的には設定が不要です。なお、JPAには本書で紹介しきれないほど多くのアノテーションによりEntityの設定を行なうことが可能です。興味のある方はJPAの書籍やリファレンスを調べてみてください。

10.1.3　EntityManager

　Entityを必要に応じてデータベースと同期を取る役割を担うのがEntityManagerです。EntityManagerには永続コンテキスト（Persistence Context）と呼ばれる、Entityを管理するための領域があります。アプリケーションがデータベースのデータへアクセスする場合は、必ずEntityManagerを介して、永続コンテキスト内のEntityを取得したり、新に作成したEntityを永続コンテキストへ登録する必要があります。そうすることによって、EntityManagerがEntityの変更を追跡でき、適切なタイミングでのデータベースとの同期を取れます（図10.1）。

10

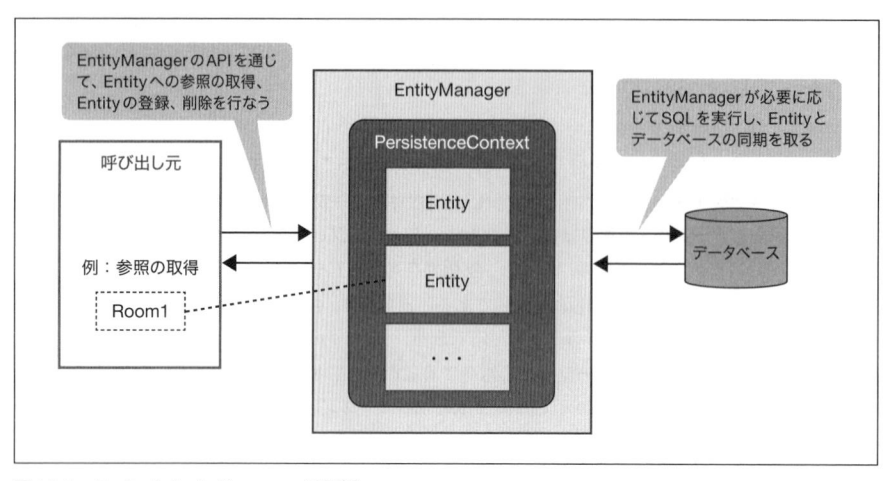

図10.1 EntityとEntityManagerの関係

　EntityManagerはEntityの状態を変更したり、データベースとの同期を行なうためのAPI（メソッド）を提供しています。代表的なAPIを紹介します（表10.3）。

表10.3　EntityManagerが提供する代表的なAPI

メソッド名	説明
<T> T find(java.lang.Class<T> entityClass, java.lang.Object primaryKey)	主キーを指定してEntityを検索し返却する。永続コンテキストに該当するEntityが存在しない場合は、データベースへSQL（SELECT文）を発行して対象データを取得し、Entityを作成して返却する
void persist(java.lang.Object entity)	アプリケーションが生成したインスタンスをEntityとして永続コンテキストで管理する。SQLのINSERT文に相当するが、persistメソッドを実行したタイミングではデータベースへSQLは発行されず、永続コンテキストに蓄積される
<T> T merge(T entity)	永続コンテキストで管理されていたが分離状態（後述）となってしまったEntityを、永続コンテキストで再度管理する。管理状態（後述）のときからの差分が追跡できないため、データベースへ変更を反映するためのSQL（UPDATE文）が永続コンテキストに蓄積される
void remove(java.lang.Object entity)	Entityを永続コンテキストおよびデータベースから削除する。persistメソッドやmergeメソッドと同様に、データベースへSQL（DELETE文）が即時では発行されず、永続コンテキストに蓄積される
void flush()	永続コンテキストに蓄積されたすべてのEntityの変更情報を、データベースへ強制的に同期する。通常、データベースへの反映はトランザクションコミット時に行なわれるが、コミットより前に反映する必要がある場合に使用する
void refresh(java.lang.Object entity)	強制的にEntityの状態をデータベース上のデータで更新する。データベースへ未反映のEntityに対してなされた変更は上書きされてしまう
<T> TypedQuery<T> createQuery (java.lang.String qlString, java.lang.Class<T> resultClass)	主キー以外でデータベースへアクセスする場合は、JPA用のクエリを実行することで、Entityを取得したり更新することができる。このAPIはクエリを作成するためのAPIの1つで、類似するAPIが複数提供されている（詳細については後述）
void detach(java.lang.Object entity)	Entityを永続コンテキストから削除し、分離状態にする。このEntityに対して行なわれた一切の変更は、mergeメソッドを実行しない限りデータベースへ反映されることはない

メソッド名	説明
void clear()	永続コンテキストで管理されているすべてのEntityを分離状態にする
boolean contains(java.lang.Object entity)	Entityが永続コンテキストで管理されているかどうかを返却する

　ポイントは、永続コンテキストがデータベースのキャッシュのような役割をしており、EntityManagerに対する操作が行なわれても即時でデータベースへの反映が行なわれない、言い換えるとSQLが発行されないという点です。トランザクションがコミットされ終了した、もしくはアプリケーションから強制的にflushメソッドが呼び出されたタイミングで、永続コンテキストに蓄積されたEntityへの変更がデータベースへ反映されます。

　EntityManagerはJPA実装が提供するEntityManagerFactoryによって生成されます。しかしJava EEのEJBコンテナを使用する場合は、@javax.persistence.PersistenceContextアノテーションをフィールドに付加するとEJBコンテナが生成したEntityManagerを取得できるため、アプリケーションが直接EntityManagerFactoryを使用する必要はありません。Springを使用する場合も、EJBコンテナと同様にEntityManagerを注入する機能が提供されています。

　永続コンテキストはトランザクションごとに用意されるため、Entityは同一トランザクション内でのみ共有され、別トランザクションで処理中のEntityが見えてしまうということはありません。当然ながら、複数のトランザクションにまたがってEntityを管理することもできません。

　後ほど紹介するSpring Data JPAでは、EntityManagerの存在が隠ぺいされ、利用者がEntityManagerを直接操作する必要がなくなります。しかしEntityManagerが背後に存在していることや、次に紹介するEntityの状態についてしっかりと理解しておかないと、予期せぬ動作を引き起こしてしまうことがあるため注意が必要です。

10.1.4 Entityの状態

　JPAではEntityの状態を以下のように定義しています（**表10.4**）。

表10.4　Entityの状態

状態	説明
new状態	新規にEntityのインスタンスが作成され、永続コンテキストに未登録の状態。この時点ではEntityはただのJavaオブジェクトであり、EntityManagerは何も行なわない
管理状態	永続コンテキストにEntityが登録されている状態。EntityManagerによるデータベースへの同期が有効になる
分離状態	管理状態であったEntityが永続コンテキストから切り離されてしまった状態。new状態と同様にこの状態ではデータベースへの同期が行なわれないが、管理状態へ戻す手段が用意されている
削除済み状態	データベースから削除されることが予定されている状態。EntityManagerがデータベースのデータを削除し終えるまでこの状態が続く

10

　それぞれの状態の遷移と、遷移の主なトリガーは以下の図のようになっています（**図10.2**）。EntityManager が提供する各APIは、Entityの状態により実行可否が分かれるため、JPAの利用者は、Entityがどのような状態となっているかを正しく把握しておく必要があります。特に重要なのは、トランザクションが終了すると永続コンテキスト内のすべてのEntityが分離状態へ遷移する点です。複数のトランザクションを横断したり、トランザクションの外でEntityへのアクセスを行なう処理では、Entityが分離状態となっていてデータベースとの同期がされない状態であることに注意してください。

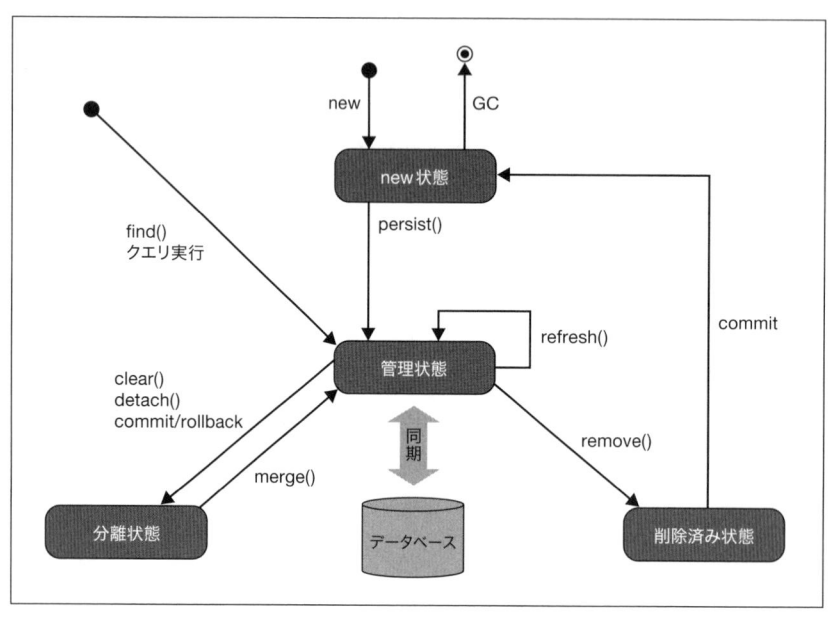

図10.2　Entity の状態遷移

10.1.5　関連

　リレーショナルデータベースでは、テーブル間に関連を定義することが可能です。データベース上で関連を明示的に定義する場合は、対象のカラムを外部キーとして定義を行ないます。JPAでは、データベースの関連をEntity同士の参照関係としてマッピングできます。Entityへデータベース上の関連がマッピングされるため、関連している周辺のEntityをEntityManagerへ問い合わせることなく取得できます。このように関連のマッピングを実現するには、EntityManagerが各Entity間の関連を事前に正しく認識している必要があるため、それを明示的に定義する方法が用意されています。関連は、2つのオブジェクト間のカーディナリティ（1対1、1対多、多対多）と方向によりパターン分けすることができます。

- 一方向の1対1
- 双方向の1対1

- 一方向の1対多
- 一方向の多対1
- 双方向の1対多／多対1
- 一方向の多対多
- 双方向の多対多

　たとえば、1つの注文が商品ごとの明細を複数の注文明細として管理している場合は、注文と注文明細の関連は双方向の1対多／多対1、注文明細と商品の関連は一方向の多対1となります。関連もConfiguration by Exceptionの思想に従い、JPAがプロパティの型などで関連を推測して認識しますが、明示的に関連を定義することも可能です。本書では、前述したroomテーブルと、新たに登場するequipmentテーブルを題材に、アノテーションを用いてEntity間の関連を定義する方法を紹介します（**表10.5**）。

表10.5　equipment テーブル

カラム	型	PK	FK
equipment_id	INT NOT NULL	○	
room_id	INT		○
equipment_name	VARCHAR(30)		
equipment_count	INT		
equipment_remarks	VARCHAR(100)		

　equipmentテーブルにroomへの関連付けを行なう外部キーroom_idを用意しています。同一のroom（部屋）には複数のequipment（備品）が置かれているが、同一の備品が複数の部屋へ配置されることは不可能なため、roomとequipmentは1対多／多対1の関連です。ある部屋に何の備品が置かれているか知りたいことはありますし、逆にある備品がどの部屋に置かれているかを知りたいケースもあります。このような場合は双方向の1対多／多対1の関連を両Entityへ設定します。

▶ 多対1の関連を持つEntityクラスの実装例

```
@Entity
@Table(name = "equipment")
public class Equipment implements Serializable {
    @Id
    @GeneratedValue
    @Column(name = "equipment_id")
    private Integer equipmentId;

    @Column(name = "equipment_name")
    private String equipmentName;

    @ManyToOne ─────────────────────────────────── ❶
    @JoinColumn(name = "room_id") ───────────────── ❷
    private Room room; ──────────────────────────── ❸
```

10

```
    @Column(name = "equipment_count")
    private Integer equipmentCount;

    @Column(name = "equipment_remarks")
    private String equipmentRemarks;

    // constructor, getter, setter
}
```

❶ 双方向な関連であるため、equipmentからroomへはアクセス可能で、多対1の関連になる。この場合は、roomへの参照を指すプロパティを用意し、@javax.persistence.ManyToOneアノテーションを付与する

❷ 紐付けられているroomを特定するための外部キーのカラム名を、@javax.persistence.ManyToOneアノテーションに続けて@javax.persistence.JoinColumnで設定する

❸ equipmentから見てroomは1であるため、Roomクラスとしてroomプロパティを用意する

▶ **1対多の関連を持つEntityクラスの実装例**

```
@Entity
@Table(name = "room")
public class Room implements Serializable {
    @Id
    @GeneratedValue
    @Column(name = "room_id")
    private Integer roomId;

    @Column(name = "room_name")
    private String roomName;

    @Column(name = "capacity")
    private Integer capacity;

    @OneToMany(mappedBy = "room", cascade = CascadeType.ALL) ──────────── ❹
    private List<Equipment> equipments; ──────────────────────── ❺

    // constructor, getter, setter
}
```

❹ roomから見たequipmentは1対多であるため、@javax.persistence.OneToManyアノテーションを付与し、equipmentへの1対多の関連を設定する。双方向の関連の場合、外部キー情報、すなわちroomとequipmentの間の関連を持っているEquipmentのプロパティ名(この例の場合はroom)をmappedBy要素に指定できる。❷と同様に@javax.persistence.JoinColumnで外部キーにより関連を設定することも可能だが、冗長な設定になるため避けたほうがよい。また、cascade属性を指定すると、自身への操作を関連Entityへも伝搬させることができる

❺ roomから見てequipmentは多であるため、List型でequipmentsプロパティを用意する必要がある

> ヒント
>
> 1対多の多への関連を格納するプロパティの型にはコレクション型が使用できますが、List型ではなくSet型を使用した場合は注意が必要です。JPA実装にHibernateを使用し、Set型を使用した場合、分離状態のEntityの同一性評価を正しく行なうために、Entityのequalsメソッドや

hashCodeメソッドをオーバーライドする必要があります[1]。

次にアプリケーションが関連を用いてEntityを取得する方法を紹介します。

▶ 関連の関係にあるEntityへアクセスする実装例

```
@PersistenceContext
EntityManager entityManager;

@Transactional(readOnly = true)
public List<Equipment> getEquipmentsInRoom(Integer roomId) {
    Room room = entityManager.find(Room.class, roomId); ──────────────────────── ❶
    return room.getEquipments(); ──────────────────────────────────────────────── ❷
}

@Transactional(readOnly = true)
public Room getRoomOfEquipment(Integer equipmentId) {
    Equipment equipment = entityManager.find(Equipment.class, equipmentId); ────── ❸
    return equipment.getRoom(); ───────────────────────────────────────────────── ❹
}
```

❶ 主キー指定でroomをデータベースから取得する

❷ roomに関連しているequipmentの一覧をgetterを呼び出して取得する。equipmentsプロパティは関連が定義されているため、外部キーのroom_idで紐付いているequipmentのレコードすべてがデータベースから取得される。データベースへのアクセスやプロパティへのデータの格納はJPAが透過的に実行するため、利用者はgetterを呼び出すだけでよい

❸ 主キー指定でequipmentをデータベースから取得する

❹ ❸とほぼ同じだが、equipmentから見たroomは1であるため、紐付く1件のroom、もしくはnullが返却される

このように、関連元であるEntity（本体Entityと呼ぶ）のプロパティへアクセスするだけで、関連しているEntityを取得できるのがJPAの大きな強みとなっています。実際には以下のいずれかのタイミングで関連しているEntityのデータを取得するためのSQLが発行されています。

- ❷、❹に該当するような、関連Entityが格納されているプロパティへのアクセスが初めて行なわれたタイミング（Lazyフェッチ）
- ❶、❸に該当するような、本体Entityに対してEntityManagerのAPIが実行されたタイミング（Eagerフェッチ）

このような動作のことをJPAでは「フェッチ」と呼びます。デフォルトでは@OneToOne、@ManyToOneは「Eagerフェッチ」、他の関連では「Lazyフェッチ」が採用されます。関連Entityのフェッチする方法を明示的にしたい

10

【1】 https://access.redhat.com/documentation/en-US/JBoss_Enterprise_Application_Platform/4.3/html/Hibernate_Reference_Guide/Persistent_Classes-Implementing_equals_and_hashCode.html

場合は、関連を定義するアノテーションのfetch属性にFetchTypeを設定します。以下に、関連Entityである
equipmentsをEagerフェッチで読み込むための設定例を示します。

▶ フェッチ方法の指定例

```
@OneToMany(mappedBy = "room", cascade = CascadeType.ALL, fetch = FetchType.EAGER)
private List<Equipment> equipments;
```

10.1.6　JPQL (Java Persistence Query Language)

EntityManagerが用意するAPI（メソッド）を利用することで、主キー指定でデータベースのレコードを参
照・更新する方法を紹介しました。しかし一般的なアプリケーション開発では、主キー指定以外でのデータ
ベースアクセスが不可欠です。たとえば、一覧や検索結果の表示、一括更新などの処理が挙げられます。JPA
では、主キー指定以外でのデータベースへアクセスを行なう方法も用意されています。SQLのような柔軟なクエ
リを記述する方法が以下のように複数用意されています。

表 10.6　JPQL のクエリ記述方法

方法	説明
JPQL (Java Persistence Query Language)	SQLライクなJPA独自のクエリ言語を記述することでEntityの取得や更新を行なう方法。SQLとの大きな違いは、SQLの入出力がテーブルやその列や行で表現されるのに対して、JPQLではEntityやEntityのコレクションおよびEntityのプロパティ名で表現される点
Criteria Query	JPQL相当のクエリをオブジェクト指向に記述する方法で、JPA 2.0で追加された機能。JPQLは文字列で表現されるため、タイプミスチェックや型チェックをコンパイル時に行なうのは難しい。Criteria Queryでは、BuilderパターンのCriteriaQueryオブジェクトを使用し、Javaとしてクエリを記述することでコンパイル時に記述ミスをチェックできるようにしている
Native Query	SQLを記述してEntityの取得や更新を行なう方法。性能など、さまざまな理由から、データベース製品固有の機能を利用する場合はこの方法を利用する

本書では、JPQLを用いる方法に限定して紹介していきます。JPQLにはSQLに匹敵する多くの機能があります
が、ここでは基本的なJPQLの使用例を見ながら、JPQLの利用イメージをつかむようにしてください。

▶ JPQLの利用例

```
@PersistenceContext
private EntityManager entityManager;

@Transactional(readOnly = true)
public List<Room> getRoomsByName(String roomName) {
    String jpql = "SELECT r FROM Room r WHERE r.roomName = :roomName"; ———————— ❶
    TypedQuery<Room> query = entityManager.createQuery(jpql, Room.class); ———————— ❷
    query.setParameter("roomName", roomName); ———————— ❸
    return query.getResultList(); ———————— ❹
}
```

❶ この例ではroomテーブルの全レコードをEntityに読み込ませるためのJPQLを記述している。SQLに置き換えると、SELECT * FROM room r　WHERE r.room_name = ?のようになり、テーブル名"room"や、列名"room_name"、*を使用することになるが、JPQLではそれらがEntity名やそのプロパティ名に置き換わっている。SQLの*の代わりに、JPQLではEntityの別名を使用する

❷ EntityManagerから提供されるAPIを用いて、文字列のJPQLをTypedQueryへコンパイルする。厳密には異なるが、JDBCのPreparedStatementに相当する

❸ JPQL内に設けたバインド変数（「:変数名」の形式）にバインド値を設定する

❹ クエリを実行する。ここではデータベースのデータを参照するSELECTクエリを実行している。参照結果をList型で取得したい場合はTypedQuery.getResultListメソッドを使用する

> 今回の紹介では、文字列オブジェクトからTypedQueryを生成しましたが、JPQLの数が増えると文字列オブジェクトの管理が煩雑になります。Named QueryというJPAの機能を使用すると、JPQLに名前を付けて管理することができます。また、JPQLを@NamedQueryアノテーションに記述することができるため、クエリに関係の強いEntityのクラスにアノテーションを付与して整理すればJPQLの管理がしやすくなります。

　JPAではEntityによりSQLの存在を隠ぺいしつつ、一方で自由度の高いクエリ機能を提供することで、機能性を損なわないようにしています。一方で、クエリを生成し、パラメータをバインドし、クエリを実行し……という仕組みはJDBCへの原点回帰を彷彿させていて、せっかくのJPAのメリットが損なわれたと感じる方もいるのではないでしょうか。これから紹介するSpring Data JPAを使用すると、JPAのクエリ使用時のこの煩雑さが軽減されます。

10.2　JPAを用いたデータベースアクセスの基本

本節ではJPAを使用するうえで必須となる基本的なデータベースの操作方法を具体的に見ていきます。

10.2.1　JPAによるCRUD操作

最初に、EntityManagerから提供されているEntityの操作を行なうAPIを用いて、EntityのCRUD操作を行なってみます。

▶ JPAによるCRUD操作の実装例

```
@Service
public class RoomServiceImpl implements RoomService {

    @PersistenceContext
    private EntityManager entityManager; ──────────────────────────────────❶
```

```
    @Transactional(readOnly = true) ──────────────────────────────────── ❷
    public Room getRoom(Integer id) {
        Room room = entityManager.find(Room.class, id); ──────────────── ❸
        if (room == null) {
            // 対象のroomが存在しない場合の処理（省略）
        }
        return room;
    }


    @Transactional
    public Room createRoom(String roomName, Integer capacity) {
        Room room = new Room();
        room.setRoomName(roomName);
        room.setCapacity(capacity);
        entityManager.persist(room); ─────────────────────────────────── ❹
        return room;
    }


    @Transactional
    public Room updateRoomName(Integer id, String roomName) {
        Room room = getRoom(id); ─────────────────────────────────────── ❺
        room.setRoomName(roomName);
        return room;
    }


    @Transactional
    public void deleteRoom(Integer id) {
        Room room = getRoom(id); ─────────────────────────────────────── ❻
        entityManager.remove(room); ──────────────────────────────────── ❼
    }
}
```

❶ JPA実装が提供するEntityManagerを注入する。本インスタンスがEJBコンテナ上で管理されていない場合でも、SpringのDI機能により@PersistenceContextによるEntityManagerの注入が可能。ただし「10.5　Spring Data JPAのセットアップ」で説明されている方法で、SpringがJPA実装を認知できる形で設定されている必要がある

❷ Springが提供するトランザクション管理機能である@Transactionalアノテーションにより JPAのトランザクション管理を宣言的に行なう。ただし「10.5　Spring Data JPAのセットアップ」で説明されている方法で、トランザクションの設定がされている必要がある。Springの機能を使用しないでJPAのトランザクションを管理する場合は、EntityManager.getTransactionメソッドによりEntityTransactionを取得して、命令的にトランザクションを開始、終了させる

❸ findメソッドによりEntityを1件取得する。取得されたEntityは管理状態となる。対象Entityが存在しない場合はnullが返却される

❹ persistメソッドにより、新たに作成しnew状態となっているEntityを管理状態へ移行している。persistメソッドが呼び出されたタイミングではデータベースへの反映が行なわれない。メソッドが呼び出された後のEntityに対する変更も含めて、トランザクション終了時にデータベースへ反映される

❺ Entityの内容の変更を行なうために、主キー指定でEntityを永続コンテキストから取得している。取得したEntityはすでに管理状態であるため、トランザクション終了時に変更がデータベースへ反映される

❻ Entityの削除を行なうために、主キー指定でEntityを永続コンテキストから取得している。削除を行なうには、対

象のEntityが管理状態となっている必要があるため

❼ 管理状態のEntityをremoveメソッドで削除する。Entityは削除済み状態となり、トランザクション終了時にデータベースのレコードが削除される

10.2.2　JPAによるJPQLを用いたデータアクセス

JPQLを用いてクエリを実行する方法を改めて紹介します。ここでは応用例として、「JOIN FETCH句を用いた関連Entityのフェッチ読み込み」を実行するクエリを記述してみます（**図10.3**）。

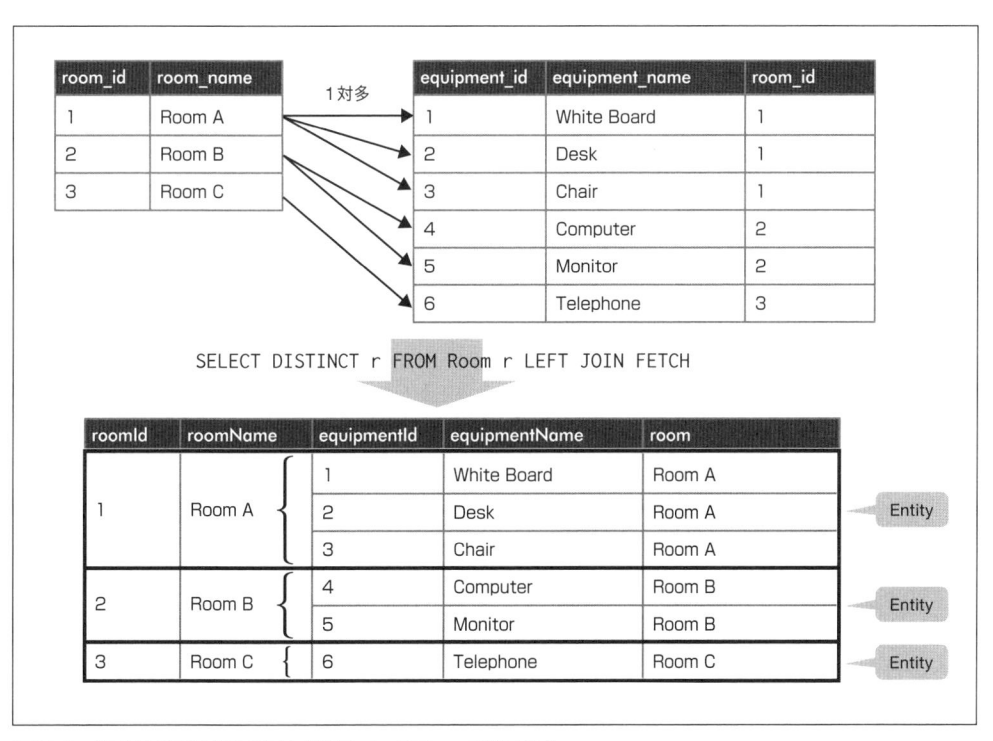

図10.3　JOIN FETCH句を用いた関連Entityのフェッチ読み込み

関連を持つEntityに対してSELECT文のJPQLを実行した場合、関連Entityプロパティのデータが読み込まれるタイミングはフェッチの種類により異なることは紹介しました。しかしフェッチの種類の違いに関係なく、関連Entityプロパティを読み込むタイミングで、データベースへのデータアクセス（すなわちSQLの発行）が別に発生します。さらに、Lazyフェッチの場合は最悪で、関連Entityの件数分だけSQLが発行される可能性があります。特に件数の多いEntityを読み込む場合には、SQLが大量に実行されることによる性能劣化が懸念されます。

JPQLでは、参照系のJPQLにJOIN FETCH句を使用すると、本体Entityと関連Entityを結合し、本体

Entityと関連Entityの両方を1回のSQL実行で読み込むことができます。JOIN FETCHは関連Entityに指定されたフェッチの種類に関係なく適用が可能です。元々JPQLでは、SQLと同様にSELECT句にJOINやLEFT JOIN句を追加してEntityの結合を行なうことができますが、FETCHを指定しない限り、関連Entityプロパティへの読み込みは行なわれません。JOIN FETCHを使用するときの注意点として、1対多や多対多の関係にある関連Entityを持つ場合は、その数だけ本体のEntityが重複して返却されます。重複を避けるにはDISTINCT句を追加します。

▶ JOIN FETCHを用いた関連Entityのフェッチ読み込み

```
@Service
public class RoomServiceImpl implements RoomService {
    // ・・・

    @Transactional(readOnly = true)
    public List<Room> getRoomsByNameFetch(String roomName) {
        String jpql = "SELECT DISTINCT r FROM Room r LEFT JOIN FETCH r.equipments ────┐
                        WHERE r.roomName = :roomName";                              ──── ❶
        TypedQuery<Room> query = entityManager.createQuery(jpql, Room.class); ──────── ❷
        query.setParameter("roomName", roomName); ──────────────────────────────────── ❸
        return query.getResultList(); ──────────────────────────────────────────────── ❹
    }
}
```

❶ クエリの内容自体は、前述のroomNameプロパティが引数と一致するRoomを取得するクエリだが、LEFT JOIN FETCH r.equipmentsを追加し、フェッチ読み込みを有効にしている

❷ TypedQueryを生成する

❸ クエリにパラメータをバインドする

❹ クエリを実行する。即時で1回だけSQLが実行され、roomとそのプロパティであるequipmentsにデータが読み込まれる

■データベースの更新

データベースを参照するSELECT文のJPQLの利用方法について紹介しましたが、データベースを更新するINSERT、UPDATE、DELETEを使ったJPQLを実行することも可能です。更新系のクエリ実行は、大量のデータに対する更新処理の際に性能面で有効な手段となります。大量のデータに対して更新処理を実行したい場合に、Entityを1件ずつ管理状態にし更新を行なってしまうと性能劣化の原因となるため、一般的にはクエリを使用します。

▶ 更新系JPQLの利用例

```
@Service
public class RoomServiceImpl implements RoomService {
    // ・・・

    @Transactional
    public Integer updateCapacityAll(Integer capacity) {
```

```
        String jpql = "UPDATE Room r SET r.capacity = :capacity";        ❶
        Query query = entityManager.createQuery(jpql);        ❷
        query.setParameter("capacity", capacity);        ❸
        return query.executeUpdate();        ❹
    }
}
```

❶ UPDATE 文の JPQL を定義する。参照系のクエリと同様に、SQL におけるデータベースのテーブル名やカラム名の代わりに、Entity の名前やプロパティ名を指定する

❷ Query を生成する。更新系の場合は TypedQuery ではなく Query を使用する

❸ クエリにパラメータをバインドする。参照系クエリと違いはない

❹ 更新系クエリを実行する場合は、TypedQuery.executeUpdate メソッドを使用する。UPDATE 文の SQL と同様に、更新されたレコードの件数が int 型の戻り値として返却される。Entity の操作とは異なり、SQL は即時実行される

　ただし更新系の JPQL を実行した場合には、すでに管理状態となっている Entity へ変更内容が反映されません。すでに管理状態となっている Entity へ変更内容を反映させたい場合は、JPQL 実行後に refresh メソッドを呼び出す必要があります。

10.2.3　排他制御

　Web アプリケーションでは、同時に複数のトランザクションが実行されるのが通常です。そのため、データベースへの更新処理では排他制御について考慮する必要があります。当然ながら JPA では排他制御を行なう機能があります。データベースの排他制御の方式には楽観ロックと悲観ロックがあり、システム要件や処理の特性を考慮して方式を選択するのが一般的です。JPA 2.0 で悲観ロックが追加されたことにより、現在 JPA では楽観ロック、悲観ロック双方の方式がサポートされています。

■楽観ロック

▶ 楽観ロックの使用例

```
@Entity
@Table(name = "room")
public class Room implements Serializable {

    // ・・・

    @Version        ❶
    @Column(name = "version")
    private Integer version;        ❷

    // ・・・
}
```

10

❶ 楽観ロックを使用する場合は、対象のEntityを必ずバージョニングする必要がある。バージョニングを行なうには、バージョニング専用のプロパティを用意し、@javax.persistence.Versionアノテーションを付与する

❷ バージョニングを行なうためのプロパティを用意する。型はIntegerのような整数型以外にも、Timestampが利用できる。バージョニングのためにJPA内部でこのプロパティが更新されるため、アプリケーションから直接本プロパティを更新することは禁止されている

```
@Service
public class RoomServiceImpl implements RoomService {
    @PersistenceContext
    private EntityManager entityManager;

    // ・・・

    @Transactional
    public void updateRoomWithOptimisticLock(Integer id, String roomName, Integer capacity) {
        Room room = entityManager.find(Room.class, id);
        entityManager.lock(room, LockModeType.OPTIMISTIC);  ──────────────── ❸
        // 更新処理（省略）
        // 楽観ロック失敗時はトランザクション終了時にOptimisticLockExceptionが発生する
    }
}
```

❸ 楽観ロックを有効にする。EntityManager.lockメソッド以外にもEntityManager.findメソッドの引数にLockModeTypeを指定してロックを有効にすることも可能。クエリに対してロックを有効にする場合は、TypedQuery.setLockModeメソッドを使用する。ただし有効にできるクエリは参照系のクエリに限られる

　楽観ロックは、ロック対象のEntityのバージョニングを行なうことによって実現されています。そのため、Entityに@Versionアノテーションを付与されたプロパティが必須です。正常に更新処理が行なわれた場合は、トランザクションごとにバージョンがインクリメントされます。もし他のトランザクションによって同じ行への更新が完了していた場合は、データベースへ更新情報を反映しようとしたタイミング（トランザクション終了時など）で、期待していたバージョンと異なるバージョンが検知され、JPA実装がOptimisticLockExceptionを発生させます。なお、トランザクション終了時に楽観ロックに失敗した場合は、OptimisticLockExceptionをラップしたRollbackExceptionが発生します。

JPA実装がHibernateの場合、トランザクション終了時に楽観ロックに失敗した場合、JPAで規定されているOptimisticLockExceptionではなく、Hibernate独自例外であるorg.hibernate.StaleObjectStateExceptionが発生します。flush()を使用したときに楽観ロックに失敗した場合はOptimisticLockExceptionが発生します。

JPAの仕様では、トランザクション終了時にエラーが発生するとRollbackExceptionが発生しますが、後述するSpring提供のJpaTransactionManagerを利用してトランザクション制御を行なうと、Springが提供するOptimisticLockingFailureExceptionに変換されます。これは、「10.4.3

例外の変換」で紹介している例外変換の仕組みが JpaTransactionManager にも盛り込まれている
ためです。

■悲観ロック

▶ 悲観ロックの使用例

```
@Service
public class RoomServiceImpl implements RoomService {
    @PersistenceContext
    private EntityManager entityManager;

    // ・・・

    @Transactional
    public void updateRoomWithPessimisticLock(Integer id, String roomName, Integer capacity) {
            Room room = entityManager.find(Room.class, id);
        try {
            entityManager.lock(room, LockModeType.PESSIMISTIC_READ); ─────────────────❶
        } catch (PessimisticLockException e) { ─────────────────────────────────────❷
            // ロック取得に失敗
            // ・・・
        } catch (LockTimeoutException e) { ─────────────────────────────────────────❸
            // ロック取得にタイムアウト（トランザクション自体はロールバックされない）
            // ・・・
        }
        // 更新処理（省略）
    }
}
```

❶ 悲観ロックを取得する。楽観ロックと同じく EntityManager.find メソッドや EntityManager.createQuery メソッ
　ドでも悲観ロックを取得できる

❷ 悲観ロック取得に失敗した場合は PessimisticLockException が発生する

❸ 悲観ロック取得がタイムアウトした場合は LockTimeoutException が発生する。JPA では本例外発生時に限ってト
　ランザクションのロールバックのマークをしないため、例外を捕捉した後にトランザクションを継続させることが可
　能

悲観ロックは楽観ロックと異なり、Entity のバージョニングは不要ですが、バージョニングを行なうオプショ
ンも用意されています。また、悲観ロックには共有ロックと排他ロックの 2 種類があり、それらのオプションを
LockModeType で選択することができます（**表10.7**）。

10

表 10.7 悲観ロックの種類

悲観ロックの種類	LockModeType の値	説明
共有ロック	LockModeType.PESSIMISTIC_READ	リードロックを取得し、他のトランザクションからの変更や削除を防ぐ。ロックされたエンティティが実際に変更・削除されるまでの間は、他のトランザクションが共有ロックを取得したり、読み取ることができる
排他ロック	LockModeType.PESSIMISTIC_WRITE	ライトロックを取得し、他のトランザクションからの読み取りや変更、削除を防ぐ。他のトランザクションは共有ロック、排他ロックを取得することができない
排他ロック（バージョン更新あり）	LockModeType.PESSIMISTIC_FORCE_INCREMENT	LockModeType.PESSIMISTIC_WRITEと同じくライトロックを取得するが、同時にEntityのバージョニングプロパティをインクリメントする

　要件に応じて悲観ロックの種類を使い分けますが、データベース製品によっては片方のみしか対応していない場合もあり、仕様どおりの悲観ロックが行なわれるかどうかを事前に確認するようにしてください。

たとえば、データベースにOracleを使用し、JPA実装にHibernateを使用した場合、どちらの悲観ロックの場合でもSELECT ... FOR UPDATEというSQLが発行され、排他ロックされます。一方、データベースにPostgreSQLを使用した場合は、共有ロックが指定された場合にはSELECT ... FOR SHARE が発行され、JPAの仕様どおりに共有ロックされます。

10.3 Spring Data JPA

　ここまでの説明でJPAの概要については理解していただけたのではないでしょうか。また、JPAの便利さと同時に、状態の把握やクエリの記述、命令的なコーディングなど、JPAの煩わしさについても説明しました。しかしその煩わしさも、以下で説明する Spring Data JPA を使用すると軽減することができます。

10.3.1 Spring Data とは

　Spring Data JPA の説明の前に、Spring Data について簡単に紹介しておきます。Spring Data は、データベースやキャッシュサーバーなどへのデータアクセスのための定型コードを削減することを目的とした Spring のサブプロジェクト群の1つです。Spring は DDD（Domain-Driven Design：ドメイン駆動設計）におけるデータアクセス層を実装するための構成要素である Repository を実装することを推奨しています。Spring 単体では、Repositoryであることをマークするためのアノテーション @Repository が提供されるだけで、実装はアプリケーション開発者に委ねられていました。Spring Data はこの Repository の実装を最小限にするための機能を提供するフレームワークです。

　データアクセス層である Repository の実装は、使用するデータ永続層のアーキテクチャや製品によって異

なります。Spring Data はそれらを網羅すべく、データ永続層の種類ごとにサブプロジェクトが作られて開発が進められています。データ永続層の種類に依存しない共通的なクラス・インターフェイスは「Spring Data Commons」というサブプロジェクトに集約されています。サブプロジェクトの中には以下のようなものが含まれています。

- Spring Data JPA
- Spring Data MongoDB
- Spring Data Redis
- Spring Data Solr
- Spring Data GemFire
- Spring Data REST

これらのサブプロジェクトの統括したものが Spring Data です。そのため、Spring Data 自体はサブプロジェクト群と呼ぶのがふさわしいでしょう。

> Spring Data REST というサブプロジェクトが Spring Data サブプロジェクト群にあります。Spring Data REST を利用すると、Spring Data JPA などを使用して取得したデータを REST API として公開することができます。

10.3.2 Spring Data JPA とは

Spring Data JPA は Spring Data のサブプロジェクトの1つで、JPA を用いてデータアクセスを行なうための Repository 実装にかかる負荷を最小限にしてくれます。Spring Data JPA を用いると、Repository のインターフェイスを作成してアノテーションやメソッドを定義するだけで Entity の参照および更新を行なえるようになります。さらに、JPA のイベントリスナを活用した Spring Data JPA 独自の機能として、データを作成、更新したユーザーや日時などの監査情報を自動的に Entity へバインドする機能もあります。

10.4 Spring Data JPA のアーキテクチャ

10.4.1 内部処理の流れ

ここでは、Spring Data JPA を正しく利用できるよう、Spring Data JPA の内部でどのような処理が行なわれているのかについて見ていきます。

まずは、JPA を用いてデータアクセスを行なう場合との違いについてです。JPA を用いてデータアクセスを行

なう際は、EntityManagerのAPI呼び出しなどを利用者自身が実装しました。Spring Data JPAはそれらの実装をフレームワークの内部にラップし、利用者に対し隠ぺいしています。そのため利用者はEntityManagerのAPIを直接呼び出すことが不要になり、代わりにSpring Data JPAが提供するAPIを呼び出しています。EntityManagerのAPI呼び出しを行なっているコードは、Spring Data JPAが提供するSimpleJpaRepositoryクラスやそのスーパークラスに記述されています。

　次に、利用者がどのようにSpring Data JPAのAPIを呼び出すかについて見ていきましょう。

　利用者は、あるEntityに対してデータアクセスを行なうために、そのEntity専用のRepositoryインターフェイスを作成します。作成したRepositoryインターフェイスは、Spring Data JPAが提供するJpaRepositoryインターフェイスを継承するようにします。JpaRepositoryインターフェイスは、前述したSimpleJpaRepositoryクラスが提供するAPIをインターフェイス化したものであるため、作成したRepositoryインターフェイスへSimpleJpaRepositoryが備わったAPIが継承されます。あるEntityに対してアプリケーションからデータアクセスを行なう場合は、対応するRepositoryインターフェイスを介してSpring Data JPAの各APIを呼び出します。

　しかしこのままでは、利用者が作成したRepositoryと、SimpleJpaRepositoryクラスの間には直接的な結び付きがないため、SimpleJpaRepositoryクラスのデータアクセスのための実装がアプリケーションから呼び出されることはありません。次に、SimpleJpaRepositoryクラスの実装が呼び出される仕組みを見ていきます（図10.4）。

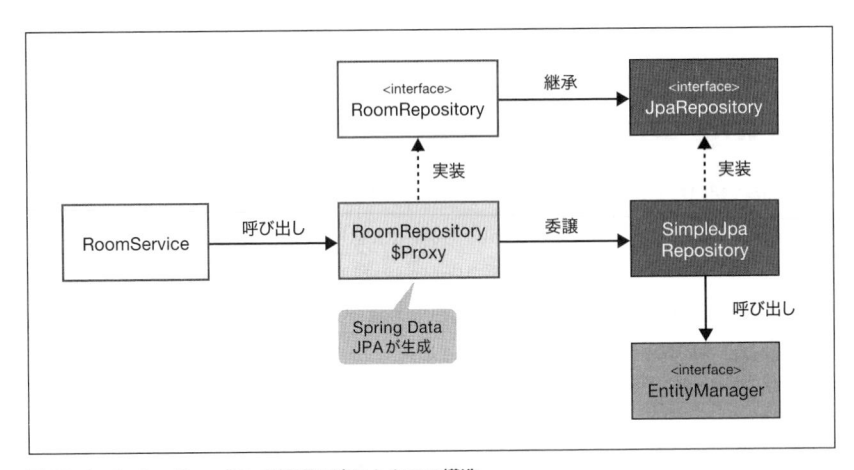

図10.4　Spring Data JPAの処理の流れとクラス構造

　Spring Data JPAはDIコンテナ初期化時に、利用者が独自に作成したRepositoryインターフェイスに対して、SimpleJpaRepositoryへ処理を委譲するようなProxyクラスを生成し、そのインスタンスをDIコンテナにBeanとして登録します。アプリケーションはSpring Data JPAが生成したProxyクラスをDIし、Proxyクラスのメソッドを実行することで、SimpleJpaRepositoryのデータアクセス実装の呼び出しが実現されています。このProxyパターンによるデザインは一見複雑に見えるかもしれません。しかしこの構造によってスーパークラス

を1つしか持てないというJavaの継承の制約を回避し、後ほど紹介するRepositoryのカスタマイズを可能としています。

Proxyクラスが生成される対象のRepositoryインターフェイスの条件は、

- スキャン対象パッケージ配下にあるインターフェイスである
- @org.springframework.data.repository.NoRepositoryBeanアノテーションをクラスアノテーションに持たない

の両者を満たしかつ、

- org.springframework.data.repository.Repositoryを継承している
- @org.springframework.data.repository.RepositoryDefinitionアノテーションをクラスアノテーションに持つ

のいずれかを満たすインターフェイスです。

10.4.2　JpaRepository

前述したように、JpaRepositoryを継承したRepositoryインターフェイスのメソッドへアクセスするだけでJPAによるデータアクセスが可能です。ドメイン駆動設計の思想に基づき、通常はRepositoryインターフェイスはEntityの型ごとに作成します。これまで使用してきたRoomを扱うRepositoryインターフェイスの定義例を以下に示します。

▶ Repositoryインターフェイスの定義例

```
public interface RoomRepository extends JpaRepository<Room, Integer> { ─────────── ❶
                                                                                    ❷
}
```

❶ 扱いたいEntityの型と、その主キーの型をジェネリクスに指定したRepositoryインターフェイスを定義する
❷ Spring Data JPAが標準で提供するメソッドのみを利用する場合は、メソッドの定義は不要

それではアプリケーションから呼び出すことができる、JpaRepositoryが標準で提供するメソッドを見ていきましょう。JpaRepositoryが標準で提供するメソッドの実装は、Spring Data JPAのSimpleJpaRepositoryに記述されています（**表10.8**）。

10

表 10.8　JpaRepository が提供する API

JpaRepository のメソッド	説明	実行される可能性のある EntityManager のメソッド
`<S extends T> S save(S entity)<S extends T> List<S> save(Iterable<S> entities)`	指定された Entity に対する変更を EntityManager に蓄積する。Entity の主キーに値が設定されていない場合は EntityManager の persist メソッドが呼び出され、値が設定されている場合は merge メソッドが呼び出される	`persist()` もしくは `merge()`
`void flush()`	EntityManager に蓄積された Entity への変更をデータベースへ反映する	`flush()`
`T saveAndFlush(T entity)`	指定された Entity に対する変更を EntityManager に蓄積した後、蓄積されている変更をデータベースに反映する	`save()` および `flush()` を参照
`void delete(T entity)` `void delete(Iterable<? extends T> entities)`	指定された Entity に対する削除操作を EntityManager に蓄積する	`remove()`、`contains()`、`merge()`
`void delete(ID id)`	主キー指定で Entity に対する削除操作を EntityManager に蓄積する。削除対象となる Entity が存在しない場合は、EmptyResultDataAccessException が発生する	`remove()`、`contains()`、`merge()`、`find()`
`void deleteAll()`	データベース上に存在するすべての Entity に対して削除操作を EntityManager に蓄積する。データベースに存在するレコードをすべて永続コンテキストに展開するため、削除対象の Entity の件数が多い場合は deleteAllInBatch メソッド（後述）を使用する必要がある	`delete(Iterable<? extends T> entities)` を参照
`void deleteInBatch(Iterable<T> entities)` `void deleteAllInBatch()`	複数もしくはすべての Entity を永続コンテキストに読み込むことなくデータベースから削除する。このメソッドを呼び出す前に、すでに EntityManager 上で管理状態となっている Entity は、データベースと同期が取れていない状態となり、削除されたにもかかわらず findOne メソッドで取得できてしまう点に注意が必要	`createQuery()`、`TypedQuery.executeUpdate()`
`T findOne(ID id)`	主キー指定で Entity をデータベースから取得するためのメソッド。EntityManager.find() と同様に、すでに管理状態となっている Entity の場合はデータベースアクセスが発生しない	`find()`
`List<T> findAll()` `List<T> findAll(Sort sort)List<T> findAll(Iterable<ID> ids)`	すべての、もしくは指定した複数の主キーに合致する Entity をデータベースから取得する。findOne メソッドと異なり、対象の Entity が管理状態の場合でも必ずデータベースへのアクセスが発生する。Sort を指定した場合は、並び順を指定できる。発行される SQL の SELECT 文に ORDER BY 句が付加される。主キーを指定した場合は、発行される SQL の SELECT 文に IN 句が付加される。Oracle などの IN 句に指定できる値の数に制限があるデータベースを使う場合などは注意が必要	`createQuery()`、`TypedQuery.getResultList()`
`Page<T> findAll(Pageable pageable)`	指定されたページ（並び順、ページ番号、ページ内に表示する件数）に一致する Entity のみをデータベースから取得する。主に Web アプリケーションなどでページネーションを行ないたい場合に利用する	`createQuery()`、`TypedQuery.getResultList()`
`boolean exists(ID id)`	主キー指定で Entity がデータベース上に存在するかどうかを確認する。対象の Entity が管理状態の場合でも必ずデータベースへのアクセスが発生する	`createQuery()`、`TypedQuery.getSingleResult()`
`long count()`	データベース上のすべての Entity の件数を取得する。必ずデータベースへのアクセスが発生する	`createQuery()`、`TypedQuery.getSingleResult()`

このように、EntityManager ではクエリを実行する必要があった全件検索なども、JpaRepository から提供さ

れるメソッドを実行するだけで実現できます。またEntityManagerを隠ぺいし、管理状態や分離状態などの
Entityの状態を利用者に意識させないようにすることで、利用者の精神的な負担を軽減しています。たとえば、
saveメソッドでは対象のEntityが管理状態であるか否かに応じて内部処理が分岐しており、new状態の
Entityでも利用できるようになっています。

　しかし、一般的なアプリケーションの開発に求められるデータベースアクセスには詳細な検索条件などが含
まれる場合が多いため、JpaRepositoryが提供するメソッドだけでは不十分です。JPAではクエリを記述しデー
タアクセスを行なう方法が提供されていましたが、当然ながら、Spring Data JPAもクエリを実行するための機能
があります。Spring Data JPAでJPQLのクエリを実行する2つの方法については後ほど紹介します。

10.4.3　例外の変換

　Springには@Repositoryが付加されたBean内で発生した例外を、非チェック例外であるDataAccessExcep-
tionへ変換する仕組みが用意されています。Spring Data JPAでは、RepositoryがProxyクラスとして作成さ
れるため、Proxyクラスに対して同様の例外変換の仕組みが組み込まれます。そのため、JPA実装で発生した
JPA例外はすべてDataAccessExceptionを継承した非チェック例外クラスへラップされて呼び出し元へスロー
されます。このため、JPAを使用していたとしても従来のJDBCでのデータアクセスと同じように例外ハンドリン
グを実装することができます。この仕組みは後述の@EnableJpaRepositoriesもしくは<jpa:reposito-
ries>要素によって有効になります。

　データベースアクセスで発生する例外はネットワーク障害やSQLの記述誤りなどが考えられるため、基本的
にはビジネスロジックでハンドリングせず、共通的なシステムエラーとしてハンドリングします。しかし一部の
エラー（一意制約違反、排他エラーなど）に対して、ビジネスロジックで代替処理を実行したいことがよくあり
ます。そのような場合には、DataAccessExceptionを継承したサブクラスの例外を捕捉し、エラーごとに対応し
た代替処理を記述できます（表10.9）。

表10.9　ビジネスロジックでハンドリングする可能性がある代表的なDataAccessException例外

例外クラス名	説明
org.springframework.dao. DuplicateKeyException	更新系のデータアクセス時に一意制約違反が発生した場合に本例外に変換される
org.springframework.dao.Pessi misticLockingFailureException	JPAの悲観ロック取得に失敗し、JPA実装がjavax.persistence.PessimisticLockEx ceptionを発生させた場合に本例外に変換される
org.springframework.dao.Optim isticLockingFailureException	JPAの楽観ロックに失敗し、JPA実装がjavax.persistence.OptimisticLockExcepti onを発生させた場合に本例外に変換される

10

　DuplicateKeyExceptionやOptimisticLockingFailureExceptionなどの一部の例外は、SQLが実際に実
行されるタイミング（トランザクション終了時など）で発生するため、Repositoryのメソッド呼び出しに対して
try-catch句を実装しても例外を捕捉できないことがあります。これらの例外をビジネスロジック内でハンドリ
ングしたい場合は、flushメソッドを呼び出してSQLを強制的に実行する必要があります。

▶ SQLを強制的に実行して例外ハンドリングを行なう実装例

```
try {
    try {
        roomRepository.saveAndFlush(room);
    } catch (OptimisticLockingFailureException e) {
    // エラー処理を実装する (省略)
    }
}
```

データベースアクセスで発生した例外は、データベースやJPA実装に依存せず同一の事象に対し同一の例外へ変換されるのが理想ですが、実際はデータベースやJPA実装によって異なる例外へ変換されてしまうケースがあります。たとえばHibernate 4.3.xを使用した場合、データ更新時に発生した一意制約違反例外は org.springframework.dao.DataIntegrityViolationExceptionへ変換されます。

10.5 Spring Data JPA のセットアップ

本節ではJPAの実装にHibernateを用いて、Spring Data JPAを利用できる状態にするためのセットアップ手順を紹介します。

10.5.1 依存ライブラリの定義

Spring Data JPA のartifactをpom.xml の<dependencies>に追加します。本書ではJPA実装にHibernateを、データベースにH2を使用します。

▶ pom.xmlの定義例

```
<dependencies>
    <!-- 中略 -->
    <dependency>
        <groupId>org.springframework.data</groupId>
        <artifactId>spring-data-jpa</artifactId>
    </dependency>
    <dependency>
        <groupId>org.hibernate</groupId>
        <artifactId>hibernate-core</artifactId>
    </dependency>
    <dependency>
        <groupId>org.hibernate</groupId>
        <artifactId>hibernate-entitymanager</artifactId>
    </dependency>
</dependencies>
```

Hibernate の最新バージョンは本書執筆時点で 5.x です。Spring 4.2 から Hibernate 5 への対応が行なわれましたが、本書では Hibernate 4.3 系を利用します。これは、本書執筆時点での Spring IO Platform の最新バージョン（2.0 系）が Hibernate 4.3 系に依存しているためです。

10.5.2 DataSource の定義

これまでに見てきた Spring JDBC でのデータソースの定義と同様です。Spring Data JPA 向けに設定する項目は特にありません。

10.5.3 EntityManagerFactory の定義

JPA の説明では省きましたが、JPA では EntityManager を作成する際に EntityManagerFactory を使用します。Spring Data JPA は EntityManagerFactory を DI コンテナ上で扱う必要があるため、Spring が提供する LocalContainerEntityManagerFactoryBean を使用し、DI コンテナ上に EntityManagerFactory が作成されるようにします。名称からはわかりづらいですが、EntityManagerFactory を生成するための FactoryBean です。JPA の設定は通常、persistence.xml という設定ファイルを記述する必要がありますが、LocalEntityManagerFactoryBean を使用すると、同様の設定を Bean 定義として JPA の設定を行なうことが可能です。この場合、persistence.xml が存在しなくてもかまいません。本書では persistence.xml を記述しない方法を採用します。

また、LocalContainerEntityManagerFactoryBean では、各 JPA 実装が用意している独自設定の部分については、JpaVendorAdapter インターフェイスの実装クラスを介して行なう仕組みになっています。

LocalContainerEntityManagerFactoryBean や JpaVendorAdapter は、ローカル、すなわちアプリケーション内に EntityManagerFactory を作成することを前提としています。そのためサポートされている JPA 実装は、Hibernate、EclipseLink、OpenJPA のみであり、各アプリケーションサーバーに組み込まれている JPA 実装には対応していません。アプリケーションサーバーが提供する JPA 実装を使用する場合は、JNDI などを利用して EntityManagerFactory を取得し、DI コンテナからアクセスできるよう Bean 化しておく必要があります。

▶ Java Config による Bean 定義例

```
@Configuration
public class JpaConfig {
    @Autowired
    private DataSource dataSource;

    @Bean
    public JpaVendorAdapter jpaVendorAdapter() {
```

```
        HibernateJpaVendorAdapter vendorAdapter = new HibernateJpaVendorAdapter();  ──────  ❶
        vendorAdapter.setDatabase(Database.H2);  ─────────────────────────────────────────  ❷
        vendorAdapter.setShowSql(true);  ────────────────────────────────────────────────  ❸
        return vendorAdapter;
    }

    @Bean
    public LocalContainerEntityManagerFactoryBean entityManagerFactory(DataSource dataSource) {
        LocalContainerEntityManagerFactoryBean factory = ──────────────────────────────┐
            new LocalContainerEntityManagerFactoryBean();  ─────────────────────────────┴──  ❹
        factory.setDataSource(dataSource);  ─────────────────────────────────────────────  ❺
        factory.setPackagesToScan("com.example.domain.model");  ─────────────────────────  ❻
        factory.setJpaVendorAdapter(jpaVendorAdapter());  ───────────────────────────────  ❼
        return factory;
    }
}
```

▶ XMLによるBean定義例

```
<bean id="jpaVendorAdapter"
    class="org.springframework.orm.jpa.vendor.HibernateJpaVendorAdapter"> ──────────────  ❶

    <property name="showSql" value="true" /> ──────────────────────────────────────────  ❸
    <property name="database" value="H2" /> ───────────────────────────────────────────  ❷
</bean>

<bean id="entityManagerFactory"
    class="org.springframework.orm.jpa.LocalContainerEntityManagerFactoryBean"> ─────────  ❹
    <property name="dataSource" ref="dataSource" /> ───────────────────────────────────  ❺
    <property name="packagesToScan" value="com.example.domain.model" /> ───────────────  ❻
    <property name="jpaVendorAdapter" ref="jpaVendorAdapter" /> ───────────────────────  ❼
</bean>
```

❶ JPA実装の独自設定を行なうために、JpaVendorAdapterインターフェイスの実装クラスのBeanを定義する。今回はHibernateを使用するため、Hibernate向け実装クラスであるHibernateJpaVendorAdapterのBeanを定義する

❷ 使用するデータベース製品を設定する。Hibernateはここで指定されたデータベース製品に対応するSQLを組み立てる。今回はH2を指定する

❸ Hibernateがデータベースに対して発行するSQLをコンソールに出力する機能を有効化する。Hibernateがどのような SQLを組み立てているか確認する際に利用するとよい

❹ LocalContainerEntityManagerFactoryBeanを定義し、指定されたJPA実装が提供するEntityManagerFactoryが Beanとして DIコンテナ上で管理されるようにする。デフォルトの状態では、Spring Data JPAが "entityManager Factory" という名前のBeanのEntityManagerFactoryを使用するため、Bean名の指定には注意する必要がある

❺ JPAの永続化処理で使用するデータソースを設定する

❻ Entityクラスが定義されているパッケージを指定する。ここで指定したパッケージ配下のEntityクラスのみが EntityManagerで扱えるようになる

❼ ❶で定義したJpaVendorAdapterを指定する

10.5.4 **JpaTransactionManager**の定義

Springを使用してJPAのトランザクション管理を行なう場合は、JPA用の JpaTransactionManager を使用します。JpaTransactionManager は、JPAが提供するトランザクション制御用の API（EntityTransaction の API）を、Springの PlatformTransactionManager インターフェイスを介して呼び出すために提供されている実装クラスです。ローカルなトランザクションを使用する場合は、以下の設定を行ないます。この設定を行なうことで、@Transactional アノテーションをメソッドに付加するだけで、JPAのトランザクション管理が可能になります。

▶ Java ConfigによるBean定義例

```
@Configuration
@EnableTransactionManagement
public class JpaConfig {
    // ・・・
    @Bean
    public PlatformTransactionManager transactionManager(EntityManagerFactory entityManagerFactory) {
        JpaTransactionManager jpaTransactionManager = new JpaTransactionManager();
        jpaTransactionManager.setEntityManagerFactory(entityManagerFactory);
        return jpaTransactionManager;
    }
}
```

▶ XMLによるBean定義例

```
<tx:annotation-driven />

<bean id="transactionManager"
    class="org.springframework.orm.jpa.JpaTransactionManager">
    <property name="entityManagerFactory" ref="entityManagerFactory" />
</bean>
```

アプリケーションサーバーが提供しているJTA（Java Transaction API）を使用するために、トランザクションマネージャ JtaTransactionManager を利用することもできます。ただし、JPA実装によっては各製品の差を吸収するための設定が必要になります。Hibernateの場合は、LocalContainerEntityManagerFactoryBean.jpaProperty に hibernate.transaction.jta.platform というキーでアプリケーションサーバーを指定する必要があります。

10.5.5 **Spring Data JPA**の有効化

Spring Data JPAを利用して、Repositoryインターフェイスから Proxy クラスを生成するには、さまざまなBeanや初期設定が必要になります。これらの初期設定の大半はデフォルト値から変更する必要はないため、初

期設定を行なう方法がSpring Data JPAから提供されています。

▶ **Java ConfigによるBean定義例**

```
@Configuration
@EnableTransactionManagement
@EnableJpaRepositories("com.example.domain.repository") ─────────────────── ❶
public class JpaConfig {
    // ・・・
}
```

❶ @EnableJpaRepositoriesにより、Spring Data JPAの初期設定を行なう。RepositoryインターフェイスやカスタムRepositoryクラスがRepositoryクラスが格納されているパッケージ名を指定している

▶ **XMLによるBean定義例**

```
<?xml version="1.0" encoding="UTF-8"?>
<beans xmlns="http://www.springframework.org/schema/beans"
    xmlns:jpa="http://www.springframework.org/schema/data/jpa"
    xmlns:xsi="http://www.w3.org/2001/XMLSchema-instance"
    xsi:schemaLocation=".....
    http://www.springframework.org/schema/data/jpa
    http://www.springframework.org/schema/data/jpa/spring-jpa.xsd"> ──────── ❶

    <!-- 中略 -->

    <jpa:repositories base-package="com.example.domain.repository"> ──────── ❷

</beans>
```

❶ Spring Data JPAのXMLスキーマ定義を取り込む。ここではネームスペースに「jpa」を指定している
❷ <jpa:repositories>要素を定義し、Spring Data JPAの初期設定を行なう。RepositoryインターフェイスやカスタムRepositoryクラスが格納されているパッケージ名を指定している

上記の例では@EnableJpaRepositoriesと<jpa:repositories>要素のどちらもパッケージ名設定以外をデフォルトのままとしていますが、他にも以下のような設定が可能となっています。

- Proxyを作成する対象のRepositoryインターフェイス名の接尾辞を指定するrepositoryImplementationPostfix属性（repository-impl-postfix属性）
- 使用するEntityManagerFactoryのBean名を変更するためのentityManagerFactoryRef属性（entity-manager-factory-ref属性）
- 使用するTransactionManagerのBean名を変更するためのtransactionManagerRef属性（transaction-manager-ref属性）

> XMLによるBean定義を行なう場合、DIコンテナ上にあるBeanに対して@javax.persistence.
> PersistenceContextによるEntityManagerの注入を可能にするには、本来であれば下記の設定が
> 必要になりますが<jpa:repositories>要素により設定不要となります。

▶ **XMLによるBean定義例**

```
<context:annotation-config/>
```

10.5.6 Open EntityManager in Viewパターンの設定

　Springを用いたWebアプリケーションの構築については別章で説明済みですが、JPAをWebアプリケーションで使用する場合に注意点があります。

　JPAには、Entityのデータが必要になるまでデータベースアクセスを行なわないLazyフェッチというものがあることを紹介しました。Lazyフェッチは、本来不要であるデータをデータベースから取得してしまうことを避けることができるため非常に有用な機能です。しかし、トランザクションが終了し、分離状態となったEntityはLazyフェッチを行なうことができないため、期待していた値が取得できないという問題が発生します。Webアプリケーションでは、画面のレンダリング前にトランザクションを終了してしまうパターンが一般的であるため、画面レンダリング時にEntityへアクセスしたときにこの問題に遭遇します。もちろんLazyフェッチを使用しないという選択肢をとることで対策できますが、「Open EntityManager in View」パターンという手法を使えばLazyフェッチをWeb画面のレンダリング時に使用できます。Open EntityManager in Viewパターンとは、トランザクションが終了した後もEntityManagerを閉じず、さらにEntityを管理状態のまま維持し、Web画面レンダリングが完了するまでLazyフェッチが可能なようにする手法です。

　Springは、Open EntityManager in Viewパターンを実現するためのクラスをWebRequestInterceptorとServletFilterの2種類の形態で提供しています。

- OpenEntityManagerInViewInterceptor
- OpenEntityManagerInViewFilter

　両者の違いは、Lazyフェッチが可能な状態をどこまで引き延ばすかの違いです。OpenEntityManagerInViewFilterのほうが引き延ばす期間が長く、ServletFilterでもLazyフェッチが可能となります。ただし、通常はJSPやThymeleafなどのレンダリング時にEntityへの参照を行なうことがほとんどで、その場合はOpenEntityManagerInViewInterceptorで十分な期間を得られます。また、WebRequestInterceptorのほうがServletFilterよりも設定の柔軟性が高いため、本書ではOpenEntityManagerInViewInterceptorを使用する設定例を紹介します。無駄なオーバーヘッドを削減するため、Lazyフェッチが明らかに発生しない静的リソース（HTMLファイル、CSSファイル、画像など）を対象から除外するようにしています。

10

▶ Java ConfigによるBean定義例

```java
@Configuration
public class WebApplicationConfig extends WebMvcConfigurerAdapter {

    // ・・・

    @Bean
    public OpenEntityManagerInViewInterceptor openEntityManagerInViewInterceptor() {
        return new OpenEntityManagerInViewInterceptor();
    }

    @Override
    public void addInterceptors(InterceptorRegistry registry) {
        registry.addWebRequestInterceptor(openEntityManagerInViewInterceptor())
                .addPathPatterns("/**")
                .excludePathPatterns("/**/*.html")
                .excludePathPatterns("/**/*.js")
                .excludePathPatterns("/**/*.css")
                .excludePathPatterns("/**/*.png");
    }
}
```

▶ XMLによるBean定義例

```xml
<mvc:interceptors>
    <mvc:interceptor>
        <mvc:mapping path="/**" />
        <mvc:exclude-mapping path="/**/*.html" />
        <mvc:exclude-mapping path="/**/*.js" />
        <mvc:exclude-mapping path="/**/*.css" />
        <mvc:exclude-mapping path="/**/*.png" />
        <bean
            class="org.springframework.orm.jpa.support.OpenEntityManagerInViewInterceptor" />
    </mvc:interceptor>
</mvc:interceptors>
```

後ほど紹介するSpring Bootの`spring-boot-starter-data-jpa`を使用すると、本節で紹介した設定の大半が自動的に設定されます。

10.6 Repositoryの作成と利用

　前節までで、Spring Data JPAを利用するための準備が完了しました。次に、データベースへアクセスするためのRepositoryインターフェイスを作成し、アプリケーションからRepositoryを利用する方法を説明します。

10.6.1　Spring Data JPA標準のCRUD操作

　Spring Data JPAでの実装は、JPAのみで実装したときと大きな違いはありません。ただし、Spring Data JPAを使用した場合でもEntityの状態を常に意識する必要があります。EntityManagerがRepositoryに置き換わったことと、それに合わせて操作を行なうメソッド名が変更になっているところが特に大きな違いです。また、JPAではクエリを記述する必要のあった全Entityの一覧取得などが、Repositoryのメソッド1つで取得できるようになり、コードの見通しがよくなっています。

▶ CRUD操作の実装例

```java
@Service
public class RoomServiceImpl implements RoomService {
    @Autowired
    RoomRepository roomRepository; ─────────────────────────────────── ❶

    @Transactional(readOnly = true) ──────────────────────────────────── ❷
    public Room getRoom(Integer id) {
        Room room =roomRepository.findOne(id); ────────────────────────── ❸
        if (room == null) {
            // 対象のroomが存在しない場合の処理（省略）
        }
        return room;
    }

    @Transactional(readOnly = true)
    public List<Room> getRoomsAll() {
        return roomRepository.findAll(new Sort(Direction.ASC, "roomId")); ─── ❹
    }

    @Transactional
    public Room createRoom(String roomName, Integer capacity) {
        Room room = new Room();
        room.setRoomName(roomName);
        room.setCapacity(capacity);
        return roomRepository.save(room); ─────────────────────────────── ❺
    }

    @Transactional
    public Room updateRoomName(Integer id, String roomName) {
        Room room = getRoom(id); ───────────────────────────────────── ❻
        room.setRoomName(roomName);
        return room;
    }

    @Transactional
    public void deleteRoom(Integer id) {
        roomRepository.delete(id); ─────────────────────────────────── ❼
    }
}
```

10

❶ RoomRepositoryインターフェイスをもとに生成されたProxyクラスインスタンスを注入する。Entityの操作はこのRepositoryインターフェイスを介して行なう

❷ @TransactionalアノテーションによりJPAのトランザクション管理を行なう

❸ 主キー指定でfindOneメソッドを実行してEntityを1件取得する。取得されたEntityは管理状態となる。対象Entityが存在しない場合はnullが返却される

❹ findAllメソッドを実行してデータベース上のすべてのEntityを取得する。Sortにより返却結果を特定のプロパティでソートすることができる。この例ではroomIdプロパティで昇順ソートしている。データ件数の多いことが予想される可能性がある場合は、ページネーション（後述）などを使用し、メモリ枯渇を避ける対策を実施する

❺ saveメソッドにより、新たに作成しnew状態となっているEntityを管理状態へ移行している。saveメソッドが呼び出されたタイミングでデータベースへの反映が行なわれるわけではない。メソッドが呼び出された後のEntityに対する変更も含めて、トランザクション終了時にデータベースへ反映される

❻ Entityの内容の変更を行なうために、主キー指定でEntityを取得している。取得したEntityはすでに管理状態であるため、saveメソッドを実行しなくてもデータベースへ反映される

❼ 主キー指定でdeleteメソッドを実行してEntityを削除済み状態へ移行させる。トランザクション終了時にデータベースのレコードが削除される

10.6.2 JPQLによるデータアクセス

　JPAのみでJPQLを実行する場合は、クエリ文字列からTypedQueryを生成し、TypedQueryにパラメータをバインドし、TypedQueryを実行して結果を得る、という手続きを命令的に記述する必要がありました。Spring Data JPAを使用すると、クエリを実装のないメソッドとして定義することができます。クエリをアノテーションもしくはメソッド名、引数名により宣言的に記述することができるため、可読性の向上、テスト容易化が期待できます。

　ここではJPQLによるデータアクセスを行なう方法を2つ紹介します。1つ目は、@Queryアノテーションを使用する方法です。Spring Data JPAのデフォルト設定では、クエリメソッドに@Queryアノテーションが定義されている場合はそちらが優先されます。

　2つ目の方法は、Repositoryインターフェイスのメソッド名からクエリを生成する方法です。この方法を強制的に利用したい場合は、@EnableJpaRepositoriesのqueryLookupStrategy属性、もしくは<jpa:repositories>のquery-lookup-strategy属性で変更できます。

■@Queryを使用する方法

▶ @Queryの使用例

```
public interface RoomRepository extends JpaRepository<Room, Integer> {
    @Query("SELECT r FROM Room r WHERE r.roomName = :roomName") ──────── ❶
    List<Room> findByRoomName(@Param("roomName") String roomName); ──────── ❷

    @Query("UPDATE Room r SET r.capacity = :capacity") ──────── ❸
    Integer updateCapacityAll(@Param("capacity") Integer capacity); ──────── ❹
}
```

❶ @org.springframework.data.jpa.repository.Queryアノテーションをメソッドに付加し、実行したいJPQLを記述する

❷ JPQLを実行するためのメソッドを定義する。@Queryアノテーションを使用する場合はメソッド名に制約はないが、メソッド名に統一感を持たせるため、後ほど紹介するメソッド名の命名規約に従った名前にするのが通例となっている。JPQLにバインド変数がある場合は、メソッドの引数に@org.springframework.data.repository.query.Paramアノテーションを付加することで、メソッド引数をJPQLにバインドできる。ここでは、条件に合致するEntityを一覧として取得したいため、戻り値の型はList型としている

❸ 参照系のJPQLと同様に、@org.springframework.data.jpa.repository.Queryアノテーションで更新系のJPQLを記述することが可能。ただし更新系のJPQLを実行した場合は、すでに管理状態となっているEntityへ変更が反映されない点に注意が必要

❹ 参照系のJPQLと同様。UPDATEクエリは更新件数を返却するため、Integerを戻り値としている

　加えて特筆すべき点は、各操作メソッドの戻り値の型の選択が柔軟になっており、CollectionやIteratorはもちろんのこと、非同期で戻り値を得るためのFuture、Java SE 8 の Optional、Stream や Completable Futureにも対応しています。クエリメソッドを定義するときに戻り値の型を自由に選択できます。Spring Data JPAが戻り値の型に合わせてクエリの結果を変換し返却します。

> Spring Data JPA では非同期オブジェクトを戻り値の型に定義することで、非同期にクエリの結果を取得できます。非同期で実行する場合は、クエリメソッドに @Async アノテーションを付与します。さらに @EnableAsync を用いて、Spring の非同期メソッド実行オプションを有効にしておく必要があります。

　@Query アノテーションに記述する JPQL は、Spring Data JPA 独自の拡張がなされています。1つは、JPQLの LIKE句を書きやすくするための拡張があります。JPQLでは LIKE句にワイルドカード文字として%を使用できますが、LIKE句にバインドパラメータを指定する場合は%を使用することができません。しかし Spring Data JPAでは、@Query で JPQLを記述する場合に限りそのような表記を許容しています。Spring Data JPA 内部で JPA に準拠した JPQLへ変換を行なっています。

▶ @Queryで許容されているJPQLの例

```
SELECT * FROM room r WHERE r.room_name LIKE %:roomName
```

10

　もう1つ独自の拡張がなされていて、JPQL内にSpELを使用してEntity名を埋め込むことが可能になっています。後で紹介するカスタムメソッドの作成と組み合わせることで、Entity名だけが異なるようなJPQLを共通化できます。

▶ SpELを埋め込んだJPQLの例

```
@Query("SELECT e FROM #{#entityName} e WHERE e.createdDate = :createdDate")
List<T> findByCreatedDate(@Param("createdDate") DateTime createdDate);
```

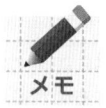 JPQLの拡張ではありませんが、@Queryアノテーションのn ativeQuery属性をtrueにすることで、Native Query（すなわちSQL）を実行させることもできます。

```
@Query(value = "SELECT * FROM room r WHERE r.room_name = :roomName", ➡
nativeQuery = true) List<Room> findByRoomName(@Param("roomName") String roomName);
```

■メソッド名からクエリを生成する方法

▶ メソッド名からクエリを生成する例

```
public interface RoomRepository extends JpaRepository<Room, Integer> {
    List<Room> findByRoomNameAndCapacity(String roomName, Integer capacity); ─────────── ❶
}
```

❶ メソッド名のプレフィックスがfind…By、read…By、query…By、count…By、get…Byのいずれかのパターンに一致する場合、メソッド名からSELECT文のJPQLを生成する対象となる。By以降の部分には、SELECT文の条件（WHERE句）に指定したいEntityのプロパティ名を指定する。条件部分はAndもしくはOrを用いて複数プロパティを指定することが可能。JPQLのパラメータは引数の順序のとおりにバインドされる

クエリメソッド名のルールには上記で紹介した以外にも、以下のようなルールがあります。

- find…By、read…By、query…By、count…By、get…Byの…部分にはDISTINCT句を使用するための「Distinct」を挿入できる

  例： findDistinctRoomByEquipmentName(String equipmentName)
- By以降には、AndやOrの他に、Between、LessThan、GreaterThan、Likeなどを使用できる

  例： findByCapacityBetween(Integer capacityFrom, Integer capacityTo)
- プロパティが文字列である場合、Entityのプロパティ名の直後にIgnoreCase、もしくはメソッド名末尾にAllIgnoreCaseを付けることができる

  例： findByRoomNameIgnoreCaseAndCapacity()
- OrderBy<プロパティ名>AscもしくはOrderBy<プロパティ名>Descにより順序を指定できる

  例： findByRoomNameAndCapacityOrderByRoomNameAsc()
- ネストしているプロパティ名の境界を_で明示的に区切ることができる

  例：findByRoomRoomName(String roomName)とfindByRoom_RoomName(String roomName)は同じ意味

@Queryと同様に、戻り値の型は柔軟に定義できます。比較的単純なクエリを記述するのに便利な機能ではありますが、参照系のクエリしか使用できない、長いクエリだとメソッド名が長くなり可読性が下がる、結合テーブルからのデータ取得クエリが記述しづらい、Native Queryを生成できない、などの欠点に注意しておきたいところです。

Spring Data JPAを用いてクエリを実行する方法は他にもありますが、本書では以下の方法については詳細を割愛します。

- Named Query を読み込む方法
- サードパーティの QueryDSL を使用する方法
- Specification インターフェイスを実装し CriteriaQuery を記述する方法

10.6.3　排他制御

　JPAでは、EntityManager から排他制御用の API が提供されていました。Spring Data JPAでは排他制御の有無を、Repositoryのクエリメソッドに @org.springframework.data.jpa.repository.Lock アノテーションを付加することで宣言できます。新たに追加するクエリメソッドだけでなく、findAll などの Spring Data JPA が提供するメソッドに対しても、メソッド定義をオーバーライドすることで @Lock を付与することができます。

　@Lock アノテーションの value 属性には、JPA の LockModeType をそのまま指定できます。例で示している悲観ロックだけでなく、楽観ロックによる @Version プロパティのインクリメントも、LockModeType.OPTIMISTIC を指定することにより実現可能です。JPAが提供する排他制御についてはすでに紹介済みですので、ここでの説明は省きます。

▶ 悲観ロックの定義例

```
public interface RoomRepository extends JpaRepository<Room, Integer> {
    // ・・・

    @Lock(LockModeType.PESSIMISTIC_WRITE)
    List<Room> findAll();
}
```

10.6.4　ページネーション

　Web アプリケーションなどのオンラインアプリケーションでは、大量なデータを全件取得し画面へ表示するようなことは、性能面やユーザービリティ面から避けるようにします。検索結果などを表示する一般的な方法は「ページネーション」と呼ばれるやり方です。これは複数のページに分けてデータを一覧化し、現在閲覧しているページに表示するデータのみをデータベースから取得します。

　ページネーションを使用する場合、本来であればクエリに取得するデータの開始位置や件数、順序の条件を指定する必要がありますが、Spring Data JPA にはそれらをクエリに自動的に付加する機能が用意されています。この機能を使用するには、使用する Repository が PagingAndSortingRepository を継承している必要があります。本書の実装例で使用している JpaRepository は PagingAndSortingRepository を継承しているのでページ

ネーションが利用可能です。

▶ ページネーションの使用例

```java
public interface RoomRepository extends JpaRepository<Room, Integer> {
    // ・・・
    @Query("SELECT r FROM Room r WHERE r.roomName = :roomName")
    Page<Room> findByRoomName(@Param("roomName") String roomName, Pageable pageable); ────── ❶
}
```

❶ クエリメソッドの引数に Pageable 型の引数を追加することで、ページネーションに対応させることができる

```java
@Service
public class RoomServiceImpl implements RoomService {
    // ・・・

    @Transactional
    public List<Room> searchRoomByNameAsc(String roomName, int page, int size) {
        Sort sort = new Sort(Direction.ASC, "roomName"); ─────────────────────── ❷
        Pageable pageable = new PageRequest(page, size, sort); ───────────────── ❸
        Page<Room> rooms = roomRepository.findByRoomName(roomName, pageable); ── ❹
        return rooms.getContent(); ──────────────────────────────────────────── ❺
    }
}
```

❷ 取得結果の一覧の順序ルールを指定するために Sort を定義する。ここでは、roomName プロパティを昇順に取得するよう指定している

❸ 取得したいデータのページ番号、1ページあたりの件数、順序ルールを指定して、Pageable を作成する。Spring Data JPA は Pageable オブジェクトからクエリの条件部分を生成する

❹ 作成した Pageable オブジェクトを指定してクエリメソッドを呼び出し、Page<T> 型で一覧を取得する。Page<T> には取得結果の一覧が List 型で保存されているほか、現在のページ番号、全体のページ数、1ページあたりの件数など、ページネーション時に必要な情報が含まれている

❺ 取得結果の一覧のみが必要な場合は、Page<T>.getContent メソッドを用いて List<T> 型で取得できる。実際のWebアプリケーションでは、他のページ情報が必要になるため、Page オブジェクトのまま画面レンダリング処理へ渡すのが一般的

メモ

Spring Data は、Web アプリケーションフレームワークである Spring MVC とページネーションの連携をサポートしています。Spring MVC の HandlerMethodArgumentResolver という仕組みを使用して、リクエストに含まれるページや順序ルールの情報を Pageable オブジェクトに変換する機能を Spring Data が提供しています。アプリケーションはリクエストから生成された Pageable オブジェクトを取得することができるため、上の例のように Pageable を自前で生成する必要がなくなります。

▶ Java Config による Bean 定義例

```java
@Configuration
@SpringDataWebConfiguration
```

```
public class WebApplicationConfig extends WebMvcConfigurerAdapter {
    // ・・・
}
```

▶ XMLによるBean定義例

```
<mvc:annotation-driven>
    <mvc:argument-resolvers>
        <bean class="org.springframework.data.web.PageableHandlerMethodArgument➡
Resolver" />
    </mvc:argument-resolvers>
</mvc:annotation-driven>
利用イメージ
リクエストのURL：http://xxx/rooms?page=2&size=10&sort=roomName
@RequestMapping(value = "/rooms", method = RequestMethod.GET)
public String getRoomsAll(Model model, Pageable pageable) {
    // pageable引数にURLのpage、size、sortの値が格納されている
    // ・・・
}
```

10.6.5 Repositoryへのカスタムメソッドの追加

　Spring Data JPAが提供するJpaRepositoryなどで標準で提供されていない操作については、クエリメソッドを追加することで拡張する方法を紹介しました。しかし、動的にクエリの内容を変更するなどの命令的な記述が必要なケースへは、Repositoryインターフェイスへのクエリメソッド追加だけでは対応できません。そこでSpring Data JPAは、Repositoryのクエリメソッドに利用者が作成したカスタムメソッドの実装を紐付けるための手段を提供しています（図10.5）。

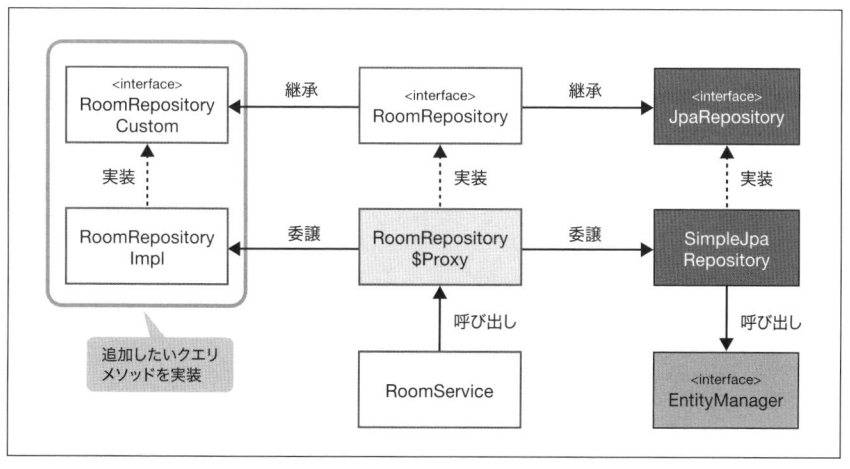

図10.5　Repositoryへのカスタムメソッドの追加

　上図のように、追加したいカスタムメソッドを定義したインターフェイス（RoomRepositoryCustom）とその実装（RoomRepositoryImpl）を作成します。さらにカスタムメソッドを定義したインターフェイスを、メソッドを追加したいRepositoryインターフェイスへ継承させます。このように作成されたカスタムメソッドを実装したクラスXxxRepositoryImplをカスタムRepositoryクラスと呼ぶことにします。次に、カスタムRepositoryクラスやそのインターフェイスの実装方法を紹介します。

▶ カスタムメソッドの定義例

```
public interface RoomRepositoryCustom { ────────────────────────── ❶
    List<Room> findByCriteria(RoomCriteria criteria); ───────────── ❷
}
```

❶ カスタムRepositoryクラスのインターフェイスを作成する。POJOを用いたインターフェイスでかまわない。インターフェイス名に制約はないが、慣例として「Repositoryインターフェイス名＋Custom」とする
❷ カスタムメソッドを定義する

```
public class RoomRepositoryImpl implements RoomRepositoryCustom { ─────────── ❸

    @PersistenceContext
    private  EntityManager entityManager; ───────────────────────── ❹

    public List<Room> findByCriteria(RoomCriteria criteria) { ───── ❺

        // ・・・（実装を記述）

        return rooms;
    }
}
```

❸ カスタムRepositoryクラスの実装を行なう。クラス名には制約があり、デフォルトでは「Repositoryインターフェイス名＋Impl」とする必要がある
❹ カスタムメソッド内ではJPAの操作をEntityManagerに対して直接行なう必要があるため、EntityManagerへアクセスできるよう注入する
❺ カスタムメソッドを実装する。RoomRepository.findByCriteriaメソッドを呼び出すと、この実装が実行される

```
public interface RoomRepository extends JpaRepository<Room, Integer>, RoomRepositoryCustom { ─── ❻
    // ・・・
}
```

❻ カスタムRepositoryをRepositoryインターフェイスへ継承させる。アプリケーションからはこのRepositoryインターフェイスのメソッドを呼び出すようにする

10.6.6 監査情報の付与

　情報セキュリティに対する規制の厳しい現代では、データベースのデータに監査情報を記録する要件が非常に増えてきています。どのような情報を監査情報として残すかはさまざまですが、Spring Data には基本的な監査情報を付加するための機能があります。

▶ 監査情報の付与するEntityの例

```
@Entity
@Table(name = "room")
@EntityListeners(AuditingEntityListener.class) ─────────────────────────────── ❶
public class Room implements Serializable {
    // ・・・

    @CreatedBy ──────────────────────────────────────────────────────────────── ❷
    @Column(name = "created_by")
    private String createdBy;

    @CreatedDate ────────────────────────────────────────────────────────────── ❸
    @Column(name = "created_date")
    private LocalTime createdDate;

    @LastModifiedBy ─────────────────────────────────────────────────────────── ❹
    @Column(name = "last_modified_by")
    private String lastModifiedBy;

    @LastModifiedDate ───────────────────────────────────────────────────────── ❺
    @Column(name = "last_modified_date")
    private LocalTime lastModifiedDate;

    // constructor, getter, setter
}
```

❶ Spring Data が提供している監査記録用のEventListener を登録する

❷ データの作成者情報を格納するプロパティを@CreatedBy アノテーションで指定する。型は任意だが、後述するAuditorAware で扱う型と揃えておく必要がある

❸ データの作成日時を格納するプロパティを@CreatedDate アノテーションで指定する。型にはJava SE 8の LocalTime を使用しているが、他のJava SE 8のDate And Time APIの型、JodaTime のDateTime、レガシーな java.util.DateやCalendar、Long や long に対応している

❹ データの最終更新者情報を格納するプロパティを@LastModifiedBy アノテーションで指定する。型については @CreatedByと同様

❺ データの最終更新日時を格納するプロパティを@LastModifiedDate アノテーションで指定する。型については @CreatedDateと同様

　この機能は、JPAのEntityListeners という仕組みを使用して、Entity に対するイベントを検知し監査ログを出力しています。そのため、@EntityListeners アノテーションを監査対象のEntity に付加し、Spring Data

10

が提供する監査記録を行なうイベントリスナを登録します。

> **メモ**
>
> JPAのEntityListenerの定義は、個々のEntityクラスに対して@EntityListenersアノテーションを付加する方法以外に、JPAで規定されているJavaオブジェクトとデータベースのマッピングを定義するためのXMLファイル（orm.xml）に定義する方法もあります。XMLファイルが増えてしまいますが、すべてのEntityに対して一括でEventListenerを登録することが可能です。

▶ **orm.xmlによるEntityListenerの定義例**

```xml
<?xml version="1.0" encoding="UTF-8"?>

<entity-mappings xmlns="http://java.sun.com/xml/ns/persistence/orm"
    xmlns:xsi="http://www.w3.org/2001/XMLSchema-instance"
    xsi:schemaLocation="http://java.sun.com/xml/ns/persistence/orm
    http://java.sun.com/xml/ns/persistence/orm_2_0.xsd"
    version="2.0">

    <persistence-unit-metadata>
        <persistence-unit-defaults>
            <entity-listeners>
                <entity-listener
                    class="org.springframework.data.jpa.domain.support.
AuditingEntityListener" />
            </entity-listeners>
        </persistence-unit-defaults>
    </persistence-unit-metadata>
</entity-mappings>
```

　また、Entityに監査情報を示すアノテーションを付加することで、監査情報を保存するプロパティを指定します。これらの監査情報はデータベースに永続化される情報であり、必要に応じてカラム名を指定できます。アノテーションの代わりに、Auditableインターフェイスやその実装であるAbstractAuditableクラスを継承したEntityを作成する方法もありますが、Spring Dataへの結合度を軽減するためにアノテーションを使用する方法が推奨されています。

　アノテーションを指定しただけでは、監査情報として何のデータを記録するかを指定できていません。記録する監査情報を指定するには、AuditorAwareインターフェイスを実装する必要があります。

　以下では、データ更新を行なった利用者のユーザー名を、データ作成、最終更新者の監査情報として使用する場合のAuditorAwareの実装例を紹介します。ここでは簡単化のため、Webアプリケーションではなく、利用者自身が所有するOSユーザーで実行されることが保証されているスタンドアロンアプリケーションを想定し、利用者を特定するためのユーザー名としてOSユーザー名を使用しています。OSユーザー名はシステムプロパティから取得しています。

▶ AuditorAware インターフェイスの実装例

```java
public class OsUserAuditorAware implements AuditorAware<String> {

    @Value("#{ systemProperties['user.name'] }")
    private String userName;

    @Override
    public String getCurrentAuditor() {
        return userName;
    }
}
```

　作成したAuditorAwareの実装を使用するにはBean化や設定が必要になるため、Java ConfigまたはXMLで
Bean定義を行ないます。

▶ Java ConfigによるBean定義例

```java
@Configuration
@EnableTransactionManagement
@EnableJpaRepositories("com.example.domain.repository")
@EnableJpaAuditing // AuditorAware型のBeanを検出します
public class JpaConfig {
    // ・・・

    @Bean
    public AuditorAware<String> auditorAware() {
        return new OsUserAuditorAware();
    }
}
```

▶ XMLによるBean定義例

```xml
<jpa:auditing auditor-aware-ref="auditorAware" />
<bean id="auditorAware" class="com.example.domain.service.OsUserAuditorAware" />
```

　これらを定義したうえで、RoomRepository.save メソッドを実行すると、roomの createdBy や lastModified
Byの各プロパティにOSユーザー名が保存されていることが確認できます。

@CreatedBy や @LastModifiedBy を指定するプロパティの型は任意のオブジェクト型で指定でき、
AuditorAware インターフェイスへジェネリクスとして指定できます。監査情報の記録の応用とし
て、第9章で紹介したSpring Securityで管理する任意のユーザー情報（ここではUserオブジェク
トとする）を監査情報として保存するためのAuditorAwareの実装例を紹介します。

▶ AuditorAwareインターフェイスの実装例

```java
public class SpringSecurityAuditorAware implements AuditorAware<User> {
```

10

515

```
@Override
public User getCurrentAuditor() {
    Authentication authentication =
        SecurityContextHolder.getContext().getAuthentication();
    if (authentication == null || !authentication.isAuthenticated()) {
        return null;
    }
    return ((UserDetails) authentication.getPrincipal()).getUser();
}
}
```

Chapter

11

Spring + MyBatis

　Springアプリケーションでデータアクセスを行なう基本的な方法を第3章で、JPAを活用する方法については第10章で紹介しました。しかし、一般的なアプリケーション開発の現場ではそれらだけでは不十分な場合が多く、そのような場合は本章で紹介するMyBatisをはじめとしたSQLベースのデータアクセスフレームワークが不可欠となります。

　本章では、SpringアプリケーションでMyBatisを活用する方法を紹介していきます。まずはじめに、MyBatis自体、およびSpringとの連携ライブラリから提供される機能や、Springとの連携の仕組みについて概要を見ていきます。次に、MyBatisを用いてCRUDのような基本的なデータアクセスを行なう方法を紹介し、さらには動的に組み立てるSQLなどの応用的なMyBatis機能の利用方法を説明していきます。

11.1　MyBatisとは

　MyBatis [1] は、SQLとJavaオブジェクトをマッピングするという思想で開発されたデータベースアクセス用のフレームワークです。

　第3章「データアクセス（Tx、JDBC）」で紹介したようにSpringの機能を使用してSQLを実行できることは見てきました。しかし規模が大きいアプリケーションの場合、SQLが数百種類を超えることはよくあり、SQL自体の体系的な管理方法や、SQLの入出力データとJavaオブジェクトの効率の良い変換方法といった、Springの機能だけでは解決できない新たな課題が発生します。

　それらの課題に応えるものとしては、第10章で紹介したSpring Data JPAがありますが、SQLに慣れ親しんだ開発者から見るとJPAは扱いづらかったり、既存システムのSQLやビジネスロジック、データベーススキーマなどの資産を流用できないなど、要件にマッチしないケースがあります。

　MyBatisは、SQLベースでデータベースアクセスを実現するというレガシーな手法を受け入れつつ、前述した規模が大きめのアプリケーション開発で発生する課題を解決する仕組みを提供しています。MyBatisを使用することにより、以下のメリットを享受できます。

- SQLの体系的な管理、宣言的な定義（設定ファイル、アノテーション）
- Javaオブジェクトと、SQL入出力値の透過的なバインディング
- 動的なSQLの組み立て

> データベースアクセス用のフレームワークとしては、データベースで管理しているレコードとオブジェクトをマッピングするという思想で開発されたHibernate ORMやJPA（Java Persistence API）などが有名です。これらは「ORM（Object-Relational Mapping、Object-Relational Mapper）」に分類されますが、MyBatisはSQLとオブジェクトをマッピングするため「SQL Mapper」と呼ぶのが正確な表現です。MyBatisのGitHubページでも「MyBatis SQL Mapper Framework for Java」という名前になっています。

【1】　http://mybatis.github.io/mybatis-3/

　MyBatisの最大の特徴は、SQLを設定ファイルやアノテーションに宣言的に定義することで、Javaで書かれたビジネスロジックからSQL自体の存在を隠ぺいできる点です。Mapperインターフェイスと呼ばれるPOJOなインターフェイスがSQLの隠ぺいを担っており、MyBatisがMapperインターフェイスのメソッドとSQLの二者を紐付けています。そのため、Javaのビジネスロジックからは、Mapperインターフェイスを呼び出すだけで、紐付いているSQLを実行できます。

　MyBatisでは、Mapperインターフェイスに紐付けるSQLを定義する方法として「マッピングファイル」と「アノテーション」の2種類がサポートされています。それぞれの特徴（**表11.1**）と図（**図11.1**）を示します。本書では、両者の利用方法を解説していきます。

表11.1　SQLの指定方法

SQLの指定方法	説明
マッピングファイル	MyBatisの前身であるiBATISの時代からサポートされている伝統的な指定方法。MyBatisの機能を完全に利用することができる
アノテーション	MyBatis 3系からサポートされた方法で、開発の容易性を優先する際に有効な指定方法。SQLの指定は簡単だが、アノテーションの表現力と柔軟性の制限により、複雑なSQLやマッピングの指定には向いていない。また、標準的な機能はサポートされているが、マッピングファイルで実現できることがすべてサポートされているわけではない

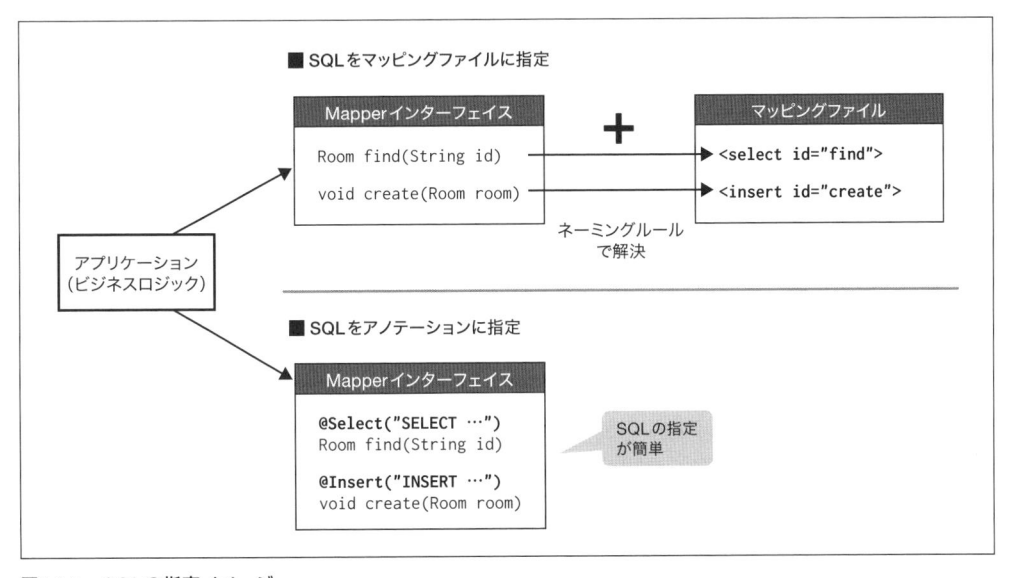

図11.1　SQLの指定イメージ

11.1.1 MyBatis と Spring の連携

Spring上でMyBatisを使用する場合は、MyBatisプロジェクトから提供されているMyBatis-Spring [2] という ライブラリを使用します。このライブラリを使用することで、MyBatisのコンポーネントをSpringのDIコンテナ 上で管理できるようになります。また、MyBatis-Springを使用することで以下のようなメリットも得られます。本 書では、MyBatis-Springの使用を前提に、SpringアプリケーションからMyBatisを利用する方法を紹介します。

- Springのトランザクション制御を利用するため、MyBatisのAPIに依存したトランザクション制御を行なう 必要がない
- MyBatisの初期化処理をMyBatis-Springが行なうため、基本的にはMyBatisのAPIを直接使用する必要が ない
- MyBatisやJDBCの中で発生した例外がSpringが提供するデータアクセス例外に変換されるため、 MyBatisやJDBCのAPIに依存した例外ハンドリングを行なう必要がない
- スレッドセーフなMapperオブジェクトを生成できるため、Mapperオブジェクトを他のBeanにDIして使用 できる

11.1.2 MyBatis と MyBatis-Spring の主要コンポーネント

MyBatisの具体的な使い方を紹介する前に、MyBatisおよびMyBatis-Springの主要なコンポーネントの役割 を紹介します（**表11.2**、**表11.3**）。

表 11.2　MyBatis の主要コンポーネント

コンポーネント／設定ファイル	説明
MyBatis設定ファイル	MyBatisの動作設定を指定するXMLファイル
Mapperインターフェイス	マッピングファイルやアノテーションに定義したSQLに対応するJavaのインターフェイス。MyBatisは、実行時にMapperインターフェイスの実装クラス（以降、Mapperオブジェクトと呼ぶ）をProxyとしてインスタンス化するため、開発者はMapperインターフェイスの実装クラスを作成する必要はない
マッピングファイル	SQLとオブジェクトのマッピング定義を記載するXMLファイル。SQLをアノテーションに指定する場合は使用しない
org.apache.ibatis.session.SqlSession	SQLの発行やトランザクション制御のAPIを提供するコンポーネント。MyBatisを使ってデータベースにアクセスする際に、最も重要な役割を果たすコンポーネントである。Spring上で使用する場合は、MyBatis側のトランザクション制御APIは使用しない
org.apache.ibatis.session.SqlSessionFactory	SqlSessionを生成するためのコンポーネント
org.apache.ibatis.session.SqlSessionFactoryBuilder	MyBatis設定ファイルを読み込み、SqlSessionFactoryを生成するためのコンポーネント

【2】　http://www.mybatis.org/spring/

表11.3 MyBatis-Spring の主要コンポーネント

コンポーネント／設定ファイル	説明
org.mybatis.spring.SqlSessionFactoryBean	SqlSessionFactoryを構築し、SpringのDIコンテナ上にオブジェクトを格納するためのコンポーネント
org.mybatis.spring.SqlSessionTemplate	Springのトランザクション管理下でMyBatis標準のSqlSessionを扱うためのコンポーネントで、スレッドセーフな実装になっている。このクラスはSqlSessionインターフェイスを実装しており、SqlSessionとしての振る舞い（実際の処理はMyBatis標準のSqlSessionへの処理の委譲）も提供する
org.mybatis.spring.mapper.MapperFactoryBean	Springのトランザクション管理下でSQLを実行するMapperオブジェクトを、Beanとして生成するためのコンポーネント。SpringのDIコンテナ上でBeanとして扱うことができるため、任意のBeanへ注入してSQLを実行するのが容易となる

　MyBatis と MyBatis-Spring の仕組みの理解を深めるために、それらの主要コンポーネントがどのような流れでデータベースにアクセスしているのかを見てみましょう。

　細かなコードの書き方や設定の仕方については後ほど紹介しますが、ここではMyBatisによるデータアクセスの全貌を俯瞰したいと思います。

　各コンポーネントがどのように作用しているのかを、以下の2つのフェーズに分けて順を追って説明します。

- アプリケーションの起動時に行なうBean生成処理
- リクエストごとに行なうデータアクセス処理

■アプリケーションの起動時に行なうBean生成処理

　アプリケーションの起動時に行なうBean生成処理は、以下の流れで実行されます（図11.2）。

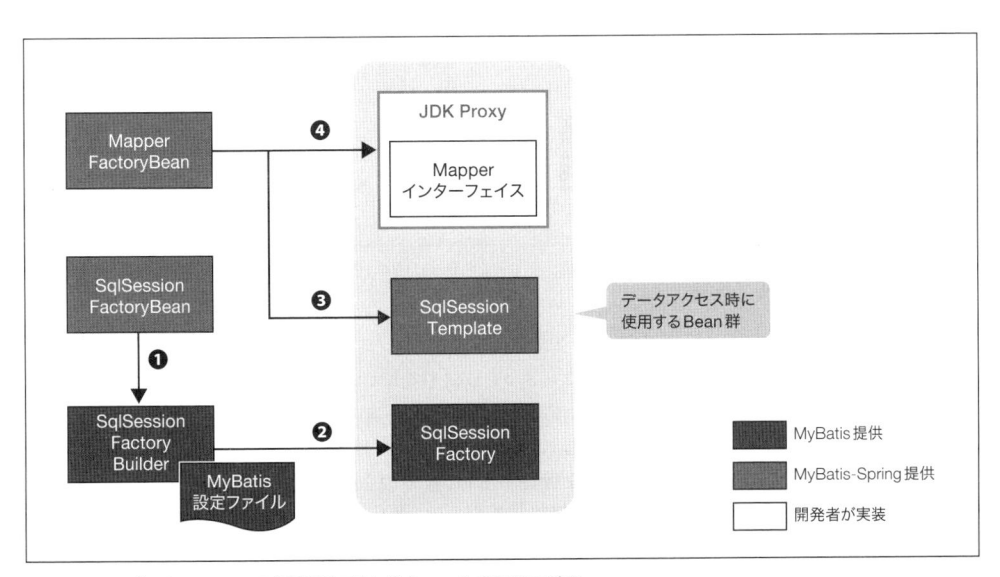

図11.2 アプリケーションの起動時に行なうBean生成処理の流れ

❶ SqlSessionFactoryBean を Bean 定義することで、Spring の FactoryBean の仕組みにより、SqlSessionFactory Builder を用いて SqlSessionFactory が Bean として生成される。この際、DI コンテナ上に Bean 化されたデータソースをインジェクションすることで、操作対象のデータベースを指定できる

❷ SqlSessionFactoryBuilder は、MyBatis 設定ファイルの定義に基づいて SqlSessionFactory を生成する。生成された SqlSessionFactory は、Spring の DI コンテナによって管理される

❸ MapperFactoryBean は SqlSessionTemplate を生成し、Spring のトランザクション管理下で MyBatis 標準の SqlSession を扱えるようにする

❹ MapperFactoryBean は、Spring のトランザクション管理下で SQL を実行する Mapper オブジェクトを生成する。Proxy 化された Mapper オブジェクトは SqlSessionTemplate を利用することで、Spring のトランザクション管理下で SQL を実行する。なお、生成された Mapper オブジェクトは Spring の DI コンテナにシングルトンの Bean として登録されるため、アプリケーション側で使用する場合は、Service クラスなどの Bean に DI して使用する

■リクエストごとに行なうデータアクセス処理

リクエストごとに行なうデータアクセス処理は、以下の流れで実行されます（図11.3）。

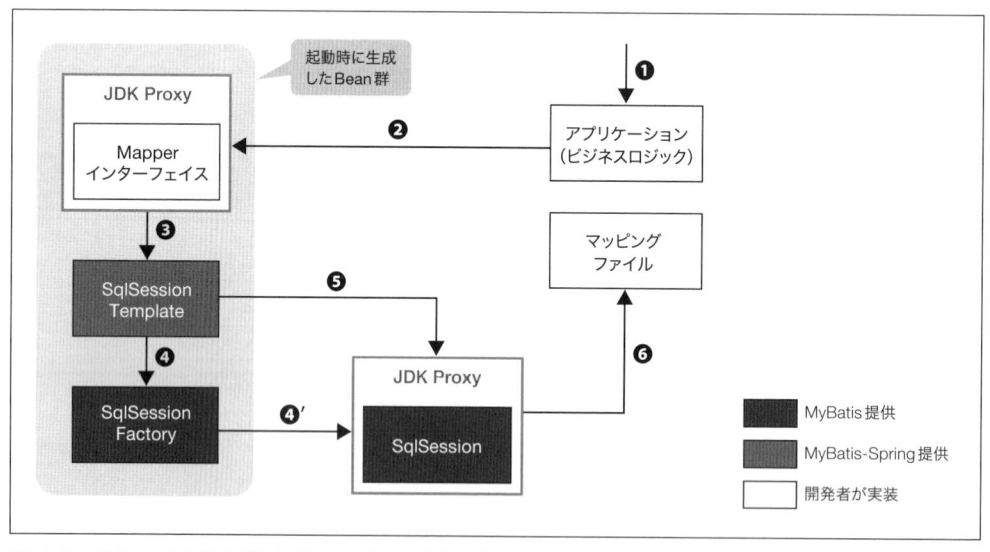

図11.3　リクエストごとに行なうデータアクセス処理の流れ

❶ アプリケーションは、クライアントからのリクエストを受けてビジネスロジックを実行する

❷ アプリケーション（ビジネスロジック）は、DI コンテナによって DI された Mapper オブジェクトのメソッドを呼び出す

❸ Mapper オブジェクトは、呼び出されたメソッドに対応する SqlSession（実装クラスは SqlSessionTemplate）のメソッドを呼び出す

❹ SqlSessionTemplate は、SqlSessionFactory を介して MyBatis 標準の SqlSession を取得する。MyBatis の世界では、複数の SQL を同一トランザクション内で操作する場合は、同じ SqlSession を使いまわす必要がある。SqlSessionTemplate は、SqlSessionFactory を介して取得した SqlSession を実行中のトランザクションに割り当てることで、同一トランザクション内で同じ SqlSession が使われるように制御しており、この制御を行なう際に JDK 標準の動的 Proxy の仕組みが利用される

❺ SqlSessionTemplate は、Proxy 化された SqlSession を介して MyBatis 標準の SqlSession のメソッドを呼び出し、アプリケーションから呼び出された Mapper オブジェクトのメソッドに対応する SQL の実行依頼を行なう

❻ MyBatis 標準の SqlSession は、Mapper オブジェクトのメソッドに対応する SQL をマッピングファイルから取得して実行する。渡された引数や SQL の戻り値などの変換もこのときに行なわれる。なお、マッピングファイルから読み込んだ SQL やマッピング定義の情報は、キャッシュされる仕組みになっている

11.1.3 MyBatis-Spring の例外ハンドリング

MyBatis および JDBC ドライバ内で発生した例外は、org.springframework.dao.DataAccessException を継承した非検査例外にラップされてスローされます。この仕組みにより、Spring 標準の JdbcTemplate を使用してデータアクセスしたときと同じように例外ハンドリングを実装することができます。ほとんどのケースで DataAccessException はシステム例外として扱われますが、一意制約違反エラー、ロックエラー、タイムアウトエラーなどの一部のエラーについては、アプリケーションの要件に応じて個別にハンドリングが必要になるケースがあります。そのような場合には、エラー内容に対応する DataAccessException のサブクラスを捕捉してエラー処理を実装してください。たとえば、一意制約違反をハンドリングしたい場合は、org.springframework.dao.DuplicateKeyException を捕捉することで実現できます。なお、例外ハンドリングの詳細については、第 3 章の「3.4 データアクセスエラーのハンドリング」で詳しく説明しています。

> メモ　MyBatis-Spring は、org.mybatis.spring.MyBatisExceptionTranslator というクラス中で DataAccessException への変換処理を行なっており、SqlSessionTemplate が例外を捕捉したときに呼び出される仕組みになっています。

11.2 Spring + MyBatis のセットアップ

本節では、MyBatis を Spring 上で使用するためのセットアップ方法を紹介します。

11.2.1 ライブラリのセットアップ

11

MyBatis および MyBatis-Spring のライブラリ (jar ファイル) を開発する Maven プロジェクトに適用します。また、Spring の JDBC 関連のコンポーネントが格納されている Spring JDBC も必要になります。

▶ pom.xml の定義例

```
<dependency>
    <groupId>org.mybatis</groupId>
    <artifactId>mybatis</artifactId>
    <version>3.4.0</version><!-- 執筆時点の最新バージョン -->
```

```
</dependency>
<dependency>
    <groupId>org.mybatis</groupId>
    <artifactId>mybatis-spring</artifactId>
    <version>1.3.0</version><!-- 執筆時点の最新バージョン -->
</dependency>
<dependency>
    <groupId>org.springframework</groupId>
    <artifactId>spring-jdbc</artifactId>
</dependency>
```

また、データベースとしてH2を利用する場合は、以下の定義も追加してください。

▶ pom.xmlの定義例

```
<dependency>
    <groupId>com.h2database</groupId>
    <artifactId>h2</artifactId>
    <scope>runtime</scope>
</dependency>
```

11.2.2 SpringとMyBatisを連携するための設定

　ここではSpringとMyBatisを連携するための設定方法について説明します。SpringとMyBatisを連携するためのポイントは以下のとおりです。

- SpringのDIコンテナに、データソースのBeanを登録する
- SpringのDIコンテナに、トランザクションマネージャのBeanを登録する
- アノテーション（@Transactional）駆動のトランザクション制御を有効にする
- SpringのDIコンテナに、SqlSessionFactoryのBeanを登録する
- Mapperインターフェイスのスキャン機能を有効にする

SpringとMyBatisを連携するためのBean定義例を以下に示します。

▶ Java ConfigによるBean定義例

```
@Configuration
@ComponentScan("com.example.domain")
@EnableTransactionManagement ─────────────────────────────── ❶
@MapperScan("com.example.domain.mapper") ──────────────────── ❷
public class AppConfig {

    @Bean ────────────────────────────────────────────────── ❸
    public DataSource dataSource() {
        return new EmbeddedDatabaseBuilder()
```

```
            .setType(EmbeddedDatabaseType.H2)
            .addDefaultScripts().build();
    }

    @Bean ──────────────────────────────────────────────────────── ❹
    public PlatformTransactionManager transactionManager() {
        return new DataSourceTransactionManager(dataSource());
    }

    @Bean ──────────────────────────────────────────────────────── ❺
    public SqlSessionFactoryBean sqlSessionFactory() {
        SqlSessionFactoryBean sessionFactoryBean = new SqlSessionFactoryBean();
        sessionFactoryBean.setDataSource(dataSource()); ───────────── ❻
        sessionFactoryBean.setConfigLocation(
                new ClassPathResource("/mybatis-config.xml")); ─────── ❼
        return sessionFactoryBean;
    }
}
```

❶ @org.springframework.transaction.annotation.EnableTransactionManagement を付与し、アノテーション（@Transactional）駆動のトランザクション制御を有効にする

❷ @org.mybatis.spring.annotation.MapperScan を付与し、Mapper インターフェイスのスキャンを有効にする。スキャンを有効にすることで、value 属性に指定した基底パッケージ配下に存在する Mapper インターフェイスを MyBatis が検出し、Mapper オブジェクトを Bean として生成する

❸ データソースの Bean を定義する。データソースの種類は問わない

❹ トランザクションマネージャの Bean を定義する

❺ org.mybatis.spring.SqlSessionFactoryBean の Bean を定義する。これにより SqlSessionFactoryBean を利用して SqlSessionFactory が生成される

❻ データソースを設定する。MyBatis の処理の中で SQL を発行すると、ここで指定したデータソースからコネクションが取得される

❼ MyBatis 設定ファイルを指定する

▶ XML による Bean 定義例

```xml
<?xml version="1.0" encoding="UTF-8"?>
<beans xmlns="http://www.springframework.org/schema/beans"
    xmlns:jdbc="http://www.springframework.org/schema/jdbc"
    xmlns:tx="http://www.springframework.org/schema/tx"
    xmlns:xsi="http://www.w3.org/2001/XMLSchema-instance"
    xmlns:context="http://www.springframework.org/schema/context"
    xmlns:mybatis="http://mybatis.org/schema/mybatis-spring"
    xsi:schemaLocation="http://www.springframework.org/schema/beans
        http://www.springframework.org/schema/beans/spring-beans.xsd
        http://www.springframework.org/schema/jdbc
        http://www.springframework.org/schema/jdbc/spring-jdbc.xsd
        http://www.springframework.org/schema/tx
        http://www.springframework.org/schema/tx/spring-tx.xsd
        http://www.springframework.org/schema/context
```

11

```
                http://www.springframework.org/schema/context/spring-context.xsd
                http://mybatis.org/schema/mybatis-spring
                http://mybatis.org/schema/mybatis-spring.xsd">                              ❶

        <context:component-scan base-package="com.example.domain" />

        <tx:annotation-driven />                                                            ❷

        <mybatis:scan base-package="com.example.domain.mapper" />                           ❸

        <jdbc:embedded-database type="H2" id="dataSource">
            <jdbc:script location="classpath:/schema.sql" />
            <jdbc:script location="classpath:/data.sql" />                                  ❹
        </jdbc:embedded-database>

        <bean id="transactionManager"
            class="org.springframework.jdbc.datasource.DataSourceTransactionManager">
            <property name="dataSource" ref="dataSource" />                                 ❺
        </bean>

        <bean id="sqlSessionFactory" class="org.mybatis.spring.SqlSessionFactoryBean">
            <property name="dataSource" ref="dataSource" />
            <property name="configLocation" value="classpath:/mybatis-config.xml" />        ❻
        </bean>

</beans>
```

❶ MyBatis の Bean 定義用のネームスペースとスキーマを追加する
❷ アノテーション（@Transactional）駆動のトランザクション制御を有効にする
❸ Mapper インターフェイスのスキャンを有効にする
❹ データソースの Bean を定義する
❺ トランザクションマネージャの Bean を定義する
❻ SqlSessionFactoryBean の Bean を定義する

Mapper インターフェイスをスキャンする際に指定する基底パッケージの中には、Mapper 以外の
インターフェイスが格納されないようにしましょう。MyBatis のデフォルトの動作だと、指定さ
れたパッケージ配下にあるインターフェイスをすべてスキャンするため、Mapper ではないイン
ターフェイスから生成された Bean が DI コンテナに登録されることになります。もし Mapper イ
ンターフェイス以外のインターフェイスをパッケージから分離できない場合は、@MapperScan の
annotationClass 属性や markerInterface 属性に任意のアノテーションやインターフェイスを指
定することで、スキャン対象の Mapper インターフェイスを絞り込むことができます。

11.2.3 MyBatis の設定

MyBatis の設定は、MyBatis 設定ファイルを使用して行ないます。Spring と連携する場合は、大部分の設定を Spring の Bean 定義として設定できるため、MyBatis 設定ファイルにおける必須の設定項目はありません。デフォルトの動作を変更したい場合に設定するようにします。MyBatis の設定は多数の設定項目が存在するため、内容については MyBatis リファレンスの「Configuration [3]」を参照してください。ここでは、アプリケーションの特性に依存しない設定項目（どのようなアプリケーションにおいても一般的に設定しておくことが望ましい設定項目）について説明します。

- **NULL 値と JDBC 型のマッピング設定**

  使用するデータベース（JDBC ドライバ）によっては、カラム値を null に設定するとエラーが発生します。これは MyBatis のデフォルト値が JDBC 型の OTHER 型にマッピングされているためで、JDBC ドライバが null 値の設定と認識できる JDBC 型を指定することで解決できます。

- **フェッチサイズ**

  複数行の検索結果を返す際、処理性能に影響を及ぼすフェッチサイズのデフォルト値を設定します。デフォルト値を設定しない場合、フェッチサイズは JDBC ドライバの実装に依存するため、アプリケーションの要件に応じたデフォルト値を設定しておくようにしましょう。

- **TypeAlias**

  TypeAlias とは、マッピングファイルで指定する Java クラスに対して、エイリアス（短縮名）を割り当てる機能です。TypeAlias を使用しない場合、Java クラスを完全修飾クラス名（FQCN）で指定する必要があります。TypeAlias を使用すると、記述効率の向上、記述ミスの削減、マッピングファイルの可読性向上などの効果が期待できます。

上記の内容を踏まえた MyBatis 設定ファイルを以下に示します。

▶ mybatis-config.xml

```xml
<?xml version="1.0" encoding="UTF-8" ?>
<!DOCTYPE configuration
  PUBLIC "-//mybatis.org//DTD Config 3.0//EN"
  "http://mybatis.org/dtd/mybatis-3-config.dtd">
<configuration>
    <settings>
        <setting name="jdbcTypeForNull" value="NULL" />          ❶
        <setting name="defaultFetchSize" value="100"/>           ❷
    </settings>
    <typeAliases>
        <package name="com.example.domain.model" />              ❸
    </typeAliases>
</configuration>
```

【3】 http://www.mybatis.org/mybatis-3/configuration.html

527

❶ jdbcTypeForNull に NULL 値の JDBC 型を指定する。この設定により、Java の null 値を JDBC の NULL 型と扱う設定となる

❷ defaultFetchSize にデフォルトのフェッチサイズを指定する。MyBatis 3.3 から有効になった設定であり、フェッチサイズのデフォルト値を定義することができる。マッピングファイルの <select> 要素で、SQL 単位に個別にフェッチサイズを指定した場合はそちらが優先される

❸ マッピングファイル内で繰り返し使用されるパッケージ名を TypeAlias として定義する。<package> 要素の name 属性に指定したパッケージ配下に格納されているクラスは、クラス名がエイリアスとなり、FQCN を記述する際に省略できる。一般的に、戻り値の型を指定するために、戻り値の型が存在するパッケージ名を繰り返し記述することが多いため、ここではそのパッケージ名を指定している

> MyBatis の設定は、前述の SqlSessionFactoryBean 経由で指定することもできますが、MyBatis-Spring 1.2 系では <settings> 要素内に指定する設定がサポートされていませんでした。しかし、MyBatis-Spring 1.3.0 より、<settings> 要素内に指定する設定も SqlSessionFactoryBean 経由で指定可能になり、MyBatis 設定ファイルを利用する必要がなくなりました。もちろん、従来どおり MyBatis 設定ファイルを利用することもできます。

11.3 基本的な CRUD 操作

本節では、MyBatis を使用した基本的な CRUD 操作の実装方法を紹介します。ここまで紹介してきたように、MyBatis を用いて SQL を実行するためには、Mapper インターフェイスにメソッドを定義し、定義したメソッドに対応する SQL が記述されたマッピングファイルの作成もしくはアノテーションを付与する必要があります。さらには、Mapper インターフェイスのメソッドと SQL を紐付けるだけではなく、Mapper インターフェイスの引数、戻り値と SQL の入出力データのマッピングや変換ルールなどの指定が必要となります。

それらの基本的なルールを説明してから、Mapper インターフェイスと SQL を紐付ける方法を紹介していきます。

11.3.1 Mapper インターフェイスの作成

まず、Mapper インターフェイスを作成します。

▶ Mapper インターフェイスの作成例

```
package com.example.domain.mapper;                                        ❶

public interface MeetingRoomMapper {
    // ・・・
}
```

❶ Mapper インターフェイスは通常の Java インターフェイスとして作成し、パッケージは @MapperScan や <mybatis
:scan> 要素で指定した規定パッケージ配下にする

11.3.2 マッピングファイルの作成

次に、マッピングファイルを作成します。作成するマッピングファイルのファイル名は「Mapperインターフェ
イス名.xml」とし、Mapper インターフェイスのパッケージと同じ階層のクラスパス上に配置します（図11.4）。
こうすることで、MyBaits が自動でマッピングファイルを読み込んでくれます。なお、アノテーションを使用し
てSQLとオブジェクトのマッピング定義を指定する場合は、マッピングファイルの作成は不要です。

▶ マッピングファイルの作成例

```xml
<?xml version="1.0" encoding="UTF-8"?>
<!DOCTYPE mapper PUBLIC "-//mybatis.org//DTD Mapper 3.0//EN"
    "http://mybatis.org/dtd/mybatis-3-mapper.dtd">
<mapper namespace="com.example.domain.mapper.MeetingRoomMapper"> ———————————— ❶
    <!-- ... -->
</mapper>
```

❶ namespace 属性に、Mapper インターフェイスの完全修飾クラス名（FQCN）を指定する

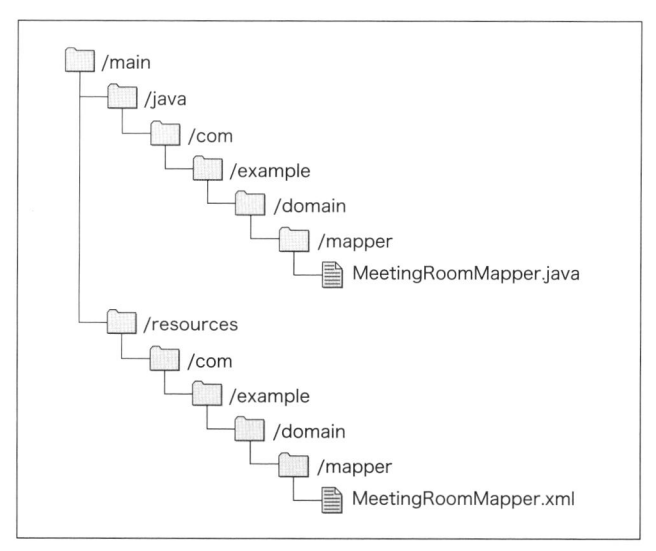

図11.4 マッピングファイルの配置例

マッピングファイルは XML 形式のため、SQL 内に「<」や「>」を直接記述することができません。
これは、エンティティ参照文字（< や > など）で代替することもできますが、可読性はあまり
よくありません。数値や日付の大小比較で「<」や「>」を記述したい場合は、SQLの可読性を考慮し

てCDATAセクションをうまく活用しましょう。CDATAセクションはプレーンなテキストとして評価されるため、「<」や「>」を直接記述することができます。

▶ CDATAセクションの活用例

```
<![CDATA[
    capacity >= 50
]]>
```

11.3.3 SQLへの値の埋め込み方法

CRUD操作の実装方法を説明する前に、SQLに値を埋め込む方法を紹介します。MyBatisは、SQLに値を埋め込む方法として、以下の方法をサポートしています(表11.4)。

表11.4 SQLに値を埋め込む方法

方法	変数のシンタックス	説明
バインド変数を使用して埋め込む	#{変数名}	SQL組み立て後にjava.sql.PreparedStatementのバインド変数を利用して埋め込む
置換変数を使用して埋め込む	${変数名}	SQLを組み立てるタイミングで文字列として置換する。テーブル名やORDER句のカラム名などjava.sql.PreparedStatementのバインド変数では置換することができない箇所を置換したい場合に使用する

■バインド変数の利用

ユーザーからの入力値をSQLに埋め込む場合は、バインド変数を使用します。

▶ MyBatisのバインド変数の利用例

```
SELECT
    room_id AS roomId,
    room_name AS roomName,
    capacity
FROM
    meeting_room
WHERE
    room_id = #{roomId}  /* MyBatisのバインド変数 */
```

MyBatisのバインド変数は、java.sql.PreparedStatementのバインド変数に変換され、PreparedStatementのAPIを使って値を埋め込む仕組みになっています。

▶ バインド変数利用時に生成されるSQL例

```
SELECT
    room_id AS roomId,
```

```
    room_name AS roomName,
    capacity
FROM
    meeting_room
WHERE
    room_id = ?  /* PreparedStatementのバインド変数への変換 */
```

■置換変数の利用

　SQLの内容によっては、テーブル名やカラム名を変数として扱いたい場合があります。そのようなケースでは、前述したバインド変数ではなく置換変数を使用します。

▶ MyBatisの置換変数の利用例

```
SELECT
    room_id,
    room_name,
    capacity
FROM
    meeting_room
ORDER BY
    ${orderByColumn}  /* MyBatisの置換変数 */
```

　MyBatisの置換変数は、SQLを生成する際に文字列として置換する仕組みになっています。

▶ 置換変数利用時に生成されるSQL例

```
SELECT
    room_id,
    room_name,
    capacity
FROM
    meeting_room
ORDER BY
    room_name  /* 文字列として置換 */
```

> 置換変数を使用する場合は、SQLインジェクションへの対策が必要になります。置換変数には、必ず安全な値（ビジネスロジック内で指定する固定値、入力チェック済みの値）を設定してください。

11

11.3.4　埋め込み値の連携方法

　バインド変数や置換変数として使用する値は、Mapperインターフェイスのメソッド引数を介してSQL側に連携する仕組みになっており、引数に渡すオブジェクトの種類や引数の数によって実装方法が微妙に異なります。

■引数が1つでStringなどのJavaの基本的なデータ型の場合

　メソッド引数が1つでかつIntegerやStringなどのJavaの基本的なデータ型の場合（JavaBeanではない場合）は、SQLへ埋め込む値が一意に定まるため、メソッド引数名とバインド変数名を揃える必要はなく任意の名前が使用できます。下記の例では#{roomId}としていますが、#{value}にしても問題ありません。置換変数の場合も同様で、#{roomId}や#{value}などの任意の名前が利用できます。

▶ Mapperメソッドの定義例

```
public interface MeetingRoomMapper {
    MeetingRoom findOne(String roomId);
}
```

▶ SQLの記述例

```
SELECT room_id, room_name, capacity FROM meeting_room WHERE room_id = #{roomId}
```

■引数が1つでJavaBeanの場合

　メソッド引数が1つでJavaBeanの場合は、JavaBeanのプロパティ名をそのままバインド変数や置換変数の変数名に使用することで、SQLへ埋め込む値を一意に定めます。

▶ JavaBeanの定義例

```
public class MeetingRoom {
    private String roomId;
    private String roomName;
    private int capacity;
    // ・・・
}
```

▶ Mapperメソッドの定義例

```
public interface MeetingRoomMapper {
    void create(MeetingRoom meetingRoom);
}
```

▶ SQLの記述例

```
INSERT INTO meeting_room (room_id, room_name, capacity)
    VALUES (#{roomId}, #{roomName}, #{capacity})
```

■引数が2つ以上の場合

　メソッド引数名はJavaのコンパイル時に加工されてしまう可能性があるため、MyBatisではメソッド引数の名前からバインド変数や置換変数をマッピングさせることができません。そのため、メソッドの引数が2つ以上の場合は、MyBatisがSQLへ埋め込む値を一意に定められるよう、@org.apache.ibatis.annotations.Paramを

使用してメソッド引数に変数名を明示的に割り当てます。

▶ Mapperメソッドの定義例

```
public interface MeetingRoomMapper {
    void create(
            @Param("roomId") String roomId,
            @Param("roomName") String roomName,
            @Param("capacity") int capacity);
}
```

▶ SQLの記述例

```
INSERT INTO meeting_room (room_id, room_name, capacity)
    VALUES (#{roomId}, #{roomName}, #{capacity})
```

引数がJavaBeanの場合は、「@Paramで指定した変数名.プロパティ名」の形式でメソッド引数をSQLへ埋め込むことができます。

▶ JavaBeanの定義例

```
public class MeetingRoomCriteria {
    private Integer capacity;
    // ・・・
}
```

▶ Mapperメソッドの定義例

```
public interface MeetingRoomMapper {
    List<MeetingRoom> findAllByCriteria(
            @Param("criteria") MeetingRoomCriteria criteria,
            @Param("orderByColumn") String orderByColumn);
}
```

▶ SQLの記述例

```
SELECT room_id, room_name, capacity FROM meeting_room
    WHERE capacity >= #{criteria.capacity} ORDER BY ${orderByColumn}
```

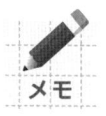

@Paramを省略した場合は、引数の宣言順に「param1」「param2」「param3」という機械的な変数名が割り当てられます。もちろん機械的に割り振られた変数を利用することもできますが、メンテナンス性および可読性の低下が懸念されるため、基本的には利用しないほうがよいでしょう。

■MyBatis提供の特殊クラスの扱い

MyBatisが提供している以下のクラスは、引数の数にカウントされません。

- org.apache.ibatis.session.RowBounds
- org.apache.ibatis.session.ResultHandler

つまり、これらのクラスを除いた引数の数が1つであれば、@Paramを使用する必要はありません。

▶ Mapperメソッドの定義例

```
public interface MeetingRoomMapper {
    List<MeetingRoom> findRangeByCapacity(int capacity, RowBounds rowBounds);
    void collectByCapacity(int capacity, ResultHandler resultHandler);
}
```

▶ SQLの記述例

```
SELECT room_id, room_name, capacity FROM meeting_room WHERE capacity >= #{capacity}
```

11.3.5 SELECT（Read）操作の実装

データベースからレコードを取得してJavaオブジェクトに変換する場合は、Mapperインターフェイスに
SELECT文を発行するためのメソッドを定義し、マッピングファイルまたはアノテーションを使用してSQLとオブ
ジェクトのマッピング定義を記述します。

▶ Mapperインターフェイスの実装例

```
public interface MeetingRoomMapper {
    MeetingRoom findOne(String roomId); ─────────────── ❶❷
    long count(); ─────────────────────────── ❸
    List<MeetingRoom> findAll(); ───────────────── ❹
}
```

❶ 検索条件はメソッドの引数として受け取る。引数で受け取った値は、SQLにバインド変数（#{バインド変数名}）を
  指定することで埋め込むことができる
❷ SELECT文によるデータの取得結果は、Mapperインターフェイスのメソッドの戻り値を経由して受け取ることがで
  きる。取得するデータが複数カラムの場合は、戻り値の型をJavaBeanにし、各列をJavaBeanのプロパティにマッ
  ピングして返却する必要がある
❸ SELECT文の取得項目が1つの場合は、取得項目に対応する型（Stringやlongなど）を返却する
❹ 検索結果が複数件になる可能性がある場合は、java.util.Listやjava.util.Mapに格納して返却する

▶ マッピングファイルの実装例

```
<mapper namespace="com.example.domain.mapper.MeetingRoomMapper">
    <select id="findOne" parameterType="string" resultType="MeetingRoom"> ──────
        SELECT
            room_id AS roomId,
            room_name AS roomName,
```

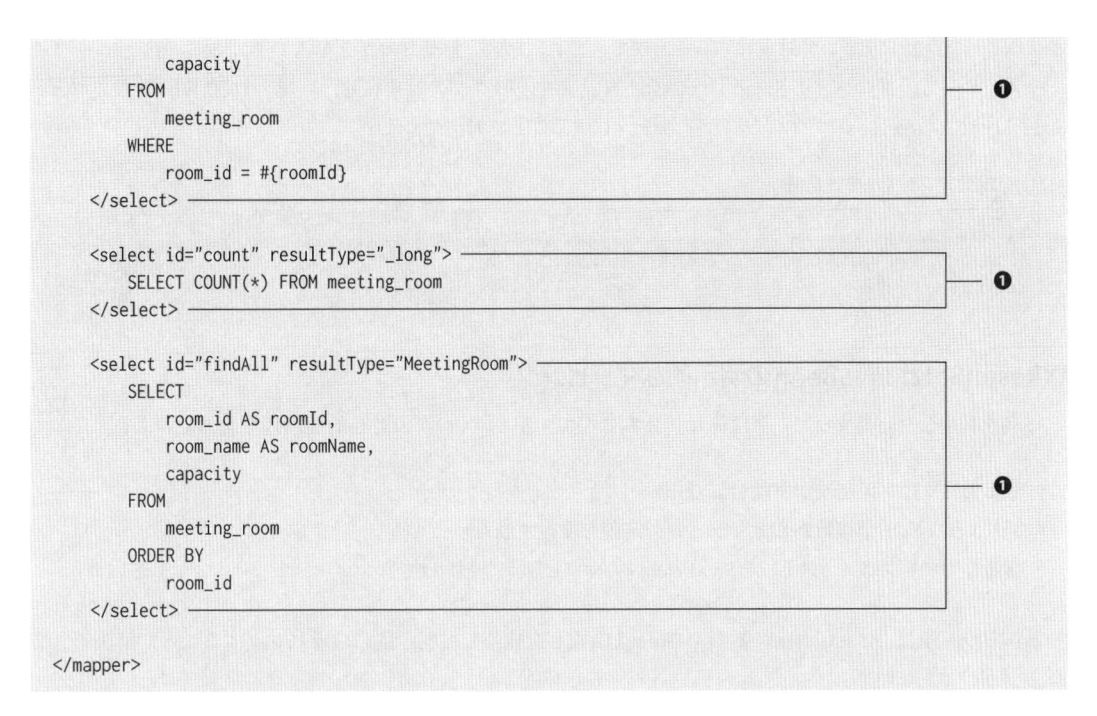

```
                capacity
        FROM
            meeting_room
        WHERE
            room_id = #{roomId}
    </select>

    <select id="count" resultType="_long">
        SELECT COUNT(*) FROM meeting_room
    </select>

    <select id="findAll" resultType="MeetingRoom">
        SELECT
            room_id AS roomId,
            room_name AS roomName,
            capacity
        FROM
            meeting_room
        ORDER BY
            room_id
    </select>

</mapper>
```

❶ <select>要素の中に、SELECT文を記述する。id属性には「Mapperインターフェイスに定義したメソッドのメソッド名」、parameterType属性には「メソッド引数のクラス（またはエイリアス名）」、resultType属性には「検索結果をマッピングするクラス（またはエイリアス名）」を指定する。なお、parameterType属性は省略可能で、その場合は実際のメソッド引数の型が動的に判定される

　マッピングファイルを使わずにアノテーションを使用してSQLを指定する場合は、@org.apache.ibatis.annotations.Selectを使用します。マッピングファイルに記述する方法と同様に、バインド変数や置換変数の仕組みや、SQLの結果を戻り値として返却することが可能です。

▶ **アノテーションを使用したSQLの指定例**

```
@Select("SELECT room_id AS roomId, room_name AS roomName, capacity FROM meeting_room WHERE room_id = ➡
#{roomId}")
MeetingRoom findOne(String roomId);
```

■ResultSetとJavaBeanの暗黙的なマッピング

　SQLの実行結果をJavaビジネスロジック側で受け取るには、Mapperインターフェイスのメソッドの戻り値として値を取得します。その際、SQL実行結果と戻り値となるオブジェクト間のマッピングはMyBatisにより自動的に行なわれます。具体的にはSQL実行結果であるResultSetに含まれるカラム名と、メソッド戻り値のJavaBean型のプロパティ名が一致した場合、そのプロパティに該当カラムの値を格納します。テーブルのカラム名とプロパティ名が一致していない場合でも、AS句を使用してResultSetのカラム名とプロパティ名を一致

させることで自動マッピング対象にすることができます。また、_区切りのカラム名（例：room_id）とローワー
キャメルケースのプロパティ名（例：roomId）を自動マッピングの対象にしたい場合は、MyBatis設定のmap
UnderscoreToCamelCaseプロパティの値をtrueにすることで対応できます。

▶ MyBatis設定ファイルの設定例

```
<settings>
    <setting name="mapUnderscoreToCamelCase" value="true"/>
</settings>
```

■ResultSetとJavaBeanの明示的なマッピング

AS句を利用した自動マッピングは簡単で便利なのですが、いくつかの潜在的な問題を含んでいます。

- SQLとマッピング定義が密結合になる
- 同じようなSQLが複数あるとマッピング定義も重複する
- 複雑なマッピング（ネストしたJavaBeanへのマッピングなど）はできない

これらの問題は、<resultMap>要素や@Resultsなどを使用して明示的にマッピングすることで解決できます。

▶ マッピングファイルを使用した明示的なマッピング例

```
<resultMap id="roomResultMap" type="MeetingRoom">
    <id column="room_id" property="roomId" />
    <result column="room_name" property="roomName" />
</resultMap>                                                          ❶


<select id="findOne" parameterType="string" resultMap="roomResultMap">
    SELECT
        room_id,
        room_name,
        capacity
    FROM
        meeting_room                                                  ❷
    WHERE
        room_id = #{roomId}
</select>
```

❶ <resultMap>要素の中に、ResultSetのカラム名とJavaBeanのプロパティのマッピング定義を記述する。マッピング定義は、<id>や<result>要素などを使用して行なう。id属性には「マッピング定義の識別子」、type属性には「検索結果をマッピングするクラス（またはエイリアス名）」を指定する。カラムのマッピング定義は、主キーとなるカラムとそれ以外のカラムで使用する要素が異なり、主キーカラムには<id>を、それ以外のカラムには<result>要素を使用する。それぞれ、column属性にはResultSet内のカラム名を、property属性にはマッピング先となるJavaBean型のプロパティ名を指定する

❷ resultMap属性に「マッピング定義の識別子」を指定する

マッピングファイルを使わずにアノテーションを使用してSQLを指定する場合は、@org.apache.ibatis.an notations.Resultsや@org.apache.ibatis.annotations.Resultを使用します。

アノテーションで指定する場合は、主キーカラムか否にかかわらず使用するアノテーションは同一で@ Resultを使用し、id属性で主キーカラムか否かを指定します。

▶ アノテーションを使用した明示的なマッピング例

```
@Results({
    @Result(column = "room_id", property = "roomId", id = true),
    @Result(column = "room_name", property = "roomName")
})
@Select("SELECT room_id, room_name, capacity FROM meeting_room WHERE room_id = #{roomId}")
MeetingRoom findOne(String roomId);
```

11.3.6 INSERT（Create）操作の実装

データベースにレコードを登録する場合は、Mapperインターフェイスに INSERT 文を発行するためのメソッドを定義し、マッピングファイルまたはアノテーションを使用してSQLとオブジェクトのマッピング定義を記述します。

▶ Mapperインターフェイスの実装例

```
public interface MeetingRoomMapper {
    void create(MeetingRoom meetingRoom); ──────────────────────── ❶ ❷
}
```

❶ 登録する情報を保持するオブジェクト（JavaBean）をメソッドの引数として受け取る。引数が1つでJavaBeanであるため、引数で受け取った JavaBeanが保持する値は、SQL にバインド変数（#{JavaBeanのプロパティ名}）を指定することで埋め込むことができる

❷ 登録時の戻り値は基本的には void でよい。SELECT した結果を INSERT するようなSQLを発行する場合は、登録件数や登録有無（真偽値）を返却することもできる

▶ マッピングファイルの実装例

```
<mapper namespace="com.example.domain.mapper.MeetingRoomMapper">
    <insert id="create" parameterType="MeetingRoom"> ─────────────────────────
        INSERT INTO meeting_room (room_id, room_name, capacity)                 ❶
            VALUES (#{roomId}, #{roomName}, #{capacity})
    </insert> ──────────────────────────────────────────
</mapper>
```

❶ <insert>要素の中に、INSERT文を記述する

　マッピングファイルを使わずにアノテーションを使用してSQLを指定する場合は、@org.apache.ibatis.annotations.Insertを使用します。

▶ アノテーションを使用したSQLの指定例

```
@Insert("INSERT INTO meeting_room (room_id, room_name, capacity) VALUES (#{roomId}, #{roomName}, ➡
#{capacity})")
void create(MeetingRoom meetingRoom);
```

■キー取得機能の利用

　追加するレコードの主キーに設定する値は、シーケンスや主キーを管理するテーブルから取得することがあります。そのようなケースでは、MyBatisが提供するキー取得機能を利用できます。この機能を利用すると、主キーに設定する値を取得する処理（主キーのSELECT処理）をJavaのビジネスロジックから切り離すことができます。

▶ マッピングファイルの実装例

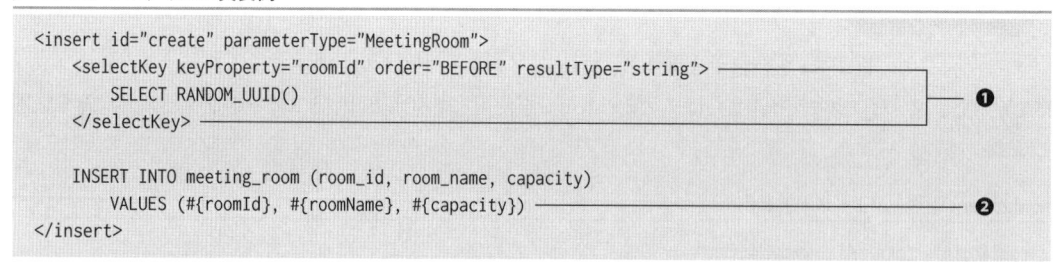

```
<insert id="create" parameterType="MeetingRoom">
    <selectKey keyProperty="roomId" order="BEFORE" resultType="string">
        SELECT RANDOM_UUID()
    </selectKey>

    INSERT INTO meeting_room (room_id, room_name, capacity)
        VALUES (#{roomId}, #{roomName}, #{capacity})
</insert>
```

❶ <selectKey>要素の中に、キーを生成するためのSQLを記述する。keyProperty属性に「取得したキー値を格納するプロパティ名」、order属性に「キー生成用SQLを実行するタイミング（"BEFORE"または"AFTER"）」、resultType属性に「SQLを発行して取得するキー値の型」を指定する。上記の例は、INSERT文を発行する前に「キーを生成するためのSQL（SELECT RANDOM_UUID()）」を実行し、MeetingRoomオブジェクトのroomIdプロパティに値を設定している

❷ ❶で生成した主キーはJavaBeanのプロパティに設定されるため、バインド変数を使用してINSERT文に埋め込むことができる

　マッピングファイルを使わずにアノテーションを使用してSQLを指定する場合は、@org.apache.ibatis.annotations.SelectKeyを使用します。

▶ アノテーションを使用したキー取得の指定例

```
@SelectKey(statement = "SELECT RANDOM_UUID()", keyProperty = "roomId", before = true, resultType = ➡
String.class)
@Insert("INSERT INTO meeting_room (room_id, room_name, capacity) VALUES (#{roomId}, #{roomName}, ➡
#{capacity})")
void create(MeetingRoom meetingRoom);
```

■ID列の利用

MyBatisは、JDBCドライバによる主キー生成機能と連携する仕組みも提供しています。この仕組みを利用すると、INSERT時にデータベース側で採番された主キーを、引数に渡したJavaBeanのプロパティを介して取得することができます。

▶ マッピングファイルの実装例

```
<insert id="create" parameterType="MeetingRoom" useGeneratedKeys="true" keyProperty="roomId">  ── ❶
    INSERT INTO meeting_room (room_name, capacity)
        VALUES (#{roomName}, #{capacity})
</insert>
```

❶ useGeneratedKeys属性に"true"、keyProperty属性に「採番されたキー値を格納するプロパティ名」を指定する

マッピングファイルを使わずにアノテーションを使用してSQLを指定する場合は、@org.apache.ibatis.annotations.Optionsを使用します。

▶ アノテーションを使用したキー取得の指定例

```
@Options(useGeneratedKeys = true, keyProperty = "roomId")
@Insert("INSERT INTO meeting_room (room_name, capacity) VALUES (#{roomName}, #{capacity})")
void create(MeetingRoom meetingRoom);
```

11.3.7 UPDATE 操作の実装

データベースにレコードを更新する場合は、MapperインターフェイスにUPDATE文を発行するためのメソッドを定義し、マッピングファイルまたはアノテーションを使用してSQLとオブジェクトのマッピング定義を記述します。基本的にはINSERT操作と同じですが、INSERT時には省略していたSQLが返却する更新件数を、Mapperインターフェイスの戻り値として返却するようにしています。

▶ Mapperインターフェイスの実装例

```
public interface MeetingRoomMapper {
    boolean update(MeetingRoom meetingRoom); ─────────────────────────────────── ❶ ❷
}
```

❶ 更新する情報を保持するオブジェクト（JavaBean）をメソッドの引数として受け取る。引数で受け取ったJavaBeanが保持する値は、SQLにバインド変数（#{JavaBeanのプロパティ名}）を指定することで埋め込める

❷ 更新時の戻り値は、主キーやユニークキーの更新の場合はboolean、それ以外は数値（intまたはlong）にする。なお、更新件数の判定が不要な場合はvoidでもよい

▶ マッピングファイルの実装例

```
<mapper namespace="com.example.domain.mapper.MeetingRoomMapper">
```

11

```
    <update id="update" parameterType="MeetingRoom">
        UPDATE meeting_room SET
            room_name = #{roomName},
            capacity = #{capacity}
        WHERE
            room_id = #{roomId}
    </update>
</mapper>
```

❶ `<update>`要素の中に、UPDATE文を記述する

　マッピングファイルを使わずにアノテーションを使用してSQLを指定する場合は、@org.apache.ibatis.an notations.Updateを使用します。

▶ **アノテーションを使用したSQLの指定例**

```
@Update("UPDATE meeting_room SET room_name = #{roomName}, capacity = #{capacity} WHERE room_id = ↵
#{roomId}")
boolean update(MeetingRoom meetingRoom);
```

11.3.8 DELETE操作の実装

　データベースのレコードを削除する場合は、MapperインターフェイスにDELETE文を発行するためのメソッドを定義し、マッピングファイルまたはアノテーションを使用してSQLとオブジェクトのマッピング定義を記述します。

▶ **Mapperインターフェイスの実装例**

```
public interface MeetingRoomMapper {
    boolean delete(String roomId);                                          ❶ ❷
}
```

❶ 削除条件はメソッドの引数として受け取る。引数で受け取った値は、SQLにバインド変数（#{バインド変数名}）を指定することで埋め込める
❷ 削除時の戻り値は、主キーやユニークキーの更新の場合はboolean、それ以外は数値（intまたはlong）にする。なお、削除件数の判定が不要な場合はvoidでもよい

▶ **マッピングファイルの実装例**

```
<mapper namespace="com.example.domain.mapper.MeetingRoomMapper">
    <delete id="delete" parameterType="string">
        DELETE FROM meeting_room
        WHERE
            room_id = #{roomId}
    </delete>
```

```
</mapper>
```

❶ `<delete>`要素の中に、DELETE 文を記述する

マッピングファイルを使わずにアノテーションを使用して SQL を指定する場合は、@org.apache.ibatis.annotations.Delete を使用します。

▶ アノテーションを使用したSQLの指定例

```
@Delete("DELETE FROM meeting_room WHERE room_id = #{roomId}")
boolean delete(String roomId);
```

11.3.9 Mapper オブジェクトの利用

Mapper インターフェイスを介してデータベースにアクセスする場合は、MyBatis が動的に生成した Mapper オブジェクトを Service クラスなどに DI し、DI した Mapper オブジェクトのメソッドを呼び出します。

▶ Mapperインターフェイスの利用例

```
@Transactional ──────────────────────────────────── ❶
@Service
public class MeetingRoomService {

    @Autowired
    MeetingRoomMapper meetingRoomMapper; ──────────────── ❷

    public void create(MeetingRoom meetingRoom) {
        meetingRoomMapper.create(meetingRoom); ──────────── ❸
    }

}
```

❶ @Transactional を付与し、Spring のトランザクション管理配下で SQL が実行されるようにする MyBatis-Spring の適用により、Spring のトランザクション管理の仕組みを MyBatis に対しても利用できる

❷ @MapperScan または `<spring:scan>` 要素を使用してスキャンし Bean 化された Mapper オブジェクトをインジェクションする

❸ DI した Mapper オブジェクトのメソッドを呼び出すと、マッピングファイルまたはアノテーションに指定した SQL が Spring のトランザクション管理下で実行される

11

11.4 MyBatisでの応用的なCRUD操作

本節では、MyBatisを使用した応用的なCRUD操作の実装方法を紹介します。

11.4.1 マッピングファイル上での動的SQLの組み立て

1つのアプリケーション内に似たようなSQLを大量に定義するのを避けるために、アプリケーション実行時に動的にSQLを組み立てる手法が使われることがあります。

たとえば、顧客情報の検索を行なうSQLで、検索条件の入力状況に応じてWHERE句を追加する場合などが当てはまります。前述した置換変数を使用することでSQLの構文をJavaのアプリケーション側から変更できますが、複雑な組み立てには力不足です。MyBatisは動的SQLを組み立てる仕組みをサポートしており、SQLの組み立てのルールをマッピングファイル上に定義できます。MyBatisが提供する動的にSQLを組み立てるためのXML要素を以下に示します。なお、MyBatisの標準機能では、OGNL（Object-Graph Navigation Language）ベースの式を採用しています。

表 11.5 動的に SQL を組み立てるための代表的な XML 要素

要素名	説明
`<where>`	WHERE句を生成するための要素。組み立てたWHERE句に対して接頭語および末尾の付与や除去などを行なう
`<if>`	条件に一致した場合のみSQLの組み立てを行なうための要素
`<choose>`	複数の選択肢の中から条件に一致する1つを選んでSQLの組み立てを行なうための要素
`<foreach>`	コレクションや配列に対して繰り返し処理を行なうための要素
`<set>`	SET句を生成するための要素。組み立てたSET句に対して接頭語および末尾の付与や除去などを行なう

■ <where>、<if> の実装例

<where>要素は、要素内でSQLが組み立てられた場合にWHEREを挿入します。また、要素内で組み立てられたSQLがANDまたはORで始まっていた場合は、これらの文字を削除します。なお、<where>要素は単独で利用するのではなく、他の要素（<if>、<choose>、<foreach>など）と組み合わせて利用します。

<if>要素は、指定した条件に一致した場合のみ要素内のSQLを組み立てます。ここでは、<where>と<if>要素を組み合わせた際の実装例を示します。

▶ Mapperメソッドの定義例

```
List<MeetingRoom> findByCriteria(MeetingRoomCriteria criteria);
```

▶ SQLの記述例

```
<select id="findByCriteria" parameterType="MeetingRoomCriteria" resultType="MeetingRoom">
    SELECT
```

```
        room_id, room_name, capacity
    FROM
        meeting_room
    <where>
        <if test="roomId != null">                                      ❷
            AND room_id like #{roomId} || '%'
        </if>
        <if test="roomName != null">                                    ❷
            AND room_name like #{roomName} || '%'
        </if>
        <if test="capacity != null">                                    ❷
            AND
            <![CDATA[                                                        ❶
                capacity >= #{capacity}
            ]]>
        </if>
    </where>
    ORDER BY
        room_id
</select>
```

❶ <where>要素の中に、WHERE句を組み立てるための動的SQLを実装する。WHERE句の有無が状況に応じて変わる場合に利用する

❷ 動的に組み込んだり省略したいSQLの一部を<if>要素の中に記述する。その条件式をtest属性にOGNL形式で記述し、条件式が成り立つ場合に、要素に囲まれた部分のSQLがWHERE句とともに組み込まれる。条件式にはJavaBeanのプロパティ名や@Paramで指定した変数名を指定することで、メソッド引数に渡したオブジェクトにアクセスできる。この例では、メソッド引数であるMeetingRoomCriteriaクラスの各プロパティに検索条件が入力されていた場合に、WHERE句の条件を追加している

■ <choose>の実装例

<choose>要素は、複数の選択肢の中から条件に一致する1つを選択してSQL文を組み立てます。<choose>要素は、選択肢を示す<when>要素と<otherwise>要素と組み合わせて利用します。

▶ Mapperメソッドの定義例

```
List<MeetingRoom> findByCapacityClass(@Param("capacityClass") String capacityClass);
```

▶ SQLの記述例

```
<select id="findByCapacityClass" parameterType="string" resultType="MeetingRoom">
    SELECT
        room_id, room_name, capacity
    FROM
        meeting_room
    <where>
```

11

```
            <choose>
                <when test="capacityClass == 'small'">
                    <![CDATA[
                        capacity  <  50
                    ]]>
                </when>
                <when test="capacityClass == 'middle'">
                    <![CDATA[
                        capacity  >=  50 AND capacity < 100
                    ]]>
                </when>
                <otherwise>
                    <![CDATA[
                        capacity  >= 100
                    ]]>
                </otherwise>
            </choose>
        </where>
        ORDER BY
            room_id
</select>
```

❶ <choose>要素に中に、<when>要素と<otherwise>要素を指定して、SQLを組み立てる条件を指定する

❷ <when>要素のtest属性に条件を指定する。条件に合致した<when>要素内のSQLがWHERE句とともに組み込まれる

❸ <otherwise>要素に、すべての<when>要素に一致しない場合に組み込みたいSQLを指定する

■<foreach>の実装例

<foreach>要素は、コレクションや配列に対して繰り返し処理を行ないます。<foreach>要素を用いることで、検索条件の数が可変のSQLを構築できるようになります。

▶ Mapperメソッドの定義例

```
List<MeetingRoom> findByRoomIds(List<String> roomIds);
```

▶ SQLの記述例

```
<select id="findByRoomIds" parameterType="list" resultType="MeetingRoom">
    SELECT
        room_id, room_name, capacity
    FROM
        meeting_room
    <where>
        <if test="list != null">                                           ❶
            <foreach item="id" index="index" collection="list"
                open="room_id IN (" separator="," close=")">              ❷
                #{id}
            </foreach>
        </if>
```

```
    </where>
    ORDER BY
        room_id
</select>
```

❶ 繰り返し処理を行なう対象のコレクションまたは配列に対して、NULL チェックを行なう。null の場合は、<if>要素内で SQL が組み立てられず、さらに<where>要素の機能により WHERE 句自体が出力されない

❷ <foreach>要素を使用して、コレクションや配列に対して繰り返し処理を行ない、動的 SQL を組み立てる

- collection 属性には、処理対象のコレクションまたは配列を指定する
- item 属性には、繰り返し処理中の要素を格納する変数を指定する
- open 属性には、繰り返し処理の先頭に挿入する文字列を指定する。今回は IN 句を構築するため "room_id IN (" を指定している
- separator 属性には、要素間の区切り文字列を指定する。今回は IN 句を構築するため "," を指定している
- close 属性には、繰り返し処理の最後に挿入する文字列を指定する。今回は IN 句を構築するため ")" を指定している

■ <set>の実装例

<set>要素は、SET 句の生成と末尾のカンマの除去を行ないます。<set>要素を用いることで、UPDATE 文の更新項目を動的に変更できるようになります。<where>要素と同様に、他の要素（<if>、<choose>など）と組み合わせて利用します。

▶ Mapper メソッドの定義例

```
boolean update(MeetingRoom meetingRoom);
```

▶ SQL の記述例

```
<update id="update" parameterType="MeetingRoom">
    UPDATE
        meeting_room
    <set>                                                          ❶
        room_name = #{roomName},
        <if test="capacity > 0">                              ❷
            capacity = #{capacity}
        </if>
    </set>
    WHERE
        room_id = #{roomId}
</update>
```

11

❶ <set>要素の中に、SET 句を組み立てるための動的 SQL を実装する。<set>要素内で組み立てた SQL に応じて、SET 句の付与や末尾のカンマの除去などが行なわれる

❷ 動的 SQL を組み立てる

11.4.2 SQLビルダークラスによるSQL文の組み立て

ここまでの説明では、マッピングファイルまたはCRUD操作に対応したアノテーション（@Select、@Insert、@Update、@Delete）にSQLを記述していましたが、MyBatisはJavaコードにSQLを記述する仕組みもサポートしています。JavaコードにSQLを記述する場合は、CRUD操作に対応するProviderアノテーション（@SelectProvider、@InsertProvider、@UpdateProvider、@DeleteProvider）と、SQLビルダークラスと一般的に呼ばれる org.apache.ibatis.jdbc.SQLクラスを使用します。この仕組みを使用すると、SQLとオブジェクトのマッピングをアノテーションを使用して行なう際に、アノテーションでは表現が難しいSQL（動的SQLなど）を組み立てることができます。

▶ Providerアノテーションの利用例

```java
public interface MeetingRoomMapper {

    @SelectProvider(type = MeetingRoomSqlProvider.class, method = "findByCriteria") ──────── ❶
    MeetingRoom findByCriteria(MeetingRoomCriteria criteria);

    class MeetingRoomSqlProvider { ─────────────────────────────────────────────── ❷

        public String findByCriteria(final MeetingRoomCriteria criteria) { ──────────── ❸
            return new SQL() {{
                SELECT("room_id AS roomId, room_name AS roomName, capacity");
                FROM("meeting_room");
                if (criteria.getRoomId() != null) {
                    WHERE("room_id like #{roomId} || '%'");
                }
                if (criteria.getRoomName() != null) {
                    WHERE("room_name like #{roomName} || '%'");        ──────── ❹
                }
                if (criteria.getCapacity() != null) {
                    WHERE("capacity >= #{capacity}");
                }
                ORDER_BY("room_id");
            }}.toString();
        }

    }

}
```

❶ Providerアノテーションのtype属性に「SQLを生成するメソッドが実装されているクラス」、method属性に「SQLを生成するメソッドのメソッド名」を指定する

❷ SQLを生成するためのクラスを作成する。SQLの生成処理を複数のMapperインターフェイスで共有する必要がない場合は、Mapperインターフェイスの内部クラスとして作成すればよい

❸ SQLを組み立てるためのメソッドを実装する。
- Mapperメソッドの引数は、SQLを組み立てるメソッドの引数として受け取ることができる
- 戻り値としてSQLを返却する

❹ MyBatis が提供する SQL クラスとその static メソッドを使用して、SQL を組み立てる

> MyBatis が提供する SQL クラスを使用すると、単純な文字列連結による SQL の組み立てに比べて、安全かつ効率的に SQL を組み立てることができます。SQL クラスの詳細については、MyBatis の公式サイト [4] を参照してください。

11.4.3　1対1と1対多のマッピング

　ここまでの説明では、取得したレコードを1つのオブジェクトにマッピングする方法を紹介してきました。ここでは、1対1や1対多の関連を持つテーブルからレコードを取得して、関連テーブルのレコードをネストしたオブジェクトにマッピングする方法を紹介します。これを今まで説明してきた方法だけで実現しようとすると、以下のような実装が必要になります。

▶ ここまでの説明で紹介した方法で実現する際の実装例

```
// 主テーブルのレコードを取得するためのMapperメソッドを呼び出す。
MeetingRoom meetingRoom =
    meetingRoomMapper.findOne(meetingRoomId);
// 関連テーブルのレコードを取得するためのMapperメソッドを呼び出す。
List<ReservableRoom> reservableRooms =
    meetingRoomMapper.findReservableRooms(meetingRoomId);
// 主テーブル用のオブジェクトに関連テーブル用のオブジェクトを紐付ける。
meetingRoom.setReservableRooms(reservableRooms);
```

　もちろんこの例のように、Javaのコードで「主テーブル用のオブジェクト」と「関連テーブル用のオブジェクト」の紐付け処理を実装してもよいのですが、MyBatisの機能を利用し、マッピングファイルに適切な定義を行なうと、以下のようにMapperメソッドの呼び出しを1回で済ますことができるようになります。

▶ MyBatisの機能を利用する方法で実現する際の実装例

```
MeetingRoom meetingRoom =
    meetingRoomMapper.findOne(meetingRoomId);
```

■主テーブルと関連テーブルのレコードを別々に取得してマッピングする方法

　まず、主テーブルと関連テーブルのレコードを別々に取得してマッピングする方法を紹介します。この方法は、前述のJavaのコードで実装した「関連テーブルのレコードを取得するためのMapperメソッドを呼び出す」と「主テーブル用のオブジェクトに関連テーブル用のオブジェクトを紐付ける」の2つの処理を、マッピング定義として記述します。

11

【4】　http://www.mybatis.org/mybatis-3/statement-builders.html

▶ 主テーブルと関連テーブルのレコードを別々に取得する際のマッピング定義例

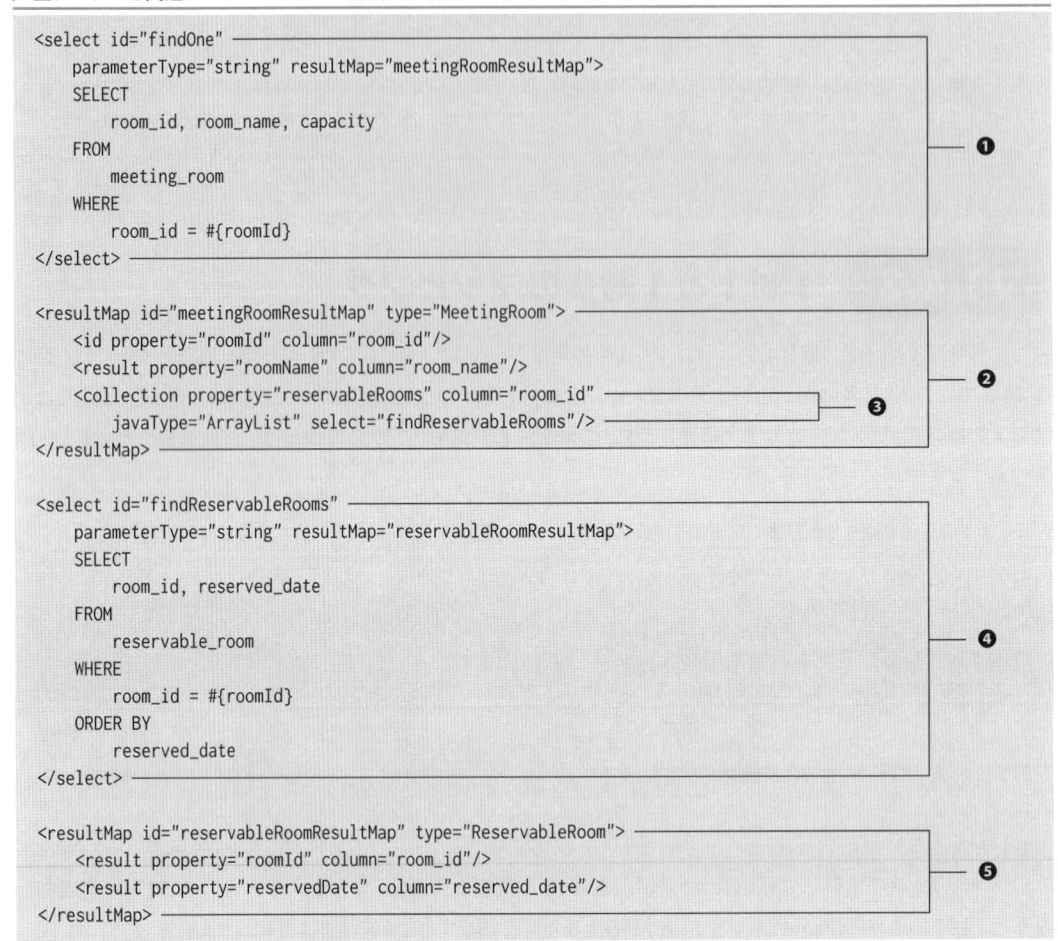

```
<select id="findOne"
    parameterType="string" resultMap="meetingRoomResultMap">
    SELECT
        room_id, room_name, capacity
    FROM
        meeting_room
    WHERE
        room_id = #{roomId}
</select>

<resultMap id="meetingRoomResultMap" type="MeetingRoom">
    <id property="roomId" column="room_id"/>
    <result property="roomName" column="room_name"/>
    <collection property="reservableRooms" column="room_id"
        javaType="ArrayList" select="findReservableRooms"/>
</resultMap>

<select id="findReservableRooms"
    parameterType="string" resultMap="reservableRoomResultMap">
    SELECT
        room_id, reserved_date
    FROM
        reservable_room
    WHERE
        room_id = #{roomId}
    ORDER BY
        reserved_date
</select>

<resultMap id="reservableRoomResultMap" type="ReservableRoom">
    <result property="roomId" column="room_id"/>
    <result property="reservedDate" column="reserved_date"/>
</resultMap>
```

❶ ❷ ❸ ❹ ❺

❶ 主テーブルからレコードを取得するためのSQLを定義する

❷ 主テーブルから取得した検索結果に対するマッピング定義を行なう

❸ 関連テーブルからレコードを取得し、検索結果をオブジェクトにマッピングする。

　1対1の関連の場合は<association>要素、1対多の関連の場合は<collection>要素を使用する。ここでは、1対多の関連を持つテーブルから取得したレコードをマッピングする例になっている

　● property属性に、関連オブジェクトを保持するプロパティ名を指定する

　● column属性に、関連テーブルからレコードを検索する際の検索キーを保持するカラム名を指定する。ここで指定したカラムの値が子レコード検索時のバインド変数として渡される

　● javaType属性に、コレクションのJavaクラスを指定する

　● select属性に、関連レコードを検索する際に使用するSQLのsqlIdを指定する

❹ 関連テーブルからレコードを取得するためのSQLを定義する

❺ 関連テーブルから取得した検索結果に対するマッピング定義を行なう

　この方法はシンプルでわかりやすいのですが、発行する SQL の回数が関連テーブルの数に依存するため、パフォーマンスの観点でみると最適な方法ではありません。パフォーマンスを最優先する場合は、後述する「テーブル結合を利用した関連オブジェクトのマッピング」の使用を検討してください。

　関連テーブルからレコードを取得する際の検索キーが複数ある場合は、column 属性の指定方法が少し特殊になります。

▶ **関連テーブルからレコードを取得する際の検索キーが複数ある場合のマッピング定義例**

```
<resultMap id="reservableRoomResultMap" type="ReservableRoom">
    <result property="roomId" column="room_id"/>
    <result property="reservedDate" column="reserved_date"/>
    <collection property="reservations"
        column="{roomId=room_id, reservedDate=reserved_date}"
        javaType="ArrayList" select="findReservations"/> ─────────────────────── ❶
</resultMap>

<select id="findReservations" resultType="Reservation">
    SELECT
        reservation_id, room_id, reserved_date, start_time, end_time
    FROM
        reservation
    WHERE
        room_id = #{roomId}
      AND
        reserved_date = #{reservedDate}
    ORDER BY
        start_time
</select>
```

❶ 検索キーが複数ある場合は、column 属性に {バインド変数名=カラム名, バインド変数名=カラム名} という形式で指定する。上記の例では、room_id カラムの値を roomId、reserved_date カラムの値を reservedDate という名前のバインド変数が生成される。生成したバインド変数は、関連レコードを取得する SQL の中から参照することができる

　主テーブルと関連テーブルのレコードを別々に取得する場合は、関連テーブルのレコードが必ず必要なのか、それとも必要ではない場合もあるのかを確認してください。関連テーブルの情報を使わないケースがある場合は、関連テーブルのレコードを遅延フェッチすることを検討しましょう。

▶ **関連テーブルのレコードを遅延フェッチする場合のマッピング定義例**

```
<collection property="reservations"
    column="{roomId=room_id, reservedDate=reserved_date}"
    javaType="ArrayList" select="findReservations"
    fetchType="lazy"/> ─────────────────────────────────────────── ❶
```

❶ fetchType 属性に "lazy" を指定する。fetchType 属性を省略した場合は、MyBatis の設定（lazyLoadingEnabled）の設定値が有効になる

11

■テーブル結合を利用して関連オブジェクトをマッピングする方法

次に、主テーブルと関連テーブルを外部結合して取得したレコードをマッピングする方法を紹介します。この方法は、主オブジェクトと関連オブジェクトを生成するために必要となるすべてのレコードを1回のSQL実行で取得し、取得したレコードに対するマッピング定義を記述します。

▶ テーブル結合を利用した関連オブジェクトのマッピング定義例

```
<select id="selectJoinMeetingRoom"
    parameterType="string" resultMap="meetingRoomResultMap">
    SELECT
        mr.room_id, mr.room_name,
        rr.room_id AS rsv_room_id, rr.reserved_date
    FROM
        meeting_room mr
        LEFT OUTER JOIN reservable_room rr
            ON mr.room_id = rr.room_id
    WHERE
        mr.room_id = #{id}
</select>                                                    ❶


<resultMap id="meetingRoomResultMap" type="MeetingRoom">
    <id property="roomId" column="room_id"/>
    <result property="roomName" column="room_name"/>
    <collection property="reservableRooms" javaType="ArrayList" ofType="ReservableRoom"> ── ❸
        <result property="roomId" column="rsv_room_id"/>      ❷
        <result property="reservedDate" column="reserved_date"/>
    </collection>
</resultMap>
```

❶ 主オブジェクトと関連オブジェクトを生成するために必要となるすべてのレコードを取得するSQL（外部結合を利用したSQL）を定義する

❷ 外部結合して取得した検索結果に対するマッピング定義を行なう

❸ 関連テーブルから取得した検索結果を、関連オブジェクトにマッピングする。1対1の関連の場合は<association>要素、1対多の関連の場合は<collection>要素を使用する。ここでは、1対多の関連を持つテーブルから取得したレコードをマッピングする例になっている。
  - property属性に、関連オブジェクトを保持するプロパティ名を指定する
  - javaType属性に、コレクションのJavaクラスを指定する
  - ofType属性に、コレクション内に格納される関連オブジェクトのJavaクラスを指定する

この方法はSQLの実行を1回にできるため、SQLの実行回数を減らしたい場合に有効な方法です。ただし、1対多の関係にあるテーブル数と関連テーブルから取得されるレコード数が多くなる場合は、関連テーブル数と多重度（カーディナリティ）に比例してResultSetの件数が増えることを意識しておいてください。たとえば、JDBCドライバのフェッチサイズが1件になっていると、データベースから1件ずつ検索結果をフェッチすることになるため、SQLの実行回数を減らした効果が薄れてしまうことがあります。

11.4.4　RowBounds を利用した範囲検索

MyBatisには、検索範囲を指定する org.apache.ibatis.session.RowBounds というクラスが提供されています。RowBoundsを使用することで、検索条件に一致するデータの一部を抜き出せます。

▶ Mapperインターフェイスの定義例

```
public interface MeetingRoomMapper {
    List<MeetingRoom> findAll(RowBounds rowBounds); ─────────────────── ❶
}
```

▶ マッピングファイルの定義例

```
<select id="findAll" resultType="MeetingRoom"> ───────────────
    SELECT
        room_id, room_name, capacity
    FROM
        meeting_room                                                    ❷
    ORDER BY
        room_id
</select> ──────────────────────────────────────────────
```

▶ Mapperメソッドの呼び出し例

```
RowBounds rowBounds = new RowBounds(5, 5); ─────────────────
List<MeetingRoom> meetingRooms = mapper.findAll(rowBounds); ───────── ❸
```

❶ Mapper インターフェイスのメソッドの引数に RowBounds を定義する

❷ SQLの中では RowBounds を意識する必要はない

❸ 検索範囲を指定するため、「取得開始位置までのスキップ件数 (offset)」と「最大取得件数 (limit)」をコンストラクタ引数に指定して RowBounds オブジェクトを作成する。この例では、5番目までの要素をスキップし、6番目から最大で5つの要素 (6～10件目) を格納した List が返却される

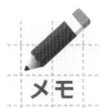

> RowBoundsは、検索結果 (ResultSet) のカーソルを移動することで取得範囲外のデータをスキップするため、検索条件に一致するデータ件数に比例して、メモリ枯渇やカーソル移動処理の性能劣化が発生する可能性があります。
> カーソルの移動処理は、JDBCの結果セット型に応じて以下の2種類がサポートされており、デフォルトの動作はJDBC ドライバのデフォルトの結果セット型に依存します。
>
> - 結果セット型がFORWARD_ONLYの場合は、ResultSet#next()を繰り返し呼び出して取得範囲外のデータをスキップする
> - 結果セット型がSCROLL_SENSITIVE または SCROLL_INSENSITIVE の場合は、ResultSet#absolute(int) を呼び出して取得範囲外のデータをスキップする
>
> ResultSet#absolute(int) を使用することで、メモリ枯渇や性能劣化を最小限に抑えられる可能性はありますが、JDBC ドライバの実装に依存することを意識しておきましょう。検索条件に一致す

11

るデータ件数が多くなる場合は、RowBoundsを使った範囲検索ではなく、SQLで取得範囲を絞り込むことを検討してみてください。

11.4.5 ResultHandlerによる検索結果の処理

Spring JDBC の RowCallbackHandler の類似機能として、MyBatis には org.apache.ibatis.session.ResultHandler というインターフェイスが提供されています。利用目的も同じで、「取得結果のファイル出力」「値のチェック」「値の加工」などの処理を効率的に行なう際に有効な仕組みです。

▶ Mapperインターフェイスの定義例

```
public interface MeetingRoomMapper {
    void collectAll(ResultHandler<MeetingRoom> resultHandler); ─────── ❶
}
```

▶ マッピングファイルの定義例

```
<select id="collectAll" resultType="MeetingRoom">
    SELECT
        room_id, room_name, capacity
    FROM
        meeting_room
    ORDER BY
        room_id
</select>
```
❷

▶ Mapperメソッドの呼び出し例

```
meetingRoomMapper.collectAll(context -> {
    int resultPosition = context.getResultCount();
    MeetingRoom meetingRoom = context.getResultObject();
    // ・・・
});
```
❸

❶ Mapper インターフェイスのメソッドの引数に ResultHandler を定義する。メソッドの戻り値は void にする
❷ SQLの中では ResultHandler を意識する必要はない
❸ ResultHandler オブジェクトを指定して Mapper メソッドを呼び出すと、1件ずつ ResultHandler の handleResult メソッドがコールバックされる。なお、ResultHandler は関数型インターフェイスとして扱えるため、ラムダ式を使って handleResult メソッドを実装できる

Spring + Thymeleaf

Webアプリケーションの作成方法については、第4章から第6章にかけて紹介してきました。また、第5章では View に JSP を使用することを前提として説明してきました。しかし近年では、第13章で紹介する Spring Boot をはじめ、View に JSP ではなくテンプレートエンジンである Thymeleaf を使用するケースが増えてきています。

本章では、View に Thymeleaf[1] を使用するための方法に絞って紹介していきます。まずは Thymeleaf 自体や、Spring とセットで開発する際に欠かせない連携ライブラリの概要を紹介します。次に、第4章で作成したアプリケーションを題材に、View を Thymeleaf に置き換える方法を見ていきながら、Thymeleaf が提供する各種機能やテンプレートの文法について細かく説明していきます。

12.1　Thymeleaf とは

Thymeleaf は、Web アプリケーションと親和性の高いテンプレートエンジンです。テンプレートエンジンとは、雛形となるドキュメント（テンプレート）に対し、可変データを埋め込むことで動的にドキュメントを生成する仕組みです。この仕組みは、MVC フレームワークの Model と View を分割する考え方と親和性が高く、しばしば MVC フレームワークの View として利用されます。

Thymeleaf の特徴はテンプレートを XHTML や HTML5 に準拠した形で記述できることです。一般的な Web アプリケーションは画面の表現形式として HTML を利用することが多いため、Thymeleaf は Web アプリケーションに適したテンプレートエンジンといえます。

Java の一般的な Web アプリケーションの View によく使われる JSP と Thymeleaf の比較を簡単に紹介しておきましょう。

JSP はブラウザが認識できないタグライブラリなどが含まれるため、開発中の JSP を直接ブラウザ上で正確に表示させることが難しいという問題がありました。特にデザイナーとプログラマが分業し、Java 言語を用いた開発のことをよく知らないデザイナーが画面デザインを担当する場合、アプリケーションサーバーにデプロイするといった作業のハードルが高く、業務に支障をきたしたり、デザイナーが作成した HTML と、それを元にプログラマが作成した JSP を二重管理せざるを得ないケースがあります。

一方、Thymeleaf のテンプレートは HTML5 に準拠しているため、テンプレートをブラウザで直接表示させたり、HTML をデザイナーとプログラマ間で共有することができます。これは、先のデザイナーとの分業開発時に大きなメリットとなります。一方、Thymeleaf は JSP と比べると歴史が浅く、知見を持ったプログラマがまだ少ないなどといったデメリットがある点も指摘されています。

本書で取り扱う Thymeleaf 2 でサポートされているテンプレートの形式は「XML/XHTML/HTML5」です。ただし、2016年5月にリリースされた Thymeleaf 3 では、サポート形式が追加されています。Thymeleaf 3 の詳細については、Thymeleaf の公式サイトおよび移行ガイド[2] を参照してください。なお、Thymeleaf 3 を利用する場合、本書で紹介している公式リファレンスの

【1】　http://www.thymeleaf.org/
【2】　http://www.thymeleaf.org/doc/articles/thymeleaf3migration.html

URLについても、適宜「3.0」に置き換えてください。

12.1.1 Thymeleaf のテンプレート

Thymeleafは、XHTMLやHTML5などで書かれたテンプレートをDOM（Document Object Model）に変換してから処理を行なう仕組みになっており、「処理対象のDOMノード」と「DOMノードに適用する処理」をthネームスペースの属性（th属性）を使用して指定します。

th属性が指定されているDOMノードは、「プロセッサ」と呼ばれるコンポーネントによってDOM操作（追加、削除、変更）が行なわれます。th属性の属性値には、OGNL（Object-Graph Navigation Language）[3]と呼ばれる式言語を指定でき、式の中からは、ユーザー定義のオブジェクトやThymeleafが提供する暗黙オブジェクトにアクセスすることができます。

Thymeleafでは、「DOM操作を行なうプロセッサ」「th属性の属性値に指定された式を解釈するコンポーネント」「暗黙オブジェクトを生成するコンポーネント」などのことを総称して「Dialect」と呼び、デフォルトだとStandardDialectクラスが使用されます。

Dialectは拡張可能な仕組みになっており、本書で紹介するthymeleaf-spring4を使う場合は、StandardDialectクラスを継承したSpringStandardDialectクラスが使用されます。

また、新しいDialectを追加することも可能な仕組みになっており、本書では、テンプレートのレイアウト定義をサポートする「Thymeleaf Layout Dialect」、Spring Securityとの連携をサポートする「Spring Security Dialect」を追加して利用する方法を紹介します。

12.1.2 Thymeleaf と Spring の連携

ThymeleafとSpring Frameworkを連携する場合、Thymeleafが提供するthymeleaf-spring4モジュールを利用します。thymeleaf-spring4を利用することで、Spring MVCがJSP向けに提供しているタグライブラリと同様の機能を、Thymeleafで利用することができます。実現できるようになる代表的な機能としては以下が挙げられます。

- Thymeleafが管理するテンプレートをSpring MVCのViewとして扱うことができる
- テンプレート内でSpring ELを利用することができる
- テンプレートと、フォームクラスおよび入力値チェック結果のバインドが可能となる
- Springが管理するメッセージリソースを利用し、国際化対応のメッセージを表示することができる

本書では、thymeleaf-spring4モジュールを利用することを前提として、SpringアプリケーションでのThymeleafの利用方法を説明していきます。

12

【3】 http://commons.apache.org/proper/commons-ognl/

12.2 Spring + Thymeleaf のセットアップ

12.2.1 ライブラリのセットアップ

Thymeleafおよびthymeleaf-spring4のライブラリ（jarファイル）を、開発するMavenプロジェクトに適用します。

▶ pom.xmlの定義例

```
<dependency>
    <groupId>org.thymeleaf</groupId>
    <artifactId>thymeleaf-spring4</artifactId>
</dependency>
```
❶

❶ thymeleaf-spring4のライブラリを指定する。thymeleaf-spring4のバージョンに対応したThymeleafが推移的に適用されるため、Thymeleaf本体に対する依存関係を指定する必要はない

12.2.2 SpringとThymeleafを連携するための設定

ここでは、SpringとThymeleafを連携するための設定について、第4章の「4.2 はじめてのSpring MVC」で利用した資材をベースに説明します。設定のポイントは、Spring MVCのViewを解決する仕組みであるView Resolverに、thymeleaf-spring4から提供されているThymeleafViewResolverを適用することです。

▶ Java ConfigによるBean定義例

```
package example.config;

import org.springframework.context.annotation.Bean;
import org.springframework.context.annotation.Configuration;
import org.thymeleaf.spring4.SpringTemplateEngine;
import org.thymeleaf.spring4.view.ThymeleafViewResolver;
import org.thymeleaf.templateresolver.ServletContextTemplateResolver;

@Configuration
public class ThymeleafConfig {                                              ❶

    @Bean
    public ServletContextTemplateResolver templateResolver() {
        ServletContextTemplateResolver resolver =
                new ServletContextTemplateResolver();
        resolver.setPrefix("/WEB-INF/templates/");
        resolver.setSuffix(".html");                                        ❷
        resolver.setTemplateMode("HTML5");
```

```
        resolver.setCharacterEncoding("UTF-8");
        return resolver;
    }

    @Bean
    public SpringTemplateEngine templateEngine() {
        SpringTemplateEngine engine = new SpringTemplateEngine();
        engine.setTemplateResolver(templateResolver());
        return engine;
    }

    @Bean
    public ThymeleafViewResolver thymeleafViewResolver() {
        ThymeleafViewResolver resolver = new ThymeleafViewResolver();
        resolver.setTemplateEngine(templateEngine());
        resolver.setCharacterEncoding("UTF-8");
        resolver.setOrder(1);
        return resolver;
    }
}

@Configuration
@EnableWebMvc
@ComponentScan("example.app")
@Import(ThymeleafConfig.class)
public class WebMvcConfig extends WebMvcConfigurerAdapter {
    // omitted
}
```

❸

❹

❺

❶ View として Thymeleaf を利用するための設定を行なうコンフィギュレーションクラスを定義する。View に関する
設定の独立性を高めるために、Thymeleaf 向け設定用のコンフィギュレーションクラスを別クラスに切り出して定
義している。XML で Bean 定義を行なう場合も同様に、xml ファイルを分離しておくとよい

❷ WEB-INF ディレクトリ配下などのサーブレットコンテナ内のリソースからテンプレートを取得する場合に必要
な設定を行なう。org.thymeleaf.templateresolver.ServletContextTemplateResolver はサーブレットコン
テナ内のリソースからテンプレートを読み込む。テンプレートの配置場所に応じて TemplateResolver を切り替
えることが可能である。たとえば、Spring が管理しているリソースからテンプレートを取得するための Spring
ResourceTemplateResolver を選択することも可能である。ここではテンプレートファイルの配置場所、Thymeleaf
におけるテンプレートのモード、およびテンプレートファイルの文字エンコーディングを指定している

❸ テンプレートエンジンとして、thymeleaf-spring4 から提供されている org.thymeleaf.spring4.SpringTemplate
Engine を使用する。この実装を使用することで、テンプレートが Spring MVC と連携することが可能になる。❷ で
定義した ServletContextTemplateResolver はテンプレートエンジンの内部で使用されるため、紐付けを行なって
おく

❹ Spring MVC の View 解決の仕組みである ViewResolver の Thymeleaf 向け実装である、org.thymeleaf.spring4.
view.ThymeleafViewResolver を用意する。View のレンダリングに使用するテンプレートエンジンとして、❸ で定
義した Bean を設定する。あわせて、出力データの文字エンコーディングと ViewResolver の優先順序を設定してい
る。Spring MVC は、Bean 定義されている ViewResolver を自動的に認識するため、このように Bean 定義するだけ
で Spring MVC に適用される

12

❺ ❶で定義したThymeleafのコンフィギュレーションクラスをインポートする。「4.2　はじめてのSpring MVC」の
WebMvcConfigクラスに新たに追加する形でインポートしているため、ViewにJSPを併用することも可能だが、❹
の優先順序設定によりThymeleafのビュー解決が優先される

なお、Bean定義をXMLで表現すると以下のようになります。

▶ XMLによるBean定義例

```
<bean id="templateResolver"
      class="org.thymeleaf.templateresolver.ServletContextTemplateResolver">
  <property name="prefix" value="/WEB-INF/templates/" />
  <property name="suffix" value=".html" />                              ❷
  <property name="templateMode" value="HTML5" />
  <property name="characterEncoding" value="UTF-8" />
</bean>

<bean id="templateEngine" class="org.thymeleaf.spring4.SpringTemplateEngine">
  <property name="templateResolver" ref="templateResolver" />          ❸
</bean>

<bean class="org.thymeleaf.spring4.view.ThymeleafViewResolver">
  <property name="templateEngine" ref="templateEngine" />
  <property name="characterEncoding" value="UTF-8" />                  ❹
  <property name="order" value="1" />
</bean>
```

Thymeleafのテンプレートは XHTMLに準拠する必要があります。たとえば
要素は使用でき
ず、
を使用する必要があります。XHTMLではないHTML5を許容したい場合は、テンプレー
トモードを LEGACYHTML5（Legacy HTML5）にしてください。Legacy HTML5モードでは、「閉
じていないタグ」「値がない属性」「引用符で囲まれていない属性」が許容されます。なお、XHTML
ではないHTML5をパースするためには、NekoHTMLというライブラリが必要になるため、以下
の依存関係を追加してください。

▶ pom.xmlの定義例

```
<dependency>
    <groupId>net.sourceforge.nekohtml</groupId>
    <artifactId>nekohtml</artifactId>
</dependency>
```

12.3　Thymeleafを利用したViewの実装

12.3.1　はじめてのThymeleaf

　ここでは、はじめてのSpring MVCで作成したWebアプリケーションをThymeleafに置き換えることにより、Thymeleafの基本的な利用方法を紹介していきます。必要となる作業はThymeleafのテンプレートファイルを作成するだけです。Spring MVCのViewをJSPからThymeleafのテンプレートファイルに変更するだけであり、コントローラやフォームクラスおよびビジネスロジックなどのView以外の資材はそのまま利用することができます。

■Thymeleafを利用したViewへの変更

　Thymeleafを利用したViewに変更するには、各JSPファイルに対応するThymeleafのテンプレートファイルを作成します。ファイル名はJSPファイルと同じで、拡張子を.htmlとしてHTML5に準拠したテンプレートファイルを作成します。「4.2　はじめてのSpring MVC」ではWEB-INFディレクトリがJSPファイルを格納する基点となっていましたが、今回はWEB-INF/templatesディレクトリをテンプレートファイルを格納する基点とします（表12.1）。この設定は前述のServletContextTemplateResolver.setPrefixメソッドで変更することができます。

表12.1　JSPファイルとテンプレートファイルの対応

元JSPファイル	対応するThymeleafのテンプレートファイル（今回作成）
src/main/webapp/WEB-INF/index.jsp	src/main/webapp/WEB-INF/templates/index.html
src/main/webapp/WEB-INF/echo/input.jsp	src/main/webapp/WEB-INF/templates/echo/input.html
src/main/webapp/WEB-INF/echo/output.jsp	src/main/webapp/WEB-INF/templates/echo/output.html

■テンプレートの実装

　本節では、ThymeleafによるViewの実装のイメージをつかむために、テンプレートの文法や仕様の説明を飛ばして、まずはテンプレートの実装コード例を見ていきたいと思います。テンプレートファイルの詳細な記述方法についてはそのあとに説明します。

▶ src/main/webapp/WEB-INF/templates/index.html

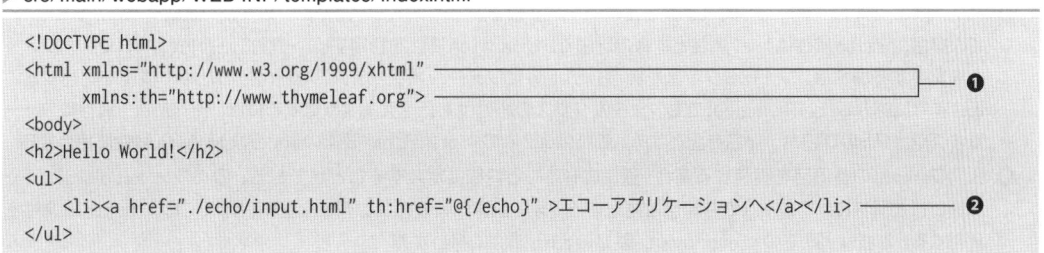

```
<!DOCTYPE html>
<html xmlns="http://www.w3.org/1999/xhtml"                              ❶
      xmlns:th="http://www.thymeleaf.org">
<body>
<h2>Hello World!</h2>
<ul>
    <li><a href="./echo/input.html" th:href="@{/echo}" >エコーアプリケーションへ</a></li>   ❷
</ul>
```

12

```
</body>
</html>
```

❶ ネームスペースとして `<html xmlns="http://www.w3.org/1999/xhtml" xmlns:th="http://www.thymeleaf.org">` を付与する。HTML5 準拠でテンプレートを記述する場合には必須ではないが、XHTML 準拠で記述する場合に必要になるため、互換性を意識して定義する習慣をつけておくとよい。Thymeleaf のマークアップには th 属性と呼ばれる、`th:` から始まる属性を使用する。XHTML ではこの `th:` の部分を XML のネームスペースとして扱うため本定義が必要になる

❷ 静的な HTML で `<a>` 要素でリンクを作成する場合には、HTML ファイルをリンク先に設定するのが一般的である。しかし Thymeleaf を View に使用した Web アプリケーションでは、リンク先を HTML ファイルのパスではなく、アプリケーションのリクエスト先の URL（Spring MVC の場合は Controller の @RequestMapping に指定したパス）を指定する必要がある。そのため Thymeleaf は、href 属性をアプリケーション実行時に置き換えられるようになっている。href 属性には通常の HTML としてリンク可能なリソースを指定し、Thymeleaf の機能である `th:href` 属性に実行時にリンクさせたいリソースを記述する。実行時にのみ、href 属性のパスが `th:href` 属性の値に置換されるため、デザイン時および実行時のどちらでもリンクが正しく機能するようになる。この例では `th:href` 属性に `@{...}` のような式を記述しているが、この式の意味については後述する

▶ src/main/webapp/WEB-INF/templates/echo/input.html

```
<!DOCTYPE html>
<html xmlns="http://www.w3.org/1999/xhtml"
      xmlns:th="http://www.thymeleaf.org">
<body>
    <h2>入力画面</h2>
    <form action="./output.html" th:action="@{/echo}"                          ❸
        th:object="${echoForm}" method="POST">
        <div>テキストを入力してください ：</div>
        <div>
            <input type="text" name="text" th:field="*{text}"/><br />          ❹
            <span th:if="${#fields.hasErrors('text')}"                         ❺
                th:errors="*{text}">textのエラーメッセージ</span>
        </div>
        <div>
            <button type="submit">送信</button>
        </div>
    </form>
</body>
</html>
```

❸ Thymeleaf で入力フォームを実装する場合、`<form>` 要素で通常の HTML と同様にフォームを定義することができる。この場合、action 属性は href 属性と同様の理由で、`th:action` 属性を利用する。一般に、Spring MVC で入力フォームを実装する場合は、フォームクラスを実装し、View にフォームオブジェクトを紐付けるための情報を記述することはすでに紹介した。Thymeleaf でもフォームクラスの紐付けを行なえるようにするには、`th:object` 属性にフォームオブジェクトのプロパティ名を記述する。これは JSP での `<form:form>` 要素の modelAttribute 属性に相当する

❹ 入力フォームの各項目を実装する場合、通常の HTML と同様に定義することができる。❸ のフォームオブジェクトの紐付けと同様に、フォームの各項目と対応するフォームクラスの各プロパティを紐付けるには、`th:field` 属性を利用する。これは JSP での `<form:input>` 要素の path 属性に相当する

❺ 入力エラーメッセージを表示するための領域を<span>要素で定義する。実行時には、入力エラーメッセージは入力
エラー発生時のみ表示されるようにする必要がある。その場合に便利な機能が th:if 属性で、属性に指定された値
が真の場合のみ当該要素（この例では<span>要素）がレンダリングされる。次に、実行時にはアプリケーションが
生成したエラーメッセージ内容を<span>要素内に出力する必要があるが、その場合には th:errors 属性にフォーム
オブジェクトのフィールド名を指定することで、対象フィールドに対する入力エラーメッセージを出力できる。これ
は JSP での<form:errors>要素に相当する。この例の属性値には、${...}や、*{...}のような式を記述しているが、
この式の意味については後述する

▶ src/main/webapp/WEB-INF/templates/echo/output.html

```
<!DOCTYPE html>
<html xmlns="http://www.w3.org/1999/xhtml"
      xmlns:th="http://www.thymeleaf.org">
<body>
    <h2>出力画面</h2>
    <div>入力したテキストは・・・</div>
    <div>
        「<span th:text="*{echoForm.text}">ここに入力した値が表示される</span>」 ──────── ❻
    </div>
    <div>です。</div>
    <br />
    <div>
        <a href="../index.html" th:href="@{/}">トップ画面へ戻る</a>
    </div>
</body>
</html>
```

❻ Spring MVC の Model に格納された値を HTML に出力する場合は、任意の HTML 要素に対して Thymeleaf の th:
text 属性を利用する。実行時には、当該要素の text 属性が th:text 属性に指定された Model の値に置き換えられる。
これは JSP での<c:out>要素の役割に近い

アプリケーションサーバーにデプロイして当該 URL にアクセスすると、入力フォームに入力した値をサー
バーへ送信できたり、テンプレートに記載していた要素の値が入力値などの動的な値に置き換えられて描画さ
れたりと、Thymeleaf 化する前と同様の挙動をすることが確認できるはずです（**図 12.1**）。なお、Thymeleaf の強
みとして前述しましたが、テンプレートを HTML ファイルとして作成できるため、JSP のようにアプリケーション
サーバーにデプロイして実行しなくても、テンプレートを直接ブラウザで確認することもできます。この場合、
th 属性に設定した値は当然ながらブラウザ上では適用されません。

12

561

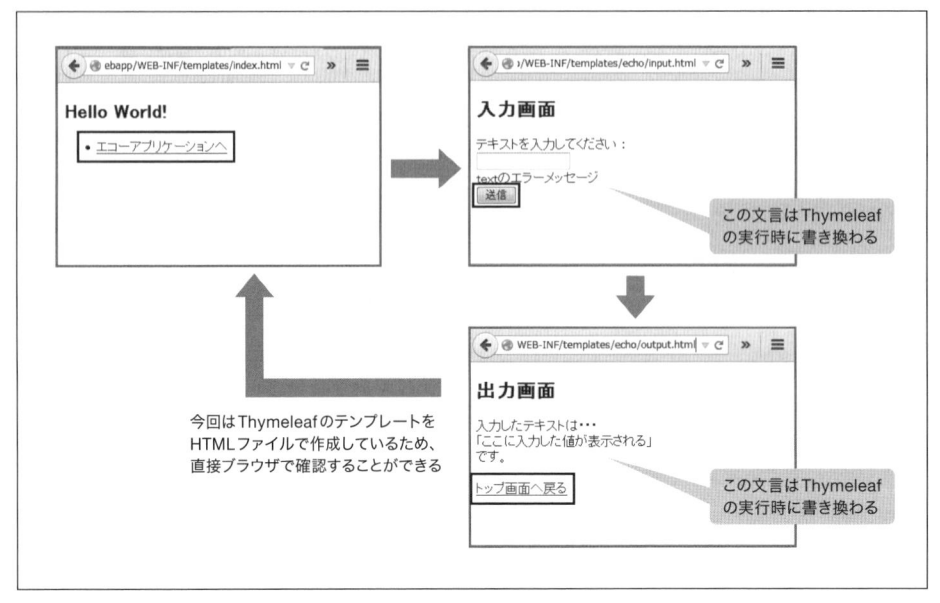

図12.1 テンプレートファイルをブラウザ上で直接表示したときの挙動

12.3.2 テキストの出力

前項で少し説明しましたが、Spring MVCのModelに格納されている値やプロパティファイルから取得したメッセージをテキストとして出力する場合は、th:text属性やth:utext属性を使用します。

- th:text —— 属性値に指定した値をXHTMLサニタイジングして出力する
- th:utext —— 属性値に指定した値をXHTMLサニタイジングせずに出力する

ユーザーからの入力値を出力する場合は、th:text属性を使用してXHTMLサニタイジング後の値を出力しましょう。なお、プロパティファイルに定義したメッセージをHTML要素を使用して意図的に装飾しているような場合は、th:utext属性を使用してXHTMLサニタイジングせずに値を出力する必要があります。

▶ th:utext属性の使用例

```
guidance.agreeToTerms=本システムを利用するにあたり、まず<b>ご利用規約の同意</b>を行ってください。
<span th:utext="#{guidance.agreeToTerms}"><b>ご利用規約へ同意</b>が必要です。</span>
```

▶ th:utex使用時のメッセージの出力例

```
本システムを利用するにあたり、まず<b>ご利用規約の同意</b>を行ってください。
```

th:utext属性を使うとXHTMLサニタイジング対象の文字（＜や＞など）がそのまま出力され、「ご利用規

約の同意」の部分を強調して表示することができます。

 式の構文

ここでは前節では説明を飛ばしていた、Thymeleafの基本的な文法を紹介します。これまで見てきたように、Thymeleafのテンプレートは、HTML要素のth属性に対し、動的な値の紐付けを行なうための式を記述するのが基本となっています。まずは式の構文にフォーカスを置き、テンプレートでどのようなオブジェクトへアクセスができ、どのような処理が行なえるのかを見ていきます。

■基本的な式

Thymeleafにおける最も基本的な式を以下に示します（**表12.2**）。これらの式は、Spring MVCのModelに格納されたデータなどにアクセスするために利用します。

表12.2　Thymeleafの基本的な式

名称	例	意味
変数式	${user.firstName}	Thymeleafでは、変数式にOGNLと呼ばれるJavaに似た言語を記述することにより、HTTPセッション（#httpSession）やHTTPリクエスト（#httpServletRequest）をはじめとしたさまざまなThymeleafが管理する変数へアクセスしたりメソッドを実行できる。また、Thymeleafが暗黙的に用意しているユーティリティオブジェクト（日付を扱う#datesや、文字列を扱う#strings）へアクセスすることも可能である。Spring MVC連携を行なっている場合は、Springが管理するオブジェクトへアクセスするための拡張がなされており、${@cart.getSize()}のようにSpELを用いてBeanへのアクセスを記述できたり、左記の例のようにプロパティ名を指定することでフォームオブジェクトなどのModelに格納された情報へアクセスすることができる
選択変数式	*{name}	変数式ではOGNLやSpELなどへアクセスが可能だが、${user.name}、${user.address}、${user.tel}のように、特定のオブジェクトに対するプロパティを連続してアクセスしたいことがよくある。そのような場合は、th:object属性と選択変数式を組み合わせて使用すると、変数式よりシンプルな記述になる。たとえばあるHTML要素にth:object="${user}"を定義しておくと、その要素より内側で、*{name}、*{address}、*{tel}のようにuser.を省略した形で記述することができる
メッセージ式	#{status.reserved.message}	Thymeleafにはメッセージをkey-valueで管理するための仕組みがある。メッセージのkey値（この例ではstatus.reserved.message）からメッセージ本文を解決する場合にメッセージ式を使用する。また、java.text.MessageFormatに準拠したフォーマットでメッセージ本文にパラメータの埋め込みを行なうことも可能である。メッセージに埋め込むパラメータは、#{home.welcome(${session.user.name})}のように、key値の末尾を()で囲み()の中にパラメータ値を列挙する。たとえば、メッセージのフォーマットが「ようこそ、{0}さん。」で${session.user.name}が「山田 太郎」の場合は、「ようこそ、山田 太郎 さん。」というメッセージが出力される。Spring MVCとの連携を行なっている場合は、Springで管理されているメッセージへ、この式によりアクセスすることが可能である
リンクURL式	@{/echo}	Webアプリケーションでは、リンクのURLをコンテキストパスから始まる絶対パスで出力させるケースが多い。たとえばJSPでは、${pageContext.request.contextPath}などを用いてコンテキストパスを取得し、URLの先頭に追加してURLを指定するのが一般的である。Thymeleafではリンク URL式を用いて、指定したURL（この例では/echo）の先頭にコンテキストパスを追加できる。たとえばコンテキストパスがappなら、app/echoとなる

12

■リテラル

Thymeleafでは以下に示す5つのリテラルを利用することができます。特徴的な点は、文字列を表現するためのテキストリテラルをシングルクォートで囲む点です。なお、値としてのシングルクォートは「\」でエスケープが必要です。

- テキストリテラル —— `'Spring Framework'`、`'I\'m a Thymeleaf user.'`
- 数値リテラル —— `0`、`1.5`、`2016`
- 真偽値リテラル —— `true`、`false`
- Nullリテラル —— `null`
- リテラルトークン（利用可能な文字を制限したテキストリテラル）—— `error-class`

> リテラルトークンでは、半角英字（A-Z、a-z）、数字（0-9）、ブラケット（[、]）、記号（.、-、_ の3種類）のみ利用できます。リテラルトークンを利用することで、クォートで囲む手間を省くことができます。th:class属性に単独のクラス名を設定するような場合など、限定された文字列しか使用しない場合に活用することで、テンプレートの見た目がきれいになります。

■基本的な演算子

Thymeleafでは他のプログラミング言語と同様、算術演算、比較演算などの基本的な演算子をサポートしています。

- 算術演算 —— `th:text="${price} * ${num}"`
- 論理演算 —— `th:if="${not todo.finished}"`
- マイナス符号 —— `th:text="-10"`
- 比較演算 —— `th:if="${items.count} gt 1"`

Thymeleafのテンプレートは、`<`などの文字を使用するマークアップ言語であることから、`<`などの比較演算子を式内で使用する場合は、`&lt;`などにエスケープする必要があります。ただしエスケープは可読性が下がるため、各演算子には gt (>)、lt (<)、ge (>=)、le (<=)、not (!)、eq (==)、neq/ne (!=) のような文字列エイリアスが用意されています。

■テキスト演算子

算術演算や比較演算などに加えて、テキスト追加やリテラル置換の仕組みもサポートしています。

- テキスト追加 —— `th:text="'My name is ' + ${username}."`
- リテラル置換 —— `th:text="|My name is ${username}.|"`

リテラル置換を使用すると、テキストリテラル内に置換変数（${変数名}）を設けることができ、テキスト追加の仕組みに比べてテンプレートファイルの可読性を保ちやすいのが特徴です。

リテラル置換を使用する場合は、リテラル置換したい範囲を縦棒(|)で囲んでください。

■条件演算子

条件分岐をコンパクトに記述することができる三項演算子や、三項演算子をスマートにしたエルビス演算子も利用できます。

- 三項演算子 ── th:class="${row.even}? 'even' : 'odd'"
- エルビス演算子 ── th:text="${username}?: 'Sam Smith'"

 ## th 属性による属性値の設定

Thymeleafのテンプレートエンジンとしての機能は、th属性に指定された式を解釈し、HTMLの各要素の属性値を設定または上書きすることです。th属性に設定可能な式については前節で紹介しました。本節ではThymeleafがどのようなth属性を用意しているのかを見ていきたいと思います。th属性を用いた属性値の設定方法は、以下に示す5つの方法に分類することができます（**表12.3**）。

表12.3　th 属性を用いた属性値の設定方法

設定処理	説明
特定の属性に値を設定する方法	特定の属性に値を設定する。HTMLの各属性に対して専用のth属性が用意されており、可読性が高くわかりやすいため最もよく利用される
現在の属性値の前後に値を追加する方法	class属性のように複数の値を設定可能な属性において、現在の値の前後に指定した値を追加する。動的に変化する属性の一部をテンプレート化するときに利用する
存在有無が重要な属性の出力を制御する方法	checked属性やreadonly属性等、属性として値を持つことはなく属性の存在有無が重要となる属性について、その属性自体の出力有無を制御する
複数の属性に同じ値を設定する方法	「特定の属性に値を設定する方法」の特殊形となるが、複数の属性に同じ値を同時に設定する。alt属性とtitle属性といった、同じ値を設定することが一般的な属性に対して専用の設定方法が用意されている
任意の属性に値を設定する方法	汎用的なth属性であるth:attr属性を使用し、任意の属性に値を設定する。汎用的であるが故に可読性が低下するため、一般的にはあまり使用されない

各設定方法ごとに、th属性の利用方法を見ていきましょう。

■特定の属性に値を設定する方法

ThymeleafではHTML5およびXHTMLで利用する一般的な属性について、専用の属性を用意しています。Thymeleafが用意していない属性や、HTML5でサポートされた独自のデータ属性などに動的な値を埋め込みたい場合は、後述するth:attrを利用します。

12

専用の th 属性

- th:href 属性、th:action 属性、th:value 属性、th:form 属性、th:action 属性、th:formmethod 属性、th:id 属性、th:name 属性、th:class 属性、th:src 属性

設定対象となる属性名の先頭に th が付いていることが多いため、推測しやすいネーミングとなっています。たとえば `<a>` 要素の href 属性の値を変更したい場合、つまり、URLリンクにおける遷移先を変更したい場合、th:href 属性を利用します。同様にフォームの送信先を変更したい場合、th:action 属性を利用して `<form>` 要素の action 属性を変更します。

▶ テンプレートの実装例

```
<a href="./echo/input.html" th:href="@{/echo}" >エコーアプリケーションへ</a> ──────── ❶
```

❶ href 属性に値を設定するため、th:href 属性を利用する。th:href 属性の値として、前述と同様にリンクURL式を用いて @{/echo} を指定する

■現在の属性値の前後に値を追加する方法

class 属性のように複数の値が設定可能な場合、現在設定されている値の前または後に値を追加したいことがあります。このような場合、前述の「特定の属性に値を設定する方法」で説明した属性ではなく、th:classappend 属性のように属性値を追加する専用の th 属性を利用できます。なお、利用シーンは少ないですが、任意の属性に属性値を追加する場合、th:attrprepend 属性と th:attrappend 属性を利用します。

属性値を追加する専用の th 属性

- th:classappend 属性 ── class 属性の専用であり、現在の設定値の後に値を追加する
- th:styleappend 属性 ── style 属性の専用であり、現在の設定値の後に値を追加する

▶ テンプレートの実装例

```
<input type="button" value="登録" class="btn" th:classappend="${cssStyle}" /> ──────── ❶
```

❶ class 属性の現在の値の後に値を追加する場合、th:classappend 属性を利用する。th:classappend 属性の場合、class 名の区切りとなる半角スペースは不要である

■存在有無が重要な属性の出力を制御する方法

selected 属性や readonly 属性などの、属性値自体は自明であり、属性が存在するかどうかに意味がある属性は、属性値を動的に変化させるのではなく、属性の有無を動的に変化させる必要があります。Thymeleafでは、属性自体の出力を動的に制御することできる th 属性を対象となり得る属性ごとに用意しています。

- th:checked 属性、th:action 属性、th:value 属性、th:id 属性など

▶ テンプレートの実装例

```
<input type="checkbox" name="understand" th:checked="${info.understand}" /> ──────── ❶
```

▶ Thymeleafの処理後のHTMLファイル

```
<!-- 真の場合 -->
<input type="checkbox" name="understand" checked="checked" />
<!-- 偽の場合 -->
<input type="checkbox" name="understand" />
```
❷

❶ テンプレートに checked 属性を記述する場合、th:checked 属性を利用する。属性値には出力有無を制御するための評価式を記述する

❷ 評価結果が真の場合、属性として checked="checked" が付与される。評価結果が偽の場合、checked 属性自体が付与されない

■複数の属性に同じ値を設定する方法

alt 属性と title 属性などでは、同じ値を設定するのが一般的です。これまで紹介した th 属性は1つの属性に対し1つの値を設定する方法であるため、2つの属性に対して同じ値を設定する場合も、別々に値を設定する必要がありました。特に、設定したい値の式が複雑になった場合は、その式を繰り返し記述することになり、コードのメンテナンス性が悪くなります。そこでThymeleafでは、同じ値を設定することが一般的な属性両方に同じ値を設定するための th 属性が提供されています。

- th:alt-title 属性 ── th:alt 属性と th:title 属性を同時に適用する
- th:lang-xmllang 属性 ── th:lang 属性と th:xmllang 属性を同時に適用する

▶ テンプレートの実装例

```
<img src="../images/sample.jpg" th:src="@{/images/sample.jpg}" th:alt-title="#{info}" /> ──────── ❶
```

❶ th:alt 属性と th:title 属性に同じ値を設定したい場合、th:alt-title 属性を利用する

■任意の属性に値を設定する方法

任意の属性に値を設定する場合は、th:attr 属性を利用します。th:attr 属性には、「属性名=設定値」のように設定対象の属性と値の対を記述します。複数の属性の設定を行なうことも可能で、その場合は「属性名1=設定値1, 属性名2=設定値2, ...」のようにカンマ区切りで属性と値の対を記述します。ここでは HTML5 からサポートされた独自データ属性（data-*）に値を設定する例を示します。

▶ テンプレートの実装例

```
<button th:attr="data-product-id=${product.id}">削除</button>
```

12

▶ Thymeleafの処理後のHTMLファイル

```
<button data-product-id="P000001">削除</button>
```

12.3.5 HTML要素の出力制御

ここまでth属性を使ってHTML要素の属性値を動的に設定する方法を見てきましたが、動的にHTML要素の出力を制御する必要が出てくる場合があります。たとえば、特定の条件下の場合のみメッセージを表示したり、データの件数だけ行を追加して出力したりする場合などです。JSPでは、それらに該当する専用のタグライブラリが用意されていましたが、Thymeleafでも相当する機能がth属性として提供されています。

■条件による出力有無の制御

式の評価結果が真の場合のみ対象となるHTML要素を出力する、といったような出力有無を制御することができるth属性が提供されています。

- th:if属性 —— 属性値が真の場合のみ対象となるHTML要素を出力する
- th:unless属性 —— 属性値が偽の場合のみ対象となるHTML要素を出力する
- th:switch属性 —— 子要素に記述されたth:case属性の値と比較評価を行なうための値を設定する
- th:case属性 —— 親要素のth:switch属性の値と等しい場合のみ対象となるHTML要素を出力する

なお、属性内に指定した式によって評価された値がboolean型以外の場合、以下のように真偽を判断します。

- nullの場合は偽
- 数値型で0以外の値なら真、0なら偽
- 文字列型でfalse、off、noなら偽、それ以外なら真
- boolean型、数値型、文字列型以外の場合は常に真

▶ 条件による出力有無の制御の実装例

```
<h2>条件 (if) </h2>
<div th:if="${not #strings.isEmpty(room.remark)}"> ──────────── ❶
    <label>備考</label>
    <span th:text="*{room.remark}">備考が入力されていれば表示</span>
</div>

<h2>条件 (switch) </h2>
<div th:switch="*{room.size}"> ──────────────────── ❷
    <label>部屋のサイズ</label>
    <span th:case="'L'">大</span>
    <span th:case="'M'">中</span>
    <span th:case="'S'">小</span>
    <span th:case="*">不明</span>
```

```
</div>
```

❶ room.remark が入力されていた場合に `<div>` を出力させるため、th:if 属性を利用する。属性値には条件となる評価式を指定する。なお、#strings.isEmpty() は Thymeleaf が用意する文字列のためのユーティリティであり、文字列が空もしくは null の場合に真を返す

❷ switch 文のように、属性値が一致する `<span>` だけを出力する場合は、th:switch 属性と th:case 属性を利用する。いずれの th:case 属性にも一致しなかった場合に表示させたい要素がある場合には th:case="*" を指定する

■繰り返し出力の制御

指定された配列値の数だけHTML要素を繰り返し出力する、といったような出力の繰り返しを制御することができる th:each が提供されています。th:each には以下に示すような配列相当の型である必要があります。

- java.util.List の実装クラス
- java.util.Iterable の実装クラス
- java.util.Map の実装クラス
- 配列

繰り返しのインデックス値や、総繰り返し件数などの繰り返し処理中に利用されるメタ情報は、各繰り返し項目を出力するとき必要になる場合があります。これらのメタ情報へは Thymeleaf が生成する変数にアクセスすることで取得できます。取得可能なメタ情報を以下に示します（**表12.4**）。

表 12.4　メタ情報の種類

プロパティ	説明
index	現在の繰り返しインデックス（0から開始）
count	現在の繰り返しインデックス（1から開始）
size	繰り返し対象の総件数
current	現在の繰り返し処理で扱っている要素値
odd	現在の繰り返し処理が奇数かどうかを示す真偽値
even	現在の繰り返し処理が偶数かどうかを示す真偽値
first	現在の繰り返し処理が最初かどうかを示す真偽値
last	現在の繰り返し処理が最後かどうかを示す真偽値

それでは、商品一覧を表示する画面を例に繰り返し処理の実装方法について説明します。まずは Controller で商品のリストを Model に登録します。

▶ 繰り返しデータの登録

```
List<Product> products = new ArrayList<>();
products.add(new Product("lemon", 100, 10));
products.add(new Product("apple", 500, 20));
```

12

```
products.add(new Product("potato", 200, 0));
products.add(new Product("orange", 777, 30));
products.add(new Product("berry", 398, 0));
model.addAttribute("products", products); ──────────────────────────────── ❶
```

❶ 商品リストをproductsというキーでModelに登録する

th属性を使い、画面に商品リストをテーブル形式で表示します。インデックスを表示するため、繰り返しのメタ情報へのアクセスも行ないます。

▶ 繰り返し出力の実装例

```
<h2>繰り返し</h2>
<table>
    <tr>
        <th>No</th><th>名前</th><th>価格</th><th>在庫</th>
    </tr>
    <tr th:each="prod : ${products}"> ───────────────────────── ❷
        <td th:text="${prodStat.count}">1</td> ──────────────── ❸
        <td th:text="${prod.name}">Tomato</td> ──────────────── ❹
        <td th:text="${prod.price}">498</td>
        <td th:text="${prod.stock == 0 ? '売り切れ' : prod.stock}">10</td>
    </tr>
</table>
</table>
```

❷ 繰り返してHTML要素を出力するにはth:each属性を利用する。属性値には「繰り返し対象の現在値を格納する変数名：繰り返し対象の配列値」の形式で指定する。ここでは❶で登録したproductsリストを対象とし、現在値を格納する変数名をprodとして定義している

❸ 繰り返しに関するメタ情報へアクセスするには、Thymeleafが暗黙的に生成した変数を利用する。暗黙的に用意した変数とは、❷で指定した変数名に接尾辞Statを付与したものである。ここではprodStatとなる

❹ 現在の繰り返し要素を参照し、プロパティ値の表示などの繰り返し処理を実現する

12.3.6 インライン記述

ここではThymeleafのth属性を利用しない方法であるインライン記述について説明します。インライン記述とは、以下のサンプルのように[[....]]の表記で記述するものです。

```
<p>Hello, [[${user.name}]]!</p>
```

th:text属性を利用した方法では付与した要素自体が置き換えられます。つまり、上のサンプルは次のように記述することと同じになります。

```
<p>Hello, <span th:text="${user.name}">豊洲太郎</span>!</p>
```

　置き換える要素が必要となるため、span 要素をわざわざ追加しています。では、もともと span 要素で記述しているテキストの一部に動的にテキストを加えたい場合はどうしたらよいでしょうか。span 要素の中に span 要素は入れられないため th:text 属性では対応ができません。つまり、このような場合にインライン記述を利用します。

　インライン記述はデフォルトでは無効になっています。そのためインライン記述を利用するには、th:inline 属性をインライン記述を利用する要素、もしくは親要素に付与する必要があります。

▶ **インライン記述を有効にする場合**

```
<p th:inline="text">Hello, [[${user.name}]]!</p>
```

▶ **body 要素内すべてでインライン記述を有効にする場合**

```
<body th:inline="text">
    <p>Hello, [[${user.name}]]!</p>
</body>
```

　記述するコードが少なくなるため、インライン記述を多用したくなりますが、インライン記述にもデメリットがあります。インライン記述のデメリットは、テンプレートファイルをブラウザ上で直接表示した際に、インライン記述のテキストがそのまま表示されてしまう点です。th:text 属性のようにサンプルデータを表示することができないため、デザイナーとの分業に支障をきたす可能性があります。

> インライン記述は、JavaScript などのスクリプトの中でも利用することができます。これを利用すると、テンプレートをブラウザで静的に表示した場合やアプリケーションサーバーにデプロイして動的に表示した場合、その両方においてスクリプトを正常に動作させられます。詳細については、Thymeleaf 公式サイトの「12.2　Script inlining (JavaScript and Dart)」[4] を参照してください。

12.3.7 コメント

ここではコメントについて説明します。Thymeleaf には複数のコメントの記述方法が存在します。

▶ **テンプレートファイル**

```
<!--
    このブロックはThymeleafの処理後もテンプレートに残ります。───────────── ❶
  -->
<span>コメントの記述方法</span>
<!--/*                                                          ───────────── ❷
    <div>
        このブロックはThymeleafの処理時に削除されます。
```

12

───────────────────────────────

【4】　http://www.thymeleaf.org/doc/tutorials/2.1/usingthymeleaf.html#script-inlining-javascript-and-dart

```
        </div>
*/-->                                                                            ❸
<div>
    <button type="submit">送信</button>
</div>
```

▶ Thymeleafの処理後のHTMLファイル

```
<!--
    このブロックはThymeleafの処理後もテンプレートに残ります。                          ❶
 -->
<span>コメントの記述方法</span>

<div>
    <button type="submit">送信</button>
</div>
```

❶ 通常のHTMLと同様、<!--と-->の間はコメントとして扱う。HTMLのコメントのため、Thymeleafの処理後にもコメントとして残される

❷ <!--/*はThymeleafにおけるコメントの開始を意味する。このコメントはThymeleafの処理後に削除され、HTMLには残らない

❸ */-->はThymeleafにおけるコメントの終了を意味する。このコメントはThymeleafの処理後に削除され、HTMLには残らない

12.3.8 Springとの連携

ここまではThymeleaf本体から提供されている機能について主に説明してきましたが、本項ではthymeleaf-springが提供しているSpringとの連携機能に焦点をあてて説明していきます。

なお、本書で説明していない機能もいくつかあるので、そちらについてはThymeleafが提供するチュートリアルベースのドキュメント[5]を参照してください。

■フォームオブジェクトのバインディング

「12.3.1 はじめてのThymeleaf」で説明したとおり、HTMLフォームとフォームオブジェクトの紐付けは、th:object属性とth:field属性を使用して行ないます。

- th:object属性 —— HTMLフォームに紐付けるフォームオブジェクトを指定するための属性
- th:field属性 —— 入力項目に紐付けるフォームオブジェクトのプロパティを指定するための属性

▶ HTMLフォームとフォームオブジェクトを紐付ける際の実装例

```
<form th:action="@{/sample}" method="POST" th:object="${echoForm}">          ❶
```

【5】 http://www.thymeleaf.org/doc/tutorials/2.1/thymeleafspring.html

```
        <div>テキストを入力してください ：</div>
        <div>
            <input type="text" name="text" th:field="*{text}"/> ——————————— ❷
        </div>
    </form>
```

❶ th:object 属性に、紐付けたいフォームオブジェクトを変数式を使用して指定する。変数式にはModelに格納した
フォームオブジェクトの属性名を指定する

❷ th:field属性に、紐付けたいフォームオブジェクトのプロパティを選択変数式を使用して指定する。選択変数式は
フォームオブジェクトのプロパティ名を指定。ネストしているプロパティを指定する場合は、「.」でプロパティ名を
つなげばよい

th:field属性は、\<input\>要素だけでなく\<select\>要素や\<textarea\>要素内でも利用できます[6]。

■入力エラーの表示

「12.3.1　はじめてのThymeleaf」で説明したとおり、Spring MVCの入力チェック機能で発生したエラーの表
示は、th:errors属性、th:errorclass属性、#fieldsオブジェクトを使用して行ないます。

- th:errors属性 —— エラーメッセージの出力対象を指定するための属性
- th:errorclass属性 —— エラー時に適用するCSSクラスを指定するための属性
- #fieldsオブジェクト —— エラー情報にアクセスするための便利なメソッドを提供するオブジェクト

▶ 入力エラーを表示する際の実装例

```
<input type="text" name="text" th:field="*{text}" th:errorclass="fieldError"/> ——————— ❶
<span th:errors="*{text}">textのエラーメッセージ</span> ——————————————————— ❷
```

❶ th:errorclass属性に、エラー時に適用するCSSクラスの名前を指定する

❷ th:errors属性に、フォームオブジェクトのプロパティを選択変数式を使用して指定する。指定したプロパティに対
するエラーメッセージだけが表示される。なお、エラーメッセージが複数ある場合は、メッセージの分割文字列は
\<br /\>となる

▶ Thymeleafの処理後のHTML

```
<input type="text" name="text" id="text" value="" class="fieldError" />
<span>may not be empty</span>
```

th:errors属性とth:errorclass属性の利用でエラーメッセージの表示要件を満たせない場合は、#fields
オブジェクトを利用することで要件を満たせるはずです[7]。

12

【6】　th:field属性の具体的な利用方法は、以下のページを参照してください。
　　　http://www.thymeleaf.org/doc/tutorials/2.1/thymeleafspring.html#creating-a-form
【7】　#fieldsオブジェクトを利用した実装の詳細については、以下のページを参照してください。
　　　http://www.thymeleaf.org/doc/tutorials/2.1/thymeleafspring.html#validation-and-error-messages

■SpELの利用

Thymeleafは変数式をOGNL（Object-Graph Navigation Language）として解釈しますが、thymeleaf-springを利用すると変数式はSpEL（Spring Expression Language）[8]として解釈されます。変数式がSpELとして解釈されることにより、テンプレート内からDIコンテナ内に登録されているBeanにアクセスできるようになります。

▶ SpELを活用してBeanへアクセスする際の実装例

```
@Component
public class AppSettings implements Serializable {
    @Value("${passwordValidDays:90}")
    private int passwordValidDays;
    // ・・・
}
```

▶ テンプレートファイルの実装例

```
<span th:text="${@appSettings.passwordValidDays}">60</span>日 ───────────❶
```

❶ DIコンテナに登録されているBeanにアクセスする場合は「@ + bean名」を指定する

▶ Thymeleafの処理後のHTML

```
<span>90</span>日 ──────────────────────────────❷
```

❷ Beanから取得した値が出力される

■ConversionServiceとの連携

thymeleaf-springを利用すると、Spring MVCに適用されているConversionService[9]と連携して、値の型変換（フォーマット）を行なうことができます。ConversionServiceとの連携は、以下の4つの方法で利用することができます。

- 変数式 ──「${{...}}」形式で指定すると適用される
- 選択変数式 ──「*{{...}}」形式で指定すると適用される
- th:field ──式の指定形式に関係なく常に適用される
- #conversionsオブジェクト ── 型変換用のメソッドを提供するオブジェクト。型変換を行なう際に呼び出す[10]

▶ ConversionServiceと連携した型変換の実装例

```
@Component
```

---

[8] SpELの詳細については、第2章の「2.5 Spring Expression Language（SpEL）」を参照してください。

[9] デフォルトではorg.springframework.format.support.DefaultFormattingConversionServiceが使用されます。

[10] #conversionsオブジェクトを利用した実装方法については、以下のページを参照してください。
http://www.thymeleaf.org/doc/tutorials/2.1/thymeleafspring.html#the-conversion-service

```
public class AppSettings implements Serializable {
    @Value("${basicPostage:1250}")
    @NumberFormat(style = NumberFormat.Style.NUMBER) ──────────────── ❶
    private int basicOneDayCost;
    // ・・・
}
```

▶ テンプレートファイルの実装例

```
<span th:text="${@appSettings.basicOneDayCost}">1300</span>円
<span th:text="${{@appSettings.basicOneDayCost}}">1,300</span>円 ──────── ❷
```

❶ 数値のフォーマットを指定する
❷ {{...}}形式で式を指定して、ConversionServiceと連携した型変換（フォーマット）を適用する

▶ Thymeleafの処理後のHTML

```
<span>1250</span>円
<span>1,250</span>円 ──────────────────────────── ❸
```

❸ プロパティに指定したフォーマット（@NumberFormat で指定したフォーマット）で出力される

12.3.9　テンプレートの共通化

ここではテンプレートファイルの共通化について説明します。共通化といっても人によって想像するものが異なるかと思います。ここでは以下に示す2つの共通化を対象とします。

- テンプレートのフラグメント化
  複数のテンプレートを作成した際、複数のテンプレートで同じ内容が使われていることがよくあります。このような場合、その共通的な内容を別ファイルに切り出したいと考える人は多いでしょう。Thymeleafでは、テンプレートのフラグメントという機能でこれを実現することができます。

- テンプレートのレイアウト化
  複数のテンプレートで同じデザインレイアウトを適用する場合は、通常、共通的なレイアウトを定義して共用することになります。このような場合に有効なライブラリとして Thymeleaf Layout Dialect [11] があります。

■テンプレートのフラグメント化

Thymeleafではテンプレートのフラグメント機能を利用することで、テンプレートの一部を分割して別ファイルに切り出すことができます。ヘッダー、フッター、メニューがフラグメントとしてよく利用されますが、特定のUIコンポーネントをフラグメントとして切り出すことも可能です。

12

【11】 https://github.com/ultraq/thymeleaf-layout-dialect

フラグメントを利用するには、フラグメントの定義と参照という2つの作業が必要になります。フラグメントの定義には以下に示す2つの方法があります。

- Thymeleafの `th:fragment` 属性を利用したフラグメント定義
- CSSセレクタと同様、`id`属性を利用したフラグメント定義

▶ **フラグメントの定義**（footer.html）

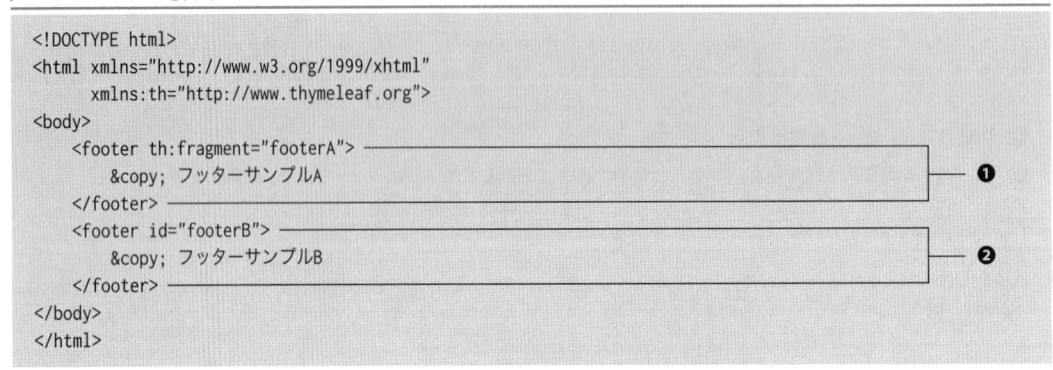

```html
<!DOCTYPE html>
<html xmlns="http://www.w3.org/1999/xhtml"
      xmlns:th="http://www.thymeleaf.org">
<body>
    <footer th:fragment="footerA">
        &copy; フッターサンプルA
    </footer>
    <footer id="footerB">
        &copy; フッターサンプルB
    </footer>
</body>
</html>
```

❶ ❷

❶ フラグメントとして定義する要素に `th:fragment` 属性を付与し、属性値としてフラグメント名を指定する。ここでは `<footer>` 要素を利用して `"footerA"` というフラグメントを定義している

❷ `id`属性を利用してフラグメントを定義する場合、通常どおり`id`属性を利用する。この際指定した属性値がフラグメント名となる。ここでは`<footer>`要素を利用して `"footerB"` というフラグメントを定義している

定義したフラグメントを参照し、テンプレートに読み込む方法として以下に示す2つの方法があります。

- Thymeleafの `th:include` 属性を利用したフラグメントのインクルード
- Thymeleafの `th:replace` 属性を利用したフラグメントの置換

▶ **th:include 属性を使用したフラグメント参照の実装例**

```html
<h2>テンプレートフラグメントA  (th:include + frag) </h2>
<div th:include="footer :: footerA"></div>

<h2>テンプレートフラグメントB  (th:include + id) </h2>
<div th:include="footer :: #footerB"></div>
```

❸ ❹

▶ **th:include 属性を使用したフラグメント参照の実装例の出力例**

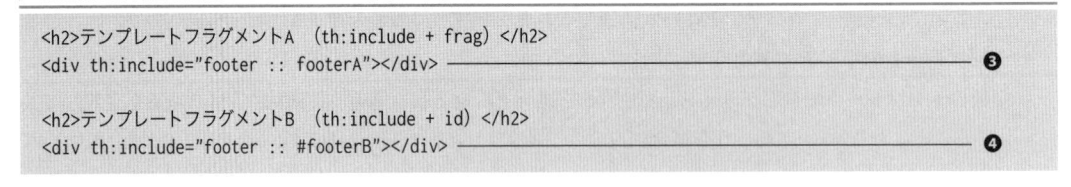

```html
<h2>テンプレートフラグメントA  (th:include + frag) </h2>
<div>
    &copy; フッターサンプルA
</div>

<h2>テンプレートフラグメントB  (th:include + id) </h2>
```

❺

```
<div>
    &copy; フッターサンプルB
</div>
```
❺

❸ フラグメントを参照してインクルードする場合、th:include 属性を利用する。th:fragment 属性で定義したフラグメントを参照する場合、属性値に参照するフラグメントをテンプレート名:: フラグメント名形式で指定する

❹ フラグメントを参照してインクルードする場合、th:include 属性を利用する。id 属性で定義したフラグメントを参照する場合、属性値に参照するフラグメントをテンプレート名::#フラグメント名形式で指定する

❺ th:include 属性を利用した場合、th:include 属性を付与した要素はそのままで、内部がフラグメントの内容になる

▶ th:include 属性とth:replaceの違いを示すコード例

```
<h2>th:include と th:replace の違い</h2>
<div th:include="footer :: footerA"></div>
<div th:replace="footer :: footerA"></div>
```
❻

▶ th:include 属性とth:replaceの違いを示すコードから生成された出力例

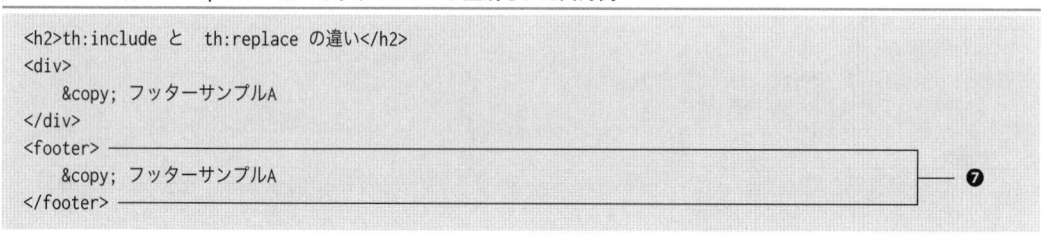

```
<h2>th:include と th:replace の違い</h2>
<div>
    &copy; フッターサンプルA
</div>
<footer>
    &copy; フッターサンプルA
</footer>
```
❼

❻ フラグメントを参照して置換する場合、th:replace 属性を利用する。属性値の指定方法は th:include 属性と同じである

❼ th:replace属性を利用した場合、th:include属性を付与した要素からフラグメントの内容に置換される。そのため、ここでは<div>要素から<footer>要素に置き換わっている

■テンプレートのレイアウト化

ここではThymeleaf Layout Dialectを利用したテンプレートのレイアウト化について説明します

Thymeleaf Layout Dialect のセットアップ

Thymeleaf Layout Dialectのライブラリ（jarファイル）を開発するMavenプロジェクトに適用します。

▶ pom.xmlの定義例

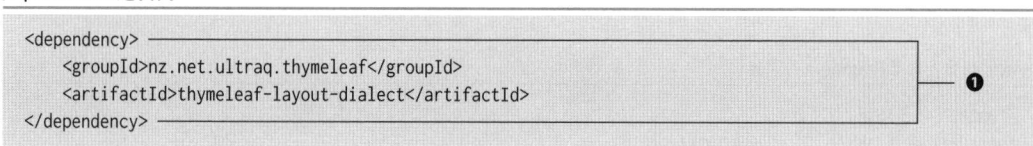

```
<dependency>
    <groupId>nz.net.ultraq.thymeleaf</groupId>
    <artifactId>thymeleaf-layout-dialect</artifactId>
</dependency>
```
❶

❶ thymeleaf-layout-dialectのライブラリを指定する

▶ コンフィギュレーションクラスの実装

```
@Bean
public SpringTemplateEngine templateEngine() {
    SpringTemplateEngine engine = new SpringTemplateEngine();  ──────────────── ❶
    engine.addDialect(new LayoutDialect());  ──────────────────────────────── ❷
    engine.setTemplateResolver(templateResolver());
    return engine;
}
```

❶ テンプレートエンジンとして SpringTemplateEngine のインスタンスを生成する

❷ ❶で定義したテンプレートエンジンに addDialect メソッドで nz.net.ultraq.thymeleaf.LayoutDialect のインスタンスを設定する。これで Thymeleaf Layout Dialect が有効になる

Thymeleaf Layout Dialect による View の実装

Thymeleaf Layout Dialect では、共通レイアウトとなるテンプレートを「Decorator」と呼び、共通レイアウトを適用する側の個別のテンプレートを「Fragment」と呼びます。

▶ 共通レイアウトとなる Decorator の定義 (Layout.html)

```
<!DOCTYPE html>
<html xmlns="http://www.w3.org/1999/xhtml"
      xmlns:th="http://www.thymeleaf.org"
      xmlns:layout="http://www.ultraq.net.nz/thymeleaf/layout">  ──────────── ❶
  <head>
    <title>個別の値で置き換わる</title>  ──────────────────────────────── ❷
    <script src="your-common-script.js"></script>  ──────────────────────── ❸
  </head>
  <body>
    <section layout:fragment="content">                                    ┐
      <p>個別部分で定義する内容</p>                                          ├─ ❹
    </section>  ──────────────────────────────────────────────────────────┘
  </body>
</html>
```

❶ Thymeleaf Layout Dialect を利用するため、XML ネームスペースとして xmlns:layout="http://www.ultraq.net.nz/thymeleaf/layout" を追加する

❷ レイアウトのサンプルページとしての <title> を設定する。ここで設定した値は、Fragment のテンプレートで定義した <title> の値に置き換わる

❸ 共通的に利用する CSS ファイルや JavaScript ファイルなどのリソースを設定する

❹ Fragment で定義する内容に置き換えたい要素に layout:fragment 属性を付与する。ここでは section 要素に "content" という名前の Fragment を定義している

▶ 個別部分となる Fragment の定義

```
<!DOCTYPE html>
<html xmlns="http://www.w3.org/1999/xhtml"
      xmlns:th="http://www.thymeleaf.org"
```

```
     xmlns:layout="http://www.ultraq.net.nz/thymeleaf/layout"                    ❶
       layout:decorator="Layout">
  <head>
    <title>個別のタイトル</title>                                                   ❷
    <script src="content-script.js"></script>                                     ❸
  </head>
  <body>
    <section layout:fragment="content">
      <p>個別の内容</p>                                                            ❹
    </section>
  </body>
</html>
```

❶ Thymeleaf Layout Dialect を利用するため、XML ネームスペースとして `xmlns:layout="http://www.ultraq.net.nz/thymeleaf/layout"` を追加する。`layout:decorator` 属性で、共通的なテンプレートとして利用する Decorator のビュー名を指定する

❷ Decorator の `<title>` を置き換えるため、Fragment のテンプレートで `<title>` を定義する。Thymeleaf で処理した結果、最終的に「個別のタイトル」となる

❸ 個別に必要となる CSS ファイルや JavaScript ファイルなどのリソースを設定する。Fragment のテンプレートの `<head>` 要素内に記述した要素は、Decorator のテンプレートの `<head>` 要素に追加される。Thymeleaf で処理した結果、最終的に `<script src="your-common-script.js"></script>` と `<script src="content-script.js"></script>` が HTML に設定される

❹ Decorator で `layout:fragment` 属性を付与した要素を置き換えるため、その内容となる要素に `layout:fragment` 属性を付与する。Thymeleaf で処理した結果、Fragment の `<section layout:fragment="content">` の内容が HTML に設定される

Thymeleaf Layout Dialect を利用することで、画面のレイアウト定義を専用のテンプレートファイルで一元管理できるようになりました。しかし、Thymeleaf Layout Dialect を利用するとテンプレート分割の弊害として、画面の全体像は Thymeleaf の変換処理を行なわなければ見ることができない状態となってしまいます。

12.3.10　Spring Security との連携

Spring Security が提供する画面表示に関係する機能を Thymeleaf で利用する場合は、Spring Security Dialect を利用します。Spring Security Dialect を利用すると、Spring Security が提供している JSP タグライブラリと同様の機能を Thymeleaf に組み込むことができます。なお、Spring Security に関してはすでに説明しているので、ここで改めて説明は行ないません。ここでは Spring Security Dialect の使い方について説明します。Spring Security Dialect が提供する主な機能を以下に示します。

- 認証情報にアクセスする機能を持つ `sec:authentication` 属性を提供する
- Spring Security expression を利用した認可処理と同等の機能を持つ `sec:authorize` 属性を提供する
- URL ベースの認可処理を行なう `sec:authorize-url` 属性を提供する

12

- ACL（Access Control List）を利用した認可処理を行なう sec:authorize-acl 属性を提供する
- CSRFトークンにアクセスする機能を提供する

■Spring Security Dialectのセットアップ

Spring Security Dialect のライブラリ（jar ファイル）を開発する Maven プロジェクトに適用します。

▶ pom.xmlの定義例

```
<dependency>
    <groupId>org.thymeleaf.extras</groupId>
    <artifactId>thymeleaf-extras-springsecurity4</artifactId>
</dependency>
```
❶

❶ Spring Security Dialectのライブラリを指定する

▶ コンフィギュレーションクラスの実装

```
@Bean
public SpringTemplateEngine templateEngine() {
    SpringTemplateEngine engine = new SpringTemplateEngine();
    engine.addDialect(new SpringSecurityDialect());
    engine.setTemplateResolver(templateResolver());
    return engine;
}
```
❶
❷

❶ テンプレートエンジンとして SpringTemplateEngine のインスタンスを生成する

❷ ❶で定義したテンプレートエンジンに addDialect メソッドで org.thymeleaf.extras.springsecurity4.dialect.SpringSecurityDialect のインスタンスを設定する。これで Spring Security Dialect が有効になる

■認証情報へのアクセス

テンプレートから認証情報にアクセスする場合は、Spring Security Dialect の sec:authentication 属性を利用します。

▶ sec:authentication 属性の利用例

```
<html xmlns="http://www.w3.org/1999/xhtml"
    xmlns:th="http://www.thymeleaf.org"
    xmlns:sec="http://www.thymeleaf.org/extras/spring-security">
<body>
    <h3>ようこそ <span sec:authentication="principal.username">山田</span> さん</h3>
</body>
</html>
```
❶
❷

❶ XML ネームスペースとして xmlns:sec="http://www.thymeleaf.org/extras/spring-security" を付与する

❷ 認証情報を表示する要素に sec:authentication 属性を付与し、属性値にアクセスするプロパティを指定する。ネストしているプロパティにアクセスする場合は、「 . 」でプロパティ名をつなげばよい

■画面項目への認可

Spring Securityでは、JSPタグライブラリを利用してJSPの画面項目に対して認可処理を適用することができました。Spring Security Dialect では、sec:authorize や sec:authorize-url などの sec: 属性を利用して、HTMLのTemplateの画面項目に対して認可処理を適用できます。

- ● **適用する画面項目とアクセスポリシーの指定**

  アクセスポリシーを適用する画面項目の要素に、sec:authorize属性を付与します。次に、適用するアクセスポリシーを属性値として設定します。属性値として設定されたExpressionの結果がTrueの場合、適用した要素がHTMLとして表示されます。

  ▶ sec:authorize 属性の利用例

  ```
  <html xmlns="http://www.w3.org/1999/xhtml"
        xmlns:th="http://www.thymeleaf.org"
        xmlns:sec="http://www.thymeleaf.org/extras/spring-security" ——————— ❶

  <div sec:authorize="hasRole('ADMIN')"> ———————————————————————————— ❷
      <h2>管理者メニュー</h2>
      <!-- ... -->
  </div>
  ```

  ❶ XMLネームスペースとして xmlns:sec="http://www.thymeleaf.org/extras/spring-security" を付与する
  ❷ 適用する画面項目の要素に sec:authorize 属性を付与する。sec:authorize 属性の属性値としてアクセスポリシーを設定する。ここでは Admin ロールを保持していることを条件としている

- ● **Webリソースに指定したアクセスポリシーとの連動**

  JSPと同様にWebリソースに指定したアクセスポリシーと連動させることができます。Webリソースに指定したアクセスポリシーと連動させる場合、sec:authorize-url属性を利用します。属性値として設定されたWebリソースにアクセスできる場合に限り、適用した要素がHTMLとして表示されます。

  ▶ sec:authorize-url 属性の利用例

  ```
  <ul>
      <li sec:authorize-url="/admin/accounts"> ———————————————————
          <a href="./admin/accounts.html" th:action="@{/admin/accounts}">アカウント管理</a>  —— ❶
      </li> ———————————————————————————————————————————————
  </ul>
  ```

  ❶ 適用する画面項目の要素に sec:authorize-url 属性を付与する。sec:authorize-url 属性の属性値として、連動させる Web リソースを設定する。ここでは /admin/accounts にアクセスできる権限を持っていることを条件としている

12

■CSRFトークンへのアクセス

Spring SecurityのCSRF機能を有効にしている状態でフォームやAjax通信を使ってデータをPOSTする場合は、CSRFトークン値をリクエストパラメータかリクエストヘッダーに設定する必要があります。フォームの場合は、Spring Security Dialectを適用するだけで自動でCSRFトークン値がhidden項目としてHTMLに埋め込まれる仕組みになっています。

▶ POST送信するフォームの作成例

```
<form th:action="@{/login}" method="POST">
    <!-- ... -->
</form>
```

▶ HTMLの出力例

```
<form method="POST" action="/login">
    <!-- ... -->
<input type="hidden" name="_csrf" value="310927d8-73c0-4bed-96fb-6abb2a76a0b5" /></form>
```

フォームを利用する場合はCSRFトークンを意識する必要はありませんが、Ajaxを利用する場合はプログラマによる実装が必要になります。ここでは、Spring Securityの公式リファレンスで紹介されているHTMLの<meta>要素にCSRFトークンを埋め込む方法を、Thymeleafでどのように実現するかを紹介します。

Spring Security Dialectを適用すると、CSRFトークン情報（トークン値、リクエストパラメータ名、リクエストヘッダー名）を保持するオブジェクト（_csrf）にテンプレート内からアクセスできるようになります。

▶ CSRFトークンを<meta>要素に埋め込む実装例

```
<head>
    <meta name="_csrf" th:content="${_csrf.token}"/> ───────────── ❶
    <meta name="_csrf_header" th:content="${_csrf.headerName}"/> ──── ❷
</head>
```

❶ CSRFトークン情報からトークン値を取得して<meta>要素に出力する
❷ CSRFトークン情報からリクエストヘッダー名を取得して<meta>要素に出力する

▶ HTMLの出力例

```
<head>
    <meta name="_csrf" content="310927d8-73c0-4bed-96fb-6abb2a76a0b5" />
    <meta name="_csrf_header" content="X-CSRF-TOKEN" />
</head>
```

JavaScript側では、Ajax通信する際に<meta>要素からトークン値とリクエストヘッダー名を取得し、Ajax通信のHTTPヘッダーにCSRFトークン値を設定します。JavaScriptの実装例については、第9章の「9.6.2 CSRF対策機能の適用」を参照してください。

12.3.11　JSR 310: Date and Time APIの利用

Thymeleafは、テンプレート内でJSR 310: Date and Time APIのオブジェクトを操作するための機能を標準ではサポートしておらず、Thymeleafが提供する拡張ライブラリが必要になります。

■依存ライブラリの追加

テンプレート内でDate and Time APIのクラスを使用する場合は、Thymeleafから提供されているthymeleaf-extras-java8timeを利用してください。なお、thymeleaf-extras-java8timeはSpring IO Platformで管理されていないため、バージョンの指定が必要です。

▶ pom.xmlの定義例

```
<dependency>
    <groupId>org.thymeleaf.extras</groupId>
    <artifactId>thymeleaf-extras-java8time</artifactId>
    <version>2.1.0.RELEASE</version>   <!-- バージョンは執筆時点のThymeleaf 2系用の最新バージョン -->
</dependency>
```

■Bean定義の追加

Java8TimeDialectをテンプレートエンジンに適用し、テンプレート内でDate and Time API用のユーティリティオブジェクト（temporals）を利用できるようにします。

▶ Java ConfigによるBean定義

```
@Bean
public SpringTemplateEngine templateEngine() {
    SpringTemplateEngine engine = new SpringTemplateEngine(); ─────────────── ❶
    engine.addDialect(new Java8TimeDialect()); ──────────────────────────── ❷
    engine.setTemplateResolver(templateResolver());
    return engine;
}
```

❶ テンプレートエンジンとして SpringTemplateEngine のインスタンスを生成する
❷ ❶で定義したテンプレートエンジンに org.thymeleaf.extras.java8time.dialect.Java8TimeDialect のインスタンスを設定する

■ユーティリティオブジェクト（temporals）を利用

Date and Time APIのオブジェクトに対する操作は、暗黙オブジェクトであるtemporalsのメソッドを利用します。提供されているメソッドについては、thymeleaf-extras-java8timeのGitHubページを参照してください【12】。

12

【12】 https://github.com/thymeleaf/thymeleaf-extras-java8time/

▶ temporalsオブジェクトの使用例

```
<head>
    <meta charset="UTF-8"/>
    <title th:text="|${#temporals.format(date, 'yyyy/M/d')}の会議室|">2016/5/20の会議室</title>
</head>
```

13

Spring Boot

第2章から第12章にかけて、各種SpringプロジェクトおよびSpringの関連ライブラリを利用したアプリケーション開発について学びました。Springプロジェクトはさまざまな有用な機能を提供しており、これらの機能を適切に組み合わせて1つのアプリケーションを作ることになります。このようなSpringプロジェクトには、機能が豊富なことによる課題があります。それは、そもそも各プロジェクトをどう組み合わせてよいのかわからなかったり、ちょっとしたWebアプリケーションを作成するだけでも数多くの設定が必要であったりする点です。また、アプリケーションサーバーのセットアップやアプリケーションのデプロイする作業についても、多くの開発者が煩わしい作業だと感じていました。本章で紹介する「Spring Boot」を利用することでこれらの課題を解決することができます。ここでは、簡単なアプリケーションをSpring Bootを利用して作成していく中で、Spring Bootの仕組みや便利な機能について説明していきます。

13.1 Spring Bootとは

Spring Bootは2013年に開発が始まり【1】、2014年4月にバージョン1.0がリリースされ、執筆時点（2016年6月）のバージョンは1.3.5.RELEASEです。

Spring Bootを使えば、何も設定しなくてもデフォルトでさまざまな機能を利用できます。前章まで見てきたXMLまたはJava ConfigによるBean定義、ログの設定、Servletの設定などが不要になります。さらにはアプリケーションサーバーにデプロイする必要もなくなり、Javaのmainメソッドを実行すればアプリケーションを実行できます。ほとんどのアプリケーションが、デフォルトの設定にほんの少しの設定を追加するだけで動作するようになるでしょう。

執筆時点ではSpring Bootはとても高い人気があり、1か月で400万回以上ダウンロードされています【2】。Spring Bootはバージョンアップとともに便利な機能が追加され続けており、2016年7月にバージョン1.4、2016年12月に1.5、そして2017年4月にはSpring 5に対応した2.0のリリースが計画されています。

Spring Bootでは自動でアプリケーションの設定が行なわれますが、コード生成ツールではありませんし、初心者専用のプロダクトでもありません。プロダクションで利用できるアプリケーションを作成可能です。Spring Bootの強力さを知るにはまずアプリケーションを作成して動かしてみるのが一番です。以下では、簡単なHello Worldアプリケーションを作成してSpring Bootを体験してから、Spring Bootの仕組みや機能を紹介していきます。

本書はSpring Boot 1.3ベースで説明を行ないますが、Spring Boot 1.4での変更点についてはリリースノート【3】を参照してください。

【1】 https://jira.spring.io/browse/SPR-9888
【2】 https://twitter.com/PieterHumphrey/status/740966127992328192
【3】 https://github.com/spring-projects/spring-boot/wiki/Spring-Boot-1.4-Release-Notes

13.1.1 Spring Bootで作るHello Worldアプリケーション

Spring BootではSpring Initializrという雛形生成Webサービスが用意されています。これを利用してHello Worldプロジェクトを作成してみましょう【4】。

最初にブラウザを起動し、https://start.spring.ioにアクセスします。次に［Dependencies］の［Search for dependencies］に「Web」と入力してEnterキーを押します（図13.1）。これでWebアプリケーション開発に関する最低限の機能が用意されます。［Generate Project］ボタンをクリックするとdemo.zipがダウンロードされます。

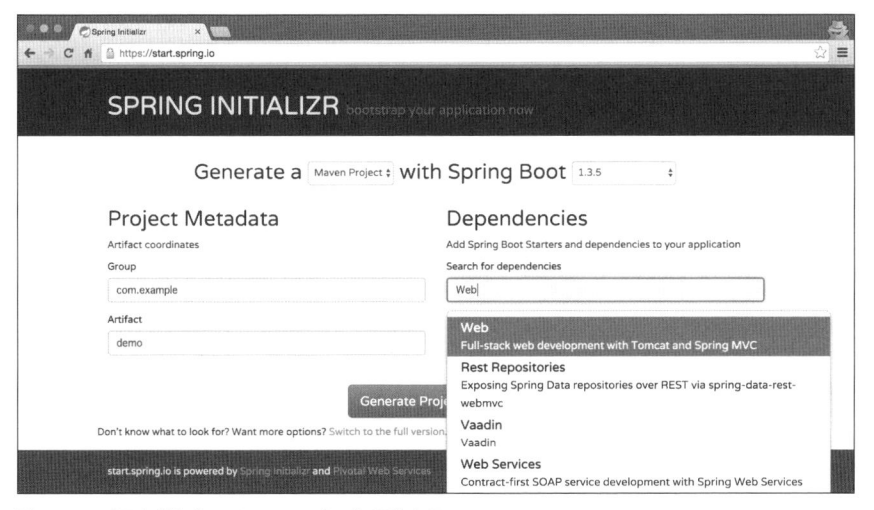

図13.1　ブラウザからSpring Initializrにアクセス

demo.zipを展開すると、右のようなMavenプロジェクトになっていることがわかります（図13.2）。

Spring Tool Suite（STS）【5】を開き、［File］メニューから［Import］→［Existing Maven Projects］を選択し、［Next］ボタンをクリックします。次のウィザードで画面で、ダウンロードしたdemo.zipを展開したdemoフォルダを選択し、［Finish］ボタンをクリックします（図13.3）。

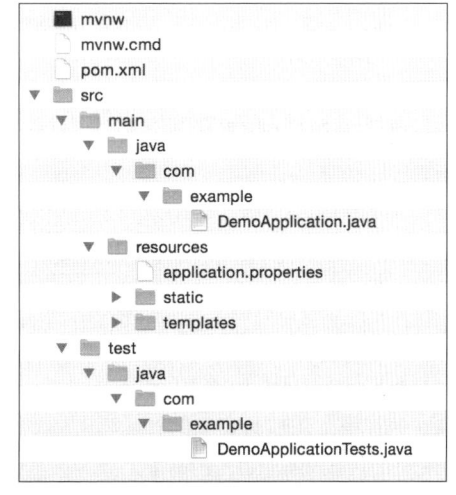

図13.2　demo.zipの内容

【4】　同様の雛形生成機能はIDE（Spring Tool SuiteまたはIntelliJ IDEA）にも用意されているため、IDEから直接雛形プロジェクトを作成することも可能です。詳細については、次章の「チュートリアル」で扱います。

【5】　STSを初めて使う方は、付録の「A.1.1　IDEのセットアップ」を参照してSTSをセットアップしてください。

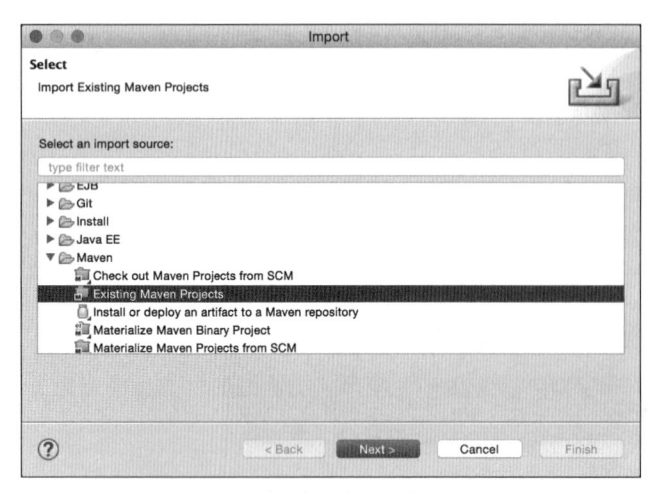

図13.3 Spring Tool Suite（STS）の［Import］画面

STSのPackage Explorerで確認すると、次のようなプロジェクトができています（**図13.4**）。

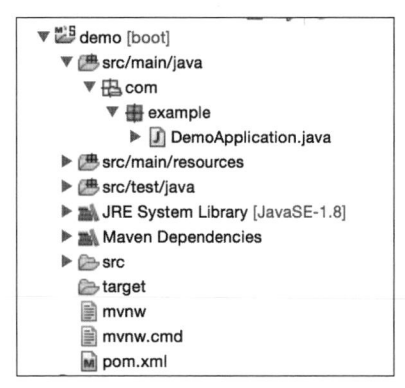

図13.4 Package Explorerでプロジェクトを確認

DemoApplication.javaの中を確認してみましょう。次のようになっています。

▶ **インポート直後のDemoApplication.javaの状態**

```java
package com.example;

import org.springframework.boot.SpringApplication;
import org.springframework.boot.autoconfigure.SpringBootApplication;

@SpringBootApplication
public class DemoApplication {

    public static void main(String[] args) {
        SpringApplication.run(DemoApplication.class, args);
```

```
        }
    }
```

mainメソッドを実行（「DemoApplication」を選択後、右クリック → ［Run As］→［Java Application］を選択）すると、8080番ポートで組み込みのTomcatが起動します。通常のWebアプリケーションのように「warファイルを作成してTomcatにデプロイする」という手順は必要ありません。

ただし、この状態ではControllerの実装がないため、Webアプリケーションとしては何も機能しません。そこで簡単なControllerを実装してみましょう。ここでは、DemoApplicationに直接 @RestController アノテーションと @RequestMapping アノテーションを付与したメソッドを実装してみます。

▶ DemoApplication.javaをControllerとして扱う際の実装例

```java
package com.example;

import org.springframework.boot.SpringApplication;
import org.springframework.boot.autoconfigure.SpringBootApplication;
import org.springframework.web.bind.annotation.RequestMapping;
import org.springframework.web.bind.annotation.RestController;

@SpringBootApplication
@RestController
public class DemoApplication {

    @RequestMapping("/")
    String hello() {
        return "Hello World!";
    }

    public static void main(String[] args) {
        SpringApplication.run(DemoApplication.class, args);
    }
}
```

mainメソッドを再実行してからhttp://localhost:8080にアクセスすると「Hello World!」が出力されます。ここまで設定は不要です。web.xml、SpringのBean定義ファイルやログの設定ファイルなど、これまでのWebアプリケーション開発ではじめに必要だったものはSpring Bootでは必要ありません。

これらの設定はSpring Bootが自動で行なう仕組みになっており、このHello Worldサンプルだけでも以下の処理が行なわれています。

- Spring MVCの自動設定
- Tomcatの自動設定
- 各種フィルタ（CharacterEncodingFilterなど）の自動設定
- ロガー（Logback）の自動設定
- Bean Validation（Hibernate Validator）の自動設定

13

Spring Initializrで生成したプロジェクトには、以下のようなテストコードも含まれています。

▶ インポート直後のDemoApplicationTests.javaの状態

```
package com.example;

import org.junit.Test;
import org.junit.runner.RunWith;
import org.springframework.test.context.web.WebAppConfiguration;
import org.springframework.boot.test.SpringApplicationConfiguration;
import org.springframework.test.context.junit4.SpringJUnit4ClassRunner;

@RunWith(SpringJUnit4ClassRunner.class)
@SpringApplicationConfiguration(classes = DemoApplication.class)
@WebAppConfiguration
public class DemoApplicationTests {

    @Test
    public void contextLoads() {
    }

}
```

　このテストを実行すると、JUnit内でSpring Bootアプリケーションが起動します。Spring Bootアプリケーションが起動すると組み込みTomcatが立ち上がる仕組みになっているため、End-to-Endテストを簡単にJUnitで実施することができます。

　作成したHello Worldアプリケーションをテストするコードを次に示します。

▶ Hello Worldアプリケーションのテストケース例

```
package com.example;

import static org.hamcrest.CoreMatchers.is;
import static org.junit.Assert.assertThat;

import org.junit.Test;
import org.junit.runner.RunWith;
import org.springframework.beans.factory.annotation.Value;
import org.springframework.boot.test.SpringApplicationConfiguration;
import org.springframework.boot.test.TestRestTemplate;
import org.springframework.boot.test.WebIntegrationTest;
import org.springframework.test.context.junit4.SpringJUnit4ClassRunner;
import org.springframework.web.client.RestTemplate;

@RunWith(SpringJUnit4ClassRunner.class)
@SpringApplicationConfiguration(classes = DemoApplication.class)
@WebIntegrationTest(randomPort = true)                                        ❶
public class DemoApplicationTests {

    RestTemplate restTemplate = new TestRestTemplate();                       ❷
```

```
@Value("${local.server.port}") ─────────────────────────── ❶
int port;

@Test
public void testHello() {
    assertThat(restTemplate.getForObject("http://localhost:" + port, String.class), ──┐
        is("Hello World!"));                                                           ├─ ❸
}                                                                                      ┘

}
```

❶ @WebIntegrationTest を付与して、JUnit 内でアプリケーションサーバーを起動する。randomPort を true にすることで、空いているポートでサーバーが起動する。ポート番号は local.server.port プロパティでアクセス可能

❷ テスト用の RestTemplate 実装クラスを使用する。このクラスはエラー時にも例外をスローしない

❸ JUnit 内で起動したアプリケーションに対して、RestTemplate [6] でアクセスし、レスポンスを確認する

　ここまでは、Spring Boot を使うことで設定なしでアプリケーションが作成できることを見てきました。次に、どのような仕組みでこのような動作になるのかを見ていきます。

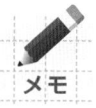

テスト関連のアノテーションやクラスは、Spring Boot 1.4 から大幅に変更されます。以下に、本書で扱っているテストケースクラスを Spring Boot 1.4 で置き換えた場合のコード例を紹介しておきましょう。

▶ Spring Boot 1.4 で置き換えたテストケースクラス

```
package com.example;

import static org.hamcrest.CoreMatchers.is;
import static org.junit.Assert.assertThat;

import org.junit.Test;
import org.junit.runner.RunWith;
import org.springframework.boot.context.embedded.LocalServerPort;
import org.springframework.boot.test.context.SpringBootTest;
import org.springframework.boot.test.context.SpringBootTest.WebEnvironment;
import org.springframework.boot.test.web.client.TestRestTemplate;
import org.springframework.test.context.junit4.SpringRunner;

@RunWith(SpringRunner.class)
@SpringBootTest(webEnvironment = WebEnvironment.RANDOM_PORT) ─────────── ❶❷
public class DemoApplicationTests {
    TestRestTemplate restTemplate = new TestRestTemplate(); ─────────── ❸

    @LocalServerPort ───────────────────────────────────────────────── ❹
```

【6】　RestTemplate の使い方については、第6章の「6.6　REST クライアントの実装」で説明しています。

13

```
    int port;

    @Test
    public void contextLoads() {
        assertThat(restTemplate.getForObject("http://localhost:" +
                port, String.class), is("Hello World!"));
    }

}
```

❶ @SpringApplicationConfiguration などのアノテーションが非推奨となり、新たに追加された @SpringBootTest に集約される

❷ @WebIntegrationTest は非推奨となり、@SpringBootTest の webEnvironment 属性に置き換わる

❸ TestRestTemplate クラスはパッケージが変わり、RestTemplate との継承関係がなくなる

❹ 「@Value("${local.server.port}")」のショートカットアノテーションとして、@LocalServer Port が追加される

13.1.2 AutoConfigure による自動設定

Spring Boot を使用すると多くの設定が自動で行なわれます。アプリケーション開発者は最小限の設定を行なうだけで、前章まで見てきたような Spring アプリケーションを構築できます。Spring Boot が行なう自動設定の仕組みのことを「Spring Boot AutoConfigure」と呼び、AutoConfigure でキーとなるのは @org.springframework.context.annotation.Conditional アノテーションです。これは特定の条件下でのみ Bean 定義を行なうことを示すアノテーションで、Spring 4.0 から導入されました。条件は org.springframework.context.annotation.Condition インターフェイスで表現されます。

Spring Boot ではさまざまな条件に対して、この Condition インターフェイスを実装したクラスとそれらのクラスを設定したアノテーションが多数用意されています（**表13.1**）。

表 13.1　Condition を設定したアノテーション

アノテーション名	説明
@ConditionalOnClass	指定したクラスがクラスパスに存在していれば有効
@ConditionalOnMissingClass	指定したクラスがクラスパスに存在していなければ有効
@ConditionalOnBean	指定した型または名前の Bean が DI コンテナ上に存在していれば有効
@ConditionalOnMissingBean	指定した型または名前の Bean が DI コンテナ上に存在していなければ有効
@ConditionalOnExpression	指定した SpEL の評価結果が true であれば有効
@ConditionalOnWebApplication	Web アプリケーションであれば有効
@ConditionalOnNotWebApplication	Web アプリケーションでなければ有効

spring-boot-autoconfigure プロジェクトには、各種推奨の定義が行なわれているコンフィギュレーション
クラス（○○AutoConfiguration というクラス名）が多数用意されており、それらの Bean 定義には @Condi-
tional が先頭に付いています。必要な条件が満たされれば自動で Bean 定義が有効になっていきます。

実際の例として org.springframework.boot.autoconfigure.jdbc.DataSourceAutoConfiguration クラス
の内部クラスである、JdbcTemplateConfiguration を見てみましょう。この設定は JdbcTemplate に対する
AutoConfigure です。

▶ **JdbcTemplate に対する AutoConfigure クラス（Spring Boot のソースコードより抜粋）**

```
@Configuration
@Conditional(DataSourceAutoConfiguration.DataSourceAvailableCondition.class) ─────────── ❶
protected static class JdbcTemplateConfiguration {

    @Autowired(required = false)
    private DataSource dataSource;

    @Bean
    @ConditionalOnMissingBean(JdbcOperations.class) ─────────────────────────────── ❷
    public JdbcTemplate jdbcTemplate() {
        return new JdbcTemplate(this.dataSource);
    }

    @Bean
    @ConditionalOnMissingBean(NamedParameterJdbcOperations.class) ─────────────── ❸
    public NamedParameterJdbcTemplate namedParameterJdbcTemplate() {
        return new NamedParameterJdbcTemplate(this.dataSource);
    }
}
```

❶ DataSourceAvailableCondition の条件が合致すれば Java Config の JdbcTemplateConfiguration が評価される。
DataSourceAvailableCondition（ソースは割愛する）では、javax.sql.DataSource または javax.sql.XAData
Source の Bean が DI コンテナに登録されているかどうかなどをチェックしている

❷ JdbcOperations 型（JdbcTemplate が実装するインターフェイス）の Bean が DI コンテナに登録されていない場合
に JdbcTemplate を Bean 定義する

❸ ❷と同じように NamedParameterJdbcTemplate を Bean 定義する

たとえば @ConditionalOnMissingBean（JdbcOperations.class）で自動定義されている場合は、アプリ
ケーション側で明示的に JdbcTemplate を定義すれば自動定義を無効にできます。

自動設定を有効にするためには、org.springframework.boot.autoconfigure.EnableAutoConfiguration
アノテーションを使用します。次の例のようにエントリーポイントとなるクラスに @EnableAutoConfiguration
アノテーションを付与し、main メソッド内で org.springframework.boot.SpringApplication#run メソッド
の引数にそのクラスを指定します。

13

▶ @EnableAutoConfigurationの指定例

```
@EnableAutoConfiguration
public class DemoApplication {

    public static void main(String[] args) {
        SpringApplication.run(DemoApplication.class, args);
    }
}
```

Spring Boot 1.2から導入された便利なアノテーションとして@org.springframework.boot.autoconfigure.SpringBootApplicationがあります。このアノテーションは次のような実装になっており、@Configurationと@EnableAutoConfigurationと@ComponentScanを組み合わせたものです。

▶ SpringBootApplicationアノテーション

```
@Target(ElementType.TYPE)
@Retention(RetentionPolicy.RUNTIME)
@Documented
@Inherited
@Configuration
@EnableAutoConfiguration
@ComponentScan
public @interface SpringBootApplication {
    // ・・・
}
```

@EnableAutoConfigurationの代わりに@SpringBootApplicationを付与すれば、そのクラスがコンフィギュレーションクラスになり直接@BeanアノテーションでBean定義でき、そのクラス配下のパッケージがコンポーネントスキャン対象になります。本書では@SpringBootApplicationを使う前提で説明を行ないます。

Spring Boot 1.3では、以下に挙げているような、さまざまな機能のAutoConfigureが用意されています。自動設定の詳細を知りたい場合はspring-boot-autoconfigureプロジェクトの○○AutoConfigurationクラスのソースを読むことをお勧めします。

- Spring MVC
- Spring Data JPA
- Spring Security
- Spring Batch
- WebSocket
- Logging
- Cache
- Email
- JMX

- jOOQ
- Cassandra
- Elasticsearch
- Solr
- MongoDB
- Redis
- RabbitMQ
- ActiveMQ
- HornetQ

- Flyway
- Liquibase
- Thymeleaf
- FreeMarker
- Velocity
- Tomcat
- Jetty
- Undertow

AutoConfigure の多くは、対象の機能に関するクラスがクラスパス上に存在するかどうか（@Conditional OnClass）をチェックします。つまり、使用したい機能の依存関係を追加すれば対応する Bean 定義が有効になります。このような AutoConfigure の仕組みにより、Spring アプリケーション開発における次の2つの問題が解決されます。

- どのような設定をすればよいかわからない
- 最初のセットアップが大変

13.1.3 Starterによる依存ライブラリの解決

Spring Boot は Starter という優れた仕組みも備えています。Starter は、機能を実現するために必要なライブラリの依存関係を集約したものです。各機能に対して spring-boot-starter-○○という名前で Starter は提供されます。

最初に作成した Hello World アプリケーションの pom.xml には、以下の依存関係が定義されています。

▶ Hello Worldアプリケーションのpom.xml

```
<dependency>
    <groupId>org.springframework.boot</groupId>
    <artifactId>spring-boot-starter-web</artifactId>
</dependency>
```

spring-boot-starter-web は Web に関連する依存関係を集約します。この依存関係を追加するだけで以下の依存関係が解決されます。

- Spring Boot
- Spring MVC
- Tomcat
- Bean Validation（Hibernate Validator）
- Jackson
- SLF4J + Logback

この場合 <version> の指定は不要であり、各依存ライブラリのバージョンは親 pom である spring-boot-starter-parent に定義されています。次のように、この親 pom を継承するだけです。

▶ pom.xmlの定義例

```
<parent>
    <groupId>org.springframework.boot</groupId>
    <artifactId>spring-boot-starter-parent</artifactId>
    <version>1.3.5.RELEASE</version> <!-- バージョンは執筆時点の最新 -->
```

13

```
    <relativePath/>
</parent>
```

spring-boot-starter-parentに指定するバージョンがアプリケーションで使用するSpring Bootのバージョンになります。この例では1.3.5.RELEASEです。StarterもAutoConfigure同様に多数[7]用意されており、Springアプリケーション開発における次の2つの問題が解決されます。

- どのライブラリのどのバージョンを使えばよいかわからない
- どのライブラリとどのライブラリを組み合わせればよいかわからない

必要な機能に対応したStarterを追加することで、必要なライブラリが追加され、AutoConfigureの@ConditionalOnClassが次々と有効になってその機能が設定なしで利用できるようになります。

13.1.4 実行可能jarの作成

Spring Bootの特徴として、実行可能jarを作成できる点が挙げられます。最初の例で示したように、Spring Bootでは従来の開発のようにwarを作成してアプリケーションサーバーにデプロイするという手順は不要です。Spring Boot自体にアプリケーションサーバーが組み込まれているためです。パッケージングの方法も通常はwarではなく、jarを使用します。このjarが実行可能であり、実行するとアプリケーションサーバーが起動します。デプロイもこのjarを所定のフォルダに配置して、実行するだけになります。

Mavenでビルドする場合は、実行可能jarの作り方は単純です。通常のパッケージングと同じく、次のコマンドを実行するだけです。

▶ 実行可能jarを作成するためのMavenコマンド

```
./mvnw clean package
```

このコマンドを実行すると、targetフォルダに次の2つのjarファイルが作成されます。

- demo-0.0.1-SNAPSHOT.jar
- demo-0.0.1-SNAPSHOT.jar.original

.originalが付いているファイルはアプリケーション単体のjar（従来のjar）であり、.originalが付いていないほうが実行可能jarです。実行可能jarの中には、アプリケーションの実行に必要な依存ライブラリのjarもすべて含まれています。

【7】 https://github.com/spring-projects/spring-boot/tree/master/spring-boot-starters

 Spring Boot は Maven 以外にも Gradle や Ant でのビルドできますが、本書では Maven を用いて説明します。

jar の実行方法も単純で、通常の jar の実行方法と同じです。

▶ 実行可能 jar の実行コマンド

```
java -jar target/demo-0.0.1-SNAPSHOT.jar
```

アプリケーションに設定された実行環境に依存するようなプロパティを実行時に指定することが可能な仕組みになっているため、この実行可能 jar ファイルはポータビリティが高くなっています。たとえばアプリケーションサーバーのポートをデフォルトの8080番から別の値に変えたい場合は、プログラム引数の --server.port に値を指定します。

▶ アプリケーションサーバーのポートを変更する際の起動コマンド

```
java -jar target/demo-0.0.1-SNAPSHOT.jar --server.port=8888
```

この例の場合は8888番のポートを使用します。このほか多数の変更可能なプロパティが用意されています。たとえば、ログのレベルを変えたい場合は logging.level.<パッケージ名>=<ログレベル> を指定できます。level.org.springframework のログレベルを DEBUG に変えたい場合は次のように指定してください。

▶ 特定のロガーの出力レベルを変更する際の起動コマンド

```
java -jar target/demo-0.0.1-SNAPSHOT.jar --logging.level.org.springframework=DEBUG
```

その他のプロパティに関しては、Spring Boot のリファレンスガイド [8] を参照してください。

実行可能 jar は spring-boot-maven-plugin によってされるため、ビルド用プラグイン定義の中に以下の定義が必要になります。以下の設定が必要です。

▶ pom.xml の定義例

```
<build>
    <plugins>
        <plugin>
            <groupId>org.springframework.boot</groupId>
            <artifactId>spring-boot-maven-plugin</artifactId>
        </plugin>
        <!-- ... -->
    </plugins>
    <!-- ... -->
```

13

[8] http://docs.spring.io/spring-boot/docs/current/reference/html/common-application-properties.html

```
</build>
```

Spring Initializrでプロジェクトを生成した場合は、あらかじめ設定されています。

Spring Boot 1.3からは、実行可能jarファイルがそのままSystemdのスクリプトから実行できます。spring-boot-maven-pluginの設定に`<executable>true</executable>`を追加します。

▶ **pom.xmlの定義例**

```
<plugin>
    <groupId>org.springframework.boot</groupId>
    <artifactId>spring-boot-maven-plugin</artifactId>
    <configuration>
        <executable>true</executable>
    </configuration>
</plugin>
```

/etc/systemd/system/demo.serviceに以下のファイルを作成します。

▶ **サービスユニットの定義例**

```
[Unit]
Description=demo
After=syslog.target

[Service]
ExecStart=/opt/demo/demo-0.0.1-SNAPSHOT.jar --server.port=8888

[Install]
WantedBy=multi-user.target
```

以下のコマンドを実行すれば、Systemdを使用してSpring Bootアプリケーションのサービス登録および起動を行なえます。

▶ **サービス登録・起動・停止するためのSystemdのコマンド**

```
sudo systemctl daemon-reload
sudo systemctl enable demo.service
sudo systemctl start demo.service
```

Spring Bootアプリケーションに指定するプロパティ値はプログラム引数以外に、システムプロパティや環境変数でも指定できます。

▶ **システムプロパティを使用したプロパティ値の指定例**

```
java -jar -Dserver.port=8888 target/demo-0.0.1-SNAPSHOT.jar
```

Spring Boot は「Relaxed binding [9]」という仕組みを用いて、プロパティ名の「.」や「_」、「-」やキャメルケース、大文字小文字を柔軟に扱えます。次の3つは同じプロパティとして扱います。

- `person.firstName` —— ドット区切りのキャメルケース
- `person.first-name` —— ドット区切りとハイフン区切りを併用。プロパティファイル向き
- `PERSON_FIRST_NAME` —— 大文字のアンダースコア区切り。環境変数向き

したがって、前述の実行例は次のようにも記述できます。

▶ 環境変数を使用したプロパティ値の指定例

```
export SERVER_PORT=8888
java -jar target/demo-0.0.1-SNAPSHOT.jar
```

> メモ
>
> Spring Boot は実行可能jarを作成する以外にも、従来型のwarを作成する方法も用意しています。本書では扱わないので、必要であれば Spring Boot のリファレンスガイド [10] を参照してください。ただし、Spring Boot を使用する場合は従来型にとらわれず、最適な手法を用いることをお勧めします。

本節では、Hello World アプリケーションを通じて、Spring Boot の基本的な知識（自動設定の仕組み、プロパティ値の指定方法、アプリケーションの起動方法など）について学びました。次節からは、簡単なサンプルアプリケーションを作りながら、本書で解説している各機能を Spring Boot 上でどのように利用すればよいのかを説明していきます。

13.2 Spring Boot で Spring MVC

まず、Spring Boot を使った Web アプリケーションについて説明します。本書では第4章から第7章にかけて、Spring MVC の詳細な説明を行なっています。すでにそれらの章を読まれた方は、Spring MVC を使ったアプリケーションを動かすまでに多くの設定が必要であることを学び、多少煩わしさを感じた方もいるでしょう。Spring Boot では AutoConfigure によって、これらの設定が自動で行なわれるため基本的には設定が不要になり、開発者はアプリケーションの実装に集中することができます。

最初に作成した Hello World アプリケーション同様、以下の依存ライブラリを用意しておきます。

---

[9] http://docs.spring.io/spring-boot/docs/current/reference/html/boot-features-external-config.html#boot-features-external-config-relaxed-binding

[10] http://docs.spring.io/spring-boot/docs/current/reference/html/howto-traditional-deployment.html

13

▶ pom.xmlの定義例

```
<dependency>
    <groupId>org.springframework.boot</groupId>
    <artifactId>spring-boot-starter-web</artifactId>
</dependency>
```

13.2.1 RESTful Webサービスの作成

　実際にアプリケーションを作成してみましょう。まずはRESTアプリケーションから見ていきます。ここでは、簡単なメッセージ登録サービスを作成します。

　前述のdemoプロジェクトに次のクラスを追加してください。

▶ メッセージを保持するクラスの実装例

```
package com.example;

import java.io.Serializable;

public class Message implements Serializable {
    private String text;

    public String getText() {
        return text;
    }

    public void setText(String text) {
        this.text = text;
    }
}
```

　Controllerクラスも作成します。

▶ Controllerの実装例

```
package com.example; ─────────────────────────────────────────────── ❶

import java.util.List;
import java.util.concurrent.CopyOnWriteArrayList;

import org.springframework.web.bind.annotation.*;

@RestController
@RequestMapping("messages")
public class MessagesController {
    final List<Message> messages = new CopyOnWriteArrayList<>(); ────────── ❷

    @RequestMapping(method = RequestMethod.GET)
```

```
    public List<Message> getMessages() {
        return messages;
    }

    @RequestMapping(method = RequestMethod.POST)
    public Message postMessages(@RequestBody Message message) {
        messages.add(message);
        return message;
    }
}
```

❶ デフォルトでは @SpringBootApplication アノテーションを付与したクラスのパッケージ配下がコンポーネントス
  キャンの対象となるため、ここでは DemoApplication と同じパッケージに配置する

❷ 簡易実装としてデータベースの代わりに CopyOnWriteArrayList を使って、メモリ上に Message オブジェクトを格納
  する

前述の DemoApplication の main メソッドを実行すれば Message の簡易 RESTful Web サービスが起動します。
このアプリケーションに必要なファイルはたったのこれだけです（**図13.5**）。

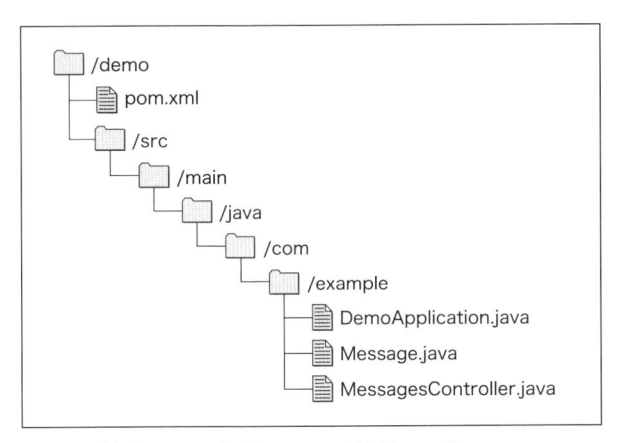

図13.5　簡易 REST アプリケーションの構成ファイル

13.2.2　画面遷移型アプリケーションの作成

次に Spring Boot で画面遷移型のアプリケーションを作成します。Spring Boot ではテンプレートエンジンとの
連携ライブラリ（Starter プロジェクトおよび AutoConfigure）が用意されており、以下に挙げるような設定が自
動で適用されます。

- @EnableWebMvc による設定
- 静的コンテンツファイル配置フォルダをクラスパス直下の /static、/public、/resources、/META-INF/re

sourcesに設定

- テンプレートエンジンのテンプレート配置フォルダをクラスパス直下の/templatesに設定
- エラー画面を返すリクエストハンドラを/errorにマッピングする設定
- org.springframework.web.filter.CharacterEncodingFilter、org.springframework.web.filter.HiddenHttpMethodFilter、org.springframework.web.filter.HttpPutFormContentFilter、org.springframework.web.filter.RequestContextFilterの設定

テンプレートエンジンとして次のライブラリがサポートされており、それぞれ専用のStarterプロジェクトが用意されています。

- Thymeleaf —— spring-boot-starter-thymeleaf
- FreeMarker —— spring-boot-starter-freemarker
- Groovy templates —— spring-boot-starter-groovy-templates
- Velocity —— spring-boot-starter-velocity
- Mustache —— spring-boot-starter-mustache

これらのStarterプロジェクトの依存関係を追加することで、ViewResolverなどのライブラリも自動で設定されます。

> JSPの利用はさまざまな制約があるため推奨されていないため、本書でも扱いません。

■Thymeleafの利用

本書では、テンプレートエンジンとしてThymeleafを使う手順について説明します。Thymeleafを使う場合は、以下の依存関係を追加します。

▶ pom.xmlの定義例

```
<dependency>
    <groupId>org.springframework.boot</groupId>
    <artifactId>spring-boot-starter-thymeleaf</artifactId>
</dependency>
```

この依存関係を追加することで以下のライブラリが追加され、これらを使うための自動設定も行なわれます。

- Thymeleaf本体ライブラリ
- Thymeleaf-Spring連携ライブラリ —— thymeleaf-spring4
- Layout Dialect —— thymeleaf-layout-dialect

Spring Initializr からプロジェクトを作成する場合、[Dependencies] は「Thymeleaf」を選択してください。

Controllerの例を示します。

▶ **Controllerの実装例**

```
package com.example;

import org.springframework.stereotype.Controller;
import org.springframework.ui.Model;
import org.springframework.web.bind.annotation.RequestMapping;

@Controller
public class HelloController {
    @RequestMapping("/hello")
    public String hello(Model model) {
        model.addAttribute("hello", "Hello World!");
        return "hello";
    }
}
```

helloメソッドでビュー名として"hello"を返しています。Spring Bootの自動設定では、TemplateResolverがビュー名に付けるプレフィックスとサフィックスのデフォルト値は、それぞれ"classpath:/templates/"と".html"になるため【11】、通常はsrc/main/resources/templates/hello.htmlを作成します。次に例を示します（図13.6）。

▶ **テンプレートファイルの実装例**

```
<!DOCTYPE html>
<html xmlns:th="http://www.thymeleaf.org">
<head>
    <meta charset="UTF-8" />
    <title></title>
</head>
<body>
<p>
    <span th:text="${hello}">Hello!</span>
</p>
</body>
</html>
```

【11】プレフィックスとサフィックスは、プロパティspring.view.prefixとspring.view.suffixで変更可能です。

13

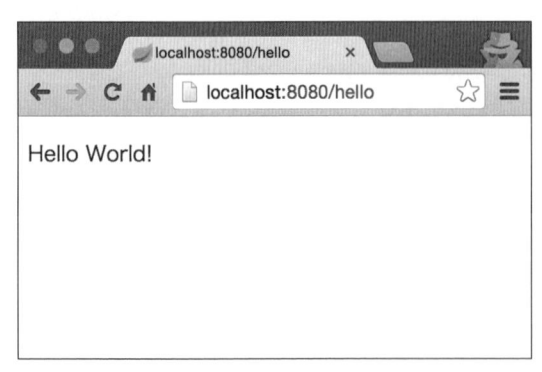

図13.6　Thymeleafによって生成されたHTMLのレンダリング結果

　必要なファイルを示します（**図13.7**）。たったこれだけで画面遷移アプリケーションも作成できます。

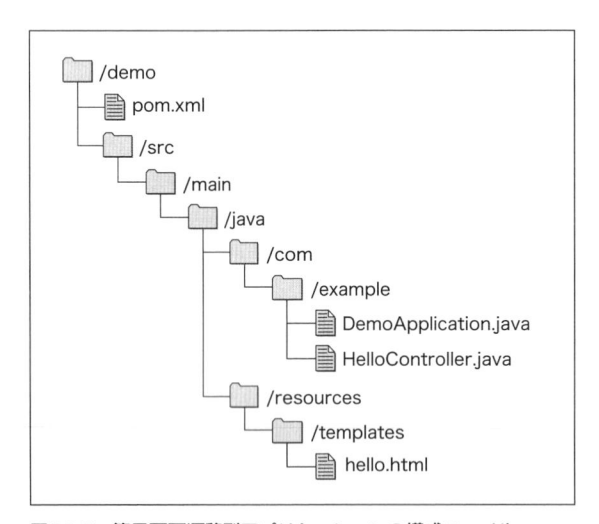

図13.7　簡易画面遷移型アプリケーションの構成ファイル

■静的ファイル

　JavaScriptファイルやCSSファイル、あるいは動的な変更のないHTMLファイルはsrc/main/resources/staticに配置しておけば、コンテキストパスからの相対パスでアクセスできます。

　次のようなファイル構成を考えます（**図13.8**）。

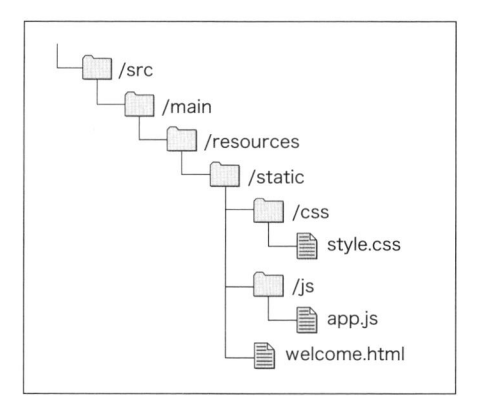

図13.8　静的ファイルの格納例

この場合、各ファイルはそれぞれ以下のパスでアクセスできます。

- welcome.html ── http://localhost:8080/welcome.html
- style.css ── http://localhost:8080/css/style.css
- app.js ── http://localhost:8080/js/app.js

静的ファイルのキャッシュ設定はデフォルトでは行なわれず、更新時刻がHTTPレスポンスのLast-Modifiedヘッダーに設定されるだけです。キャッシュ時間（秒）の設定はspring.resources.cache-periodプロパティで設定可能です。以下に示すようにプロパティを定義することで、HTTPレスポンスのCache-Controlヘッダーにmax-ageが設定されます。プロパティをsrc/main/resources/application.propertiesに定義する例を次に示します。

▶ application.propertiesの定義例

```
spring.resources.cache-period=86400  # 1日間キャッシュさせる
```

このプロパティの値を0にすることでブラウザにキャッシュをさせなくすることができます。

■メッセージの外部化

org.springframework.context.support.ResourceBundleMessageSourceも自動で設定されています。画面で表示するメッセージの定義はクラスパス直下のmessages.propertiesに行ないます。

メッセージをsrc/main/resources/messages.propertiesに定義する例を次に示します。

▶ messages.propertiesの定義例

```
app.title=Hello Boot
```

HelloController内でMessageSourceからメッセージを取得する例を示します。

13

▶ MessageSourceの使用例

```
package com.example;

import java.util.Locale;

import org.springframework.beans.factory.annotation.Autowired;
import org.springframework.context.MessageSource;
import org.springframework.stereotype.Controller;
import org.springframework.ui.Model;
import org.springframework.web.bind.annotation.RequestMapping;

@Controller
public class HelloController {
    @Autowired
    MessageSource messageSource;

    @RequestMapping("/hello")
    public String hello(Model model, Locale locale) {
        model.addAttribute("title", messageSource.getMessage("app.title", null, locale));
        model.addAttribute("hello", "Hello World!");
        return "hello";
    }
}
```

HTMLの<title>も次のように修正すれば、メッセージをタイトルに埋めることができます。

▶ テンプレートファイルの実装例

```
<title th:text="${title}"></title>
```

messages.propertiesは国際化にも対応しています。src/main/resources/messages_ja.propertiesを作成して次のように日本語用メッセージを作成すれば、日本語ロケールのリクエストに対しては日本語メッセージが使用されます。

▶ messages.propertiesの定義例

```
app.title=こんにちはBoot
```

このメッセージファイルはデフォルトでUTF-8でエンコーディングされるため、native2asciiコマンドでASCII化しないでください。

なお、次のようにThymeleaf自身が持つメッセージ解決の仕組みを使えばControllerでメッセージを取得する必要がありません。

▶ テンプレートファイル内でメッセージを解決する際の実装例

```
<title th:text="#{app.title}"></title>   <!-- $[変数名]ではなく#{メッセージキー名} -->
```

その他、Spring MVCの設定を細かくカスタマイズするには、org.springframework.web.servlet.config.annotation.WebMvcConfigurerAdapterを継承したコンフィギュレーションクラスを作成し、コンポーネントスキャン対象のパッケージに配置します。

▶ **WebMvcConfigurerAdapterインターフェイスの使用例**

```
package com.example;

import org.springframework.context.annotation.Configuration;
import org.springframework.web.servlet.config.annotation.ViewControllerRegistry;
import org.springframework.web.servlet.config.annotation.WebMvcConfigurerAdapter;


@Configuration
public class WebMvcConfig extends WebMvcConfigurerAdapter {
    @Override
    public void addViewControllers(ViewControllerRegistry registry) {
        registry.addViewController("/login").setViewName("login");
    }
}
```

13.3　Spring Boot でデータアクセス

第3章、第10章、第11章でSpringでデータベースアクセス（JDBCやJPA、MyBatis）を扱う方法を説明しています。Spring Bootには、「JdbcTemplate」と「Spring Data JPA」の2つのAutoConfigureが用意されており、MyBatisに関してはMyBaitsコミュニティからSpring Boot連携プロジェクトが提供されています。

すでにデータベースアクセスに関する章を読まれた方は、データベースアクセスを行なうために、以下のような作業が必要であることを学んでいます。

- データソース（DataSource）の定義（URL、ユーザー名、パスワードなど）
- トランザクションマネージャ（PlatformTransactionManager）の定義
- JdbcTemplateの定義（JDBCの場合）
- EntityManagerFactoryの定義（JPAの場合）
- エンティティスキャンの設定（JPAの場合）
- SqlSessionFactoryの定義（MyBatisの場合）
- Mapperインターフェイスのスキャン設定（MyBatisの場合）

Spring Bootではこれらのプロパティが用意されており、一部のプロパティを除けば、設定なしで利用することができます。

13

メモ

Spring Boot 1.3ではjOOQ (Java Object Oriented Querying) [12] というデータアクセスライ ブラリのAutoConfigureも用意されています。jOOQは既存のテーブルからJavaソースコードを 自動生成し、Fluent API (流れるようなインターフェイス) でタイプセーフにSQLを構築できるこ とが特徴です。

 **Spring JDBC**

　まずはSpring JDBCが簡単に使えることを紹介します。第3章の説明ではデータソースの定義、トランザク ションマネージャの定義、JdbcTemplateの定義が必要でした。Spring Bootではこれらの定義はAutoConfi-gureによって提供されるため、依存関係の追加以外は設定不要です。

▶ **pom.xmlの定義例**

```
<dependency>
    <groupId>org.springframework.boot</groupId>
    <artifactId>spring-boot-starter-jdbc</artifactId>
</dependency>
<dependency>
    <groupId>com.h2database</groupId>
    <artifactId>h2</artifactId>
    <scope>runtime</scope>
</dependency>
```

メモ

Spring Initializrからプロジェクトを作成する場合、[Dependencies] は「Web」に加えて「JDBC」 と「H2」も選択してください。

　自動でJdbcTemplateとNamedParameterJdbcTemplateがBean定義されます。最初に作成したMessage ControllerからJdbcTemplateを使ってみましょう。

▶ **JdbcTemplateの使用例**

```
package com.example;

import java.util.List;

import org.springframework.beans.factory.annotation.Autowired;
import org.springframework.jdbc.core.JdbcTemplate;
import org.springframework.web.bind.annotation.*;
```

```java
@RestController
@RequestMapping("messages")
public class MessagesController {
    @Autowired
    JdbcTemplate jdbcTemplate;

    @RequestMapping(method = RequestMethod.GET)
    public List<Message> getMessages() {
        return jdbcTemplate.query("SELECT text FROM messages ORDER BY id", (rs, i) -> {
            Message m = new Message();
            m.setText(rs.getString("text"));
            return m;
        });
    }

    @RequestMapping(method = RequestMethod.POST)
    public Message postMessages(@RequestBody Message message) {
        jdbcTemplate.update("INSERT INTO messages(text) VALUES (?)", message.getText());
        return message;
    }
}
```

Spring Bootはデフォルトの挙動としてクラスパス直下に schema.sql が存在すると起動時にその SQL ファイルを実行します。ここではメッセージ用の簡易テーブルを次のように作成します。

▶ schema.sqlの定義例

```sql
CREATE TABLE messages (
  id   INT PRIMARY KEY AUTO_INCREMENT,
  text VARCHAR(255)
);
```

これで DemoApplication の main メソッドを再実行すれば、データベースと連携した簡易 RESTful Web サービスが起動します。

次に、組み込みデータベースではない、通常のデータベースを使う場合についても説明します。ここでは PostgreSQLを使用する例を紹介します。

まずは PostgreSQLを使うための JDBC ドライバを依存ライブラリに追加します。

▶ pom.xmlの定義例

```xml
<dependency>
    <groupId>org.postgresql</groupId>
    <artifactId>postgresql</artifactId>
    <scope>runtime</scope>
</dependency>
```

これまで使っていた H2 データベースの依存ライブラリ設定は不要なので、削除してかまいません。

13

データベースへの接続情報を application.properties に設定します。

▶ **application.propertiesの定義例**

```
spring.datasource.username=spring
spring.datasource.password=spring
spring.datasource.url=jdbc:postgresql://localhost:5432/spring
```

schema.sql も PostgreSQL に合わせて修正する必要があります。次のように修正します。

▶ **schema.sqlの定義例**

```
CREATE TABLE IF NOT EXISTS messages (
  id   SERIAL PRIMARY KEY,
  text VARCHAR(255)
);
```

13.3.2 Spring Data JPA

次に Spring Data JPA を Spring Boot で使用する方法を説明します。

▶ **pom.xmlの定義例**

```
<dependency>
    <groupId>org.springframework.boot</groupId>
    <artifactId>spring-boot-starter-data-jpa</artifactId>
</dependency>
```

> Spring Initializr からプロジェクトを作成する場合、[Dependencies] は「Web」に加えて「JPA」
> も選択してください。

　このように、依存ライブラリに spring-boot-starter-data-jpa を追加することで、Spring Data や Hibernate など必要な依存ライブラリが取り込まれ、それにより AutoConfigure が有効になり、JpaTransactionManager、EntityManagerFactory、JpaRepository やエンティティのスキャンが自動で行なわれます。

　@SpringBootApplication を付けたパッケージ配下のエンティティ、Repository がスキャン対象です。

　前述の message テーブルを使ったデータベースアクセスのサンプルを Spring Data JPA を用いて作りましょう。エンティティと Repository は、以下に示すように実装します。

▶ **エンティティの作成例**

```
package com.example;

import java.io.Serializable;
```

```java
import javax.persistence.*;

@Table(name = "messages")
@Entity
public class Message implements Serializable {
    @Id
    @GeneratedValue(strategy = GenerationType.IDENTITY)
    private Integer id;

    private String text;

    // ...
}
```

▶ Repository インターフェイスの作成例

```java
package com.example;

import org.springframework.data.jpa.repository.JpaRepository;

public interface MessageRepository extends JpaRepository<Message, Integer> {
}
```

Controller から MessageRepository を使います。

▶ Repository の使用例

```java
package com.example;

import java.util.List;

import org.springframework.beans.factory.annotation.Autowired;
import org.springframework.web.bind.annotation.*;

@RestController
@RequestMapping("messages")
public class MessagesController {
    @Autowired
    MessageRepository messageRepository;

    @RequestMapping(method = RequestMethod.GET)
    public List<Message> getMessages() {
        return messageRepository.findAll();
    }

    @RequestMapping(method = RequestMethod.POST)
    public Message postMessages(@RequestBody Message message) {
        return messageRepository.save(message);
    }
}
```

13

```
}
```

　組み込みデータベース（H2、HSQLDB、Derby）を使用する場合はJPAに関する設定は何も必要ありません。また、これまではデータベースのスキーマを作成するのにschema.sqlを使用してきましたが、HibernateにもDDL実行機能が備わっています。この機能はapplication.propertiesのspring.jpa.hibernate.ddl-autoプロパティで指定可能です。指定可能な値を次に示します（**表13.2**）。

表13.2　ddl-auto プロパティで指定可能な値

プロパティ値	説明
create-drop	起動時にEntityの情報から自動生成したDDLを実行してテーブルを作成する。すでにテーブルが存在する場合は破棄する。また、終了時に破棄する
create	起動時にEntityの情報から自動生成したDDLを実行してテーブルを作成する。すでにテーブルが存在する場合は破棄する
update	起動時にエンティティから生成されるテーブルの情報と実際のテーブルの定義に差異がある場合に、スキーマ更新を行なう（ALTERを実行する）
validate	起動時にエンティティから生成されるテーブルの情報と実際のテーブルの定義に差異がないかをチェックし、問題がある場合は例外をスローする
none	何もしない

　組み込みデータベースを使用する場合はデフォルトでcreate-dropが設定されており、それ以外のデータベースの場合はnoneが設定されています。したがって組み込みデータベースを使用していてschema.sqlが配置されている場合は、スキーマ生成が二重に実行されてしまいます。schema.sqlの実行を抑止するにはspring.datasource.initializeプロパティをfalseにします。

　PostgreSQLやMySQLなどのデータベースを使用し、起動時にスキーマを生成したい場合はschema.sqlを用意するか、spring.jpa.hibernate.ddl-autoプロパティにcreate-drop、create、updateのどれかを指定します【13】。

　以上でSpring Data JPAを使用したアプリケーションの作成は完了です。あとは@SpringBootApplicationアノテーションが付いたクラスのmainメソッドを実行すれば、アプリケーションが起動します。

13.3.3 MyBatis

次にMyBatisをSpring Bootで使用する方法を説明します。

▶ **pom.xmlの定義例**

```
<dependency>
```

【13】FlywayやLiquibaseといったデータベースマイグレーションツールを使用することもできます。詳細についてはSpring Bootのリファレンスマニュアルを参照してください。
http://docs.spring.io/spring-boot/docs/current/reference/htmlsingle/#howto-use-a-higher-level-database-migration-tool

```
    <groupId>org.mybatis.spring.boot</groupId>
    <artifactId>mybatis-spring-boot-starter</artifactId>
    <version>1.1.1</version>
</dependency>
```

このように、依存ライブラリに mybatis-spring-boot-starter を追加することで、SqlSessionFactory、Sql SessionTemplate の設定や Mapper のスキャンが自動で行なわれます。@SpringBootApplication を付けた パッケージ配下のインターフェイスのうち、@org.apache.ibatis.annotations.Mapper が付与されたものが Mapper インターフェイスとしてスキャンされます。

前述の message テーブルを使ったデータベースアクセスのサンプルを MyBatis を用いて作りましょう。Spring Boot 上で MyBatis を使用する場合は、Mapper インターフェイスに @Mapper を付与するのがポイントです。

▶ Mapper インターフェイスの作成例

```
package com.example;

import java.util.List;

import org.apache.ibatis.annotations.Insert;
import org.apache.ibatis.annotations.Select;
import org.apache.ibatis.annotations.Mapper;

@Mapper
public interface MessageMapper {
    @Select("SELECT text FROM messages ORDER BY id")
    List<Message> findAll();

    @Insert("INSERT INTO messages(text) VALUES(#{text})")
    int create(Message message);
}
```

Controller から MessageMapper を使います。

▶ Mapper インターフェイスの使用例

```
package com.example;

import java.util.List;

import org.springframework.beans.factory.annotation.Autowired;
import org.springframework.web.bind.annotation.*;

@RestController
@RequestMapping("messages")
public class MessagesController {
    @Autowired
    MessageMapper messageMapper;
```

13

613

```
@RequestMapping(method = RequestMethod.GET)
public List<Message> getMessages() {
    return messageMapper.findAll();
}

@RequestMapping(method = RequestMethod.POST)
public Message postMessages(@RequestBody Message message) {
    messageMapper.create(message);
    return message;
}
}
```

13.3.4 コネクションプールライブラリの変更

Spring BootではDataSourceを定義する必要はなく、自動で生成されます。コネクションプーリングの仕組みも自動で決まり、以下のライブラリのうちクラスパス上にあるものが使用されます。優先順位は以下の順番どおりです。

- Tomcat JDBC
- HikariCP [14]
- Commons DBCP [15]
- Commons DBCP2 [16]

spring-boot-jdbc-starterやspring-boot-starter-data-jpaの依存関係をpom.xmlに追加した場合はデフォルトでtomcat-jdbcの依存関係も追加されます。したがってTomcat JDBCは設定なしで利用できます。これまで説明してきた例でもTomcat JDBCが使われていました。

Tomcat JDBCからHikariCPに変更する場合は、次のようにspring-boot-jdbc-starterまたはspring-boot-starter-data-jpaからtomcat-jdbcの依存関係を除外してHikariCPの依存関係を追加してください。

▶ pom.xmlの定義例

```
<dependency>
    <groupId>org.springframework.boot</groupId>
    <artifactId>spring-boot-starter-jdbc</artifactId>
    <exclusions>
        <exclusion>
            <groupId>org.apache.tomcat</groupId>
            <artifactId>tomcat-jdbc</artifactId>
        </exclusion>
```

---

[14] https://github.com/brettwooldridge/HikariCP

[15] https://commons.apache.org/proper/commons-dbcp/

[16] https://commons.apache.org/proper/commons-dbcp/

```
        </exclusions>
    </dependency>
    <dependency>
        <groupId>com.zaxxer</groupId>
        <artifactId>HikariCP</artifactId>
    </dependency>
```

次のプロパティをapplication.propertiesに設定することで、コネクションプールに関する設定が行なえます。

▶ application.propertiesの定義例

```
# プールサイズの設定
spring.datasource.max-active=100 # 最大接続数
spring.datasource.max-idle=8 # プールに保持しておく最大のコネクション数
spring.datasource.min-idle=8 # プールに保持しておく最小のコネクション数
spring.datasource.initial-size=10 # 初期サイズ
# コネクションが有効かどうかをプールから取得した際にチェックするかどうか
spring.datasource.test-on-borrow=true
# コネクションの有効性をチェックするためのクエリ
spring.datasource.validation-query=SELECT 1
```

どのライブラリを使っても同じプロパティで設定できます[17]。ただし、デフォルト値はライブラリによって異なるので、ライブラリを変更する際は注意してください。

13.4 Spring Boot で Spring Security

Spring Security用のStarterプロジェクトも当然用意されています。

▶ pom.xmlの定義例

```
<dependency>
    <groupId>org.springframework.boot</groupId>
    <artifactId>spring-boot-starter-security</artifactId>
</dependency>
```

メモ

Spring Initializr からプロジェクトを作成する場合、[Dependencies] は「Web」に加えて「Security」も選択してください。

【17】 Spring Boot 1.4からは、ライブラリごとにプロパティキーが変わります。Tomcat JDBCは `spring.datasource.tomcat`、HikariCPは `spring.datasource.hikari`、Commons DBCPは `spring.datasource.jbcp`、Commons DBCP2は `spring.datasource.jbcp2`がプロパティキーのプレフィックスになります。

13

このように、依存ライブラリに spring-boot-starter-security を追加することにより、Spring Security の AutoConfigure が有効になります。デフォルトで以下の設定が行なわれます。

- インメモリの AuthenticationManager が作成され、ユーザー名が user であるユーザーが作成される
- /css/**、/js/**、/images/**、**/favicon.ico が認可対象外となる
- 上記以外のパスに対しては Basic 認証をかける
- Spring Security が提供する HSTS、XSS、CSRF、キャッシュ無効化といった HTTP のセキュリティ強化機能が有効になる【18】

13.4.1 Basic 認証

前述のとおり、spring-boot-starter-security の依存関係を追加するだけで、Basic 認証が自動で有効になります（図13.9）。

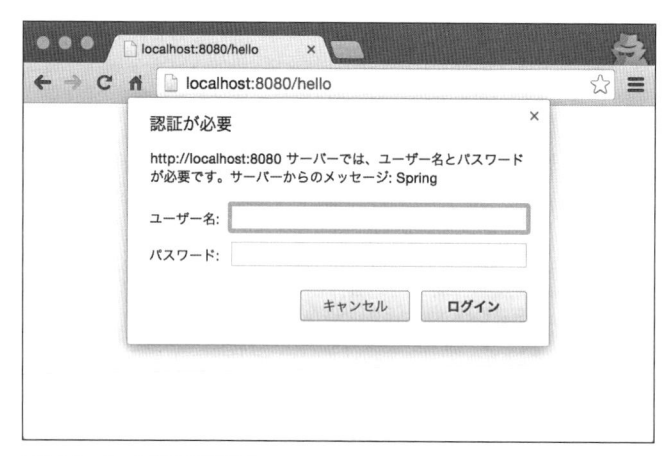

図13.9　Basic認証を有効化

デフォルトのユーザー名は user です。パスワードはランダムに作られ、起動時のログに出力されています。次の出力例ではパスワードが 8a9d8f64-0464-4117-940e-670fd04cde44 に設定されていることがわかります。

▶ user のパスワード出力例（Spring Boot 起動時）

```
2015-11-11 11:34:57.870  INFO 4252 --- [ost-startStop-1] b.a.s.AuthenticationManagerConfiguration :

Using default security password: 8a9d8f64-0464-4117-940e-670fd04cde44
```

【18】これらのデフォルト設定は security. から始まるプロパティで無効にすることができます。詳細については以下のページを参照してください。
http://docs.spring.io/spring-boot/docs/current/reference/html/common-application-properties.html

　デフォルトのユーザー名、パスワードは security.user.name、security.user.password プロパティで設定可能です。application.properties への設定例を次に示します。

▶ application.propertiesの定義例

```
user.name=user
security.user.password=demo
```

　また、認証ユーザーのロールを security.user.role プロパティで次のように設定できます。

▶ security.user.roleの設定例

```
security.user.role=USER,ADMIN
```

　デフォルトで有効になる Basic 認証を無効にするには、security.basic.enabled プロパティで次のように設定してください。

▶ security.basic.enabledの設定例

```
security.basic.enabled=false
```

13.4.2　認証・認可のカスタマイズ

　Spring Security の認証・認可の設定は org.springframework.security.config.annotation.web.configuration.WebSecurityConfigurerAdapter を用いて行ないます。設定内容は、基本的には第9章「Spring Security」で説明したものと変わりません。

　次はフォーム認証を行なうための設定例です。ここではインメモリの認証ユーザーに対して認可制御を行ないます。

▶ フォーム認証を適用するためのBean定義例

```
import org.springframework.boot.autoconfigure.security.SecurityProperties;
// ・・・

@Configuration
@Order(SecurityProperties.ACCESS_OVERRIDE_ORDER) ─────────────────────────────────── ❶
public class WebSecurityConfig extends WebSecurityConfigurerAdapter {

    @Override
    protected void configure(HttpSecurity http) throws Exception {
        http.authorizeRequests()
                .anyRequest()
                    .authenticated()
                .and()
                .formLogin()
```

13

```
                    .loginPage("/login")
                        .permitAll()
                    .and()
                    .logout()
                        .permitAll();
        }

        @Override
        public void configure(AuthenticationManagerBuilder auth) throws Exception {
            auth.inMemoryAuthentication() ─────────────────────────────────────── ❷
                .withUser("admin").password("admin").roles("ADMIN", "USER")
                .and()
                .withUser("user").password("user").roles("USER");
        }

    }
```

❶ AutoConfigureの設定よりも優先されるように@Orderで優先度を明示する。優先させるための値として、Security Properties#ACCESS_OVERRIDE_ORDER が用意されている

❷ インメモリのAuthenticationManagerに adminユーザーとuserユーザーを追加する

UserDetailsとUserDetailsServiceを作成した場合は、次のように設定します。これも第9章の「9.4.5 データベース認証」で詳細に説明しています。

▶ 自作のUserDetailsServiceを適用するためのBean定義例 [19]

```
@Configuration
@Order(SecurityProperties.ACCESS_OVERRIDE_ORDER)
public class WebSecurityConfig extends WebSecurityConfigurerAdapter {
    @Autowired
    UserDetailsService userDetailsService;
    @Autowired
    PasswordEncoder passwordEncoder;

    // ・・・

    @Override
    protected void configure(AuthenticationManagerBuilder auth) throws Exception {
        auth.userDetailsService(userDetailsService)
            .passwordEncoder(passwordEncoder);
    }
}
```

【19】 Spring Boot 1.4が依存しているSpring Security 4.1からは、DIコンテナに登録したUserDetailsServiceとPasswordEncoderが自動検出されるように改善されており、明示的なBean定義は不要になります。

13.5　Spring Boot で型安全なプロパティ設定

application.properties に設定したプロパティ値は @org.springframework.beans.factory.annotation .Value アノテーションでインジェクション可能です。Spring Boot ではプロパティを用意して実行時に外部から変更したり、プロファイルによって値を変えることが多いためプロパティの管理は重要です。

次のプロパティファイル（application.properties）を例に説明します。

▶ application.properties の定義例

```
target.host=api.example.com
target.port=8080
```

target.host は String で target.port は int を想定しており、通常は次のようにインジェクションします。

▶ プロパティのインジェクション例

```
@Component
public class HelloService {
    @Value("${target.host}")
    String host;
    @Value("${target.port}")
    int port;
    // ・・・

    public String hello() {
        String target = "http://" + host + ":" + port;
        // ・・・
    }
}
```

この方法でも大きな問題はありませんが、プロパティを使う側が毎回、以下の指定をする必要があります。

- プロパティ名を文字列で指定
- プロパティ値の型を指定

場合によってはプロパティを提供した側の意図とは異なった形で使われる可能性があるので注意が必要です。

13.5.1　@ConfigurationProperties を用いたプロパティの設定

プロパティを多用する Spring Boot では、安全にプロパティを扱うための仕組みとして @org.springframe work.boot.context.properties.ConfigurationProperties アノテーションが用意されています。

13

次のようにプロパティファイルのプロパティに対応するJavaBeanをDIコンテナに登録し、@ConfigurationPropertiesアノテーションを付けることで、プロパティ値が各フィールドにインジェクションされます。prefix属性を付けることで、プロパティ値のプレフィックスを設定することもできます。

▶ @ConfigurationPropertiesの使用例

```
import org.springframework.boot.context.properties.ConfigurationProperties;

@Component
@ConfigurationProperties(prefix = "target")
public class TargetProperties {
    private String host;
    private int port;
    // Getter/Setterは略すが、必要である
}
```

プロパティを使う側は次のようにTargetPropertiesクラスをインジェクションして、各プロパティのGetterを呼び出します。

▶ @ConfigurationPropertiesを付与したBeanの利用例

```
@Component
public class HelloService {
    @Autowired
    TargetProperties targetProperties;
    // ・・・

    public String hello() {
        String target = "http://" + targetProperties.getHost() + ":" + targetProperties.getPort();
        // ・・・
    }
}
```

これにより、本節の冒頭で述べた、プロパティを使用する際の課題が解消されます。

@ConfigurationPropertiesは正確に言うと、プロパティクラスを定義するアノテーションではなく、DIコンテナに登録されたBeanに対してプロパティを設定するためのアノテーションです。この例だと、@Componentを付けてDIコンテナに登録されたtargetPropertiesというBeanのhostプロパティに対してプロパティファイル中のtarget.hostの値を設定し、portプロパティに対してプロパティファイル中のtarget.portの値を設定しています。インジェクション対象のBeanにGetter/Setterが必要なのはこのためです。

@ConfigurationPropertiesはインジェクション対象のクラスに付けなくても、次のようにJava Configの@Beanメソッドに付けることもできます。これは、サードパーティ製のライブラリなどから提供されているクラスをプロパティクラスとして扱いたい場合に、利用するとよいでしょう。

▶ @ConfigurationPropertiesを@Beanメソッドに付与する際にBean定義例

```
@Bean
@ConfigurationProperties(prefix = "target")
public TargetProperties targetProperties() {
    return new TargetProperties();
}
```

13.5.2 Bean Validationによるプロパティ値のチェック

プロパティにはBean Validationのアノテーションを付与することで、プロパティ値に対して値の妥当性チェックを実行することができます。

▶ Bean Validationのアノテーションの指定例

```
@Component
@ConfigurationProperties(prefix = "target")
public class TargetProperties {
    @NotEmpty
    private String host;
    @Min(1)
    @Max(65535)
    private int port;
    // Getter/Setterは略すが、必要である
}
```

制約に違反するプロパティ値が設定されている場合は起動時（DIコンテナ登録時）にorg.springframework.validation.BindExceptionがスローされます。

13.5.3 IDEによるプロパティの補完

@ConfigurationPropertiesを用いて定義したプロパティはIDE[20]で補完が効きます。ただし、補完させるためにプロパティのメタ情報を生成する必要があります。

メタ情報が存在しない場合は、次の図のように警告が出ます（**図13.10**）。

【20】執筆時点で対応しているIDEはSpring Tool Suite（STS）とIntelliJ IDEAです。本書ではSTSを用いて説明します。

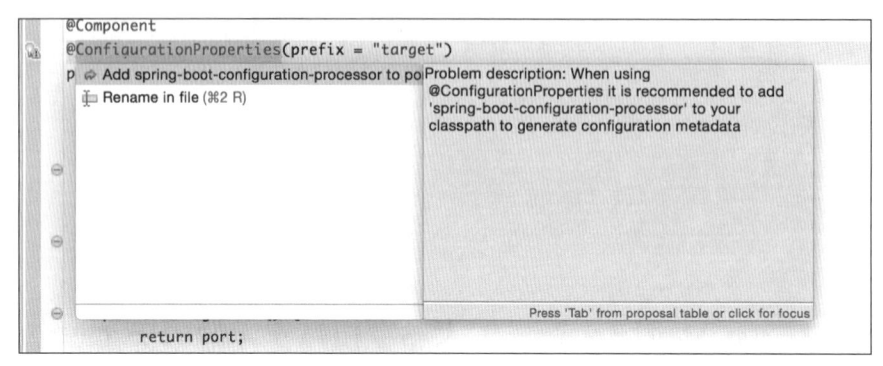

図13.10　メタ情報が不足している時の警告メッセージ

　警告マークをクリックし、[Add spring-boot-configuration-processor to pom.xml] をクリックすると、プロジェクトのpom.xmlに次の依存関係が追加されます [21]。

▶ **pom.xmlの定義例**

```
<dependency>
    <groupId>org.springframework.boot</groupId>
    <artifactId>spring-boot-configuration-processor</artifactId>
    <optional>true</optional>
</dependency>
```

spring-boot-configuration-processor に は Pluggable Annotation Processing API（JSR 269）を実装したクラスが含まれており、@ConfigurationPropertiesアノテーションが付与されたJavaソースからメタ情報のJSONを出力します。IDEでビルドするとtarget/META-INF/spring-configuration-metadata.jsonに以下の内容のJSONファイルが出力されます。

▶ **spring-configuration-metadata.jsonの出力例**

```
{
  "groups": [{
    "name": "target",
    "type": "com.example.TargetProperties",
    "sourceType": "com.example.TargetProperties"
  }],
  "properties": [
    {
      "name": "target.host",
      "type": "java.lang.String",
      "sourceType": "com.example.TargetProperties"
    },
    {
```

【21】手動で追加してもかまいません。

```
      "name": "target.port",
      "type": "java.lang.Integer",
      "sourceType": "com.example.TargetProperties"
    }
  ],
  "hints": []
}
```

Mavenでビルド（`mvn compile`）した場合にも`spring-configuration-metadata.json`は生成されます。

　メタ情報が存在する場合は、`application.properties`の編集画面でCtrl + スペースバーを押すと次のように、候補が表示されます（**図13.11**）。

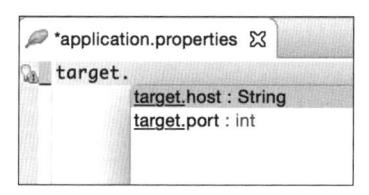

図13.11　@ConfigurationProperties を用いて定義したプロパティに対する IDE 上で補完例

　Spring Bootでプロパティを外部化する場合は、積極的に@ConfigurationPropertiesを使用するとよいでしょう。

13.6　Spring Boot Actuator で運用機能強化

　Spring Bootでは開発を容易にする機能が提供されるだけでなく、アプリケーションの運用面を考慮した機能も提供されています。これを提供するのがSpring Boot Actuatorです。

　Spring Boot Actuatorを使用するには、次の依存関係を追加してください。

▶ **pom.xmlの定義例**

```
<dependency>
    <groupId>org.springframework.boot</groupId>
    <artifactId>spring-boot-starter-actuator</artifactId>
</dependency>
```

Spring Initializrからプロジェクトを作成する場合、[Dependencies] は「Web」に加えて「Actuator」も選択してください。

13

これだけでアプリケーションの状態を検査するためのエンドポイント（HTTP、JMX、SSH[22]）が追加されたり、ヘルスチェック機能やメトリクス取得機能が有効になります。

13.6.1 HTTPエンドポイントの追加

spring-boot-starter-actuatorを追加するだけで有効になるHTTPエンドポイントを紹介します（表13.3）。

表13.3 HTTPエンドポイント

エンドポイント	説明
GET /autoconfig	AutoConfigureで有効になっているもの、無効になっているものを表示する
GET /beans	DIコンテナに管理されているBeanの一覧を表示する
GET /env	環境変数、システムプロパティの一覧を表示する
GET /configprops	@ConfigurationPropertiesの付いたプロパティ値の一覧を表示する
GET /dump	スレッドダンプを表示する
GET /health	ヘルスチェック（後述）の結果を表示する
GET /info	info.から始まるプロパティ値の一覧などのアプリケーション情報を表示する
GET /logfile	ログファイルを表示する（logging.fileまたはlogging.pathプロパティが設定されている場合のみ）
GET /metrics	メトリクス（後述）を表示する
GET /mappings	Spring MVCのリクエストマッピング情報を表示する
POST /shutdown	アプリケーションを停止する（進行中の処理が終了してから終了させるGraceful Shutdown）
GET /trace	HTTPリクエストのログを表示する
GET /flyway、 GET /liquibase	FlywayまたはLiquibaseのデータベースマイグレーション情報を表示する（FlywayまたはLiquibaseの依存関係がある場合のみ）

エンドポイントのコンテキストパスやポート番号などはプロパティを使用して変更できます。application.propertiesへの設定例を次に示します。

▶ application.propertiesの定義例

```
management.context-path=/manage   # エンドポイントのコンテキストパスを変更
management.port=8081 # ポートを変更
management.address=127.0.0.1   # localhostからのアクセスのみを許可する
```

個別のエンドポイントの有効・無効を次のようにプロパティで指定できます。

▶ 個別のエンドポイントの設定例

```
endpoints.shutdown.enabled=true
endpoints.mappings.enabled=false
endpoints.trace.enabled=false
```

【22】SSHエンドポイントを有効にするには、spring-boot-remote-shellの依存関係を追加する必要があります。本書では説明しません。

全体を無効にして、一部だけ有効にするという使い方も可能です。

▶ 一部だけ有効にする場合のエンドポイントの設定例

```
endpoints.enabled=false
endpoints.info.enabled=true
```

エンドポイントはHTTPだけでなくJMXでもアクセスできます。これらをそれぞれ無効にすることもできます。

▶ エンドポイントを無効にする場合の設定例

```
management.port=-1  # HTTPエンドポイントを無効にする
endpoints.jmx.enabled=false  # JMXエンドポイントを無効にする
```

13.6.2　ヘルスチェック

Spring Boot Actuatorはヘルスチェック機能を持っており、さまざまな接続先の状態をHTTPやJMXで確認することができます。状態として、UP（正常）、DOWN（異常）、UNKNOWN（不明）、OUT_OF_SERVICE（利用不可）のいずれかを返します。

ヘルスチェック機能はorg.springframework.boot.actuate.health.HealthIndicatorインターフェイスによって実現され、多数の実装クラスがあらかじめ用意されています。組み込まれているHealthIndicator実装クラスを以下に示します（**表13.4**）。

表 13.4　HealthIndicator の実装クラス

クラス名	チェック内容
CassandraHealthIndicator	Cassandraとの接続状態を表示する。接続できない場合にDOWNを返す
DiskSpaceHealthIndicator	ディスクの残量を表示する。デフォルト設定では残量が10MB未満になるとDOWNを返す
DataSourceHealthIndicator	データソースとの接続状態を表示する。接続できない場合にDOWNを返す
ElasticsearchHealthIndicator	Elasticsearchのクラスタの状態を表示する。クラスタが異常状態[23]の場合にDOWNを返す
JmsHealthIndicator	JMSブローカーとの接続状態を表示する。接続できない場合にDOWNを返す
MailHealthIndicator	SMTPサーバーとの接続状態を表示する。接続できない場合にDOWNを返す
MongoHealthIndicator	MongoDBとの接続状態を表示する。接続できない場合にDOWNを返す
RabbitHealthIndicator	RabbitMQとの接続状態を表示する。接続できない場合にDOWNを返す
RedisHealthIndicator	Redisとの接続状態を表示する。接続できない場合にDOWNを返す
SolrHealthIndicator	Solrとの接続状態を表示する。接続できない場合にDOWNを返す

前述のとおり、/healthにアクセスすることで、ヘルスチェックの結果をJSONで取得できます（**図13.12**）。

次のコード例では、DiskSpaceHealthIndicatorとDataSourceHealthIndicatorの結果が含まれています。

【23】 org.elasticsearch.action.admin.cluster.health.ClusterHealthResponseがREDの場合。

13

またJSONのルートのstatusプロパティには、各ヘルスチェックの集約結果が設定されます。

▶ **ヘルスチェック結果の出力例**

```
{
    status: "UP",
    diskSpace: {
        status: "UP",
        total: 498954403840,
        free: 381612171264,
        threshold: 10485760
    },
    db: {
        status: "UP",
        database: "PostgreSQL",
        hello: 1
    }
}
```

HealthIndicatorインターフェイスを実装すれば、独自のヘルスチェックを作成することができます。次の実装例はランダムにUPまたはDOWNを返します。

▶ **独自のヘルスチェックの実装例**

```
package com.example;

import java.util.Random;

import org.springframework.boot.actuate.health.Health;
import org.springframework.boot.actuate.health.HealthIndicator;

public class RandomHealthIndicator implements HealthIndicator {
    @Override
    public Health health() {
        if (new Random().nextBoolean()) {
            return Health.up().build();
        } else {
            return Health.down().withDetail("error_code", 100).build();
        }
    }
}
```

HealthIndicator実装クラスをBean定義すれば、チェック結果が自動でエンドポイントの出力に含まれます。

13.6.3 メトリクス

Spring Boot Actuatorはメトリクス取得機能も備えており、次の2種類のメトリクスがサポートされています。

- gauge —— （絶対）値を記録する
- counter —— 差分値を記録する

前述のように、/metricsにアクセスすることでメトリクスの収集結果をJSONで取得できます。

▶ /metricsアクセス時のレスポンス例

```
{
    "counter.status.200.root": 20,
    "counter.status.200.metrics": 3,
    "counter.status.200.star-star": 5,
    "counter.status.401.root": 4,
    "gauge.response.star-star": 6,
    "gauge.response.root": 2,
    "gauge.response.metrics": 3,
    "classes": 5808,
    "classes.loaded": 5808,
    "classes.unloaded": 0,
    "heap": 3728384,
    "heap.committed": 986624,
    "heap.init": 262144,
    "heap.used": 52765,
    "mem": 986624,
    "mem.free": 933858,
    "processors": 8,
    "threads": 15,
    "threads.daemon": 11,
    "threads.peak": 15,
    "uptime": 494836,
    "instance.uptime": 489782,
    "datasource.primary.active": 5,
    "datasource.primary.usage": 0.25
}
```

これらのメトリクス情報はどのように収集・公開されているのか気になった読者もいるのではないでしょうか？

　ここからは、Spring Bootが提供するメトリクス機能を「収集」「公開」「外部エクスポート」の3つのコンポーネント群に分類し、Spring Bootがどのようにメトリクス情報を扱っているのかを紐解いていきます。まず、メトリクス機能を構成するコンポーネントのクラス図を見ておきましょう（**図13.12**）。

13

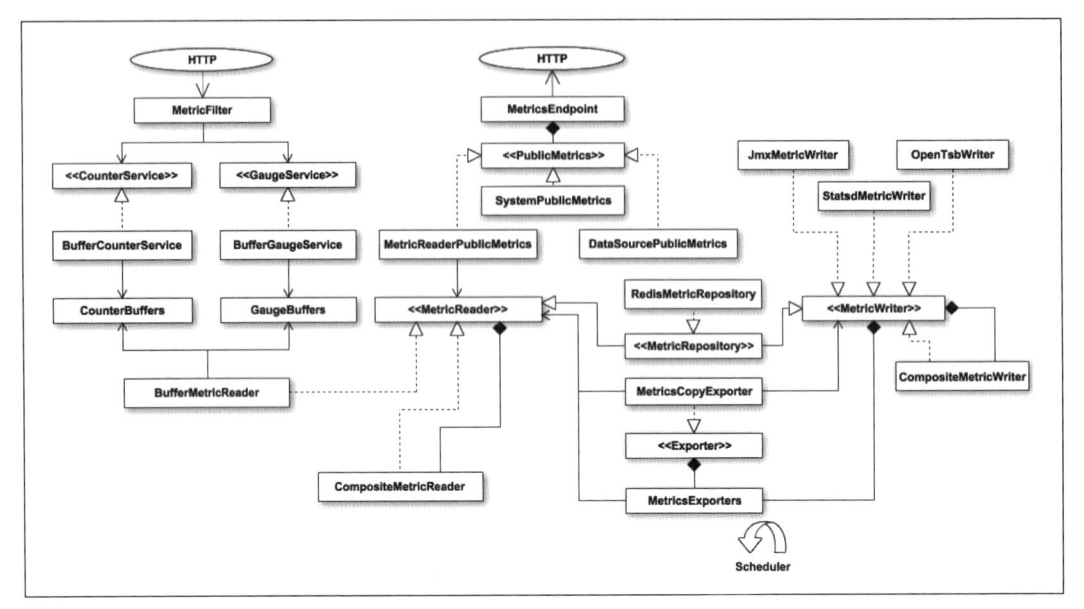

図13.12　メトリクス機能で使用されるクラス群

　一見すると複雑なクラス図に見えますが、「収集（MetricsFilterクラスを起点とするクラス群）」、「公開（MetricsEndpointクラスを起点とするクラス群）」、「外部エクスポート（MetricsExportersを起点とするクラス群）」に分類してクラス図を見ると、さほど複雑ではないことがわかります。

　/metricsエンドポイントで公開されるメトリクス情報は複数のorg.springframework.boot.actuate.endpoint.PublicMetricsインターフェイスから取得しています。

■メトリクス情報の収集

　gaugeやcounterを収集するのがGaugeService、CounterServiceです。counter.status.<レスポンスステータスコード>.<リクエストパス>やgauge.response.<リクエストパス>はサーブレットフィルタ実装であるMetricFilterがGaugeService、CounterServiceを使ってHTTPリクエストごとに収集していきます。

　GaugeService、CounterServiceの実装クラスとしてBufferGaugeService、BufferCounterServiceが用意されています。これらのクラスはメトリクス情報をGaugeBuffers、CounterBuffersに保存します。MetricReader実装クラスであるBufferMetricReaderはGaugeBuffers、CounterBuffersを共有するため、これらのメトリクス情報がMetricReaderPublicMetricsを通じてエンドポイントに公開されます。

■メトリクス情報の公開

　counter.やgauge.から始まる値はMetricReaderPublicMetricsが取得したメトリクスです。counter.status.<レスポンスステータスコード>.<リクエストパス>はリクエストパスとそのレスポンスステータスの組み合わせの回数です。たとえば "counter.status.200.metrics": 3は/metricsへのリクエストでステータス

コードが200だったものが3回あるという意味です。なお、rootは/を、star-starは**を表わします。gauge. response.<リクエストパス>はリクエストパスに対するレスポンスタイム（ms）の平均値です。MetricReaderPublicMetricsは後述のorg.springframework.boot.actuate.metrics.reader.MetricReaderインターフェイスからメトリクス情報を取得するPublicMetricsインターフェイスの実装クラスです。

　gauge、counter以外にもメトリクスが出力されています。ヒープサイズ、メモリサイズ、CPUコア数、スレッド数などシステムの情報をSystemPublicMetricsが出力します。また、データソースの利用状況はDataSourcePublicMetricsが出力します。他にもTomcatのアクティブセッション数を出力するTomcatPublicMetricsも用意されています。

■メトリクス情報の外部エクスポート

　収集したメトリクス（gauge、counter）をorg.springframework.boot.actuate.metrics.export.Exporterインターフェイスで外部へエクスポートすることもできます。Exporter実装クラスであるMetricCopyExporterは、MetricReaderから読み込んだメトリクス情報を複数のorg.springframework.boot.actuate.metrics.writer.MetricWriterインターフェイスに書き込みます。MetricWriter実装クラスとして以下のクラスが用意されています（表13.5）。

表13.5　MetricWriter の実装クラス

クラス名	説明
JmxMetricWriter	JMXにメトリクスを書き込む
OpenTsdbMetricWriter	OpenTSDB [24] にメトリクスを書き込む
StatsdMetricWriter	Statsd [25] にメトリクスを書き込む
RedisMetricRepository	Redisにメトリクスを書き込む。MetricsReaderも実装している

　出力先を増やしたい場合はMetricWriter実装クラスを作成し、Bean定義すればAutoConfigureにより自動で登録されます。Exporterによるエクスポートはorg.springframework.boot.actuate.metrics.export.MetricExportersによりスケジューラで定期実行できます。

■独自のメトリクス情報の公開

　製品独自のメトリクスを公開する場合は、PublicMetrics実装クラスを作成してください。この場合も、PublicMetrics実装クラスをBean定義すればAutoConfigureによって自動で有効になります。

　アプリケーション内でgaugeやcounterを書き込みたい場合は、GaugeService、CounterServiceをインジェクションします。

【24】 http://opentsdb.net/
【25】 https://github.com/etsy/statsd

13

▶ GaugeServiceとCounterServiceの利用例

```java
import org.springframework.beans.factory.annotation.Autowired;
import org.springframework.boot.actuate.metrics.CounterService;
import org.springframework.stereotype.Service;

@Service
public class HelloService {

    @Autowired
    CounterService counterService;

    public void hello() {
        this.counterService.increment("hello.invoked");
    }

}
```

これでエンドポイントにはcounter.hello.invokedプロパティにhelloメソッドの実行回数が出力されます。

13.6.4 セキュリティの有効化

spring-boot-starter-securityを追加することで、Spring Boot Actuatorで追加されるエンドポイントも認可制御されます。以下の設定を加えて、デフォルトのBasic認証を無効化してもActuatorのエンドポイントへの認可制御は無効にならない点に注意してください。application.propertiesへの設定例を次に示します。

▶ application.propertiesの定義例

```
security.basic.enabled=false
```

Actuatorの認可制御も無効にする場合は、以下の設定が必要です。

▶ 認可制御を無効にする場合のapplication.propertiesの定義例

```
management.security.enabled=false
```

無効にしない場合は、ADMINロールを持つユーザーのみActuatorのエンドポイントにアクセス可能です。ロールを変更する場合は、management.security.roleプロパティを設定してください。

チュートリアル

本章では、「会議室予約システム」を題材に、本書の説明範囲としている「Springプロジェクトおよび Spring の関連ライブラリを利用した Web アプリケーション」の開発を、チュートリアル形式で進めていきます。第2章から順に読み進めてきた方は、これまで学んできた知識がしっかり理解できているか確認しましょう。逆に、まず手を動かして Spring を体感したいという想いでこの章を開いた方は、本チュートリアルを順にこなすことで、Spring によるアプリケーション開発を体感してください。本チュートリアルを終了した後に各章を読み、最後にもう一度チュートリアルをこなせば理解が深まることが期待できます。

では、本チュートリアルの題材となる「会議室予約システム」のアプリケーション概要から見ていきましょう。

14.1 アプリケーションの概要

次のような画面遷移をする会議室予約システムを作成します（**図14.1**）。

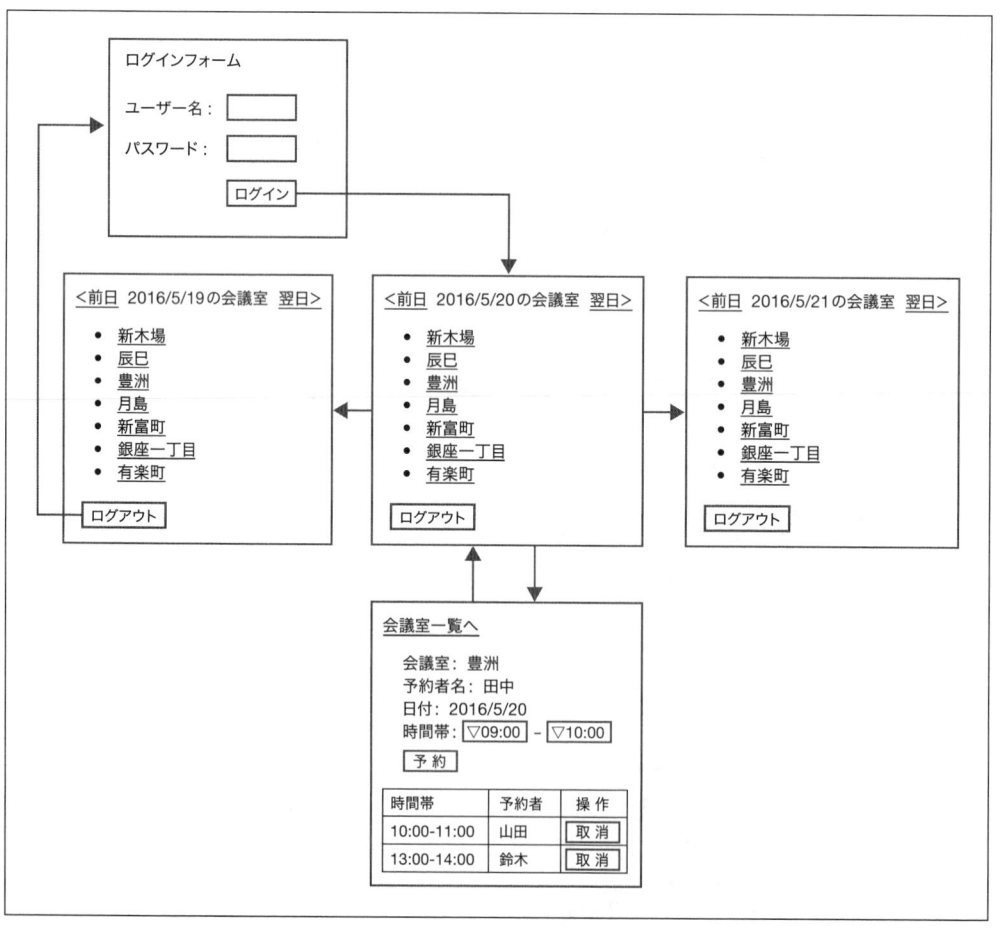

図14.1　会議室予約システムの画面遷移概要

会議室予約システムで実装する機能は、大きく次の3つです。

- 会議室一覧表示機能
- 予約機能（予約取り消し含む）
- ログイン機能（ログアウト含む）

ユーザーには、管理者ユーザーと一般ユーザーの2種類があります。管理者ユーザーはすべての予約の取り消し・変更ができますが、一般ユーザーは自分の予約だけ取り消しおよび変更ができます。

なお、ユーザーと会議室のデータはSQLで直接投入します。ユーザーと会議室の管理機能は本チュートリアルでは実装しないため、意欲のある読者は是非実装してみてください。

14.1.1 ER図

本システムのER（Entity Relationship）図を示します（**図14.2**）。

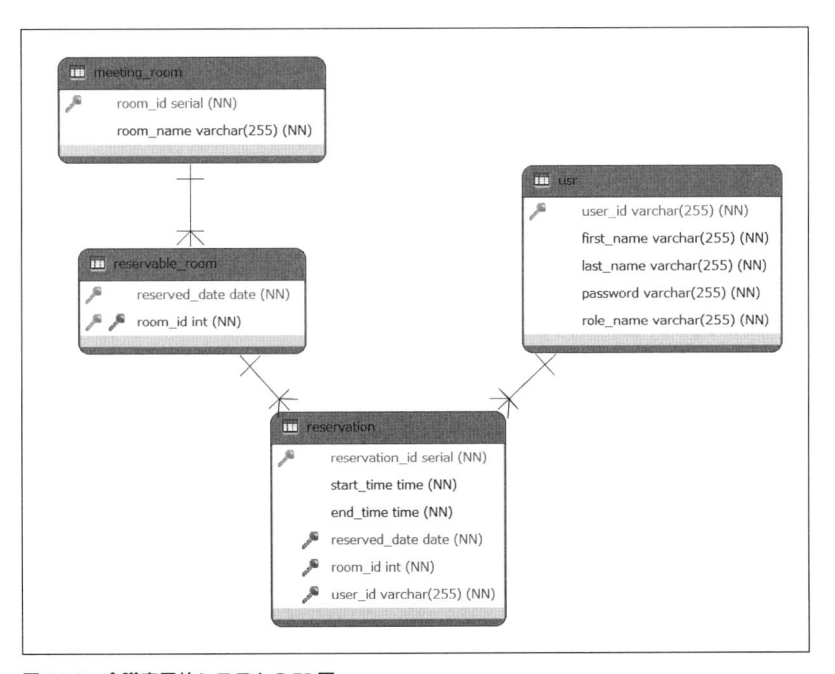

図14.2　会議室予約システムのER図

会議室予約システムで使用するテーブルを次に示します（**表14.1**）。

表14.1 会議室予約システムで使用するテーブル

テーブル名	説明
usr	会議室予約システムを利用するユーザー情報を格納するテーブル
meeting_room	会議室の情報を格納するテーブル
reservable_room	特定の日に予約可能な会議室の情報を格納するテーブル。日付（reserved_date）と部屋ID（room_id）の複合キーが本テーブルの主キーとなる。また部屋ID（room_id）はmeeting_roomテーブルに関連する外部キーになる。reservable_roomとmeeting_roomは多対1の関係である
reservation	予約情報を格納するテーブル。日付（reserved_date）と部屋ID（room_id）の複合キーがreservable_roomテーブルに関連する外部キーになり、ユーザーID（user_id）はusrテーブルに関連する外部キーになる。reservationとreservable_roomは多対1の関係であり、reservationとusrも多対1の関係である

14.1.2 会議室一覧表示機能の画面仕様

会議室一覧表示機能の仕様を説明します（図14.3）。

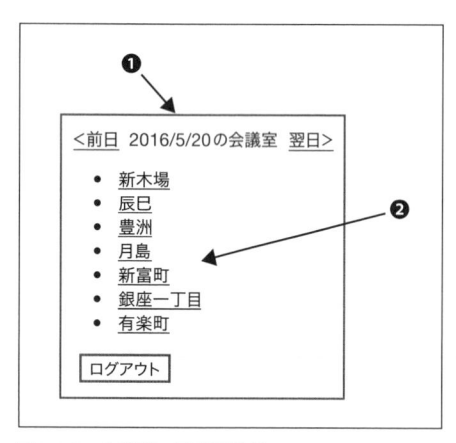

図14.3 会議室一覧表示機能

❶ デフォルトでは今日の日付で予約可能な会議室の一覧を表示する。前後の日付にも遷移可能

❷ reservable_roomテーブルから対象日付の会議室情報を取得し、会議室名を表示する

14.1.3 予約機能の画面仕様

予約機能の仕様を説明します（図14.4）。

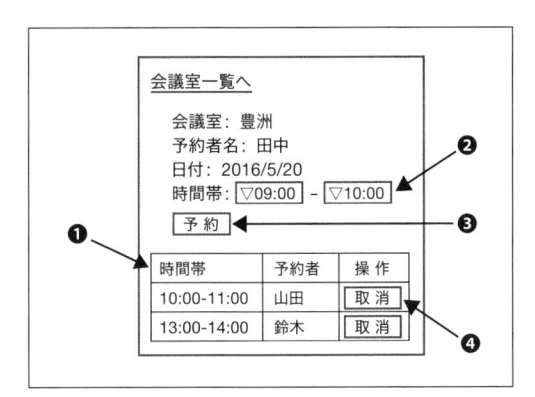

図14.4 予約機能

❶ reservationテーブルから対象の日の予約情報を取得して表示する

❷ 00:00〜23:30まで30分刻みで選択可能。「開始時刻 < 終了時刻」になるように入力チェックする必要がある

❸ 入力された時間で会議室を予約する。このとき予約重複チェックを行なう。重複チェックロジックは後述する

❹ 予約を取り消すユーザーのロールがUSERの場合は「予約者 = ログインユーザー」の場合のみに取り消し可能。ADMINの場合は全予約取り消し可能。これを満たさない取り消し要求には例外をスローする

14.1.4 ログイン機能の画面仕様

ログイン機能の画面仕様について説明します（**図14.5**）。

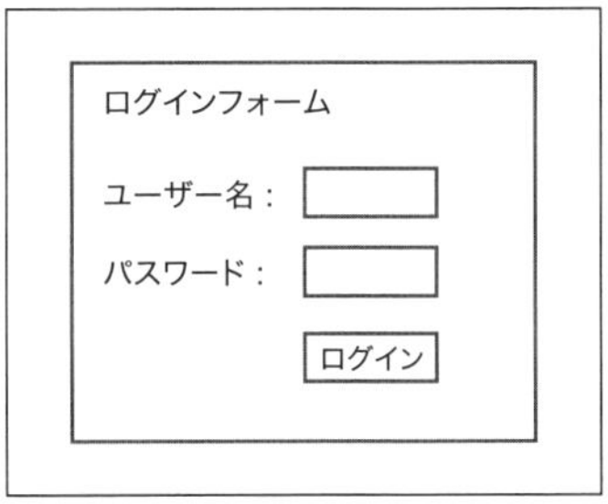

```
┌──────────────────────────┐
│  ┌────────────────────┐  │
│  │ ログインフォーム    │  │
│  │                      │  │
│  │ ユーザー名： [     ] │  │
│  │                      │  │
│  │ パスワード： [     ] │  │
│  │                      │  │
│  │       [ ログイン ]   │  │
│  └────────────────────┘  │
└──────────────────────────┘
```

図14.5 ログイン機能

入力されたユーザー名に対応するユーザー情報をusrテーブルから取得します。ユーザー情報のパスワードと入力パスワードをBCryptアルゴリズムでハッシュ化したものが同じであれば認証成功となり、会議室一覧画面に遷移します。そうでない場合はログインフォーム画面に戻ります。

14.2 アプリケーションの開発

本チュートリアルでは次の技術を使用します（図14.6）。

- Spring Boot
- Spring DI × AOP
- Spring MVC
- Spring Data JPA + Hibernate
- Spring Security
- Thymeleaf
- Tomcat
- PostgreSQL

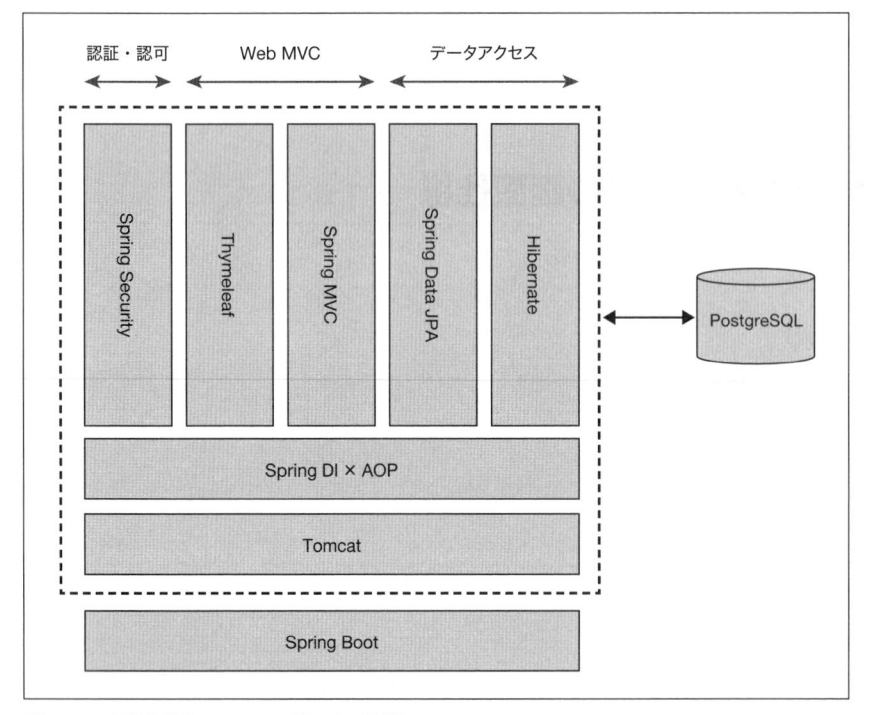

図14.6　会議室予約システムで利用する技術

14

14.2.1 プロジェクトのセットアップ

Spring Tool Suite (STS)[1] を用いて雛形プロジェクトを作成します。[File] メニューから [New] → [Spring Starter Project] を選択してください（**図14.7**）。

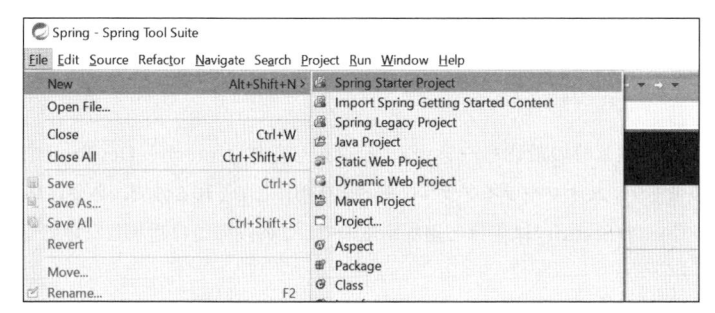

図14.7　STSを用いて雛形プロジェクトを作成

[Name]、[Group]、[Artifact]、[Package] にはそれぞれ「mrs」を入力し、[Next] ボタンをクリックしてください（**図14.8**）。

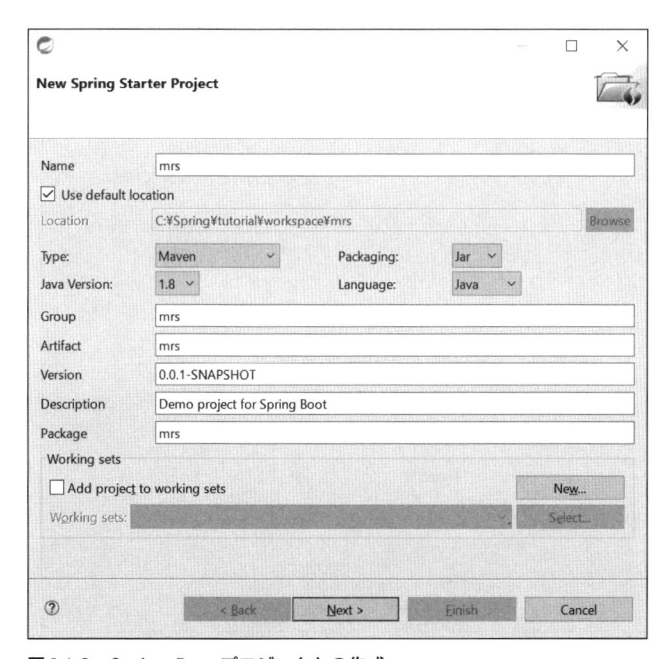

図14.8　Spring Boot プロジェクトの作成

【1】　STSを初めて使う方は、付録の「A.1.1　IDEのセットアップ」を参照してSTSをセットアップしてください。

　次の画面では、本チュートリアルで利用する機能を選択します。次の表の機能をチェックしてください（**表14.2**）。

表14.2　本チュートリアルで利用する機能

カテゴリ名	機能名
SQL	JPA、PostgreSQL
Template Engines	Thymeleaf
Web	Web

　Spring Boot のバージョンは「1.3.5」（本書執筆時の最新バージョン）を選択します。Core から DevTools をチェックすると開発時のテンプレートのキャッシュオフやライブラリロードを有効にしてくれるので、必要に応じて選択してください（**図14.9**）。また、Core の Security は後ほど追加するので、この段階では選択しないでください。

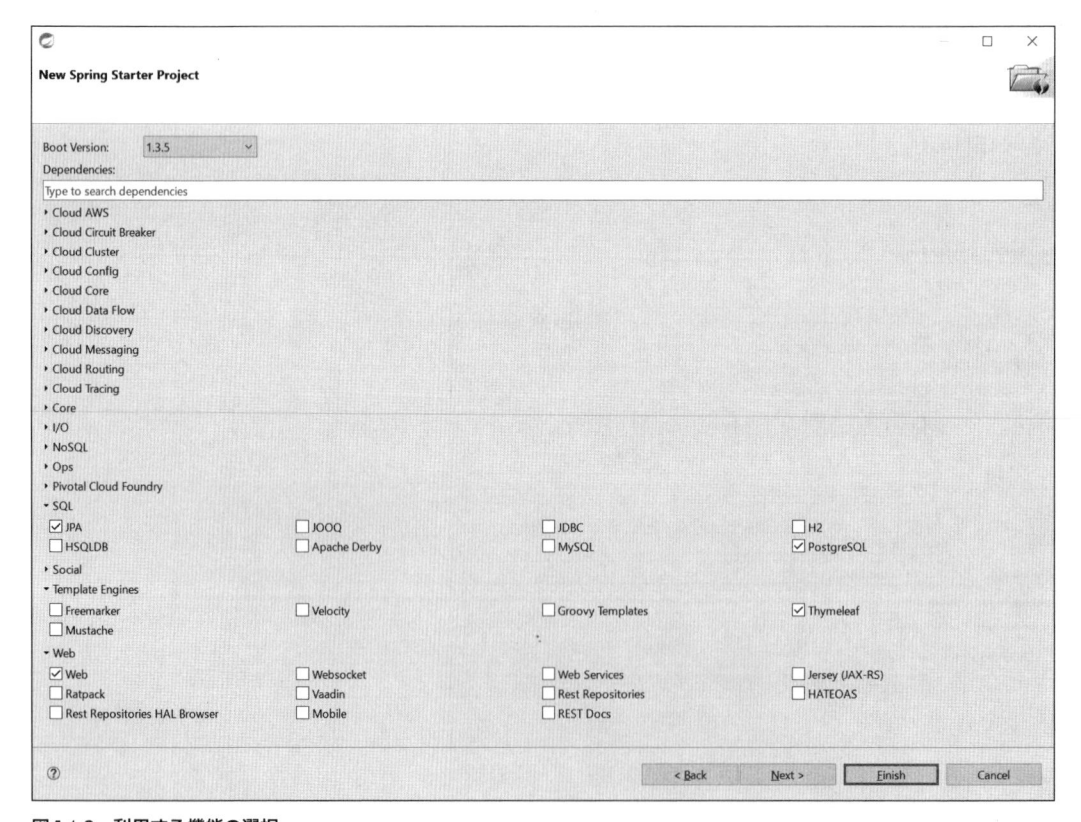

図14.9　利用する機能の選択

　［Finish］をクリックすると雛形プロジェクトがダウンロードされ、Package Explorer に次の構成のプロジェク

トが作成できます（**図14.10**）。

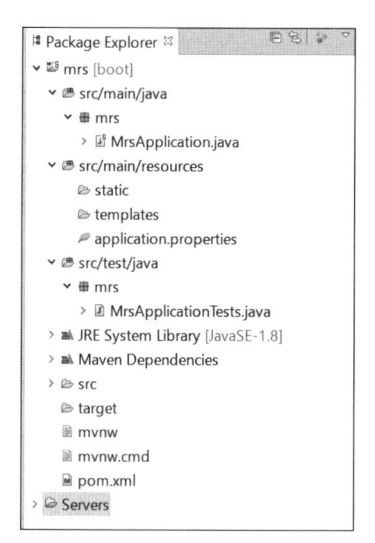

図14.10　プロジェクト構成

それでは、このプロジェクトに必要なクラスやファイルを追加してアプリケーションを完成させましょう。

14.2.2　プロジェクトのパッケージ構成

本チュートリアルはレイヤードアーキテクチャに従ってパッケージを構成します。ここでは次のように層を分割していきます（**図14.11**）。

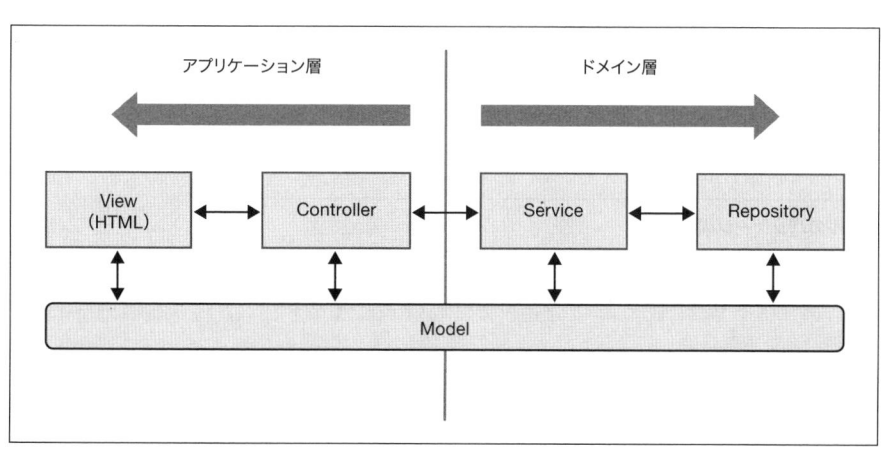

図14.11　アプリケーションのレイヤ化

　ドメイン層には、アプリケーションで使用するモデルや業務ロジック以降のコンポーネントを配置します。この層では画面・ユーザーインターフェイスのようなフロントエンドには依存しておらず、エンドユーザーに対してどのような表現で入出力されるかは意識しません。

　アプリケーション層には、フロントエンドから業務ロジック実行前までのコンポーネントを配置します。このチュートリアルでは画面遷移型のWebアプリケーションを作成しますが、RESTful Webサービスにする場合もデスクトップアプリケーションにする場合もアプリケーション層が変わるだけでドメイン層は基本的にはそのまま使えます。各層で利用するコンポーネントは次のようになります（**表14.3**）。

表14.3　各層で利用するコンポーネント

層名	コンポーネント名	役割
ドメイン層	Model	アプリケーションで扱われるモデルを表現する
	Repository	ModelのCRUD操作を行なう
	Service	業務ロジックを扱う。トランザクション境界
アプリケーション層	Controller	画面遷移や入出力のフォーマットを制御する
	View（HTML）	ユーザーインターフェイスを提供する

　これらの層に合うように、以下のようなパッケージ構成でアプリケーション開発を行ないます（**図14.12**）。

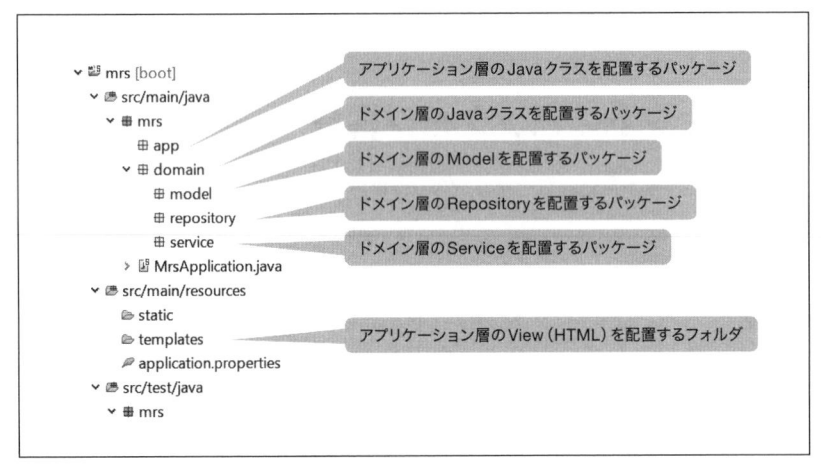

図14.12　チュートリアルのパッケージ構成

　各層に機能ごとのパッケージを作成すると次のような構成になります（**図14.13**）。

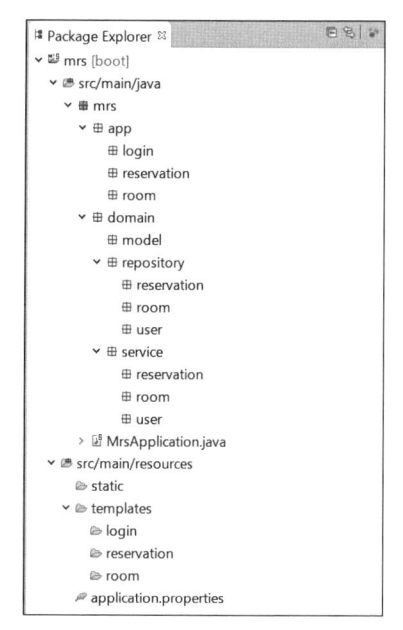

図14.13　機能ごとのパッケージを作成

STSの［Package Presentation］を［Hierarchical］に設定したほうが見やすい表示になります（**図14.14**）。

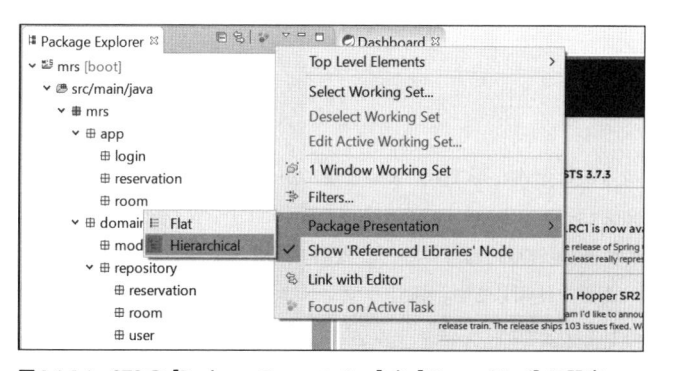

図14.14　STSの［Package Presentation］を［Hierarchical］に設定

別のパッケージ構成も考えられます。たとえば、以下のようにdomainパッケージの下に機能ごとのパッケージを作成し、機能パッケージの中にその機能で使用するModel、Repository、Serviceを配置する構成でもよいでしょう（**図14.15**）。

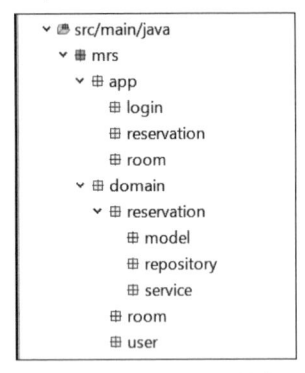

```
∨ 🗁 src/main/java
  ∨ ⊞ mrs
    ∨ ⊞ app
        ⊞ login
        ⊞ reservation
        ⊞ room
    ∨ ⊞ domain
      ∨ ⊞ reservation
          ⊞ model
          ⊞ repository
          ⊞ service
        ⊞ room
        ⊞ user
```

図14.15　別のパッケージ構成

この案に比べて、本文で示した案のメリットはserviceパッケージ、repositoryパッケージ単位で
スキャン対象を絞れるので最適化の余地がある点です。

14.2.3　PostgreSQLのセットアップ

PostgreSQLをインストールし、本チュートリアル用のユーザーとデータベースを作成します（**表14.4**）。

表14.4　PostgreSQLのデータベース設定値

設定項目名	設定値
ユーザー名	mrs
パスワード	mrs
データベース名	mrs

　PostgreSQLのインストール方法はどんな形でもかまいませんが、インストーラを使用する場合は、http://
www.enterprisedb.com/products-services-training/pgdownloadからダウンロードできます。

　PostgreSQLのインストールが終わったら、まずユーザーを作成しましょう。本書では、PostgreSQLが提供し
ているCLIツールのpsqlコマンドを使用します。psqlコマンドは、PostgreSQLのインストールディレクトリの
binディレクトリの中に格納されています。

▶ psql経由でデータベースにログイン

```
$ ./psql -U postgres
Password for user postgres: ******* (postgresユーザーのパスワードを入力)
psql (9.4.4)
Type "help" for help.

postgres=#
```

▶ ユーザーの作成

```
postgres=# CREATE ROLE mrs LOGIN
postgres-#   ENCRYPTED PASSWORD 'md586082399b5082acb54472ee195a57ce8'
postgres-#   NOSUPERUSER INHERIT NOCREATEDB NOCREATEROLE NOREPLICATION;
CREATE ROLE
```

次に、データベースを作成します。

▶ データベースの作成

```
postgres=# CREATE DATABASE mrs
postgres-#   WITH OWNER = mrs
postgres-#        ENCODING = 'UTF8'
postgres-#        TABLESPACE = pg_default
postgres-#        LC_COLLATE = 'C'
postgres-#        LC_CTYPE = 'C'
postgres-#        TEMPLATE = 'template0'
postgres-#        CONNECTION LIMIT = -1;
CREATE DATABASE
```

▶ psqlの終了

```
postgres=# \q
```

これでPostgreSQLのセットアップは終了です。

14.2.4 プロパティファイルの設定

Spring Bootの設定ファイルはapplication.propertiesに集約されています。雛形プロジェクトには空ファイルが用意されているので、本アプリケーションで使用する次のプロパティを設定してください。

▶ application.properties 設定例

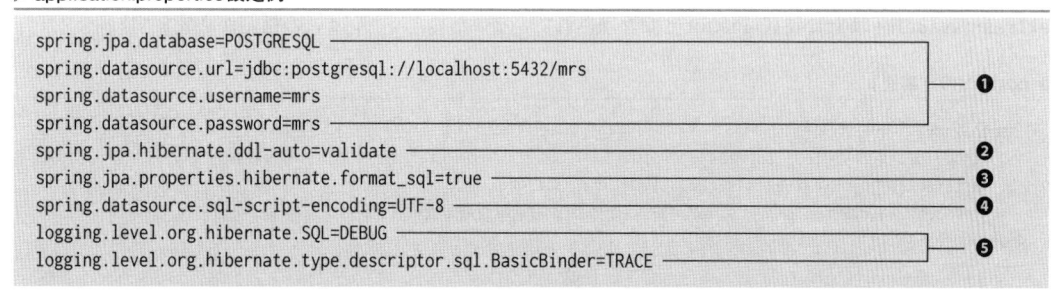

```
spring.jpa.database=POSTGRESQL
spring.datasource.url=jdbc:postgresql://localhost:5432/mrs
spring.datasource.username=mrs
spring.datasource.password=mrs
spring.jpa.hibernate.ddl-auto=validate
spring.jpa.properties.hibernate.format_sql=true
spring.datasource.sql-script-encoding=UTF-8
logging.level.org.hibernate.SQL=DEBUG
logging.level.org.hibernate.type.descriptor.sql.BasicBinder=TRACE
```

❶ JPAで使用するデータベース、および接続先の情報を定義する。使用する環境に合わせて変更すること

❷ Hibernateの機能で、エンティティクラスからDDLを生成して自動実行するかどうかのプロパティ。ここでは validateを設定し、DDLは実行せず、エンティティの設計が実際のカラムと矛盾していないかどうかを検査するよ

うにする

❸ Hibernateに関するプロパティ。ここではSQLをフォーマットするようにする

❹ のちに作成するDDLスクリプトを読み込む際のエンコーディング指定

❺ ログレベルの設定。Hibernateが実行するSQLおよび、SQLのバインドパラメータがログに出力されるようにログレベルを設定する

STSやIntelliJ IDEAではapplication.propertiesのプロパティの入力補完機能が用意されています。Ctrl＋スペースバーを押して補完を有効活用しましょう（**図14.16**）。

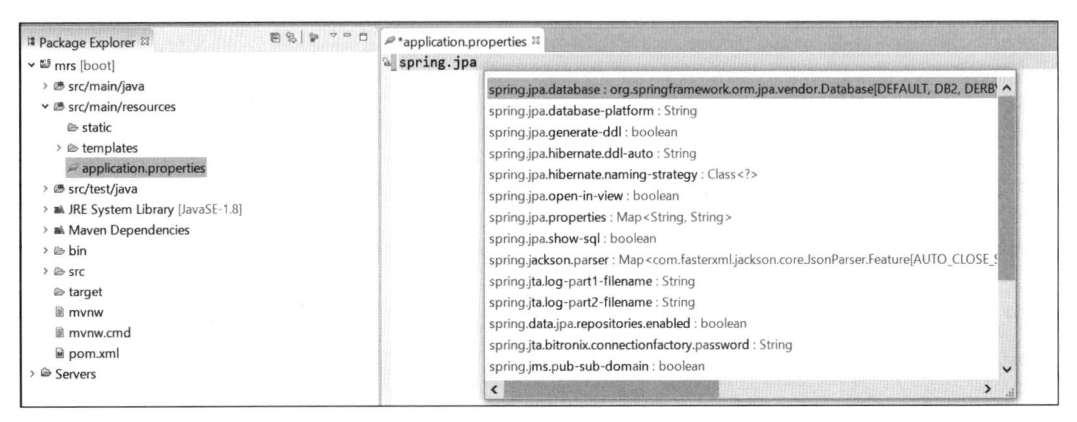

図14.16　STSのプロパティ入力補完機能

14.2.5　ライブラリの追加

本チュートリアルでは、JSR 310: Date and Time APIのクラスを使用しますが、Viewとして使用するThymeleafでこれらのクラスを正しく扱うことができません。ThymeleafでDate and Time APIのクラスを使用する場合は、Thymeleafから提供されているthymeleaf-extras-java8timeを利用してください。なお、thymeleaf-extras-java8timeはSpring IO Platformで管理されていないため、バージョンの指定が必要です。

▶ **pom.xmlの定義例**

```
<dependency>
    <groupId>org.thymeleaf.extras</groupId>
    <artifactId>thymeleaf-extras-java8time</artifactId>
    <version>2.1.0.RELEASE</version> <!-- バージョンは執筆時点の最新バージョン -->
</dependency>
```

テンプレートファイル内でDate and Time API用のユーティリティオブジェクト（#temporals）を利用できるようにするため、src/main/java/mrsパッケージにThymeleafConfigクラスを作成して、Java8TimeDialectをBean定義しましょう。

▶ Java8TimeDialectのBean定義例

```
package mrs;

import org.springframework.context.annotation.Bean;
import org.springframework.context.annotation.Configuration;
import org.thymeleaf.extras.java8time.dialect.Java8TimeDialect;

@Configuration
public class ThymeleafConfig {
    @Bean
    public Java8TimeDialect java8TimeDialect() {
        return new Java8TimeDialect();
    }
}
```

 **メモ**　Java8TimeDialectの定義はSpring Boot 1.4からはAutoConfigure対象であり、thymeleaf-extras-java8timeのdependencyを追加すればBean定義は不要になります[2]。

14.2.6　JPAのエンティティの作成

　まずはJPAのエンティティを作成しましょう。ER図をもとに、次のような関連を持つエンティティを作成します（**図14.17**）。

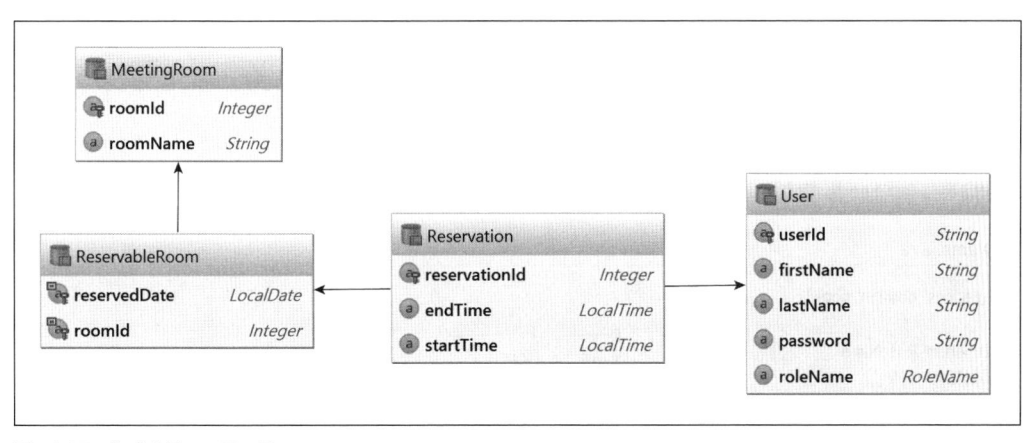

図14.17　作成するエンティティ

　本チュートリアルではJPAのエンティティをそのままドメイン層のModelとして扱います。各エンティティクラ

【2】　https://github.com/spring-projects/spring-boot/issues/4576

スを src/main/java/mrs/domain/model パッケージに作成しましょう。

■User

まずは User エンティティを作成します。

▶ User.java

```java
package mrs.domain.model;

import javax.persistence.*;

@Entity
@Table(name = "usr") ────────────────────────────────────────── ❶
public class User {
    @Id
    private String userId;

    private String password;

    private String firstName;

    private String lastName;

    @Enumerated(EnumType.STRING) ──────────────────────────── ❷
    private RoleName roleName;

    // Getter/Setterは省略
}
```

❶ @Table アノテーションを付与してマッピング先のテーブル名を指定する

❷ @Enumerated アノテーションを付与して、ユーザー権限を Enum にマッピングする。カラムの値に Enum の文字列表現が格納されるように、EnumType.STRING を指定している

RoleName は次の enum です。

▶ RoleName.java

```java
package mrs.domain.model;

public enum RoleName {
    ADMIN, USER
}
```

■MeetingRoom

MeetingRoom エンティティを作成します。こちらは特筆すべき点はありません。

▶ MeetingRoom.java

```java
package mrs.domain.model;

import java.io.Serializable;

import javax.persistence.*;

@Entity
public class MeetingRoom implements Serializable {
    @Id
    @GeneratedValue(strategy = GenerationType.IDENTITY)
    private Integer roomId;

    private String roomName;

    // Getter/Setterは省略
}
```

■ReservableRoom

ReservableRoomエンティティを作成します。

▶ ReservableRoom.java

```java
package mrs.domain.model;

import java.io.Serializable;

import javax.persistence.*;

@Entity
public class ReservableRoom implements Serializable {
    @EmbeddedId ─────────────────────────────────────────── ❶
    private ReservableRoomId reservableRoomId; ─────────────

    @ManyToOne ──────────────────────────────────────────── ❷
    @JoinColumn(name = "room_id", insertable = false, updatable = false) ──
    @MapsId("roomId") ─────────────────────────────────────── ❸
    private MeetingRoom meetingRoom;

    public ReservableRoom(ReservableRoomId reservableRoomId) {
        this.reservableRoomId = reservableRoomId;
    }

    public ReservableRoom() {
    }

    // Getter/Setterは省略
}
```

❶ 複合主キーを扱うために複合主キークラスであるReservableRoomIdを用意して@EmbeddedIdアノテーションを付与する

❷ MeetingRoomエンティティと1方向の多対1の関連設定を行なう。外部キーとしてroom_idを指定する。

ただし、このフィールドは関連を表すためだけに存在し、実際のroom_idに対応するフィールドはReservableRoomIdクラスが持つ。そのため、このフィールドに対する値の変更がデータベースに反映されないようにinsertable属性およびupdatable属性にfalseを設定する

❸ @MapsIdに複合クラスのうち、外部キーとして使うフィールド名を指定する

ReservableRoomIdは、roomIdとreservedDateフィールドによる複合クラスです。

■ReservableRoomId

▶ ReservableRoomId.java

```java
package mrs.domain.model;

import java.io.Serializable;
import java.time.LocalDate;

import javax.persistence.Embeddable;

@Embeddable                                                                    ❶
public class ReservableRoomId implements Serializable {

    private Integer roomId;

    private LocalDate reservedDate;

    public ReservableRoomId(Integer roomId, LocalDate reservedDate) {
        this.roomId = roomId;
        this.reservedDate = reservedDate;
    }

    public ReservableRoomId() {
    }

    @Override
    public int hashCode() {
        final int prime = 31;
        int result = 1;
        result = prime * result + ((reservedDate == null) ? 0 : reservedDate.hashCode());
        result = prime * result + ((roomId == null) ? 0 : roomId.hashCode());
        return result;
    }

    @Override
    public boolean equals(Object obj) {
        if (this == obj) return true;
        if (obj == null) return false;
```

14

```
        if (getClass() != obj.getClass()) return false;
        ReservableRoomId other = (ReservableRoomId) obj;
        if (reservedDate == null) {
            if (other.reservedDate != null) return false;
        } else if (!reservedDate.equals(other.reservedDate))
            return false;
        if (roomId == null) {
            if (other.roomId != null) return false;
        } else if (!roomId.equals(other.roomId))
            return false;
        return true;
    }

    // Getter/Setterは省略

}
```

❶ 複合クラスであることを示すために@Embeddableアノテーションを付与する

■Reservation

最後のReservationエンティティを作成します。

▶ Reservation.java

```
package mrs.domain.model;

import java.io.Serializable;
import java.time.LocalTime;

import javax.persistence.*;

@Entity
public class Reservation implements Serializable {
    @Id
    @GeneratedValue(strategy = GenerationType.IDENTITY) ──────────────── ❶
    private Integer reservationId;

    private LocalTime startTime;

    private LocalTime endTime;

    @ManyToOne ──────────────────────────────────────────┐
    @JoinColumns({ @JoinColumn(name = "reserved_date"),   ├── ❷
            @JoinColumn(name = "room_id") }) ─────────────┘
    private ReservableRoom reservableRoom;

    @ManyToOne ──────────────────────────────────────────┐
    @JoinColumn(name = "user_id") ────────────────────────┴── ❸
    private User user;
```

```
    // Getter/Setterは省略
}
```

❶ 主キーをJPAに自動採番させる。PostgreSQLの場合は該当するカラムにserial型が使用される

❷ ReservableRoomエンティティと1方向の多対1の関連設定を行なう。外部キーとしてreserved_dateとroom_idの複合キーを指定する

❸ Userエンティティと1方向の多対1の関連設定を行なう。外部キーとしてuser_idを指定する

また、本質的ではありませんが、JPA 2.1ではエンティティのフィールドの型としてjava.time.LocalDate、java.time.LocalTime、java.time.LocalDateTimeは対応していないため、次のようなAttributeConverterを作成する必要があります。

▶ LocalDateConverter.java

```
package mrs.domain.model.converter;

import java.sql.Date;
import java.time.LocalDate;

import javax.persistence.AttributeConverter;
import javax.persistence.Converter;

@Converter(autoApply = true)
public class LocalDateConverter implements AttributeConverter<LocalDate, Date> {                     ❶

    @Override
    public Date convertToDatabaseColumn(LocalDate date) {
        return date == null ? null : Date.valueOf(date);                                              ❷
    }

    @Override
    public LocalDate convertToEntityAttribute(Date value) {
        return value == null ? null : value.toLocalDate();                                            ❸
    }
}
```

❶ autoApply属性にtrueを設定することで、エンティティのLocalDate型フィールドに対してこのAttributeConverterが自動で適用される

❷ LocalDateオブジェクトからjava.sql.Dateオブジェクトに変換する

❸ java.sql.DateオブジェクトからLocalDateオブジェクトに変換する

LocalTimeConverterとLocalDateTimeConverterも同様です。

▶ LocalTimeConverter.java

```
package mrs.domain.model.converter;
```

```java
import java.sql.Time;
import java.time.LocalTime;

import javax.persistence.AttributeConverter;
import javax.persistence.Converter;

@Converter(autoApply = true)
public class LocalTimeConverter implements AttributeConverter<LocalTime, Time> {

    @Override
    public Time convertToDatabaseColumn(LocalTime time) {
        return time == null ? null : Time.valueOf(time);
    }

    @Override
    public LocalTime convertToEntityAttribute(Time value) {
        return value == null ? null : value.toLocalTime();
    }
}
```

▶ LocalDateTimeConverter.java

```java
package mrs.domain.model.converter;

import java.sql.Timestamp;
import java.time.LocalDateTime;

import javax.persistence.AttributeConverter;
import javax.persistence.Converter;

@Converter(autoApply = true)
public class LocalDateTimeConverter implements
                             AttributeConverter<LocalDateTime, Timestamp> {

    @Override
    public Timestamp convertToDatabaseColumn(LocalDateTime dateTime) {
        return dateTime == null ? null : Timestamp.valueOf(dateTime);
    }

    @Override
    public LocalDateTime convertToEntityAttribute(Timestamp value) {
        return value == null ? null : value.toLocalDateTime();
    }
}
```

エンティティクラスの実装が終了したら、データベースにテーブルを作成します。DDLの実行はHibernateの機能で自動で行なうこともできますが、今回は柔軟性と汎用性を考慮して、SQLを実行するようにします。Spring Bootは起動時にクラスパス直下のschema.sqlを実行するので、src/main/resources/schema.sqlに次のDDLスクリプトを記述してください。

▶ schema.sql

```
DROP TABLE IF EXISTS meeting_room CASCADE ;
DROP TABLE IF EXISTS reservable_room CASCADE ;
DROP TABLE IF EXISTS reservation CASCADE ;
DROP TABLE IF EXISTS usr CASCADE ;

CREATE TABLE IF NOT EXISTS meeting_room (
  room_id   SERIAL NOT NULL,
  room_name VARCHAR(255) NOT NULL,
  PRIMARY KEY (room_id)
);
CREATE TABLE IF NOT EXISTS reservable_room (
  reserved_date DATE NOT NULL,
  room_id       INT4 NOT NULL,
  PRIMARY KEY (reserved_date, room_id)
);
CREATE TABLE IF NOT EXISTS reservation (
  reservation_id SERIAL NOT NULL,
  end_time       TIME NOT NULL,
  start_time     TIME NOT NULL,
  reserved_date  DATE NOT NULL,
  room_id        INT4 NOT NULL,
  user_id        VARCHAR(255) NOT NULL,
  PRIMARY KEY (reservation_id)
);
CREATE TABLE IF NOT EXISTS usr (
  user_id    VARCHAR(255) NOT NULL,
  first_name VARCHAR(255) NOT NULL,
  last_name  VARCHAR(255) NOT NULL,
  password   VARCHAR(255) NOT NULL,
  role_name  VARCHAR(255) NOT NULL,
  PRIMARY KEY (user_id)
);
ALTER TABLE reservable_room DROP CONSTRAINT IF EXISTS FK_f4wnx2qj0d59s9tl1q5800fw7;
ALTER TABLE reservation DROP CONSTRAINT IF EXISTS FK_p1k4iriqd4eo1cpnv79uvni9g;
ALTER TABLE reservation DROP CONSTRAINT IF EXISTS FK_recqnfjcp370rygd9hjjxjtg;
ALTER TABLE reservable_room ADD CONSTRAINT FK_f4wnx2qj0d59s9tl1q5800fw7 FOREIGN KEY (room_id) ➡
REFERENCES meeting_room;
ALTER TABLE reservation ADD CONSTRAINT FK_p1k4iriqd4eo1cpnv79uvni9g FOREIGN KEY (reserved_date, ➡
room_id) REFERENCES reservable_room;
ALTER TABLE reservation ADD CONSTRAINT FK_recqnfjcp370rygd9hjjxjtg FOREIGN KEY (user_id) REFERENCES usr;
```

メモ　Hibernateの機能を用いてDDLを自動実行する場合は、application.propertiesのspring.
jpa.hibernate.ddl-autoをcreate-drop、createまたはupdateのいずれかを指定してください。
schema.sqlは不要です。

 **会議室一覧表示機能の実装**

まず会議室の一覧表示機能を作成します（表14.5）。

表14.5　会議室一覧表示機能のインターフェイス仕様

HTTPメソッド	リクエストパス	説明	ハンドラメソッド	View名
GET	/rooms	今日の予約可能会議室一覧	RoomsController#listRooms()	room/listRooms
GET	/rooms/{date}	特定日付の予約可能会議室一覧 （dateの形式はyyyy-MM-dd）	RoomsController#listRooms(Local Date)	room/listRooms

■リポジトリクラスの作成

▶ ReservableRoomRepository.java

```java
package mrs.domain.repository.room;

import java.time.LocalDate;
import java.util.List;

import mrs.domain.model.ReservableRoom;
import mrs.domain.model.ReservableRoomId;

import org.springframework.data.jpa.repository.JpaRepository;

public interface ReservableRoomRepository extends JpaRepository<ReservableRoom, ReservableRoomId> { ── ❶
    List<ReservableRoom> findByReservableRoomId_reservedDateOrderByReservableRoomId_roomIdAsc(🔁
LocalDate reservedDate); ──────────────────────────────────────── ❷
}
```

❶ JpaRepositoryインターフェイスを継承してReservableRoomエンティティ用のリポジトリインターフェイスを作成する。型パラメータにReservableRoomクラスとその主キークラスであるReservableRoomIdクラスを指定する

❷ 指定日に予約可能な会議室の一覧を取得するメソッドを定義する。日付を指定してreservable_roomテーブルからroom_idの昇順でデータを取得する。Spring Data JPAの命名規約でメソッド名を作成する。ネストしたクラスのフィールドを指定する場合は_を使うため、「findBy」＋「ReservableRoomId_reservedDate」（reservableRoomId.reservedDateに相当）＋「OrderBy」＋「ReservableRoomId_roomId」（reservableRoomId.roomIdに相当）＋「Asc」という形式になっている

実際にこのメソッドを呼び出すと、以下のSQLが実行されます。

▶ findByReservableRoomId_reservedDateOrderByReservableRoomId_roomIdAscメソッドの実行結果

```
2016-05-19 13:50:11.869 DEBUG 40040 --- [nio-8080-exec-4] org.hibernate.SQL        :
    select
        reservable0_.reserved_date as reserved1_1_,
        reservable0_.room_id as room_id2_1_
    from
        reservable_room reservable0_
```

```
    where
        reservable0_.reserved_date=?
    order by
        reservable0_.room_id asc
2016-05-19 13:50:11.870 TRACE 40040 --- [nio-8080-exec-4] o.h.type.descriptor.sql.BasicBinder     : ➡
binding parameter [1] as [DATE] - [2016-05-19]
```

■サービスクラスの作成

▶ RoomService.java

```java
package mrs.domain.service.room;

import java.time.LocalDate;
import java.util.List;

import mrs.domain.model.ReservableRoom;
import mrs.domain.repository.room.ReservableRoomRepository;

import org.springframework.beans.factory.annotation.Autowired;
import org.springframework.stereotype.Service;
import org.springframework.transaction.annotation.Transactional;

@Service ─────────────────────────────────────────────────────┐
@Transactional ────────────────────────────────────────────────┤──❶
public class RoomService {

    @Autowired ────────────────────────────────────────────────┐
    ReservableRoomRepository reservableRoomRepository; ─────────┤──❷

    public List<ReservableRoom> findReservableRooms(LocalDate date) {
        return reservableRoomRepository.findByReservableRoomId_reserved ➡ ──┐
DateOrderByReservableRoomId_roomIdAsc(date); ──────────────────────────────┤──❸
    }
}
```

❶ @Serviceアノテーションを付けてサービスクラスとして扱う。また@Transactionalアノテーションを付けて、この クラスの各メソッドが自動でトランザクション管理されるようにする

❷ ReservableRoomRepositoryをインジェクションする

❸ ReservableRoomRepositoryのメソッドを呼び出す

■コントローラクラスおよびHTMLの作成

RoomServiceを呼び出すコントローラを作成し、会議室一覧画面を実装しましょう。

まずは、mrs.app.room.RoomsControllerを作成し、本日の日付の予約可能会議室一覧を取得するハンドラ メソッドを追加してください。

▶ RoomsController.java

```java
package mrs.app.room;

import java.time.LocalDate;
import java.util.List;

import mrs.domain.model.ReservableRoom;
import mrs.domain.service.room.RoomService;

import org.springframework.beans.factory.annotation.Autowired;
import org.springframework.stereotype.Controller;
import org.springframework.ui.Model;
import org.springframework.web.bind.annotation.RequestMapping;
import org.springframework.web.bind.annotation.RequestMethod;

@Controller
@RequestMapping("rooms")
public class RoomsController {
    @Autowired
    RoomService roomService;

    @RequestMapping(method = RequestMethod.GET)
    String listRooms(Model model) {
        LocalDate today = LocalDate.now();                                    ❶
        List<ReservableRoom> rooms = roomService.findReservableRooms(today);  ❷
        model.addAttribute("date", today);                                    
        model.addAttribute("rooms", rooms);                                   ❸
        return "room/listRooms";
    }
}
```

❶ 本日の日付を取得する
❷ 対象の日付で予約可能な会議室一覧を取得する
❸ 画面に渡す情報をModelオブジェクトに設定する

View名"room/listRooms"に対するView（HTML）を作成しましょう。Spring Bootではデフォルトで「クラスパス直下のtemplates/」+「View名」+「.html」がs Viewのパスになります。したがってここではsrc/main/resources/templates/room/listRooms.htmlを作ります。

▶ listRooms.html

```html
<!DOCTYPE html>
<html xmlns:th="http://www.thymeleaf.org">
<head>
    <meta charset="UTF-8"/>
    <title th:text="|${#temporals.format(date, 'yyyy/M/d')}の会議室|">2016/5/20の会議室</title>
</head>
<body>
<h3>会議室</h3>
```

```
<a th:href="@{'/rooms/' + ${date.minusDays(1)}}">&lt; 前日</a>                    ❶
<span th:text="|${#temporals.format(date, 'yyyy/M/d')}の会議室|">2016/5/20の会議室</span>
<a th:href="@{'/rooms/' + ${date.plusDays(1)}}">翌日 &gt;</a>                        ❷

<ul>
    <li th:each="room: ${rooms}">
        <a th:href="@{'/reservations/' + ${date} + '/' + ${room.meetingRoom.roomId}}"
           th:text="${room.meetingRoom.roomName}"></a>
    </li>
</ul>
</body>
</html>
```

❶ 前日の日付を LocalDate#minusDays メソッドを呼ぶことで取得する

❷ ❶同様に翌日の日付を LocalDate#plusDays メソッドを呼ぶことで取得する

次に特定日付の予約可能会議室一覧のためのハンドラメソッドを追加しましょう。View は同じです。

▶ RoomsController.java

```
import org.springframework.format.annotation.DateTimeFormat;

import org.springframework.web.bind.annotation.PathVariable;

// その他のimportは省略

@Controller
@RequestMapping("rooms")
public class RoomsController {
    // 前述の部分は省略

    @RequestMapping(path = "{date}", method = RequestMethod.GET)
    String listRooms(
            @DateTimeFormat(iso = DateTimeFormat.ISO.DATE) @PathVariable("date") ➡    ❶
LocalDate date, Model model) {
        List<ReservableRoom> rooms = roomService.findReservableRooms(date);
        model.addAttribute("rooms", rooms);
        return "room/listRooms";
    }
}
```

❶ 先のコードでは日付を LocalDate#now で生成していたが、今回は URL のパスから取得する。日付フォーマットを @DateTimeFormat アノテーションを付けて指定する

2つのlistRoomsの内容は日付の取得方法が異なるだけでほとんど同じです。次のように片方のメソッドを呼び出す形で共通化することができます。

▶ listRoomsメソッドの共通化

```
@RequestMapping(value = "{date}", method = RequestMethod.GET)
String listRooms(
        @DateTimeFormat(iso = DateTimeFormat.ISO.DATE) @PathVariable("date") ➡
LocalDate date, Model model) {
    List<ReservableRoom> rooms = roomService.findReservableRooms(date);
    model.addAttribute("rooms", rooms);
    return "room/listRooms";
}

@RequestMapping(method = RequestMethod.GET)
String listRooms(Model model) {
    LocalDate today = LocalDate.now();
    model.addAttribute("date", today);
    return listRooms(today, model);
}
```

ただし、メソッドを実行することで引数のModelオブジェクトの状態が変更されることに注意してください。他のメソッドを呼び出す際には、必要以上に引数の状態を変えるべきではありません。

ここまでのアプリケーションを実行してブラウザで確認しましょう。

データが何もないと見栄えがよくないので、初期データを投入しましょう。Spring Bootではクラスパス直下のdata.sqlが起動時に実行されます。そこで、src/main/resources/data.sqlに以下のSQLを記述してください。

▶ data.sql

```
-- 会議室
INSERT INTO meeting_room (room_name) VALUES ('新木場');
INSERT INTO meeting_room (room_name) VALUES ('辰巳');
INSERT INTO meeting_room (room_name) VALUES ('豊洲');
INSERT INTO meeting_room (room_name) VALUES ('月島');
INSERT INTO meeting_room (room_name) VALUES ('新富町');
INSERT INTO meeting_room (room_name) VALUES ('銀座一丁目');
INSERT INTO meeting_room (room_name) VALUES ('有楽町');

-- 会議室の予約可能日(room_idが2〜6用のSQLは省略)
-- room_id=1(新木場)の予約可能日
INSERT INTO reservable_room (reserved_date, room_id) VALUES (CURRENT_DATE, 1);
INSERT INTO reservable_room (reserved_date, room_id) VALUES (CURRENT_DATE + 1, 1);
INSERT INTO reservable_room (reserved_date, room_id) VALUES (CURRENT_DATE - 1, 1);
-- room_id=7(有楽町)の予約可能日
INSERT INTO reservable_room (reserved_date, room_id) VALUES (CURRENT_DATE, 7);
```

```
INSERT INTO reservable_room (reserved_date, room_id) VALUES (CURRENT_DATE + 1, 7);
INSERT INTO reservable_room (reserved_date, room_id) VALUES (CURRENT_DATE - 1, 7);

-- ダミーユーザー(password = demo)
INSERT INTO usr (user_id, first_name, last_name, password, role_name) VALUES('taro-yamada', '太郎', ➡
'山田', '$2a$10$oxSJl.keBwxmsMLkcT9lPeAIxfNTPNQxpeywMrF7A3kVszwUTqfTK', 'USER');
-- 認証確認用のテストユーザー(password = demo)
INSERT INTO usr (user_id, first_name, last_name, password, role_name) VALUES('aaaa', 'Aaa', 'Aaa', ➡
'$2a$10$oxSJl.keBwxmsMLkcT9lPeAIxfNTPNQxpeywMrF7A3kVszwUTqfTK', 'USER');
INSERT INTO usr (user_id, first_name, last_name, password, role_name) VALUES('bbbb', 'Bbb', 'Bbb', ➡
'$2a$10$oxSJl.keBwxmsMLkcT9lPeAIxfNTPNQxpeywMrF7A3kVszwUTqfTK', 'USER');
INSERT INTO usr (user_id, first_name, last_name, password, role_name) VALUES('cccc', 'Ccc', 'Ccc', ➡
'$2a$10$oxSJl.keBwxmsMLkcT9lPeAIxfNTPNQxpeywMrF7A3kVszwUTqfTK', 'ADMIN');
```

メモ　テストデータを大量に登録するには、次のようにPL/pgSQLを使用することもできます。

▶ **data.sql**

```
INSERT INTO usr (user_id, first_name, last_name, role_name, password)
VALUES ('taro-yamada', '太郎', '山田', 'USER', '$2a$10$oxSJl.keBwxmsMLkcT9lPeAIxfNTPN➡
QxpeywMrF7A3kVszwUTqfTK')/;
INSERT INTO usr (user_id, first_name, last_name, role_name, password)
VALUES ('aaaa', 'Aaa', 'Aaa', 'USER', '$2a$10$oxSJl.keBwxmsMLkcT9lPeAIxfNTPNQxpeywMr➡
F7A3kVszwUTqfTK')/;
INSERT INTO usr (user_id, first_name, last_name, role_name, password)
VALUES ('bbbb', 'Bbb', 'Bbb', 'USER', '$2a$10$oxSJl.keBwxmsMLkcT9lPeAIxfNTPNQxpeywMr➡
F7A3kVszwUTqfTK')/;
INSERT INTO usr (user_id, first_name, last_name, role_name, password)
VALUES ('cccc', 'Ccc', 'Ccc', 'ADMIN', '$2a$10$oxSJl.keBwxmsMLkcT9lPeAIxfNTPNQxpeywM➡
rF7A3kVszwUTqfTK')/;
--
INSERT INTO meeting_room (room_name) VALUES ('新木場')/;
INSERT INTO meeting_room (room_name) VALUES ('辰巳')/;
INSERT INTO meeting_room (room_name) VALUES ('豊洲')/;
INSERT INTO meeting_room (room_name) VALUES ('月島')/;
INSERT INTO meeting_room (room_name) VALUES ('新富町')/;
INSERT INTO meeting_room (room_name) VALUES ('銀座一丁目')/;
INSERT INTO meeting_room (room_name) VALUES ('有楽町')/;
-- Stored Procedure
DROP FUNCTION IF EXISTS REGISTER_RESERVABLE_ROOMS()/;
CREATE OR REPLACE FUNCTION REGISTER_RESERVABLE_ROOMS()
  RETURNS
    INT AS $$
DECLARE
  total INT;
  i    INT4;
  id   INT4;
BEGIN
  total := 0;
  FOR id IN SELECT room_id
```

```
            FROM meeting_room LOOP
    i := 0;
    FOR i IN 0..77 LOOP
      INSERT INTO reservable_room (reserved_date, room_id)
            VALUES (CURRENT_DATE + i - 7, id);
    END LOOP;
    total := total + i;
  END LOOP;
  RETURN total;
END;
$$ LANGUAGE plpgsql
 /;

SELECT REGISTER_RESERVABLE_ROOMS() /;

COMMIT /;
```

この場合、SQLのデフォルト区切り文字である;はPL/pgSQLの文法と衝突して使用できないため、区切り文字として/;を使用しています。application.propertiesに次の設定を行ない、区切り文字を変更します。

▶ application.properties

```
spring.datasource.separator=/;
```

schema.sqlの区切り文字も;から/;に変更する必要があることに注意してください。

MrsApplicationのmainメソッドを実行して、アプリケーションを起動しましょう。

http://localhost:8080/roomsにアクセスすると当日（図中は2016年6月20日）で利用可能な会議室一覧が表示されます（**図14.18**）。

図14.18 当日に利用可能な会議室一覧

また前日、翌日のリンクをクリックすればそれぞれの日で利用可能な会議室一覧が表示されます。

14.2.8 会議室予約機能の実装

次に会議室の予約機能を作成します（**表14.6**）。

表14.6　会議室予約機能のインターフェイス仕様

項番	HTTPメソッド	リクエストパス	説明	ハンドラメソッド	View名
(1)	GET	/reservations/{date}/{roomId}	指定した会議室の予約画面（dateの形式はyyyy-MM-dd）	ReservationsController#reserveForm	reservation/reserveForm
(2)	POST	/reservations/{date}/{roomId}	指定した会議室の予約処理	ReservationsController#reserve	(1) ヘリダイレクト
(3)	POST	/reservations/{date}/{roomId}?cancel	指定した会議室の予約取り消し処理	ReservationsController#cancel	(1) ヘリダイレクト

■リポジトリクラスの作成

まずはリポジトリクラスを作成します。

▶ ReservationRepository.java

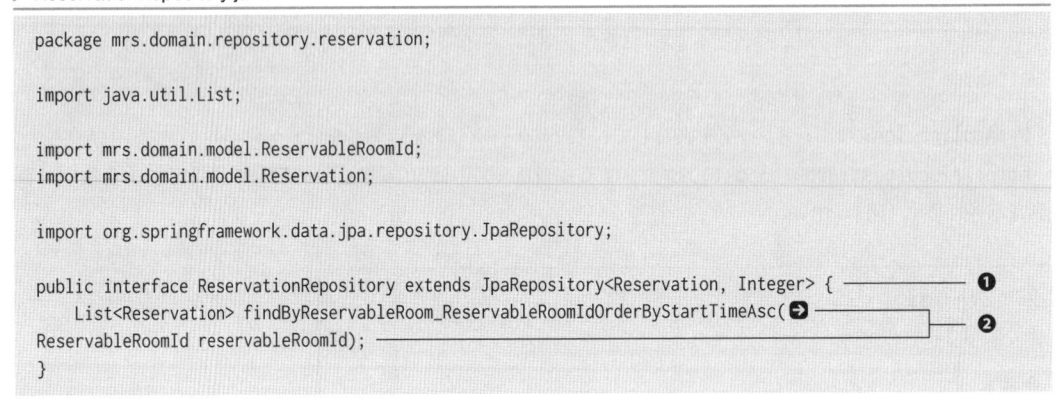

```java
package mrs.domain.repository.reservation;

import java.util.List;

import mrs.domain.model.ReservableRoomId;
import mrs.domain.model.Reservation;

import org.springframework.data.jpa.repository.JpaRepository;

public interface ReservationRepository extends JpaRepository<Reservation, Integer> {  ❶
    List<Reservation> findByReservableRoom_ReservableRoomIdOrderByStartTimeAsc( ➋  ❷
ReservableRoomId reservableRoomId);
}
```

❶ JpaRepositoryインターフェイスを継承してReservationRepositoryエンティティ用のリポジトリインターフェイスを作成する。型パラメータにReservationクラスとその主キークラスであるIntegerクラスを指定する

❷ 指定した会議室の予約一覧を取得するメソッドを定義する。reservationテーブルから関連するreservable_roomテーブルの複合主キー（予約日付と部屋ID）を指定してstart_timeの昇順でデータを取得する。「findBy」＋「ReservableRoom_ReservableRoomId」（reservableRoom.reservableRoomIdに相当）＋「OrderBy」＋「StartTime」＋「Asc」という形式になっている

▶ MeetingRoomRepository.java

```
package mrs.domain.repository.room;

import org.springframework.data.jpa.repository.JpaRepository;

import mrs.domain.model.MeetingRoom;

public interface MeetingRoomRepository extends JpaRepository<MeetingRoom, Integer> { ——————— ❶
}
```

❶ JpaRepositoryインターフェイスを継承してMeetingRoomエンティティ用のリポジトリインターフェイスを作成する。型パラメータにMeetingRoomクラスとその主キークラスであるIntegerクラスを指定する

■サービスクラスの作成

まずは、指定日付の予約一覧取得処理を実装します。mrs.domain.service.reservation.ReservationServiceを作成し、findReservationsメソッドに予約可能部屋のID（予約日付と部屋IDの複合キー）を指定して、Reservationのリストを返すメソッドを作成してください。

ここはReservableRoomRepository#findByReservableRoomId_reservedDateOrderByReservableRoomId_roomIdAscメソッドを実行するだけなので特筆すべき内容はありません。

▶ ReservationService.java

```
package mrs.domain.service.reservation;

import java.util.List;

import mrs.domain.model.*;
import mrs.domain.repository.reservation.ReservationRepository;

import org.springframework.beans.factory.annotation.Autowired;
import org.springframework.stereotype.Service;
import org.springframework.transaction.annotation.Transactional;

@Service
@Transactional
public class ReservationService {
    @Autowired
    ReservationRepository reservationRepository;

    public List<Reservation> findReservations(ReservableRoomId reservableRoomId) {
        return reservationRepository.findByReservableRoom_ReservableRoomIdOrderByStartTimeAsc(
reservableRoomId);
    }
}
```

次に予約処理を実装します。先ほど作成したReservationServiceに、reserveメソッドを追加してください。

▶ ReservationService.java

```java
package mrs.domain.service.reservation;

import java.util.List;
import java.util.Objects;

import mrs.domain.model.*;
import mrs.domain.repository.reservation.ReservationRepository;
import mrs.domain.repository.room.ReservableRoomRepository;

import org.springframework.beans.factory.annotation.Autowired;
import org.springframework.stereotype.Service;
import org.springframework.transaction.annotation.Transactional;


@Service
@Transactional
public class ReservationService {
    @Autowired
    ReservationRepository reservationRepository;
    @Autowired
    ReservableRoomRepository reservableRoomRepository;

    public Reservation reserve(Reservation reservation) {
        ReservableRoomId reservableRoomId = reservation.getReservableRoom().getReservableRoomId();
        // 対象の部屋が予約可能かどうかチェック
        ReservableRoom reservable = reservableRoomRepository.findOne(reservableRoomId);
        if (reservable == null) {
            // 例外をスローする。スローする例外については後述 ───────────────── ❶
        }
        // 重複チェック
        boolean overlap = reservationRepository.findByReservableRoom_ReservableRoomId❷
OrderByStartTimeAsc(reservableRoomId)
                .stream()                                                    ❷
                .anyMatch(x -> x.overlap(reservation)); ───────────── ❸
        if (overlap) {
            // 例外をスローする。スローする例外については後述 ───────────────── ❹
        }
        // 予約情報の登録
        reservationRepository.save(reservation); ─────────────────── ❺
        return reservation;
    }

    // ・・・ 他の処理は省略
}
```

❶ 対象のReservableRoomが見つからない場合は、入力の日付・部屋の組み合わせでは予約できないことを意味するので、例外をスローする。スローする例外クラスについては後述する

❷ 該当の日付・部屋の全予約情報をreservable_roomテーブルから取得し、重複をチェックする

❸ ReservationRepository#findByReservableRoom_ReservableRoomIdOrderByStartTimeAscの結果に対して、後述のReservation#overlapメソッドを実行し、1件でもtrueが返された場合はtrue（重複あり）となる

❹ 重複がある場合は、入力の時間帯はすでに予約済みであることを意味するので、例外をスローする。スローする例外クラスについては後述する

❺ ReservationRepository#saveメソッドを実行して、予約情報のデータベースへの登録を行なう

ここで、予約時間帯の重なりをチェックするロジックをReservationクラスのoverlapメソッドに実装します。予約の重複チェックロジックは以下のとおりです。

1. 2つの予約の日付・部屋が別の場合は重複していない
2. 2つの予約の開始時刻と終了時刻が一致する場合は重複とみなす
3. 2つの予約の開始時刻と終了時刻が交差する場合、包含関係にある場合は重複とみなす

▶ Reservation.java

```java
import java.util.Objects;

@Entity
public class Reservation {
    // 他のフィールド・メソッドは省略

    public boolean overlap(Reservation target) {
        if (!Objects.equals(reservableRoom.getReservableRoomId(), target.reservable ➋
Room.getReservableRoomId())) {
            return false;                                                              ❶
        }
        if (startTime.equals(target.startTime) && endTime.equals(target.endTime)) {   ❷
            return true;
        }
        return target.endTime.isAfter(startTime) && endTime.isAfter(target.startTime); ❸
    }
}
```

❶ 2つの予約の日付・部屋が別であれば重複していないため、falseを返す
❷ 2つの予約の開始時刻と終了時刻が一致する場合は重複であるため、trueを返す
❸ 2つの予約の開始時刻と終了時刻が交差しているか、または包含関係にあるかどうかを返す

2つの予約の時刻について、重複なしのパターンと重複ありのパターンの例を図に示します（**図14.19**）。

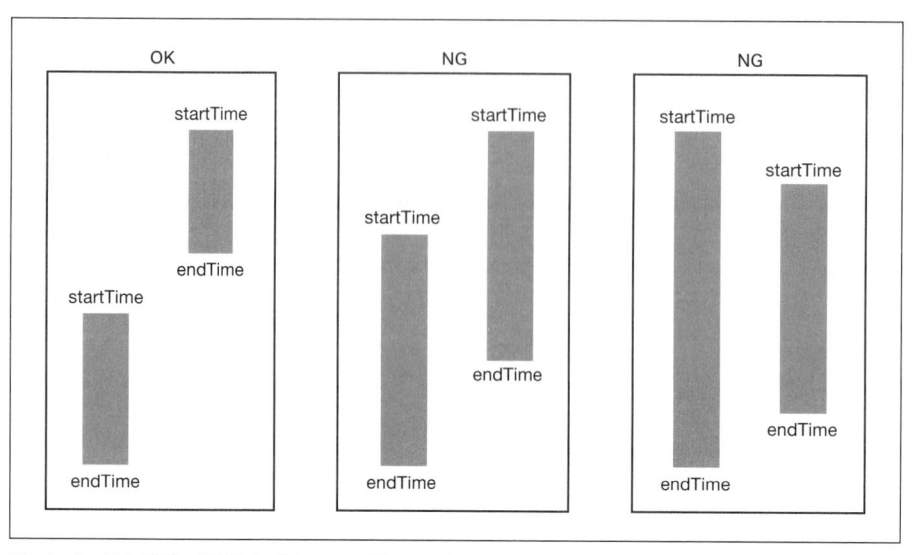

図14.19　予約時刻の重複なしパターンと重複ありパターン

　それでは、2つの業務例外 UnavailableReservationException と AlreadyReservedException を作成しましょう。UnavailableReservationException は、入力された日付・部屋の組み合わせでは予約できないことを意味し、AlreadyReservedException は、入力された日付・部屋の組み合わせはすでに予約済みであることを意味します。ともに、RuntimeException を継承するだけの単純なクラスとなっています。

▶ UnavailableReservationException.java

```
package mrs.domain.service.reservation;

public class UnavailableReservationException extends RuntimeException {
    public UnavailableReservationException(String message) {
        super(message);
    }
}
```

▶ AlreadyReservedException.java

```
package mrs.domain.service.reservation;

public class AlreadyReservedException extends RuntimeException {
    public AlreadyReservedException(String message) {
        super(message);
    }
}
```

　これらの例外をスローするように reserve メソッドを実装しましょう。

▶ ReservationService.java

```java
public Reservation reserve(Reservation reservation) {
    // ・・・
    if (reservable == null) {
        throw new UnavailableReservationException("入力の日付・部屋の組み合わせは予約できません。");
    }
    // ・・・
    if (overlap) {
        throw new AlreadyReservedException("入力の時間帯はすでに予約済みです。");
    }
    // ・・・
}
```

これで予約処理は実装しました。続いて予約の取り消し処理を実装します。

`mrs.domain.service.reservation.ReservationService`に cancel メソッドを作成してください。

▶ ReservationService.java

```java
public void cancel(Integer reservationId, User requestUser) {
    Reservation reservation = reservationRepository.findOne(reservationId);
    if (RoleName.ADMIN != requestUser.getRoleName() &&                                    ❶
            !Objects.equals(reservation.getUser().getUserId(), requestUser.getUserId())) {
        throw new IllegalStateException("要求されたキャンセルは許可できません。");          ❷
    }
    reservationRepository.delete(reservation);
}
```

❶ 予約情報を取り消しできる権限を持つかチェックする。USER ロールの場合は自分が予約した情報のみ、ADMIN ロールの場合は全予約を取り消すことができる

❷ 権限がない場合は `java.lang.IllegalStateException` をスローする。
後で Spring Security を導入して `org.springframework.security.access.AccessDeniedException` をスローするように変更する

最後に、会議室情報の取得処理を実装します。

▶ RoomService.java

```java
import mrs.domain.model.MeetingRoom;
import mrs.domain.repository.room.MeetingRoomRepository;

@Service
@Transactional
public class RoomService {

    @Autowired
    MeetingRoomRepository meetingRoomRepository;

    public MeetingRoom findMeetingRoom(Integer roomId) {
```

```
        return meetingRoomRepository.findOne(roomId);
    }

    // ・・・ 他の処理は省略
}
```

■コントローラクラスおよびHTMLの作成

ReservationServiceを呼び出すコントローラを作成し、会議室予約画面を実装します。

mrs.app.reservation.ReservationControllerを作成してください。まずはフォームと既存の予約の表示部分のみを実装しましょう。

▶ ReservationsController.java

```
package mrs.app.reservation;

import java.time.LocalDate;
import java.time.LocalTime;
import java.util.List;
import java.util.stream.Collectors;
import java.util.stream.Stream;

import mrs.domain.model.*;
import mrs.domain.service.reservation.*;
import mrs.domain.service.room.RoomService;

import org.springframework.beans.factory.annotation.Autowired;
import org.springframework.format.annotation.DateTimeFormat;
import org.springframework.stereotype.Controller;
import org.springframework.ui.Model;
import org.springframework.validation.BindingResult;
import org.springframework.validation.annotation.Validated;
import org.springframework.web.bind.annotation.*;

@Controller
@RequestMapping("reservations/{date}/{roomId}")                              ❶
public class ReservationsController {
    @Autowired
    RoomService roomService;
    @Autowired
    ReservationService reservationService;

    @ModelAttribute                                                          ❷
    ReservationForm setUpForm() {
        ReservationForm form = new ReservationForm();
        // デフォルト値
        form.setStartTime(LocalTime.of(9, 0));
        form.setEndTime(LocalTime.of(10, 0));
        return form;
    }
```

```
    @RequestMapping(method = RequestMethod.GET)
    String reserveForm(@DateTimeFormat(iso = DateTimeFormat.ISO.DATE) ────────────── ❸
@PathVariable("date") LocalDate date, ──────────────
                    @PathVariable("roomId") Integer roomId, Model model) {
        ReservableRoomId reservableRoomId = new ReservableRoomId(roomId, date);
        List<Reservation> reservations = reservationService.findReservations(reservableRoomId);

        List<LocalTime> timeList = ───────────────────────────────────
                Stream.iterate(LocalTime.of(0, 0), t -> t.plusMinutes(30))
                .limit(24 * 2)                                              ❹
                .collect(Collectors.toList()); ──────────────────────────

        model.addAttribute("room", roomService.findMeetingRoom(roomId));
        model.addAttribute("reservations", reservations);
        model.addAttribute("timeList", timeList);
        model.addAttribute("user", dummyUser()); ────────────────────────── ❺
        return "reservation/reserveForm";
    }

    private User dummyUser() {
        User user = new User();
        user.setUserId("taro-yamada");
        user.setFirstName("太郎");
        user.setLastName("山田");
        user.setRoleName(RoleName.USER);
        return user;
    }
}
```

❶ リクエストパスからdateとroomIdを取れるようにする

❷ @ModelAttributeアノテーションを使って、各リクエストのModelに格納するオブジェクトを作成する。ここでは
フォームオブジェクト（後述）を作成しており、開始時刻・終了時刻のデフォルト値として09:00～10:00を指定し
ている

❸ @PathVariableアノテーションを使ってリクエストパス中の{date}に相当する部分をLocalDateオブジェクトにバ
インドする。また@DateTimeFormatアノテーションを使って日付フォーマットとしてISO 1861の日付表記（YYYY-
MM-DD形式）を指定している

❹ 00:00から23:30まで30分単位でLocalDateオブジェクトを作成しリストに格納する。Stream.iterate(Local
Time.of(0, 0), t -> t.plusMinutes(30))で00:00から30分刻みの無限ストリームを作成し、limit(24 * 2)
で48個分で止めている

❺ 予約ユーザーとしてここではダミーユーザーを設定する。後にSpring Securityを使って認証ユーザーを設定するよ
うに差し替える

次に予約登録フォームを表現するフォームオブジェクトであるReservationFormクラスを実装します。mrs.
app.reservation.ReservationFormを作成してください。

▶ ReservationForm.java

```java
package mrs.app.reservation;

import java.io.Serializable;
import java.time.LocalTime;

import javax.validation.constraints.NotNull;

import org.springframework.format.annotation.DateTimeFormat;

public class ReservationForm implements Serializable {
    @NotNull(message = "必須です") ─────────────────────────────────── ❶
    @DateTimeFormat(pattern = "HH:mm")
    private LocalTime startTime;

    @NotNull(message = "必須です") ─────────────────────────────────── ❶
    @DateTimeFormat(pattern = "HH:mm")
    private LocalTime endTime;

    // Getter/Setterは省略
}
```

❶ @NotNullアノテーションを付けてstartTimeおよびendTimeを必須項目とする。message属性にエラーメッセージを設定する

　実はこれだけのルールでは不十分なのですが、まずは説明が複雑にならないように@NotNullのみで進めます。

　予約フォームと既存の予約一覧の表示画面を実装します。src/main/resources/templates/reservation/reserveForm.htmlを作成してください。

▶ reserveForm.html

```html
<!DOCTYPE html>
<html xmlns:th="http://www.thymeleaf.org">
<head>
    <meta charset="UTF-8"/>
    <title th:text="|${#temporals.format(date, 'yyyy/M/d')}の${room.roomName}|">2016/5/20の豊洲</title>
</head>
<body>

<div>
    <a th:href="@{'/rooms/' + ${date}}">会議室一覧へ</a>
</div>

<form th:object="${reservationForm}"
    th:action="@{'/reservations/' + ${date} + '/' + ${roomId}}" method="post">
    会議室: <span th:text="${room.roomName}">豊洲</span>
    <br/>
    予約者名: <span th:text="${user.lastName + ' ' + user.firstName}">山田 太郎</span>
```

```
    <br/>
    日付: <span th:text="${#temporals.format(date, 'yyyy/M/d')}">2016/5/20</span>
    <br/>
    時間帯:
    <select th:field="*{startTime}">
        <option th:each="time : ${timeList}" th:text="${time}" th:value="${time}">09:00</option>
    </select>
    <span th:if="${#fields.hasErrors('startTime')}" th:errors="*{startTime}" style="color:red">➋
error!</span>
    -
    <select th:field="*{endTime}">
        <option th:each="time : ${timeList}" th:text="${time}" th:value="${time}">10:00</option>
    </select>
    <span th:if="${#fields.hasErrors('endTime')}" th:errors="*{endTime}" style="color:red">error!</span>
    <br/>
    <button>予約</button>
</form>

<table>
    <tr>
        <th>時間帯</th>
        <th>予約者</th>
        <th>操作</th>
    </tr>
    <tr th:each="reservation : ${reservations}">
        <td>
            <span th:text="${reservation.startTime}"/>
            -
            <span th:text="${reservation.endTime}"/>
        </td>
        <td>
            <span th:text="${reservation.user.lastName}"/>
            <span th:text="${reservation.user.firstName}"/>
        </td>
        <td>
            <form th:action="@{'/reservations/' + ${date} + '/' + ${roomId}}" method="post"
                th:if="${user.userId == reservation.user.userId}">
                <input type="hidden" name="reservationId" th:value="${reservation.reservationId}"/>
                <input type="submit" name="cancel" value="取消"/>
            </form>
        </td>
    </tr>
</table>
</body>
</html>
```

テンプレートファイルの記述内容の詳細については、第12章「Spring + Thymeleaf」を参照してください。では、MrsApplicationクラスを再起動して予約一覧画面にアクセスしましょう（**図14.20**）。

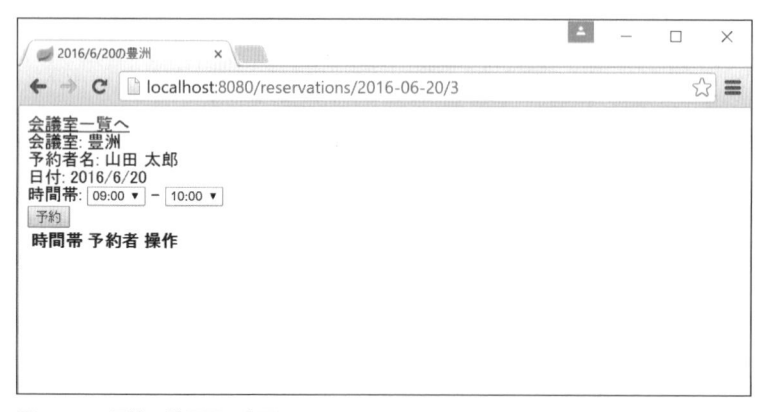

図14.20 予約一覧画面の表示

次に予約処理を実装します。ReservationsControllerにreserveメソッドを追加してください。

▶ ReservationsController.java

```java
@RequestMapping(method = RequestMethod.POST)
String reserve(@Validated ReservationForm form, BindingResult bindingResult, ──────────── ❶
        @DateTimeFormat(iso = DateTimeFormat.ISO.DATE) @PathVariable("date") LocalDate date,
        @PathVariable("roomId") Integer roomId, Model model) {
    if (bindingResult.hasErrors()) { ──────────────────────────────────── ❷
        return reserveForm(date, roomId, model);
    }

    ReservableRoom reservableRoom = new ReservableRoom(
            new ReservableRoomId(roomId, date));
    Reservation reservation = new Reservation();
    reservation.setStartTime(form.getStartTime());
    reservation.setEndTime(form.getEndTime());
    reservation.setReservableRoom(reservableRoom);
    reservation.setUser(dummyUser());

    try {
        reservationService.reserve(reservation);
    }
    catch (UnavailableReservationException | AlreadyReservedException e) {
        model.addAttribute("error", e.getMessage()); ───────────────── ❸
        return reserveForm(date, roomId, model);
    }
    return "redirect:/reservations/{date}/{roomId}"; ───────────────── ❹
}
```

❶ reserveメソッドのReserveFormに@Validatedを付けると入力チェックが行なわれる

❷ bindingResult.hasErrorsメソッドの入力チェックでエラーがあるかどうかを確認できる。エラーがある場合はフォーム表示画面へ遷移させる

❸ 予約失敗の例外が発生した場合は、例外メッセージを画面に表示させるためにModelに設定する

14

❹ 予約が成功した場合は、予約一覧表示画面へリダイレクトする。リダイレクト先のURLを構築するためのパス変数には @RequestMapping で設定したパス中のプレースホルダの変数を使用できる

予約取り消し処理も実装しましょう。ReservationsController に cancel メソッドを追加してください。

▶ ReservationsController.java

```java
@RequestMapping(method = RequestMethod.POST, params = "cancel")
String cancel(@RequestParam("reservationId") Integer reservationId,
        @PathVariable("roomId") Integer roomId,
        @DateTimeFormat(iso = DateTimeFormat.ISO.DATE) @PathVariable("date") LocalDate date,
        Model model) {

    User user = dummyUser(); ─────────────────────────────────────────────── ❶
    try {
        reservationService.cancel(reservationId, user);
    }
    catch (IllegalStateException e) {
        model.addAttribute("error", e.getMessage());
        return reserveForm(date, roomId, model);
    }
    return "redirect:/reservations/{date}/{roomId}";
}
```

❶ ここでも、Spring Security を導入するまではダミーユーザーを使用する

エラーメッセージを画面に表示するために、reserveForm.html に次のブロックを追加してください。

▶ reserveForm.html

```html
<div>
    <a th:href="@{'/rooms/' + ${date}}">会議室一覧へ</a>
</div>

<!-- ここから -->
<p style="color: red" th:if="${error != null}" th:text="${error}"></p> ────────── ❶
<!-- ここまで -->

<form th:object="${reservationForm}"
        th:action="@{'/reservations/' + ${date}+ '/' + ${roomId}}" method="post">
    <!-- 省略 -->
</form>
```

❶ error 属性が設定されている場合に error 属性の値を表示する

MrsApplication クラスを再起動して予約画面から「予約」ボタンをクリックしてください。予約情報が一覧に表示されます（図14.21）。

図14.21　予約情報の一覧表示

重複する時間帯を再度予約しようとするとエラーが表示されます（**図14.22**）。

図14.22　重複する時間帯を予約するとエラーが表示される

■入力チェックの実装

予約フォームの開始時刻、終了時刻には次のような制約がありました。

- 00:00〜23:30まで30分刻み
- 開始時刻 < 終了時刻

このチェックはまだ実装できていないので、Bean Validationを用いて以下の制約を実装しましょう。

- 任意のLocalTimeが30分単位であることを示す@ThirtyMinutesUnit

● ReservationFormのendTimeがstartTimeより後であることを示す@EndTimeMustBeAfterStartTime

まずは@ThirtyMinutesUnitを実装します。

▶ ThirtyMinutesUnit.java

```
package mrs.app.reservation;

import static java.lang.annotation.ElementType.*;
import static java.lang.annotation.RetentionPolicy.RUNTIME;

import java.lang.annotation.*;

import javax.validation.*;

@Documented
@Constraint(validatedBy = { ThirtyMinutesUnitValidator.class }) ─────────────────── ❶
@Target({ METHOD, FIELD, ANNOTATION_TYPE, CONSTRUCTOR, PARAMETER })
@Retention(RUNTIME)
public @interface ThirtyMinutesUnit {
    String message() default "{mrs.app.reservation.ThirtyMinutesUnit.message}"; ──── ❷

    Class<?>[]groups() default {};

    Class<? extends Payload>[]payload() default {};

    @Target({ METHOD, FIELD, ANNOTATION_TYPE, CONSTRUCTOR, PARAMETER })
    @Retention(RUNTIME)
    @Documented
    public @interface List {
        ThirtyMinutesUnit[]value();
    }
}
```

❶ チェックロジックはmrs.app.reservation.ThirtyMinutesUnitValidatorクラスに委譲する
❷ デフォルトのエラーメッセージを設定する。{メッセージキー}形式にすることでメッセージはプロパティファイルから取得される。プロパティファイルはクラスパス直下のValidationMessages.propertiesかmessages.properties（Spring Bootの場合のみ）に定義できる

@ThirtyMinutesUnitアノテーションに対するチェック処理をThirtyMinutesUnitValidatorに実装します。

▶ ThirtyMinutesUnitValidator.java

```
package mrs.app.reservation;

import java.time.LocalTime;

import javax.validation.ConstraintValidator;
import javax.validation.ConstraintValidatorContext;
```

```
public class ThirtyMinutesUnitValidator
        implements ConstraintValidator<ThirtyMinutesUnit, LocalTime> {
    @Override
    public void initialize(ThirtyMinutesUnit constraintAnnotation) {

    }

    @Override
    public boolean isValid(LocalTime value, ConstraintValidatorContext context) {
        if (value == null) {                                                        ❶
            return true;
        }
        return value.getMinute() % 30 == 0;                                          ❷
    }
}
```

❶ 入力値がnullの場合はこのValidatorではチェックせず、他のルール（@NotNullなど）に委譲する

❷ 分が30で割り切れるかどうかをチェックする

次に@EndTimeMustBeAfterStartTimeを実装します。

▶ EndTimeMustBeAfterStartTime.java

```
package mrs.app.reservation;

import static java.lang.annotation.ElementType.*;
import static java.lang.annotation.RetentionPolicy.RUNTIME;

import java.lang.annotation.*;

import javax.validation.*;

@Documented
@Constraint(validatedBy = { EndTimeMustBeAfterStartTimeValidator.class })
@Target({ TYPE, ANNOTATION_TYPE })                                                   ❶
@Retention(RUNTIME)
public @interface EndTimeMustBeAfterStartTime {
    String message() default "{mrs.app.reservation.EndTimeMustBeAfterStartTime.message}";

    Class<?>[]groups() default {};

    Class<? extends Payload>[]payload() default {};

    @Target({ METHOD, FIELD, ANNOTATION_TYPE, CONSTRUCTOR, PARAMETER })
    @Retention(RUNTIME)
    @Documented
    public @interface List {
        EndTimeMustBeAfterStartTime[]value();
    }
}
```

❶ 複数のフィールドにまたがるチェックであるためクラスレベルにアノテーションを付けるようにする。@Target に TYPE を追加する

@EndTimeMustBeAfterStartTime アノテーションに対するチェック処理を EndTimeMustBeAfterStartTimeV alidator に実装します。

▶ EndTimeMustBeAfterStartTimeValidator.java

```java
package mrs.app.reservation;

import javax.validation.ConstraintValidator;
import javax.validation.ConstraintValidatorContext;

public class EndTimeMustBeAfterStartTimeValidator
        implements ConstraintValidator<EndTimeMustBeAfterStartTime, ReservationForm> {
    private String message;

    @Override
    public void initialize(EndTimeMustBeAfterStartTime constraintAnnotation) {
        message = constraintAnnotation.message();
    }

    @Override
    public boolean isValid(ReservationForm value, ConstraintValidatorContext context) {
        if (value.getStartTime() == null || value.getEndTime() == null) {
            return true;
        }
        boolean isEndTimeMustBeAfterStartTime = value.getEndTime()
                .isAfter(value.getStartTime());                                          ❶
        if (!isEndTimeMustBeAfterStartTime) {
            context.disableDefaultConstraintViolation();                                 ❷
            context.buildConstraintViolationWithTemplate(message)
                    .addPropertyNode("endTime").addConstraintViolation();
        }
        return isEndTimeMustBeAfterStartTime;
    }
}
```

❶ LocalDate#isAfter メソッドを使用して endTime が startTime より後であることをチェックする
❷ デフォルトのメッセージの出し方を無効にして、endTime プロパティに対してエラーメッセージを設定する。これは画面でエラーメッセージを表示する際に、フィールドの横にメッセージを表示したいときに必要となる処理である

作成したアノテーションを ReservationForm に付与しましょう。

▶ ReservationForm.java

```java
@EndTimeMustBeAfterStartTime(message = "終了時刻は開始時刻より後にしてください")          ❶
public class ReservationForm implements Serializable {
    @NotNull(message = "必須です")
```

```
    @ThirtyMinutesUnit(message = "30分単位で入力してください") ─────────────── ❷
    @DateTimeFormat(pattern = "HH:mm")
    private LocalTime startTime;

    @NotNull(message = "必須です")
    @ThirtyMinutesUnit(message = "30分単位で入力してください") ─────────────── ❷
    @DateTimeFormat(pattern = "HH:mm")
    private LocalTime endTime;

    // Getter/Setterは省略
}
```

❶ @EndTimeMustBeAfterStartTimeアノテーションをクラスに付与する

❷ @ThirtyMinutesUnitアノテーションをプロパティに付与する

■悲観的ロック処理の実装

実はこれまでの予約処理の実装には問題があります。排他制御ができておらず、同じタイミングで同じ重複する時間帯を予約しようとすると、予約できてしまいます。それぞれの処理が重複チェックするタイミングでまだ予約の登録が完了していないためです。

この問題を解決するために排他制御を導入します。予約時間帯の重複を考慮したロックを行なうのは難しいため、ロック対象が広いですが、対象の予約可能な部屋（reservable_roomテーブルのレコード）に対して悲観的ロックをかけます。

Spring Data JPAでロックを実装するにはリポジトリのインターフェイスに追加するメソッドに@org.spring framework.data.jpa.repository.Lockを付与します。

▶ ReservableRoomRepository.java

```
package mrs.domain.repository.room;

import javax.persistence.LockModeType;

import org.springframework.data.jpa.repository.Lock;
// その他のimportは省略

public interface ReservableRoomRepository extends JpaRepository<ReservableRoom, ReservableRoomId> {
    @Lock(LockModeType.PESSIMISTIC_WRITE) ─────────────────────────────┐
    ReservableRoom findOneForUpdateByReservableRoomId(ReservableRoomId reservableRoomId); ─┴─ ❶
    // ・・・
}
```

❶ 予約する会議室をロックするためのメソッドを定義する。予約可能部屋IDを指定して、reservable_roomテーブルからデータをロックして取得する。「find...」+「ReservableRoomId」という形式になっている。@Lockアノテーションを付与し、LockModeType.PESSIMISTIC_WRITEを指定することで、このメソッドを実行することで発行されるSQLは悲観的ロックを行なう

ReservationService#reserveメソッドを修正して、ReservableRoomRepository#findOneForUpdateByReservableRoomIdを呼び出してみましょう。

▶ ReservationService.java

```
public Reservation reserve(Reservation reservation) {
    ReservableRoomId reservableRoomId = reservation.getReservableRoom().getReservableRoomId();
    // 悲観ロック
    ReservableRoom reservable = reservableRoomRepository.findOneForUpdateByReservableRoomId(➋
reservableRoomId);
    if (reservable == null) {
        throw new UnavailableReservationException("入力の日付・部屋の組み合わせは予約できません。");
    }
    // ・・・
    return reservation;
}
```

これで、同じタイミングで同じ重複する時間帯を予約しようとすると、後からfindOneForUpdateByReservableRoomIdを実行しようとしたリクエストは、先に実行したリクエストのトランザクションが完了するまで待たされます。

14.2.9 ログイン機能の実装

これまでダミーのログインユーザーを使用してきましたが、Spring Securityを導入して認証・認可処理を実装し、認証済みのログインユーザーを使用して予約処理を行なうようにしましょう（表14.7）。

表14.7　ログイン機能のインターフェイス仕様

HTTPメソッド	リクエストパス	説明	ハンドラメソッド	View名
GET	/loginForm	ログインフォーム表示	LoginController#loginForm()	login/loginForm
GET	/login	ログイン処理	Spring Securityに委譲	―

■Spring Securityの依存関係追加

Spring BootでSpring Securityを使うにはpom.xmlに以下の依存ライブラリを追加します。

▶ pom.xml

```
<dependency>
    <groupId>org.springframework.boot</groupId>
    <artifactId>spring-boot-starter-security</artifactId>
</dependency>
<dependency>
    <groupId>org.thymeleaf.extras</groupId>
    <artifactId>thymeleaf-extras-springsecurity4</artifactId>
</dependency>
```

■認証ユーザー取得処理の実装

まずはSpring Securityで使用する認証ユーザーを定義します。ここでは mrs.domain.model.User を内包した UserDetails実装クラスである、mrs.domain.service.user.ReservationUserDetails クラスを作成します。

▶ ReservationUserDetails.java

```java
package mrs.domain.service.user;

import java.util.Collection;

import mrs.domain.model.User;

import org.springframework.security.core.GrantedAuthority;
import org.springframework.security.core.authority.AuthorityUtils;
import org.springframework.security.core.userdetails.UserDetails;

public class ReservationUserDetails implements UserDetails {
    private final User user;                                                          ❶

    public ReservationUserDetails(User user) {
        this.user = user;
    }

    public User getUser() {
        return user;
    }

    @Override
    public Collection<? extends GrantedAuthority> getAuthorities() {
        return AuthorityUtils.createAuthorityList("ROLE_" + this.user.getRoleName().name());  ❷
    }

    @Override
    public String getPassword() {
        return this.user.getPassword();
    }

    @Override
    public String getUsername() {
        return this.user.getUserId();
    }

    @Override
    public boolean isAccountNonExpired() {
        return true;                                                                   ❸
    }

    @Override
    public boolean isAccountNonLocked() {
        return true;                                                                   ❸
    }
```

```
    @Override
    public boolean isCredentialsNonExpired() {
        return true;
    }

    @Override
    public boolean isEnabled() {
        return true;
    }
}
```

❶ `mrs.domain.model.User` を内包する。基本的なユーザー情報はこのフィールドが持つ

❷ `RoleName` 型の enum を Spring Security の `GrantedAuthority` に変換する。プレフィックスとして「`ROLE_`」を付ける必要があることに注意

❸ アカウント期限切れ、アカウントロック、パスワード有効期限切れ、アカウント無効化に関するプロパティは使用しない

次に、ユーザー名からこの `ReservationUserDetails` を作成する、`UserDetailsService` 実装クラスである `mrs.domain.service.user.ReservationUserDetailsService` クラスと、`UserRepository` インターフェイスを作成します。

▶ UserRepository.java

```
package mrs.domain.repository.user;

import org.springframework.data.jpa.repository.JpaRepository;

import mrs.domain.model.User;

public interface UserRepository extends JpaRepository<User, String> {                ❶
}
```

❶ `JpaRepository` インターフェイスを継承して `User` エンティティ用のリポジトリインターフェイスを作成する。型パラメータに `User` クラスとその主キークラスである `String` クラスを指定する

▶ ReservationUserDetailsService.java

```
package mrs.domain.service.user;

import mrs.domain.model.User;
import mrs.domain.repository.user.UserRepository;

import org.springframework.beans.factory.annotation.Autowired;
import org.springframework.security.core.userdetails.UserDetails;
import org.springframework.security.core.userdetails.UserDetailsService;
import org.springframework.security.core.userdetails.UsernameNotFoundException;
import org.springframework.stereotype.Service;
```

```
@Service
public class ReservationUserDetailsService implements UserDetailsService {
    @Autowired
    UserRepository userRepository;

    @Override
    public UserDetails loadUserByUsername(String username)
            throws UsernameNotFoundException {
        User user = userRepository.findOne(username); ─────────────────── ❶
        if (user == null) {
            throw new UsernameNotFoundException(username + " is not found.");
        }
        return new ReservationUserDetails(user);
    }
}
```

❶ ユーザー取得処理はUserRepositoryに委譲する

ReservationUserDetailsServiceを使って認証するための設定は次に行ないます。

■ログイン画面の作成

　まずはログイン画面を作成しましょう。/loginFormにアクセスするとsrc/main/resources/templates/login/loginForm.htmlを表示するだけのControllerを作成します。

▶ LoginController.java

```
package mrs.app.login;

import org.springframework.stereotype.Controller;
import org.springframework.web.bind.annotation.RequestMapping;

@Controller
public class LoginController {
    @RequestMapping("loginForm")
    String loginForm() {
        return "login/loginForm";
    }
}
```

メモ

ビュー名を返すだけのControllerであれば、わざわざControllerを作成しなくても設定のみで済みます。以下のようなコンフィギュレーションクラスを作成します。

▶ WebMvcConfig.java

```
@Configuration
public class WebMvcConfig extends WebMvcConfigurerAdapter {
```

```
        @Override
        public void addViewControllers(ViewControllerRegistry registry) {
            registry.addViewController("loginForm").setViewName("login/loginForm");
        }
    }
```

次にログインフォームのHTMLを作成します。デモ用に、ユーザーaaaaの情報はフォームの初期値としてあらかじめ設定しておきます。

▶ loginForm.html

```
<!DOCTYPE html>
<html xmlns:th="http://www.thymeleaf.org">
<head>
    <meta charset="UTF-8" />
    <title></title>
</head>
<body>
<h3>ログインフォーム</h3>

<p th:if="${param.error}">
    Error!
</p>
<form th:action="@{/login}" method="POST">
    <table>
        <tr>
            <td><label for="username">User:</label></td>
            <td><input type="text" id="username"
                       name="username" value="aaaa" />
            </td>
        </tr>
        <tr>
            <td><label for="password">Password:</label></td>
            <td><input type="password" id="password"
                       name="password" value="demo"/>
            </td>
        </tr>
        <tr>
            <td> </td>
            <td><button type="submit">ログイン</button></td>
        </tr>
    </table>
</form>
</body>
</html>
```

❶ リクエストパラメータにerrorが含まれる場合は、エラーメッセージを表示する

681

■ログアウトボタンの追加

会議室一覧画面にログアウトボタンを追加します。

▶ listRooms.html

```
<!-- ... -->
<ul>
    <li th:each="room: ${rooms}">
        <a th:href="@{'/reservations/' + ${date} + '/' + ${room.meetingRoom.roomId}}"
            th:text="${room.meetingRoom.roomName}"></a>
    </li>
</ul>
<form th:action="@{/logout}" method="post"> ─────────────────────────── ❶
    <button>ログアウト</button>
</form>
<!-- ... -->
```

❶ POSTメソッドを使用して、Spring Securityのログアウト処理を実行するためのパス（/logout）へリクエストを送る

■Spring Securityのコンフィギュレーション

次に、ここまで作成してきたReservationUserDetailsServiceとログイン画面を使って、フォーム認証するための設定を行ないます。設定はJava Configで行なうため、mrs.WebSecurityConfigを作成してください。

▶ WebSecurityConfig.java

```
package mrs;

import mrs.domain.service.user.ReservationUserDetailsService;

import org.springframework.beans.factory.annotation.Autowired;
import org.springframework.context.annotation.Bean;
import org.springframework.context.annotation.Configuration;
import org.springframework.security.config.annotation.authentication.builders.AuthenticationManagerBuilder;
import org.springframework.security.config.annotation.web.builders.HttpSecurity;
import org.springframework.security.config.annotation.web.configuration.EnableWebSecurity;
import org.springframework.security.config.annotation.web.configuration.WebSecurityConfigurerAdapter;
import org.springframework.security.crypto.bcrypt.BCryptPasswordEncoder;
import org.springframework.security.crypto.password.PasswordEncoder;

@Configuration
@EnableWebSecurity ─────────────────────────────────────────────── ❶
public class WebSecurityConfig extends WebSecurityConfigurerAdapter {
    @Autowired
    ReservationUserDetailsService userDetailsService;

    @Bean
    PasswordEncoder passwordEncoder() {
        return new BCryptPasswordEncoder(); ─────────────────────── ❷
    }
```

```
@Override
protected void configure(HttpSecurity http) throws Exception {
    http.authorizeRequests()
            .antMatchers("/js/**", "/css/**").permitAll() ─────────────── ❸
            .antMatchers("/**").authenticated() ───────────────────── ❹
            .and()
            .formLogin() ──────────────────────────────┐
            .loginPage("/loginForm")
            .loginProcessingUrl("/login")
            .usernameParameter("username")                          ❺
            .passwordParameter("password")
            .defaultSuccessUrl("/rooms", true)
            .failureUrl("/loginForm?error=true").permitAll(); ─────── ❻
}

@Override
protected void configure(AuthenticationManagerBuilder auth) throws Exception {
    auth.userDetailsService(userDetailsService).passwordEncoder(passwordEncoder()); ──── ❼
}
}
```

❶ @EnableWebSecurityを付与して、Spring SecurityのWeb連携機能（CSRF対策など）を有効にする

❷ パスワードのエンコードアルゴリズムとしてBCryptを使用したBCryptPasswordEncoderを使用する

❸ /js以下と/css以下へのアクセスは常に許可（permitAll）する

❹ ❸以外へのアクセスは認証を要求（authenticated）する

❺ フォーム認証を行なう。ログイン画面、認証URL、ユーザー名・パスワードのリクエストパラメータ名、認証成功時・失敗時の遷移先を設定している。defaultSuccessUrlの第2引数をtrueにすることで、認証成功時は常に指定したパスへ遷移する

❻ ログイン画面、認証URL、認証失敗時の遷移先へのアクセスは常に許可する

❼ 指定のUserDetailsServiceとPasswordEncoderを使用して認証を行なう

これでSpring Securityによる認証・認可が行なえます。

アプリケーションを再起動してhttp://localhost:8080/roomsにアクセスすると、ログイン画面にリダイレクトされます（**図14.23**）。

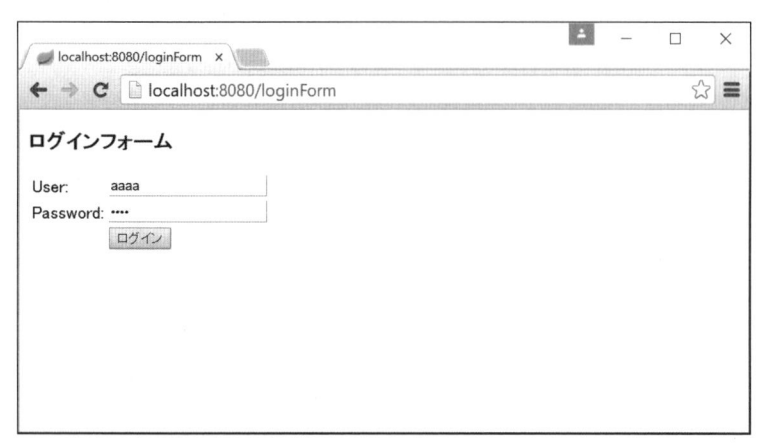

図14.23　ログイン画面にリダイレクトされた

　初期状態のままログインボタンを押せば、ログインが成功し、http://localhost:8080/roomsに遷移します（図14.24）。

図14.24　会議室の一覧表示画面

　誤ったパスワードを用いてログインすると、ログインが失敗し、エラーメッセージが表示されます（図14.25）。

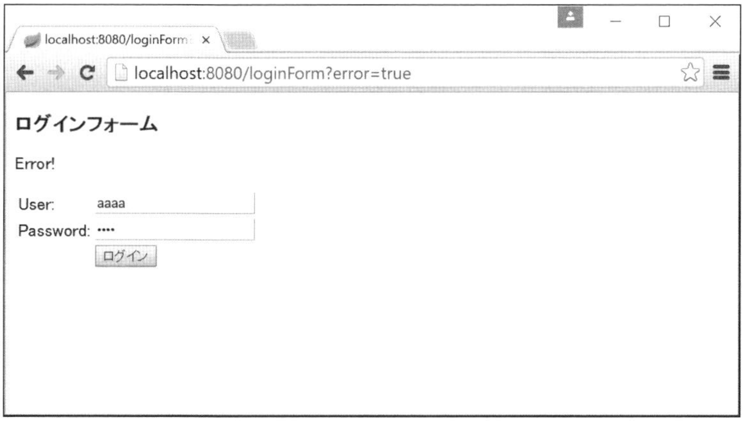

図14.25　ログインが失敗すると、エラーメッセージが表示される

■予約処理の修正

Spring Securityが使えるようになったので、これまでダミーユーザーを使用していた予約処理を修正して、Spring Securityの認証ユーザーを使うようにしましょう。

▶ ReservationsController.java

```java
package mrs.app.reservation;

import mrs.domain.service.user.ReservationUserDetails;

import org.springframework.security.access.AccessDeniedException;
import org.springframework.security.core.annotation.AuthenticationPrincipal;
// その他のimport文は省略

@Controller
@RequestMapping("reservations/{date}/{roomId}")
public class ReservationsController {
    @Autowired
    RoomService roomService;

    @Autowired
    ReservationService reservationService;

    // ・・・

    @RequestMapping(method = RequestMethod.GET)
    String reserveForm(
            @DateTimeFormat(iso = DateTimeFormat.ISO_DATE) @PathVariable("date") LocalDate date,
            @PathVariable("roomId") Integer roomId, Model model) {
        ReservableRoomId reservableRoomId = new ReservableRoomId(roomId, date);
        List<Reservation> reservations = reservationService
                .findReservations(reservableRoomId);
```

685

```
        LocalTime baseTime = LocalTime.of(0, 0);
        List<LocalTime> timeList = IntStream.range(0, 24 * 2)
                .mapToObj(i -> baseTime.plusMinutes(30 * i)).collect(Collectors.toList());
        model.addAttribute("room", roomService.findMeetingRoom(roomId));
        model.addAttribute("reservations", reservations);
        model.addAttribute("timeList", timeList);
        // model.addAttribute("user", dummyUser()); ─────────────────────────────── ❶
        return "reservation/reserveForm";
    }


    @RequestMapping(method = RequestMethod.POST)
    String reserve(@Validated ReservationForm form, BindingResult bindingResult,
            @AuthenticationPrincipal ReservationUserDetails userDetails, ─────────── ❷
            @DateTimeFormat(iso = DateTimeFormat.ISO.DATE) @PathVariable("date") LocalDate date,
            @PathVariable("roomId") Integer roomId, Model model) {
        if (bindingResult.hasErrors()) {
            return reserveForm(date, roomId, model);
        }

        ReservableRoom reservableRoom = new ReservableRoom(
                new ReservableRoomId(roomId, date));
        Reservation reservation = new Reservation();
        reservation.setStartTime(form.getStartTime());
        reservation.setEndTime(form.getEndTime());
        reservation.setReservableRoom(reservableRoom);
        reservation.setUser(userDetails.getUser()); ──────────────────────────────── ❸

        try {
            reservationService.reserve(reservation);
        }
        catch (UnavailableReservationException | AlreadyReservedException e) {
            model.addAttribute("error", e.getMessage());
            return reserveForm(date, roomId, model);
        }
        return "redirect:/reservations/{date}/{roomId}";
    }


    @RequestMapping(method = RequestMethod.POST, params = "cancel")
    String cancel(@AuthenticationPrincipal ReservationUserDetails userDetails, ───── ❷
            @RequestParam("reservationId") Integer reservationId,
            @PathVariable("roomId") Integer roomId,
            @DateTimeFormat(iso = DateTimeFormat.ISO.DATE) @PathVariable("date") LocalDate date,
            Model model) {

        User user = userDetails.getUser(); ───────────────────────────────────────── ❸
        try {
            reservationService.cancel(reservationId, user);
        }
        catch (AccessDeniedException e) { ────────────────────────────────────────── ❹
            model.addAttribute("error", e.getMessage());
```

```
            return reserveForm(date, roomId, model);
        }
        return "redirect:/reservations/{date}/{roomId}";
    }
}
```

❶ ダミーユーザーを`Model`に追加していた箇所を削除する

❷ ハンドラメソッドの引数に`@AuthenticationPrincipal`アノテーションを付けて、認証済みの`UserDetails`オブジェクトを取得する

❸ `ReservationUserDetails`オブジェクトから、認証済みの`User`オブジェクトを取得し、予約処理に使用する

❹ ハンドリングする例外を`org.springframework.security.access.AccessDeniedException`に変更する

`ReservationService#cancel`メソッドがスローする例外も変更しましょう。

▶ ReservationService.java

```
public void cancel(Integer reservationId, User requestUser) {
    Reservation reservation = reservationRepository.findOne(reservationId);
    if (RoleName.ADMIN != requestUser.getRoleName() &&
            !Objects.equals(reservation.getUser().getUserId(), requestUser.getUserId())) {
        throw new AccessDeniedException("要求されたキャンセルは許可できません。"); ─────────── ❶
    }
    reservationRepository.delete(reservation);
}
```

❶ `AccessDeniedException`をスローするように変更する

　次に、Thymeleafの Spring Security 用の Dialect を使用して、画面から認証ユーザーのアクセスと認可制御を行ないます。

▶ reserveForm.html

```
<!DOCTYPE html>
<html xmlns:th="http://www.thymeleaf.org"
      xmlns:sec="http://www.thymeleaf.org/extras/spring-security"> ─────────── ❶
<head>
    <meta charset="UTF-8"/>
    <title th:text="|${#temporals.format(date, 'yyyy/M/d')}の${room.roomName}|">2016/5/20の豊洲</title>
</head>
<body th:with="user=${#authentication.principal.user}"> ─────────── ❷

<div>
    <a th:href="@{'/rooms/' + ${date}}">会議室一覧へ</a>
</div>

<p style="color: red" th:if="${error != null}" th:text="${error}"></p>

<form th:object="${reservationForm}"
```

```
    th:action="@{'/reservations/' + ${date}+ '/' + ${roomId}}" method="post">
会議室: <span th:text="${room.roomName}">豊洲</span>
<br/>
予約者名: <span th:text="${user.lastName + ' ' + user.firstName}">山田 太郎</span>
<br/>
日付: <span th:text="${#temporals.format(date, 'yyyy/M/d')}">2016/5/20</span>
時間帯:
<select th:field="*{startTime}">
    <option th:each="time : ${timeList}" th:text="${time}" th:value="${time}">09:00</option>
</select>
<span th:if="${#fields.hasErrors('startTime')}" th:errors="*{startTime}" style="color:red">➡
error!</span>
-
<select th:field="*{endTime}">
    <option th:each="time : ${timeList}" th:text="${time}" th:value="${time}">10:00</option>
</select>
<span th:if="${#fields.hasErrors('endTime')}" th:errors="*{endTime}" style="color:red">error!</span>
<br/>
<button>予約</button>
</form>

<table>
    <tr>
        <th>時間帯</th>
        <th>予約者</th>
        <th>操作</th>
    </tr>
    <tr th:each="reservation : ${reservations}">
        <td>
            <span th:text="${reservation.startTime}"/>
            -
            <span th:text="${reservation.endTime}"/>
        </td>
        <td>
            <span th:text="${reservation.user.lastName}"/>
            <span th:text="${reservation.user.firstName}"/>
        </td>
        <td>
            <form th:action="@{'/reservations/' + ${date} + '/' + ${roomId}}" method="post"
                    sec:authorize="${hasRole('ADMIN') or #vars.user.userId == ➡
#vars.reservation.user.userId}">                                                           ❸
                <input type="hidden" name="reservationId" th:value="${reservation.reservationId}"/>
                <input type="submit" name="cancel" value="取消"/>
            </form>
        </td>
    </tr>
</table>
</body>
</html>
```

❶ Thymeleafの Spring Security用の Dialectを使用する

❷ `th:with="user=${...}"` で変数名 user に値を代入する。`th:with` 属性を設定した要素内部で参照可能である。
代入する値は認証中の User オブジェクト（`ReservationUserDetails#getUser`）であり、これは Thymeleaf の Spring Security用 Dialect が提供する SpEL式 `#authentication.principal.user` で参照できる

❸ `sec:authorize`で、対象のHTML要素が表示されるための認可条件を記述できる。この場合、Roleが ADMINまたは、ログインユーザーのIDと予約者のユーザーIDが一致した場合に予約取り消しフォームを表示する

ユーザー名 aaaa で予約すると、予約者が「Aaa Aaa」になります（図14.26）。

図14.26　ユーザー名 aaaa で予約したときの画面

　次はユーザー名を bbbb に変えてログインして予約すると、予約者が「Bbb Bbb」になります。また、bbbb のロールは USER であるため、aaaa の予約を取り消すことができません。取り消しボタン（「取消」）が非表示になっています（図14.27）。

図14.27　ユーザー名 bbbb で予約したときの画面

一方、ロールがADMINであるccccでログインすると、aaaaとbbbbの予約を取り消すことが可能です（図 14.28）。

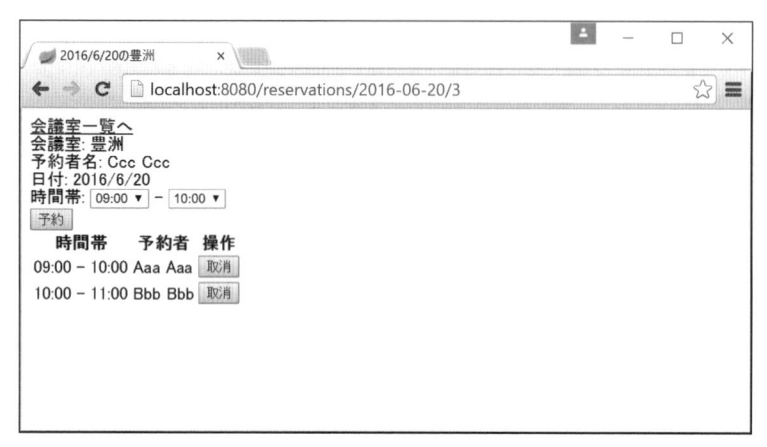

図14.28　ユーザー名ccccでログインしたときの画面

これでアプリケーションの実装が一通り完了しました。

アプリケーションの動作として問題があるわけではありませんが、以下のループの箇所で予約可能な会議室（reservable_room）1行ごとに、LAZYフェッチによる会議室テーブル（meeting_room）へのアクセスが発生します。

▶ listRooms.html

```
<li>
    <li th:each="room: ${rooms}">
    <a th:href="@{'/reservations/' + ${date} + '/' + ${room.meetingRoom.roomId}}"
        th:text="${room.meetingRoom.roomName}"></a>
</li>
```

性能に問題がある場合は、ReservableRoomRepository#findByReservableRoomId_reservedDate OrderByReservableRoomId_roomIdAscメソッドに対してJOIN FETCHを用いたJPQLを明示的に定義してください。1回のクエリで完結します。SQLログを確認してみてください。

▶ ReservableRoomRepository.java

```
public interface ReservableRoomRepository
        extends JpaRepository<ReservableRoom, ReservableRoomId> {
    // ...

    @Query("SELECT DISTINCT x FROM ReservableRoom x LEFT JOIN FETCH x.meetingRoom ➡
WHERE x.reservableRoomId.reservedDate = :date ORDER BY x.reservableRoomId.roomId ASC")
    List<ReservableRoom> findByReservableRoomId_reservedDateOrderByReservableRoomId ➡
```

```
_roomIdAsc(@Param("date") LocalDate reservedDate);
}
```

■@PreAuthorizeによる認可制御

前項ではcancelメソッド内のロジックで、ログインユーザーが対象の予約をキャンセルできるかどうかをチェックしていました。この認可処理は@org.springframework.security.access.prepost.PreAuthorizeアノテーションを付与することで、AOPを使ってメソッドから外出しできます。

▶ ReservationService.java

```
package mrs.domain.service.reservation;

import org.springframework.security.access.method.P;
import org.springframework.security.access.prepost.PreAuthorize;
// その他のimport文は省略

@Service
@Transactional
public class ReservationService {
    @Autowired
    ReservationRepository reservationRepository;

    // その他のメソッドは省略

    @PreAuthorize("hasRole('ADMIN') or #reservation.user.userId == principal.user.userId") ── ❶
    public void cancel(@P("reservation") Reservation reservation) { ─────── ❷
        reservationRepository.delete(reservation);
    }

    public Reservation findOne(Integer reservationId) { ───────
        return reservationRepository.findOne(reservationId);        ── ❸
    }
}
```

❶ @PreAuthorizeアノテーションで、メソッド実行前に認可処理を行なう。認可の条件はEL式で表現できる。Reservationオブジェクトは引数（#reservation）から取得し、ログイン中のUserDetailsオブジェクトはprincipalでアクセスできる。なお、引数からReservationオブジェクトをとれるように引数は変更する。ここで認可処理が行なわれることにより、メソッド内の処理は非常にシンプルになる

❷ @org.springframework.security.access.method.Pでメソッド引数をEL式で参照する名前を設定できる

❸ ❶のメソッド引数変更に伴い、Reservationオブジェクトを予約IDから取得するメソッドを追加する

変更したメソッドを使用するため、ReservationsControllerのcancelメソッドも次のように修正します。

▶ ReservationsController.java

```
@RequestMapping(method = RequestMethod.POST, params = "cancel")
String cancel(@RequestParam("reservationId") Integer reservationId,
        @PathVariable("roomId") Integer roomId,
        @DateTimeFormat(iso = DateTimeFormat.ISO.DATE) @PathVariable("date") LocalDate date,
        Model model) {

    try {
        Reservation reservation = reservationService.findOne(reservationId);
        reservationService.cancel(reservation);
    }
    catch (AccessDeniedException e) {
        model.addAttribute("error", e.getMessage());
        return reserveForm(date, roomId, model);
    }
    return "redirect:/reservations/{date}/{roomId}";
}
```

　最後に、@PreAuthorize による認可処理を有効にするための設定を @EnableGlobalMethodSecurity アノテーションで行ないます。

▶ WebSecutiryConfig.java

```
package mrs;

import org.springframework.security.config.annotation.method.configuration.EnableGlobalMethodSecurity;
// その他のimport文は省略

@Configuration
@EnableWebSecurity
@EnableGlobalMethodSecurity(prePostEnabled = true) ─────────────────────────── ❶
public class WebSecurityConfig extends WebSecurityConfigurerAdapter {
    // ・・・
}
```

❶ @PreAuthorize および @PostAuthorize を有効にするため、prePostEnabled属性を true に設定する

　AOPを使って、メソッド内の処理をシンプルにすることができました。このチュートリアルの例ではメリットは感じにくいかもしれませんが、アプリケーションの規模が大きくなって、メソッドの行数が増えたり、同じ処理が散在するようになると有効になるでしょう。

14.2.10 実行可能 jar の作成

　作成したアプリケーションをデプロイできるようにパッケージングしましょう。プロジェクトルートで以下のコマンドを実行してください。

```
$ mvn package
```

Spring Initializrから作成したプロジェクトには「Maven Wrapper」(mvnwコマンド) というスクリプトが同梱されています。初回実行時にMavenのインストールから始まるため、このスクリプトを含めて配布するだけでMavenのセットアップが不要になります。

▶ Mac OSX/Linuxの場合

```
$ ./mvnw package
```

▶ Windowsの場合

```
$ mvnw.cmd package
```

コマンド実行後はtarget/mrs-0.1.0-SNAPSHOT.jarが生成されます。このjarファイルは直接実行可能であり、以下のコマンドでアプリケーションが起動します。

```
$ java -jar target/mrs-0.0.1-SNAPSHOT.jar
```

http://localhost:8080にアクセスすればログイン画面が表示されます。このjarはポータブルなので、実行したいサーバーにコピーして実行することができます。

サーバーのポートや接続するPostgreSQLの接続先情報を変更するときは、以下のように実行時引数に各種プロパティを設定してください。

```
$ java -jar target/mrs-0.0.1-SNAPSHOT.jar --server.port=8888 --spring.datasource.url=jdbc:postgresql: ➡
//db.example.com:5432/mrs --spring.datasource.username=postgres --spring.datasource.password=password
```

また、現在の設定では起動時にschema.sqlとdata.sqlが実行されるため、起動のたびにデータベースが初期化されてしまいます。これを防ぐには、次のようにspring.datasource.initializeプロパティの値をfalseにしてください。

```
$ java -jar target/mrs-0.0.1-SNAPSHOT.jar --spring.datasource.initialize=false
```

実行時に指定するプロパティが多くなってきたら、プロファイルを作成してプロファイル単位でプロパティをまとめることを検討しましょう。Spring Bootではプロファイルを指定すると「application-プロファイル名.properties」を読み込んでプロパティを上書きすることができます。

ここでは本番環境を想定して、prodプロファイルを追加しましょう。src/main/resources/application prod.propertiesを作成し、上書きすべきプロパティを定義してください。例を示します。

▶ application-prod.properties

```
server.port=8888
spring.datasource.url=jdbc:postgresql://db.example.com:5432/mrs
spring.datasource.username=postgres
spring.datasource.password=password
spring.datasource.initialize=false
logging.level.org.hibernate.SQL=WARN
logging.level.org.hibernate.type.descriptor.sql.BasicBinder=WARN
```

再度mvn packageコマンドでjarを作成し直し、「spring.profiles.active=プロファイル名」を指定します。

```
$ java -jar target/mrs-0.0.1-SNAPSHOT.jar --spring.profiles.active=prod
```

「application-プロファイル名.properties」は必ずしもjarに含める必要はありません。jarを実行するディレクトリに存在するファイルも読み込まれます。

おわりに

本チュートリアルでは簡単なアプリケーション開発を通じて以下のものについて一通り学びました。

- Spring Bootによる基本的な開発方法
- Spring MVC / ThymeleafによるWebアプリケーションの作成方法
- Spring Data JPAによるデータアクセス
- Spring Securityによる認証認可

また、最後に実行可能なjarを作成して、実行時に本番環境の設定を適用する方法を学びました。

ただし、ここでは本番環境といっても1インスタンスしか考えていないことに注意してください。利用者が少なく、可用性も求められない場合はこれでもよいのですが、実際にサービスを運用する場合は、複数のインスタンスにスケールアウトして、ロードバランサによりリクエストを振り分けるようにすることはよくあります。インスタンスが増えると、死活監視やログ・メトリクスの集約など考えなければいけないことも増えてきます。

このような要件に対してはクラウド、中でもPlatform as a Service（PaaS）を使用するのが非常に有効です。

PaaSは通常、上記の要件をプラットフォーム側で満たしてくれるため、本チュートリアルで見てきたように、開発者はアプリケーションを開発することに集中できます。

Spring Bootと特に相性が良いのがCloud Foundry [3] です。Spring Bootの実行可能jarを「cf push」というコマンドで実行するだけでクラウド上にデプロイできます。Cloud FoundryはオープンソースのPaaSですが、PivotalやNTTコミュニケーションズといった企業がパブリッククラウドサービスとしてCloud Foundryベース

---

[3] https://cloudfoundry.org

のPaaSを提供しており、インストールや設定の手間もなくすぐに試すことも可能です。

　本チュートリアルの次のステップとして、作成した「会議室予約システム」をCloud Foundryにデプロイしてみてはいかがでしょうか[4]。

14

【4】　Spring + Cloud Foundryの学習としては、以下のページから始めるのがオススメです。
　　　http://pivotal.io/platform/pcf-tutorials/getting-started-with-pivotal-cloud-foundry

Appendix

A

付録

付録では、アプリケーションを開発するための開発環境のセットアップについて紹介します。まず、開発に必要なソフトウェアのインストールや設定について解説し、非常に簡単なWebアプリケーションの動作確認まで実施します。この付録では、Windowsの利用を想定しています。基本的な使い方はWindowsもMacもほとんど同じですので、環境によって違いがある部分は適宜読み替えてください。

A.1　開発プロジェクトのセットアップ

まずはじめに、Webアプリケーションの開発プロジェクトのセットアップ方法について解説します。特に、Springが提供しているIDE（開発統合環境）であるSpring Tool Suite（STS）を使用してWebアプリケーションを開発する方法を紹介します。

STSはSpringを使ったアプリケーション開発を効率的に行なうために必要なプラグインや、Tomcatベースのtcサーバーというアプリケーションサーバーが同封されており、インストールすればすぐにSpringを使ったアプリケーション開発を始めることができます。

A.1.1　IDEのセットアップ

ここではIDEとしてSTSを使う際のセットアップ方法を紹介します。なお、JDK 8がインストール済みであることを前提とします。

■STSのダウンロード

STSのダウンロードサイト（https://spring.io/tools/sts/all）から最新のSTSをダウンロードします。本書執筆時の最新バージョンは、3.7.3.RELEASEです。

■STSのインストール

ダウンロードしたZIPファイルを任意のディレクトリに解凍してください。以降の説明では、解凍先に指定したディレクトリを${STS_INSTALL_DIR}と表記します。

メモ　解凍先のディレクトリが深い位置にあると、解凍に失敗することがあります。解凍に失敗した場合は、できるだけ浅い位置に解凍し直してください。

■STSの起動

${STS_INSTALL_DIR}\sts-bundle\sts-3.7.3.RELEASE\STS.exeを実行してください。しばらくすると、ワークスペースを選択する［Workspace Launcher］ダイアログが表示されるので、［OK］ボタンをクリックします。

ワークスペースのディレクトリを変更する場合は、[Workspace] 欄に任意のディレクトリを指定してください。また、次回の起動から [Workspace Launcher] ダイアログを非表示にしたい場合は、[Use this as the default and do not ask again] にチェックを入れてください。[Window] メニューから [Preferences] → [General] → [Startup and Shutdown] → [Workspaces] を選択し、[Prompt for workspace on startup] にチェックを入れると、起動時に [Workspace Launcher] ダイアログを再表示させることができます。

起動に成功すると、以下のようなウィンドウが立ち上がります（**図A.1**）。

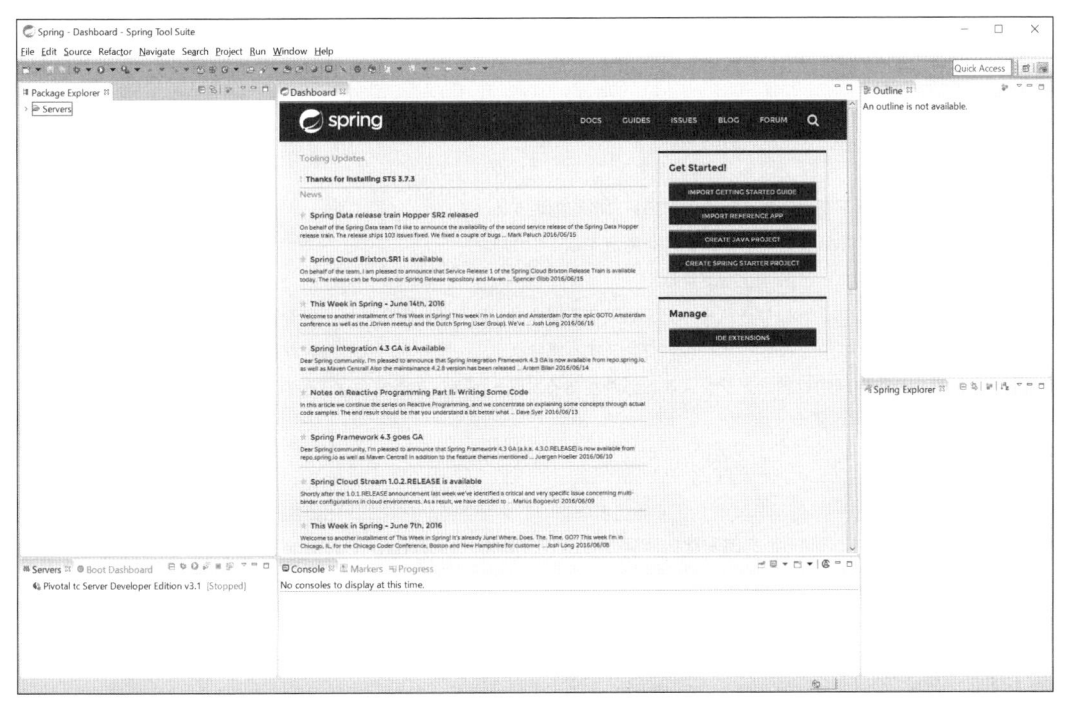

図A.1　起動直後のSTSのウィンドウ

■STSのネットワーク関連の設定

インターネットにつなげる際にProxyを経由する必要がある場合は、STSのネットワークの設定が必要になります。[Window] メニューから [Preferences] → [General] → [Network Connections] を選択し、[Active Provider]、[Proxy entries]、[Proxy bypass] に適切な値を設定してください。

■Mavenのネットワーク関連の設定

インターネットにつなげる際にProxyを経由する必要がある場合は、Mavenの Proxy設定が必要になります。

OSのログインユーザーのホームディレクトリ配下に.m2ディレクトリを作成し、settings.xmlというファイルを作成してください。

▶ settings.xmlの作成例

```
<settings>
    <proxies>
        <proxy>
            <active>true</active>
            <protocol>http</protocol>                                        ❶
            <host>proxy.example.com</host>                                   ❷
            <port>8080</port>                                                ❸
            <username>username</username>                                    ❹
            <password>password</password>                                    ❺
            <nonProxyHosts>*.example.com</nonProxyHosts>                     ❻
        </proxy>
    </proxies>
</settings>
```

❶ Proxyサーバーへアクセスするためのプロトコルを指定する
❷ Proxyサーバーのホスト名やIPアドレスを指定する
❸ Proxyサーバーのポート番号を指定する
❹ ユーザー認証ありのProxyサーバーへアクセスする場合は、ユーザーのユーザー名を指定する
❺ ユーザー認証ありのProxyサーバーへアクセスする場合は、ユーザーのパスワードを指定する
❻ Proxyサーバーを経由せずにアクセスする必要があるホストが存在する場合は、そのホストのホスト名やホスト名のパターンなどを指定する

パスワードには平文を指定することも可能ですが、Mavenの暗号化の仕組みを利用することを推奨します。Mavenの暗号化の仕組みについては、https://maven.apache.org/guides/mini/guide-encryption.htmlを参照してください。

■JREの設定

［Window］メニューの［Preferences］→［Java］→［Installed JREs］を選択し、デフォルトのJREがJava SE 8になっていることを確認してください（**図A.2**）。

Java SE 8のJREが認識されていない場合は、[Search...] を選択し、JDK 8をインストールしたディレクトリを選択するとJava SE 8のJREが認識されます。

■ワークスペースのファイルエンコーディングの設定

［Window］メニューの［Preferences］→［General］→［Workspace］を選択し、［Text file encoding］が意図

した文字コードになっていることを確認してください。意図しない文字コードになっている場合は、［Other］欄に任意の文字コードを指定し、［Apply］ボタンをクリックしてください（**図A.3**）。

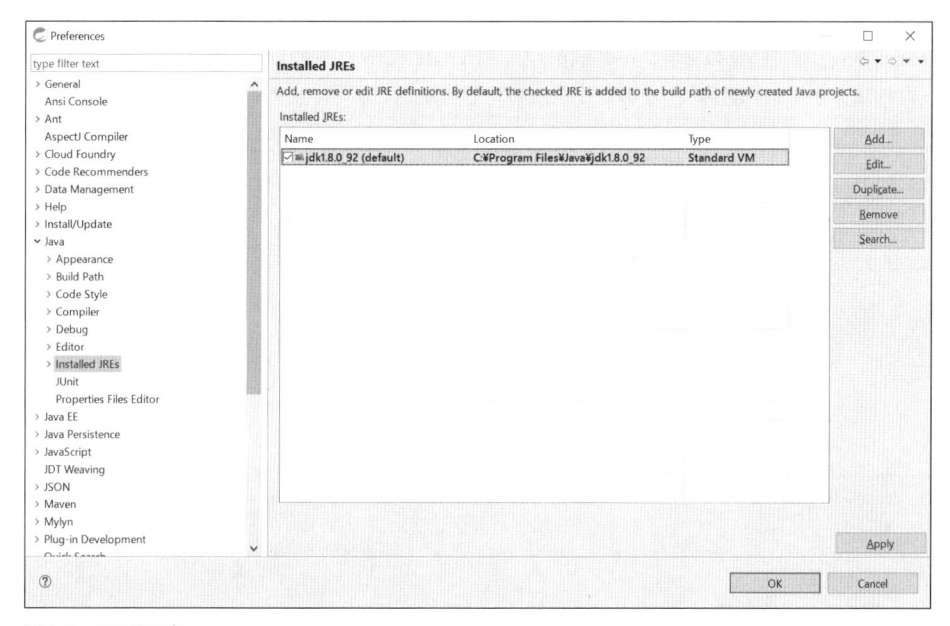

図A.2　JREの設定

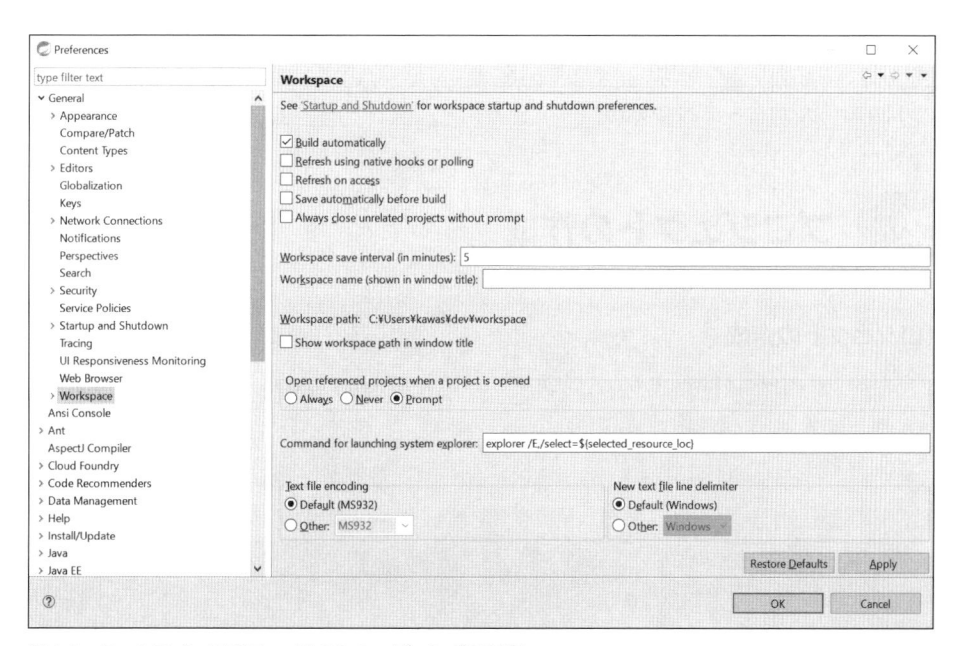

図A.3　ワークスペースのファイルエンコーディングの設定

701

■コンテンツ（ファイル）別のファイルエンコーディングの設定

［Window］メニューの［Preferences］→［General］→［Content Types］を選択し、各ファイルの［Default encoding］が意図した文字コードになっていることを確認してください。意図しない文字コードになっている場合は、［Default encoding］欄に任意の文字コードを指定し、［Update］ボタンをクリックしてください（**図A.4**）。JSPファイルはデフォルトが「ISO-8859-1」なので変更が必要です。

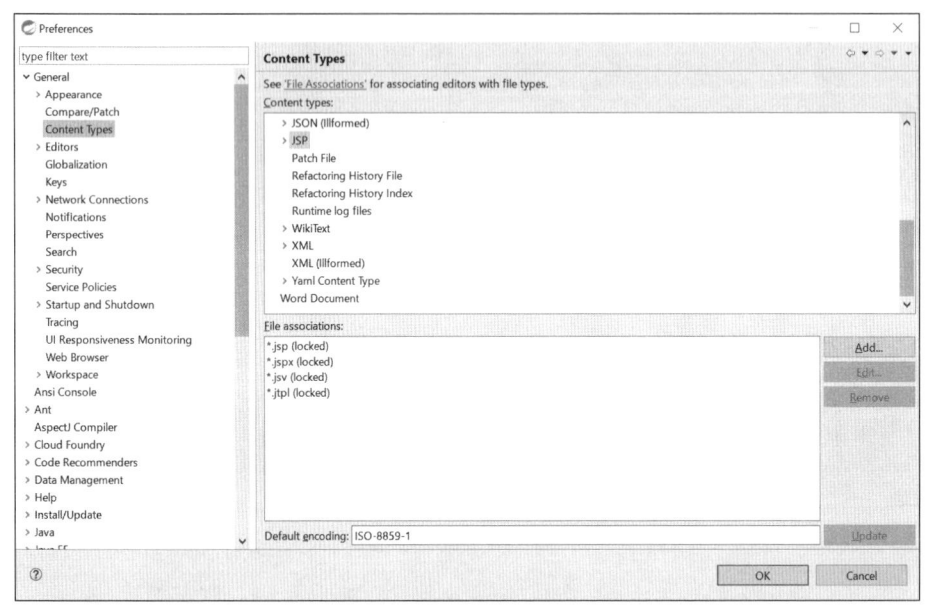

図A.4　コンテンツ別のファイルエンコーディングの設定

 **プロジェクトの作成**

■Mavenプロジェクトの作成

［File］メニューから［New］→［Maven Project］を選択し、［New Maven Project］ダイアログを表示します（**図A.5**）。

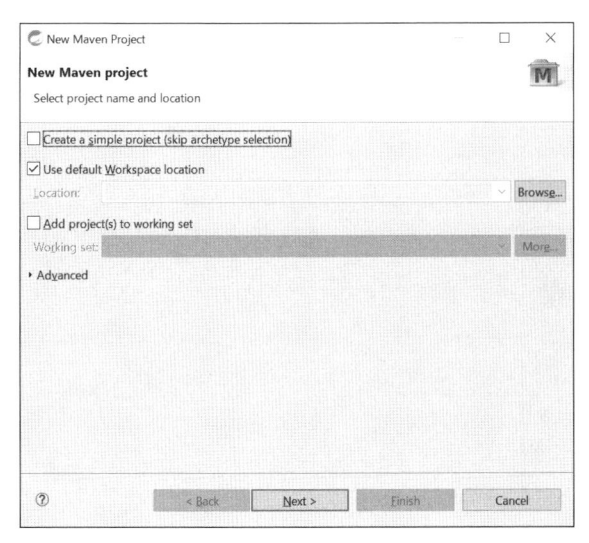

図A.5　[New Maven Project] ダイアログ (1/3)

　[Next] ボタンをクリックして、[New Maven Project – Select an Archetype] ダイアログを表示します（**図A.6**）。Archetypeとして [org.apache.maven.archetypes:maven-archetype-webapp: 1.0] を選択して [Next] ボタンをクリックします。

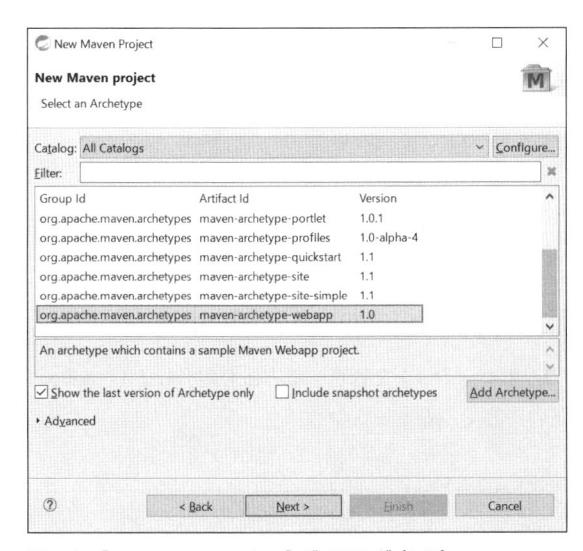

図A.6　[New Maven Project] ダイアログ (2/3)

　次に [New Maven Project – Specify Archetype parameters] ダイアログが表示されます（**図A.7**）。[Group Id]、[Archetype Id]、[Version]、[Package] を入力し、[Finish] ボタンをクリックします。

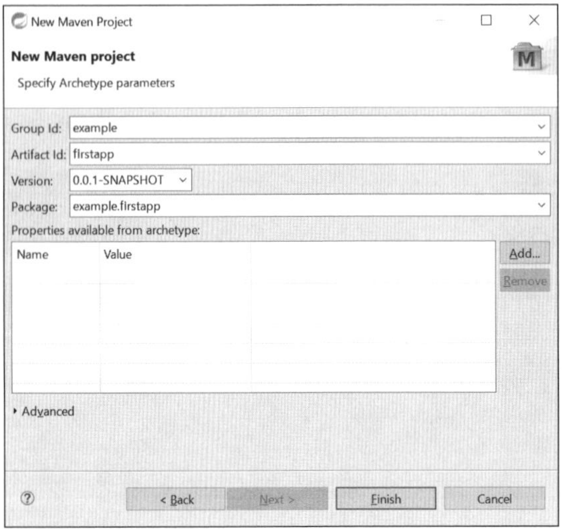

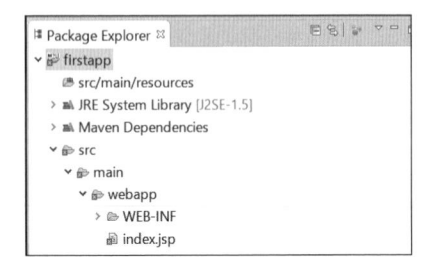

図A.7 ［New Maven Project］ダイアログ（3/3）

Mavenプロジェクトの作成が成功すると、以下のようなプロジェクトがSTS上に作成されます（**図A.8**）。src/main/webapp/index.jspでエラーが報告されていますが、このエラーはこの後の手順で解決します。

図A.8 プロジェクト構成

■pom.xmlの修正

本書では、Spring IO Platformを使って依存ライブラリのバージョンを管理する方法を紹介します。maven-archetype-webappを実行して作成したpom.xmlを以下の内容で上書きしてください。

▶ pom.xmlの修正例

```
<project xmlns="http://maven.apache.org/POM/4.0.0"
        xmlns:xsi="http://www.w3.org/2001/XMLSchema-instance"
    xsi:schemaLocation="
      http://maven.apache.org/POM/4.0.0
      http://maven.apache.org/maven-v4_0_0.xsd
    ">
```

```
<modelVersion>4.0.0</modelVersion>
<groupId>example</groupId>
<artifactId>firstapp</artifactId>
<packaging>war</packaging>
<version>0.0.1-SNAPSHOT</version>
<name>firstapp Maven Webapp</name>
<url>http://maven.apache.org</url>

<dependencyManagement>                                                          ─┐
    <dependencies>                                                               │
        <dependency>                                                             │
            <groupId>io.spring.platform</groupId>                                │
            <artifactId>platform-bom</artifactId>                                │
            <version>2.0.5.RELEASE</version> <!-- バージョンは執筆時点の最新 -->    │─❶
            <type>pom</type>                                                      │
            <scope>import</scope>                                                 │
        </dependency>                                                            │
    </dependencies>                                                              │
</dependencyManagement>                                                         ─┘

<dependencies>
    <dependency>                                                                ─┐
        <groupId>javax.servlet</groupId>                                         │
        <artifactId>javax.servlet-api</artifactId>                               │─❷
        <scope>provided</scope>                                                  │
    </dependency>                                                               ─┘
    <dependency>                                                                ─┐
        <groupId>org.apache.taglibs</groupId>                                    │─❸
        <artifactId>taglibs-standard-jstlel</artifactId>                         │
    </dependency>                                                               ─┘
</dependencies>

<build>
    <finalName>firstapp</finalName>
    <pluginManagement>
        <plugins>
            <plugin>                                                            ─┐
                <artifactId>maven-compiler-plugin</artifactId>                   │
                <configuration>                                                  │
                    <source>1.8</source>                                         │─❹
                    <target>1.8</target>                                         │
                </configuration>                                                 │
            </plugin>                                                           ─┘
        </plugins>
    </pluginManagement>
</build>
</project>
```

❶ Spring IO Platform の <dependencyManagement> 定義をインポートする

❷ Servlet API の jar を依存ライブラリとして指定する。この jar を依存ライブラリに追加すると、src/main/webapp/index.jsp で発生していたエラーを解消できる。なお、バージョンは Spring IO Platform で管理されているバージョ

ンが適用される

❸ JSP Standard Tag Library（JSTL）の jar を依存ライブラリとして指定する。この jar を依存ライブラリに追加すると、JSP の実装を手助けしてくれるタグを利用できるようになる。なお、バージョンは Spring IO Platform で管理されているバージョンが適用される

❹ コンパイルするソースファイルの Java の互換バージョンと、コンパイルして出力するクラスの互換バージョンを指定する。ここではともに Java 8 を指定している

pom.xml の修正内容を STS のプロジェクトに反映します。プロジェクトを選択した状態で右クリックし ❶、メニューから［Maven］❷→［Update Project］❸を選択します（**図A.9**）。

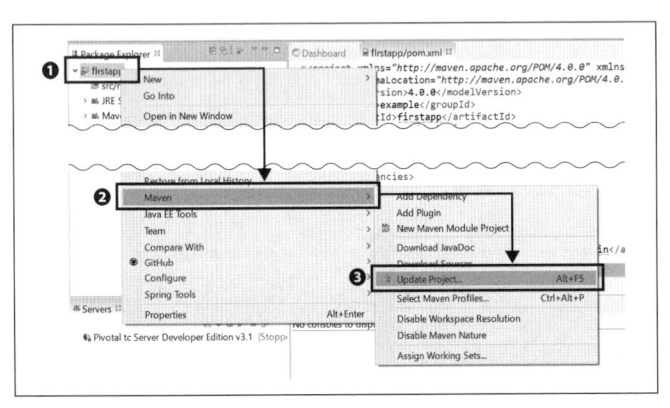

図A.9　Maven のプロジェクト更新

［Update Maven Project］ダイアログが表示されたら［OK］ボタンをクリックします。Maven プロジェクトの更新が成功すると、以下のような状態になります（**図A.10**）。src/main/webapp/index.jsp のエラーが解消され、JRE System Library が Java SE 8（JavaSE-1.8）に更新されます。

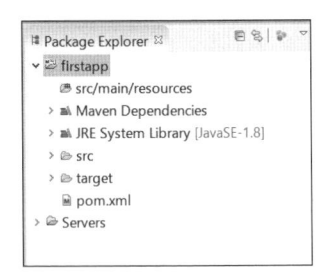

図A.10　Maven 更新後のプロジェクト構成

■web.xmlの修正

maven-archetype-webapp を実行して作成したプロジェクトの src/main/webapp/WEB-INF/web.xml は、Servlet 2.3 用の定義になっています。本書では、Servlet 3.0 以上のサーブレットコンテナを前提としているため、

maven-archetype-webappを実行して作成したweb.xmlを以下の内容で上書きしてください。

▶ web.xmlの修正例

```xml
<?xml version="1.0" encoding="UTF-8"?>
<web-app xmlns="http://java.sun.com/xml/ns/javaee"
    xmlns:xsi="http://www.w3.org/2001/XMLSchema-instance"
    xsi:schemaLocation="
      http://java.sun.com/xml/ns/javaee
      http://java.sun.com/xml/ns/javaee/web-app_3_0.xsd
    "
    version="3.0">

    <jsp-config>
        <jsp-property-group>
            <url-pattern>*.jsp</url-pattern>
            <page-encoding>UTF-8</page-encoding>                          ❶
            <include-prelude>/WEB-INF/include.jsp</include-prelude>        ❷
        </jsp-property-group>
    </jsp-config>

</web-app>
```

❶ JSPファイルの文字コードを指定する

❷ 各JSPファイルの先頭にインクルードするJSPファイルを指定する

> web.xmlの<jsp-property-group>を使用すると、JSPに関する共通的な定義を一元管理することができます。

<include-prelude>に指定するJSPファイルを作成します。

▶ /WEB-INF/include.jspの作成例

```jsp
<%@ taglib prefix="c" uri="http://java.sun.com/jsp/jstl/core" %>
<%@ taglib prefix="fmt" uri="http://java.sun.com/jsp/jstl/fmt" %>      ❶
<%@ taglib prefix="fn" uri="http://java.sun.com/jsp/jstl/functions" %>
```

❶ JSP Standard Tag Library（JSTL）のtaglib定義を指定する。この定義を追加すると、どのJSPからもJSTLのtaglibが利用できるようになる。ここでは、使用頻度が高い3つのタグライブラリ（core、fmt、functions）を定義している

A.1.3　アプリケーションの動作確認

最後にアプリケーションサーバーにデプロイして、動作確認をします。

■アプリケーションのデプロイ

maven-archetype-webappを実行して作成したプロジェクトを、アプリケーションサーバーにデプロイします。ここでは、STSに同封されているPivotal tc Server Developer Editionを使用します。

［Servers］ビューの［Pivotal tc Server Developer Edition］を右クリックし❶、［Add and Remove］を選択します❷。［Available:］にある［firstapp］❸を選択し、［Add］ボタン❹をクリックします。［Configured:］に移動したことを確認してから［Finish］ボタン❺をクリックします（図A.11）。

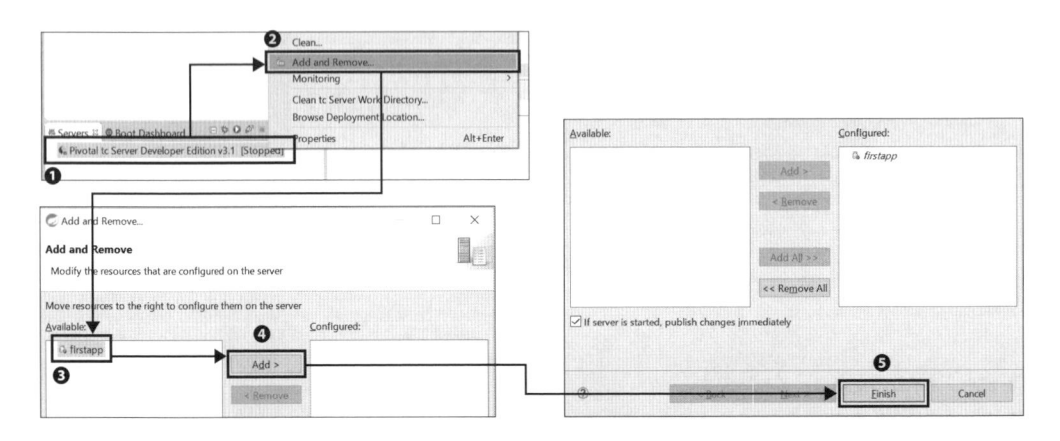

図A.11　アプリケーションのデプロイ

■アプリケーションサーバーの起動

アプリケーションのデプロイが完了したら、アプリケーションサーバーを起動します。

［Servers］ビューの［Pivotal tc Server Developer Edition］を選択し、［Start the server］ボタン（起動ボタン ▶）をクリックします（図A.12）。

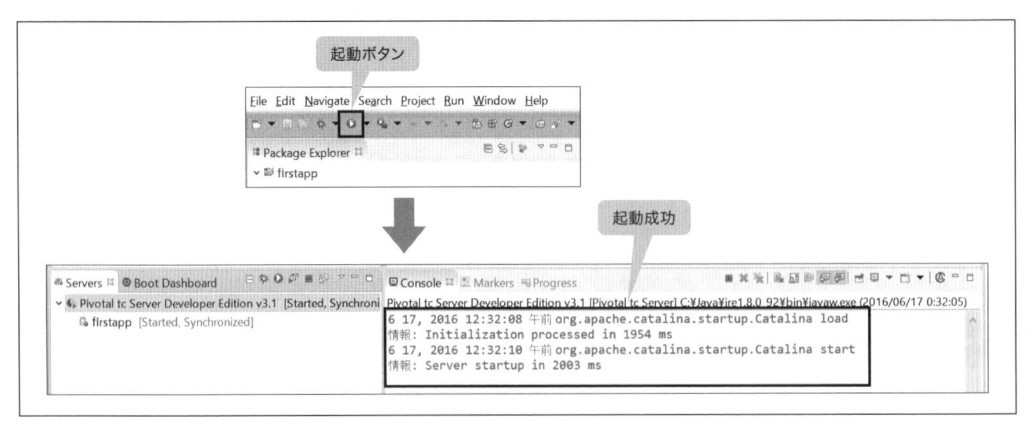

図A.12　アプリケーションサーバーの起動

アプリケーションサーバーを停止する場合は、[Servers] ビューの [Pivotal tc Server Developer Edition] を選択し、[Stop the server] ボタン（停止ボタン■）をクリックします。

図A.13　アプリケーションサーバーの停止

■トップページの表示

アプリケーションサーバーの起動が完了したら、トップページを開きます。

[Servers] ビューの [Pivotal tc Server Developer Edition] にデプロイした [firstapp] を右クリックし、[Open Home Page] を選択します（**図A.14**）。

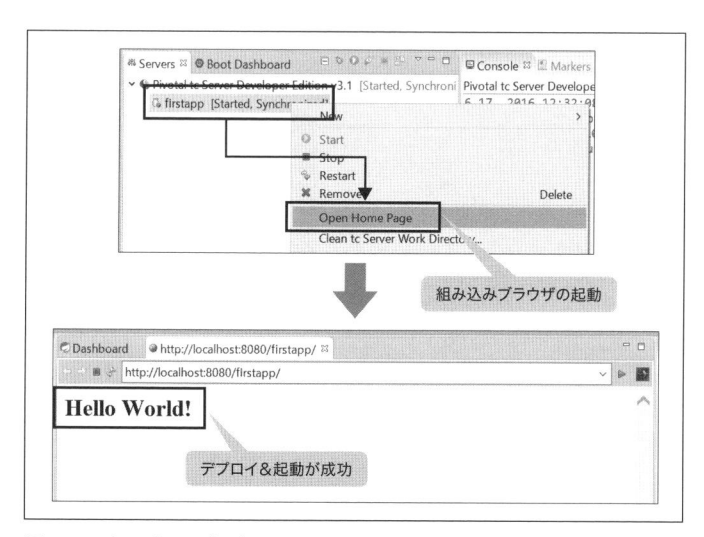

図A.14　トップページの表示

717

■ 執筆者紹介

本橋 賢二（もとはし けんじ）［企画および第1章担当］
株式会社 NTT データ
米国にて OpenStack や Open Compute、Open Networking Foundation など、クラウド（IaaS）に関するオープンイノベーションに取り組む。特に、OpenStack は創設メンバーの一人として設立当初より深く関わる。帰国後、著者陣とともに TERASOLUNA フレームワークの開発・普及展開に従事。Spring のさらなる普及・発展のため日本 Spring ユーザ会などのコミュニティ活動にも注力している。日本 Spring ユーザ会幹事

槙 俊明（まき としあき）［第2章、第13章、第14章担当］
Pivotal ジャパン株式会社シニアソリューションアーキテクト
NTT データにて著者陣とともに Spring Framework の普及展開に従事した後、Spring と PaaS（Cloud Foundry）に大きな可能性と魅力を感じ、Pivotal に転職。現在は、Spring Boot + Spring Cloud + Pivotal Cloud Foundry でクラウドネイティブなアプリケーション開発を推進し、企業のソフトウェア開発方法の変革に尽力している。主な著書として『はじめての Spring Boot』（工学社）など。Twitter アカウントは @making

清水 一貴（しみず かずき）［第2章、第4章～第9章、第11章担当］
日伸ソフトウェア株式会社
入社時より Java を用いたオープン系システム開発に従事し、現在は TERASOLUNA Server Framework のアーキテクトとして日々奮闘中。Spring や MyBatis といった OSS プロジェクトへのコントリビュート（@kazuki43zoo で活動）も行なっており、最近は Qiita に Spring や MyBatis 関連の記事を投稿することにはまっている。

小島 祐介（こじま ゆうすけ）［第2章、第3章、第7章、第11章、第12章担当］
株式会社 NTT データアイ
入社時より長年アーキテクトとして公共系システムの開発に従事、その後グループ会社共通のフレームワーク開発に関わる。今回はそのご縁により執筆させていただくことになった。最近はエンタープライズにおけるライトウェイト開発とフロントエンド開発について日々勉強中である。

池谷 智行（いけや ともゆき）［第10章、第12章担当］
株式会社 NTT データ
入社時より Spring を用いた複数のオープン系システム開発を経て、現在は Spring ベースの社内次期標準フレームワーク、TERASOLUNA Server Framework の開発リーダーを担当。フレームワークの開発だけでなく、社内プロジェクト開発のサポートや社外への普及展開活動にも携わり、日々改善活動に努めている。日本 Spring ユーザ会幹事

川崎 真弘（かわさき まさひろ）［監修担当］
株式会社 NTT データ
入社時より Spring ではないフレームワークを用いた業務システムの開発、プロジェクトマネジメント業に従事。現担当に異動後は、TERASOLUNA フレームワークのクライアントからサーバーまで幅広く担当している。最近は、子供の成長を見ることと日本 Spring ユーザ会などの社外勉強会に参加することが楽しみ。今は聞くだけだがいつかは話す側に回るべく日々勉強中。

| 装丁・本文デザイン | 轟木亜紀子（株式会社トップスタジオ） |
| DTP | 川月現大（有限会社風工舎） |

Spring 徹底入門
Spring Framework による Java アプリケーション開発

2016年 7月20日　　初版第1刷発行

著　者	株式会社NTTデータ
発行人	佐々木 幹夫
発行所	株式会社 翔泳社　（http://www.shoeisha.co.jp）
印刷・製本	株式会社加藤文明社印刷所

ISBN 978-4-7981-4247-0　　　　　　　　Printed in Japan